江西省基层气象台站简史

汇西省气象局　编

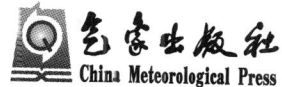

气象出版社
China Meteorological Press

内容简介

《江西省基层气象台站简史》一书较全面、系统地记述了江西省基层气象事业发展的简史,突出了机构历史沿革、气象业务与服务、气象法规建设与管理、党的建设与气象文化建设、气象台站基本建设等方面的内容。本书对于研究江西省基层气象台站的历史,对于总结经验、承上启下,更好地服务江西气象事业科学发展都有很好的史料参考价值。

图书在版编目(CIP)数据

江西省基层气象台站简史/江西省气象局编. —北京:
气象出版社,2012.3
ISBN 978-7-5029-5421-5

Ⅰ.①江…　Ⅱ.①江…　Ⅲ.①气象台-史料-江西省
②气象站-史料-江西省　Ⅳ.①P411

中国版本图书馆 CIP 数据核字(2012)第 012713 号

Jiangxisheng Jiceng Qixiangtaizhan Jianshi
江西省基层气象台站简史
江西省气象局　编

出版发行:气象出版社
地　　址:北京市海淀区中关村南大街 46 号　　邮政编码:100081
总 编 室:010-68407112　　发 行 部:010-68409198
网　　址:http://www.cmp.cma.gov.cn　　E-mail:qxcbs@cma.gov.cn
责任编辑:白凌燕　　终　审:章澄昌
封面设计:燕　彤　　责任技编:吴庭芳
印　　刷:北京中新伟业印刷有限公司
开　　本:787 mm×1092 mm　1/16　　印　张:31.25
字　　数:800 千字　　彩　插:8
版　　次:2012 年 6 月第 1 版　　印　次:2012 年 6 月第 1 次印刷
定　　价:100.00 元

《江西省基层气象台站简史》编委会

主　　任：常国刚

副主任：刘祖崙

委　　员：（按姓氏笔画排序）

王新宏　　邓世忠　　孙国栋　　肖月愉

封明亮　　胡根发　　傅敏宁　　谢梦莉

赖怀猛

《江西省基层气象台站简史》编写组

主　　编：常国刚

副主任：刘祖崙

成　　员：（按姓氏笔画排序）

王新宏　　刘建文　　刘建军　　李九龙

吴延年　　汪洋清　　余建华　　李美华

罗　敏　　胡志斌　　夏侯俊联　　黄志辉

喻迎春　　赖怀猛

总　序

　　2009年是新中国成立60周年和中国气象局成立60周年,中国气象局组织编纂出版了全国气象部门基层气象台站简史,卷帙浩繁,资料丰富,是气象文化建设的重要成果,是一项有意义、有价值的工作,功在当代,利在千秋。

　　60年来,气象事业发展成就辉煌,基层气象台站面貌发生翻天覆地的变化。广大气象干部职工继承和弘扬艰苦创业、无私奉献,爱岗敬业、团结协作,严谨求实、崇尚科学,勇于改革、开拓创新的优良传统和作风,以自己的青春和智慧谱写出一曲曲事业发展的壮丽篇章,为中国特色气象事业发展建立了辉煌业绩,值得永载史册。

　　这次编纂基层气象台站简史,是新中国成立以来气象部门最大规模的史鉴编纂活动,历史跨度长,涉及人物多,资料收集难度大,编纂时间紧。为加强对编纂工作的领导,中国气象局和各省(区、市)气象局均成立了编纂工作领导小组和办公室,制定了编纂大纲,举办了培训班,组织了研讨会。各省(区、市)气象局编纂办公室选调了有较高文字修养、有丰富经历的人员从事编纂工作。编纂人员全面系统地收集基层气象台站各个发展阶段的文字、图片和实物等基础资料,力求真实、客观地反映台站发展的历程和全貌。我谨向中国气象局负责这次编纂工作的孙先健同志及所有参与和支持这项工作的同志们表示衷心感谢。

　　知往鉴来,修史的目的是用史。基层气象台站史是一座丰富的宝库。每个气象台站的发展史,都留下了一代代气象工作者艰苦奋斗、爱岗敬业的足迹,他们高尚的精神和无私的奉献,将永远给我们以开拓进取的力量。书中记载的天气气候事件及气象灾害事例,是我们认识气象灾害规律、发展气象科学难得的宝贵财富。这套基层气象台站简史的出版,对于弘扬优良传统和作风,挖掘和总结历史经验,促进气象事业科学发展,必将发挥重要的指导和借鉴作用。

中国气象局党组书记、局长　郑国光

2009年10月

序

　　江西气象源远流长，气象事业发展艰苦卓越，新中国成立后，特别是改革开放以来，江西气象大力推进现代化建设，积极开拓气象服务领域，取得了显著的社会经济效益，气象工作的地位也日益提高，赢得了党和政府及人民群众的广泛赞誉。这是江西气象工作者奋力拼搏的结果。

　　在新中国成立 60 周年之际，按照中国气象局的部署，编写《江西省基层气象台站简史》（以下称《简史》），这是加强气象文化建设，传承文明、延续历史、服务当代、有益后世的大事。在省、市、县三级气象部门的通力协作下，在全省气象工作者的大力支持下，《简史》编纂人员以高度的责任心和使命感，孜孜不倦地查阅历史资料，存正求实，辛勤笔耕，编纂成了《简史》。这部《简史》文辞简洁，内容翔实，全面真实记载了全省各级气象事业的发展历史沿革、气象业务与服务、气象法规建设与社会管理、党建与气象文化建设、台站建设等方面的情况，是一部具有留存价值的气象台站史料文献，同时也为读者提供了了解江西基层气象台站工作的参考工具。

　　在《江西省基层气象台站简史》出版之际，我谨向为江西省气象事业发展给予大力支持和帮助的各级领导、各界朋友表示衷心的感谢！为书写江西气象事业辉煌历史的广大干部职工表示由衷的敬意！

　　珍惜历史，继往开来。我们正处在新世纪科学发展的起点上，让我们高举科学发展的伟大旗帜，以转变气象事业发展方式为主线，奋力拼搏，扎实工作，努力开创江西气象事业科学发展新局面，为服务江西科学发展、进位赶超、绿色崛起作出新的更大的贡献！

　　是为序。

江西省气象局党组书记、局长：

2011 年 7 月 29 日

1954年4月，江西军区司令部气象科集体转业

2004年10月18日，江西省委、省政府领导和中国气象局领导与江西省气象局领导班子合影

2003年8月4日，江西省委书记孟建柱（左四）亲自摁下人工增雨火箭发射按纽

2008年4月14日，江西省委书记苏荣（左四）在江西省气象局党组书记、局长常国刚（右二）陪同下视察省气象局

2007年8月2日，江西省省长吴新雄（右四）在江西省气象局党组书记、局长常国刚（右二）陪同下深入人工增雨一线看望作业人员

2007年7月21日，中国气象局党组书记、局长郑国光（左一）在江西省气象局党组书记、局长常国刚（右四）陪同下深入九江市气象局检查指导工作

2008年5月5日，中国气象局党组书记、局长郑国光（前排右一）在江西检查汛期气象服务工作，副省长熊盛文（前排右三），省气象局党组书记、局长常国刚（左三）陪同检查。

2003年，中国气象局党组书记、局长秦大河（左四）在江西检查指导工作，江西省气象局党组书记、局长陈双溪（右一）陪同

1998年，中国气象局党组书记、局长温克刚（右三）在江西省气象局检查指导工作，江西省气象局党组书记、局长陈双溪（右四）陪同

1993年，世界气象组织主席、中国气象局党组书记、局长邹竞蒙（左四）在江西检查指导工作

2009年1月13日，中国气象局党组副书记、副局长许小峰（前排右二）检查江西省级气象业务服务工作

1994年7月28日，中国气象局副局长温克刚（左一）在江西省委常委、农工部长张逢雨（左二），江西省气象局党组书记、局长潘根发（右二）陪同下在江西考察

2000年举办学习宣传和贯彻实施《中华人民共和国气象法》座谈会。

赣州市人大常委会在定南县进行气象法律法规贯彻情况调研（摄于2007年）

庆祝建党85周年大会

2007年12月10日，崔广先进事迹报告团来江西省气象局举行专场报告会

荣获江西省直属机关"十佳文明机关"荣誉称号

2004年省气象局叶晓歆同志荣获江西省青年电视演讲比赛一等奖

省局党组班子成员与演员合影留念

2008年10月10日，江西气象部门举办首届职工运动会

2007年1月19日江西省气象局举办廉政文化建设暨迎新春文艺晚会

全国第二届气象行业运动会，江西获男子百米跨栏首金

庆祝江西省气象局建局50周年——全省气象部门篮球比赛

南昌县气象局

安义县气象局

庐山气象局

修水县气象局

武宁县气象局

都昌县气象局

星子县气象局

瑞昌市气象局大院

余江县气象局

分宜县气象局

安远县气象局

于都县气象局

瑞金市气象局

赣县气象局

大余县气象局

全南县气象局

龙南县气象局

南康市气象局

寻乌县气象局

万载县气象局

丰城市气象局

高安市气象局

靖安县气象局

上高县气象局

宜丰县气象局

樟树市气象局

弋阳县气象局

玉山县气象局

安福县气象局

吉安县气象局

吉水县气象局

井冈山市气象局

永丰县气象局

永新县气象局

临川区气象局

金溪县气象局

乐安县气象局

广昌县气象局

南城县气象局

资溪县气象局

南丰县气象局

奉新县气象局

九江新一代天气雷达

赣州马祖岩天气雷达

二饶新一代天气雷达

吉安新一代天气雷达

南昌新一代天气雷达

井冈山市气象局观测场

莲花县气象局观测场

南丰县气象局观测场

崇仁县气象局观测场

目　录

江西省基层气象台站概况

江西位于中国东南部,北半球亚热带之内。处长江以南、南岭以北之间,土地总面积16.7万平方千米,总人口4339万,辖11个设区市、99个县(市、区)。境内地形复杂,山地丘陵起伏,整个地势由外及里,从南向北渐向鄱阳湖倾斜,形成东、南、西三面环山,全境有大小河流2400余条,赣江、抚河、信江、修河和饶河为江西五大河流,故有"六山一水二分田,一分道路和庄园"之说。

概　述

建制　江西最早于清光绪十一年(1885年)2月建立的九江海关测候所,属海关建制。1928年9月建立的各水文观测站及1938年后建立的测候所均属江西水利局建制。1942年11月经省政府决定建立江西省气象台,属省建设厅建制。1943年4月省气象台交由江西省水利局续办。1948年1月省政府决定,将省气象台收归省建设厅领导,并改称江西省气象所。1949年3月,经省政府决定予以裁撤。

　　1950年6月中南军区气象管理处在江西南昌建立第一所气象台,隶属航空站建制。1951年3月中南军区命令,各航空站建制的气象台、站改为省军区、军分区分别建制。1953年4月江西军区所属各气象站由所在地军分区、县人民武装部代管,业务管理直属军区司令部。同年12月16日江西省气象科成立。1954年10月省政府决定将原江西省气象科改为江西省气象局。1958年4月省人民委员会将江西省气象局和江西省水利电力厅水文总站合并,成立江西省水利电力厅水文气象局,直属省水利电力厅管理。1968年10月江西省革命委员会农业组下设江西省水文气象站,原江西省水利电力厅水文气象局撤销。1970年7月1日省革命委员会决定专区、县水文气象机构下放给地区、县革命委员会建制。同年12月省革命委员会、省军区决定成立江西省气象局,水文与气象分开,气象部门建制由各级革命委员会建制改为实行省军区、军分区、县市人民武装部和各级革命委员会双重管理并以军事部门为主。1973年6月22日省革命委员会决定,各级气象部门建制由原各级革命委员会和军事部门的双重管理、以军事部门为主的体制改为由各级革命委员会管理,省气象局由省革命委员会农林办公室归口管理,负责统筹规划全省气象工作建设和全省气象台站的业务管理、技术指导。

1980年7月1日省政府批转各级气象部门实行省气象局和地、市、县政府双重管理,以省气象局为主的管理体制。1983年3月,国务院批转《国家气象局关于全国气象部门机构改革方案报告》,实行气象部门与地方政府的双重管理,以气象部门为主的管理体制。江西省气象局既是国家气象局的下属单位,又是省政府的工作部门,在气象系统内部实行统一管理,省、市气象分级管理。

台站概况 截至2008年底,江西省气象局下辖1个省级气象台,11个设区市气象局和气象台,87个地面气象观测站,5个天气雷达观测站,12个卫星遥感监测站,16个雷电观测站,62个GPS/MET观测站,18个农业气象观测站,6个风能、太阳能资源观测站,1个大气成分观测站,42个环境气象观测站。

人员结构 截至2008年底,全省共有正式在编干部职工1723人。部门编制中,博士研究生2人,占0.12%;硕士研究生34人,占1.97%;大学本科536人,占31.11%;大学专科659人,占38.25%;中专307人,占17.82%;高中及以下学历185人,占10.74%。正研级高级工程师6人,占0.35%;高级工程师133人,占7.72%;中级职称791人,占45.91%;初级职称713人,占41.38%。

文明创建 江西省气象局荣获首批"全国文明单位"、连续六届获"省级文明单位"、连续三届获省直机关"十佳文明机关"、连续三届获"省文明行业"荣誉称号。井冈山市气象局连续两届获"全国文明单位"称号,江西省气象局机关和局直属各单位连续五届获"省直文明单位"称号。全省气象部门92个创建单位全部建成文明单位,其中市级以上文明单位占创建数的97%。

气象法规 为依法发展江西省气象事业,先后出台《江西省实施〈中华人民共和国气象法〉办法》、《江西省人工影响天气管理办法》、《江西省突发气象灾害预警信号发布及传播管理办法》,南昌市出台了《南昌市防雷减灾条例》。与此同时,市、县两级先后出台100多个有关防雷、人工影响天气、气候资源开发利用、保护气象探测环境等方面的规范性文件。通过坚持不懈的努力,一个与《中华人民共和国气象法》配套、有江西地方特色的气象法制体系框架已基本建成。

气象服务 全省主要有决策气象服务、公众气象服务、专业专项气象服务三大类。开展的气象服务包括:天气预报预警、气候预测和评估、农业气象与生态环境监测评估,生活指数、空气质量和旅游城市及景点天气预报,交通气象、电力负荷、水库流域降水、地质灾害预报、人工增雨抗旱防雹、防雷气象服务、雷电灾害评估、鄱阳湖水域面积动态监测、植被指数遥感监测、森林火灾遥感监测及森林火险等级预报、专项(专题)气象保障服务,风能和太阳能气候资源开发利用等。1998年以来,因气象服务工作出色,全省气象部门有25个(次)单位获省部级以上表彰奖励,40余人次受到省部级表彰。特别是2008年1月12日至2月2日,江西省遭遇严重低温雨雪冰冻灾害,持续时间之长、范围之广、强度之大、灾害之严重,历史罕见,全省因灾直接经济损失302.37亿元。江西省气象局精心组织、周密部署,全省各级气象部门严密监测、准确预报、及时服务,为夺取抗灾救灾工作的全面胜利做出了应有的贡献。2月5日,中共中央政治局委员、国务院副总理回良玉视察中国气象局时专门连线江西省气象局,对江西的抗冰救灾工作和抗冰救灾气象服务工作给予了充分肯定。

中国气象局授予九江市气象台"2008年抗击低温雨雪冰冻灾害气象服务先进集体"称号，省委、省政府授予江西省气象台"全省抗冰救灾先进集体"称号。

2008年5月28日，萍乡市中北部普降暴雨，上栗县出现了特大暴雨。根据气象部门的建议，上栗县委、县政府及时启动4级应急预案，组织转移近4000人，虽因发生特大洪灾造成上千间房屋倒塌，但无一人因灾死亡，得到了胡锦涛总书记、国务院副总理回良玉的充分肯定。

领导关怀　改革开放以来，各级领导十分关心江西省气象工作。2002年1月8日，中国气象局局长秦大河视察江西省气象局。2002年2月10日和2003年7月31日，江西省委书记孟建柱两次视察江西省气象局。2003年8月4日，江西省委书记孟建柱在吉水县醪桥乡视察人工增雨抗旱工作，并亲自摁下增雨火箭发射按纽。2006年8月11日15时，江西省委书记孟建柱亲临省气象局视察工作，高度赞扬近年来江西气象工作为经济建设和社会发展所作出的贡献，对促进江西气象事业又快又好地发展寄予殷切期望。2007年7月20日下午，中国气象局局长郑国光检查江西汛期气象服务工作。2007年8月2日上午，正在江西抚州市临川区检查抗旱工作的省委副书记、省长吴新雄，副省长熊盛文，在抚州市委书记钟利贵，市长甘良淼，省气象局局长常国刚等陪同下，冒着高温酷暑专程到临川区人工增雨作业点，看望慰问一线作业人员。2008年2月5日下午，国务院副总理回良玉在中国气象局看望慰问一线气象职工时，通过电视天气预报可视会商系统，专门听取了江西抗灾救灾气象服务工作情况汇报，对江西抗灾救灾工作和气象服务工作给予了充分肯定。2008年4月14日上午，江西省委书记苏荣在省委常委、省委秘书长陈达恒，副省长熊盛文等陪同下，亲临省气象局视察，详细了解近年来江西气象部门服务经济社会发展情况和2008年防汛气象服务情况，殷切期望江西气象部门全力做好汛期气象服务工作，加强人工影响天气能力建设，进一步提升气象防灾减灾水平，为建设环鄱阳湖生态经济区、促进经济社会可持续发展提供强有力的科技支撑。2008年5月5日，中国气象局局长郑国光等一行在江西省气象局检查汛期气象服务情况，听取了江西省气象局工作情况汇报，要求全力以赴做好2008年的汛期气象服务工作。历届省委、省政府领导和中国气象局领导先后多次亲临省气象局检查指导工作。

天气气候与灾害防御

天气气候特点　江西位于亚热带季风湿润气候区，四季分明，冬夏季长而春秋季短，光照充足，雨量丰沛。全省年平均气温为17.8℃，近50年来极端最高气温为44.9℃，极端最低气温−18.9℃；年平均降水量为1645.7毫米，降水季节变化明显，降水时空分布不均；年平均日照时数为1710.8小时；年平均无霜期为272天。

主要气象灾害　受气候及地理条件影响，江西省气象灾害发生的种类多、分布广、频率高，是全国气象灾害最严重的省份之一。主要包括洪涝、干旱、风雹、寒潮、短时强降水、高温、连续低温阴雨、雷电、热带气旋和大雾等，还常常引发泥石流、山体滑坡、森林火灾、农林病虫害、传染病等一系列次生和衍生灾害。气象灾害造成的经济损失占自然灾害总损失的70%以上，加上其诱发的其他自然灾害比例高达85%。其中洪涝灾害造成的直接经济损失为最大,占总损失的 75%,其次是干旱灾害,占 10%,风雹等强对流灾害位居第三。据调查统计,全省每年因气象灾害造成的直接经济损失占 GDP 的 3%~6%。

气象灾害防御 全省逐步建成由新一代天气雷达、气象卫星、自动站及各类专业观测系统组成的天地一体化的气象灾害及次生灾害监测网,省级应急指挥车和移动应急系统,形成了集有线、移动通讯、计算机广域网和卫星通信于一体的覆盖全省、集中控制、分级管理的气象灾害综合监测体系,实现了国家、省、市、县的各类气象信息共享。有人工影响天气地面作业工具 207 套和作业飞机 1 架,获得上岗证作业人员 647 人。覆盖学校、农村、企业、旅游等领域的气象信息队伍达 1.97 万人。各级台站均建立"12121"电话、广播、电视、报纸、电话、互联网、手机短信、电子显示屏、DAB 等形式多样的气象灾害预警信息发布手段,全省共有 111 个电视频道、165 套电视节目、25 个广播频道、30 套广播节目、30 家报纸、156 块自建和共建电子显示屏、290 多万短信用户可供传播接收气象信息,中国气象频道在江西落地,与省广电部门建立预警信息插播机制。省气象局与省政府应急办建立气象灾害应急联动机制,气象保障列入了多个省级专项预案,《江西省气象灾害应急预案》纳入省政府预案体系,《江西省气象灾害预警信号发布和传播管理办法》制定发布。经过多年努力,江西省初步建立"政府主导、部门联动、社会参与"的气象灾害防御体系。

基层气象台站沿革

地面气象观测站 全省共有国家级台站 87 个,其中有国家基准气候站 4 个,国家基本气象观测站 22 个,国家一般气象观测站 61 个。截至 2009 年 8 月底,全省共建成区域气象观测站 1531 个,已实现全省每个乡镇至少有一个区域气象观测站的建设目标。在中国气象局支持下,尚未设立气象台站的九江、浮梁、上栗、芦溪 4 个县正在抓紧建设国家一般气象观测站。

高空气象观测站 全省有南昌和赣县 2 个高空气象观测站,其中南昌采用 L 波段雷达探空,赣县正在实施 701 探空雷达更换 L 波段雷达的技术改造。

天气雷达观测站 全省已建成南昌、赣州、吉安、九江和上饶 5 部新一代天气雷达和 1 部移动应急雷达。根据中国气象局"新一代天气雷达规划增补方案",正在进行宜春、抚州和景德镇 3 部新一代天气雷达建设的前期相关工作。

卫星遥感观测站 全省除南昌、景德镇和上饶外,其他设区市气象局和省气象台各有 1 个风云系列卫星资料接收站。

雷电观测站 全省共有 12 个 ADTD 型雷电(云地闪)观测站和 4 个大气电场观测试验站,初步实现了全省雷电观测的全覆盖。

GPS/MET 观测站 省气象局与省测绘局联合共建了 62 个 GPS/MET 基准水汽观测站,所有观测站点均建在气象站内。

农业气象观测站 全省共有 18 个农业气象观测站。此外,还建有 1 个国家级南方农田生态观测站(南昌)和 5 个省级农田生态观测站,在建 7 个自动土壤墒情观测站。

风能、太阳能资源观测站 全省建成国家布设的风能资源观测站 6 个,分别是:环鄱阳湖区域 4 个(庐山区狮子山、都昌县矶山、永修县吉山各 1 个,风塔高 70 米;湖口皂湖 1 个,风塔高 100 米),赣南山地 2 个(上犹县风打坳和于都县屏坑山各 1 个,风塔高 70 米)。全省已建成太阳辐射观测站 10 个,其中南昌和赣县分别为国家太阳辐射观测二级站和三级站,其他 8 个是省级站。

大气成分及环境气象观测站 全省建成国家级大气成分观测站 1 个(庐山),负离子观测站 15 个,酸雨观测站 12 个,紫外线观测站 12 个,雨滴谱观测站 3 个。

省级主要气象业务

天气预报 制作和发布全省范围内中期、短期、短时临近天气预报、灾害性天气和强对流天气预报警报,负责全省重大灾害性天气预报服务的实时组织指挥和全省天气、生态与农业气象、大气成分等的技术指导工作。

气候预测 制作发布月、季、年气候趋势预测和汛期降水、春播、伏秋旱等重要季节专题气候预测产品,完善短期气候预测模型,开展动力学模式产品的解释应用,制作全省范围内的精细化短期气候预测产品和制作决策服务产品。

气候变化 承担全省气候变化、极端气候事件监测业务,以及气候变化对全省农林水、电力、交通、旅游、能源、建筑等敏感行业的影响评估业务工作;分析研究全省气候变化成因,开展气候变化影响评估技术开发工作,制作决策服务和业务产品。

卫星遥感 江西省气象局已拥有极轨气象卫星和 DVB-S 两套接收处理系统。主要开展全省气象灾害、植被指数、森林热点、鄱阳湖水域面积、卫星云图、云顶亮温等遥感监测与分析评价服务业务,并应用其资料开展全省双季水稻、油菜、棉花等作物长势和种植面积的监测。

南昌市气象台站概况

南昌市位于江西省北部,赣江下游,鄱阳湖滨。始建于公元前 202 年,是历代郡、府、州治所在地。王勃《滕王阁序》概括其地势为"襟三江而带五湖,控蛮荆而引瓯越"。辖 4 个县(南昌县、新建县、进贤县、安义县),5 个区(东湖、西湖、青云谱、青山湖、湾里),4 个开发区(高新技术产业开发区、经济技术开发区、桑海经济开发区、英雄经济技术开发区),1 个新区(红谷滩新区),总面积 7402.36 平方千米,总人口 491.31 万,其中市区人口 224.25 万,是全国 35 个特大城市之一。

历史沿革　1933 年 6 月,南昌航空署测候所成立。此后,水利与农林等部门也相继设立气象观测站点。1936 年江西水利局将南昌水文观测站改为三等测候所。1942 年 11 月,省政府批准在泰和设立江西省气象台,直属省建设厅领导。由于经费短缺,仪器陈旧,设备简陋,加上观测记载不正规,留下的观测资料代表性差。至 1949 年上半年,除莲塘测候所外,其他台站均先后裁撤或停止工作。

1950 年 5 月,中南军区司令部气象管理处成立,6 月该处派人到南昌建立气象台。1953 年 11 月,气象部门建制由军事系统转到政府系统,南昌气象台移交江西省。1954 年 10 月,省气象局的成立加快了全省各级各类气象台站建设,仅用 4 年多时间,到 1959 年初江西实现"县有站,专有台"。与此同时,空军、民航及其他工矿、水利、农垦、林业等部门也根据需要建立一批气象台站。1958 年"大跃进"中,农村社队纷纷建立气象哨,1962 年被裁撤。1981 年,又建立一批民办公助气象哨,1986 年起撤销。从 2001 年开始,先后在南昌市区和南昌、新建、进贤、安义 4 个县建立 89 个加密自动气象站。

管理体制　1988 年 9 月 6 日,经南昌市政府和江西省气象局协商,成立南昌市气象台。为南昌市政府工作部门,设在江西省气象台内,台长由省气象台领导兼任。实行省气象局与南昌市政府双重管理、以省气象局为主的管理体制。1989 年 1 月 1 日对所辖 4 个县气象局实行管理。1996 年 4 月 29 日,南昌市气象台更名为南昌市气象管理局。1997 年 8 月 15 日,更改为南昌市气象局。2004 年 8 月 14 日,经江西省气象局、南昌市政府研究,决定组建独立的南昌市气象局,仍实行省气象局与南昌市政府双重管理、以省气象局为主的管理体制。

台站数量　截至 2008 年底,南昌市气象局管辖地面气象观测站 5 个(其中南昌地面观测站为国家基本气象观测站,南昌县、新建县、进贤县、安义县气象观测站为国家一般气象观测站),农业气象试验站 1 个(南昌县),高空气象观测站 1 个(南昌),天气雷达站 1 个(南昌),太阳辐射观测站 1 个(南昌)。

人员状况 1950 年 6 月建站时有 4 人;1988 年全市气象部门有在职职工 83 人;1992 年有 80 人;2004 年有 77 人;2008 年有 85 人,大专以上学历 65 人(其中本科学历 38 人);中级以上职称 49 人(其中高级职称 9 人)。

党建与气象文化建设 全市气象部门有党支部 5 个,在职党员 41 人,占职工总数的 48%。市气象局与各科(台)和县气象局签订党风廉政责任状,没有出现违法违纪现象。截至 2008 年底,全市气象部门有市级文明单位 5 个,省级文明单位 2 个,全国气象部门文明台站标兵 1 个,全国气象部门廉政文化示范点 1 个。

探测环境保护 在地方政府和气象部门的支持下,南昌市气象局联合有关部门积极开展气象探测环境保护工作。2007 年市气象局加强执法检查与沟通协调,多次到市观象台和各县气象观测站现场进行技术测量,积极宣传保护气象探测环境的意义,2008 年,在南昌县政府、县城建局等部门的支持下,南昌多普勒天气雷达站探测环境得到了有效的保护。

主要业务范围

地面观测 全市有地面气象观测站 5 个,其中南昌地面观测站为国家基本气象观测站,观测项目有云、能见度、天气现象、气压、空气温度和湿度、风向、风速、降水、日照、蒸发、地面温度、浅层地温、深层地温、雪深、雪压、电线积冰和太阳辐射,每天 02、08、14、20 时 4 次定时观测,向省气象台拍发 1 次省区域天气加密电报;4 个县级台站为国家一般气象观测站,观测项目有云、能见度、天气现象、气压、气温、湿度、风向、风速、降水、雪深、日照、蒸发(小型)和地面温度,每天 08、14、20 时 3 次定时观测,向省气象台拍发 3 次天气加密报;区域自动气象站 89 个,其中两要素 3 个,四要素 82 个,五要素 1 个,六要素 1 个,七要素 1 个,八要素 1 个,全部采用 GPRS 无线传输方式,每 5 分钟向中心站传输资料,经由市气象台打包后发送至省气象信息中心。

2002 年南昌市气象台开始建设地面自动气象站,改变地面气象要素人工观测的历史,实现地面气压、气温、湿度、风向、风速、降水、地温(包括地表、浅层和深层)、太阳辐射自动记录。

高空观测 开展高空风观测和探空观测,观测时间为 07 时与 19 时 2 次,01 时单独测风 1 次。并通过"GTS1-L"型数据处理系统进行数据整理。

天气雷达 多普勒(WSR-98D)天气雷达,采用全天候工作方式,特定时期 24 小时不间断开机。雷达自动运行,自动定标,可随时提供雷达回波资料。

农业气象 农业气象站观测项目有作物生育期观测、自然物候观测、土壤水分观测、农田小气候观测和生态气象观测。

气象服务 服务方式包括传真和手机短信息两种。服务产品主要有重要天气信息、气象呈阅件、社会活动气象服务、节日天气等;手机短信服务有重要天气、农事天气、一周天气、气象灾害预警等。

人工影响天气 南昌地区人工增雨最早开始于 1959 年,在南昌向塘机场进行试验性的飞机人工增雨作业。2004 年,南昌地区建立市、县 5 支标准化人工增雨作业队伍,2008 年有 8 套增雨作业火箭发射架。

南昌市气象局

南昌属亚热带季风气候,热量丰富,雨水充沛,光照充足,气温变化大。年平均气温为17.6℃,极端最高气温为40.1℃,极端最低气温为－9.7℃;年平均降雨量为1624.4毫米;年平均日照时数1820.4小时。

机构历史沿革

始建情况 1950年6月,中南军区司令部气象管理处南昌气象台建立并开始地面气象观测,台址位于南昌市郊青云谱,即北纬28°36′,东经115°55′,海拔高度46.9米。担负地面、日射、高空气象观测及天气雷达观测等工作,属国家基本气候站。

历史沿革 建站时称南昌气象台;1953年5月更名为国营320工厂试飞站气象台;1954年1月恢复南昌气象台;1960年4月,江西水文与气象合并,改称南昌水文气象服务台,1970年2月又恢复原名;1973年4月,经省军区同意,将南昌气象台改称江西省气象局气象台,对外发布预报简称江西省气象台;1974年5月,经上级批准正式改名为江西省气象台;1979年11月,气象台通信报务、气象填图、天气预报、气象服务及行政办公等部分迁至省政府大院省气象局大楼,地面气象观测和高空大气探测部分仍留青云谱原址;1988年9月,南昌市气象台成立并与省气象台合署办公,两块牌子一套人员;1997年3月,改为南昌市气象局并与省气象台合署办公;2004年8月,经江西省气象局、南昌市政府研究,决定组建独立的南昌市气象局,并将留在青云谱原址的大气探测部分划归南昌市气象局。

管理体制 建站时体制实行条块结合,以条为主的管理体制;1953年5月更名为国营320工厂试飞站气象台,由国营320工厂领导;1954年1月属江西省气象科(局)管理;1960年4月,江西水文与气象合并,隶属水利电力厅领导;1973年4月属革命委员会和军事部门双重领导,以军事部门领导为主;1980年7月开始实行气象部门与地方政府双重领导,以气象部门领导为主的管理体制。

机构设置 1974年5月南昌气象台正式改名为江西省气象台,下设观测、预报、报务3个组;1977年3月设立办公室、通讯科、预报科及测报科4个科室;1988—1997年,市气象局的主要任务是编发南昌地区的各种天气预报和警报,为全市提供专项气象服务,指导和管理市辖县的气象工作,市气象局下设机构除探测、预报和服务等业务科室外,还设置人秘科和业务科,指导、管理市辖4县气象局工作;1998年1月,人秘科与业务科合并成立综合管理科;1999年12月,市气象局增加气象行政执法职能,设立法制科(与业务科合署办公),并将综合管理科分设为办公室(人秘科)与业务科(法制科);2003年10月,气象行政执法管理从业务科分出,单独成立政策法规科;2004年8月组建独立的南昌市气象局,下设管理机构有办公室(人秘科)、业务科技科、政策法规科(雷电防护管理局),业务单位有南昌市气象台、南昌观象台、南昌市气象科技服务中心;2006年5月,在2004年"南昌市气象局机构编制调整方案"的基础上,对南昌市气象局的机构编制再次进行调整。调整后的机构设置为:南昌市气象局机构规格为正处级;下设管理机构有办公室(人事教育科、计划财务科、监察审计科),业务科技科(人工影响天气领导小组办公室),政策法规科(雷电防护管理局)3个职能科(室),为正科级;直属正科级事业单位3个,分别是南昌市气象台(南昌市环境预报中心、南昌市农村经济信息中心、南昌市气象科学研究所)、南昌国家气候观象台、南昌市气象科技服务中心。

单位名称及主要负责人变更情况

单位名称	姓名	职务	任职时间
南昌气象台	郭忠平	负责人	1950.06—1951.11
	赵廷才	台长	1951.11—1952.03
	郑朝鑫	台长	1952.03—1952.12
国营320工厂试飞站南昌气象台	孔祥民	台长	1952.12—1953.05
			1953.05—1954.01
南昌气象台	刘震	台长	1954.01—1959.03
	黄青云	台长	1959.03—1959.07
	周炎炳	台长	1959.07—1959.08
	洪和鸣	台长	1959.08—1960.04
南昌水文气象服务台		负责人	1960.04—1960.12
	黄青云	负责人	1960.12—1968.11
	李秀章	台长	1968.11—1969.10
南昌气象台	王化明	台长	1969.10—1970.02
			1970.02—1970.11
江西省气象局气象台	李秀章	台长	1970.11—1973.04
			1973.04—1973.09
江西省气象台	张楫	台长	1973.09—1974.05
			1974.05—1980.06
	潘志英	台长	1980.06—1983.12
南昌市气象台	姜宜愉	台长	1983.12—1988.09
			1988.09—1990.09
	郭淑英	台长	1990.09—1992.09
	毛道新	台长	1992.09—1994.12
	黎健	台长	1994.12—1997.03
南昌市气象局	姚春林	局长	1997.03—1998.03
	詹丰兴	局长	1998.03—2004.12
	吴延年	局长	2004.12—

人员状况 建站时有4人;1988年有38人;截至2008年12月,市气象局本部有在职职工38人(机关人员12人,业务人员26人),其中1人为回族,其他均为汉族,平均年龄为40岁;硕士研究生1人,本科25人,大专6人,中专6人;大专以上学历职工占84%,中专学历占16%。高级工程师7人,工程师19人,助理工程师12人;中共党员17人,占职工总数的45%。

气象业务与服务

1. 气象业务

①气象观测

地面气象观测 南昌观象台地面气象观测站是国家基本站(观测场面积 25 米×35 米),担负全球气象信息交换任务。每日进行 8 次人工观测,其中 4 次(02、08、14、20 时)定时观测,4 次(05、11、17、23 时)辅助观测。自动观测项目每天进行 24 小时连续观测。同时,也是气象辐射观测二级站。

自动气象站观测 2002 年 7 月首先在市气象局观象台建设了全省第一个自动气象站,并与人工并行观测,2003 年 7—11 月,在全市铺开此项观测任务,2004 年采用双轨运行方式进行平行观测,2005 年 1 月 1 日,CAWS600 自动气象站正式实施自动观测。除目测项目日照、小型蒸发、冻土、雪深、雪压、降水外,其他气象要素均以自动站为准。人工观测时次由 8 次改为 4 次(即 02、08、14、20 时),2006 年 1 月 1 日起人工观测时次由 4 次改为 1 次(20 时)。

②高空观测

南昌开展高空观测始于 1937 年空军南昌测候区台。新中国成立后,中南军区气象管理处南昌气象台在 1951 年 12 月开展高空观测,1954 年 1 月江西省各级气象机构转为地方建制后,此项观测则移交给新建立的南昌气象台探空站。

20 世纪 50 年代初每日开展高空风观测 2 次(11 时与 23 时各 1 次)。1957 年 3 月改为 10 时与 22 时各 1 次。1957 年 4 月起再次改为 07 时与 19 时各 1 次,并开始增加探空观测任务。1958 年 3 月增加 01 时单独测风 1 次。1983 年 1 月 1 日起探空观测时间改为每日 07 时 15 分和 19 时 15 分各 1 次。

高空风观测早期使用经纬仪,1957 年 4 月使用苏式探空仪,1966 年 9 月 17 日改用国产 59 型探空仪(GZZ1 型配 24 兆接收机、GZZ2 型配 400 兆接收机),1968 年 3 月开始使用国产 701-A 型测风雷达,1984 年开始使用 PC-1500 袖珍计算机进行测风记录整理与编报,1998 年 10 月改用"59-701"微机,2000 年 701-A 型雷达改造成 701-X 型雷达,2005 年 1 月使用 GFE(L)型测风雷达、GTS1(GZZ9)型数字探空仪和 GTS1-L 型数据处理系统。

探空球在 1968 年以前使用芬兰球或国产球,为 80 号球,重量 400 克,探测高度为 15 千米～21 千米之间。1968 年改用国产 120 号球,重量为 1000 克,探测高度平均提高 10 千米左右。从 1980 年开始用球重为 750 克的探空球。20 世纪 70 年代以前,充灌探空气球使用的是化学制氢。1976 年开始改用电解水制氢。

③天气雷达

南昌市第一部天气雷达是 1970 年 8 月从福建省气象局调入的英国旦卡 41 型 3 厘米波长天气雷达,1976 年改换国产 711 型 3 厘米天气雷达,1979 年 3 月更换为由桂林长海机器厂生产的以电子管为主要器件的 713-5 厘米天气雷达,1993 年更新为 713-C 雷达。2001 年 9 月再次更新为北京敏视达公司与美国合资生产的多普勒(WSR-98D)天气雷达,可生成 76 种产品,对预报短时灾害性天气有重要作用。每年 3 月 1 日至 10 月 31 日执行汛期

24 小时全天候观测,特殊年份可提前或推后。11 月 1 日至次年 2 月底每天定时监测时间为 09—15 时,遇有复杂天气,随时加密观测。雷达全自动运行(无人值守),自动观测、标定,每 6 分钟 1 个体扫,可随时提供多种雷达回波资料。1984 年南昌市气象台在全国首先实现天气雷达数字化图像传输。1989 年实现全省雷达数字化组网拼图。

雷电监测 2003 年建立闪电监测仪,设备实现自动监测,实时上传信息。

负离子观测 2001 年开展空气负离子观测,每天 09、16 时 2 次观测。

④气象信息网络

2006 年 12 月,南昌市气象局机关及气象台从省气象局大楼搬迁至昌北供电分局(租房),根据业务办公需求,单独组建气象网络。2008 年 9 月进驻南昌建设大厦,网络设备有核心交换机、路由器、接入层、硬件 VPN 等。主干达到千兆速率,桌面百兆速率。接入联通、电信、移动专线线路,应对不同业务需求。采用网络版防毒墙对终端电脑进行保护。

2007 年 1 月南昌市气象台建成省、市可视会商系统,2008 年 9 月建成省、市、县可视会商系统。

2000 年南昌市气象台与南昌市委农工部合办南昌农经网,气象部门主要负责技术保障工作。

2. 气象服务

决策气象服务 南昌市的决策气象服务信息一般以《重要天气信息》、《南昌气象月报》、《一周天气早报》等形式通过传真或计算机网络发送。对特别重大的天气气候事件则以《气象呈阅件》形式,直接送达市委、市政府领导。为重大社会经济活动和重要节日提供气象服务保障。

专业与专项气象服务 人工影响天气主要为扑灭森林火灾、降低森林火险等级、人工消雹、城市降温、解除旱情等开展人工影响天气作业。2005—2008 年开展人工影响天气作业 182 次,经统计累计增雨 1.32 万立方米,受益面积 4.06 万平方千米。

气象科普宣传 开展送气象科技进农村、进企业、进社区、进学校、进公交等多项活动,并加强同新闻媒体的合作,在《江南都市报》、《南昌日报》、南昌电视台等媒体刊(播)出相关的科普宣传或报道。

气象法规建设与社会管理

法规建设 南昌市气象法制机构设立于 1999 年底,气象局法制科与业务科技科实行两块牌子一套人员,编制 4 人,是全省首个设立法制机构的设区市气象局。2003 年 10 月设立独立建制的政策法规科,编制 2 人。

主要职能 南昌市气象行政执法主要职能是气象信息传播执法、防雷减灾执法、气象探测环境保护执法、施放气球执法。

气象法规 1993 年开始,南昌市政府先后下发《关于进一步加强气象工作发展地方气象事业的通知》(洪府发〔1993〕19 号)、《南昌多普勒天气雷达站探测环境和设施保护办法》(洪府发〔2000〕20 号)、《关于加强气象探测环境保护工作意见的通知》(洪府厅发〔2005〕117 号)、《关于切实做好防雷减灾工作的通知》(洪府厅发〔2006〕150 号)、《关于进一步加强施放气球安全管理工作意见的通知》(洪府厅发〔2006〕156号)和《关于进一步加快我市气象事业发展的实施意见》(洪府厅发〔2007〕125号);2000年12月12日南昌市政府第81号令发布《南昌市防雷减灾管理规定》;2005年南昌市出台第一部地方气象法规《南昌市防雷减灾条例》。

社会管理 南昌市气象局依法对所属气象台站的探测环境进行保护、对防雷工程专业设计或施工资质管理、施放气球单位资质认定、施放气球活动许可制度等实行社会管理。

2006年7月,南昌市机构编制委员会以洪编办〔2006〕38号文批复,同意在南昌市气象局增挂南昌市雷电防护管理局牌子。

政务公开 2008年根据《中华人民共和国政府信息公开条例》精神,南昌市气象局开展政府信息公开工作。以依法行政、提高效能、促进反腐倡廉和建设服务型政府部门为目标,不断完善公开制度,拓宽公开领域,深化公开内容,规范公开流程,创新公开形式,不断推进政府信息公开的各项工作。

按照《条例》的要求,南昌市气象局在南昌市政务公开信息网络上公开的政务信息内容主要有:公共气象服务信息、部门概况、气象法律法规、气象相关标准规范、气象部门行政许可、气象行政监管。财务收支、职工公积金、基础设施建设、工程招投标等内容以职工大会或公示栏张贴等方式向职工公开。对干部任用、职工晋职、晋级、评优评先等及时公示。

党建与气象文化建设

1. 党建工作

南昌市气象局认真履行党建工作职责任务,积极宣传党的路线、方针、政策和国家法律法规、抓好职工思想政治建设、文化建设和精神文明建设、抓好党务干部的培养和选拔工作,维护职工的合法权益。积极稳妥地做好入党积极分子的培养和发展党员工作,指导、协调和支持工会、共青团、妇联等群众组织开展工作。

党的组织建设 2004年8月南昌市气象局单独成立后,于2005年6月正式成立机关党支部,2008年底有中共党员19名(其中16名在职党员、2名退休党员、1名预备党员)。2005—2006年度、2007—2008年度连续被市直机关工委评为先进党组织。

党风廉政建设 市气象局党组把廉政文化建设纳入党组的重要议事日程和年度目标考核。成立由市气象局局长任组长,分管领导为副组长和相关科室负责人为成员的气象廉政文化建设工作小组,制定《南昌市气象部门廉政文化建设实施意见》、《党风廉政宣传教育联席会议制度》、《南昌市气象局党组关于落实三项谈话制度的实施意见》等规定,定期组织召开党风廉政宣教联席会议,从制度上规范领导干部的廉洁从政行为。以廉政文化"六进"为抓手,广泛开展气象廉政文化建设各项活动,使全市气象部门的廉政文化建设工作充满活力。

2. 气象文化建设

气象文化是气象部门长期形成和发展起来的价值观念、服务理念、行为规范等群体意识的总称,是气象事业的生存基础、行为准则、精神动力和智力支持。市气象局认真落实科学发展观,不断强化"公共气象、安全气象、资源气象"的发展理念,坚持继承发扬与改革创新,注重运用多种形式,把气象文化建设与气象中心工作紧紧地结合起来,有力地促进了队伍素质的提高,现代化建设的加强,业务领域的拓展。

精神文明建设 2000 年南昌市气象局成立创建文明行业活动领导小组,局长、党组书记负总责,副局长分管,有专门工作小组,办公室具体实施,同时明确了党、政、工、团的兼职干部是精神文明建设的基本队伍和骨干力量。制定《南昌市气象部门岗位行为规范和职业道德规范》《南昌市气象局开展文明创建活动考核评比办法》、《南昌市气象部门文明创建工作规划》及《南昌市气象部门创文明行业活动实施方案》等,并充分发挥党、团、工会等组织的作用,落实各项活动。对干部职工的岗位责任制落实、业务服务等情况进行日查、月评、年考,创建工作由虚变实,由软变硬,由弱变强。

文明单位创建 自 1999 年开展文明创建工作以来,南昌市气象局获得五届(2000—2001 年度、2002—2003 年度、2004—2005 年度、2006—2007 年度、2007—2008 年度)市级文明单位,三届(2002—2003 年度、2004—2005 年度、2006—2007 年度)省级文明单位,江西省第一届(2001—2002 年度)、第二届(2003—2004 年度)文明行业,南昌市 2005—2006 年度文明行业等多项荣誉。

文化活动 1999 年起组织开展"文明创建月"活动。组织全体职工参加义务劳动、接受爱国主义和革命传统教育、举办"文明创建知识竞赛"和"爱我南昌,爱我气象知识竞赛"活动;开展乒乓球、篮球、拔河、登山等文体活动;开展廉政短信、贺卡大赛、共建"和谐平安社区"、党员创业竞赛、气象青年志愿者等活动。运用现代化通信手段,建立"南昌气象党建论坛",传播党建信息,交流学习心得体会。通过"气象短信平台"发送党员亲情、警示教育信息。充分发挥党员的先锋模范作用,在基层业务岗位上设立"模范示范岗",比学习、比工作业绩,促气象业务质量上新台阶;在预报服务岗位设立"明星示范岗",比服务质量、比创新工作,提高党员干部创事业的能力;在机关岗位上设立"满意公务员岗",比依法行政、比勤政廉政,有效地激发了全局干部职工爱岗敬业,刻苦钻研业务技术的热情。

3. 荣誉

集体荣誉 1988—2008 年南昌市气象局获得省部级荣誉 5 项,地(厅)级荣誉 45 项。1993 年、1994 年、1995 年、1996 年、1998 年被南昌市委、市政府授予"抗洪抢险先进单位"称号;2005—2007 年度被评为全市森林防火工作先进单位;2004—2008 年连续获得南昌市政府授予"安全生产及安全生产专项整治工作先进单位"称号;2007 年度、2008 年度分别获南昌市目标考核一、二等奖。

个人荣誉 许爱华 2000 年获"南昌市劳动模范"称号;许彬 2005 年获"南昌市劳动模范"称号;唐传师 2008 年获南昌市"抗灾救灾模范"称号(享受市级劳模待遇)。

台站建设

南昌市观象台占地面积 6 公顷,1985 年建成测报办公楼 1 栋,面积 400 平方米,制氢用房 1 栋,面积 300 平方米,配电房 2 间,面积 160 平方米。2001 年建成新一代天气雷达楼 1 栋,面积 2700 平方米。为进一步加强基层建设,2000 年对测报办公楼的环境及观测场进行改造。2001 年建成自动气象站。2005 年建成和使用 L 波段探空雷达。

南昌市气象局于 2004 年 8 月单列后,局机关及预报服务业务部门设在省气象局大楼里。2006 年 12 月搬迁到红谷滩新区租房办公。2008 年 9 月在南昌市昌北丰和中大道 1318 号建设大厦办公,办公用房面积 2300 平方米。

南昌多普勒天气雷达楼(摄于 2004 年 6 月 22 日)

南昌县气象局

西汉高祖六年(公元前 201 年)置南昌县。隋、唐(589—742 年)时期,南昌县改称豫章县,隶属洪州。民国元年(1912 年)至三年隶属江西省豫章道。南昌县位于江西省中部偏北,南昌市南部,赣江、抚河下游,总面积 1683.6 平方千米,总人口 93.87 万。县政府所在地为莲塘镇,所辖 16 个乡镇。南昌县地处亚热带季风气候区,气候温和湿润、日照充足、雨水充沛,四季分明。年平均气温 17.5℃,年极端最高气温 40.7℃,年极端最低气温 −13.9℃;年平均降水量 1609.9 毫米;年平均日照时数 1881.4 小时。

机构历史沿革

始建情况　南昌县气象站的前身是 1954 年 4 月成立的江西省莲塘气候站,位于南昌县莲塘镇莲良路 34 号,北纬 28°33′,东经 115°57′,观测场海拔高度 31.9 米。

历史沿革 1954 年 4 月成立江西省莲塘气候站;1954 年 10 月莲塘气候站划为一等气候站。1960 年 3 月成立南昌县水文气象站,1962 年 6 月撤销;1975 年 10 月成立南昌县气象站;1980 年 7 月撤站改局;1984 年 4 月撤局改站;1989 年 3 月撤站改局。

管理体制 1954 年 4 月成立的江西省莲塘气候站,业务领导属江西省气象局;1960 年水文与气象合并,隶属水利电力厅领导;1975 年 10 月起属南昌县农业局领导;1980 年 7 月撤站改局,由省气象局管理;1980 年 12 月南昌县气象局与新成立的江西省农业气象试验站合署办公;1989 年 1 月由江西省南昌市气象台管理;1994 年 1 月 1 日由江西省农业气象中心管理;从 1998 年 1 月起,改由南昌市气象局管理。

机构设置 2004 年开始,南昌县气象局下设办公室、气象台、防雷所、生态室。

单位名称及主要负责人变更情况

单位名称	姓名	职务	任职时间
江西省莲塘气候站	朱谟遥	站长	1954.04—1954.10
			1954.10—1957.06
莲塘一等气候站	白 卯	站长	1957.06—1958.06
	朱谟遥	站长	1958.06—1958.11
	姚景乾	站长	1958.11—1959.05
	付克俊	站长	1959.05—1957.07
南昌县水文气象站	胡景会	站长	1957.07—1960.03
			1960.03—1960.07
	付克俊	站长	1960.07—1962.06
南昌县气象站	江秋生	站长	1975.10—1980.07
南昌县气象局		局长	1980.07—1984.04
南昌县气象站	卢光铼	站长	1984.04—1987.02
	刘 斌	副站长(主持工作)	1987.02—1989.03
		局长	1989.03—1990.09
南昌县气象局	吴高学	副局长(主持工作)	1990.09—1994.12
	陈国荣	副局长(主持工作)	1994.12—1995.01
	胡巨林	局长	1995.01—1996.09
	张文红	局长	1996.09—

注:1952 年 6 月—1975 年 9 月期间撤站。

人员状况 成立江西省莲塘气候站时只有 1 人;1975 年建站时有 3 人;1978 年有 6 人;2008 年底有在职职工 17 人,其中研究生 2 人,大学本科 7 人,大专 8 人。50 岁以上 1 人,40～49 岁 9 人,30～39 岁 5 人,30 岁以下 2 人;高级工程师 2 人,工程师 12 人,助理工程师 3 人。

气象业务与服务

1. 气象业务

①地面气象观测

1976年1月1日01时根据《地面气象规范》规定开始地面气象观测;1977年7月增加对指示云、地方性云、系统性云等云天观测项目;1980年1月1日起执行中央气象局颁发的新版《地面气象观测规范》;1985年1月开始使用新的《湿度查算表》。1989年1—12月进行酸雨观测,8月开始使用高频电话。1990年5月1日起每天用高频电话拍发08时的GD-91天气电码。1991年7月1日起正式执行气象旬(月)报电码(HD-03),停止执行原气象旬(月)报电码(试行)(HD-02)。1996年1月起执行《气象信息产品供应管理暂行规定》,4月起执行修改后的《江西省气象服务电码》,9月上旬起(HD-03)(AB)报改为气象信息网络传输。1997年5月14日起执行《江西省气象情报及灾情收集上报办法》。1998年3月1日00时起,开始使用《加密气象观测报告电码》(简称GD-05报)。

南昌县气象局属国家一般气象站,每天08、14、20时3个时次观测,观测项目有云、能见度、天气现象、气压、气温、湿度、风向、风速、降水、雪深、日照、蒸发、地温等。

天气报的内容有云、能见度、天气现象、气压、气温、风向、风速、降水、雪深、地温等;2008年新增加预约航空报,内容有云、能见度、天气现象、风向、风速等;重要天气报的内容有暴雨、大风、雨凇、积雪、冰雹、龙卷风等。

编制的报表有气表-1、气表-21。2006年1月起,通过气象内网向省气象局转输资料,停止报送纸质报表。

2003年8月,CAWS600型自动气象站建成,11月1日开始试运行;2005年人工观测与自动站观测并行;2006年1月1日起,自动气象站正式投入业务运行。

2003年8月开始建设自动气象站,先后在蒋巷、新联、冈上建成自动雨量观测站3个。2007年完成县域内16个乡镇的自动气象站建设任务。2008年为了防灾减灾工作的需要,购置温度、湿度、雨量、风向、风速、气压六要素移动气象站。

②气象信息网络

1989年8月使用高频电话发报;1995年开始通过电信网络(DOWS)接收、上传气象资料和发报;2006年6月开始使用电信光缆和专线接收、上传气象资料和发报。

③天气预报

主要以订正预报为主,内容有临近、短期、中期和长期天气预报(春播预报、汛期预报)。

1976—1985年通过抄录整理观测资料、绘制简易天气图和压、温、湿曲线图、接收传真图制作天气预报;1995年开始利用接收的卫星资料结合其他资料制作短时订正天气预报。

④农业气象

1980年开始对早稻、晚稻、油菜进行生育状况观测,1994年起增加生长量测定;1982—1989年、1992年、1994年起进行花生生育状况观测;1980年开始对桃树、苦楝进行物候观测;1998年开始对梨树进行物候观测;1980—1995年先后对葡萄、泡桐、板栗、柑橘、油桐等进行物候观测;1987—1989年进行花生非固定地段土壤湿度测定;1986—1989年进行油菜非固定地段土壤湿度测定;1982—1992 年进行固定地段土壤湿度测定。1980 年开始进行作物、物候及水文气象的观测;1983 年开始制作气候评价、水稻产量预报;1984 年 1 月开始拍发农业气象旬(月)报(HD-02);1995 年开始执行《农业气象观测规范》(原省气象局编写的"农业气象简易观测方法"停止执行);1997 年 7 月 1 日起参加全国统一的农业气象业务工作质量考核。

2005 年开始分别根据中国气象局气预函〔2005〕50 号、气发〔2006〕234 号等文件要求,开展江西省农业气象试验站进行生态与农业气象试验站一期和二期基础建设,内容涵盖农田生态监测场地建设、生态实验室建设、仪器设备购置、通讯保障等。生态观测项目包括早稻、晚稻、油菜和花生等作物的生长发育状况观测,油菜和双季水稻的产量预报,酸雨和大气干降尘观测,大气要素观测,土壤物理化学要素测定,稻米品质测定,以及生态气象灾害与病虫害调查等。经过近 5 年的农田生态观测与科研,江西省农业气象试验站作为主持或参加单位完成中国气象局新技术推广课题、江西省气象局防灾减灾重点课题及地方课题 13 项,发表学术论文 16 篇,获得江西省气象科技奖励创新项目三等奖 1 项,参加全国农业气象学会年会学术交流 3 次。

1980 年 12 月南昌县气象局与江西省农业气象试验站合署办公以来,共参加、主持各类课题 40 余项,发表学术论文 60 余篇,获得各级科技(论文)奖励 10 余项(次)。

2. 气象服务

公众气象服务 1998 年 10 月,电视天气预报节目在县电视台播放;2002 年 6 月开通"121"天气预报自动电话答询系统;2005 年 1 月"121"电话升位为"12121";2007 年 6 月开通气象短信平台;2008 年增加全县的农村气象信息员为短信用户;2009 年增加全县农村经济合作社组织成员及中小学校领导为短信用户。同时,通过广播、电视、高频电话、网络、手机短信等方式向社会公众发布气象信息、短时预警信息。

决策气象服务 南昌县气象局始终把气象为县委、县政府领导防灾减灾服务作为首要任务,把气象为农业服务作为重点。决策气象服务对象为县委、县政府和相关部门,决策服务的形式主要有《气象呈阅件》、《气象情况反映》、手机短信等。

专业与专项气象服务 1985 年开始开展专业气象服务;1991 年 6 月开展建筑物防雷装置和易燃易爆场所的防雷设施安全检测;2003 年 3 月依据《中华人民共和国气象法》《江西省实施〈中华人民共和国气象法〉办法》开展新建建筑物防雷装置设计审核和竣工验收。

2003 年在南昌县政府的支持下,南昌县气象局购置人工影响天气作业火箭发射架和人工影响天气作业专用车,进行抗旱、水库蓄水、森林防火、城市降温作业。

气象科普宣传 利用各种形式,把气象科普知识送到农村、学校、社区,普及气象知识,减少或避免因气象灾害而造成的损失。

气象法规建设与社会管理

法规建设 2001 年 3 月 5 日,南昌县政府办公室下发《关于印发贯彻执行〈南昌市防雷减灾管理规定〉实施意见的通知》;2006 年 11 月 30 日南昌县政府印发《南昌县气象灾害应急预案》。

社会管理 随着经济社会的快速发展,大气探测环境的保护日趋严峻。依据有关气象法律、法规的规定,2008 年将观测场环境保护图送至相关部门备案,并利用电视等媒体,向社会广泛宣传探测环境保护条例等相关法律法规,保证了观测环境不再遭受破坏。

政务公开 为推进局务公开工作,南昌县气象局设立局务公开栏,采用会议、网络等公开形式,公开本单位业务和事业发展等方面的重大事项、重大决策,涉及群众切身利益和群众关心的热点、难点事项。2005 年被中国气象局授予"气象部门局务公开先进单位"称号。

党建与气象文化建设

1. 党建工作

党的组织建设 1979 年建立党支部时,有党员 3 人。截至 2008 年底全局共有在职党员 7 人,离退休党员 4 人。

党风廉政建设 党支部建立以来,认真落实党风廉政建设目标责任制,积极开展廉政教育和廉政文化活动。成立廉政建设领导小组,及时向县纪委汇报工作。每年市气象局与县气象局签订党风廉政建设责任书,建立干部个人廉政档案。

参政议政 县气象局有九三学社成员 2 人,无党派人士 1 人。其中 1 人(胡逢喜)担任南昌市第十二届政协委员、南昌县人民代表大会第十四届人大常务委员会委员。

2. 气象文化建设

始终坚持以人为本,大力弘扬自力更生、艰苦创业的精神,深入持久地开展文明创建活动,文体活动有场所、电化教育有设备,职工文化生活丰富多彩。(1996—1997 年度、1998—1999 年度、2000—2001 年度、2002—2003 年度、2004—2005 年度、2006—2007 年度、2007—2008 年度)连续七届被评为南昌市"文明单位";荣获 2007—2008 年度江西省第十一届"文明单位"称号。

3. 荣誉

集体荣誉 1975—2008 年南昌县气象局共获省部级以下集体荣誉 60 项。2005 年 10 月被中国气象局评为"全国气象部门局务公开先进单位"。

个人荣誉 张文红 2006 年获江西省人事厅和江西省气象局联合授予的"全省气象先进工作者"称号。

台站建设

县气象局有土地面积 4976 平方米。1999 年 3 月至 2000 年 9 月,江西省气象局和南昌县政府共同投资 40 万元,县气象局自筹资金 50 余万元,拆除老办公楼,新建 1 幢四层面积 500 平方米的办公楼,办公条件得到较好改善,职工生活用水难问题得到解决,同时将县气象局院内进行整体规划,硬化的道路和种植的草坪面积分别达到 1000 平方米和 1200 平方米,建立室外活动场,添置了单杠、篮球架等体育活动器材。

2005 年,中国气象局拨款 70 万元,用于县气象局基层台站建设,将 1999 年建的办公楼扩建到 1100 平方米,新增了电教室、活动室、财会室等,综合业务室增至 87 平方米;自筹资金 40 万元,对办公设施进行更新,活动室增添了乒乓球台、跑步机等。

南昌县气象局旧办公楼(摄于 1998 年)　　南昌县气象局新办公楼(摄于 2008 年 9 月)

新建县气象局

新建县历史悠久,宋太平兴国六年(981 年)划南昌县西北境(今奉新、修水一部分地区)16 乡另建一县,命名新建县,距今已有 1000 多年历史,位于南昌市西郊。东隔赣江与南昌市、南昌县相望,南与丰城市毗邻,西与高安、安义县、湾里区接壤。北与永修县相连,东北倚鄱阳湖,中隔南昌市郊区,使全县分成上、下新建,故有上、下新建之称。全县面积 2337.84 平方千米,辖乡镇 19 个,2008 年底总人口为 68.85 万。

气候特点:四季分明,气候温暖,雨量充沛,日照充足,无霜期长。年平均气温 17.9℃,极端最高气温 40.9℃,极端最低气温-9.9℃;年平均降雨量 1567.6 毫米;年平均日照时数 1808 小时。

新建县气象局位于新建县虎形山,即北纬 28°42′,东经 115°50′,海拔高度 40.0 米。

机构历史沿革

始建情况　新建县气象站始建于 1953 年 10 月,站址位于生米街。

站址迁移情况　1961 年县城迁移至长堎,同年 3 月气象站迁至长堎花果山;1965 年 12 月迁至虎形山,即现址。

历史沿革　建站时为江西省新建气候站;1960年5月更名为新建县水文气象服务站;1962年1月更名为新建县气象服务站;1964年7月更名为江西省新建气象服务站;1970年1月更名为江西省新建县气象站;1980年7月成立新建县气象局,实行局站合一;1983年10月更名为新建县气象站;1989年1月恢复新建县气象局。

管理体制　建站时体制实行条块结合,以条为主的管理体制。1959年6月调整体制,改为新建县水利局管理,宜春专区水文气象总站负责业务管理。1960年5月业务改由南昌市农水局管理,1962年改由江西省水利电力厅水文气象局管理。1970年实行军队与地方政府双重管理、以军队为主的管理体制。1973年8月由新建县革命委员会管理。1980年7月,改为气象部门和地方政府双重管理、以气象部门领导为主的管理体制,隶属宜春地区气象管理局。1989年1月,由宜春地区气象局管理改归南昌市气象台管理。

机构设置　1979年县气象站下设测报组、预报组和办公室;1980年改为测报股、预报农气股和办公室;1989年设业务股、服务股和办公室;1999年设立气象综合业务室、气象科技服务中心;2008年底下设机构有办公室、综合业务室、气象科技服务股(防雷检测所)。

单位名称及主要负责人变更情况

单位名称	姓名	职务	任职时间
江西省新建气候站	朱玉盛	负责人	1958.10—1958.12
	罗正典	负责人	1958.12—1960.05
新建县水文气象服务站			1960.05—1960.09
	徐春松	站长	1960.09—1962.01
新建县气象服务站			1962.01—1962.12
	罗正典	负责人	1962.12—1964.07
江西省新建气象服务站			1964.07—1970.01
			1970.01—1972.02
江西省新建县气象站	胡庭俊	负责人	1972.02—1973.04
	罗正典	负责人	1973.04—1978.07
	黄履中	站长	1978.07—1980.07
新建县气象局		局长	1980.07—1981.07
	罗正典	副局长(主持工作)	1981.07—1983.10
新建县气象站		站长	1983.10—1985.12
	熊家银	站长	1985.12—1989.01
		局长	1989.01—1995.11
新建县气象局	胡久涛	副局长(主持工作)	1995.11—1997.07
	任相根	局长	1997.07—1998.02
	胡久涛	副局长(主持工作)	1998.02—1998.10
		局长	1998.10—

人员状况　建站时仅有3人。1979年有在职职工9人。2008年有在职职工10人,其中本科学历3人,大专学历5人,中专学历2人;中级职称7人,初级职称3人。50岁以上4人,41~49岁5人,40岁以下1人。

气象业务与服务

1. 气象业务

①地面气象观测

观测项目　从 1959 年 1 月起,先后进行温度、湿度、风向、风速、降水量、小型蒸皿蒸发量、日照、云量、云状、能见度、天气现象、地面状态及浅层地温等项目观测。2004 年 1 月起执行《地面气象观测规范》(2003 版)。

观测时次　1959 年 1 月起按地方平均太阳时 01、07、13、19 时 4 次观测;1960 年 1 月起取消 01 时观测,改为 07、13、19 时 3 次观测,1960 年 7 月 1 日起改用北京时 08、14、20 时 3 次观测。1985 年 3 月 1 日起,按省气象局赣气业(1985)04 号文增加 11、17 时 2 次气压、温度、湿度观测。1986 年 2 月起取消 11、17 时 2 次观测。

发报种类　1961 年起开始编发区域危险天气报;1980 年 1 月起改发重要天气报;根据中气发〔2004〕273 号文件规定,从 2005 年 1 月 1 日起执行"地面气象观测业务系统软件(2004 版)"进行编发报。

仪器配置及更新　建站时配置干、湿球、最高、最低及地面和地中 5～20 厘米温度表、雨量器、小型蒸发皿、日照计;1961 年 6 月 17 日 14 时起开始使用维尔达压板测风器;1965 年 1 月 1 日起对温度计、湿度计、水银气压表作正式记录;1970 年 9 月 1 日 8 时起用电接风向风速计取代维尔达测风器;1979 年 3 月 1 日起增加雨量计;1986 年 7 月起使用 PC-1500 计算机制作气象月报表;1994 年 1 月 1 日起停止观测地面温度;1998 年 1 月 1 日起恢复观测地面温度;2003 年 10 月安装的 CAWS600-B 型自动气象站,2004 年 1 月 1 日正式投入业务运行。

自动气象站观测项目有气压、气温、湿度、风向、风速、降水、地温等,观测项目全部采用仪器自动采集、记录。至 2008 年 1 月,全县先后建成 19 个自动气象观测站,其中 17 个四要素、1 个五要素、1 个两要素。

②天气预报

短期天气预报　1959 年 1 月起,制作本地 1～3 天的天气预报。

中、长期天气预报　1960 年开始制作未来 3～10 天的天气趋势预报,内容为天气过程、雨量、气温、农事建议和未来 10 天以上降水过程,气温变化及天气趋势预报。

专题天气预报　主要有春播、汛期、高温、干旱、寒露风、低温霜冻。

③农业气象

开展农业气候调查及农业气候区划服务,编写了《新建县农业气候资源》、《新建县农业气候区划图集》等区划材料。2002 年根据新建县农业生产结构调整的特点进行《新建县发展翠冠梨可行性气候分析》和《锦江上游降雨与松湖站警戒水位的关系分析》。

2. 气象服务

气象服务内容主要有春播、双抢、秋收、冬种等重要农事季节天气过程预报;早稻成熟期、二晚移栽期、油菜播种收割等作物生育期预报,以及开展早晚稻、油菜产量预报和农业气候评价。

公众气象服务 从建站起至 20 世纪 80 年代后期服务方式主要是广播、书面、电话、专人传递、口头汇报等;1985 年推行气象专业有偿服务;1988 年使用警报接收机传递气象服务信息;1997 年开通"121"自动电话答询系统;1998 年开始制作电视天气预报;2002 年 8 月建成新建县农村经济信息网;2003 年 6 月开通气象短信服务平台。

【气象服务事例】 1998 年 6 月中旬,江西赣中地区连降暴雨、大暴雨,造成山洪暴发,江河水位猛涨。6 月 14 日,新建县锦江水位超过警戒线。6 月 16 日,县气象局根据鄱阳湖地区连降暴雨和大暴雨的实况及天气趋势,及时向县领导汇报,未来一周有大到暴雨天气,鄱阳湖水位将迅速上涨,要作好抗大洪的各项准备。6 月 17 日,全县召开防汛工作会议紧急部署。23 日下午,预报员通过终端调用全省气象信息和本站资料分析,新建县未来 24 小时内仍有强降雨出现,并再次向县领导作了汇报。截至 24 日新建县降雨量达 172.9 毫米,全县境内大型圩堤无一溃坝。

专业与专项气象服务 开展人工增雨作业和防雷装置安全检测等服务工作。2008 年 2 月 17 日,新建县乐化镇发生森林大火,深夜县气象局领导接到县领导指示,"气象局要密切注视天气变化,抓住有利条件实施人工增雨灭火"。18 日 03 时,县气象局抓住有利天气,及时实施了 3 次人工增雨作业,火场附近下了小雨,为扑灭森林大火起到了关键作用。

气象法规建设与社会管理

社会管理 2001 年新建县政府下发《关于切实加强防雷减灾管理的通知》(新府字〔2001〕15 号)。2003 年 6 月为从源头上抓好雷电防护设施管理工作,县气象局进驻县行政服务办证中心,凡进办证中心审批的建设项目,都需通过防雷装置设计、审核、验收,从此全县防雷行政许可和防雷技术服务步入规范化。

政务公开 对气象行政审批办事程序、气象服务内容、服务承诺、气象行政执法依据、服务收费依据及标准等,采取户外公示栏、电视广告、发放宣传单等方式向社会公开。单位内部一些重大事情则通过职工大会公开。

内部管理 县气象局先后制定新建县气象局业务值班、财务、医药费、车辆使用等管理制度。

党建与气象文化建设

党建工作 1979 年成立县气象站党支部,有中共党员 3 人。2008 年底有中共党员 7 人(含退休党员 2 名)。

认真落实党风廉政建设责任制,积极开展廉政教育和廉政文化建设,努力建设文明机关、和谐机关和廉洁机关。组织党员干部开展以"情系民生,勤政廉政"为主题的廉政教育,观看《忠诚》等警示教育片。县气象局财务工作每年接受上级财务部门年度审计,并向职工公布。

气象文化建设 县气象局把领导班子的自身建设和职工队伍的思想建设作为文明创建的重要内容,开展经常性的政治理论、法律法规学习,组织开展各类文体活动。

1996—1997 年度、1998—1999 年度、2000—2001 年度、2002—2003 年度、2004—2005 年度、2006—2007 年度、2007—2008 年度连续 7 届获南昌市"文明单位"称号。

集体荣誉 1959—2008 年,县气象局共获省部级以下集体荣誉 28 项,其中 1959 年获"全省气象系统先进单位";2000 年被省人工影响天气领导小组授予"全省人工增雨抗旱先进集体"称号。

个人荣誉 罗正典 1980 年获南昌市革命委员会授予的"劳动模范"称号。

台站建设

2008 年底有土地面积 1441 平方米,办公楼 1 栋 570 平方米,职工宿舍 1 栋 1200 平方米,车库 1 间 40 平方米。由县政府出资 50 万元和省、市气象局配套资金建设了县级地面气象卫星接收小站、新建县农村经济信息网、AMS-Ⅱ型地面自动气象站、18 个四要素的自动气象站、气象短信平台、县级气象服务终端等多项业务工程。2003 年 8 月购置 1 辆江铃宝典小汽车,2006 年 12 月购置 1 辆雪佛兰小轿车。

新建县气象局在岑山水库设立的自动气象站(摄于 2006 年 6 月 2 日)

进贤县气象局

进贤县始建于晋太康元年(公元 280 年),有 1700 多年的建县历史,因孔子弟子七十二贤人之澹台灭明在此南游讲学而得名,意为"进能纳贤"之地。进贤县位于江西省中部、鄱阳湖南岸,是省会城市南昌的东大门,受南昌市管辖,面积 1971 平方千米,总人口 75 万,辖21 个乡镇。

进贤县属亚热带湿润气候,年平均气温 17.7℃,极端最高气温 40.5℃,极端最低气温－12.1℃,年平均降雨量 1695.9 毫米,年平均日照时数 1723.9 小时。

进贤县气象局位于北纬 28°23′,东经 116°14′,观测场海拔高度 34.2 米。

机构历史沿革

始建情况　进贤县气象局始建于 1958 年 12 月,站址位于进贤县民和镇中山台,站址经过两次迁移。

站址迁移情况　1960 年 6 月 30 日迁到民和镇烈士墓附近;1974 年 7 月起搬迁到县城郊区的瑶里杨家村至今,位于北纬 28°23′,东经 116°14′,观测场海拔高度 34.2 米。

历史沿革　建站时称江西省进贤气候站;1959 年 7 月更名为进贤县气象站;1960 年 4月更名为进贤县水文气象服务站;1963 年 8 月更名为进贤县气象服务站;1970 年 10 月更名为进贤县水利电力局水文气象站领导小组;1971 年 4 月更名为进贤县气象站;1979 年 3月成立进贤县气象局,实行局站合一;1984 年 7 月更名为进贤县气象站;1989 年 1 月,恢复进贤县气象局名称。

管理体制　建站时归江西省水利电力厅水文气象局管理,业务管理单位是宜春专区水文气象总站。1959 年 3 月,根据省人民委员会编〔59〕010 号文件,进贤县气候站隶属进贤县人民委员会管理。1962 年 5 月,根据赣简编字 158 号文件,隶属江西省水利电力厅水文气象局管理。1971 年 4 月,实行由县人民武装部和县革命委员会双重管理、以人民武装部领导为主的管理体制。1973 年 9 月根据赣发〔73〕74 号文件,由进贤县革命委员会管理,1979 年 3 月成立进贤县气象局。1980 年 7 月,实行以气象部门领导为主的管理体制,业务管理单位是抚州地区气象局。1984 年 7 月,根据国家气象局文件,进贤县气象局更名为江西省进贤县气象站。1989 年 1 月,业务管理单位是南昌市气象台,同时更名为进贤县气象局。

机构设置　1979 年 3 月成立县气象局后,设立测报股、预报股、农气股(1985 年更名为服务股)。1988 年 10 月,预报股、服务股合并为预报服务股。1991 年 6 月增设气象防雷检测所(2004 年 12 月更名为南昌市防雷装置质量检测检验所进贤分所)。1992 年 4 月增设办公室,1999 年撤销测报股和预报服务股,设立气象综合业务室、气象科技服务中心(2001年更名为气象科技信息咨询有限责任公司)。

单位名称及主要负责人变更情况

单位名称	姓名	职务	任职时间
江西省进贤气候站			1958.12—1959.07
进贤县气象站	朱思藻	站长	1959.07—1960.04
			1960.04—1960.12
进贤县水文气象服务站	曹兆荣	负责人	1960.12—1961.09
	朱思藻	站长	1961.09—1961.12
	李　斌	站长	1961.12—1963.08
进贤县气象服务站			1963.08—1963.11
	熊大新	负责人	1963.11—1966.04

续表

单位名称	姓名	职务	任职时间
进贤县气象服务站	陈绍庭	负责人	1966.04—1969.07
			1969.07—1970.10
进贤县水利电力局水文气象站领导小组	黄权亚	负责人	1970.10—1971.04
进贤县气象站			1971.04—1979.03
			1979.03—1979.06
进贤县气象局	艾常青	局长	1979.06—1980.10
	董元成	局长	1980.10—1984.07
进贤县气象站	陈绍庭	副站长(主持工作)	1984.07—1986.11
	杨卓	副站长(主持工作)	1986.11—1989.01
		局长	1989.01—2001.10
进贤县气象局	陈国荣	副局长(主持工作)	2001.10—2003.01
		局长	2003.01—

人员状况 建站时有 3 人,1978 年有 9 人。截至 2008 年 12 月,有在职人员 13 人,均为汉族,其中工程师 8 人,助理工程师 3 人。大学本科学历 2 人,大学专科学历 6 人,中专学历 2 人。中共党员 9 人。30 岁以下 1 人,31～40 岁 4 人,41～50 岁 3 人,50 岁以上 5 人。

气象业务与服务

1. 气象业务

①地面气象观测

观测项目 1959 年 1 月 1 日起,进行日照、气温、风向、风速、湿度、降水量、云量、云状、能见度和天气现象等项目的观测。1962 年增加地温观测;1965 年增加气压观测;1966 年增加蒸发观测。2004 年 1 月起执行《地面气象观测规范》(2003 版)。

观测时次 建站时采用地方平均太阳时(01、07、13、19 时)进行 4 次气候观测;1960 年起,改为 3 次观测(07、13、19 时);1960 年 7 月 1 日起采用北京时(08、14、20 时)3 次观测,不守夜班。

气象电报 1983 年 1 月至 1989 年 6 月,为洪都机械厂承担每天固定 12 小时(06—17 时)的航空危险天气报发报任务和拍发危险天气报任务。向省地气象台拍发重要天气报告(GD-11)和每天 08 时拍发 1 次(GD-91)气象服务天气报;每天拍发 08、14、20 时(GD-05)报,不定时重要天气报(GD-11)和在飞机增雨时期的预约航空危险天气报。

编制报表 有气表-1、气表-21。1986 年以前气象报表通过邮电线路传送,1987 年 1 月—1989 年 12 月,使用 PC-1500 袖珍计算机制作气象报表;1990 年 1 月开始,气象报表上报到省气象局气候中心统一制作;1999 年开始用计算机上传;2001 年开始各类气象报均用计算机上传。1995 年县政府拨款建立计算机气象服务终端,1999 年建成 PC-VSAT 卫星接收站和 MICAPS 预报平台,2004 年建成县气象站气象综合业务平台,通过与自动气象站数据连接实现了气象电码计算机编发。

2003年9月安装自动气象观测设备,2004年1月自动站与人工站正式平行观测。2003年11月在梅庄、温圳建立区域自动气象站,截至2008年底,各乡镇均设有自动气象站,其中四要素(温度、降水量、风向和风速)区域自动气象站共20个,两要素(温度、降水量)站2个。

②天气预报

短期天气预报 制作未来1～2天天气预报。1996年以前,主要通过县广播站每天傍晚广播一次天气预报同时采用电话答询方式传递天气预报情况,1997年增加气象警报网和"121"(1997年9月开通,2005年5月更改为"12121",同时开设多个分信箱)气象信息台等,2007年开通手机短信气象预报服务。1999年3月开播电视天气预报节目,2003年停播。

中期天气预报 预报未来3～10天天气趋势。

短期气候预测(长期天气预报) 预报未来10天以上天气趋势,主要有春播、汛期的天气趋势预报和高温、干旱、寒露风、低温霜冻等预报。

③农业气象

1963年3月县气象站被确定为农业气象国家基本站,开始进行农业气象观测,1965年停止此项工作,1976年恢复。1979年1月起执行新的《农业气象观测方法》。

农作物物候观测 1963—1965年,对大豆、芝麻、冬小麦3种作物进行生育期观测。1977—1985年对水稻、大豆、芝麻等农作物生育期进行观测。1982—1988年,对泡桐、法国梧桐、苦楝等进行物候观测。

农业气象预报 1982年开展对小麦赤霉病发病流行程度的预报、早大豆产量预报。1984—1988年开展小麦产量预报;1984—2008年,开展早、晚稻产量和油菜产量预报。

农业气候调查与农业气候区划 1978年与县科委协作,在全县开展农业气候资源普查,编写《农业气候服务手册》;1982年与县农业局协作编印《进贤县农业气候资料手册》。1980年在1978年全县农业气候普查的基础上开展农业气候区划工作,编写《进贤县农业气候资源分析及其利用》。

农业气象情报 1986年7月至1987年向省农业气象试验站拍发GD-91农业气象旬(月)报;自建站以来为进贤县植保站进行病虫害监测提供气象资料,每年都编发本县有关气候评价材料。

2. 气象服务

公众气象服务 自建站以来,一直对外发布短期天气预报,在认真抓好公众气象服务的同时,努力提高气象防灾减灾能力,遇有灾害性天气时,坚持24小时加强值班,密切监视天气变化,及时发布气象预报警报。

决策气象服务 1986年起定期发布春播、汛期等重要农事季节天气预报,遇有重大社会活动时做好气象参谋,为进贤县举办的历届螃蟹节进行跟踪气象服务,准确及时的天气预报,多次得到县领导的表扬。

专业与专项气象服务 在1988年和2000年盛夏实施高炮人工增雨作业。2001年3月购置火箭人工增雨发射专用设备,提高了人工增雨效果,2004年在白圩乡实施增雨作业,缓解了农田旱情,当地群众送来锦旗表示感谢。

1991 年 6 月成立气象防雷检测所,开展防雷工作。

气象科技服务与技术开发　1985 年开始推行有偿专业气象服务,主要为各乡镇、相关企事业单位提供天气预报,一般以旬报为主。并为公路运输和林业森林防火等提供专项服务。

农业气象试验研究:1976 年 3 月县气象局在南台公社蔡坊大队章家山生产队进行早稻育秧农业气象试验;1977 年在南台公社南台大队进行早稻品种对比试验,对二晚寒露风进行研究,对杂交稻制种进行观测;1978 年,在温圳公社农科所进行的题为"灾害性天气对水稻发育影响的研究",获得县委、县革命委员会颁发的全县科技大会成果奖;1979 年在温圳农科所开展防御寒露风的农业气象效应试验和长风三号保温剂防御秋季低温危害的效应试验;1979—1981 年分别在温圳公社农科所和县农科所进行杂交稻品种栽培试验,并参加全国杂交稻联合试验工作;1982 年参加全国杂交稻气象科研成果推广应用工作。1986—1987 年,在国营恒湖综合垦殖场参加由江西省气象科学研究所牵头进行的农田防护林课题试验研究工作。2002 年 4 月与军山湖水产管理委员会人员合作,撰写的《进贤县河蟹养殖中的气象问题及对策》荣获江西省气象局颁发的 2001—2002 年度"江西省开发利用农业气候资源决策服务奖"二等奖。

气象科普宣传　1984 年县气象局开始编写气象科普材料,1987 年编写气象科普知识材料 10 期,1988 年起,改编为《气象信息与咨询》。根据县科协的安排,县气象学会与农口系统其他学会在 1987 年、1988 年春季分别到 26 个乡镇进行科技集市咨询服务。2003 年后,每年的世界气象日或春播期间,气象科技人员均到乡镇集市贸易市场开展气象科普宣传。

气象法规建设与社会管理

1981 年进贤县政府下发《关于保护气象观测场环境的通知》(进政发〔1981〕18 号);1985 年执行国务院办公厅〔1985〕025 号文,开展有偿气象服务;1989 年县政府办公室下发《批转县气象局关于在我县开展有偿专业气象服务的报告的通知》(进府发〔1989〕003 号);1989 年县政府办公室下发《进贤县政府办公室关于坚决制止破坏气象观测场环境、损坏气象仪器设备现象的通知》(进府办〔1989〕07 号);2001 年获得县法制局颁发的《行政处罚实施机关资格证》;2001 年县政府办公室下发《进贤县政府办公室转发县气象局关于在全县开展防雷减灾安全检查实施意见的通知》(进府办〔2001〕07 号);2002 年县政府下发《进贤县政府关于贯彻南昌市防雷减灾管理规定的实施意见》(进府发〔2002〕03 号);2003 年县政府、县安全生产委员会分别下发《关于认真做好交通系统防雷安全工作的通知》、《关于在全县开展氢气球、防雷减灾安全大检查的通知》;2003 年 9 月进贤县政府下发《关于保护气象观测场环境的若干规定》。

党建与气象文化建设

1. 党建工作

1979 年 10 月成立党支部时,有党员 3 人;2008 年底有在职党员 8 人。

党支部成立后,制订了党风廉政建设方面的制度,2003 年对各项制度进行规范,制定

《支部书记工作职责》、《进贤县气局党风廉政建设责任制规定》、《进贤县气象局思想政治工作责任制》等规章制度。

2. 气象文化建设

1998 年县气象局成立以局务会成员组成的精神文明建设领导小组,制订了精神文明建设制度。1998 年进贤县气象局被评为进贤县精神文明单位、1998—1999 年度被评为南昌市文明单位、2000—2001 年度被评为南昌市文明单位(并被南昌市文明委授予"文明优质服务示范窗口")、2002—2003 年度被评为江西省第九届文明单位,2003 年被江西省气象局授予"五大工程"建设一级达标单位,2004 年、2005 年、2006 年、2007 年、2008 年均被评为南昌市文明单位,2008 年被评为县级"文明窗口单位"等。

1987 年初,制定"思想政治工作实施方案",规定每周用半天时间组织全局人员开展文体活动,1990 年 12 月 1 日由局工会牵头组织了首次羽毛球比赛,1992 年停止,2003 年后恢复。

3. 荣誉与人物

进贤县气象局 1980 年 3 月因社会主义建设工作成绩突出获省长白栋材颁发的嘉奖令。

1958—2008 年共获省部级以下集体荣誉 16 项。

人物简介 ★熊大新,男,汉族,江西南昌人,1936 年 4 月出生,气象工程师,1963—1966 年任进贤县气象站负责人。1956 年在莲塘农业气象试验站工作期间,值班人员要白天晚上连续观测,晚上值班人员因困睡着了,一般闹钟闹不醒,会造成观测漏测、迟测等差错,但他带头吃苦,并创新设计了电铃—闹钟组合,解决了普通闹钟闹不醒的难题。为此,得到省气象局的表扬,并在部分气象台站推广使用。1956 年被评为"全省气象模范工作者",并出席江西省首届农业劳动模范代表大会,获得"江西省首届农业劳动模范"称号。

★张新福(男),男,汉族,江西进贤人,1937 年 12 月出生,气象工程师,主要从事农业气象服务工作。1979—1980 年参加全国杂交水稻气象科研试验成果推广应用,主持了气象与水稻栽培研究与推广课题。1982 年获得"江西省农业劳动模范"称号。

台站建设

1974 年 7 月搬迁到现址后,县气象局院内土地面积为 2322.38 平方米,气象观测场面积 438.68 平方米,总面积 2761.06 平方米。

至 1985 年底,有 1 栋砖木结构宿舍 16 间,建筑面积 166.99 平方米;有 1 栋砖木结构办公室 7 间,建筑面积 162.39 平方米;1986 年建成二层二单元砖木结构宿舍 8 套,建筑面积 480 平方米。

1993 年下半年开始兴建三层砖混结构办公楼,1994 年初建成,建筑面积 320 平方米。2000 年在该办公楼第三层扩建了 65 平方米的业务室,办公楼总面积达 385 平方米。

1997 年下半年开始折除原一层砖木结构的 16 间宿舍和 7 间办公室,兴建五层一单元砖混结构住宅楼,1998 年 10 月建成,建筑面积 1150 平方米。2008 年底院内有 100 平方米的绿化区,其余空地已硬化。

进贤县气象局现办公楼(摄于 2004 年 5 月 10 日)

安义县气象局

安义县始建于明代正德十三年(1518 年),位于赣西北,西山以西,云山之南,居潦河中下游,辖 11 个乡镇场,面积 636 平方千米,总人口 26 万。年平均气温 17.0℃,极端最高气温 40.3℃,极端最低气温−15.2℃,年平均降雨量 1600.3 毫米,年平均日照时数 1725.8 小时。

安义县气象局位于北纬 28°51′,东经 115°33′,观测场海拔高度 38.8 米。

机构历史沿革

始建情况 安义县气象站始建于 1958 年 12 月,站址位于县城郊外阳湖军帐村,1959 年 1 月 1 日开始进行气象观测。建站至 1999 年 4 月止,观测场范围 25 米×25 米;1999 年 5 月改为 16 米×20 米;2005 年改为东边长 31 米,西边长 26 米,南、北两面宽 17 米的开放式观测场。

站址迁移情况 1964 年 1 月站址迁至县城北郊曹操山南坡,即现址。

历史沿革 建站时为安义县气象站;1962 年 2 月更名为江西省宜春地区水文气象总站安义县服务站;1964 年 7 月更名为江西省安义县气象服务站;1968 年 10 月更名为安义县农林水服务处气象站;1971 年 1 月更名为江西省安义县气象站;1980 年 7 月更名为安义县气象局;1984 年 7 月更名为江西省安义县气象站;1988 年 12 月,恢复安义县气象局名。

管理体制 建站至 1962 年隶属江西省水利电力厅水文气象局,业务管理单位是宜春专区水文气象总站;1968 年 10 月起由安义县革命委员会管理;1970 年 12 月根据安革字〔70〕003 号文件,实行以人民武装部管理为主的管理体制;1973 年 1 月起以县革命委员会管理为主;1980 年开始实行气象部门管理为主,业务管理单位是宜春地区气象局;1984 年 7 月改站,1988 年 12 月恢复安义县气象局名称后划归南昌市气象台管理。

机构设置　建站时,仅有 2 人,开展天气预报、地面气象观测、农业气象工作。1980 年成立气象局后,设立测报股、预报股、服务股,1990 年增设办公室,1991 年 8 月成立防雷检测所,1999 年将预报、测报合并为综合业务股。2000 年 4 月 25 日成立安义县昌安气象科技信息咨询有限责任公司。

单位名称及主要负责人变更情况

单位名称	姓名	职务	任职时间
安义县气象站	王滋学	负责人	1959.01—1961.09
	李 轩	负责人	1961.09—1961.11
	周 彬	负责人	1961.11—1962.02
宜春地区水文气象总站安义县服务站	李 轩	负责人	1962.02—1962.07
	程理珊	负责人	1962.07—1964.07
安义县气象服务站			1964.07—1964.10
	熊家金	负责人	1964.10—1968.10
安义县农林水服务处气象站	廖彦成	负责人	1968.10—1971.01
安义县气象站	饶金泉	站长	1971.01—1972.05
	宋心荣	站长	1972.05—1975.12
	黄日暄	站长	1975.12—1978.01
	王国荣	站长	1978.01—1980.07
安义县气象局		局长	1980.07—1981.05
	熊家金	局长	1981.05—1984.07
		站长	1984.07—1985.05
安义县气象站	孙陆娣	副站长(主持工作)	1985.05—1986.02
	余登煌	副站长(主持工作)	1986.02—1987.02
	陈长文	站长	1987.02—1988.12
		局长	1988.12—1992.07
安义县气象局	余登煌	局长	1992.07—1998.11
	翟树根	局长	1998.11—2003.07
	龚细明	局长	2003.07—

人员状况　1959 年建站时只有 2 人。到 1979 年共有工作人员 7 人。截至 2008 年 12 月,有在编人员 7 人,均为汉族。党员 6 人。大学本科学历 3 人,大学专科学历 3 人,高中学历 1 人。工程师 1 人,助理工程师 6 人。50～60 岁 2 人,30～40 岁 2 人,20～30 岁 3 人。

气象业务与服务

1. 气象业务

①地面气象观测

观测项目　1959 年 1 月 1 日起,进行云、能见度、天气现象、气压、气温、湿度、风向、风速、降水、雪深、日照、蒸发、地温等项目的观测。1962 年 1 月 1 日根据省气象局〔61〕赣水气字 157 号文件,开始执行《地面气象观测规范》。1980 年根据中气局〔79〕086 号文件执行新《地面气象观测规范》。2004 年 1 月 1 日执行《地面气象观测规范》(2003 版)。

观测时次　1959 年 1 月 1 日起,每天进行 01、07、13、19 时 4 次地面观测;1960 年 1 月 1 日根据省气象局〔59〕赣气字第 1315 号通知,由 4 次观测改为 07、13、19 时 3 次地面观测;1961 年 1 月 1 日根据省气象局〔60〕赣水气字 1071 号通知改为 08、14、20 时 3 次地面观测;汛期期间实行 24 小时值守班,其他时间夜间不守班。

发报内容　天气报的内容有云、能见度、天气现象、气压、气温、风向、风速、降水、雪深、地温等;重要天气报的内容有暴雨、大风、雨凇、积雪、冰雹、龙卷风、雾等。1989 年以前报文主要通过县邮电局发送,1989 年起改用甚高频电话发报。

现代化建设　2003 年 7 月,县气象局 CAWS600-BSN 型自动气象站建成,7 月 1 日至 12 月 31 日试运行,2004 年 1 月 1 日开展对比观测,以人工为主,自动站为辅;2005 年 1 月 1 日以自动站为主,人工为辅;2006 年 1 月 1 日自动站实行单轨运行。自动气象站观测项目有气压、气温、湿度、风向、风速、降水、地温等。

2006 年 9 月至 2008 年 8 月,分别在新民乡峤岭、罗丰、黄洲镇、东阳镇、长均乡、万埠镇、鼎湖镇、石鼻镇、长埠镇、乔乐乡共建成 10 个四要素(风向、风速、气温、雨量)自动气象站,并正式投入运行。

②天气预报

短期天气预报　建站时,气象预报主要工具是资料、图表、农谚结合,20 世纪 70 年代根据 08 时的高空图和 14 时的地面天气图和本站要素作预报,80 年代预报方法主要利用传真图、单站资料作预报因子建立多要素的 MOS 预报方法。1986 年 5 月开始天气图传真接收工作,主要接收北京的气象传真和日本的传真图表,利用传真图表分析判断天气变化,取得较好的预报效果。1987 年 2 月,开通甚高频无线对讲通讯电话,实现与地区气象局业务会商。90 年代初,业务结构调整,集中力量作短时预报。1992 年停收气象传真图。随着预报业务调整改革,至 2008 年底,主要制作补充订正预报。

中期天气预报　20 世纪 80 年代初,通过传真接收中央气象台、省气象台的旬、月天气预报,再结合分析本地气象资料、短期天气形势、天气过程的周期变化等制作一旬天气过程趋势预报。

短期气候预测(长期天气预报)　1981 年根据省气象台的长期预报,结合分析本地气象资料等制作春播预报、汛期(3—9 月)预报、年度趋势预报。

2. 气象服务

公众气象服务 1996年4月,由县政府投资购置5台双向警报机,分别安装在长均乡、青湖乡、乔乐乡、长埠镇、万埠镇,建成双向警报网服务系统。1999年4月,地面卫星接收小站建成并启用;同年7月,县气象局与县广播电视局协商在电视台播放安义县天气预报,天气预报信息由气象局制作,将自制节目录像带送电视台播放。2000年9月,县气象局与县电信局合作开通"121"天气预报自动答询电话。2005年1月,"121"电话升位为"12121"。2003年,为更好地为农业生产服务,县气象局建起安义县农经网,在全县各乡、镇、场开通信息站,为农业生产、农民增收服务。2005年4月,为了更及时准确地为县、镇、村领导服务,有效应对突发气象灾害,提高气象灾害预警信号的发布速度,避免和减轻气象灾害造成的损失,县气象局通过移动通信网络开通灾害性天气手机短信预警平台,以手机短信方式向全县各级领导、各部门、各乡镇领导、信息员发送气象信息。

决策气象服务 建站以来,围绕农业种、管、收进行服务。1981年开始执行周年农业气象服务方案,开始编发气象旬(月)报。通过对全县农业气候的深入调查和收集整理,1979年编写《安义县农业气候服务手册》,1981年编写《安义县农业气候区划图集》、《主要农作物的农业气候指标汇集》。

专业与专项气象服务 2001年经过多方筹资,县气象局购置1辆人工增雨专用车。2004年3月,安义县政府发文成立人工影响天气领导小组,办公室设在县气象局。2008年8月由县政府投资3万元,配备第二套人工增雨设备,在黄洲镇设立人工防雹点。

1995年成立专业防雷服务中心,规范高层建筑的防雷检测安装工作。2000年10月被核定为江西省防雷工程专业设计及专业施工乙级资质单位。2001年6月,安义县政府办公室发文,将防雷工程从设计、施工到竣工验收,全部纳入气象行政管理范围。2002年12月,安义县政府办公室发文,安义县气象局列为县减灾委员会成员单位,委员会办公室设在县气象局,并负责全县防雷安全的管理,定期对液化气站、加油站、民爆仓库等高危行业的防雷设施进行检查,对不符合防雷技术规范的单位责令进行整改。

气象科技服务与技术开发 1989年2月开始推行气象有偿专业服务。气象有偿专业服务主要是为全县各乡镇(场)或相关企事业单位提供中、长期天气预报和气象资料,一般以旬天气预报为主。

气象法规建设与社会管理

法规建设 重点加强雷电灾害防御工作的依法管理。安义县政府下发《安义县贯彻执行〈南昌市防雷减灾管理规定〉实施意见》(安府办发〔2001〕27号)和《关于批转县气象局防雷减灾安全大检查的通知》(安府发〔2001〕68号)等有关文件。为规范安义县防雷市场的管理,提高防雷工程的安全性,安义县政府于2008年下发《关于切实做好全县雷电灾害预防工作的通知》(安府办发〔2008〕24号)。县气象局每年与县安全生产监督管理局联合发文开展全县防雷设施安全大检查。

安义县政府下发《关于同意气象局探测环境保护范围的批复》(安府办发〔2005〕26号),根据文件要求在县国土局、县环保局、县城建局、县规划局对气象探测环境保护范围进行备案。

政务公开 安义县气象局对气象行政审批办事程序、气象服务内容、服务承诺、气象行政执法依据、服务收费依据及标准等,采取通过户外公示栏方式向社会公开。在安义县政府网政务信息公开栏内对气象机构设置、职能、办事程序,气象行政事业性收费项目、依据、标准,气象行政许可、行政审批项目、依据、程序、期限,有关行政法规、规章和规范性文件进行公开。

党建与气象文化建设

1. 党建工作

1984 年县气象局成立局党支部。2008 年底有党员 10 人。

认真落实党风廉政建设目标责任制,积极开展廉政教育和廉政文化建设活动。2007 年 2 月被南昌市气象局评为"党风廉政建设先进单位"。

2. 气象文化建设

安义县气象局一直把气象文化建设工作摆在重要位置,结合实际认真组织干部职工参与文明单位创建活动。同时确立创建目标,制定实施意见,明确责任制度,制定年度创建工作计划及精神文明建设活动实施方案。2001—2008 年连续 7 年获得全县"文明工作"先进单位;连续三届(2004—2005 年度、2006—2007 年度、2007—2008 年度)被评为南昌市文明单位。

为丰富干部职工的业余文化生活,建设了两室一场(图书阅览室、职工学习室、小型运动场),组织职工开展各项文体活动。

3. 荣誉与人物

1987—2008 年安义县气象局共获省部级以下集体荣誉 40 项。1991 年荣获"全省绿化先进单位"称号,2003 年、2008 年被省气象局评为"五大工程"达标单位。

人物简介 熊家金,男,汉族,中共党员,高中文化,1940 年出生,1958 年 9 月参加工作,1964 年 9 月到安义县气象站工作,1985 年调新建县气象站。在安义县气象站工作期间曾担任观测员、支部书记、副站长、站长、局长。他热爱本职工作,严格要求自己,坚持以身作则,因工作业绩突出,1982 年被评为"江西省农业劳动模范"称号。

台站建设

1964 年搬迁后,局院内土地面积为 5366.2 平方米。1976 年开始兴建二层砖混结构办公楼,建筑面积 423.25 平方米,1983 年 11 月 28 日,因销毁过期火箭炮弹发生爆炸,办公楼倒塌 200 平方米。1984 年重修办公楼,并新盖 1 幢二层砖混宿舍楼,建筑面积 402.08 平方米。2001 年拆除原办公楼,重建 1 栋防灾减灾业务大楼。并改造局内外路面,修建职工娱乐活动室,对院内环境进行整治和绿化美化。建起了地面气象卫星接收站、自动气象站、决策气象服务雷达延伸系统、灾害性天气手机短信预警平台、灾情收集上报等业务系统工程。

县气象局 1998 年底占地面积 5366.2 平方米,办公楼 1 栋 522 平方米,职工宿舍 1 栋 402.08 平方米。

安义县气象局办公楼(摄于 2008 年 10 月 20 日)

九江市气象台站概况

　　九江市位于东经 113°57′—116°53′，北纬 28°47′—30°06′，全境东西宽 270 千米，南北长 140 千米，面积 1.88 万平方千米，占江西省总面积的 11.3%。九江市下辖 10 县 4 区和庐山风景名胜区，总人口 469 万。九江位于鄱阳湖流域东亚季风区，属于亚热带温暖湿润气候，年平均气温 16.5℃～17.3℃，年平均降水量 1421.1～1613.8 毫米，年日照时数为 1573.5～1928.5 小时。

　　历史沿革　1885 年 3 月九江海关设立测候所，并开始观测雨量；1909 年 2 月庐山牯岭设立雨量站，同年 9 月建立吴城、星子水文站；1929 年建立湖口水文站，同年 6 月建立涂家埠水文站；1934 年建立庐山植物园测候所；1946 年建立九江空军测候所。

　　1950 年 11 月 11 日，中国人民解放军中南空军司令部气象处在九江十里铺飞机场建立九江气象站。1952—1959 年修水、庐山、永修、彭泽、武宁、都昌、德安、瑞昌、湖口、星子等县气象站先后成立，并在全市建立 149 个公社气象哨、2 个农业气象站（九江、修水）和 1 个天气控制所，实现了"专有台、县有站"的布网目标。九江市气象局辖 9 个县（市）气象局，庐山气象局为副处级单位，九江县气象局正在筹建。

　　台站数量　截至 2008 年底，全市有国家基本气象站 3 个（庐山、修水、武宁）；国家一般气象站 8 个（永修、湖口、都昌、瑞昌、德安、彭泽、星子、九江市）。农业气象观测一级站 2 个（湖口、瑞昌）；国家指定农业气象发报站有修水、九江、瑞昌、湖口 4 站，省指定的有彭泽站；辐射观测新增都昌、庐山站；酸雨观测、大气成分观测站仅有庐山站；紫外线观测有九江市台和修水 2 站；全市有庐山、修水、武宁、都昌、湖口 5 站承担 OBSAV 南京及 OBSMH 南昌的航空危险天气报任务。

　　2007 年 10 月 24 日，全省首套雨滴谱仪在庐山安装调试成功。2008 年 11 月 1 日起，全市增加人工影响天气作业航空报。同年 12 月，全市共建成 GPS 基准站 7 个（永修、德安、九江、彭泽、都昌、修水、武宁县）。

　　人员状况　九江市气象队伍的形成始于 1954 年，当时气象工作者仅有 30 人；1979 年全市气象部门职工达 180 人（其中女职工 38 人）；到 2008 年底，全市气象部门共有在职职工 176 人，离、退休职工 91 人。在职职工中有少数民族（苗族）1 人；中共党员 82 人，民主党派 1 人；大专以上学历 98 人，其中本科学历 34 人；中级以上职称 82 人（其中高级职称 13

人);35 岁以下 45 人,36～50 岁 85 人,50 岁以上 46 人。

党建与气象文化建设 截至 2008 年底,全市气象部门有党支部 14 个,在职人员中,党员 82 人;市级以上文明单位 11 个,达 100%,其中省级文明单位 1 个;全国气象部门文明台站标兵 1 个,全国气象部门局务公开示范点 1 个。

气象法规建设与管理 2001 年九江市气象局成立政策法规科,履行雷电安全与防护、氢气球施放安全监管等社会管理职能。2008 年 1 月九江市政府办公厅下发《关于加强我市气象探测环境保护的通知》的文件,做出"规划、建设项目审查工作会同气象部门共同审批"的规定,切实提高了全市气象观测探测环境的保护力度。

主要业务范围

地面观测 九江气象站于 1950 年 11 月 11 日开始进行每日 06—21 时每小时 1 次的地面观测,并拍发每日 08、14、20 时地面天气绘图报。1952—1959 年修水、庐山、永修、彭泽、武宁、都昌、瑞昌、湖口、星子等县气象站相继开展地面气象业务。"文化大革命"期间,修水站在 1967 年 1 月停止地面气象观测 66 次,其他台站地面气象业务均正常运行。20 世纪 80 年代 PC-1500 袖珍计算机开始投入业务使用。1987 年彭泽站撤站,1997 年又重新建站,并恢复地面观测业务。

2003 年 1 月 1 日开始,修水、庐山气象局开始建立自动气象站,并投入业务运行。2004 年 1 月 1 日起,九江市台、永修、都昌、德安、湖口、瑞昌、彭泽、星子、武宁等气象局相继建立自动气象站,并投入业务运行。九江市气象台观测站于 2004 年 11 月 30 日 20 时开始启用 2004 版地面测报业务软件。

从 2005 年 12 月开始,全市建成 183 个自动加密区域站,其中单要素(雨量)站 51 个、两要素(温度、雨量)站 54 个、四要素(温度、雨量、风向、风速)站 77 个、六要素(温度、雨量、风向、风速、湿度、气压)站 1 个。

天气预报 1977 年以前,天气预报方法主要是收听省气象台天气预报,结合单站要素点聚图、数理统计等方法来制作长、中、短期天气预报。1977 年九江市气象台开始配备第一台传真机;20 世纪 80 年代开始接收中央气象台、日本和欧洲中心等天气资料,采取点绘图分析和 MOS 预报方法进行预报。1990 年建立第一个远程计算机终端站,随后又建立 PC-VSAT 卫星接收小站,卫星云图、天气雷达、数值预报等相继应用。2000 年以后,静止卫星半球云图接收、新一代多普勒天气雷达、区域自动站加密网、MICAPS 系统等开始广泛应用,全市天气预报准确率和服务质量明显提高。

农业气象 1956 年,彭泽县气象站开始对农业气象和田间持水量进行观测;1958 年,都昌、修水站开始农业气象观测;1959 年,九江专区农业气象试验站建立并投入业务运行,瑞昌、星子等站也开始了农业气象工作。同年彭泽、修水气象站被列为江西省农业气象基本观测站。

"文化大革命"期间,全市停止了所有农业气象业务和服务,九江专区农业气象实验站于 1962 年 5 月被撤销,到 1976 年秋天全市农业气象工作才开始恢复。

1979 年 1 月,彭泽、修水、永修、瑞昌等站被列为省农业气象情报网站。1980 年 1 月彭泽、瑞昌被列为国家农业气象测报基本站;1981 年 2 月,彭泽、瑞昌、武宁列为省农业气象情报网站,瑞昌县气象站被定为国家农业气象一级站;1987年1月1日,彭泽县气象站被取消,由湖口县气象站担负。同年6月,湖口县气象站被定为国家农业气象观测一级站。

20世纪80年代初,全市各台站均开展农业气候资源调查和农业气候区划工作。1981—1983年,全市完成农业气候资源资料11册,农业气候资源综合分析、综合农业气候区划报告各11份,专题分析与单项区划38份,各种农业气候图1030张。彭泽、永修、武宁等县农业气候区划工作被评为全省农业气候区划优秀成果一等奖,《九江地区农业气候资源和农业气候区划》获九江市科委1982—1985年度优秀科技成果二等奖。

气象服务　20世纪80年代以前,气象服务种类限于本地短期天气预报和灾害性天气预报,气象服务方式主要是电话答询和有线广播站广播,灾害性天气用电话口头报告。

进入20世纪80年代,天气预报服务在做好公众服务和决策服务的基础上,逐渐开展了有偿服务。80年代中期,九江市气象台预报开始使用专用自动答询机;1986年九江、庐山天气预报在省广播电台和省电视台播出;同年市气象台气象警报系统建成,并开始对专业用户每天3次广播;1988年各县开始建立气象警报系统;90年代初,瑞昌、共青等天气预报也陆续在省广播电台和省电视台播出;1997年各台站开始陆续开通声讯电话"12121"气象信息服务,并制作电视天气预报节目。2000年后,预报服务质量不断提高。2004年"12121"系统升级,语音信箱栏目增加湿度、空气质量、紫外线、舒适度等专题气象服务信息;2008年庐山开通庐山旅游气象网;各类气象信息每天均能通过报纸、电视、网络、手机短信、电子显示屏等媒介及时发布。

九江市气象局

九江古称浔阳、柴桑、江洲,是一座具有2200多年历史的江南名城,系我国近代"四大米市"和"三大茶市"之一。九江位于江西的北陲、长江中游南岸、庐山北麓,东滨鄱阳湖,有"江到浔阳九派分"之说。市区面积699平方千米,市区总人口60.93万。

九江市属亚热带温暖湿润气候,年平均气温17.2℃,年平均降水量1472.3毫米,年平均日照时数1725.9小时。

九江气象站位于北纬29°44′,东经116°00′,观测场海拔高度36.1米。

机构历史沿革

始建情况　1950年11月11日,中国人民解放军中南空军司令部气象处在九江十里铺飞机场建立九江气象站。

站址迁移情况　1951年7月10日,九江气象站从九江市十里铺机场迁至九江市南司路36号(九江大校场),同年8月又迁至九江市塔岭北路101号;1952年4月21日,再度迁至九江市昭忠祠23号。

1954年9月1日起,九江气象站扩建为九江气象台,迁至九江市塔岭北路44号。九江观测站于1981年、1986年先后两次经过垫高、改造。1986年,气象观测站垫高至海拔高度36.1米至今。

历史沿革 建站时称九江气象站;1954年9月九江气象站扩建为九江气象台;1959年3月,九江专区水文气象总站成立,更名为九江地区水文气象总站;1964年8月,更名为九江地区水文气象局;1971年1月,水文气象分设,时称农业服务站;1973年8月水文气象合并,成立九江地区气象台;1975年5月更名为九江地区水文气象局;1980年7月改制时称九江市气象台;1985年3月九江市气象台更名为江西省九江市气象管理局;1995年12月更名为九江市气象局。

管理体制 建站时归中南空军司令部气象处管理;1953年归省农村工作部气象科管理;1954年9月1日九江气象站扩建为九江气象台,归省气象局管理;1958年4月,九江气象台、水文站合并,归九江专署水利处管理;1971年1月,水文气象分设,气象部门实行以军事部门和各级革命委员会双重管理、以军事部门管理为主;1973年8月调整为气象部门体制,水文气象合并;1980年7月实行省气象局和地方政府双重领导、以省气象局为主的管理体制。

机构设置 1959年3月,九江专区水文气象总站成立,下设气象台、气象组和水情组。1963年11月,九江分局下设秘书科、气象科、水文科和气象服务台。1973年8月,九江地区水文局下设人秘科、气象科、业务科、气候资料室、气象台。2006年起九江市气象局下设办公室、人事教育科、业务科技科、政策法规科,直属业务单位有气象台、科技服务中心、人工影响天气办公室、防雷装置检测所。

单位名称及主要负责人变更情况

单位名称	姓名	职务	任职时间
九江气象站	黄为政	负责人	1950.11—1951.12
	闵以德	负责人	1951.12—1952.05
	黄为政	站长	1952.05—1953.03
	潘志英	站长	1953.03—1954.09
九江气象台	秦乃平	台长	1954.09—1958.11
	潘志英	台长	1958.11—1959.03
九江地区水文气象总站		站长	1959.03—1960.06
	胡浔声	站长	1960.06—1961.03
	尹崇贤	副站长(主持工作)	1961.03—1963.01
	潘志英	站长	1963.01—1964.08
九江地区水文气象局	张辑	局长	1964.08—1968.11
	程学川	局长	1968.11—1971.01
农业服务站		站长	1971.01—1972.01
	周友梅	教导员	1972.01—1973.08

单位名称	姓名	职务	任职时间
九江地区气象台	金镇海	副台长（主持工作）	1973.08—1975.05
九江地区水文气象局	董瑞祥	局长	1975.05—1979.10
		副局长（主持工作）	1979.10—1980.07
九江市气象台	赵士林	台长	1980.07—1983.11
			1983.11—1984.02
	李帮杰	副台长（主持工作）	1984.02—1985.03
九江市气象管理局	毛道顺	局长	1985.03—1992.02
	李帮杰	局长	1992.03—1994.07
	吴涛	局长	1994.07—1995.12
九江市气象局			1995.12—2001.12
	陈忠凤	局长	2001.12—2010.8
	邹伦硕	局长	2010.08—

人员状况　建站时职工少，到 2008 年底，市气象局有在职人员 66 人，离、退休 39 人；大专以上学历 39 人（其中本科学历 23 人）；中级以上职称 31 人（其中高级职称 11 人）。

气象业务与服务

1. 气象业务

①地面气象观测

九江气象站于 1950 年 11 月 11 日开始地面观测业务。1953 年 7 月 1 日配备水银气压表，并正式观测。20 世纪 70 年代末至 80 年代初，开始使用自动雨量计。1984 年 4 月起用 PC-1500 袖珍计算机编发气象电报和制作气象月报表。2003 年 7 月建成 CAWS600-B 型自动气象站，2004 年 1 月 1 日进入业务试运行，2006 年 1 月 1 日正式运行，以自动站资料为准发报，自动站采集的资料与人工观测资料存于计算机中互为备份，每月定时复制光盘归档、保存。

主要业务是完成地面基本站的气象观测，自动观测项目每天进行 24 次定时观测，人工每天 3 次(08、14、20 时)气象观测，并拍发加密天气报。编发气象旬(月)报和重要天气报等，制作气象月报和年报报表。观测项目有风向、风速、气温、气压、云、能见度、天气现象、降水、日照、大型蒸发、地面温度、雪深、电线积冰等。

区域自动站　2005 年 12 月至 2008 年，先后建成 25 个加密自动气象站。其中单要素(雨量)站 11 个、四要素(温度、雨量、风向、风速)站 12 个、六要素(温度、雨量、风向、风速、湿度、气压)站 2 个。

雷达观测　711 型测雨雷达站始建于 1978 年，同年 5 月投入业务运行。20 世纪 90 年代以后取消使用。2006 年 3 月建成九江新一代多普勒天气雷达，2006 年 3 月 29 日开始使用。

闪电定位仪　2005 年建成 VLF-LF 频段闪电定位系统。

卫星接收处理系统 2005年建成静止气象卫星接收处理系统。2007年5月建成DVB-S卫星数据广播接收处理系统。

GPS/MET基准站网监测系统建设 2008年10月建成GPS/MET基准站网监测系统。

②农业气象

20世纪50年代末到60年代初,开始农业气象观测,1962年撤销九江专区农业气象实验站;80年代恢复农业气象工作,开展农业气象旬、月报、农业气象专题、农业气象灾害警报、农作物产量预报、农业气候分析论证、农作物全生育期气象条件评述等多种服务。

进入21世纪以来,市气象台加强与各涉农部门之间的合作,服务领域不断拓展。与九江市植保站联合研发棉花病虫害气象等级预报与服务系统,并投入业务使用。

③天气预报

1955—1956年应用"平流动力和涡度平流"来分析预报天气系统的发生与发展,形成了"以群众经验(农谚)为线索,资料为依据,结合天气图"的预报方法。1960年开始制作九江专区小天气图,由各县气象站将08时和14时观测资料电报传至九江台,并填绘08时及14时专区天气图,作为分片预报。1974年开始研究并使用"地、县结合预报汛期1~3天内暴雨过程"的方法。1978年开始引入能量学的预报方法,1983年引进"MOS"方法来制作短期预报。20世纪90年代以后,开始建立计算机终端。截至2008年底,市气象局已经建立暴雨、雷雨大风、洪涝灾害评估等多种预报方法和分县指导预报方法与气象服务平台。

④气象信息网络

1954年10月建立通讯机务组,使用莫尔斯抄报。1984年开始,添加单边带无线接收机、电传打字。1986年至1990年11月以单边无线接收电传打印气象电报。

1977年开始配备117型传真机,接收高空及地面天气图以及天气预报图等;1979年改用123型传真机;1989年开始计算机通讯业务;1990年6月开通九江至南昌气象专用通讯线路。建立省气象台网络远程工作站,共享省气象台STYS系统和武汉气象区域中心的信息资源;2000年以后,气象通讯转变为光纤通信网络。

2. 气象服务

依托网络技术建立抗旱服务系统、森林防火服务系统、气象灾害预警服务系统,提供24、48、72小时天气实况、气温、降水、风向、风速预报,每周、每旬气候预测和月气候预报、0~6小时短时临近预报,节日、重大活动专题气象预报,紫外线指数、人体舒适指数、城市火险等级、空气质量等气象服务。

公众气象服务 通过电视、广播、报纸等媒体以及手机短信、"12121"气象信息自动答询电话等开展公众气象服务。以车载式火箭、"三七"高炮开展人工影响天气作业。

决策气象服务 以《气象情况反映》、《气象旬月报》等形式通过传真或计算机网络发布、传递。对重大的天气气候事件以《气象呈阅件》形式直接送达市委、市政府领导手中。对重大社会经济活动、重要节假日提供气象服务保障。

气象科技服务与技术开发 1984年九江市气象局开展气象有偿服务。1987年建立气象预警服务系统;1989年建立九江电视台天气预报栏目;1990年10月成立服务科(气象科技服务中心),同年开展防雷减灾服务;1994年10月成立气象科技服务公司;1995年6月开展"121"天气预报自动答询电话服务;1998年12月开展电脑终端及传真服务;2000年与移动合作进行气象短信服务;2001年进入九江市政府行政审批大厅,开展防雷装置设计审核、竣工验收工作。

气象科普宣传　九江市气象科普活动始于20世纪50年代末到60年代初,1979年成立九江市气象学会,气象科普不断普及。2000年以来,组织开展现场咨询、送科技知识到田间地头、进社区、进学校、进企业等活动。建立科普宣传窗、举办气象图片实物展览等。此外还积极参加"科普之春"活动。在世界气象日、国际减灾日宣传气象科普知识。

科学管理与气象文化建设

1. 法规建设与管理

2001年成立法规科,履行社会管理职能。2006年九江市政府下发《九江市防雷减灾管理办法》(九府发〔2006〕5号),做出"防雷设计审核、跟踪检测、竣工验收等工作实行与主体工程同时设计、施工投入使用"的规定。

2008年1月九江市政府办公厅下发《关于加强我市气象探测环境保护的通知》,在规划、建设项目审查工作中,各部门要与气象部门共同审批,进一步加强气象探测环境的保护。

2. 党建工作

建站时仅有党员4人。2007年6月27日成立九江市气象局机关党总支,下设4个党支部。到2008年底,有在职党员34名,占职工总数的50%以上。

3. 气象文化建设

九江市气象局积极开展气象文化建设,不断建立健全各项制度,20世纪90年代成立精神文明创建领导小组。凝炼了"扬抗洪精神,抢发展机遇,抓率先崛起,拓赣北云天"的九江气象人精神。2000年以后,加强干部职工的廉政教育,先后建成乒乓球室、篮球场和羽毛球场,室外配备了户外运动健身器材等。2008年9月,市气象局组队参加全省气象部门首届运动会,并获得团体第七名的好成绩。到2008年底,九江市气象局连续5届被评为市级"文明单位"。

4. 荣誉与人物

集体荣誉　1998年获国家防汛抗旱指挥部、人事部、中国人民解放军总政治部授予的"全国抗洪先进集体"称号。1999年获中国气象局授予的"重大气象服务先进集体"称号。2002年获中央文明办、国务院纠风办授予的"全国创建文明行业示范点"称号。2001—2002年获江西省委、省政府授予的"江西省文明行业"称号。2008年获中国气象局授予的"抗击低温雨雪冰冻灾害气象服务先进集体"称号。

个人荣誉　马晓琳 2005 年获"九江市劳动模范"称号。

人物简介　★潘连生，江西九江县人，1940 年 3 月出生，1959 年 8 月参加工作，1979 年 12 月获中国气象局"优秀测报员"称号，是九江市气象局首位获此称号的业务人员。潘连生同志在从事地面测报和测报业务管理中取得了优异成绩，1979 年获省政府授予"江西省劳动模范"称号。

★刘明华，江西武宁人，1944 年 7 月出生，1968 年 12 月参加工作，1978 年 5 月进入气象部门，1984 年任九江市气象局党组成员、副局长。刘明华同志在气象创新工作中表现突出，1983 年 5 月获省政府授予"江西省劳动模范"称号。

★沈德建，湖南长沙人，1951 年 3 月出生，1972 年参加工作，1978 年进入气象部门，先后任预报员、业务科科长、气象台台长、人工影响天气办公室主任等职。在汛期气象服务、人工增雨等工作中成绩突出，多次受到地方政府好评。2000 年 9 月获省政府授予"江西省劳动模范"称号。

台站建设

九江市气象局建站初期，仅拥有 1 栋三层楼的办公楼、1 间食堂和 3 间职工住宿简易平房。1978 年建成四层大板结构办公楼，建筑面积 828 平方米。1981 年、1984 年、1986 年、1988 年、1995 年先后建成 5 栋职工宿舍楼（1 栋砖木结构，4 栋砖混结构，每栋 4 层，共 79 套住房），建筑面积达 5751 平方米。1989 年采用砖混结构扩建办公楼 993 平方米，与 1978 年建成的办公楼对接，形成整体。1984 年建立市气象局职工食堂，面积达 110 平方米。1985 年，建立气象服务楼四层，面积达 502 平方米。1987 年，建立职工活动室，面积 168 平方米。1988 年、1989 年先后建成篮球场和羽毛球场，丰富了职工的业余生活。2005 年，市气象局园区添置各种健身器材。

2005 年 8 月在庐山仰天坪开始建设九江雷达站。2006 年 4 月建成并投入使用。

九江新一代多普勒天气雷达

庐山气象局

庐山位于江南北部,主峰海拔 1474 米,幅员面积 302 平方千米,总人口约 2 万,主要以旅游服务为支柱产业。

庐山属亚热带湿润季风气候区,有明显的山地气候特征,"春山如梦、夏山如滴、秋山如醉、冬山如玉"。年平均气温 11.6℃,年平均降水量 2068.1 毫米,年平均日照时数 1715.3 小时,年平均大风日数 100 天,年平均雾日达 200 天,年平均积雪日数 30 天。

庐山气象站位于庐山牯牛背山顶钳亭子旁,即北纬 29°35′,东经 115°59′,观测场海拔高度 1161.6 米。受高山地形影响,观测场面积为 10 米×10 米。为国家基本气象站。

机构历史沿革

始建情况 1954 年 2 月建立庐山气象站,选定站址为庐山牯牛背山顶,12 月 1 日 0 时起开始试观测,观测时制为地方平均太阳时,绘图观测报告用北京时,定为三等气象站。1955 年 1 月 1 日 0 时起转为正式气象观测。

站址迁移情况 1970 年 6 月在原地扩建为 15 米×16 米,高度增加 2.4 米。1978 年 12 月加高 0.5 米,海拔高度变为 1164.5 米。1986 年 7 月维修观测场护坡使观测场面积缩小为 15.7 米×14.2 米,海拔高度不变。

历史沿革 建站时称庐山气象站;1950 年 1 月更名为庐山水文气象服务站;1962 年 8 月更名为江西省九江水文气象总站庐山气象服务站;1964 年 2 月更名为江西省水利电力厅水文气象局九江分局庐山气象站;1964 年 6 月水文气象分开,更名为江西省庐山气象服务站;1968 年 10 月成立江西省庐山气象站抓革命促生产领导小组;1971 年 6 月更名为江西省庐山气象站;1979 年 8 月经庐山区政府批准,在原气象站基础上,扩建为江西省庐山气象台;1983 年 3 月成立庐山气象局,实行局、台合一;1984 年撤销庐山气象局保留庐山气象台;1990 年 6 月又恢复局、台合一建制。

管理体制 1954 年 2 月始建时庐山气象站属江西省政府气象科管理。1959 年 3 月改归庐山管理局管理。1962 年 5 月归江西省水利电力厅水文气象局管理。1968 年 10 月归庐山革命委员会管理。1971 年 6 月实行军队与地方双重管理、以军队管理为主的体制。1973 年 7 月又划归庐山革命委员会管理。1979 年 8 月扩建为江西省庐山气象台。1980 年 7 月开始实行气象部门与地方政府双重领导,以气象部门领导为主的管理体制。

机构设置 1964 年以前,没有下设机构。1964 年底增配站长 1 名。1971 年 7 月测站下设预报、测报两组。1979 年 8 月成立气象台。1984 年 10 月气象台下设测报、预报、行政 3 个股。1986 年 12 月改为测报、预报、后勤服务 3 个股。1992 年庐山气象局升格为副处级单位,设局长 1 人(副处级)、副局长 2 人(正科级),下设预报科、测报科、产业科,均设科长 1 名(副科级)。2002 年成立庐山雷电防护管理局、庐山人工影响天气领导小组办公室,均与气象局合署办公。

单位名称及主要负责人变更情况

单位名称	姓名	职务	任职时间
庐山气象站	黄青云	站长	1954.11—1955.12
	张俊英	站长	1955.12—1957.12
	张光年	站长	1957.12—1960.01
庐山水文气象服务站	顾如发	站长	1960.01—1962.01
			1962.01—1962.08
九江水文气象总站庐山气象服务站			1962.08—1964.02
江西省水利电力厅水文气象局 九江分局庐山气象站			1964.02—1964.06
江西省庐山气象服务站			1964.06—1964.12
	孔庆瑚	站长	1964.12—1968.10
江西省庐山气象站 抓革命促生产领导小组		负责人	1968.10—1971.06
庐山气象站		站长	1971.06—1979.08
庐山气象台		台长	1979.08—1981.03
			1981.03—1983.03
庐山气象局		局长	1983.03—1984.09
庐山气象台	顾如发	台长	1984.09—1986.12
	陈忠凤	台长	1986.12—1990.06
庐山气象局		局长	1990.06—1998.12
	刘发根	局长	1998.12—2002.02
	杨晓兰	局长	2002.02—2007.05
	马晓琳	局长	2007.05—

人员状况　庐山气象站成立时只有 4 人。1956 年增加到 7 人,1964 年有 10 人,1982 年增加到 26 人。截至 2008 年底,累计在庐山气象站工作过的人员达 81 人。庐山气象站 2008 年底有人员 22 人(其中离、退休 6 人),在职 16 人,均为汉族;在职人员平均年龄 44.5 岁;中共党员 9 人(含离、退休党员 3 人);在职人员中高级工程师 2 人,工程师 7 人,助理工程师 6 人;本科学历 4 人,大专学历 8 人。

气象业务与服务

1. 气象业务

①地面气象观测

观测项目　庐山气象站于 1954 年 12 月 1 日正式开展地面气象观测,进行气压、气温、湿度、风向、风速、降水量、蒸发、日照、地面状态、云量云状、能见度和天气现象等项目的观测。1955—1959 年增加云向云速的观测。1956 年 10 月增加电线积冰观测。1957 年 3 月 1 日增加地面温度观测,同年 10 月增加积雪密度(1980 年改为雪压)观测。1960 年 1 月至

1990 年 12 月 31 日增加天空辐射（乙种）观测。1962 年 1 月 1 日起全部观测项目按《地面气象观测规范》进行观测记录。1975 年开始对指示性云、地方性云、系统性云进行观测。1980 年 1 月 1 日按修改后的《地面气象观测规范》进行观测记录。2003 年 1 月 1 日执行《地面气象观测规范》（2003 版）。2007 年 1 月 1 日增加草（雪）温观测。

1989 年 7 月开始酸雨观测，仪器设备为 pH 计和电导率仪。观测项目有 pH 值（酸碱度）和 K 值（电导率）。2008 年参加"973"项目《中国酸雨沉降机制、输送态势和调控原理》第 2 课题的合作观测。

2004 年 1 月 1 日开始紫外线观测，仪器设备为 LF2000 型太阳辐射仪。

2006 年 1 月 1 日开始大气成分观测。观测项目有黑碳（质量浓度）和环境颗粒物（质量浓度、数浓度）。

2007 年 1 月 20 日开始负离子观测，观测项目为空气负离子浓度。

2007 年 10 月 24 日开始雨滴谱观测，观测项目为雨的滴谱分布（速度、数量、粒径等），用于人工增雨效果检验和对降水性质的深入研究。

观测仪器和方式 建站初期已有福丁式气压表、空盒气压表、气压计、干（湿）球、最高、最低温度表、毛发湿度表、温度计、湿度计、维尔达风压器、乔唐日照计、雨量器、蒸发皿等；1956 年增设虹吸雨量计，同年 10 月增设电线积冰观测架和称雪器；1957 年 3 月增设地面温度表，1960 年 1 月 1 日增设天空辐射表微安表；1968 年 10 月 1 日撤换维尔达风压器，改用 EL 型电接风向、风速计。以上均为人工观测方式。

2002 年 4—8 月建设自动气象观测站，9 月开始进行试观测，2003 年 1 月 1 日开始人工与自动并行观测，2005 年 1 月 1 日开始自动站正式单轨运行。自动观测项目有气压、气温、湿度、风向、风速、降水、地温和浅层地温（5 厘米、10 厘米、15 厘米、20 厘米）。2007 年 1 月 1 日增加草（雪）温观测项目。

2005 年 12 月开始建立加密自动气象站，到 2008 年底已建成四要素（温度、雨量、风向、风速）站 1 个（仰天坪），两要素（温度、雨量）站 4 个（微波站、植物园、石门洞、九里），单雨量（雨量）站 3 个（育种站、大月山、小天池）。

气象报告 天气报告从 1954 年 12 月 1 日开始，每天 4 次（02、08、14、20 时）编发绘图天气报告；1955 年 1 月 1 日增加 4 次（05、11、17、23 时）辅助天气报告；1966 年 12 月 1 日停止 23 时辅助绘图天气报告；2006 年 12 月 31 日又恢复 23 时辅助绘图天气报告。

1958 年以后开始为军队、民航拍发预约航空危险天气报告；1960 年以后每天固定向 10 多个军队、民航单位拍发航空危险天气报告；2000 年后只向南京空军拍发航空危险天气报。

1984 年以前采用电话传报方式；1984 年 12 月增添 PC-1500 袖珍计算机用于编发气象报告；1998 年后改为电话传报至电信报房；2007 年 7 月 2 日后实行网络传输。

气象报表 建站时气象月报表、年报表，用手工抄写方式编制。1987 年 1 月使用 PC-1500 袖珍计算机制作气象报表，并报送磁盘，同时仍保留手工抄录方式。1998 年后使用计算机制作报表。2004 年 1 月 1 日起使用地面测报业务软件 CSSMO 制作报表，上报数据文件。

②天气预报

1958 年 10 月 1 日开始发布庐山地区天气预报。到 2008 年底,发布的天气预报种类有长期(年度气候预测、汛期气候预测等)、中期(旬报)、短期(1～3 天)、短时临近(0～6 小时)天气预报等。

20 世纪 50 年代末到 60 年代,从收听上级气象台预报起步,逐步过渡到图、资、群相结合,以"群"为主。70 年代由以"群"为主逐步过渡到以"资"为主,每天抄收、点绘高空与地面形势分析图,在单站资料方面建立一套较正规、实用的综合要素曲线图。80 年代开始应用传真机,接收中央气象台和日本、欧洲中心的天气预告图。1982 年学习 MOS 预报方法。1985 年引进 PC-1500 袖珍计算机进行统计预报。90 年代中期,建成 PC-VSAT 地面卫星接收小站,接收中央气象台下发的各种预报分析资料。2000 年以后,应用网络和 DVBS 的技术,丰富预报资料的利用,主要是分析、比较数值预报的结果并结合应用本地气象要素为主的经验预报。

2. 气象服务

公众气象服务　1988 年以前以广播和电话为主,重大气象服务由专人报送书面材料或电话通知有关单位和部门。1988 年安装气象警报接收机。1997 年 7 月开通"121"气象信息电话自动答询系统,开始制作电视天气预报并在庐山有线电视台播出。至 2008 年,公众气象服务的方式以电视、广播、手机短信为主。

决策气象服务　2000 年以后,决策气象服务采用《气象呈阅件》《气象情况反映》等书面材料,以电话、传真和专人汇报方式为主。2003 年发布雷电、暴雨预警信息。2004 年按照统一的《突发气象灾害预警信号与防御指南》发布预警信息。2006 年,制订《庐山气象灾害应急预案》,同年 5 月由庐山管理局颁布实施。

【气象服务事例】　1970 年 8 月下旬至 9 月上旬,为中共中央在庐山召开的九届二中全会提供气象预报、情报。9 月 9 日,成功预报中午以后小雨停,雾开始减薄,为毛泽东主席接见庐山部分军民干部和离开庐山提供了准确的气象预报和情报,受到中央办公厅主任汪东兴的称赞。

1975 年 8 月 12—20 日,受当年 4 号台风及其环流影响,造成持续特大暴雨降水过程,24 小时最大降水量 477.5 毫米,过程降水量 1051.0 毫米,相当于年平均降水的 55%,致使山洪暴发、河水横溢,严重威胁人民生命财产安全。气象预报服务及时准确,为抗灾抢险提供了保障。

2005 年 9 月受第 13 号台风"泰利"影响,9 月 2—4 日连续降特大暴雨,过程总量 900.6 毫米,24 小时雨量 529.4 毫米。台风造成多处塌方及滑坡,致使 8 人死亡、1 人失踪、3 人受伤,基础设施遭受严重破坏,直接经济损失达 2 亿多元。期间,庐山气象局发布台风警报等气象呈阅件 8 份,同地质部门联合发布地质灾害预测 2 份,预警短信 5 次,有线电视滚动字幕 3 天;2 日 17 时至 4 日 13 时每小时向庐山区政府报告雨量,并通过手机短信发布雨情报告;参加庐山区政府紧急会议 5 次,电话汇报 10 余次;庐山区政府专门发布紧急文件 4 份,其中有 2 份以政府令形式发布。及时有效的气象服务,使得灾情降到最低。

专业与专项气象服务　1958 年 12 月 21 日,中央气象局、江西省水文气象局合作人工降雨试验小组在九江气象台、庐山气象站协助下于庐山普林路一处平坦高地对空燃烧樟脑、酒精、溶液、铝粉、紫云英等化学试剂进行人工降雨试验,开创庐山人工影响天气之先河。1978 年庐山大旱,采用"三七"高炮进行 8 次人工增雨作业。2002 年庐山人工影响天气领导小组办公室成立。2007 年出现 40 年来大旱,庐山管理局共拨人工影响天气专款 18 万元,用于购置专门的火箭发射车辆及装置,组建标准化作业分队,庐山气象局先后共作业 10 余次,有效地降低庐山森林火险气象等级和增加水库蓄水。

2000 年成立庐山气象科技服务公司,在庐山风景区范围内开展防雷设计、施工和验收,防雷装置检测。2002 年 7 月五老峰发生待晴亭重大雷击灾害,造成 4 人死亡、13 人受伤。2003 年 8 月,锦绣谷和五老峰遭受雷击,造成 4 人死亡、20 人受伤。2003 年 10 月,庐山管理局发布两个关于气象管理的规范性文件,加强景区防雷工作。2003 年 11 月,庐山管理局投资 100 万元,由庐山气象科技服务公司承建,对五老峰、仙人洞等主要景区安装防雷装置。

气象科技服务与技术开发 1983 年试行气象资料、预报服务等部分有偿服务。1985 年起,气象服务由无偿转为有偿和无偿相结合。1985 年开始制作逐旬旅游天气预报,在日常预报中增加日出、雪景、云海等气象景观预报。2008 年开通庐山旅游气象网,直接为公众提供旅游气象服务。

气象科普宣传 每年世界气象日、科技周、国际减灾日,庐山气象局举行专题气象科普活动;接待来自全国各地的大中学生,安排专人宣讲、宣教,普及气象知识。2005 年庐山气象局被九江市科协命名为市科普教育基地。2007 年 12 月被中国气象局授予"全国气象科普教育基地"称号。

党建与气象文化建设

党建工作 20 世纪 60 年代庐山气象站只有 1 名党员,归属农水处党支部,20 世纪 70 年代初发展 2 名党员,并于 1973 年成立党支部。到 2008 年底,党支部有党员 9 人。

气象文化建设 建站至 20 世纪 90 年代,庐山气象站的文化设施简陋,只有室外羽毛球场、室内乒乓球桌,但经常开展球类、棋类、扑克等文体活动。1997 年,建成阅览室、卡拉 OK 多功能娱乐厅。2004 年购置室外健身器械,此后又添置室内跑步机。2002—2008 年连续获得九江市"文明单位"称号。

1959 年 8 月,全国人大常委会委员长朱德携夫人康克清,登牯牛岭,到气象站看望工作人员。1961 年,国家主席刘少奇携夫人王光美,登牯牛岭,到气象站看望工作人员。1992 年 12 月,全国政协委员王光美为庐山气象台题词:"观风云变化,搞好气象保障工作"。中国气象局领导涂长望、邹竞蒙、温克刚等先后到站指导工作。

1955 年 4 月,苏联气象专家普罗斯柯夫到站考察。1963 年 4 月,越南气象局局长阮阐等到站考察并参加天气会商,同时议定庐山气象站与越南沙坝站结为友好气象站。1997 年庐山气象局被江西省气象局评为"全省气象部门为人民服务、树行业新风示范窗口单位"。1998 年丹麦气象代表团、2007 年以色列气象专家罗森菲尔德到站考察。2002—2003 年庐山气象局职工张小鹏赴日本冈山学习交流。

荣誉 1998 年 7 月庐山气象局被江西省气象局授予首批"五大工程建设一级达标单

位"称号。2008 年 1 月获新一轮全省气象部门"五大工程"达标单位。1998 年 10 月,"庐山旅游天气预报"电视节目获中国气象局组织的"第二届华风杯全国电视气象节目观摩评比县市级二等奖",同年底再次获得江西省评比一等奖。2006 年 12 月 30 日,庐山气象局被中国气象局授予"全国文明台站标兵"称号。2008 年度获全省"重大气象服务奖"、"全山抗冰冻灾害先进集体"、"驻山单位特殊贡献奖"等荣誉。

台站建设

庐山气象站始建时只有平房 100 平方米,围绕民国时期的建筑钟亭而建,石墙木地板。20 世纪 60 年代末筹建 1 幢两层宿舍楼,面积 200 平方米;70 年代又建成 1 幢两层楼房,面积 220 平方米,其中一层为职工宿舍,二层为办公室。1989 年再建 2 幢宿舍,约 400 平方米。

1980 年建成两层小型招待所(面积 150 平方米),1992 年扩建 150 平方米;2006—2008 年投资约 130 万元进行综合改造,改建成新办公楼(面积 540 平方米)。多年来,庐山气象局改善周边环境、改造值班室、修缮职工宿舍、美化外墙、修缮下山道路、安装路灯,台站面貌逐年发生变化。

2006 年 9 月,庐山气象局参加中国气象局气象探测中心组织的观测仪器考核项目,在原炸毁的台站西边旋转观景台上建成 1 个近 400 平方米的观测场。现已加设不锈钢围栏,作为全国气象科普教育基地。

1990 年配备 1 辆中巴车。2004 年配备公务用车 1 辆。2007 年 11 月至 2008 年,增配 1 辆气象保障越野车、1 辆人工增雨作业车。

庐山气象局办公楼(摄于 2007 年)

修水县气象局

修水县位于赣西北修河上游,居幕阜山脉与九岭山脉之间,与湘、鄂毗邻。商封艾侯国,汉建艾县,元代升为宁州,1912年称义宁县,3年后改为修水县。全县面积4504平方千米,辖36个乡镇,总人口82万。

修水属亚热带湿润季风气候区,四季分明,气候温和,雨量充沛。年平均气温16.5℃,年平均降水量1613.8毫米,年平均日照1573.5小时。

修水县气象站位于北纬29°02′,东经114°35′,观测场海拔高度146.8米。

机构历史沿革

始建情况 修水气象站始建于1952年7月,位于修水县城郊南面南山崖文峰塔"文昌阁"山顶,北纬29°02′,东经114°34′,海拔高度121.0米。

站址迁移情况 1954年1月1日迁至县城西面第一区,南联乡五星坳处。1958年7月1日,迁至五星坳王家屋背后。1980年1月1日,迁至修水县城郊外南山崖七圣庙11号。

历史沿革 建站时站名为江西省修水气象站;1955年6月定为丙等一级气象站;1954年改定为二等二级气象站,10月改定为二等气象站;1958年定为气象站;1960年3月,水文站、气象站合并,成立江西省修水县水文气象服务站;1964年7月,更名为江西省修水气象服务站;1973年7月更名为修水县气象站;1974年列为亚洲区域气象情报交换站;1980年1月划定为国家基本气象站;1980年7月成立修水县气象局(局、站合一);1984年1月,更名为修水县气象站;1991年1月更名为修水县气象局。2007年改为国家一级站,2008年又恢复为国家基本气象站。

管理体制 1954年1月,从军队建制改为政府建制,属江西省政府气象科管理;1959年3月,归当地政府管理;1962年5月,归江西省水利电力厅水文气象局管理;1971年2月,实行军队与地方政府双重管理、以军队为主的管理体制;1973年7月,归当地政府管理;1980年7月,改为气象部门与地方政府双重领导、以气象部门领导为主的管理体制。

机构设置 1991年内设机构有测报、预报、农气服务三个股。2006年1月,业务技术体制改革,将测报、预报合并,成立气象台。机构设置为气象台、科技服务中心、办公室3个机构。

单位名称及主要负责人变更情况

单位名称	姓名	职务	任职时间
修水气象站	谢传锯	站长	1952.07—1954.01
	薛占久	站长	1954.01—1956.01
	汪国清	站长	1956.01—1959.01
	黄汉轩	站长	1959.01—1960.03
修水县水文气象服务站	李平忠	站长	1960.03—1961.12
	方典镕	站长	1961.12—1962.05
	应件根	站长	1962.05—1963.12
	汪国清	站长	1963.12—1964.07
修水气象服务站			1964.07—1973.07
修水县气象站			1973.07—1980.07
修水县气象局（站）		局长	1980.07—1984.01
		站长	1984.01—1984.12
修水县气象站	吴连生	副站长（主持工作）	1984.12—1986.02
	徐传华	站长	1986.02—1991.01
修水县气象局		局长	1991.01—1994.06
	崔劲松	局长	1994.06—

人员状况　2008年有在编职工15人，退休职工6人，共计21人，均为汉族。中共党员9人（其中退休党员2人）。在职人员平均年龄为38.8岁，具有中专学历1人，大专学历8人，本科学历6人。工程师7人，助理工程师7人，技术员1人。

气象业务与服务

1. 气象业务

①地面气象观测

1952年7月1日，开展地方气象观测；1953年1月1日，实行全日制守班，监测、记录天气变化；1954年1月1日开始，每天进行4次基本气象观测，4次补充天气报告（绘图）观测，为军、民航空飞行服务，提供航空天气报告、危险天气报告。1956年10月，增加电线积冰项目观测。1962年1月1日，执行新编《地面气象观测规范》。1963年7月1日，开展E-601型水面蒸发观测。1968年10月1日，使用EL型电接风向风速计。1977年7月1日，开展指示性云、地方性云、系统性云的项目观测。1980年1月1日执行新编《地面气象观测规范》。1983年开始施放小气球实测云高，同年使用遥测雨量计。1985年开始应用PC-1500袖珍计算机编发气象电报。2002年建设自动气象站，2003年1月人工与自动站平行观测，2005年自动气象站实行单轨运行。2003年安装闪电定位仪，2006年安装GPS进行观测，2007年实现网上传输气象电报。

1959年上半年，在太阳升、莲花、山口、古市、宁州建立首批气象哨。1976年10月至1978年10月，先后在古市、白岭、大桥、马坳、山口、黄港、上奉、黄坳、太阳升、溪口、庙岭等11个公社第二次建立气象哨，每天进行3次气温、雨量、风、天气现象项目观测。1985年建立眉毛山(高山牧草)、漫江(茶叶)、三都(柑橘)、马坳(粮食)、溪口(旱作物)等专业气象哨,先后观测 2 年时间。2006 年建立杭口、赤江、竹坪 3 个自动雨量观测点。2007 年建立 16个四要素(温度、降水、风向、风速)自动气象站。2008 年建立 3 个两要素自动气象站。

②农业气象

1958 年 3 月建立修水县农业气象试验站,对水稻、茶叶、油茶、棉花等农作物进行生育期的观测;1959—1962 年,在县农科所、县茶叶试验站先后进行"早稻分期播种"、"晚稻自然分期播种"、"晚稻栽播不同密度对田间小气候的影响"、"降水量与土壤渗透深度"、"干旱期不同性质土壤的土壤湿度"、"丰产棉田与一般棉田小气候"、"茶叶光照长短与茶叶品质的关系"、"丰产茶园与土湿的对比"、"高产茶园小气候"、"茶叶穗扦插的对比"等 10 个项目的试验对比观测;1962 年冬停止农业气象业务,1978 年恢复;1979 年 1 月被定为全省农业气象观测情报网站,观测水稻、茶叶、油菜。同年 9 月,开展"长风Ⅲ号"保温剂防御寒露风的试验;1978 年通过气候调查,编写《修水县农业气候手册》;1933 年,开展早晚稻产量预报、农业气候评价和农业气象情报预报服务,同年 10 月,完成第二次农业气候区划,"修水县农业气候资源调查及区划报告"成果获县农业区划成果一等奖,省市二等奖;1984 年对全县各地不同地形柑橘园进行调查,撰写"气候与柑橘生产"专题报告。1985 年对四川玉米良种"中单二号"提出了气候可行性论证;1988—1990 年,在全县开展"南方杂交玉米适用技术推广"项目,推广面积达 133 公顷,该项目成果获中国气象局科技扶贫二等奖;20 世纪 90 年代,应用气候区划成果对蚕桑、茶叶、猕猴桃、桃、梨、柑、油菜等进行专题农业气候分析,对现行种植制度进行气候论证;2007 年,应用地理信息和现代处理技术,进行第三次农业气候区划。

③天气预报

自 1958 年开始制作天气预报,预报方法是在收听省气象台预报的基础上,查看历史气象资料,结合群众看天经验,做出未来 1~3 天的天气预报。1959 年开始收集整理民间测天经验,点绘单站要素曲线图、时间剖面图,饲养动物作观察。1962 年推广四川省气象局"环绕分型模式"配套预报方法,贯彻"听、看、谚、地、资、商、用、管"八字技术原则。1972 年6 月开始以图表、资料、方法、档案的"四个基本"建设。1972 年成立湘、鄂、赣 3 省 12 县的气象联防组织。1979 年 6 月安装使用气象传真新技术,接收天气形势预报资料。1982 年,建立以暴雨、晴雨、大风、强冷空气等内容的 MOS 预报业务。

④气象信息网络

地面气象资料、GPS 资料、闪电定位数据等均实行网上自动传输,各类报文也是通过网络传输。气象预报方面的信息系统有 PC-VSAT、MICAPS3.0、PUP 雷达终端等系统,通过网络获取中国气象局和省气象局气象预报指导产品(含卫星云图、雷达回波产品)、湖南、湖北两省内网的气象预报指导产品,参与湘、鄂、赣三省气象联防,建立具有本局特色的天气预测预警业务平台。气象服务方面有电视天气预报制作系统、"121"气象信息制作系统,气象短信用户 3 万余户,应用政府加密网、政府网站、农经网站发布气象信息。

2. 气象服务

公众气象服务 公众气象服务主要产品有未来 48 小时天气预报、未来一周天气趋势、天气实况信息、灾害性天气预测预警信息、突发天气临近预警信息,以及以气象为基础的衍生加工信息,如健康指数、火险系数、人体舒适度、中暑指数、钓鱼指数等。发布渠道主要是通过电视节目、报纸、电话自动咨询平台"12121"、手机短信、电子显示屏、政府网站、农经网站等方式传递。

决策气象服务 建站以来,主要有冬季雨雪冰冻、冬春森林防火、春播天气、汛期降水、干旱季节人工增雨等服务项目。此外,还开展农业产量预报、工农业生产新技术、新项目的气候可行性论证、气象灾情调查与评估、气候区划、气象灾害规划、气候资源开发与利用等项目。县气象局与县农业局、县蚕桑局、县林业局联合制作病虫气象联合预报,与县矿业局联合制作地质灾害预报等。2005 年以前以书面上报为主,2005 年加入县加密网,所有材料均通过网络传输。

专业与专项气象服务 1976 年 9 月,县政府成立修水县人工降雨领导小组,同年 10 月,在修水县境内首次应用"三七"高炮开展人工增雨作业,从此在每年干旱季节开展人工增雨抗旱。2000 年以后,引进 2 部火箭发射架,配置专业作业车辆,5 人取得人工影响天气上岗资格证。实施人工影响天气作业从抗旱不断拓展到水库增加蓄水、森林火灾灭火、降低火险等级、降低城市温度、人工消雹等方面。

1992 年开始对县内的防雷装置进行检测;1997 年组建防雷工程专业队伍,开始承担雷电防御工程。

气球施放主要是为各类庆典活动施放彩球。2002 年取消自行生产氢气,转由外地厂家购进。至 2008 年,有 6 人取得氢气球施放上岗证。

气象科技服务与技术开发 1985 年开始,专业气象服务由无偿转为有偿服务。1989 年,签订服务合同的单位达 102 个。主要制作各类专业气象服务,并组成天气预报警报网络,每日通过无线广播气象信息。20 世纪 90 年代起,开展气象信息"121"电话自动答询、气象防雷技术检测、手机短信、庆典彩球服务、电视天气预报广告业务、防雷工程的设计安装、人工影响天气等服务。

1987 年修水县气象局研发的 PC-1500 袖珍计算机自动编发报系统,获省气象局科技成果三等奖。1999 年开发"121 制作系统",在全省 19 个县气象站推广。2000 年开发"农用电视天气预报制作系统"在全市气象部门推广,2001 年向全省气象部门推广。2007—2008 年研究开发测报发报传输报警系统、修水区域自动站查询平台、修水县天气预测预警业务平台。

气象科普宣传 建站以来,每年均开展多种形式的气象科普活动,普及气象知识。20 世纪 70 年代编写《农业气候手册》;80 年代编印《气象》每月小报、举办气象知识讲座等;90 年代后期,气象科普宣传活动主要是深入乡村开展科普宣传、咨询,到学校进行气象科普知识讲座,组织学生到气象科普教育基地进行参观,利用媒体(电视、报纸、农经网等)广泛宣传气象防灾减灾知识。

气象法规建设与社会管理

1994 年修水县政府下发《修水县关于加强气象工作的通知》;1998 年县政府下发《修水县防雷安全管理实施办法》。

县气象局将气象探测环境保护的有关规定向县规划部门进行备案。2008 年,修水县政府在观测场北面重建文峰塔,其设计高度影响了探测环境。气象局进行多次法规宣传以及严格执法,重建的文峰塔建设高度控制在允许高度范围内。

严格执行气球施放管理,开展有效执法,杜绝违规施放气球的行为。

1990 年县气象局开始进行防雷检测;1993 年与县劳动人事局联合发文,在全县开展防雷装置检测;2007 年,防雷竣工验收列入修水县综合报建审批项目,防雷安全管理列入全县安全生产专项管理。

党建与气象文化建设

1. 党建工作

2008 年底,修水县气象局党支部有在职党员 7 人,占在职职工人数 46.7%,退休党员 2 人。

县气象局每年均与县纪委、九江市气象局签订党风廉政建设责任状,制定实施方案,成立党风廉政建设领导小组,健全局务公开、政务公开制度,制定财务制度、公车管理制度。明确廉政监督员职责,经常组织党风廉政建设宣传活动,定期召开民主生活会,剖析问题,解决矛盾。

2. 气象文化建设

2000 年成立县气象局精神文明建设领导小组,建立健全局务会制度、学习制度、紧急重大事项报告制度、安全生产、综合治理等管理规章制度。2007 年,建立首问责任制,在气象服务窗口树立文明形象,悬挂气象形象标识,宣传气象精神和职业道德规范,全体职工着装整洁,佩证上岗。同时,建立学习制度,长期坚持业务学习,认真考核工作业绩,鼓励创新,奖优罚劣,调动职工积极性。

2005 年建立职工文化活动中心,配备文体活动设施,室内活动室面积达 170 平方米,有乒乓球桌、台球桌、棋牌桌椅等,室外有羽毛球场、篮球场。每年县气象局工会都组织 3 次以上文娱比赛活动。组建修水县气象局篮球队,经常与其他单位开展篮球友谊比赛活动。

3. 荣誉与人物

集体荣誉 1986 年、1987 年、1988 年县气象局获江西省气象局授予的“文明单位”称号;1996—2009 年获九江市政府授予的“文明单位”称号;1993 年获“全国优秀气象台站”、“江西省气象系统创收先进单位”称号;1995 年获九江市政府授予的“抗洪抢险先进单位”、省气象局授予的“抗洪抢险气象服务先进集体”称号;1998 年被省气象局评为全省气象系统首批“五大工程”一级达标单位;2007 年被省气象局评为新的“五大工程”一级达标单位;2008 年被省气象局评为“全省重大气象服务先进集体”、被九江市政府评为“农村工作先进集体”。

个人荣誉 崔劲松,2006 年被省人事厅和省气象局联合授予“全省气象部门先进工作者”称号。

人物简介 徐传华,1947年10月出生,江西修水县人,汉族,中共党员,大专学历。1969年参加工作。20世纪80年代中后期任修水气象局主要领导期间,积极将气象科技推向社会,1986年、1987年应用气象科技为修水县趋利避害工作服务,成效显著,台站基础业务、现代化建设和气象服务等工作位于全省前列。1988年3月被省气象局记大功1次,1989年5月被评为"全国气象系统先进工作者",1990年5月被省政府授予"江西省劳动模范"称号。

台站建设

1980年6月迁站到现址,建设砖混结构业务楼384平方米,石木结构的职工宿舍平房340平方米,砖木结构职工食堂1栋60平方米,块石护坡50米。1997年,对业务楼进行装修,并增加半层63平方米,对环境进行绿化。

1987年建立1栋砖混结构职工宿舍500平方米。2002年新修道路200米,改造道路100米。2003年集资建8套职工宿舍,建筑面积达2000平方米。2004年对台站进行综合改善,硬化道路300米,砌挡土墙700立方米,围墙150米,建篮球场1个,拆除全部平房。

2006年拆除老业务楼,并动工新建业务楼870平方米。2007—2009年,陆续对业务楼周边环境进行整治,新建业务楼前面的花岗岩围栏50米,场地硬化300平方米,护坡650立方米,小道硬化贴面板400平方米。

修水县气象局办公楼(摄于1988年4月6日)

修水县气象局办公楼(摄于2008年7月5日)

武宁县气象局

武宁县历史悠久,唐长安四年(704年),始称为武宁县。位于赣西北,全县面积3504.19平方千米,辖8个镇11个乡,1个街道办事处和1个开发区,总人口37.6万,森林覆盖率为69.4%,是江西省重点林业县之一。

武宁县属亚热带季风气候,四季分明,年平均气温为 16.8℃,年平均降水量为 1511.5 毫米,年平均日照时数为 1634.9 小时。

武宁县气象局位于县城东郊,北纬 29°15′,东经 115°07′,观测场海拔高度 116.0 米。

机构历史沿革

始建情况　武宁县气候站建于 1957 年 1 月 1 日,站址距县城 4 千米的黄塅乡胜利大队垅塅,观测场海拔高度 59.8 米。

站址迁移情况　1965 年 1 月 1 日,武宁县气象站从武宁县黄塅公社乡村迁至武宁县黄塅公社南渡街东侧郊外;1971 年 7 月 1 日,因受新电站水淹,迁至新建县城东侧;2004 年 1 月 1 日,武宁县气象局位置搬迁,新址位于武宁县松岭路。

历史沿革　建站时称武宁县气候站;1959 年 1 月更名为武宁县气象站;1962 年 11 月称武宁县水文气象局;1970 年 10 月更名为武宁县气象站;1980 年 7 月改为武宁县气象局;1981 年 1 月更名为武宁县气象站;1984 年 1 月又改为武宁县气象局。

管理体制　建站至 1958 年 8 月属江西省气象局管理。1958 年 9 月至 1962 年 9 月实行以地方政府为主的双重管理体制。1962 年 10 月至 1970 年 9 月以省气象局管理为主的双重管理体制。1970 年 10 月至 1981 年底改为以地方政府管理为主。其中 1970 年 11 月至 1973 年 8 月县气象站由县人民武装部管理,1973 年 9 月隶属县革命委员会农水局下属水文气象组。1982 年 4 月改为以气象部门管理为主的双重管理体制。

机构设置　1999 年成立武宁县人工影响天气领导小组办公室,设在县气象局。2002 年 1 月成立武宁县雷电防护管理局。2007 年 1 月 1 日由国家一般观测站升级为国家基本观测站。2008 年下设气象台、办公室、科技服务股。

单位名称及主要负责人变更情况

单位名称	姓名	职务	任职时间
武宁县气候站	崔 仁	站长	1957.01—1959.01
武宁县气象站	刘圣育	站长	1959.01—1962.11
武宁县水文气象局	蒋善雨	局长	1962.11—1970.10
武宁县气象站	朱先洧	站长	1970.10—1980.07
武宁县气象局		局长	1980.07—1981.01
武宁县气象站		站长	1981.01—1984.01
武宁县气象局	蒋善雨	局长	1984.01—1987.09
	杨叶青	局长	1987.09—1990.08
	段裘倖	局长	1990.08—1996.10
	干思燚	局长	1996.10—

人员状况　1957 年有职工 3 人,1958—1969 年在职人数均维持 4～5 人,1971—1991 年职工人数 13 人左右,1990 年达 17 人。1991—2001 年人员变动较大,在职人员保持 12 人左右。截至 2008 年底,有职工 13 人;大专以上学历 7 人(其中本科 3 人);工程师 3 人,助理工程师 3 人。

气象业务与服务

1. 气象业务

① 地面气象观测

1957年1月1日至2006年12月31日为一般观测站,每日08、14、20时3次定时观测。2007年1月1日改为国家基本站,观测时间为02、08、14、20时4次以及05、11、17、23时4次补充观测。观测项目有云、能见度、天气现象、气压、气温、湿度、风向、风速、降水、小型蒸发、日照时数、地表和浅层地温、雪深。1985年开始应用PC-1500袖珍计算机编发报。2004年建设自动气象站,2005年1月人工观测与自动站平行观测,2006年实行自动气象站观测。2008年安装GPS观测。2006年开始建设区域自动气象站,截至2008年底,建成19个区域自动气象站,其中四要素站13个,两要素站3个,单要素站3个。

② 农业气象

1978年9月武宁县气象局开展大规模气候调查,以全县所有乡(村)地形地貌、作物分布、海拔高度等资料为基础,推算各乡(村)的年(月)平均气温、≥10℃以上的积温、有效积温等,并编写《农业气候手册》,印发500册。1981年成立农业气象服务股。从1981—1985年相继开展水稻(含早、晚稻)、棉花、油菜生育期观测,编制其生育期报表。1987年在县农科所开展人工栽猕猴桃落花落果观测研究。1988年开展南方玉米试种试验。1985—1995年编发早稻、晚稻、油菜产量预报。1988年开始与县植保站联合发布农作物病虫害发生发展气象情报。

③ 天气预报

短期天气预报 1958年下半年开始制作补充天气预报,采用收听省及临近省天气预报和看天相结合的气象预报方法。从20世纪70年代后期至80年代开展日出日落天象及物候观测。

中期天气预报 主要收听省、市台的旬、月天气预报,结合分析本地气象资料、短期天气形势及天气过程的周期变化制作1旬天气趋势预报。

短期气候预测(长期天气预报) 主要运用数理统计方法和常规气象资料图表及天气谚语、韵律关系等方法,作出具有本地特点的补充订正预报。长期天气预报从20世纪70年代中期开始起步,70年代后期贯彻执行"大中小、图资群、长中短"相结合的技术原则。

2000年以后,天气预报应用多普勒天气雷达、卫星云图、数值降水预报模式以及MICAPS、PC-VSAT、DVBS、雷达终端显示系统(PUP)、闪电定位信息、因特网等现代化的设备和网络技术,提高了预报准确率。

④ 气象信息网络

1983年安装传真接收机。1987年开通甚高频无线对讲通讯电话。1993年开始应用计算机网络接收北京发布的天气预报、卫星云图等气象资料。1997年建成多媒体电视天气预报制作系统,由县电视台播放。

1997年县气象局同县电信局合作正式开通"121"天气预报自动咨询电话。之后陆续应用政府加密网、县气象局内网、农经网、气象灾害预警发布平台和电子显示屏发布气象信息。

2003 年实现 GD-01、GD-05 报网上传输,2007 年所有报类均实现网上传输。

2. 气象服务

公众气象服务　1958 年 7 月起县气象局每晚通过县广播站广播天气预报。2000 年后,相继通过天气预报自动答询平台"12121"电话、手机短信、电子显示屏等向公众发布气象信息。

决策气象服务　主要有冬季雨雪冰冻、冬春森林防火、春播天气、汛期降水、干旱季节人工增雨等气象服务。开展农业产量预报、工农业生产新技术、新项目的气候可行性论证、气象灾情调查与评估、气候区划、气象灾害规划、气候资源开发与利用等项目。县气象局与县农业局、县国土资源局、县林业局签订气象信息交换共享协议、定期会商等制度。县气象局与县农业局联合制作病虫害气象预报、与县国土资源局联合制作地质灾害气象预报。

专业与专项气象服务　1985 年开始专业有偿服务,服务对象涉及各个行业和重点工程建设项目。20 世纪 90 年代,气象科技服务发展较快,有气象信息自动咨询电话"121"、气象防雷技术检测、手机短信、庆典彩球服务、电视天气预报、防雷工程的设计安装、人工影响天气服务等。2000 年成立武宁县银河科技有限责任公司。

1976 年至 1977 年 7—9 月在宋溪乡开展人工增雨作业,由省气象局派人进行高炮、炮弹等技术指导。1978 年 7 月以后由武宁县气象局派员在横路、黄塅、澧溪乡开展人工增雨作业。1990 年县财政拨款购置高炮 2 门,由县人民武装部、水电局管理,作业时气象局派技术人员指导。2002 年购置 2 架火箭发射架,1 辆作业用车,每年开展水库蓄水、森林灭火、降低火险等级、降低城市温度、人工消雹等方面的作业。

1992 年开始对全县防雷装置进行检测,1993 年开始对全县新建建筑物防雷进行验收,防雷装置安全检测列入常规化的气象业务。

气象科技服务与技术开发　20 世纪 80 年代初,县气象局为柑橘生产提供预报、情报、气象资料服务。80 年代中、后期为冬季营林育苗开展霜冻天气预报及气象信息服务。1994 年,县委、县政府调整农业产业结构,沿柘林库区 7 乡(镇)种植棉花,面积达 7 万余亩①。县气象局对建站 30 多年的气温、光照、降水等气象资料进行分析,并根据棉花各生育时期对气象条件的要求,编写《棉花种植的气候条件分析》,提出建议,1994 年全县棉花获得丰收。

气象科普宣传　县气象局建立气象科普教育基地,组织学生到气象科普基地进行参观,实地讲解气象知识,深入乡村开展科普宣传、咨询,到学校进行气象科普知识讲座,通过媒体(电视、报纸、农经网等)广泛宣传气象防灾减灾知识。

科学管理与气象文化建设

法规建设与管理　县气象局编制《气象探测环境保护示意图》,到县规划、国土和城建部门进行备案。2002 年成立武宁县雷电防护管理局,与县行政办证中心统一办公。2007 年 7 月,县政府下发了《关于切实做好防雷减灾工作的通知》。

---

①　1 亩＝1/15 公顷,下同。

党建工作 1972 年成立党支部。1984 年党支部为县直机关工委下属支部。1985 年以来先后发展 5 名党员,到 2008 年底,有党员 4 人。

成立党风廉政建设领导小组,健全局务公开、政务公开制度,制定财务制度、公车管理等制度。县气象局与县纪委、市气象局签订党风廉政建设责任状,建立廉政监督员职责制度,经常开展党风廉政建设宣传活动,定期召开民主生活会,剖析解决问题。

气象文化建设 2000 年成立精神文明建设领导小组,建立健全政治学习、法制教育、民主生活会、财务管理、环境卫生、文体活动等 12 项制度。

1987 年综合改善环境,修整道路,种树栽花,县气象局被评为九江市气象局"环境整治先进单位"、武宁县"文明单位"。1992 年、1994—2008 年被评为九江市"文明单位"。

建立职工活动中心,配备文体活动健身设备,室内有乒乓球桌、室外有羽毛球场、篮球场。每年组织开展文体娱乐活动,2008 年有 3 人参加市气象局组织的全市气象部门体育运动会,获得 1 个第一、2 个第二的好成绩,2 人代表九江市气象局参加全省气象系统运动会。

荣誉 1993 年、1995 年、1998 年县气象局被九江市委、市政府授予"抗洪抢险先进单位"称号;1993 年、1995 年获江西省气象局集体记功奖励;1995 年获江西省政府授予"文明单位"称号;2008 年被江西省气象局评为"五大工程达标单位"。

台站建设

1957 年建站时,仅有 1 幢砖木结构平房,面积 70 平方米。1965 年 1 月迁站时,建有 1 幢 100 平方米砖木结构平房。1971 年站址迁至新建县城东侧,建有观测场和 1 栋土房,共 4 间 80 平方米。1991 年建立 1 幢三层 300 平方米办公楼,底层为商业用房 100 平方米。2000 年职工集资建房,建有 1 幢六层住宅楼,每户面积为 123 平方米,底层为商业用房 500 平方米。2004 年建立附属用房 205 平方米。2005 年建立 1 幢三层 697 平方米办公楼,硬化道路、场地 1350 平方米,绿化场地 2100 平方米,护坡 430 立方米。2008 年建设连接观测场钢架天桥,按规范要求改造了观测场,安装塑钢围栏。搬迁时,在原址上保留 2460 平方米职工住宅和 1120 平方米商业用房。

武宁县气象局办公楼(摄于 2008 年 9 月)

瑞昌市气象局

南唐升元三年(939年)瑞昌置县,1989年经国务院批准瑞昌撤县设市,为江西省计划单列市。瑞昌市位于江西省北部偏西,长江中游南岸,境内以低山丘陵为主,全市面积1423.11平方千米。总人口43万,辖21个乡(镇、场、街道)。

瑞昌市属亚热带北缘湿润性季风气候区,年平均气温16.7℃,年平均降水量1513.1毫米,年平均日照时数1735.7小时。

瑞昌市气象站位于北纬29°42′,东经115°41′,观测场海拔高度41.2米。

机构历史沿革

始建情况　瑞昌气候站始建于1959年1月,位于瑞昌县城东郊距原县城约500米,即北纬29°41′,东经115°40′,海拔高度23.6米,观测场面积25米×25米,为国家一般气象站,国家农业气象一级站。

站址迁移情况　建站时位于瑞昌县城东郊,1960年4月由原址向东迁300米。2007年开始,在县城桂林街道办事处裕丰村肖家湾筹建新观测场,距原址直线距离2千米。

历史沿革　1959年1月时为瑞昌县气候站;1959年3月更名为瑞昌县水文气象站;1962年5月更名为江西省九江水文气象总站瑞昌气象服务站;1964年7月,水文、气象机构分设,改属九江地区气象台管理,同时更名为瑞昌县气象服务站;1971年6月更名为瑞昌县气象站;1980年7月,成立瑞昌县气象局,实行局站合一;1984年1月1日,撤销瑞昌县气象局,保留瑞昌县气象站;1989年12月20日,瑞昌撤县建市,改名为瑞昌市气象局、瑞昌市气象台,两块牌子一套人马。

管理体制　瑞昌气候站初建时归江西省水利电力厅水文气象局管理。1959年3月改为瑞昌县人民委员会建制。1962年5月划归江西省水利电力厅水文气象局管理。1964年7月,水文、气象机构分设,改属九江地区气象台管理。1970年7月1日,实行军队与地方双重管理、以军队为主的管理体制。1973年8月1日归瑞昌县革命委员会管理。1980年7月,实行气象部门与地方政府双重领导、以气象部门领导为主的管理体制。

机构设置　1959年建站时,业务领导单位是江西省水利电力厅九江水文气象总站,下设测报、预报、农业气象共三个组。1985年瑞昌县气象站下设测报、预报、农业气象、气象服务部共四个股室。2004年瑞昌市气象局下设综合业务室、防雷装置检测站、雷电防护管理局、人工影响天气办公室。

单位名称及主要负责人变更情况

单位名称	姓名	职务	任职时间
瑞昌气候站	彭志忠	负责人	1959.01—1959.03
瑞昌县水文气象站			1959.03—1959.04
	熊志远	站长	1959.04—1962.05
江西省九江水文气象总站			1962.05—1962.06
瑞昌气象服务站	吴靖东	站长	1962.06—1964.07
瑞昌县气象服务站			1964.07—1971.06
瑞昌县气象站	梁光钰	副站长（主持工作）	1971.06—1975.05
	曾相能	站长	1975.05—1979.09
	朱必炜	副站长（主持工作）	1979.09—1980.07
瑞昌县气象局		副局长（主持工作）	1980.07—1980.12
	黄汉轩	负责人	1980.12—1981.07
	张登三	副局长（主持工作）	1981.07—1984.01
瑞昌县气象站		副站长（主持工作）	1984.01—1984.06
	邓安木	站长	1984.06—1987.09
	魏有恒	站长	1987.09—1989.05
	曾昭国	副站长（主持工作）	1989.05—1989.12
瑞昌市气象局		副局长（主持工作）	1989.12—1990.02
	邓安木	局长	1990.02—1992.12
	吴连生	局长	1992.12—

人员状况 1959—2008年,在瑞昌气象局工作过的职工人数累计达53人。建站时只有3人;20世纪80年代前期在职人数最多时达14人;到2008年底,有在职职工10人,退休9人,均为汉族。在职职工中,工程师4人,助理工程师6人;大专以上学历5人;50岁以上3人,40～49岁5人,30～39岁2人。

气象业务与服务

1. 气象业务

①地面气象观测

1959年1月1日起进行地面气象观测,每天08、14、20时3次,观测项目有云状、云量、能见度、天气现象、温度、湿度、风向、风速、降水、小型蒸发、日照、雪深、地面状态。同年3月1日增加地面0厘米温度、地面最高温度、地面最低温度和5～20厘米曲管地温观测。1960年1月1日改为07、13、19时3次定时观测。1963年11月7日增加气压观测。1970年8月增加预约航空报任务。1972年增加拍发台风报任务。1975年6月25日开始拍发06—17时固定航空危险天气报。1984年1月1日开始使用GD-11电码拍发重要天气报。1989年1月1日采用PC-1500袖珍计算机制作地面气象记录年、月报表。1994年1月1日取消所有航空危险天气报任务。1996年7月1日启用计算机制作气表-1和气表-21,同时实施新的报表输入上行考核办法。2003年1月1日开始采用宽带互联网VPN

传输报文资料。同年 11 月 21 日安装华创 CAWS600 型自动气象站,开始进行正常观测,观测的要素有气压、气温、湿度、风向、风速、雨量、地温(0 厘米、5 厘米、10 厘米、15 厘米、20 厘米、40 厘米、80 厘米、160 厘米、320 厘米),气压传感器海拔高度 24.8 米。2004 年 1 月 1 日自动气象站与人工观测站正式平行观测,上报数据文件并执行新《地面气象观测规范》。2004 年 12 月 31 日 20 时起启用地面气象测报业务系统软件(2004 版)。2005 年 6 月 24 日,瑞昌市气象局业务室搬迁,水银气压表海拔高度由 2.5 米变更为 26.2 米。2006 年 1 月 1 日自动气象站正式进入单轨业务运行。同年 12 月 31 日 20 时起,由一般气象站改为国家气象观测站二级站。截至 2008 年 12 月,已建成 17 个中尺度区域气象观测站。

②农业气象

1959 年 3 月 1 日开展农业气象工作,观测项目有早稻、晚稻、红薯、马铃薯、棉花、油菜、冬小麦。1959 年 5 月 21 日开始向九江市气象台拍发农业气象旬(月)报。1964 年开展自然物候观测,1965 年 11 月 10 日停止向九江市气象台发农业气象旬(月)报。1979 年恢复部分农业气象业务,观测项目有早稻、晚稻、油菜。1981 年全面开展农业气象业务,同年被定为国家农业气象一级站。1984 年 5 月 1 日开始向南昌拍发气象旬(月)报(HD-02 报)。1991 年 7 月 11 日,正式实施气象旬(月)报 HD-03。1993 年取消自然物候观测。1994 年 2 月 16 日执行新的《农业气象观测规范》。2004 年取消冬小麦观测改为一季稻观测,同年 7 月 1 日恢复自然物候观测。

1979 年 4 月 15—19 日举办瑞昌县第一期农村气象哨人员学习班,主要学习农作物物候期观测和基本气象观测。同年 5 月 20 日由瑞昌县气象站农业气象组编发出第一期农业气象旬报,之后陆续开展农用天气预报和作物物候期预报以及农业气候分析等服务。1979 年 5 月开始,组织调查小组对全县进行首次气候普查,整理 1959—1978 年间的气象资料,编写《瑞昌县农业气候手册》。1982 年完成《瑞昌县农业气候资源调查及区划报告》。1984 年开始制作和发布作物产量预报,包括早稻、棉花、油菜、冬小麦。1985—1986 年进行大麦高产农业气象试验。1996 年开展台站庭院经济建设,进行“金藤”葡萄引种栽培试验,试验总结报告在 1997 年江西省气象局、江西省气象学会举办的“开发利用农业气候资源决策咨询服务征文”活动中获得三等奖。从 20 世纪 90 年代初起,每年瑞昌市气象局都要与瑞昌市植保站联合发布作物病虫害发生发展趋势预报。

③天气预报

20 世纪 50 年代末至 60 年代,收听上级气象台预报,逐步过渡到“图、资、群”结合,以“群”为主。20 世纪 70 年代由以“群”为主过渡到以“资”为主,每天抄收、点绘高空与地面形势分析图,在单站资料方面建立一套较正规、实用的综合要素曲线图。1982 年引进了传真机,接收中央台和日本、欧洲中心的预报图,变为以“图”为主的方式。1985 年 6 月开始使用甚高频电话与地区气象台进行预报会商。1996 年初,建成 PC-VSAT 卫星接收小站,接收中央台下发的各种预报分析资料。2000 年后,接收九江市气象台指导预报,同时应用雷达资料和气象网上资料,提高了短时预报的准确率。

④气象信息网络

建站初期气象电报的收发主要依赖邮电线路传输,天气预报信息靠收听收音机接收天气形势预告。20 世纪 80 年代引进传真机,接收天气形势图。90 年代中后期,计算机网络技术广泛运用,气象信息均通过计算机网络处理。2000 年与瑞昌市农委合办瑞昌农经网。

2. 气象服务

公众气象服务 20 世纪 70 年代初至 80 年代末,天气预报由县广播站每天早、晚定时广播,主要内容有 12～24 小时天气、温度、风向、风速等预报,1988 年 2 月开始在全市安装 20 余部天气预报警报接收机,并通过甚高频电话每天 08、16 时向各置机单位发布常规天气预报和不定期发布灾害性天气警报。有线广播停播后,天气预报在瑞昌市电视台瑞昌新闻节目后播出。1990 年 5 月 8 日在江西电视台一套首播瑞昌市天气预报。1997 年 7 月 1 日制作电视天气预报节目录像带,送电视台播放。1996 年 10 月与瑞昌市电信局联合开通 "121" 天气预报自动答询系统。2004 年升级为 "12121" 系统,语音信箱增加湿度、空气质量、紫外线、舒适度等预报服务内容。2007 年 5 月起,遇突发灾害性天气不定时发布天气预报和警报。另外,通过瑞昌广场电子显示屏及环保电子屏向公众发布短时天气预报。

【气象服务事例】 2005 年 11 月 26 日 8 时 45 分,九江—瑞昌间突发 5.6 级地震,瑞昌市气象局启动气象服务应急方案,成立地震灾害气象服务小组,以《气象情况反映》、《气象呈阅件》等形式传送震区专题天气预报和天气趋势分析等服务材料,通过电视等媒体滚动播出天气预报,通过各种通讯手段向广大灾民发布短时天气预报。2005 年市气象局被瑞昌市委、市政府授予 "抗震先进集体" 称号。

专业与专项气象服务 20 世纪 70 年代中期开始,由县防汛抗旱指挥部牵头,人民武装部选调民兵炮手,市交通局调配炮车,市气象局选派技术骨干共同参与人工影响天气作业,当时仅有 1 门 "三七" 高炮。90 年代后期,配备 3 门高炮。2001 年 7 月,成立瑞昌市人工影响天气领导小组,办公室设在气象局。2005 年购置人工增雨专用车辆和车载移动火箭发射架 1 台,配备卫星定位仪、笔记本电脑等。

1987 年开展避雷针检测工作。1993 年首次承接避雷针安装工程,每年均进行避雷针常规检测工作。

气象科技服务与技术开发 1985 年开始进行气象专业有偿服务,同年 6 月瑞昌县政府办公室转发《气象局关于开展气象有偿专业服务报告的通知》,对气象有偿专业服务的范围、对象、收费标准等内容进行规范。主要提供中、长期天气预报和气象资料,一般以旬天气预报为主。

科学管理与气象文化建设

法规建设 2008 年 4 月,瑞昌市政府办公室印发《关于进一步做好全市气象灾害防御工作的通知》(瑞府发 2008〔38〕号),规定了防雷设施设计、施工的报批程序。

党建工作 1974 年 1 月瑞昌县气象局成立党支部,当时有党员 5 人。2008 年底有党员 14 名(其中退休职工党员 6 人)。

重视党风廉政建设,每月定期组织学习党风廉政建设理论和党风廉政法规。2001 年开始设兼职廉政监督员 1 名,局务公开细致化、制度化。每年党风廉政工作群众测评满意度达 100%。

气象文化建设 自 1959 年建站以来,逐步建立图书阅览室、职工之家、篮球场、党员活动室,每年组织职工开展棋类、球类比赛,在全局开展"讲文明、树新风"活动,积极开展"五助"(助困、助业、助医、助学、助养)活动。综合治理和内保工作得到加强,多次被评为"创安"先进单位。

荣誉 1998 年被评为全国防汛抗洪气象服务先进集体;1999 年获江西省气象局重大气象服务集体记大功奖励;连续被评为江西省第八届(2000—2001 年度)、第九届(2002—2003 年度)、第十届(2004—2005 年度)文明单位;2002 年被评为全省气象部门"五大工程"建设一级达标单位;2006 年被评为全省气象部门"五大工程"建设达标单位。

台站建设

建站初期,有砖木结构平房 6 间,不足 100 平方米,办公、生活条件简陋。20 世纪 70 年代中后期,新建砖木结构二层办公楼 1 栋(约 300 平方米),职工宿舍 3 套 4 间(约 200 平方米)。1995 年沿街建立三层砖混办公楼(约 650 平方米)。2000 年新建三层 12 套(约 1300 平方米)砖混公寓宿舍。2005 年在老办公楼旁新建两层办公楼,扩大办公面积,并建起篮球场,院内铺设草坪,种植了桂花树、樟树等风景树 800 余棵。

永修县气象局

永修县位于江西北部,北临德安县、南接南昌市,地势西高东低,为九江市南大门。

永修县地处亚热带湿润季风气候区,四季分明,水资源丰富,气候宜人。年平均气温 17.1℃,年平均降水量 1591.6 毫米,年平均日照时数 1846.2 小时。

永修县气象局位于北纬 29°03′,东经 115°49′,观测场海拔高度 36.6 米,为国家一般气象站。

机构历史沿革

始建情况 永修县气象站于 1955 年 5 月 1 日正式建立,站址坐落在永修县恒丰农场罩鸡圩。

站址迁移情况 1963 年迁至永修县城北山下渡集镇。1965 年,迁至永兴公社永忠大队(现涂埠镇北面)。1975 年 1 月 1 日迁至永修县城南建设坪,观测场面积 20 米×16 米。

历史沿革 建站时称永修县桥头气候站;1962 年 6 月更名为永修县水文气象服务站;1964 年 3 月更名为永修县气象服务站;1967 年初原气象服务站撤销,成立永修县水文气象革命生产临时领导小组;1969 年 1 月更名为永修县水文气象站;1971 年 5 月更名为江西永修县气象站;1980 年 7 月更名为永修县气象局;1984 年 1 月改为永修县气象站;1990 年更名为永修县气象局。

管理体制 1955 年 5 月为地方政府管辖的全额拨款事业单位;1962 年 6 月隶属江西九江水文气象总站直管;1967 年初原气象服务站撤销,成立永修县水文气象革命生产临时领导小组,业务工作由农业部门代管;1969 年划为当地人民武装部管理,仍为地方建制;

1973 年 8 月划为地方政府管理,业务由上级气象主管部门管理;1980 年 7 月开始,实行气象部门与地方政府双重领导,以气象部门领导为主的管理体制,为正科级单位。

机构设置 设有办公室、综合业务股、科技服务公司、人工影响天气领导小组办公室、雷电防护管理局。

单位名称及主要负责人变更情况

单位名称	姓名	职务	任职时间
永修县桥头气候站	饶春华	站长	1955.05—1960.12
	淦克用	站长	1960.12—1962.06
永修县水文气象服务站	张光年	负责人	1962.06—1962.09
	李荣森	站长	1962.09—1964.03
永修县气象服务站		站长	1964.03—1967.01
永修县水文气象革命生产临时领导小组	黄仲勋	负责人	1967.01—1969.01
永修县水文气象站		站长	1969.01—1971.05
永修县气象站	潘志英	负责人	1971.05—1972.09
	黄仲勋	站长	1972.09—1973.08
			1973.08—1979.12
永修县气象局	王东翘	站长	1979.12—1980.07
		局长	1980.07—1984.01
永修县气象站	胡巨林	站长	1984.01—1984.07
		站长	1984.07—1987.01
	徐元龙	站长	1987.01—1990.01
永修县气象局		局长	1990.01—1998.11
	丁广结	局长	1998.11—

人员状况 建站初期只有 3 人。到 2008 年底,有在职职工 15 人,退休 1 人。在职职工平均年龄 45 岁。工程师 10 人,助理工程师 5 人。大专学历 7 人。

气象业务与服务

1. 气象业务

①地面气象观测

观测项目 建站初期,观测项目为云、天气现象、气温、湿度、风、降水。1961 年增加 0～20 厘米地温监测项目。1963 年增加日照、大型蒸发器(E-601 型)观测项目。1965 年开始气压观测。1969 年使用电接风向风速仪。1970 年使用小型蒸发器观测,停用大型蒸发器观测。

2003 年 11 月建成 CAWS 600-BS 型自动气象站,2004 年 1 月 1 日开始人工观测与自动观测双轨业务运行,观测项目包括气温、湿度、气压、风向、风速、降水、地面温度 0～320 厘米,以自动站资料为准发报,5 分钟加密上传 1 次实时数据,每天 20 时进行数据备份、上传。

2005—2008 年,建成区域自动气象站 14 个。

发报种类 1960 年 9 月 10 日开始拍发 GD-81、GD-82 区域绘图天气报,1982 年 1 月 1 日取消,改为编发 GD-91 气象服务报。1969 年开始用手工为军航、民航拍发航空、危险天气报告,2007 年停止编发。1985 年开始使用 PC-1500 袖珍计算机编发报。1972 年开始编发气象旬月报。1991 年 9 月开始编发 GD-11 重要天气报。1999 年 3 月开始编发 GD-05 加密气象报。

②农业气象

1981 年开始进行双季水稻田间农业气象观测,1982—1984 年在永兴乡刘村开展蚱蝉、苦楝树等动植物物候观测。1982 年 6 月,在县政府农办、区划办和九江市区划气候组的指导下,完成并出版《永修县农业气候资料调查及农业气候区划综合报告》。1991 年停止农业气象观测。

③天气预报

预报种类 主要有短期天气预报、中长期天气预报、灾害性天气预报、森林防火、春播、汛期、旱季、冬季等专题预报。

预报工具 20 世纪 60—70 年代主要根据汉口广播点绘 08 时地面图,850 百帕、700 百帕、500 百帕高空图以及填写分析 14 时地面天气图。1983 年引进传真技术,接收到的天气图数量及种类增加。同年使用吉林省的 MOS 预报方法。1988 年 5 月开始接收市气象台的指导预报进行订正预报。1999 年 8 月安装 PC-VSAT 卫星小站和 MICAPS 资料处理系统。2000 年以后,使用卫星云图等气象资料。

④气象信息网络

建站初期气象报文主要使用高频电话通过电信局报房转报。1992 年使用程控电话向市气象台口传。1999 年开始使用互联网传输报文,2007 年建成 MSTP 专线。2007 年起,所有报类实现气象网络传输。

2. 气象服务

公众气象服务 主要通过电视、广播、报纸、电话、手机短信、"12121"气象信息自动电话答询系统、网络等对外发布气象信息。

【气象服务事例】 1998 年永修县出现特大洪涝灾害,县气象局及时提供《气象呈阅件》《气象情况反映》,为县领导安排抢险救灾、转移安置受灾群众等重大决策提供科学依据,被县政府授予"98'抗洪先进集体"称号。

2007 年永修县举办首届"桃花节",县气象局提前一周建议举办开幕式,并预报"多云天气,无降水,气温适宜"。实况与预报完全相符,为挑花节的顺利举办提供了良好的气象保障,受到广泛好评。

2008 年初罕见低温雨雪冰冻天气造成大量长途车辆滞留永修县境内,县气象局每天制作 2 次天气预报材料及时送到司机和旅客手中,受到群众的一致好评。

专业与专项气象服务 1972—1982 年在柘林库区进行飞机撒播碘化银试验,共飞行作业 30 架次,普遍降了中到大雨。1978 年用"三七"高炮在艾城开展人工降雨作业。2001 年 5 月永修县人工影响天气领导小组成立,办公室设在县气象局。

气象科技服务与技术开发 1985 年开始试行气象有偿专业服务,为全县提供中、长期天气预报和气象资料,一般以旬月气象资料服务为主。

20 世纪 80 年代初,县气象局为永修县举行大型商品展销会提供准确的天气预报,获县经贸委赠送的"预报准确、服务及时"锦旗。

气象法规建设与社会管理

法规建设 2004 年永修县政府印发《关于切实做好防雷装置设计审核和竣工验收工作的通知》(永府办字〔2004〕81 号)。2005 年、2006 年相继印发永府办字〔2005〕24 号和永府办字〔2006〕9 号文件,明确新建建筑物防雷装置验收收费标准和依据,加强气象探测环境的保护。

社会管理 1990 年开始开展防雷装置检测工作。2001 年成为县安全生产委员会成员单位,负责防雷检测、氢气球施放管理工作。2002 年 4 月,将防雷工程设计、施工、竣工验收纳入气象行政管理范围。2003 年成立雷电防护管理局,负责全县防雷安全的管理,由防雷检测所定期对全县的液化气站、加油站、烟花爆竹仓库等高危行业的防雷设施进行定期检查。2003 年防雷设计审核和竣工验收进入地方行政服务审批中心统一办公。

党建与气象文化建设

党建工作 20 世纪 60 年代,永修县气象站党员只有 1 人,由农水部门党支部管理,1971 年成立党支部。到 2008 年底,全局有中共党员 8 人。

党支部定期召开民主生活会,聘请党校老师给党员干部上课,制定学习计划和学习制度。重视党风廉政建设,开展"八荣八耻"、整治和预防腐败体系纲要学习教育活动,开展机关效能建设和廉政文化学习,每年组织廉政文化宣传月活动。县气象局设有公示栏、意见箱、举报电话,配有纪检监督员,接受群众监督。

气象文化建设 县气象局大力弘扬自力更生、艰苦奋斗的创业精神,持久深入地开展文明创建活动,保障政治业务学习有制度,文体活动有场地,电化教育有设备,职工生活丰富多彩,并建成"两室一场"(文娱活动室、报刊图书室、篮球场和健身场),拥有图书千余册。领导班子勤政廉政务实,干部职工思想稳定、积极向上,未出现任何违法违纪现象。

荣誉 1991 年、1993 年、1994 年、1995 年永修县气象局被评为全省气象部门"创先评优"先进单位;1995—2008 年连续获得九江市"文明单位"称号;1995 年被九江市政府授予"抗洪抢险"先进单位称号;2003 年、2008 年被江西省气象局评为"五大工程"建设一级达标单位;2005 年被评为"江西省卫生庭院"。

台站建设

初建站时,业务值班、办公、住宿为 1 栋平房,面积 100 平方米。1974 年搬迁到县城南岸新城,建业务用房 1 栋,宿舍 1 栋。1982 年建办公楼 1 栋,建筑面积 320 平方米。1992 年建职工宿舍 1 栋,解决 8 户职工住房。1998 年通过集资和上级补助建宿舍 1 栋,解决 3 户职工住房。2003 年实施综合改善,总投资 65 万元新建办公楼 1 栋,建筑面积 760 平方米,修建篮球场及水泥路面 500 平方米,绿化 2000 平方米,增加室外健身器材 5 件,修建围墙 30 米,重新装修宿舍楼,安装庭院灯 8 盏,购置公务用车 1 辆。

2008 年再次投入近 20 万元进行院内环境整治,拆除旧办公楼 1 栋,增加门牌、门岗,安装电动大门,修建透视围墙 40 米,普通围墙 50 米,置换花岗岩石路 80 米,修建花坛 1 座,增加绿化面积 1000 平方米,院内实现绿化、硬化、亮化和美化。

永修县气象局观测场和业务办公房(摄于 20 世纪 70 年代)

永修县气象局业务办公综合楼(摄于 2003 年)

德安县气象局

德安县古称敷浅原,汉朝、三国、晋朝为历陵县,隋唐时先后划归柴桑、浔阳等县,五代吴乾贞元年(927 年)改称德安县。德安县位于江西省北部,面积 837 平方千米,总人口 16 万,有 14 个乡镇场、81 个自然村。

德安县属亚热带季风湿润气候,四季分明。年平均气温 16.7℃,年平均降水量 1469.1 毫米,年平均日照时数 1891.0 小时,年均雷暴日 54 天。

德安县气象局位于北纬 29°20′,东经 115°46′,观测场海拔高度 41.3 米,为国家一般气象观测站。

机构历史沿革

始建情况 德安县气象局始建于 1958 年 11 月,位于县城郊外义峰山上,1959 年 1 月 1 日开始观测,观测场位于北纬 29°20′,东经 115°45′,海拔高度 39.2 米,观测场面积为 25 米×25 米。

站址迁移情况 1978 年 6 月 22 日,观测场迁到距原观测场西南方向 45 米处,海拔高度比原观测场高 2.1 米。

历史沿革 1958 年 11 月建站,站名为江西省德安县气候站;1959 年 8 月更名为德安县水文气象站;1960 年 1 月更名为德安县水文气象服务站;1962 年 8 月更名为江西省九江水文气象总站德安县气象服务站;1963 年 12 月改为江西省水利电力厅水文气象局九江分局德安气象站;1964 年 6 月水文气象分设,更名为江西省德安县气象服务站;1971 年 6 月更名为江西省德安县气象站;1980 年 7 月更名为德安县气象局,实行局站合一;1984 年 2月撤销气象局名称,改为德安县气象站;1990 年 6 月恢复气象局名称。

管理体制 1959 年 8 月归德安县政府委员会管理;1960 年 1 月归江西省水利电力厅水文气象局和德安县人民委员会双重管理;1962 年 8 月归江西省水利电力厅水文气象站管理;1968 年 8 月至 1971 年 6 月归德安县革命委员会管理;1971 年 6 月实行军队与地方双重管理,以军队管理为主的体制;1973 年 8 月归德安县革命委员会管理;1980 年 7 月开始实行气象部门与地方政府双重领导,以气象部门领导为主的管理体制。

机构设置 1990 年以前内设机构有测报、预报、农气服务三个股。2006 年 1 月,业务技术体制改革,将测报、预报合并,成立气象台。目前机构设置为气象台、科技服务中心、办公室 3 个机构。

单位名称及主要负责人变更情况

单位名称	姓名	职务	任职时间
德安县气候站	郭家祥	站长	1958.11—1959.08
德安县水文气象站			1959.08—1960.01
德安县水文气象服务站			1960.01—1960.04
	金鹏年	站长	1960.04—1962.08
九江水文气象总站德安县气象服务站	刘圣玺	站长	1962.08—1963.12
水利电力厅水文气象局			1963.12—1964.04
九江分局德安气象站			1964.04—1964.06
德安县气象服务站	张茂德	站长	1964.06—1971.06
德安县气象站			1971.06—1980.07
德安县气象局		局长	1980.07—1982.12
	陈述春	局长	1982.12—1984.02
德安县气象站		站长	1984.02—1984.05
	张茂德	站长	1984.05—1984.07
	徐传华	站长	1984.07—1985.12
	魏有恒	站长	1985.12—1987.08
	邓安木	站长	1987.08—1990.01
	刘建军	站长	1990.01—1990.06
德安县气象局		局长	1990.06—2002.01
	赖家环	局长	2002.01—2005.09
	容秋萍	局长	2005.09—

人员状况 建站时仅有 2 人,1978 年有 9 人;到 2008 年底,有在职人员 8 人,临时工 4人,离、退休人员 8 人。在职人员中,本科学历 2 人,大专学历 5 人,中专学历 1 人;工程师 5人,助理工程师 3 人;平均年龄 39.6 岁,均为汉族。

气象业务与服务

1. 气象业务

①地面气象观测

1959年1月1日起每天按地方平均太阳时01、07、13、19时进行地面气象观测,项目有云、能见度、天气现象、气温、湿度、风、降水、雪深、日照、蒸发(小型)。1959年3月1日增加地温(0厘米、5厘米、10厘米、15厘米、20厘米)观测。1960年1月1日起,实行07、13、19时3次观测,同时向省气象台拍发绘图天气报。1960年7月1日实行北京时,每天08、14、20时3次定时观测。1964年1月1日增加气压观测,1970年8月1日开始拍发航空危险天气报,1975年开始观测指示性云、地方性云、系统性云。

1962年1月1日起按《地面气象观测规范》进行观测记录。1980年1月1日起按《地面气象观测规范》(1979年版)进行观测记录。2004年1月1日起执行《地面气象观测规范》(2003版)。

1975年3月在磨溪南田、塘山、米粮铺、前进、县农科所组建气象哨,1983年10月气象哨撤销。2003年11月县气象站建成CAWS600型自动气象站,观测项目有气压、气温、湿度、风向风速、降水、地温(0厘米、5厘米、10厘米、15厘米、20厘米)。2004年1月1日自动气象站与人工站对比观测,2005年1月1日以自动气象站记录为主,人工站为辅。2006年1月1日自动气象站记录正式业务化使用。2006—2008年先后在聂桥、磨溪等7个乡镇建立加密自动气象站,探测项目主要是降水和气温。

建站时气象报表用手工抄写编制。1987年1月使用PC-1500袖珍计算机制作。1991年1月启用电脑软件AHDM制作报表。2002年起,气象资料由省气象档案馆归档管理,县气象局仅保管最近五年资料。2004年1月1日起使用地面测报业务软件OSSMO制作上报报表。

②农业气象

1959年3月至1960年9月开展农作物物候观测;1980—1984年开展水稻生育期观测;1983年8月完成德安县农业气候区划;1991年开始制作作物产量预报;2002年开通德安与共青农村经济信息网;2007年更名为新农村网。

③天气预报

预报内容有晴雨、最高最低气温、风向、风速以及各种气象灾害预警;年景天气趋势、月旬中期天气预报;春播汛期、高温干旱、寒露风、霜冻等专题天气预报。1959年1月制作单站补充天气预报。1972年6月以《压温湿综合要素曲线图》作为预报工具之一。1977年1月1日绘制地面高空简易天气图。1980年开始以地面高空天气图、卫星云图、雷达回波传真图产品为基础制作天气预报。1982年5月引进MOS预报方法。1990年10月转发补充订正省、市气象台天气预报。1999年建成PC-VSAT卫星接收小站,MICAPS1.0系统投入业务试用。2006年开始制作短时临近天气预报,发布气象灾害预警信号。2008年建成DVBS卫星接收系统,使用MICAPS3.0。

④气象信息网络

建站时以手摇式电话传送报文;1979年6月用气象传真机接收天气图;1990年1月使用 VHF 高频电话向市台发报;1993年电话改为程控式;2004年1月1日使用电脑网络传输各类资料;2006年建立光纤专线通信网络。

2. 气象服务

公众与决策气象服务 公众气象服务方式有广播、电话、书面材料、传真、电视、"12121"电话、短信、电子显示屏及网络等。1959年1月通过县广播站对外发布天气预报;1988年安装气象警报系统;1997年11月发布电视天气预报,并启动"12121"天气预报自动电话答询系统,2002年实现网络传输气象服务。同时以当面汇报、书面材料、电话、传真、短信等方式提供决策气象服务。

专业与专项气象服务 20世纪70年代初,人工影响天气用简易支架小火箭作业,1978年开展"三七"高炮作业,1996年购置"三七"高炮1门。2001年成立德安县人工影响天气领导小组,办公室设在县气象局。2006年建成标准化作业分队,2007年开展火箭人工增雨作业。

1985年起先后开展气象信息咨询、雷电防护、气球施放、气象影视等气象科技服务。

气象科普宣传 每年世界气象日、国际减灾日及安全生产月,都深入农村、学校、军队、企业和社区开展气象科普宣传,接待中小学生参观学习。2002年县科协在气象局设气象科普教育基地。

气象法规建设与社会管理

法规建设 2000年德安县政府印发《德安县雷电灾害防御安全管理实施细则》。2002年德安县气象局与共青城国土环保建设局共同印发《关于规范和加强建筑市场防雷设施管理的通知》。2006年德安县政府印发《德安县气象灾害应急预案》。2008年德安县政府印发《关于进行气象探测环境备案的通知》。

社会管理 对雷电防护、气球施放、探测环境保护与气象资料使用传播进行社会管理。1991年开始雷电防护工作,2002年成立防雷减灾办公室。每年元旦、春节、五一节、国庆节以及两会期间开展安全检查。对气象行政审批程序、执法依据、服务收费等,通过公示栏与网站等向社会公开。

党建与气象文化建设

1. 党建工作

1958年11月至1960年9月,只有1名党员,编入水文局党支部。1960年10月至1964年2月无党员。1964年3月至1969年12月只有1名党员,编入水文局党支部。1970年1月至1978年12月党员增至2名。1979年1月成立党支部。至2008年底,全局有党员5名。

2006 年开始签订党风廉政建设责任状,每年 4 月开展党风廉政建设宣传月活动。2002 年设立纪检员岗位,建立局务公开制度、向县纪委汇报工作制度。

2. 气象文化建设

设立图书阅览室、局务政务公开栏、文体活动室和乒乓球室,在走廊悬挂 16 块气象知识版图。建立气象科普宣传栏、羽毛球场和健身场所。1984 年、1985 年连续两年被江西省气象局授予"文明台站"称号。1998—2001 年获江西省委、省政府授予的第七届、第八届"文明单位"称号。2007 年获九江市委、市政府授予的"文明单位"称号。

3. 荣誉与人物

集体荣誉 1990 年、1995 年、1996 年被江西省气象局授予"创先评优先进单位"称号;1995 年被江西省人工增雨办公室授予"人工增雨先进集体"称号;1997 年被江西省气象局授予"重大灾害性天气预报服务先进集体"称号,被江西省委宣传部和江西省气象局评为"为人民服务,树行业新风"示范窗口单位;1998 年被江西省气象局评为"五大工程一级达标"单位;1999 年获江西省气象局"1998 年抗洪抢险记功"奖励;2007 年获"全省人工影响天气工作先进集体"荣誉。

人物简介 张茂德(1929 年 2 月—2008 年 2 月),男,汉族,中共党员,安徽省长丰县人。1964 年转业到德安县任气象站站长。他仅读过两年书,刚开始工作时,气象业务书籍和图表看不懂,便拜师学业务。首先拜同事为师,学习气象名词、理论、图表、符号及电码;后又拜农民为师,到金湖和米粮铺公社向有丰富看天经验的老农学习看天知识 7 个多月。1968 年开始参加测报值班,为了减少测报错情,不分晴雨,每天爬在踏板上观测地温;清晨四五点起床,校记录、抄气表;如遇雷雨,电话中断,便亲自送电报到邮电局发报。全县开始试种杂交水稻,他亲自到县农科所了解杂交水稻生长的气候条件,并主动整理出资料提供给各公社参考。在"文化大革命"期间,带领全站同事排除干扰,坚持气象观测和预报,把德安县气象站建成先进站。9 年间,他共值测报班 1200 个,预报班 500 个,没有出现过差错。1978 年 10 月 7—22 日在北京举行全国气象部门"双学"代表大会上,张茂德被中央气象局授予"全国气象标兵"称号。1980 年被省政府授予"江西省劳动模范"称号。

台站建设

德安县气象局占地面积 1.93 万平方米。建站初期,办公生活仅有 1 栋砖瓦平房,3 间工作室,4 间职工用房,建筑面积共 80 平方米。20 世纪 60 年代末建成 2 幢平房,使用面积 140 平方米。1978 年建成 4 户两层宿舍楼;1980 年再建 2 栋办公平房。1982 年院内绿化面积达 900 平方米。1998 年建成 1 栋 370 平方米的三层办公楼和 1 栋两层的职工宿舍。2003 年利用省气象局综合改造资金 15 万元,对院内的用水用电、路面、大门与观测场围栏进行改造,接通自来水,告别吃井水的历史。2006 年 11 月购买公务车 1 辆。2007 年安装太阳能热水器。2007 年被评为九江市园林化单位。2008 年自筹资金 30 万元,对办公楼和院内环境进行改造,安装空调,配置了液晶电脑,室外设置健身器材和路灯。

德安县气候站（摄于 1959 年 1 月）　　　　德安县气象局办公大楼与观测场（摄于 2008 年 7 月）

星子县气象局

　　星子自古为"南国咽喉，西江锁钥，江右之门户"。五代十国吴杨溥大和年间（929—935年）设星子镇时，因镇南湖中有"落星墩"而得名。受庐山和鄱阳湖共同影响，星子县风资源丰富，是江西有名的"风洞"。星子县位于江西北部，西北倚庐山，东南环鄱阳湖，面积 894平方千米，总人口 25.4 万，辖 10 个乡（镇、场）。

　　星子县属亚热带湿润季风气候区，年平均气温 17.3℃，年平均降水量 1481.5 毫米，年平均日照时数 1740 小时。

　　星子县气象站位于星子县迎春桥 642 号，北纬 29°27′，东经 116°03′，观测场海拔高度37.1 米。观测场面积为 25 米×25 米，为国家一般气象观测站。

机构历史沿革

　　始建情况　　1928 年 4 月，江西省政府决定恢复水利局，即着手组建水文站网，第一批测站有南昌、吴城、星子、湖口 4 站，同年 9 月建成，除观测水位外，还进行雨量、气温等气象要素的观测。抗日战争爆发后，气象机构随之消失。

　　1959 年 1 月 1 日星子县气候站建成，从建站以来一直未搬迁过。

　　历史沿革　　建站时称星子县气候站；1959 年 4 月更名为江西省星子县水文气象站；1960年 3 月 15 日更名为江西省星子县水文气象服务站；1962 年 5 月更名为江西省九江水文气象总站星子气象服务站；1963 年 1 月更名为江西省水利电力厅水文气象局九江分局星子气象站；1971 年 6 月更名为江西省星子县气象站；1980 年 7 月 1 日成立星子县气象局，实行局站合一；1984 年 1 月撤销气象局，设气象站；1990 年 6 月恢复星子县气象局，局站合一。

　　管理体制　　始建时，星子县气候站属江西省水利电力厅水文气象局管理；1959 年 4 月归星子县人民委员会管理，同时中国科学院江西分院在星子县设立鄱阳湖泊实验站，下设水文气象研究室;1960 年 11 月中国科学院江西分院鄱阳湖泊实验站撤销,改建为江西省鄱阳湖水文气象实验站;1962 年 5 月星子县水文气象服务站归江西省水利电力厅水文气象局管理;1971 年 1 月 1 日归县人民武装部和县革命委员会双重管理、以县人民武装部为主;1973 年 7 月撤销人民武装部管理,气象站改由县革命委员会管理;1980 年 7 月 1 日开始实行气象部门与地方政府双重领导,以气象部门领导为主的管理体制。

机构设置 1977 年 4 月气象站测报、预报分开,成立测报、预报、农气 3 个股。1978 年 6 月 18 日成立星子县人工降雨领导小组。1980 年 7 月 1 日气象站由县政府管理改为由省气象局和县政府双重管理、以省气象局管理为主,成立星子县气象局,实行局站合一。1984 年 1 月撤销气象局,设气象站,下设测报、预报、农气 3 个股。1990 年 6 月恢复星子县气象局,局站合一。1992 年实行双重财务体制。2002 年成立星子县雷电防护管理局、星子县人工影响天气办公室,设在县气象局。

单位名称及主要负责人变更情况

单位名称	姓名	职务	任职时间
星子县气候站	蒋善雨	副站长(主持工作)	1959.01—1959.04
星子县水文气象站			1959.04—1960.03
星子县水文气象服务站			1960.03—1962.05
九江水文气象总站星子气象服务站			1962.05—1962.09
	刘圣堉	副站长(主持工作)	1962.09—1963.01
水利电力厅水文气象局九江分局星子气象站			1963.01—1971.01
			1971.01—1971.09
星子县气象站	熊先松	站长	1971.09—1976.02
	黄赞文	站长	1976.02—1980.07
星子县气象局		局长	1980.07—1981.12
	熊伯煌	局长	1981.12—1984.01
		站长	1984.01—1984.06
星子县气象站	陈述春	站长	1984.06—1986.11
	沈建伟	副站长(主持工作)	1986.11—1989.03
	郭西平	副站长(主持工作)	1989.03—1990.06
		副局长(主持工作)	1990.06—1992.09
星子县气象局	丁广洁	副局长(主持工作)	1992.09—1995.02
	容秋萍	副局长(主持工作)	1995.02—1998.12
	郭西平	局长	1998.12—

人员状况 建站时只有 4 人。1979 年有 12 人。到 2008 年底,有在职职工 7 人,外聘人员 4 人,平均年龄 41 岁,退休职工 9 人,均为汉族。在职职工中,工程师 1 人,助理工程师 6 人。本科学历 1 人,大专学历 4 人,中专学历 1 人,高中学历 1 人。

气象业务与服务

1. 气象业务

①地面气象观测

星子县气候站于 1959 年 1 月 1 日起正式进行定时气候观测每日 4 次(地方时 01、07、13、19 时),进行气温、湿度、风向、风速、降水量、蒸发(大、小型)、日照、雪深、地面状态、云量云状、能见度和天气现象等项目的观测。全县有水文气象哨 1 个,雨量站 103 个。

1960 年 7 月 1 日定时气候观测时间由地方时改为北京时(02、08、14、20 时)。10 月 1 日雨量器离地面高度由 1.5 米改为 70 厘米,不加防风圈。每天 08 时向南昌水文气象服务台和地区台分别拍发区域绘图报(GD-81)。1961 年 1 月 1 日改为 3 次观测,仍采用北京时(08、14、20 时)。同时将百叶箱温度表球部离地高度 2 米改为 1.5 米。1962 年 1 月 1 日全部观测项目按《地面气象观测规范》进行观测记录。1963 年 6—8 月参加赣北—庐山地区中、小尺度天气研究观测。7 月 1 日增加温度计、湿度计、雨量计的自记仪器的观测。11 月 1 日增加气压观测。1964 年 1 月 1 日执行《气象台站地面测报工作评定办法试行草案》,停止 E-601 大型蒸发观测。1965 年 7 月 1 日气压计正式使用。1968 年 4 月 1 日起拍发雨情报。1973 年 1 月 1 日执行省气象局新编《气象技术汇编》、《江西省区域绘图报电码》(GD-81)及《江西省区域危险电码》(GD-82)。1975 年 4 月撤换维尔达风压器,改用 EL 型电接风向风速计。1977 年 7 月 1 日执行省气象局制定的《地面气象观测工作制度》。1978 年 1 月 1 日执行全国统一的《地面气象观测岗位责任制》和《测报质量考核办法》。1979 年 3 月上旬开始对指示性云、地方性云、系统性云进行观测。1980 年 1 月 1 日按修改后的《地面气象观测规范》进行观测记录。同年 6 月进行 30 年地面基本气候资料整编。1982 年 1 月 1 日执行省气象局颁发的《江西省气象服务电码》(GD-91)。2002 年 7 月开始建设自动气象观测站,9 月建成并进行试观测,自动观测项目有气压、温度、湿度、风向、风速、降水、地温和浅层地温(5 厘米、10 厘米、15 厘米、20 厘米)。2003 年 1 月 1 日开始人工与自动并行观测,1 月 1 日执行《地面气象观测规范》(2003 版)。2004 年建成环鄱阳湖白鹿镇波湖村雨量四要素自动气象站。2005 年正式自动观测记录。2005 年建成温泉桃花源、泽泉、蓼南 3 个单雨量自动气象站。2008 年全县各乡镇均建成自动气象站。每天拍发 08、14、20 时(GD-05)报,不定时重要天气报(GD-11)。

建站时气象月报表、年报表,用手工抄写方式编制。1987 年 1 月使用 PC-1500 袖珍计算机制作气象报表。1998 年后使用微机制作报表,软件为 AHDM。2004 年 1 月 1 日起使用地面测报业务软件 OSSMO 制作报表,上报数据文件。2008 年自动站数据每分钟采集,每 5 分钟上传至省气象信息中心。

②农业气象

1959 年 2 月开始进行农业气象观测,3 月开展生物气候观测。1977 年 4 月成立农业气象股。1978 年 4 月 1 日以农业服务为重点。10 月开展农业调查,年底编写完成《星子县农业气候手册》。1979 年 3 月 14 日开始对农业工作普遍做到"五有",即有农业组织、有农业基地、有服务方案、有服务指标、有基本资料。1980 年 10 月开始进行农业气候区划。1981

年7月1日执行中央气象局颁发的《农业气象工作手册》。2001年建立农村经济信息网,部分乡镇开通农村经济信息工作站。

③天气预报

1959年1月1日开始在收听省气象台天气预报的基础上,结合群众的看天经验,制作未来1～3天的天气预报。发布的天气预报种类有长期(年度气候预测、汛期气候预测等)、中期(旬报)、短期(1～3天)、短时临近(0～6小时)预报。专题天气预报主要有春播、汛期、高温、干旱、寒露风、低温霜冻等。开展交通、旅游、地质灾害、森林火险等预报。在每年中考和高考期间,制作专题气象服务节目。

预报工具 20世纪50年代末到60年代,收听上级气象台预报,采用单站补充预报方法,即用"听、看、谚、地、资、商、压、管"的八字措施指导预报业务,逐步过渡到"图、资、群"结合,以"群"为主。1961年5月推广四川省大、中、小结合的降水中期预报方法。70年代由以"群"为主过渡到以"资"为主,每天抄收、点绘高空与地面形势分析图,在单站资料方面建立一套较正规、实用的综合要素曲线图方法。1983年1月配备123-IB型传真机,并投入业务使用,开始接收中央台和日本、欧洲中心的预告图。1986年3月配备10瓦甚高频电话,并投入业务使用。20世纪90年代中期,建成PC-VSAT卫星接收小站,接收中央台下发的各种预报分析资料。2000年以后,网络技术的应用和DVBS系统的建立,丰富了预报资料,通过分析、比较有关数值预报结果和分析雷达回波预报短时强降水。

2. 气象服务

公众气象服务 建站时天气预报由县广播站每天定时播发,1999年开通电视气象预报节目。1988年5月全县各乡镇配备气象警报接收机,每日4次定时发布警报广播。1998年开通"12121"气象信息自动答询系统,同时通过手机短信、政府网站发布气象信息。

专业与专项气象服务 主要有春播、汛期、高温、干旱、寒露风、低温霜冻、森林防火、雷电防御气象服务等。1987年开始开展避雷针检测工作,截至2008年底,已开展防雷装置的设计审核、施工、验收、防雷报建等工作。1989年12月起,开始发布森林火险天气预报。1992年起开展彩球广告服务。

1978年6月18日成立星子县人工降雨领导小组,设2个人工降雨点,实施人工增雨抗旱、水库蓄水、森林灭火、降低火险等级、降低城市温度、人工消雹等。2005年人工影响天气标准化作业分队成立,购置人工增雨专用车辆和车载移动火箭1台,配备卫星定位仪、笔记本电脑等。

星子县高炮人工降雨第一次作业(摄于1978年6月)

党建与气象文化建设

党建工作 1965年7月有党员1名,归属水利局党支部。1971年9月成立党支部。到2008年底,有在职党员2人,退休党员4人,外聘人员中有党员1人。

气象文化建设 星子县气象局广泛开展创建和谐机关主题教育活动,通过丰富多彩、喜闻乐见、寓教于乐的学习、实践活动,塑造"廉洁、务实、高效、和谐"的机关形象,为建设和谐机关提供强有力保证。

2008年开展"迎奥运"登山比赛、联谊歌会、乒乓球比赛和退休人员外出活动等,并坚持开展送温暖活动,看望一线职工、慰问困难职工和退休老同志。

荣誉 2002—2007年星子县气象局连续三届被九江市委市政府评为"文明单位";2003年12月被江西省政府授予"人工增雨抗旱先进集体"称号;2004年被江西省气象部门评为"五大工程"一级达标单位;2007年被中国气象局评为"局务公开先进单位"、被江西省气象局评为"五大工程"达标单位;2007年被评为星子县首届"十大和谐机关";2008年获全国气象部门"局务公开示范点"荣誉称号。

台站建设

星子县气象局投入资金,美化绿化环境,改造旧家属房,改善了文化体育设施,建成阅览室、活动室,购置体育器材。健立健全院内卫生管理制度,落实门前"三包"责任制,专人负责卫生保洁工作。

2002年建成1栋复式楼宿舍,总面积1000平方米,解决职工住房问题。完成用电增容改造、职工住房窗修缮等工程。2004年建成气象防灾减灾综合业务大楼,总面积600平方米,改造环境5000平方米,建成多功能活动室。

2005年配备人工增雨作业车1辆。2006年配备气象公务用车1辆。2007年建假山风景,美化了工作环境和生活环境。2008年建成车库和人工增雨炮弹库。

星子县气象站旧办公室(摄于1959年)

星子县气象局现综合业务楼(摄于2004年)

湖口县气象局

湖口县位于长江沿岸,面积 669.33 平方千米,总人口 27 万,下辖 5 个镇、7 个乡。

湖口县属北亚热带湿润性气候区,年平均气温 16.8℃,年平均降水量 1479.3 毫米,年日照时数 1803.7 小时,无霜期 258.8 天。

湖口县气象站位于北纬 29°44′,东经 116°14′,观测场海拔高度 40.1 米。

机构历史沿革

始建情况 湖口县气象站始建于 1959 年 1 月,在湖口县三里乡史家村,北纬 29°44′,东经 116°13′,观测场面积 25 米×25 米,海拔高度 34.4 米,距离县城 2 千米,建站时为一般气候站,属国家艰苦台站。

站址迁移情况 1980 年 1 月 1 日观测场移至气象站办公楼北侧,即现址,位于旧观测场的西北面 83.6 米处。1987 年 1 月 1 日调整为航空危险天气报站、国家农业气象一级基本站,气压表移至新办公楼,海拔高度 40.9 米。2008 年 2 月在观测场东南面建成办公楼,气压表移至新办公楼,海拔高度 37.5 米。

历史沿革 建站站名为江西省湖口县气象站;1960 年 12 月更名为湖口县水文气象服务站;1962 年 5 月站名改为江西省九江水文气象总站湖口气象服务站;1964 年 7 月,站名定名为江西省湖口气象服务站;1970 年 7 月 1 日,站名定为江西省湖口县气象站;1980 年 7 月,成立湖口县气象局,实行局站合一,测站为国家一般气象站;1984 年 1 月 1 日,撤销湖口县气象局,站名定为湖口县气象站;1990 年 6 月站名定为湖口县气象局。

管理体制 建站时属水利电力厅水文气象局管理,1959 年 3 月由江西省电力厅水文气象局改为湖口县人民委员会管理。1962 年 5 月体制上收到江西省水利电力厅水文气象局。1970 年 7 月 1 日,实行军队与地方政府双重领导,以军队为主的管理体制。1973 年 8 月 1 日气象部门体制变更为湖口县革命委员会管理。1980 年 7 月,改为气象部门与地方政府双重领导,以气象部门领导为主的管理体制。

机构设置 1959 年建站时,下设测报、预报两组,1978 年 5 月增加农业气象组。1985 年增加气象服务组。1999 年成立湖口县农经信息中心。2001 年成立湖口县雷电防护管理办公室。2001 年成立湖口县人工影响天气领导小组,办公室设在气象局。2002 年 6 月湖口县雷电防护管理办公室更名为湖口县雷电防护管理局。2002 年成立湖口县减灾委员会,办公室设在湖口县气象局。2002 年成立湖口县农业气候资源开发利用领导小组,办公室设在气象局。

单位名称及主要负责人变更情况

单位名称	姓名	职务	任职时间
湖口县气象站	洪良斌	负责人	1959.01—1959.12
		站长	1959.12—1960.07
	袁九思	站长	1960.07—1960.12
湖口县水文气象服务站			1960.12—1962.05
九江水文气象总站湖口气象服务站			1962.05—1964.07
湖口气象服务站			1964.07—1964.12
	饶春华	站长	1964.12—1969.01
	邱家奎	负责人	1969.01—1970.07
湖口县气象站			1970.07—1971.10
	廖志鹏	站长	1971.10—1980.07
湖口县气象局		局长	1980.07—1982.12
	吴 涛	局长	1982.12—1984.01
湖口县气象站		站长	1984.01—1989.09
	刘 峻	站长	1989.09—1990.06
		局长	1990.06—1994.06
湖口县气象局	谭金助	副局长（主持工作）	1994.06—1996.07
	潘家标	副局长（主持工作）	1996.07—1998.12
	杨晓兰	局长	1998.12—2001.07
	吴慧峻	局长	2001.07—

人员状况　建站时只有 3 人；1962 年有 5 人；到 2008 年底，有在职人员 7 人，退休人员 4 人。其中工程师 4 人，助理工程师 3 人；大学本科学历 2 人，大专学历 2 人，中专学历 3 人。

气象业务与服务

1. 气象业务

①地面气象观测

观测项目　1959 年 1 月 1 日开始对气温、湿度、风向、风速、降水、能见度、云量、天气现象、小型蒸发、日照、雪深、地面状态等项目进行观测。1959 年 4 月 1 日增加地面 0 厘米及浅层地温（5 厘米、10 厘米、15 厘米、20 厘米）观测。1959 年 12 月 1 日增加地面最高、最低温度观测。1961 年 1 月 1 日停止地面状态观测项目。1964 年 4 月 1 日增加温度、湿度自记观测。1965 年 1 月 1 日增加气压观测。1965 年 3 月 1 日增加雨量自记观测，并制作气表-5。1965 年 7 月 4 日开始气压自记观测。1977 年 7 月 1 日增加云状观测。1980 年 1 月 1 日增加风向自记观测。1981—1983 年，参加国际"台风预试和台风业务试验"。1986 年 3 月 1 日增加深层地温（40 厘米、80 厘米、160 厘米、320 厘米）观测。2003 年 11 月建成自动气象站，观测项目有气压、气温、降水、风向、风速、地表温度、浅层地温、深层地温。

观测时次　1959 年 1 月 1 日为 07、13、19 时 3 次（地方时）观测，1960 年 7 月 1 日改为北京时（08、14、20 时）。1985 年 3 月 1 日增加 11、17 时定时观测，1986 年 6 月 1 日又取消

11、17 时观测。

发报种类和传输 1960 年 9 月 1 日起拍发 GD-82 报；1982 年 1 月 1 日改为 GD-91 报；1999 年 2 月 25 日改为加密气象观测报（GD-05 报），同时增加加密雨量报；1984 年 1 月 1 日开始拍发重要天气报告（GD-11 报）；1987 年 1 月 1 日开始固定拍发 06—18 时航空、危险天气报告（GD-21、GD-22）、重要天气报告（GD-11 报）和旬（月）气象报（HD-03）；2004 年增加加密土壤水份报（TR 报）；2007 年航空、危险天气报告时间改为 08—16 时。

航空危险天气报通过邮电局转发用报单位。其他加密天气报（GD-05 报）、重要天气报（GD-11 报）一般先发往九江市气象局，由市气象局统一收报汇总再发往省气象局。2001 年气象电报通过微机编发，并拨号上网发往九江市气象台。2003 年气象报文通过宽带传输，并建立程控电话拨号备份传输系统。

探测装备 1960 年 9 月 1 日雨量器取消防风圈。1960 年 10 月 1 日雨量器高度由 2 米改为 70 厘米。1961 年 1 月 1 日大小百叶箱高度由 2 米改为 1.5 米。1970 年 1 月 1 日将维尔达测风器改为国产 EL 型电接风向风速计。1985 年增加 PC-1500 袖珍计算机用于校对电报。1987 年 1 月使用 PC-1500 袖珍计算机统计月报表。1996 年使用 486 计算机制作及上报报表数据。2003 年 8 月建设 DYYZII 自动气象站。2003 年 11 月在张家嘴、柘机建立单要素（雨量）区域自动气象站 2 个。2005 年在武山镇、付垄乡、张青乡建立两要素（雨量和气温）区域自动气象站各 3 个，并将张家嘴和柘机的自动气象站升级为两要素站；2006 年在流泗镇建立四要素（雨量、气温、风向、风速）自动气象站 1 个。2008 年在凰村、大垅、文桥乡建立两要素站 3 个。在舜德、流芳乡分别建立四要素站 2 个，共建区域自动气象站 11 个。

②农业气象

1978 年 5 月组建农业气象组，为农业气象一般站；1987 年 6 月定为国家农业气象观测一级站。

农业气象观测 农作物生育期观测：1978 年为早稻、二晚、淮菜、棉花等作物生育期进行动态观测；1982—1985 年为油菜、棉花等作物生育期进行简易观测；1983 年对大田种植作物进行动态观测；1987 年对棉花进行生育期观测；1988 年对油菜、棉花进行生育期观测；从 1990 年开始对早稻、二晚、棉花、油菜等作物生育期进行观测。

自然物候观测 1982 年观测青蛙；1987 年观测蚱蝉；1985—1989 年观测旱柳、楝树、蚱蝉、青蛙、家燕；1990 年观测楝树、蚱蝉、青蛙、家燕。2004 年 6 月调整物候观测项目为苦楝、泡桐、枣、青蛙、家燕、蚱蝉。

土壤水分观测 1987—1989 年开展非固定地段 0～50 厘米土壤湿度的测定；1990 年开始为固定地段 0～50 厘米土壤湿度的测定；2004 年 6 月增加土壤水分加密观测。

农业气象情报 1978 年 6 月开始，制作农业气象情报、农业气象预报、农业气象旬报、农业气象专题分析材料，不定期向县、乡政府发布气象情报信息；1987 年开始编写气候影响评价；1984 年开始填报气候评价报告表；1987 年开始研制早稻、二晚、棉花、油菜产量预报方法；1988 年正式发布产量预报。

③天气预报

20 世纪 60 年代，每日收听南昌及汉口两个气象台的预报，利用县气象站资料点绘气象要素时间剖面图，以饲养水生动物作为物象指标，收集民间看天经验并进行整理汇编。

70年代,根据汉口广播点绘高空图,分析地面天气图。在单站资料方面制作较正规的综合要素曲线图,建立县气象站春播、汛期、短期、中期预报方法。1979年增加气象传真天气图资料。1982年学习吉林省MOS预报方法。

④气象信息网络

1992年建成开通县级远程智能终端。1998年安装PC-VSAT卫星资料接收站。2001年信息传输由程控拨号向宽带ADSL发展,省、市、县信息传输陆续采用ftp服务器传输。2003年建立湖口气象局内网。气象情报、预报指导产品、雷达图、卫星云图都能通过各级气象部门内部网调用。

2. 气象服务

公众气象服务 建站时,服务方式以口头汇报、书面通报、电话通知为主。20世纪70年代,中期(旬报)、长期和专题预报服务能力增强。1988年,各乡(镇)及服务单位普遍使用气象警报接收机。1997年1月开通"121"气象信息声讯电话服务。1999年开始制作电视天气预报节目。2004年开展手机短信气象服务和手机短信预警、Web网络预警服务,增加短时临近(0~6小时)预报服务产品。

专业与专项气象服务 1976年成立湖口县人工降雨领导小组,同时组成人工降雨作业小组。1992年、1995年、1996年、2001年、2003年在湖口县境内用"三七"高炮开展人工增雨作业。2000年后,人工消雹、人工消雾等技术得到科学应用。2002年成立湖口县人工影响天气领导小组,办公室设在县气象局。2004年,购置BL-1型火箭发射架1部。

气象法规建设与社会管理

雷电防护 2000年开展雷电防护业务,对易燃易爆、高层建筑、机房等重要场所或人员密集场所开展防雷装置检测工作。2001年成立湖口县雷电防护管理办公室,2002年6月更名为湖口县雷电防护管理局。2005年将建筑物防雷设计审核纳入报建程序。2006年湖口县行政服务大厅设立气象窗口。

探测环境保护 2004年,湖口县气象局制作保护范围图、平面现状图和气象探测环境保护说明,向县政府、县发改委、县建设局、县国土资源局进行备案。2004—2008年多次开展行政执法,有效制止破坏探测环境行为10余起。

党建与气象文化建设

党建工作 建站时县气象站没有党员。1971年10月至1976年3月,有中共党员5名,县气象局与县农业局共编为一个党支部。20世纪80年代初,成立党支部。到2008年底,有党员6名(其中退休党员2名)。

气象文化建设 20世纪80年代末,县气象站组织全站职工到北京学习考察。1999年重新装修办公楼,设立乒乓球室和阅览室,并开展"五好家庭"评比和"卡拉OK"比赛等活动。2002年建成篮球场。2003年开始每年组织廉政文化知识考试、参加廉政作品有奖征集、观看爱国敬业影片、发送廉政短信等活动。2008年在建成的新办公楼悬挂气象文化标语、警句。2003—2008 年连续获"市级文明单位"称号。

　　荣誉　1986 年、1988 年、1989 年湖口县气象局分别被江西省气象局授予"先进单位"称号；1990 年被江西省政府授予"全省绿化先进单位"称号。

台站建设

　　建站时业务用房为砖瓦房。1986 年建成 1 栋砖混结构的新办公楼。1989 年在办公楼西面建成宿舍楼 1 栋，共 8 户，每户面积约 50 平方米。1999 年进行庭院综合改造，重新装修办公楼，院内进行硬化和绿化。2007—2008 年，在原办公楼南面建立新办公楼（三层）1 栋，面积 645 平方米，加固围墙。2008 年 10 月，建成中国大陆构造环境监测网湖口基准站（GNSS 站）。

湖口县气象站旧办公室（摄于 2005 年 7 月）　　　湖口县气象局新办公楼（摄于 2008 年）

都昌县气象局

　　都昌县于唐高祖武德五年（622 年），割鄱阳县雁子桥之南境始建，处于江西北部低山丘、滨湖平原地区。东西宽 52.7 千米，南北长 80 千米，面积 2639.53 平方千米，总人口 73.2 万，全县所辖 24 个乡镇。

　　都昌县属亚热带湿润季风气候区。热量丰富、光照优越、降水充沛、霜期较短、四季分明。年平均气温 17.1℃，年平均降水量 1499.5 毫米，年平均日照时数 1853.7 小时。

　　都昌县气象局位于东经 116°12′，北纬 29°16′，观测场海拔高度 33.8 米，为国家一般气象站。

机构历史沿革

　　始建情况　都昌县气象局始建于 1953 年 8 月，站址位于都昌县城北郊张家湾村，占地面积 6260 平方米，自建站以来一直未搬迁。

历史沿革　建站时称江西省都昌县水文气象站;1960年5月,水文站与气象站合并,成立都昌县水文气象服务站;1962年8月,更名为江西省九江水文气象总站都昌气象服务站;1964年1月,更名为江西省水利电力厅九江水文气象分局都昌县气象站;1964年6月,水文与气象分设,更名为江西省都昌县气象服务站;1971年7月,更名为江西省都昌县气象站;1980年7月,更名为都昌县气象站;1981年5月,成立都昌县气象局,局站合一;1984年1月,更名为都昌县气象站;1990年6月,恢复都昌县气象局。

管理体制　1958年8月归江西省水利电力厅水文气象局管理;1959年3月归都昌县人民委员会管理;1962年5月,归江西省水利电力厅水文气象局管理;1970年7月实行军队与地方政府双重管理、以军队为主的管理体制;1973年8月,归县革命委员会管理;1980年7月开始,实行气象部门与地方政府双重领导,以气象部门领导为主的管理体制。

机构设置　1973年下设地面测报组和天气预报组;1978年3月增设农业气象组;1981年5月成立气象局后,设测报股、预报股、农气股和办公室。1990年设专业服务股、业务股和办公室;1993年设专业服务股、行政业务股、经营站;1995年设综合业务股、科技服务股和办公室;2001年,成立蓝天科技有限责任公司,设行政办公室、科技服务中心、防雷工程技术服务公司;2004年设综合业务股(气象台)、蓝天科技有限公司、雷电防护管理局及办公室。

单位名称及主要负责人变更情况

单位名称	姓名	职务	任职时间
江西省都昌县水文气象站	袁九思	负责人	1958.08—1958.11
	杨经深	负责人	1958.11—1959.01
	伯远华	站长	1959.01—1959.10
	江忠敏	站长	1959.10—1960.05
都昌县水文气象服务站			1960.05—1962.01
	刘明兴	站长	1962.01—1962.08
江西省九江水文气象总站都昌气象服务站	占光金	站长	1962.08—1964.01
江西省水利电力厅九江水文气象分局都昌县气象站			1964.01—1964.06
江西省都昌县气象服务站			1964.06—1971.07
江西省都昌县气象站	王远旭	负责人	1971.07—1972.08
	秦林生	站长	1972.08—1976.01
	陶菊斋	站长	1976.01—1979.08
都昌县气象站	李涤尘	站长	1979.08—1980.07
			1980.07—1980.11
	张勃云	站长	1980.11—1981.05
都昌县气象局		局长	1981.05—1981.12
	王运旭	副局长(主持工作)	1981.12—1984.01
都昌县气象站		副站长(主持工作)	1984.01—1984.06
	王建武	站长	1984.06—1986.12
	陈茂寿	站长	1986.12—1990.06
都昌县气象局		局长	1990.06—1998.12
	熊隆照	局长	1998.12—

人员状况 建站初期只有 3 人;1978 年以前保持 5~7 人;1979—1981 年增加到 10 人;1981 年有 17 人(含退休职工 1 人);1984 年后职工逐步减少。截至 2008 年底,有在职职工 13 人,退休职工 2 人,均为汉族。大专以上学历 5 人,中专学历 6 人,高中学历 2 人。工程师 7 人,助理工程师 4 人,技术员 2 人。中共党员 8 人(含退休职工 2 人)。50 岁以上 5 人,36~49 岁 4 人,35 岁以下 4 人。

气象业务与服务

1. 气象业务

①地面气象观测

1958 年 10 月 1 日开始观测记录,1959 年 1 月 1 日正式观测记录。1968 年 2 月 2—4 日,因"文化大革命",缺测 321 个记录。

观测项目 建站时,观测项目为气温、湿度、风向、风速、降水、日照、蒸发、雪深、天气现象、能见度、云状、云量、地面状态。1959 年 3 月 1 日增加地面最高温度和浅层地温观测。1961 年 1 月 1 日执行《地面观测规范》及观测项目,4 月 1 日增加雨量计观测,6 月 1 日增加气压计观测(1963 年 10 月 8 日取消)。1962 年 1 月 1 日增加气压表观测,3 月 1 日改用大型蒸发器观测(1964 年 1 月 1 日停止,改小型蒸发观测)。1963 年 10 月 8 日增加湿度计观测和自然物候观测。1965 年 1 月 1 日增加气压观测,取消三次站天气简化记载,7 月 1 日恢复气压计观测。1977 年 7 月 1 日增加对指示性云、地方性云、系统性云观测。1980 年 1 月 1 日增加风向风速计观测和新增设蒸发专用计观测。1981 年以后参加国际、省内外台风业务试验观测。2003 年 11 月安装 DYYZ II 自动气象站,2005 年 1 月 1 日起,气温、湿度、气压、风向、风速、降水、地温和浅层地温单轨运行观测。

1962—1986 年,建立气象哨,观测气温、风向、风速、降水和天气观象。2003—2008 年,全县 24 个乡镇安装自动气象站,自动观测气温、风向、风速和降水量。

观测时次 1958 年 10 月 1 日起,每日进行 4 次(地方时 01、07、13、19 时)观测;1960 年 7 月 1 日起,每日进行 3 次(北京时 08、14、20 时)观测;2004 年 1 月 1 日起,使用 OSSMO 软件制作报表,上报数据文件。

发报种类 1959 年 5 月 1 日起,拍发天气报告(绘图报);5 月 21 日起拍发农业气象旬报;1960 年 3 月 15 日起拍发(GD-82)区域危险报;1970 年 1 月 1 日起拍发航空预约报;1971 年 1 月 1 日起拍发航空固定报、航空危险天气报;1982 年增加台风试验报;1985 年增加台风加密天气报;1984 年 1 月 1 日起拍发重要天气报。

仪器更新 建站初期使用国外进口仪器设备,1963 年后逐步改用国产仪器。1960 年 10 月 1 日,雨量筒高度由 2 米改为 70 厘米,9 月 1 日取消雨量筒防风圈。1970 年 1 月 1 日撤销维尔达风压器,改为 EL 电接风向风速计。1987 年 8 月,使用 PC-1500 袖珍计算机制作气象报表。2003 年 11 月安装 DYYZ II 自动气象站。

②农业气象

1958 年 11 月 7 日起,开始农作物、物候观测,开展农业气象试验、农业气象情报和农业气象预报工作。1962 年起停止农业气象业务,1978 年 3 月重新恢复。1983 年 1 月 10 日定为全省农业气象观测情报网站,执行新的《农业气象观测方法》。1985年5月,定为省网站,开展简易观测。

1986年接受省气象局"苎麻不同处理下育苗和高产栽培"、"淡水养鱼与气象条件"试验课题,推广应用技术。1981—1982年,完成《都昌县农业气候资源调查与农业区划综合报告》。1983年4月至1985年,开展"鄱阳湖对气候的影响及其在生态平衡中的作用"课题论证。1985年、2000—2001年,先后对老爷庙气候和风力发电资源开发进行论证。1987—1988年,协作成立"天气—作物—病虫害"监测警报系统。

③天气预报

1959年1月1日起,制作12小时、24小时、48小时日常天气预报,1962年开始发布农业天气预报;以后逐步增加灾害性天气预报、警报,不定期制作发布中、长期天气预报和专业天气预报。

20世纪70年代中期以前,采取"图、资、群"结合,参考上级广播的天气预报,结合韵律经验来制作天气预报;70年代后期至90年代,建立"四个基本"(基本图表、基本资料、基本方法、基本档案),以分析天气图的天气形势为主制作天气预报,学习吉林省MOS模式预报方法;21世纪以来通过计算机和网络技术,获取卫星资料、雷达资料,进行网上会商制作或订正气象预报。

④气象信息网络

20世纪70年代以前,靠收音机收集天气信息和邮电局拍发气象电报;1982年4月开始气象传真;1993年8月使用程控电话;1999年5月安装卫星单收站接收终端;2003年7月完善局域计算机网络。2002年后通过气象信息网络传输资料给省气象信息中心处理及保存。

2. 气象服务

公众气象服务 早期天气预报由县广播站播报和人工抄写黑板报。1989年增加差转台电视播报。1997年开通"12121"天气自动电话答询系统;1999年3月,开通电视天气预报;2002年4月开通农经网,并在都昌《科普报》《今日都昌》,等登载气象信息。

专业与专项气象服务 1985年开始专业科技服务。1987年开通气象警报广播,1990年使用甚高频电话,为农业、水利、水产、交通、建筑、船运、粮储、林业、制种等行业开展专业气象服务。1991年服务用户有110个。

1978年7月使用"三七"高炮开展人工增雨作业。1980年试用JI-50-2型气象火箭增雨消雹。1990—1991年,由县政府和九江军分区组织"三七"高炮增雨,县气象局负责申请空域和气象条件保障。1992年6月,成立都昌县人工影响天气领导小组,办公室设在县气象局。到2008年底,县气象局有"三七"双管高炮1门,BL-1A型火箭发射架1台,专用车1辆,炮库1间,另有GPS等专用工具。

气象科普宣传 县气象局通过编写印发科普小报材料和送阅气象书籍报刊等方式普及气象知识。通过广播电视、乡镇集会、灾情调查、科技下乡、世界气象日等活动宣传气象知识。

气象法规建设与社会管理

1962—1986 年,气象哨纳入气象局管理。1988 年 10 月,县政府印发《关于切实加强气象观测环境保护的通知》;1992 年 10 月印发《关于进一步加强气象工作的通知》;2007 年 4 月第三次都昌县县长办公会决定拆迁不符合气象探测环境保护规范的违章建筑,扩征观测场 0.2 公顷,由县土管、城建、公安部门和都昌镇联合组成工作组落实观测场扩征任务,改善气象探测环境。

1988 年开始雷电防护管理。1992 年 2 月成立都昌县气象防雷检测所。2002 年 2 月更名为都昌县雷电防护管理局。开展雷电防护宣传和防雷装置的设计审核、施工、验收、报建等工作。

2005 年 1 月,县政府行政服务中心设立气象窗口。2008 年 1 月起在都昌政府网上设有气象政务公开内容。

党建与气象文化建设

党建工作 20 世纪 60 年代,县气象局党员人数少,编入县水电局党支部。1972 年 10 月成立党支部。1976 年 1 月并入农牧局党支部。1981 年 10 月转入县农办(农经委)党总支部。1990 年 10 月重建党支部。到 2008 年底,有正式党员 8 名(含退休党员 2 名)。

党支部注重党风廉政建设,1990 年设廉政监督员,党风廉政建设列入目标考核。党支部连年获县委和机关工委的"先进党支部"奖励,党风廉政考评均得满分。

气象文化建设 1988 年成立"5·4·3"(五讲四美三热爱)文明活动领导小组;1990 年成立精神文明建设领导小组。始终坚持以人为本,弘扬自力更生、艰苦奋斗精神,深入持久地开展文明创建工作。做到了政治学习有制度、文体活动有场所、电化教育有设施,职工业余生活丰富多彩。

荣誉 1978—2008 年,共获集体荣誉 97 项。其中 1979 年 3 月、1988 年 6 月两次被中国气象局评为"重大灾害性天气服务"先进集体;1983 年 5 月获省气象局"县级气候区划"二等奖、九江市政府一等奖;1995 年、2008 年两次被江西省人工影响天气领导小组评为"人工增雨抗旱减灾先进集体";1998—2001 年连续两届被九江市委、市政府授予"文明单位"称号;2000 年、2007 年两次被江西省气象局评为"五大工程"建设达标单位;2002—2007 年连续三届被江西省委、省政府授予"文明单位"称号;2003 年 12 月被江西省爱国卫生委员会评为"卫生庭院"。

台站建设

建站初期,仅有 71 平方米的砖瓦平房,集吃、住、办公和业务值班于一体。1962 年建成 62 平方米的宿舍与办公室。1972 年集资建成 68 平方米的单身宿舍和测报值班室,30 平方米的砖瓦厨房。1977 年自筹资金建成 234 平方米二层筒子楼宿舍,围起院墙(与农业病虫植保站合用)。1981 年安装自来水,接通县城用电。1982 年征地 1680 平方米修建直通公路,建成独立生活区和工作区。1984 年建成 333 平方米二层简易套间宿舍楼。1989

年建成 476 平方米二层厨卫宿舍楼。1990—1991 年拆除 1972 年前的旧建筑,新建 109 平方米二层综合业务楼和 49 平方米厨房。1999—2003 年拆旧建新,建 606 平方米三层综合业务大楼,并进行硬化、绿化、亮化和美化,室外建有健身活动场所。

2008 年 4 月,对新扩征 2067 平方米土地进行探测环境保护改造。

都昌县气象站旧业务办公房(摄于 1988 年)　　　都昌县气象局新综合业务楼(摄于 2008 年)

彭泽县气象局

彭泽县位于江西省最北部,长江中下游南岸,九江市东北角上,面积 1544 平方千米,总人口 35 万,辖 10 个镇、3 个乡、1 个区、4 个场、1 个所,素有"七省扼塞"、"赣北大门"之称。历史上陶渊明、狄仁杰先后任过县令。

彭泽县雨量丰富,日照充足,四季分明,年平均气温 16.6℃,年平均降水量 1421.1 毫米,年平均日照时数 1928.5 小时。

彭泽县气象局位于北纬 29°54′,东经 116°33′,观测场海拔高度 71.3 米,为国家一般气象观测站。

机构历史沿革

始建情况　1956 年 1 月 1 日成立彭泽气候站,坐落于彭泽县芙蓉墩七号圩内,距县城 15 千米,北纬 29°54′,东经 116°37′,观测场海拔高度为 16.9 米、面积为 25 米×25 米;

站址迁移情况　1958 年 1 月迁至彭泽县芙蓉农场圩内;1980 年 1 月,站址迁至彭泽县尖山黄,北纬 29°54′,东经 116°33′,观测场海拔高度 25.4 米,观测场面积为 25 米×25 米;1987 年 1 月至 1995 年 12 月因观测场附近建水泥厂污染而撤销;1996 年 1 月正式恢复,局(站)址设在彭泽县龙城大道 1092 号,观测场面积为 16 米×20 米。

历史沿革　建站时称彭泽气候站;1959 年 1 月更名为彭泽县水文气象站;1962 年 1 月改为彭泽气象服务站;1971 年 1 月更名为彭泽县气象站;1981 年 1 月改称彭泽县气象局;

1984 年 1 月改为彭泽县气象站;1990 年 1 月又改为彭泽县气象局。

管理体制　1956 年 1 月至 1969 年归江西省水利电力厅水文气象局管理;1970 年 7 月改为彭泽县革命委员会建制,由地方政府和人民武装部双重管理、以人民武装部为主;1973 年 8 月归彭泽县农委代管;1980 年 7 月改为以江西省气象局管理为主。

机构设置　1980 年下设测报股、农气股、预报股、办公室。2003 年改为综合业务室、办公室、科技服务中心。1997 年 3 月成立彭泽县人工影响天气办公室,设在气象局。2002 年成立彭泽县防雷管理局。

单位名称及主要负责人变更情况

单位名称	姓名	职务	任职时间
彭泽气候站	田育仁	站长	1956.01—1958.01
彭泽气候站	周安耀	负责人	1958.01—1959.01
彭泽县水文气象站	朱世本	站长	1959.01—1962.01
彭泽气象服务站			1962.01—1965.01
	王立芳	站长	1965.01—1971.01
			1971.01—1976.01
彭泽县气象站	章振国	副站长(主持工作)	1976.01—1978.01
	唐金修	站长	1978.01—1981.01
彭泽县气象局		局长	1981.01—1982.12
	张茂德	局长	1982.12—1984.01
彭泽县气象站	聂和玉	站长	1984.01—1990.01
彭泽县气象局		局长	1990.01—1993.01
	王中亮	局长	1993.01—

人员状况　1956 年 1 月建站时只有 3 人。1978—1983 年职工最多时达 21 人。截至 2008 年底,有在职职工 12 人(其中外聘人员 3 人),退休人员 3 人,均为汉族。在职职工平均年龄 42.3 岁;中级职称 3 人,初级职称 4 人;本科学历 2 人,大专学历 3 人。

气象业务与服务

1. 气象业务

①地面气象观测

1956 年 1 月 1 日正式开展地面气象观测,执行《地面观测暂行规范(地面部分)》,1 月 8 日起观测土壤湿度,4 月 24 日起增加农作物物候观测;10 月 19 日增加地面最高温度和毛发湿度表观测;1958 年 4 月 1 日增加雨量计观测并制作气表-5;1960 年 1 月 1 日增加气压自记观测;1961 年 3 月 1 日增加气压表观测;1962 年 1 月 1 日开始执行《地面气象观测规范》;1966 年 3 月 1 日增加大田农作物观测;1970 年 1 月 1 日开始电接风向观测;1980 年 1 月 1 日执行修改后的《地面气象观测规范》,同年增加电接风向风速自记观测并制作报表。1987 年 1 月至 1995 年 12 月因撤站而终止气象观测 9 年。1996 年 1 月正式恢复观测,按 1980 年修改后的《地面气象观测规范》进行观测记录;2003 年 1 月 1 日执行《地面气象观测规范》(2003 版);2003 年底,建成 CAWS600 型自动气象站,于 2004 年 1 月 1 日投入业务运行,2005 年 1 月 1 日进行人工和自动站平行观测。2006 年 1 月 1 日正式进行每天 24 次自动站观测。观测项目有云、能见度、天气现象、干湿球温度、最高气温、最低气温、气压、风向、风速、地面 0 厘米、5～20 厘米曲管温度和降水、小型蒸发、雪深、日照等,20 时所有人工项目均并行观测。2005 年开始在各个乡镇建立区域自动气象站。到 2008 年底,已建成四要素站 3 个,两要素站 6 个,单要素站 3 个。

观测时次 1956 年 1 月 1 日起,按地方平均太阳时进行 01、07、13、19 时 4 次观测;1961 年 1 月 1 日改用北京时进行 08、14、20 时 3 次观测;从 1985 年 3 月 1 日起每天增加 11、17 时补充观测。

气象电报 1956 年 7 月 1 日开始向汉口、九江拍发气象旬报;1957 年 3 月 11 日增发气候旬报;同年 8 月 1 日拍发农业气象旬报;1958 年 8 月 1 日拍发区域绘图报,12 月增发单站补充预报;从 1960 年 3 月 15 日起每天拍发两次 GD-81(08、14 时)报;9 月 10 日起拍发 GD-82 报;1970 年 7 月 1 日起增加军、民航预约航空危险天气报;1971 年 6 月 1 日起,每天 05—17 时固定拍发航空危险天气报;1972 年起拍发台风报告;1981—1983 年参与国际台风业务实验报。

气象报表 建站时气象报表均用手工抄写,用算盘统计。2004 年 1 月 1 日起,采用地面气象报表软件 OSSMO 制作报表并上报数据文件。2006 年 1 月 1 日起自动采集打印、备份,每月定时编制报表归档、保存、上报。

②农业气象观测

1956 年 1 月 8 日开始农业气象和田间持水量观测;1959 年 3 月 1 日开始农业气象观测;1982 年定为国家农业气象基本站,并报送各种报表;1995 年 7 月 1 日开始地面农业气象观测;1996 年 1 月 1 日向省气象局上报农业气象观测月(年)报表;1999 年 6 月撤销农业气象观测任务;1987 年 1 月 1 日—1995 年 12 月 31 日因水泥厂污染撤销,中断资料 8 年。

③天气预报

从 1962 年 7 月 1 日起发布天气预报,并饲养蜈蚣、乌龟、蚂蝗及收集天气谚语来进行天气预报。1969 年启用半导体收音机短波接收汉口、南昌等气象台的有关气象资料,绘成图表,借助压、温、湿三要素曲线及综合要素图进行天气预报。1981 年 5 月开始用传真接收机接收有关资料,集体会商后进行气象预报。至 2008 年主要利用卫星遥感资料、雷达资料、MICAPS3.0 等现代化科技手段以及借鉴省、市天气预报来会商、制作天气预报。

④气象信息网络

气象信息传递先后通过手摇电话机和有线广播等,中长期书面气象预报材料采用专用油印机印出后送到邮政发送。每日未来 72 小时的天气预报和短时临近预报均在彭泽气象网、彭泽新农网、县电视台发布,同时通过网络软件向九江市气象台"12121"天气预报系统提供自动气象站各定时资料数据。在每旬末、月末定期制作《天气情况反映》抄送给彭泽县政府。遇有重大天气和重要节日时,通过电视、手机短信、报纸、农经网等媒体开设专题、专栏发布滚动天气预报。

2. 气象服务

公众与决策气象服务 建站至 20 世纪 80 年代初,气象主要是为农业服务,通过邮电局传输气象信息。1981—1987 年以广播和电话开展气象服务,有重大气象服务由专人报送书面材料或以电话通知。1997 年 7 月开通"121"气象信息电话自动答询系统。2000 年后,决策气象服务采用《气象呈阅件》、《气象情况反映》等书面材料,以电话、传真和专人汇报为主;公众气象服务以手机短信为主;专业气象服务根据用户的需求开展针对性气象服务。

专业与专项气象服务 从 1978 年 7 月 25 日起,彭泽县气象局开始进行人工增雨作业,全局只有 1 门退役的"三七"高炮。2003 年改为火箭发射架进行人工增雨作业,由县气象局统一管理。每年根据需要,适时开展人工增雨作业。

从 1993 年 3 月开始,彭泽县防雷工作由湖口县气象局代管,成立湖口县气象局驻彭泽县气象工作站,主要工作是对避雷针进行检测。1996 年 1 月开始,由彭泽县气象局自行开展雷电防护管理工作。2000 年成立彭泽县雷电防护管理局,制作本县区域内的重大雷电灾害影响评价决策服务参阅材料、组织开展防雷装置检测、防雷工程设计、施工、雷电灾害鉴定与评估、雷击风险评估等防雷技术服务。

气象科普宣传 在每年的世界气象日、防灾减灾日等活动期间,县气象局与相关部门联合在公共场所进行气象科普宣传和气象防灾减灾咨询服务。同时送气象科技进社区、进企业、进机关,通过图片展览、发送科普手册等方式普及气象知识。

党建与气象文化建设

党建工作 在 1976 年以前,全局只有 2 名党员,编入县人民武装部和县农委党支部。1995 年初成立党支部。到 2008 年底,全局有 5 名党员。

建立健全廉政建设制度,从思想和作风建设上入手,引导全局职工积极向上。1998—2008 年每年被县直机关工委评为"先进基层党组织",多人次获得"优秀共产党员"称号,2 人(次)评为"优秀党务工作者"。

气象文化建设 成立以局长为组长,各股、室负责人为成员的精神文明创建领导小组,制定《彭泽县气象局岗位行为规范或职业道德规范》、《彭泽县气象局创建文明规则》,提倡讲文明、树新风的创建理念。以爱岗敬业、准确及时、优质服务的职业道德来规范和教育全体干部职工。1995—1997 年连续获得"县级文明单位"称号。1998—2008 年连续获得"市级文明单位"称号。

荣誉 2007 年彭泽县气象局被江西省气象局授予"重大气象服务先进单位"称号;1998—2008 年连续被县直机关工委授予"先进基层党组织"称号。

台站建设

彭泽县气象局是 1990 年地方政府出资恢复,随后逐年对水、电进行改造,加高、加固护坡,重新装修办公楼,添置了办公具椅和空调,操场、路面硬化,将原面积 16 米×18 米的观测场扩建为 16 米×20 米,场内铺上浅草,并将水泥围栏更换成不锈钢围栏。

景德镇市气象台站概况

　　景德镇是中国历史上四大名镇之一,是驰名中外的"瓷都",古有"江南雄镇"和"二省三郡八县通衢"之称。1982年被国务院列为中国第一批历史文化名城。景德镇市位于江西省的东北部,境地东接安徽省休宁和本省婺源、德兴县;南邻万年、弋阳县;西连鄱阳县;北与东北同安徽省的东至、祁门县毗连。下辖乐平市、浮梁县和珠山、昌江2个城市区。面积5256平方千米,总人口156.8万。

　　历史沿革　景德镇市和乐平市的气象观测早在1933年就有记载,但断续不全。1952年1月中南军区司令部气象处派人到江西省军区协助筹建气象台站,7月1日江西省浮梁军分区气象站正式建立;1954年11月浮梁气象站更名为景德镇气象站;1958年后以地方政府管理为主,水文气象合并,成立景德镇市水文气象总站;1962年6月景德镇水文气象总站撤销,水文气象站划归上饶水文气象总站管理;1970年12月气象与水文分设;1972年1月景德镇气象站升级为景德镇市气象台,1980年7月,景德镇市气象台改称市气象局,正式明确为正县(团)级单位;1984年1月景德镇市气象局更名为景德镇市气象台;1992年3月景德镇市气象台再次更改为景德镇市气象局。2002年起景德镇市气象局和乐平市气象局建成自动气象站;从2005年起,先后在景德镇市区、浮梁县、昌江区和乐平市建立43个区域自动气象站。

　　乐平市气象局自1956年11月建站起,隶属上饶地区气象局管辖;1983年3月乐平市气象站随着行政区划的变更,由上饶地区气象局划归景德镇市气象局管理。

　　管理体制　1952年7月1日建立江西省浮梁军分区气象站,属军事建制;1954年1月浮梁气象站由原来军事建制改为地方事业建制,同年10月浮梁气象站改称江西省景德镇气象站,其行政管理归市政府,业务管理仍归口江西省气象科;1972年1月景德镇气象站升级为景德镇市气象台,隶属景德镇市人民武装部和景德镇市革命委员会双重管理;1980年7月1日改为气象部门和地方政府双重管理、以气象部门管理为主的管理体制。1984年1月改景德镇市气象局为景德镇市气象台;1992年3月景德镇市气象台再次改为景德镇市气象局,正处级规格不变。

　　1983年3月乐平县气象站从上饶地区气象局划出,隶属景德镇市气象局管理。

　　台站数量　全市气象观测站有2个。景德镇市气象局为国家基本气象观测站,乐平观测站为国家一般气象观测站。

人员状况 到 2008 年底,全市气象部门在职人员 52 人,均为汉族。其中,本科学历 22 人,大专学历有 23 人,大专以下学历有 7 人;高级工程师 3 人,工程师 29 人,助理工程师 19 人,高级工 1 人。

党建与气象文化创建 全市气象部门有党支部 2 个,在职党员 27 人,占职工总数的 50%。截至 2008 年底,全市气象部门均获得市级以上"文明单位"称号,其中省级"文明单位"1 个;全国气象部门局务公开先进单位 1 个。

主要业务范围

地面观测 景德镇市气象局为国家基本气象观测站,观测项目有云量云状、能见度、天气现象、气压、空气温度、湿度、风向、风速、降水、日照、蒸发(大型)、地面温度、浅层地温、深层地温、雪深、雪压、电线积冰、紫外线、空气负离子、酸雨和闪电定位等。每天进行 02、08、14、20 时 4 次定时观测;05、11、17、23 时 4 次补充观测;每天向省气象台拍发 1 份 GD-05 报。

乐平市气象站为国家一般气象观测站,观测项目有气压、空气温度、湿度、风向、风速、降水、蒸发(小型)、日照、积雪(雪深)、云量云状、能见度、天气现象、地温和浅层地温;每天 08、14、20 时 3 次定时观测;向省气象台发 2 份 GD-05 报。

区域自动气象站 43 个,其中两要素站 20 个,四要素站 23 个,采用 GPRS 无线传输方式,送至省气象信息中心。

高空观测 高空小球测风观测始于 1958 年 5 月 1 日,每日进行 07、19 时 2 次观测发报;1988 年 1 月 1 日起撤销观测。

农业气象 乐平市气象局为二级农业气象观测站,观测项目有早稻、晚稻、棉花,2008 年起观测项目是油菜和辣椒。

气象服务 服务形式有广播、报纸、电视、电话、大型显示屏、书面材料、气象警报系统、口头汇报、科技咨询、现场服务、电信传递、终端服务、手机短信和电子显示屏等;服务内容有天气预报、气象情报、气候资料、应用气候、农业气象以及发布森林火险气象等级、防雷系列服务等。

人工影响天气 1978 年景德镇就开展人工增雨作业;2001—2008 年,先后购置 4 套人工影响天气火箭发射架,建起 2 支标准化人工影响天气作业队伍。

景德镇市气象局

景德镇属亚热带季风气候,全年光照充足,雨量充沛,四季分明。年平均气温 18.5℃,年平均降水量 1678 毫米,年平均日照时数 1715.5 小时,全年无霜期 277 天。

景德镇市气象局位于西郊余家山,观测场位于北纬 29°18′,东经 117°12′,海拔高度 61.5 米,观测场面积 25 米×25 米,为国家基本气象观测站。

机构历史沿革

始建情况 1952 年 7 月始建,建站时站址设在浮梁县新厂师范学校内。

站址迁移情况 1957 年 7 月迁至罗家垦殖场;1974 年 1 月迁到西郊垦殖场余家山至今。

历史沿革 1952 年 7 月始建,时为浮梁县气象站;1954 年 10 月更名为景德镇气象站;1959 年 5 月更名为景德镇水文气象总站;1961 年 11 月又改名为景德镇气象站;1968 年 10 月改称景德镇市水文气象革命委员会;1970 年 12 月更名为景德镇气象站;1971 年 12 月更名为景德镇市气象台;1981 年 10 月改称景德镇市气象局;1984 年 6 月又改为景德镇市气象台;1993 年 2 月开始改回景德镇市气象局。

初建时定为丙等一级气象站;1954 年 10 月重新定为乙等一级气象站;1955 年改为二等气象站;1974 年 6 月景德镇市气象台观测站列为全球气象情报交换站;2007 年 1 月 1 日改为国家一级气象站;之后又改为国家基本气象站。

管理体制 建站时体制实行条块结合,以条为主的管理体制。1959 年 5 月调整体制,改为景德镇水文气象局管理。1968 年 10 月改由景德镇市水文气象革命委员会管理。1970 年实行军队与地方政府双重管理、以军队为主的管理体制。1981 年 10 月,改为气象部门和地方政府双重管理、以部门为主的管理体制。

机构设置 从 2000 年开始,设立办公室、法规科、业务科三个职能科室,为下科级;直属正科级事业单位 3 个,分别是景德镇气象台、景德镇观测台、景德镇科技服务中心。

单位名称及主要负责人变化情况

单位名称	姓名	职务	任职时间
浮梁县气象站	王庆珍	站长	1952.07—1954.10
景德镇气象站			1954.10—1957.01
	林国民	站长	1957.01—1958.11
	陈合林	负责人	1958.11—1959.05
景德镇水文气象总站	柯正辉	副总站长(主持工作)	1959.05—1961.11
景德镇气象站		站长	1961.11—1963.04
	赵自能	站长	1963.04—1968.10
景德镇市水文气象革命委员会	孙长佑	站长	1968.10—1970.12
景德镇气象站	郭文禄	负责人	1970.12—1971.03
	胡玉宝	站长	1971.03—1971.12
景德镇市气象台	施南春	负责人	1971.12—1975.11
		台长	1975.11—1977.09
	张国衡	负责人	1977.09—1978.05
		副台长(主持工作)	1978.05—1981.10
景德镇市气象局	汪水传	副局长(主持工作)	1981.10—1984.06

单位名称	姓名	职务	任职时间
景德镇市气象台	周 军	副台长	1984.06—1985.03
		台长	1985.03—1991.07
	罗树如	副台长	1991.07—1993.02
景德镇市气象局		局长	1993.02—1995.08
	汪洋清	局长	1995.08—

人员状况 建站时有 2 人;1973 年 2 月达到 25 人;到 2008 年底,有在职职工 44 人,退休职工 14 人,均为汉族;在职职工中本科学历 19 人,大专学历 19 人,大专以下学历有 6 人;高级工程师 3 人,工程师 23 人,助理工程师 14 人,技术员 4 人;35 岁以下 13 人,36~45 岁 20 人,46~55 岁 9 人,56 岁以上 2 人。

气象业务与服务

1. 气象业务

①地面气象观测

地面观测 1952 年建站时,每日按北京时进行 8 次(03、06、09、12、14、18、21、24 时)气压、气温、湿度和 6 次(06、09、12、14、18、21 时)风向、风速、云量云状、降水、能见度以及日蒸发量、天气现象、地面状态、最低气温等项目观测,并向汉口拍发 4 次(02、08、14、20 时)天气绘图报。

1953 年 1 月 1 日起将原每日 6 次观测的项目改为 8 次观测,同年 10 月又增加日照时数观测;2003 年初进行雷电观测;同年 4 月 1 日起正式开展太阳紫外线观测业务;2006 年 7 月 1 日新增布点酸雨观测,并执行中国气象局批准颁布的《酸雨观测业务规范》;2007 年 1 月 1 日酸雨观测业务正式运行,1 月 20 日开始负离子观测和资料的实时传输。

测风观测 1958 年 5 月 1 日开始进行高空小球测风观测,每日 07、19 时观测发报;1988 年 1 月 1 日起撤销观测。

②农业气象

每年春播前后,对全年的早稻、晚稻、油菜等主要农作物的最佳播种期、生长发育期,进行气象条件分析和农业气候评价及各发育期气象预报。从 1985 年开始,对水稻(早、晚稻)的发育期和产量采取跟踪预报方式进行服务。同时建立农业气象扶贫点和春播气象服务示范点。

1979 年开展全市气候普查,编印《农业气候手册》和《积温查算表》;1981 年开展全市农业气候区划,编写《农业气候区划报告》;推荐浮梁县北部乡镇适宜种玉米的建议,被市政府采纳转发,种植获丰收。

③天气预报

从 1955 年 11 月开始制作单站霜冻预报;20 世纪 60 年代开展单站补充订正天气预报;1985 年开始发布未来 12 小时、6 小时、3 小时的短时灾害性天气和突发性天气预报。

短期预报 1955 年 11 月起开始制作霜冻预报;1958 年 8 月 1 日开始通过景德镇市广播

站向外发布 1～3 天的天气预报；1989 年 1 月 1 日起通过电视台向外发布 24 小时天气预报。

中、长期天气预报 从 1960 年起每月 10 日、20 日、30(31)日制作和印发未来 10 天的中期天气预报；根据农业生产的需要发布春播、汛期、干旱、寒露风等长期天气预报。

专业天气预报 从 1987 年开始制作发布森林火险天气预报，还制作高温、低温、雷暴、大雾、湿度、冰冻等专业气象预报。

天气预报方法 20 世纪 50—60 年代的天气预报工具是图表、资料、群众经验结合，以群众经验为主。每日收听省气象台及汉口中心气象台大范围天气形势预报，综合考虑本站 14 时的气压、气温、湿度、风等气象要素时间变化曲线图、剖面图、气象要素之间前后相关点聚图、较大范围气象要素分布简易天气图等，作出 1～3 天的补充天气预报；1974 年后主要依靠天气图，结合四个基本（基本资料、基本图表、基本档案、基本方法），运用单站预报指标和数理统计方法制作天气预报；1978 年后用传真机接收日本、北京的地面高空天气图、预告图及各种物理量传真图、数值预报产品、预报模式和指标，综合分析制作天气预报；1983 年后用 MOS 预报方法，建立 4—6 月短期大暴雨、降水强度的 MOS 预报方程；1991 年建成计算机网络远程终端；1998 年 1 月取消手工绘制天气图，天气图、卫星云图等图形图像信息采用计算机屏幕显示，逐步建立起新的天气预报业务流程；1999 年 4 月建立饶河流域预报中心，负责指导流域内的乐平市、波阳县、万年县、德兴市、婺源县、弋阳县、祁门等台站的预报服务业务，发布流域预报产品；2003 年，MICAPS 2.0 系统投入业务使用；2007 年 6 月 12 日起《江西省气象灾害预警信号发布业务规定》正式施行；2008 年 3 月 MICAPS 3.0 系统投入业务运行；2008 年 5 月 10 日起"灾情直报 2.0 系统"正式投入业务化运行。

2. 气象服务

公众气象服务 从 1958 年 8 月开始，每天早晚两次通过景德镇市广播站（电台）发布 1～3 天天气预报；从 1987 年开始，《景德镇日报》每天刊登当日及次日的天气预报；1989 年 1 月 1 日起，景德镇电视台发布当地 24 小时天气预报。从 1996 年 11 月 1 日起，景德镇电视台和景德镇有线电视台每晚发布景德镇地区及周边城市和风景旅游点 24 小时天气预报；从 1960 年起，中长期天气预报用油印材料寄发，20 世纪 80 年代起，中长期天气预报统一改用《气象信息与咨询》对外印发，1994 年通过邮电局 BP 机发布天气预报服务；1998 年 1 月 1 日与邮电局合作开展"121"天气预报自动答询电话业务；2001 年"121"天气预报自动答询系统升级为"12121"；1995 年市政府建立局域网，可随时调看天气预报产品；2006 年 3 月市气象局与市电信公司共同建立小灵通短信平台，平台设在市气象局，由市气象局管理，最多时有 3 万余用户；2006 年 8 月与市移动公司共同建立防灾短信平台；2008 年开始开展大型显示屏气象服务，同时还开展口头报告、科技咨询气象服务。

决策气象服务 春播、防汛、抗旱等农事关键期，将温度、降水（含收集昌江流域各地降水量实况）及时向市党政领导和防汛抗旱指挥部以及有关服务单位报告。印发中长期天气预报，如旬预报、月预报、春播、汛期、干旱、寒露风、年度预报和农事季节的天气展望等。遇有重大灾害性天气时，用电话及时传递给景德镇市党政机关、农业和防汛抗旱指挥部门及服务单位。

20 世纪 90 年代后期重大天气预报服务采用《气象呈阅件》、《气象情况反映》的书面形式,直接呈送市委、市政府主要领导。

专业与专项气象服务 开展森林防火、森林灭火、水库蓄水、农业抗旱、城市降温、净化空气、春季防雹等人工影响天气作业。

1978 年开始开展人工增雨作业服务;1991 年起开展防雷设施检测工作;1996 年后逐步开展承接防雷工程业务;进入 20 世纪 90 年代后开展施放庆典彩球广告业务。

气象科技服务与技术开发 从 1986 年开始,每日通过气象警报发射系统向服务单位广播天气预报。20 世纪 90 年代中期,气象警报服务取消。

为科研、工业、农业、建设等部门按其各自的需要提供气温、降水、日照、风、雷暴和冰冻等气候资料服务。每年向市统计局提供气温、降水量、日照、无霜期等气象要素的月、年统计值,为《景德镇年鉴》编纂提供气候概况等。1985 年后,开展社会保险事业的气象咨询和实况资料证明服务。

气象法规建设与社会管理

法规建设 2001 年 8 月景德镇市政府令第 21 号发布《景德镇市防雷减灾实施细则》;2002 年市气象局进驻市政府办证大厅;2007 年市政府办证大厅改为市行政服务中心,市气象局为窗口单位。

1999 年景德镇市气象局成立法制科,与局办公室、业务科合署办公;2005 年 4 月经省气象局批准,成立业务法规科,负责全市的气象法制建设工作。

气球管理 截至 2008 年,景德镇市仅有景德镇市华云气象广告公司和乐平市气象局飞虹广告有限公司具备充灌、施放升空气球的资质。

防雷管理 依法履行防雷安全社会管理职能,景德镇市气象局和乐平市气象局均被列入当地安全生产委员会成员单位。每年雷雨季节对全市各行业、各单位,特别是易燃易爆场所进行一次防雷安全隐患排查和检测,发现问题及时提出整改意见,责成有关单位整改。同时做好防雷安全的科普和宣传工作。

政务公开 市气象局在 2002 年制定下发《景德镇市气象局局务公开制度》,成立局务公开领导小组、评议小组等相关机构,设置大型局务公开栏。气象行政审批办事程序、气象服务内容、服务承诺、气象行政执法依据、服务收费依据及标准等,通过公示栏、电视、广播、网站、办证大厅服务窗口、发放宣传单等方式向全社会公开。干部任用、财务收支、目标考核、基础设施建设、工程招投标等内容则采取在职工大会或在市气象局内部公示栏张榜等方式向职工公开。

党建与气象文化建设

1. 党建工作

党的组织建设 1952 年初建立气象站时,由于党员少,只参与浮梁师范学校党小组活动;1957 年参加罗家垦殖场党支部的组织生活;1959 年转入市农业水利局党总支,与拖拉机站合并成立党支部;1963 年转入市农科所(在罗农垦殖场)党支部;1970 年气象站开始独立成立党支部,隶属市农业水利局党组织管理;1981年10月正式成立党组;截至2008年底,市气象局共有在职党员21人,占职工总数的48%。

1985—2008年景德镇市气象局党支部共12次被市直机关党委(工委)评为先进党支部,19人(次)被评为优秀党务工作者或优秀党员。1986年,周军被评为全省优秀政治思想工作者,受到省委表彰。

党风廉政建设 通过落实党风廉政建设责任制,推行政务公开,开展学习党章活动、党风廉政宣传教育月活动、廉政文化年活动、作风建设年活动、治理商业贿赂专项工作等,进一步提高队伍整体素质。市气象局与各直属单位、乐平市气象局签订《党风廉政建设责任状》,还专门与各部门负责人、基建办负责人签订《党风廉政建设责任状》。建立健全各项规章制度及责任追究制度,杜绝了违法违纪现象的发生。

2. 气象文化建设

精神文明建设 成立由党政一把手任组长的领导小组和工作小组,明确主要领导亲自抓、分管领导具体抓,各职能部门分工负责,工、青、妇齐抓共管的工作机制;制定创建文明单位的工作计划,明确提出精神文明建设和思想政治工作的目标、任务和措施;把创建文明单位任务完成情况列入各级领导干部年度和任期业绩考核的重要内容,由市气象局办公室按季度对各单位创建工作的完成情况进行检查,针对存在的问题及时整改。

文明单位创建 自1999年开展文明创建工作以来,市气象局于2001年、2007年被评为市级文明单位;2003年、2005年被评为省级文明单位。

文体活动 每年组织4次以上丰富多彩的文体活动,包括歌咏比赛、棋牌比赛、各种球类比赛、知识竞赛、参观爱国主义教育基地、接受革命传统教育、登山远足、灯谜竞猜等健康有益的活动。建有图书阅览室、电教室、健身房、球场等。

3. 荣誉与人物

集体荣誉 1952—2008年景德镇市气象局共获地厅级以上集体荣誉7项。其中1957年被国务院授予"全国农业先进单位"称号;1956年、1960年被江西省政府评为全省农业先进单位;1993年被中国气象局评为全国气象服务先进单位;1993年、1998年获江西省气象局集体记功和集体记大功奖励;2005年被江西省气象局、江西省人事厅评为全省气象工作先进单位。

个人荣誉 刘盛鹉1995年获"景德镇市劳动模范"称号;俞开炬2004年获"景德镇市劳动模范"称号。

人物简介 林国民,男,1935年1月2日出生于福建省石狮市蚶江镇,高级工程师。1951年7月21日响应抗美援朝号召,参加中国人民解放军,在华东军区气象干部训练大队学习10个月,结业后因朝鲜停战而未赴朝,分配在江西军区玉山气象站工作。此后,先后在遂川县、吉安市气象站工作,1953年12月调景德镇市气象站,1958年12月调省气象局,1984年调省气候中心,1996年退休。

在景德镇气象站工作的5年时间里,刻苦钻研,大胆开展气象站预报业务,率先开展暴雨、霜冻、冰冻等项目的预报和服务工作,受到景德镇市政府领导和有关方面的好评。担任测报组长期间,言传身教,组织大家苦练基本功,提高测报人员的业务能力和责任心,在大家的努力下,取得国家基本站连续 3 年观测、发报、报表无错情的好成绩。1956—1958 年,景德镇气象站连续 3 年被评为全省先进模范单位。林国民 1956 年获全省农业劳动模范,1957 年获全国气象先进工作者,并以先遣单位代表和个人先进分子的身份光荣出席全国气象先进工作者代表大会,受到中央领导毛泽东、朱德和邓小平的接见。1959 年获全省农业生产先进个人。

台站建设

自建站至 1957 年上半年,站址在新厂,借居浮梁县师范学校房屋;1957 年下半年至 1973 年,站址在罗家坞殖场,建有平房 3 幢,值班、办公楼 1 幢,宿舍 2 幢,建筑面积约 300 平方米;1974 年迁至西郊垦殖场余家山,占地约 23334 平方米,新建三层楼宿舍 1 幢,面积 600 平方米;平房值班室兼办公室 1 套,面积 78 平方米;平房制氢室 2 间,共计面积 40 平方米;1975 年建二层办公楼 1 幢,面积 400 平方米;1978 年建大院外围墙 780 米;1981 年建二层楼宿舍 1 幢,面积 482 平方米;1985 年建三层楼宿舍 1 幢,面积 600 平方米;1986 年建自来水塔 1 座;1988 年建二层半测报办公楼 1 幢(包括资料仓库和图书室),面积 200 平方米;1992 年 11 月开始兴建市气象局业务大楼,建筑面积 831 平方米,楼体为三层,于 1994 年 5 月竣工投入使用;1995 年 11 月,建五层楼宿舍 1 幢,建筑面积 1700 平方米;1997 年 7 月测报楼加层改造;2000 年办公大楼加层改造,新建五层 10 套新宿舍 1 幢;2005 年起景德镇市气象局在瓷都大道购地 9334 平方米,投资建设高 16 层(含地下室一层)、建筑面积达 8000 平方米的景德镇市防灾减灾综合楼,至 2008 年主体工程已经完工,正进入全面装修阶段。另在同一地占地 4000 平方米,定向开发五层宿舍 3 栋,建筑面积达 6230 平方米。

修建标准多用球场、休闲凉亭(新风亭)1 座,整修大院内道路两旁的花坛,建起一条环院大道。全面完成工作区和宿舍区的硬化、净化、绿化、美化和亮化。大院内树木成荫、花草争艳,已成为附近居民晨练的首选场所。

乐平市气象局

乐平市位于赣东北腹地,面积 1973 平方千米,总人口 83 万。1992 年 9 月撤县设市,辖 16 个乡镇、2 个街道办事处、1 个农业高新示范区、1 个大型水库管理局。属亚热带季风气候区,温暖湿润,四季分明;年平均气温 17.7℃,极端最高气温 40.8℃,极端最低气温−13.4℃;年平均降水量 1775.8 毫米,年平均日照时数 1640.6 小时,平均无霜期 258.5 天。主要气象灾害有倒春寒、暴雨洪涝、干旱、寒露风、雷击等。

乐平市气象局位于洎阳北路 246 号,即北纬 28°58′,东经 117°08′,海拔高度 34.5 米。

机构历史沿革

始建情况 乐平气候站始建于 1956 年 11 月 1 日,站址位于县城东的观音泉,北纬

28°58′,东经117°07′。

站址迁移情况 1957年7月1日站址迁至洎阳北路246号。

历史沿革 1956年11月建站时站名为江西省乐平气候站;1959年4月更名为乐平县气象站;1962年5月更名为江西省上饶水文气象总站乐平气象服务站;1964年7月更名为江西省乐平气象服务站;1968年10月更名为江西省乐平县水文气象站;1971年2月更名为乐平县气象站;1980年7月更名为乐平县气象局;1983年11月更名为乐平县气象站;1990年5月更名为乐平县气象局;1992年9月起更名为乐平市气象局。

管理体制 1956年11月至1958年4月归江西省气象局管理;1956年5月至1959年3月归江西省水利电力厅水文气象局管理;1959年4月至1962年4月归乐平县人民委员会管理;1962年5月至1968年9月归江西省水利电力厅水文气象局管理;1968年10月至1971年1月归乐平县革命委员会管理;1971年2月至1974年7月归乐平县人民武装部管理;1974年8月至1980年6月归乐平县革命委员会管理;1980年7月开始实行气象部门与地方政府双重领导,以气象部门领导为主的管理体制。从1984年1月开始属江西省景德镇气象台管理。

机构设置 1972年以前,实行站长负责制,未设任何机构;1973年1月开始设气象测报股和气象预报股;1986年7月设测报股、天气预报股、农气服务股;1988年5月设地面测报股和气象服务股;1994年1月设基础业务股和服务股;2001年8月注册成立乐平市气象局飞虹广告有限公司,与景德镇市气象局联合成立华虹防雷总公司乐平分公司;机构设置为综合业务科、防雷分公司、飞虹广告公司;2002年9月防雷乐平分公司脱离市气象局防雷总公司;同年11月乐平市编制委员会批准成立乐平市雷电防护管理局,隶属气象局的二级局,机构设置为综合业务科、防雷局、飞虹公司。下设机构有局办公室、文明办、综治办、人工影响天气办公室、减灾办(2008年12月移交民政局)。

单位名称及主要负责人变更情况

单位名称	姓名	职务	任职时间
江西省乐平气候站	梁剑秋	站长	1956.11—1956.12
	陈圣清	副站长(主持工作)	1956.12—1956.04
乐平县气象站	胡凤炳	站长	1956.04—1959.04
			1959.04—1960.12
	吴开湖	站长	1960.12—1961.08
	江发年	站长	1961.08—1962.05
江西省上饶水文气象总站乐平气象服务站	余长银	站长	1962.05—1964.07
江西省乐平气象服务站			1964.07—1968.10
江西省乐平县水文气象站	李永金	站长	1968.10—1969.02
	易维莹	负责人	1969.02—1969.08
	李日亮	站长	1969.08—1969.11
	高文炳	负责人	1969.11—1970.01
	张玉文	站长	1970.01—1971.02

单位名称	姓名	职务	任职时间
乐平县气象站	张玉文	站长	1971.02—1971.07
	石奎乔	站长	1971.07—1980.07
乐平县气象局		局长	1980.07—1982.02
	盛景春	局长	1982.02—1983.07
	刘盛鹊	副局长(主持工作)	1983.07—1983.11
乐平县气象站		副站长(主持工作)	1983.11—1985.01
	吴姜友	副站长(主持工作)	1985.01—1986.08
	夏久梅	副站长(主持工作)	1986.08—1989.02
乐平县气象局		站长	1989.02—1990.05
	吴姜友	局长	1990.05—1992.09
乐平市气象局		局长	1992.09—1998.09
	胡显群	局长	1998.09—2000.12
	盛林力	局长	2000.12—

人员状况 1956 年 11 月建站时有 3 人;1976 年发展至 14 人;1989 年后在编人数一直稳定在 9~10 人;至 2008 年底,在职职工为 8 人,聘用 1 人,退休 2 人,少数民族(壮族)1人;在职职工中本科学历 3 人,大专学历 4 人,中专学历 1 人;工程师 6 人,助理工程师 2人;中共党员 5 人;35 岁以下 1 人,36~45 岁 6 人,46~55 岁 1 人。

气象业务与服务

1. 气象业务

①地面气象观测

观测项目 建站时进行气温、湿度、风向、风速、降水、蒸发、日照、地面状态、积雪(雪深)、云状云量、水平能见度、天气现象等项目观测;1960 年 4 月 1 日起增加浅层地温(地面0 厘米、最低地温、最高地温、5 厘米和 20 厘米曲管地温)观测;1961 年 6 月 1 日取消地面状态观测;1965 年 1 月 1 日起增加气压观测。

观测仪器 1967 年 1 月 1 日启用空盒式气压计;1970 年 1 月 1 日启用双金属片温度自计;1971 年 1 月 1 日启用毛发湿度计;1971 年 4 月安装 EL 型电接风向风速仪;1983 年 1月 1 日起使用 EL 型电接风向风速计;1983 年 3 月使用遥测雨量计;1985 年起 PC-1500 袖珍计算机在测报上使用,取代人工编报;2002 年 7 月建成 CAWS 600 型自动气象站,自动站观测项目包括气压、气温、湿度、风向、风速、降水、浅层地温;2005 年 12 月 31 日 20 时开始自动气象站进入单轨业务运行,以自动气象站的资料进行编发报和制作报表;2006 年 8月至 2008 年 12 月陆续建成乡镇区域自动气象站 18 个,其中两要素站(温度、雨量)13 个,四要素站(温度、雨量、风向、风速)5 个。

观测时次 1956 年 11 月建站时,采用地方平均太阳时 01、07、13、19 时 4 次气候观测;1960 年 7 月 1 日起改用北京时 02、08、14、20 时 4 次气候观测;1962 年 1 月 1 日起进行北京时 08、14、20 时 3 次气候观测。

发报种类 1957 年 3 月 1 日起拍发气候旬(月)报,同年 8 月 1 日停发;1960 年 4 月 1 日起拍发航空危险天气报,有 AV 南昌、AV 广州、MH 上海、MH 杭州、MH 南昌,固定在 05 时至 17 时拍发,其他时间为预约拍发;1972 年 1 月 1 日取消 AV 广州航空危险天气报;1980 年 4 月 1 日取消 MH 上海航空危险天气报;1980 年 7 月 1 日取消 MH 杭州航空危险天气报;1984 年 1 月 1 日取消 AV 南昌和 MH 南昌航空危险天气报,改为拍发 HD 南昌航空危险天气报;1995 年 1 月 19 日停发 HD 南昌航空危险天气报;1983 年 5 月起拍发重要天气报(GD-11)。

②农业气象

1957 年 10 月始开展农业气象工作,属三级农业气象观测站;1968 年中断农业气象工作;1981 年恢复;1990 年 1 月升为二级农业气象观测站。先后开展农作物气候观测、农业气象科学试验、拍发农业气象电报、制作农业气象报表、进行农业气象分析和气候评价、病虫害发生发展气象条件预报、农作物生育期预报、产量预报、农业气象灾害预警预报等;1989 年开展的农业气象科学试验"杂交水稻夏季制种气象条件分析鉴定"和 1990 年的"水稻病虫害与气象"由县农委批转发至全县;1980 年编写出版《乐平气候手册》;1983 年 10 月完成《乐平县农业气候区划报告》;农业气象观测项目有早稻、晚稻、棉花,至 2008 年,观测项目是油菜和辣椒。

③天气预报

短期天气预报 1958 年 8 月开始,在收听省气象台预报和天气形势的基础上,结合单站气象要素变化和群众看天经验,制作并发布当地未来 24 小时天气预报;1959 年起延伸至 1～3 天天气预报;2007 年起通过雷达资料、卫星云图、区域站资料以及预报员经验开展 1～6 小时短时临近预报。

中长期天气预报 1959 年起以群众经验为线索,进行气象资料统计分析,不定期制作中长期(旬、月、季、年)天气预报和重要农事季节的天气预报;1985 年后中长期预报由省、地区气象台制作发布,县气象站转发。

预报工具 主要经历 4 个阶段。第一阶段为图(天气预报图表)、资(县气象站气象资料)、群(群众看天经验)三结合的天气预报阶段,时间为 1958—1969 年;第二阶段为四个基本(基本资料、基本图表、基本方法、基本档案)及数理统计预报阶段,时间为 1970—1983 年;第三阶段为 MOS(模式输出统计)预报方法阶段,时间为 1983—1990 年。第四阶段,21 世纪以来利用计算机和网络技术,获取卫星气象资料以及大量的上级台指导预报产品等来制作或订正预报。

④气象信息网络

建站初期至 20 世纪 90 年代初气象电报收发依赖邮电线路;进入 21 世纪气象信息均可通过计算机网络进行处理;建站至 2002 年前所有气象观测原始档案,包括加工整理资料均由本单位保存;2002 年以后的原始气象观测记录档案送省气象档案馆保存;2001 年 9 月建立乐平市农经网;2007 年起通过网络直接传输天气预报到县电视台。

2. 气象服务

公众气象服务 1958 年围绕"种、管、收、防、抗、修"六个方面做好农业生产气象服务;

同年 8 月开始,县广播站每天早晨和晚间播报 2 次天气预报;1995 年 1 月开始,电视台每晚播送电视天气预报;1992 年 5 月气象预警系统接收机在各乡镇安装并正式开通,气象为农业服务进一步得到加强。

决策气象服务 县气象局(站)领导通过电话或当面向地方领导汇报重要天气预报或灾害性天气预报,定期和不定期制作《气象呈阅件》和《气象情况反映》,及时送达地方有关领导手中,遇有临近的重大或灾害性天气则通过手机短信形式及时发送。

专业与专项气象服务 1985 年开始开展专业气象有偿服务。1978 年 8 月 21 日首次开展人工增雨作业,使用 2 门"三七"高炮,作业人员由县人民武装部统一调配,县气象局负责指挥及空域申请;2008 年已拥有 2 台火箭发射架和专门车辆及作业指挥系统,每次作业由气象局独自操作完成;防雷服务是从 1987 年与县劳动部门合作开展,单纯进行避雷针检测;至 2008 年,防雷工作已涉及防雷装置的设计审核、竣工验收、报建、工程等方面;1992 年 9 月,市气象局在撤县设市庆典时第一次提供气球服务,成立专门公司,为社会提供庆典彩球服务。

气象科技服务与技术开发 从 1985 年起,开展气象科技服务与技术开发,主要项目有专业气象服务、资料服务、氢气球服务、电视天气预报广告、防雷年检、防雷报建、防雷工程、"12121"信息电话、综合经营等,气象短信由市气象局代为制作。

气象科普宣传 1959—1961 年自办气象小报,每月 1 期。20 世纪 60—70 年代在城区繁华地段不定期的开设"气象知识宣传窗"。1974 年 5 月至 1977 年 5 月上海华东师范大学在乐平开办气象科目函授大学进修班,培训知识青年 50 名。1958 年 12 月建立 8 个气象哨,大队建立看天小组,但没有维持多久就停办。1971 年 9 月又一次开办了气象哨,并培训气象哨学员 14 名,历居山最后一个气象哨于 1982 年停办。进入 21 世纪后,乐平市气象局经常在《乐平报》刊登或在电视台播放气象科普知识,特别是气象减灾方面的知识。同时,经常派气象科技人员到学校、下农村、进企业讲解气象知识。每年在世界气象日、科技周、安全生产月等重要节日开展气象知识咨询活动,通过图片展览、发放气象科普资料和手册,向市民普及气象知识。2004 年 9 月 10 日市气象站成为市科协科普宣传教育基地,每年到市气象局参观学习的中小学生都超过 1000 人。

气象法规建设与社会管理

法规建设 2002 年 3 月 21 日乐平市政府以第 16 号市长令发布《乐平市防雷减灾实施细则》;2005 年初,市气象局进驻市政府建立为民服务中心,防雷行政许可正式进入规范化管理轨道。

社会管理 加强施放气球管理,至 2008 年,乐平市仅有气象局飞虹广告有限公司办有施放气球的资格证和上岗证。发现无证施放气球的单位或个人,立即查处教育或处罚。

依法履行防雷安全社会管理职能,市气象局被列入乐平市安全生产委员会成员单位。每年雷雨季节要对全市各行业、各单位,特别是高危行业进行一次防雷安全隐患排查和测试,发现问题及时提出整改意见,责成有关单位整改。同时做好防雷安全的科普和宣传工作。

政务公开 2002 年 2 月制定《乐平市气象局局务公开制度》,成立局务公开领导小组和评议小组;气象行政审批办事程序、气象服务内容、服务承诺、气象行政执法依据、服务收费依据及标准等,通过户外公示栏、电视、广播、网站、办证大厅服务窗口、发放宣传单等方式向全社会公开;干部任用、财务收支、目标考核、基础设施建设、工程招投标等内容则采取在职工大会或市气象局内部公示栏张榜等方式向职工公开。

党建与气象文化建设

1. 党建工作

党的组织建设 建站至1971年仅有1~2名党员,编入水利局党支部;1972年,成立气象站党支部,有3名党员;1983年7月因仅有1名党员而撤销气象站党支部,编入市农业局机关党支部;1992年1月正式成立市气象局党支部;截至2008年底,有在职党员5人。

党风廉政建设 明确党风廉政建设目标,市气象局与上级主管部门签订党风廉政建设责任书;自2001年起,市气象局设兼职廉政监督员1名;党风廉政建设由一把手亲自抓,政务、财务公开制度化;2005年开始,市气象局局长每年向乐平市纪检书记汇报工作;单位还组织党员干部职工观看警示教育影视片,参观警示教育基地,开展廉政对联征集活动。

2. 气象文化建设

精神文明建设 积极投入到创建省市级文明单位行列,1999年首次获得市级文明单位,2001年成立精神文明建设领导小组,由局长任组长,下设文明办,负责日常创建工作。

1998—2001年被景德镇市政府评为第六、七届市级文明单位;连续被评为(2002—2003年度、2004—2005年度、2006—2007年度)省级文明单位;2002年被省爱国卫生运动委员会授予第三届"江西省卫生庭院"称号。

文体活动 建有图书阅览室、电教室、健身房(有乒乓球台、跑步机等健身器材)、羽毛球场等。每年都开展丰富多彩的文体活动,并设立奖项,引导、鼓励全体干部职工积极参与。文体活动项目有扑克牌、麻将、象棋、军棋、唱歌、乒乓球、羽毛球、跑步等。

3. 荣誉

集体荣誉 1963年乐平市气象站被评为全省水文气象系统"五好台站";1984年被省气象局评为全省农业气象单项先进;2005年10月被中国气象局评为全国气象部门局务公开先进单位;2006年被省气象局评为全省重大气象服务先进集体。

个人荣誉 雷玄肆1995年获乐平市"劳动模范"称号。

台站建设

1997年4月集资合作建宿舍8套,每套面积126平方米,实现职工人均1套,彻底改善了住宿条件。

　　2001 年 7 月至 2003 年底,市气象局先后投入 60 余万元对办公楼和办公室进行综合改造,更新了办公设施,建立了阅览室和健身房。对院内环境进行全面整治,拆除旧平房,修建操场和羽毛球场,种植草皮,硬化道路,宿舍院墙美化、加高围墙、安装路灯、建造门卫室、撤换大门,院内所有空地进行绿化,实现了硬化、净化、绿化、美化和亮化。

乐平市气象局观测场(摄于 1991 年)　　　　　乐平市气象局大院(摄于 2008 年 8 月)

萍乡市气象台站概况

　　萍乡市位于江西省西部,东与宜春市、南与吉安市、西与湖南省株洲市、北与湖南省浏阳市接壤。全市面积 3827 平方千米,总人口 181.09 万,有 28 个镇、18 个乡、7 个街道办事处,城市绿化率 46%。萍乡属亚热带季风气候区,光照充足,雨量充沛,四季分明,气候温和,年平均气温 17.2℃,年平均降水量 1600 毫米,年平均日照时数 1600 小时,年平均无霜期 270 天。

　　台站数量　萍乡市气象局辖 1 个县级气象局,即莲花县气象局。全市共有地面气象观测站 2 个,萍乡市气象局为国家一般气象观测站,莲花县气象局为国家一级站。有区域自动气象站 50 个,其中两要素 24 个,四要素 26 个。2007 年经中国气象局批准,芦溪县和上栗县气象局正在加紧筹建。

　　人员结构　截至 2008 年 12 月,全市气象部门共有在职职工 57 人,均为汉族。其中,研究生学历 1 人,本科学历 25 人,大专学历 11 人,中专及以下学历 20 人;高级职称 1 人,中级职称 32 人;35 岁以下 18 人,36～45 岁 13 人,46～55 岁 21 人,55 岁以上 5 人。

　　党建与气象文化建设　全市气象部门有党支部 2 个,共有党员 43 人,占职工总数的 75%。市气象局每年与各科室、县气象局签订党风廉政责任状,没有出现违法违纪现象。截至 2008 年底,全市气象部门共有省级文明单位 1 个(萍乡市气象局),市级文明单位 1 个(莲花县气象局)。

主要业务范围

　　地面气象观测　地面气象观测站承担全国统一观测项目任务,内容包括云、能见度、天气现象、气压、气温、湿度、风、降水、雪深、日照、蒸发(小型)和地温(距地面 0 厘米、5 厘米、10 厘米、15 厘米、20 厘米)。

　　2003 年开始建立地面自动气象站,实现地面气压、气温、湿度、风向、风速、降水、地温自动记录。全市基层台站的气象资料按时按规定上交到省气象局档案馆。

　　天气预报　主要有 1～3 天天气预报、农业气象预报、森林火险预报、空气质量预报、紫外线等级预报、酸雨等级预报等。制作发布的天气预报有长期、中期、短期、短时临近 4 种产品。从 1959 年 10 月起,对外发布 24 小时天气预报,每旬的最后一天发布未来 10 天的天气预报(即句报)。1960 年 1 月起发布 24~72 小时天气预报。1974 年起每天发布未来 3~12 小时天气预报。1988 年后发布 1~12 小时的短时灾害性和突发性天气预报。2007 年起,在汛期期间每 3 小时发布 1 次未来 0~6 小时的滚动天气预报。每年 3 月上旬发布春播天气专题预报;每年 3 月底发布汛期、干旱趋势预报;每年 5 月中旬发布寒露风专题预报;1980 年后每年年底发下一年天气展望。1981 年起开始制作发布早、晚稻成熟期预报;1982 年起发布早、晚稻气象产量预报;1987 年起发布森林火险等级预报;1989 年起发布早晚稻产量跟踪预报;2003 年 1 月开始进行紫外线观测,并每天对外发布紫外线强度预报;2005 年 6 月开始每天监测空气质量并对外发布空气质量实况和预报产品。

农业气象 1960—1961 年进行水稻、小麦、油菜生育期和候鸟、昆虫及木本、草本植物等物候观测;1978 年先后在湘东新村、下埠及上栗等地进行农业气象试验,对水稻、小麦、油菜及柑橘、油茶等进行系统的物候观测并制作报表;1978 年 10—12 月,成立气候普查小组,先后对广寒寨、东桥、白竺、华云、万龙山、新泉、张家坊、长丰、南坑、麻田、源并和鸡冠山 12 个山区乡进行气候考察,基本摸清了山区的气候资源和气候规律;1981—1987 年先后围绕稻田养鱼、再生稻、山区西瓜种植等项目开展气象条件试验。

气象服务 主要有决策气象服务、公众气象服务和专业气象服务。服务方式主要有电视天气预报、"12121"气象自动电话答询、传真、报纸、互联网、电子显示屏、短信及《气象呈阅件》等。

萍乡市气象局

机构历史沿革

始建情况 1954 年 3 月 1 日,萍乡矿务局根据中南气象处、中南煤矿管理局联合通知,建立萍乡矿务局周家坊气候站,7 月 1 日起正式开展地面气象观测工作。萍乡市气象局位于北纬 27°39′,东经 113°51′,观测场海拔高度 116.5 米,承担国家一般气象观测站任务。

历史沿革 建站时称萍乡矿务局周家坊气候站;1959 年 6 月 3 日,成立萍乡县气象站;1960 年 5 月,更名萍乡县气象服务站;1962 年 8 月站名改为萍乡气象服务站;1969 年 1 月又更名为萍乡市气象服务站;1973 年 2 月 17 日,扩建为萍乡市气象台;1980 年 4 月 1 日,成立萍乡市气象局(县、团级);1983 年 10 月 15 日,萍乡市气象局更名为萍乡市气象台;1993 年 3 月 17 日,恢复萍乡市气象局名称,局、台合一。

管理体制 1960 年 12 月,萍乡市政府与萍乡矿务局决定将萍乡矿务局气候站合并到萍乡市气象站;1961 年 1 月萍乡矿务局气候站停止业务工作;1962 年 5 月,市气象局划归省气象局管理;1962 年 8 月站名改为萍乡气象服务站,行政业务划归宜春地区水文气象总站管理;1969 年 1 月,气象站划归地方管理,萍乡站更名为萍乡市气象服务站,由萍乡市革命委员会管理,业务归口萍乡市农业水利局管理;1973 年 2 月扩建气象台后,萍乡市革命委员会决定将市气象台归口萍乡市农林办公室管理;1980年4月成立萍乡市气象局后,仍归口市农林办公室管理。1980年7月1日,市气象局实行省气象局和萍乡市政府双重领导、以省气象局领导为主的管理体制。

机构设置 从2006年开始,设立办公室、法规科、业务科三个职能科室,为正科级;直属正科级事业单位4个,分别是市气象台、市气象科技服务中心、市防雷装置质量检测检验所、财务核算中心。

单位名称及主要负责人变更情况

单位名称	姓名	职务	任职时间
萍乡矿务局周家坊气候站	邱其云	负责人	1954.03—1957.07
			1957.07—1959.06
萍乡县气象站	李炳宜	站长	1959.06—1960.05
			1960.05—1961.05
萍乡县气象服务站	吴启财	副站长(主持工作)	1961.05—1961.12
	李文珍	站长	1961.12—1962.08
			1962.08—1963.04
萍乡气象服务站	彭克明	站长	1963.04—1969.01
萍乡市气象服务站			1969.01—1973.02
萍乡市气象台		台长	1973.02—1973.08
	张召全	台长	1973.08—1980.04
萍乡市气象局		局长	1980.04—1983.10
萍乡市气象台	黄绍明	台长	1983.10—1984.04
	钟运华	台长	1984.04—1984.09
	熊长喜	台长	1984.09—1993.03
萍乡市气象局		局长	1993.03—2001.12
	封明亮	局长	2001.12—2005.01
	邓学友	局长	2005.01—

人员状况 1954年7月至1960年12月,萍乡矿务局周家坊气候站,工作人员长期为2~4人。1959年7月萍乡县建立气象站时,仅有工作人员2人,后陆续增加到6人。到2008年底,有在职职工49人。其中,高级工程师1人,工程师29人;研究生学历1人,本科学历24人,大专学历8人,中专及以下学历16人;35岁以下15人,36~45岁12人,46~55岁17人,55岁以上5人。

气象业务与服务

1. 气象业务

①地面气象观测

1954年1月1日建站时,根据中央气象局1954年1月颁布的《地面气象观测规范(地面部分)》的规定,观测项目有云量、云状、风向、风速、日照、雨量、蒸发、气压、气温、最高及最低气温、湿度、天气现象、能见度。20世纪50年代地面观测按照地方时进行01、07、13、19时4次观测,1960年改为北京时,1961年3月1日起改为08、14、20时3次观测。1962年1月1日起执行1961年版《地面气象观测规范》,并增加地面0厘米、最高、最低、5厘米、10厘米、15厘米、20厘米的地温观测项目,使用大型蒸发器观测蒸发。1964年1月1日起停止使用大型蒸发器。1980年1月1日起按照修改的《地面气象观测规范》(1979版)进行观测。从2004年1月1日起执行《地面气象观测规范》(2003版)。

1960年10月,雨量筒离地高度由2米改为70厘米。1961年1月,百叶箱干湿球温度表球部离地面高度由2米改为1.5米,同时云状和天气现象简化记载,1965年取消简化记载。1966年1月装备水银气压表,1967年1月增加气压计。1972年装备虹吸式雨量计。1974年2月装备使用EL型电接风向风速计,淘汰维尔达风向风速仪。1973年增加温度计和湿度计。1984年6月配备PC-1500袖珍计算机,用于地面气象观测发报、气象资料查算、统计、报表预审和记录磁带数据。2003年1月建成紫外线观测系统。2003年4月建成新一代多普勒雷达同步终端。2004年建成自动气象观测站,2005年先后在安源区、湘东区、上栗县、芦溪县、莲花县的乡镇建成53个中尺度自动气象站,组成中尺度气象监测网,同年在上栗县建立闪电监测仪。2008年建立GPS观测系统。

从建站开始就承担气象电报任务,每天向省、地区气象台分别拍发08、14时区域绘图天气报(GD-81)、区域危险天气报(GD-82);1982年1月改为气象服务报(GD-91);1984年1月起向省气象台发送重要天气报(GD-11),1985年5月停发;1960年1月起承担向樟树、南昌、长沙、广州和上海机场的航空报(GD-21)和危险报(GD-22)拍发任务;1961年开始,每年汛期(4—6月)向宜春、新余、南昌、武汉、长沙、醴陵、湘潭防汛抗旱指挥部拍发雨情报,1982年停发;1981—1983年参与中国气象局组织的台风业务试验工作,每年7月15日至10月15日拍发台风气象报。

1954—1961年,制作气表-1、气表-4、气表-21和气表-24。1962年起气表-4并入气表-1,气表-24并入气表-21。1972年增加虹吸式雨量计并制作气表-5和气表-25。1976年增加EL型风向风速计并制作气表-6和气表-26。从1980年1月起气表-5和气表-6并入气表-1,气表-25和气表-26并入气表-21,从此每月制作气表-1,每年制作气表-21。

②农业气象

1960—1961年进行水稻、小麦、油菜生育期和候鸟、昆虫、木本、草本等动植物的物候观测;1978年起,先后在湘东新村、下埠及上栗等地进行农业气象试验,对水稻、小麦、油菜及柑橘、油茶等进行系统的物候观测,并制作农业气象报表-1。1978年10—12月,成立气候普查小组,先后对广寒寨、东桥、白竺、华云、万龙山、新泉、张家坊、长丰、南坑、麻田、源并和鸡冠山12个山区乡进行气候考察,基本摸清了山区的气候资源和气候规律。1981—1987年先后围绕稻田养鱼、再生稻、山区西瓜种植等项目,开展气象条件试验。

③天气预报

萍乡市气象台发布的天气预报主要有天气预报、农业气象预报、森林火险气象等级预报、空气质量预报、紫外线等级预报等。

萍乡市气象台制作发布的天气预报有长期、中期、短期、短时临近四种产品。从1959年10月起,对外发布24小时天气预报,每旬的最后一天发布未来10天的天气预报(即旬报)。从1960年1月起,发布24~72小时天气预报。1974年起,每天随时发布未来3~12小时天气预报。1988年后发布1~12小时的短时灾害性和突发性天气预报。2007年起,在汛期每3小时发布一次未来0~6小时的滚动天气预报。从1960年起,每年3月上旬发布春播天气专题预报;每年3月底发布汛期、干旱趋势预报;每年5月中旬发布寒露风专题预报;从1980年起,每年年底发布翌年全年天气展望。1981年起,开始制作发布早、晚稻成熟期预报;1982年起,发布早、晚稻气象产量预报;1987年起,发布森林火险等级预报;1989年起,发布早晚稻产量跟踪预报。2003年1月开始进行紫外线观测,并每天对外发布紫外线强度预报。2005年6月起,每天监测空气质量,并对外发布空气质量实况和预报产品。

④气象信息网络

建站之初,接收资料主要通过广播电台收听记录上级气象台的指导预报和天气形势分析资料。1974年2月成立萍乡市气象台时,使用7512-丙波接收机,每天08时、09时30分、14时抄收汉口气象莫尔斯广播。1978年改用BD55型无线电传打字机和SDHI-62型单连带接收机自动接收气象电报,并同时使用117和123-IB型传真机接收北京、日本播发的传真天气图和气象资料。1986年装备甚高频电话,并与全省联网,可随时与省气象台及邻近气象台站进行天气会商,互通气象情报。1989年12月萍乡市气象局建立省、地之间微机远程终端网络系统,实现了与省气象台气象资料共享。1993年进一步完善计算机网络,由三级网络改为NOVEL网。1995年开始使用气象卫星综合应用业务系统。1996年开始启动"9210"工程,建立PC-VSAT气象资料接收站,1997年7月正式运行,实现了数据、语音双向通信,所有气象资料均从PC-VSAT小站接收,市气象局各类气象报通过小站上传到北京主站。接收的气象资料通过气象信息综合分析处理系统进行后处理、数据检索和图形显示,不再手工绘制天气图。1998年建成SYBASE数据库和MICAPS预报工作平台。2002年5月建立Notes电子政务网,实现无纸化办公。2004年建成2兆SDH专线,气象资料的传输更加方便快捷。

2. 气象服务

公众气象服务 从1960年1月起,每天早、晚通过萍乡县人民广播电台对外播发短期天气预报2次;从1986年4月起,在江西电视台播出萍乡市未来24小时城市天气预报;1988年建立气象警报发射系统,在党政机关、企事业单位安装100多台警报接收机,每天上、下午各播发1次天气预报,遇有灾害性天气随时播发灾害性天气警报;1993年3月11日,在萍乡电视台开播全市及周边地区天气预报;2001年4月1日,在萍乡电视二套节目中开辟《生活气象》节目;1997年7月1日,开通"12121"气象自动电话答询系统;2001年3月建立萍乡市农村经济信息网(现改为新农村建设网),发布农经信息和天气信息等。2003年起开辟气象短信服务。2005年开始,每年逢传统节假日或遇有重要灾害天气过程时,通过召开新闻发布会、登报、电视新闻、短信等方式,提醒公众及时做好防范措施。

决策气象服务 每年都以《气象情况反映》《气象呈阅件》等决策服务材料的方式制作春播、汛期、干旱等专题预报呈送给市委市政府及有关部门,遇有重大灾害性天气等紧急情况时,通过电话、短信、传真等形式及时向党政领导和有关部门汇报。

专业与专项气象服务 萍乡市人工增雨作业始于 1978 年。1991 年萍乡市政府正式成立萍乡市人工影响天气领导小组,办公室设在市气象局;1996 年萍乡市机构编制委员会正式下文(萍编发〔1996〕22 号),明确规定办公室设在气象局,编制 2 人,人员由气象局内部调济;2001 年,市人工影响天气办公室购入 1 台人工增雨火箭发射架;2003 年增购 5 台火箭发射架、2 辆作业用车;2007 年又增加 1 台火箭发射架。

气象科技服务与技术开发 从 1980 年起,市气象局开展气象科技服务,从最初的气象预报服务,逐渐扩展到电视天气预报、"12121"信息电话、手机短信、雷电技术防护等多个领域。配合萍乡市的重点工程建设,积极提供专业气象服务。与此同时,还提供历史气象资料查询、彩球庆典等业务服务。

气象科普宣传 萍乡市气象局从 20 世纪 80 年代开始,每年组织科技人员在世界气象日、科普活动周、安全生产月期间,上街下乡摆摊设点向群众开展天气咨询、防雷减灾等气象科普宣传。

气象法规建设与社会管理

法规建设 2006 年成立市气象局政策法规科。气象执法主要涉及气象探测环境保护、施放气球管理、防雷管理、气象信息发布等方面。

萍乡市政府先后制定下发《萍乡市防雷减灾管理规定》(萍府发〔2002〕10 号)、《萍乡市人工影响天气管理办法》(萍府发〔2003〕13 号)等文件。为切实保护好气象探测环境和设施,2008 年萍乡市政府办下发《关于加强我市气象探测环境保护的通知》(萍府办字〔2008〕99 号)。

社会管理 依照《通用航空飞行管制条例》、《施放气球管理办法》,萍乡市气象局对萍乡市行政区域内施放氢气球的单位和个人,依法进行管理、监督、指导。

1991 年开始实施防雷检测工作。2002 年成立萍乡市防雷装置质量检测检验所,同年经萍乡市政府批准,市机构编制委员会下文,成立雷电管理防护局。2004 年 1 月,进入萍乡市行政审批(收费)办证服务中心,萍乡市气象局新建建筑物防雷设计审核、气球审批等几项气象行政许可事项纳入了办证服务中心集中办理,防雷安全监督管理工作逐步走上规范管理、健康发展的轨道。

党建与气象文化建设

党建工作 20 世纪 60 年代,萍乡县气象站只有 1 名党员;1971 年党员增至 5 名;同年 6 月经萍乡市革命委员会机关党委批准,成立萍乡县气象站党支部。1980 年 4 月成立萍乡市气象局党组。截至 2008 年底,萍乡市气象局有党员 37 名。

市气象局党支部认真贯彻落实党风廉政建设责任制。运用多种形式开展示范教育和警示教育,坚持"三会一课"制度,通过集中上党课、观看党风廉政宣教片和到爱国主义教育基地接受教育等丰富多彩的形式,增强了党组织的凝聚力,2008 年全体党员向四川汶川地震灾区交纳特殊党费近 2 万元。市气象局党支部从 1987 年起连续 23 年被萍乡市直属机关工委评为"先进基层党组织"。

气象文化建设 市气象局先后组织党员和部分干部职工到井冈山革命根据地、兴国革命根据地等进行爱国主义教育,制定萍乡市气象职工文明言行规范,组织开展"文明单位"、"文明市民"等教育评比活动,围绕"廉政"主题,先后组织"廉政对联、春联征集"、"撰写廉政论文"、"发送廉政短信、贺卡"、"举办廉政文艺晚会"、"传唱廉政歌曲"等系列活动。

坚持局务公开,实行重大事项集体民主决策制度,依据申请公开制度,民主评议制度,完善网上公开和监督。市气象局的党务和政务公开工作多次获市委相关部门的肯定。

将文明单位创建活动与台站综合改善相结合,与"一流台站"建设相结合,积极组织基层台站开展精神文明建设对口交流活动,并不断丰富活动载体,通过节假日定期开展的诸如篮球赛、拔河等系列文体活动,不断提高文明系统的内在质量和水平。

荣誉 1978—2008年,萍乡市气象局共获集体荣誉上百项,市气象局连续被评为江西省第一、二、三届文明行业和江西省第八、九、十、十一届文明单位;2007年被市纪委、监察局评为纪检监察工作先进单位;2006年、2007年被评为全省重大气象服务先进集体;2008年被评为全省抗洪救灾先进集体、全省群众性创新活动先进集体、全省抗旱人工增雨先进集体、全省重大气象服务先进集体、全省气象部门目标管理考核优秀单位、全市抗冰救灾先进集体等。

台站建设

气象台站综合改善 对业务值班室和业务系统进行大的改造。扩建改造综合业务楼;建成气象信息综合分析处理系统(MICAPS)、多普勒雷达延伸系统、FY-2B卫星地面接收系统、省—地可视会商系统、闪电定位终端、遍布全市各乡镇及水库的50个区域雨量站,开通2兆数字电路和10兆专用光纤,组建自动化程度较高的局域网等。

院区建设 2001—2008年,气象局分期分批对院内进行环境改善和绿化改造,修建篮球场和户均100多平方米多的职工宿舍楼;解决了煤气供气和生活用水问题;修建装饰了市气象局大门;修建草坪(1000平方米)、花坛及职工休闲场所,栽种了风景树,全局绿化率达到了80%;院内布局合理,花草相间宜人,使院内变成了风景秀丽的花园。市气象局大院先后荣获市级"卫生庭院"、"平安小区"、"园林化单位"等荣誉称号。

萍乡市气象局观测场(摄于2008年10月)   萍乡市气象局园区住宿楼(摄于2008年9月)

莲花县气象局

莲花县于晋太康元年(280 年)设广兴县,距今已有 1729 年的历史,清乾隆八年(1743 年)设莲花厅,1913 年莲花厅改县。全县面积 1062.06 平方千米,总人口 25.5 万,隶属于江西省萍乡市。莲花县位于赣西,气候温和,光照充足,雨量充沛,四季分明,生态环境优美,是典型的江南鱼米之乡。年平均气温 17.5℃,年平均降水量 1592.2 毫米,年平均日照时数 1601.9 小时,年平均无霜期 284 天。

莲花县气象局位于县城隶达路 108 号,即北纬 27°08′,东经 113°57′,海拔高度 194.5 米。

机构历史沿革

始建情况　莲花县气候站始建于 1956 年 11 月 1 日,1956 年 12 月 1 日开始正式观测,为一般气候站和农业气象一级站,站址设在良种场,即北纬 27°08′,东经 113°56′,海拔高度 88.8 米。

站址迁移情况　1965 年 11 月 1 日迁至县城康达西路,即北纬 27°08′,东经 113°56′,海拔高度 140.0 米;1970 年 1 月 1 日迁至县城康达西路北纬 27°03′,东经 113°56′,海拔高度 127.0 米;1973 年 4 月 6 日迁至县城康达西路北纬 27°08′,东经 113°56′,海拔高度 182.0 米;2001 年 7 月 1 日迁至县城康达西路北纬 27°06′,东经 113°57′,海拔高度 189.0 米;2007 年 7 月 1 日迁至康达路 108 号,同年县气象站升格为国家一级气象站。

历史沿革　建站时称莲花县气候站;1965 年 1 月更名为莲花县气象站;1981 年 12 月更名为莲花县气象局;1982 年 12 月又改为莲花县气象站;1990 年 1 月正式更名为莲花县气象局。

管理体制　1956 年 11 月至 1992 年 9 月归属吉安地区气象管理局管理;1992 年 10 月划归萍乡市气象局管理。

机构设置　下设办公室、气象台、气象科技服务中心、综合业务科、萍乡市防雷装置质量检测检验分所。挂靠机构有莲花县防雷管理局、莲花县减灾委员会办公室、莲花县人工影响天气领导小组办公室。

单位名称及主要负责人变更情况

单位名称	姓名	职务	任职时间
莲花县气候站	周炳昌	负责人	1956.11—1958.03
		站长	1958.03—1960.07
	刘志绥	站长	1960.07—1962.09
	周炳昌	站长	1962.09—1963.06
	樊政云	站长	1963.06—1965.01

单位名称	姓名	职务	任职时间
莲花县气象站	樊政云	站长	1965.01—1968.12
	盛良元	负责人	1968.12—1969.08
	樊政云	负责人	1969.08—1970.08
	焦祥发	站长	1970.08—1973.10
	王树友	站长	1973.10—1977.10
	刘许南	副站长(主持工作)	1977.10—1979.11
莲花县气象局	樊政云	站长	1979.11—1981.12
		局长	1981.12—1982.12
莲花县气象站		站长	1982.12—1984.06
	张志勇	副站长(主持工作)	1984.06—1987.01
		站长	1987.01—1985.03
	刘富先	副站长(主持工作)	1985.03—1988.03
		站长	1988.03—1990.01
莲花县气象局		局长	1990.01—1990.12
	王景山	副局长(主持工作)	1990.12—1991.10
		局长	1991.10—1992.09
	刘富先	局长	1992.09—1997.02
	张德萍	局长	1997.02—1998.12
	肖敏光	局长	1998.12—2002.09
	邓学友	局长	2002.09—2003.09
	黄新国	局长	2003.09—2008.05
	陈 波	局长	2008.05—

人员状况 截至 2008 年底,有在职职工 8 人,其中本科学历 1 人,大专学历 3 人,中专及以下学历 4 人;工程师 3 人;35 岁以下 3 人,36～45 岁 1 人,46～55 岁 4 人。

气象业务与服务

1. 气象业务

①地面气象观测

观测时次 1956 年 12 月 1 日开始地面气象观测。每天进行 01、07、13、19 时(地方时) 4 次观测;1960 年 1 月 1 日改为每天 07、13、19 时 3 次观测;1960 年 7 月 1 日起采用北京时 08、14、20 时 3 次观测,夜间不守班;2007 年 1 月 1 日起,每日 02、08、14、20 时 4 次人工定时观测和 05、11、17、23 时 4 次补充观测。

观测项目 1956 年 12 月 1 日起观测项目有云、能见度、天气现象、气温、湿度、风向、风速、降水、雪深、日照等;1959 年 4 月 1 日增加地温;1964 年 1 月 1 日增加小型蒸发;1966 年 1 月 18 日增加气压观测;1971 年 1 月 1 日增加气压、气温、湿度自记仪器;1975 年 4 月 1 日增加雨量自记仪器;1977 年 12 月 1 日增加风向风速自记仪器。

发报内容 1956 年 12 月 1 日起,每日拍发加密气象观测报(08、14、20 时)、汛期 05 时至 05 时 24 小时雨量报、重要天气报、气象(旬)月报和每日 02、08、14、20 时 4 次天气报;2007 年 1 月 1 日起,拍发 05、11、17、23 时 4 次补充天气报、重要天气报、气象旬(月)报,并取消 05 时 24 小时雨量报;按要求拍发航空危险天气报;冬半年预约航空天气报。1988 年电报传递改为甚高频电话口传;从 1999 年起,实行计算机网络上传。

编制的报表有气表-1、气表-21、农气表-1、农气表-3,向省、市气象局各报送 1 份,莲花县气象局留底 1 份。2000 年起通过计算机网络输入原始资料上传,停止纸制报表。

仪器更新 CAWS600-B(S)型自动气象站于 2003 年 12 月 31 日 20 时正式运行,有气压、温度、湿度、风向、风速、降水、地温等自动观测项目。2004 年 1 月 1 日自动气象站投入业务工作,与人工平行观测。2006 年 1 月 1 日起自动气象站代替人工观测项目。

②农业气象

莲花县气象站属农业气象基本站。1979 年成立农业气象组,开展农业气象观测、发报、报表、农业气象实验、农业气象情报和农业气象预报服务工作。2004 年增加农田生态环境监测。农作物观测项目主要有水稻(早、晚稻)、柑橘、油菜。

③天气预报

每天制作短期天气预报。中期天气预报有未来 7 天、一周、10 天旬报、农事建议。长期天气预报有半个月以上趋势预报、上半年和下半年趋势预报。专题天气预报主要有春播、汛期、高温、干旱、寒露风、低温霜冻。

重要农事季节气象服务有上年农业气候评价、当年天气趋势及农业年景展望。春播气象服务有春播天气预报(长、中、短期),低温阴雨和强对流天气预报,新品种、新技术推广应用中的农业气象条件分析及建议;汛期降水趋势预报;森林防火气象服务。

汛期气象服务有 4—7 月降水的短中期天气预报及防汛抗旱建议;4 月中旬旱床育秧青死苗的天气预报及措施建议;5 月上、中旬柑橘干热风天气预报及防御意见;降水集中期和雨季结束期预报;6 月上、中旬雨情与旱稻纹枯病发病趋势预报;早稻产量跟踪(旬)预报;上半年气候评价等。

伏秋季气象服务有 7—9 月的短中期天气预报及防旱抗旱意见;早稻全生育期的农业气象条件评述;粮食总产定性、产量预报;晚稻产量跟踪(旬)预报;高温干旱及寒露风等天气预报及情报;晚稻生育期的农业气象条件评述等。

冬季气象服务有每年 12 月至次年 2 月的短中期天气预报及农事建议;低温冻害、雪害等灾害的气象服务;森林防火警报;冬作物生育情报。

2. 气象服务

公众气象服务 1999 年开始,每日县气象局及时提供和制作短时天气预报或临近预报,天气预报由县电视台播放;2001 年建立新农村经济建设网,免费在农经网发布产品供求信息及致富信息;2008 年开通天气预警短信平台,以手机短信方式发送气象信息。

决策气象服务 主要为县委、县政府做好"三重"(重要季节性天气、重大灾害性天气、政府重大社会活动)气象服务。制订气象周年服务方案,向县委、县政府报送《气象情况反映》和《气象呈阅件》。以旬报、短信的形式为各乡镇及相关部门、行业提供气象服务信息,发送服务材料。针对连续性暴雨、大暴雨、大风、冰雹等重大灾害性天气预报进行跟踪汇报和服务。及时开展灾情调查,编写重大灾害情报并及时上报,提出防范、减灾建议。在节假日和社会重大活动中,开展专题气象服务。通过电话、短信、电视广告形式向公众介绍未来的天气情况。

专业与专项气象服务 莲花县气象局每年进行防雷安全大检查,对县内加油站、液化气站、民爆仓库、矿山等高危行业的防雷设施进行检查,依法对个别单位防雷措施不到位提出整改意见,确保全县的防雷安全。同时,对全县85%的新建建筑物及高危行业进行防雷检测;2000年成立执法大队;完成全县农业气候区划;对在本县内施放气球的单位和个人进行管理、登记、审查、监督、指导,逢重大节日或会议,应邀去施放彩色气球服务;开展中药材气候论证、柑橘种植气象条件普查;配合当地农业改革开展农业气象实验和农业新技术、新品种推广中的气象研究;做好农业气候区划成果的推广应用;县气象局与县水务局、县民政局、县国土局等单位建立灾害汇总制度。

在人工影响天气工作方面,对作业人员进行技能培训,对作业装备进行检修和维护,择机适时开展人工增雨作业。2003年、2007年人工增雨工作在莲花县特大干旱和森林防火中作出积极贡献,取得明显的社会和经济效益。

气象科普宣传 每年都组织送科技下乡活动和防雷减灾宣传活动,发放宣传科普材料。深入乡镇,做好关键农时季节的气象科普宣传,为广大群众宣传气象知识。

气象法规建设与社会管理

法规建设 2004年县气象局印发莲花县实施《萍乡市防雷减灾管理规定》细则,保护人民生命财产安全,促进县经济建设和社会发展。

社会管理 为地方政府决策、防灾减灾和社会公众提供预警、预报等气象服务,并担负莲花县气象行政执法职责。

政务公开 成立局务公开领导小组,并制订《莲花县气象局局务公开实施办法》,深入开展局务公开工作。对现代化建设、基建、岗位竞聘、职工薪酬、员工福利等重大事项进行公开,并严格执行局务公开工作的各项规章制度,使全局职工民主参与、民主监督,局务公开工作进一步制度化、程序化、规范化。

党建与气象文化建设

1. 党建工作

1956年11月建站至1983年,站内党员较少,一直未成立党支部。1985年4月,莲花县气象局成立党支部,有3名党员。截至2008年12月,党支部共有7名党员。

认真落实党风廉政建设责任制,积极开展廉政教育,加强制度建设,党风廉政建设工作做到整体推进,重点突出,取得成绩。认真学习贯彻落实《建立健全教育、制度、监督并重的惩治和预防腐败体系实施纲要》,加强党风廉政制度建设,加强领导干部自身廉政建设。

2. 气象文化建设

精神文明建设 积极引导职工开展邓小平理论、"三个代表"重要思想和深入贯彻落实科学发展观的学习,教育全体干部职工树立坚定的理想和信念,深入进行党的基本理论、基本路线和基本纲领教育,并采取多种形式,对职工进行社会主义、爱国主义和集体主义教育活动,建立健全各项规章制度,开展一系列精神文明创建活动,使全局职工精神焕发、文明礼貌、遵纪守法,树立良好的职工新形象。

文明单位创建   通过开展丰富多彩的活动加强文明创建工作。开展业务练兵提高自身素质;加强气象科技宣传、普及气象防灾知识;做好重大灾害性天气过程服务,减少人民生命财产损失;开展全民健身、文艺汇演、演讲比赛、文体活动等丰富职工的业余生活;通过扶贫济困、志愿者服务等加强社会服务,不断巩固文明单位创建成果。县气象局被评为萍乡市第八届(2000—2001年度)、第十一届(2006—2007年度)文明单位;被评为江西省第九届(2002—2003年度)文明单位。

文体活动   县气象局通过文体活动增强干部职工凝聚力。在县气象局内建立羽毛球场、兵乓球室和电教室,不断满足干部职工文化生活需要;建立读书室、多功能室,购置图书1000余册,为职工提供有利的学习环境,加强干部职工科普文化知识的学习;每年订阅报纸杂志供职工阅读,平时组织开展丰富、健康的群众性文化体育娱乐活动,进一步增强气象队伍的战斗力和凝聚力。通过开展文体活动,增进干部职工的团结和友谊,推动干部职工积极参与健身活动,同时提高机关工作效率。

3. 荣誉

1956—2008年莲花县气象局共获地厅级以上集体荣誉10项。其中1975年被吉安地区革命委员会评为吉安地区先进单位;1977年、1979年被江西省气象局评为先进单位;1982年获江西省农业区划委员会农业区划奖;2005年、2007年被江西省气象局评为全省气象部门"五大工程"达标单位;2005年被中国气象局评为局务公开先进单位。

台站建设

县气象局位于县城康达路108号,占地面积9140平方米。2008年底有面积为596平方米的办公楼1栋,面积为312平方米的职工宿舍1栋。2002—2003年对工作环境进行大规模改造,2004年建成莲花县综合减灾中心大楼。2007年建成面积为25米×25米的地面观测场和86平方米综合业务办公室,实现办公区24小时监控。院内进行美化、绿化,绿化率达90%,生活工作环境优雅舒适。

莲花县气象局观测场(摄于2007年7月1日)

新余市气象台站概况

　　新余市位于江西中西部,辖分宜县、渝水区,另设新余经济开发区、仙女湖风景名胜区管委会和仰天岗管委会,共26个乡镇,面积为3178平方千米,总人口112万,市区常住人口近30万。属亚热带湿润性气候,具有四季分明、气候温和、日照充足、雨量充沛、无霜期长、严冬较短的特征。年平均气温17.9℃,极端最高气温40.6℃(2003年),极端最低气温－8.2℃(1991年),年平均降水量1602.9毫米,年平均日照时数1598.8小时,无霜期281天。

　　历史沿革　新余市气象局(站)始建于1958年,同年10月1日正式开始工作。因原站址不符合要求,1963年1月1日迁至新余县城北门万家山,即北纬27°48′,东经114°56′,观测场海拔高度79.0米,1989年8月30日,原观测场因周围楼房设计超高,故在原址抬高3米,观测场海拔高度82.0米,承担国家一般气象观测站任务。

　　分宜县气象局(站)始建于1958年,1959年1月1日正式承担观测任务,站址位于原分宜县界桥公社谭家边村山坡上,即北纬27°49′,东经114°39′;1962年1月1日,迁至原分宜县政府大院后山坡,即北纬27°49′,东经114°41′,海拔高度93.7米。2002年12月1日因综合改善暂时搬迁至县气象局办公楼前约10米处,经纬度不变,海拔高度91.6米,从2003年7月1日起,搬回原址,承担一般气象观测站、农业气象二级站的业务任务。

　　管理体制　新余市气象局(站)于1958年10月正式开展地面气象观测,隶属江西省水文气象局;1959年3月,划归宜春专区水文气象总站管理;1984年1月,更名为新余市气象站,级别为正科级;1985年3月,更名为新余市气象台,级别升格为正处级,隶属于江西省气象局;1992年10月,更名为新余市气象局。位于新余市抱石大道719号,占地面积7000平方米。分宜县气象局(站)于1959年1月1日正式承担观测任务,为新余市气象局的下属机构,实行市气象局与分宜县政府双重管理、以市气象局为主的管理体制,为正科级单位,现址位于分宜镇大岭巷,占地面积7391.07平方米。

　　台站数量　新余市所辖1个县级气象站(分宜县气象站)。全市共有地面气象观测站2个,均为国家一般气象观测站;有区域自动气象站41个,其中两要素26个,四要素15个。

　　人员状况　截至2008年12月,全市气象部门在编人数为43人。大专以上学历36人(其中本科学历25人);中级以上职称28人(其中高级职称2人)。

　　党建与气象文化建设　全市气象部门有党支部2个,党员27人。占职工总数的63%。截至 2008 年底,共有省级文明单位 1 个(新余市气象局),市级文明单位 1 个(分宜县气象局)。

气象法规建设 2002 年新余市政府下发《新余市防雷减灾管理规定》(余府发〔2002〕26 号),2003 年下发《新余市人工影响天气管理办法》(余府发〔2003〕2 号)。

主要业务范围

地面气象观测 地面气象观测站承担全国统一观测项目任务,内容包括云、能见度、天气现象、气压、气温、湿度、风、降水、雪深、日照、蒸发(小型)和地温(距地面 0 厘米、5 厘米、10 厘米、15 厘米、20 厘米),每天 08、14、20 时 3 次定时观测。

2003 年开始建设地面自动气象站,改变地面气象要素人工观测的历史,实现地面气压、气温、湿度、风向、风速、降水、地温自动记录。全市基层台站的气象资料按时按规定上交到省气象档案馆。

天气预报 开展的气象预报主要有天气预报、农业气象预报、森林火险气象等级预报、空气质量预报、紫外线等级预报等。

新余市气象台制作发布的天气预报有长期、中期、短期和短时临近预报。从 1959 年起,每年 3 月初前后发布春播天气专题预报;1974 年起,每年 3 月底发布汛期、干旱趋势预报,每年 5 月中旬发布寒露风专题预报;1980 年后每年年底发布全年天气展望;从 1959 年起,每旬的最后一天发布未来 10 天的天气预报(即旬报),每天对外发布 1~3 天的天气预报,1974 年只发布 1~2 天的天气预报,1974 年开始,随时发布未来 3~12 小时天气预报、1988 年开始发布 1~12 小时的短时灾害性和突发性天气预报,2007 年开始,汛期每天每 3 小时发布未来 0~6 小时的滚动天气预报。

1979 年开始制作早晚稻、棉花、油菜等作物的播种期、关键生育期、成熟期的农业气象预报;1983 年开始对早晚稻、棉花、油菜等农作物及粮食总产制作气象产量预报,并向有关单位报送;1987 年开始制作发布森林火险等级预报;2003 年 1 月开始进行紫外线观测,同时每天制作紫外线预报并对外发布;2005 年 6 月开始每天制作空气质量预报并发布空气质量实况和预报产品。

农业气象 1960—1961 年进行候鸟、昆虫、木本、草本等动植物的物候观测。1977 年6 月起,对早晚稻、棉花、油菜、苎麻进行生育期观测,还对桃、楝、车前草、燕、蝉、青蛙等进行物候观测。1978 年进行气候普查,对新余、分宜 20 多个公社的不同地形进行气候对比观测。1982 年对柑橘进行系统的物候观测。1983 年新余气象站列入省农业气象情报网站(农气二级站),1988 年经省气象局批准,新余农业气象工作重点转移到分宜,分宜县气象站为省农业气象情报网站(农气二级站),新余气象站则调整为一般农业气象站。

人工影响天气 新余市人工增雨作业始于 1978 年,1996 年新余市机构编制委员会正式下文(余编发〔1996〕18 号),明确规定办公室设在市气象局,编制 2 人,人员由气象局内部调济。截至 2008 年底,全市共有双管"三七"高炮 2 门,火箭发射架 6 台,作业用车 1 辆,主要用于人工增雨抗旱、消雹、森林防火灭火等。

气象服务 新余气象服务主要有决策气象服务、公众气象服务和专业气象服务。服务方式主要有电视天气预报、"12121"气象自动答询电话、传真、报纸、互联网、电子显示屏、短信及《气象呈阅件》等。

新余市气象局

机构历史沿革

始建情况　新余市气象站始建于 1958 年 10 月。

站址迁移情况　1963 年 1 月 1 日迁至新余县城北门万家山上,北纬 27°48′,东经 114°56′,观测场海拔高度 79.0 米。1989 年 8 月 30 日,原观测场因周围楼房设计超高,故在原址抬高 3 米,海拔高度 82.0 米,承担国家一般气象观测站任务。

历史沿革　建站时为新余气候站;1959 年 6 月,调整更名为新余县气象站;1960 年 7 月,更名为新余市气象服务站;1962 年 5 月,更名为新余气象服务站;1971 年 5 月,更名为新余县气象站;1984 年 1 月,更名为新余市气象站,级别为正科级;1985 年 3 月,升格更名为新余市气象台,级别为正处级;1992 年 10 月,更名为新余市气象局。

管理体制　1958 年 10 月隶属江西省水文气象局;1959 年 3 月调整划归宜春专区水文气象总站管理;1960 年 7 月新余撤县设市后归市农水局管理;1962 年 5 月划归宜春地区水文气象总站管理;1969 年 1 月划归新余县革命委员会管理;1971 年 5 月气象部门实行军队管理,划归县人民武装部管理;1973 年 8 月重新划回县革命委员会管理;1980 年 6 月划归宜春地区行政公署气象局管理;1985 年 3 月隶属于江西省气象局管理。

单位名称及主要负责人变更情况

单位名称	姓名	职务	任职时间
新余气候站		负责人	1958.10—1959.06
新余县气象站	蔡文瑞	副站长(主持工作)	1959.06—1960.07
新余市气象服务站			1960.07—1962.05
新余气象服务站			1962.05—1971.05
新余县气象站			1971.05—1971.07
	熊光球	站长	1971.07—1973.07
	郭　纯	站长	1973.07—1974.12
	蔡文瑞	副站长(主持工作)	1974.12—1979.06
新余县气象站	李　芳	站长	1979.06—1979.08
	蔡文瑞	副站长(主持工作)	1979.08—1979.12
	张晚生	站长	1979.12—1984.01
新余市气象站			1984.01—1984.06
	蔡文瑞	站长	1984.06—1985.03
新余市气象台		副台长(主持工作)	1985.03—1988.09
	张万兴	台长	1988.09—1992.10
		局长	1992.10—1994.07
新余市气象局	董家祥	局长	1994.07—1997.02
	周秋英	局长	1997.02—2006.07
	宋秀英	局长	2006.07—

人员状况 1958年10月成立新余气候站时,仅有2人;1970年以前,基本稳定在4人左右;1978年有11人;到2008年底,共有在职职工34人,均为汉族。其中,高级工程师2人,工程师20人(1名会计师),助理工程师及以下人员12人;本科学历19人,大专学历10人,中专及以下学历5人;35岁以下12人,36~45岁14人,46~55岁6人,55岁以上2人。

气象业务与服务

1. 气象业务

①地面气象观测

1958年10月1日建站时,观测项目有云、能见度、天气现象、空气温度和湿度、风、日照、雨量和蒸发;1961年1月1日起增加地面0厘米、最高、最低、5厘米、10厘米、15厘米、20厘米的地温观测项目;1966年装备水银气压表,1967年增加气压计;1972年装备使用EL型电接风向风速器,淘汰维尔达风向风速仪;1973年增加温度计和湿度计;1975年增加ST1型雨量计、DSM5量雪器;1973年1月开始使用风向风速自记仪;1980年1月起执行《地面气象观测规范》(1979版);1985年3月1日至1986年2月,为适应短时预报需要,每天增加地面11、17时2次补充观测;2003年1月建成紫外线观测系统;2003年4月建成新一代多普勒雷达同步终端;2004年建成自动气象观测站,从2004年1月1日起执行《地面气象观测规范》(2003版);2005年建成闪电定位服务系统;2004年率先完成全市所有26个乡镇中尺度自动气象站建设,截至2008年底,建成41个自动气象站,组成了中尺度气象监测网;2008年建成GPS观测系统。

从建站开始,新余市气象局向省气象台拍发区域绘图天气报(GD-81)、区域危险天气报(GD-82),1982年1月改为气象服务报(GD-91),1984年1月起向省气象台和宜春气象台(1985年5月停发)拍发重要天气报(GD-11)。1960年5月起,新余气象台先后向江西、湖南、湖北、安徽、浙江、福建、广东、上海等省市的军、民用机场编发航空天气报(GD-21)和航空危险天气报(GD-22),2004年1月取消。从建站开始制作地面气象记录月报表(气表-1)和地面气象记录年报表(气表-21)。

②农业气象

1960—1961年进行候鸟、昆虫、木本、草本等动植物的物候观测;1977年6月起,对早稻、晚稻、棉花、油菜、苎麻进行生育期观测,同时对桃、楝、车前草、燕、蝉、青蛙等进行物候观测;1982年对柑橘进行系统的物候观测;1983年新余气象站列入省农业气象情报网站(农气二级站)。从1979年开始,根据农作物生育状况观测记录制作农气表-1,根据物候观测记录制作农气表-3。1988年经省气象局批准,新余农业气象工作重点转移到分宜,分宜县气象站为省农业气象情报网站(农气二级站),新余气象站则调整为一般农业气象站,并停止制作农气报表。

③天气预报

开展的气象预报主要有天气预报、农业气象预报、森林火险气象等级预报、空气质量预报、紫外线等级预报等。

新余市气象台制作发布的天气预报有长期、中期、短期和短时临近预报。从1959年起,每年3月初前后发布春播天气专题预报;1974年起,每年3月底发布汛期、干旱趋势预报,每年5月中旬发布寒露风专题预报;1980年后每年年底发布下一年全年天气展望;从1959年起,每旬的最后一天发布未来10天的天气预报(即旬报),每天对外发布1~3天的天气预报;1974年起只发布1~2天的天气预报;1974年开始,随时发布未来3~12小时、1988年后1~12小时的短时灾害性和突发性天气预报;2007年开始,汛期每天每3小时发布未来0~6小时的滚动天气预报。

从1979年开始制作早晚稻、棉花、油菜等作物的播种期、关键生育期、成熟期的农业气象预报;1983年开始对早晚稻、棉花、油菜等农作物及粮食总产制作气象产量预报;1987年开始制作发布森林火险等级预报;2003年1月开始进行紫外线观测,同时每天制作紫外线预报并对外发布;2005年6月开始每天制作空气质量预报并发布空气质量实况和预报产品。

④气象信息网络

建站之初,新余市气象局接收资料主要依靠收听上级台站的指导预报与资料,1982年装备气象传真接收机接收高空、地面等各种天气图;1990年11月,新余市程控拨号工作站开通,气象报文改由气象部门的无线通讯网络传递;1992年10月"9210"工程建成,实现了气象资料通过卫星的传播;1999年建成PC-VSAT单收站和MICAPS预报工作平台;2004年建成2兆专线,气象资料的传输更加方便快捷。2008年底形成了卫星、高速光纤等多种方式组成的气象信息网络,各种气象观测资料、报表都通过纸质和电子两种形式进行归档,并对资料做了信息化的归档处理,更加方便保存。

2. 气象服务

公众气象服务 从1958年11月开始,新余市气象台每天早、晚通过广播对外播发短期天气预报;1986年4月起新余市未来24小时城市天气预报在江西电视台播出;1987年装备气象警报发射机,在党政机关、企事业单位安装100多台警报接收机,每天上、下午播发2次天气预报,随时播发灾害性天气预报;1998年开通"12121"气象自动答询电话,在新余电视台开播电视天气预报栏目,通过气象短信、报纸、互联网、电子显示屏等媒体向广大市民提供常规天气预报服务,遇到重大节日和重要灾害天气过程时,通过新闻发布会、报纸、电视新闻、短信等方式告知公众,提醒公众及时做好防范措施。

决策气象服务 以《气象情况反映》《气象呈阅件》等决策服务材料的方式制作春播、汛期、干旱等专题预报呈送给市委市政府及有关部门,遇有重大灾害性天气等紧急情况时,通过电话、短信、传真等形式及时向各级党政领导和有关部门汇报。

专业与专项气象服务 新余市人工增雨作业始于1978年;1990年下半年市政府向省政府申请到2门双管"三七"高炮,并拨款在市气象局修建炮库;1991年新余市政府决定正式成立新余市人工影响天气领导小组(余府发〔1991〕49号),下设办公室在市气象局;1996年新余市编制委员会正式下文(余编发〔1996〕18号),明确规定办公室设在市气象局,编制2人,人员由市气象局内部调济;2001年,市人工影响天气领导小组办公室购入2套人工增雨火箭发射架;2003年增购1套火箭发射架;2005年,增加作业用车1辆;2007年,增加3套火箭发射架。

截至 2008 年 12 月,全市共有双管"三七"高炮 2 门、火箭发射架 6 套,作业用车 2 辆。主要用于人工增雨抗旱、消雹、森林防火灭火等。

气象科技服务与技术开发 从 1980 年起,新余市气象台开展气象科技服务,从最初的气象预报服务,逐渐扩展到电视天气预报、"12121"信息电话、手机短信、雷电技术防护等多个领域。与新钢、赛维 LDK、赣西等重点企业建立长期的气象服务合作关系;针对新余市重点工程,提供专业气象服务,及时提供暴雨、

积极开展人工增雨作业(摄于 2007 年 8 月)

雷电、大风、大雪预报及一周天气预报,同时提供历史气象资料查询、彩球庆典等业务服务。

气象科普宣传 从 20 世纪 80 年代开始,每年组织科技人员在世界气象日、科普活动周、安全生产月等时期,上街下乡摆摊设点向群众开展天气咨询、防雷减灾等气象科普宣传。

气象法规建设与社会管理

法规建设 2002 年 3 月成立市气象局政策法规科。气象执法主要涉及气象探测环境保护、施放气球管理、防雷管理、气象信息发布等方面。

制度建设 新余市政府先后制定下发《新余市防雷减灾管理规定》(余府发〔2002〕26 号)、《新余市人工影响天气管理办法》(余府发〔2003〕2 号)。

社会管理 气象探测环境保护为切实保护好气象探测环境和设施,2008 年新余市政府办下发《关于加强气象探测环境和设施保护工作的通知》(余府办字〔2008〕108 号)。

依照《通用航空飞行管制条例》、《施放气球管理办法》,新余市气象局对新余市行政区域内施放氢气球的单位和个人,依法进行管理、监督、指导。

1991 年开始实施防雷检测工作。2004 年起经新余市政府批准,成立雷电管理防护局。2002 年 3 月,新余市设立新余市行政审批(收费)办证服务中心,新余市气象局新建建筑物防雷设计审核等几项气象行政许可事项纳入了办证服务中心集中办理。

党建与气象文化建设

党建工作 1971 年以前,新余县气象站只有 1 名党员,参加新余县建设银行党支部活动。1971 年 7 月新余县气象站成立党支部。1988 年 10 月新余市气象台成立党组,截至 2008 年 12 月底,有党员 23 名。

市气象局党支部积极发挥战斗堡垒作用,坚持"三会一课"制度,2008 年全体党员向四川汶川地震灾区交纳特殊党费 11950 元,2005—2008 年市气象局党支部连续 4 年被新余市直属机关工委授予"先进基层党组织"称号。

气象文化建设 市气象局先后组织党员和部分干部职工到井冈山革命根据地、兴国革命根据地进行爱国主义教育,组织开展"文明单位"、"文明市民"等教育评比活动,将文明单位创建活动与台站综合改善相结合,与"一流台站"建设相结合,积极组织基层台站开展精

神文明建设对口交流活动,不断丰富活动载体,通过节假日定期开展的诸如文艺晚会、篮球赛等系列文体活动,不断提高文明单位的内在质量和水平。

荣誉 1978—2008 年,新余市气象局共获集体荣誉 68 项,新余市气象局被省委、省政府评为 1999—2000 年度、2001—2002 年度、2003—2004 年度、2005—2006 年度文明单位;评为第一、二、三届省级文明行业;2005 年被中国气象局授予"全国局务公开先进单位"称号;2008 年被中国气象局评为"全国局务公开示范点";2008 年被评为"全省人工增雨抗旱减灾工作先进集体"和"全省重大气象服务先进集体"。

台站建设

台站综合改善 至 2008 年底,市气象局占地面积 7467 平方米(待迁新址 10000 平方米),办公楼 1 栋 801 平方米(在建新办公楼 1 栋 5183 平方米)、职工宿舍楼 4 栋 4224 平方米,职工食堂、店面 203 平方米,职工活动中心 1 栋 204 平方米,车库 2 栋 250 平方米。

对业务值班室和业务系统进行较大的改造。扩建改造了综合业务楼;建成气象信息综合分析处理系统(MICAPS)、多普勒雷达延伸系统、FY-2B 卫星地面接收系统、省—地可视会商系统、闪电定位终端、遍布全市各乡镇及水库的 41 个区域雨量站,开通 2 兆数字电路和 10 兆专用光纤,组建自动化程度较高的局域网等。

园区建设 2002—2005 年,新余市气象局分期分批对院内进行环境改善和绿化改造,修建篮球场和户均 100 平方米的职工宿舍楼;解决了煤气供气和生活用水问题;修建装饰了局办公楼大门、店面和职工食堂;修建 1200 平方米草坪、花坛,栽种了风景树,全局绿化率达到了 80%;院内布局合理,风景秀丽。市气象局大院先后获市级"卫生庭院"、"平安小区"、"无烟单位"、"门前三包先进单位"、"园林化单位"等荣誉。

新余市气象局新旧办公大楼

分宜县气象局

分宜县位于赣西,面积 1389 平方千米,总人口 30.8 万,辖 10 个乡镇,隶属于江西省新余市。分宜属亚热带湿润气候,雨量充沛,日照充足,气候温和,无霜期长。全年平均气温 17.5℃,极端最高气温 40.7℃(2003 年 8 月 2 日),极端最低气温 −9.6℃(1991 年 12 月 29 日),年平均降水量 1643.6 毫米,年平均日照时数 1586.0 小时。

分宜县气象站位于北纬 27°49′,东经 114°41′,观测场海拔高度 93.7 米。

机构历史沿革

始建情况　分宜县气象站始建于 1958 年 12 月,站址位于原分宜县界桥公社谭家边村。

站址迁移情况　1962 年 1 月 1 日,迁至原分宜县政府大院内(分宜镇大岭巷),位于北纬 27°49′,东经 114°41′,观测场海拔高度 93.7 米。承担国家一般气象观测站任务。

历史沿革　建站时为分宜县气候站;1969 年 1 月更名为分宜县农技服务站;1971 年 3 月更名为分宜县气象站;1981 年 4 月更名为分宜县气象局;1983 年 11 月更名为分宜县气象站;1991 年 1 月恢复分宜县气象局,机构规格属正科级事业单位。

管理体制　1958 年 12 月建站时,业务归江西省水利电力厅水文气象局管理,行政归县政府管理。1962 年 6 月县气象局归省水利电力厅水文气象局管理,业务及经费归宜春地区水文气象总站管理;1969 年 1 月水文站分出,成立分宜农技服务站;1970 年 11 月至 1973 年 8 月改属县人民武装部管理,业务管理为宜春气象台;1980 年 7 月归属省气象局管理,业务管理属宜春地区气象局。1981 年 4 月开始实行气象部门与地方政府双重领导、以气象部门领导为主的管理体制。

机构设置　下设局办公室、综合业务室(气象台)、新余市防雷装置质量检测检验所分宜分所、分宜县风云科技发展有限公司等 4 个机构。

单位名称及主要负责人变更情况

单位名称	姓名	职务	任职时间
分宜县气候站	徐葛民	负责人	1958.12—1968.12
	方仁根	负责人	1968.12—1969.01
分宜县农技服务站			1969.01—1971.03
分宜县气象站	郑章水	站长	1971.03—1972.08
	朱元铭	负责人	1972.08—1972.12
	唐金水	负责人	1972.12—1973.06
	袁根圣	站长	1973.06—1980.06
	何德俊	副站长(主持工作)	1980.06—1981.04
分宜县气象局		副局长(主持工作)	1981.04—1981.07
	胡德庭	副局长(主持工作)	1981.07—1983.11
分宜县气象站		副站长(主持工作)	1983.11—1984.06
	严长根	副站长(主持工作)	1984.06—1984.08

单位名称	姓名	职务	任职时间
分宜县气象站	伍生学	副站长(主持工作)	1984.08—1985.10
	严长根	站长	1985.10—1987.04
	易德军	副站长(主持工作)	1987.04—1989.04
分宜县气象局	黄志辉	站长	1989.04—1991.01
		局长	1991.01—1991.11
	吴才明	副局长(主持工作)	1991.11—1993.10
	袁晋琰	副局长(主持工作)	1993.10—1995.02
		局长	1995.02—2006.06
	阮志文	副局长(主持工作)	2006.06—2006.11
		局长	2006.11—

人员状况　2008年底分宜县气象局有在职干部职工9人,其中,大专以上学历8人,工程师7人,党员4人。

气象业务与服务

1. 气象业务

①地面气象观测

观测机构　1959年1月建站并开始地面气象观测,机构为地面测报组,1982年10月更名为地面气象测报股,2001年与预报股合并为分宜县气象台,有工作人员3人。

观测时次　1959年1月1日起每天进行01、07、13、19时(地方时)4次观测。1960年1月1日改为每天07、13、19时3次观测。1960年7月1日起采用北京时08、14、20时进行3次观测,夜间不守班。

观测项目　1959年1月1日起观测项目有云、能见度、天气现象、气温、湿度、风向、风速、降水、雪深、日照等;1959年4月1日增加地温;1964年1月1日增加蒸发(小型);1966年1月18日增加气压;1971年1月1日增加压、温、湿自记仪器;1975年4月增加雨量自记仪器;1977年12月增加风向风速自记仪器;2007年1月开始正式开展大气负离子观测。

发报内容　1960年1月1日起向江西省气象台、宜春市气象台拍发08时区域绘图天气报告,同年9月10日增发区域危险报。1965年1月1日起为军航、民航拍发航空、危险天气报。

仪器更新　建站初,气象仪器有温度表、地温表、轻型风向风速器、雨量筒等;1963年1月1日安装重型风向器;1964年1月1日安装小型蒸发器;1965年12月增添水银气压表;1970年8月28日改用EL型风向风速计;1970年12月增添气压计、温度计、湿度计;1975年3月增添虹吸式雨量计;1978年1月1日改用动槽式水银气压表;1985年10月增添PC-1500袖珍计算机;2003年8月,CAWS600-BS型自动气象站建成,2003年9月1日开始试运行(至2003年12月);2004年1月1日,自动气象站正式投入业务运行。2005年开始建设乡镇自动雨量观测站。到2008年12月已建成15个乡镇自动雨量观测站,其中高岚、分宜电厂、背山、石牛滩 4 个站为四要素站,其余为两要素站。

②农业气象

1979 年 3 月成立农业气象组,开展农业气象观测、农业气象试验、农业气象情报和农业气象预报服务工作。1979 年开展水稻对比试验观测,1982 年开展油菜、柑橘、苎麻生育期观测。从 1995 年起,开展玉米、苎麻生育期观测,取消水稻、油菜、柑橘观测。

③天气预报

1960 年 1 月起制作补充天气预报。1983 年起制作一旬天气过程趋势预报。20 世纪 70 年代中期开始长期预报,主要有春播预报、汛期(4—6 月)预报、年度预报、伏秋季预报。1985 年开通甚高频无线对讲通讯电话,实现与地区气象局直接业务会商。1994 年 5 月建起县级业务系统,并试运行,1996 年 12 月正式开通使用(传真图接收同时进行)。1998 年 9 月停收传真图,预报所需资料全部通过县级业务系统进行网上接收。同年地面卫星接收小站建成并正式启用。

2. 气象服务

公众气象服务 1974 年将天气预报提供给县广播站广播。2001 年建成多媒体电视天气预报制作系统,由县电视台播放天气预报。1999 年 4 月开通“121”天气预报自动答询电话。2007 年 4 月“121”答询电话与新余市气象局实行集约经营。2005 年 1 月“121”电话升位为“12121”。2001 年 4 月建成分宜县农村经济信息网,并在全县各镇、场开通信息站。

决策气象服务 2008 年开通气象预警短信平台,以手机短信方式向全县各级领导发送气象信息。

2008 年 1 月出现低温雨雪冰冻灾害天气,通过《气象呈阅件》送呈县政府领导,通过短信平台向各乡镇村领导、农村气象信息员、服务单位等发送灾害预警,取得明显社会经济效益。

专业与专项气象服务 1977 年 7 月分宜县政府人工降雨办公室成立,挂靠县气象局。

2000 年 8 月分宜县政府办公室发文,将防雷工程从设计、施工到竣工验收全部纳入气象行政管理范围。2000 年 5 月分宜县政府法制办批复确认县气象局具有独立的行政执法主体资格,并为 3 名干部办理了行政执法证,气象局成立行政执法队伍。2004 年县气象局被列为县安全生产委员会成员单位,负责全县防雷安全的管理。

气象科技服务与技术开发 1985 年开始推行气象有偿专业服务。主要为全县各乡镇(场)或相关企事业单位提供中、长期天气预报和气象资料,一般以旬天气预报、灾害性天气预报为主。1989 年 3 月,开通预警系统对外开展服务。

气象法规建设与社会管理

法规建设 2000 年分宜县政府下发《分宜县城市基本建设管理办法》(分府发〔2000〕17 号),将新(改、扩)建建筑物防雷装置设计审核与竣工验收纳入城市基本建设项目管理范畴;2002 年分宜县政府下发《分宜县防雷减灾管理规定》(分府发〔2002〕23 号),对加强全县防雷减灾管理,规范防雷减灾活动发挥了重要作用;2005 年分宜县政府办公室下发《关于切实加强分宜县气象探测环境保护工作意见的通知》(分府办发〔2005〕11 号),为分宜县气象探测环境保护工作奠定法制基础。

社会管理 负责全县气象监测的管理,统一各类气象预报的制作与发布,依法保护气象探测环境和气象设施;组织管理全县雷电灾害防御工作,承担防雷减灾和各类防雷装置的管理,负责雷电灾害的调查和鉴定,防御雷电安全生产的督查工作,对新建建筑物防雷装置设计审核、竣工验收监督管理,对防雷工程专业设计、施工资质进行资质认定;负责气球施放活动的监督管理和施放资质的认定工作,负责全县人工影响天气工作,开展气象法制宣传教育,贯彻落实气象法律法规和气象行政执法。

政务公开 气象行政审批办事指南、气象服务内容、承诺、收费依据及标准、气象行政执法内容与依据等均通过政务公开栏、分宜县办证大厅公告栏、网站政务信息公开栏等形式向社会公开。干部任用、职工晋职晋级、财务收支、目标考核、基础设施建设、政府采购项目、其他重大事项等内容采取职工大会或局务公开栏张贴等方式向职工公开。

党建与气象文化建设

1. 党建工作

党的组织建设 自 1958 年建站至 1971 年 3 月县气象站没有党员。1971 年 4 月至 1984 年 10 月,因人员流动,单位党员一直不足 3 人,在此期间分宜县气象局没有成立党支部。1971 年 4 月至 1972 年 8 月党建工作归属县人民武装部,1973 年 1 月至 1984 年 10 月归属县委农工部。1988 年 12 月成立党支部。党支部坚持开展思想政治工作,注重培养和考察入党积极分子,1988—2007 年共发展新党员 6 人。

县气象局党支部先后被分宜县直属机关工作委员会授予"2003—2004 年度组织工作先进单位"、"2008 年先进基层党组织"、"2008—2009 年度先进基层党支部"称号。

党风廉政建设 认真落实党风廉政建设目标责任制,积极开展廉政教育和廉政文化建设活动,注重发挥党支部的战斗堡垒和党员的模范带头作用,带动群众完成各项工作任务。坚持局务公开日常化、制度化、规范化,保障群众的知情权、参与权、监督权。

2. 气象文化建设

精神文明建设 建立健全各项规章制度,先后修订《会议制度》、《学习制度》、《民主生活制度》、《党风廉政制度》、《思想教育制度》、《环境卫生制度》等制度,加强在职职工的培训学习。单位一方面挤出资金,支持学历教育;另一方面制订措施,鼓励在岗自学。

文明单位创建 分宜县气象局始终坚持以邓小平理论和"三个代表"重要思想为指导,全面贯彻落实科学发展观,按照上级和县文明办的统一部署,紧紧抓住气象服务这个中心,加强职工思想道德建设和机关作风建设,深化全局精神文明建设,开展群众性文明创建活动,实现了全局三个文明协调发展的良好局面。自 2004 年单独申报市级文明单位以来,一直被评为新余市文明单位。

文体活动 设立图书阅览室,拥有图书 300 多册。建立室内外文体活动场所,兴建篮球场,购置乒乓球桌等文体活动器材,组织职工开展各项文体活动,丰富了职工的业余文化生活。

3. 荣誉

2005年8月被分宜县委、县政府授予"2004年度部门包村工作先进单位"称号；2004—2005年度、2006—2007年度被评为新余市"文明单位"称号；2005年6月被江西省爱国卫生运动委员会评为"江西省卫生庭院"；2004年、2007年分别被江西省气象局评为全省气象部门"五大工程"建设一级达标单位和全省气象部门"五大工程"建设达标单位；2007年3月被分宜县安全生产委员会评为2006年全县安全生产工作先进单位。

台站建设

分宜县气象局位于原县政府大院内，占地面积7391平方米，2008年底有办公楼1栋，面积650平方米，职工宿舍2栋，面积1450平方米。

2002—2003年工作环境进行大规模改造，办公楼进行装修和扩建，建设4500平方米集地面观测、科普教育、职工健身于一体的室外平台，建成100平方米的综合业务室（气象防灾减灾指挥中心）。

1999年建成宽敞明亮的职工住宿楼，户均面积达140平方米，改善了职工的住房条件。

2004—2006年分期分批对大院进行绿化和亮化，在观测场和庭院内修建了草坪和景观带，栽种了景观树木，绿化面积近5000平方米，修建了大门，单位形成了一个独立院落。

分宜县气象局观测场值班室（摄于1961年）

分宜县气象局办公大楼（摄于2006年4月）

鹰潭市气象台站概况

  鹰潭市位于江西省东北部,境内地势南北高,中间低。北有怀玉山脉,南有武夷山脉,中部是丘陵。唐朝建坊,清朝设司,民国置镇。1957年1月,鹰潭由乡级镇升为县级镇。1979年3月,升为县级市。1983年7月,经国务院批准,鹰潭升为省辖市,下辖贵溪市、余江县、月湖区、龙虎山风景旅游区,面积3554平方千米,总人口112万。

  历史沿革 1938年8月,江西省水利局在贵溪县建立测候所,所址在贵溪县城原复兴路,鹰潭开始有较正规的气象记录。1942年3月3日和4月11日,贵溪县观测场连遭侵华日机轰炸;1942年6月20日,贵溪县测候所的观测员撤退到福建光泽,所带仪器在路上丢失,奉江西省水利局之命,贵溪县测候所裁撤。1952年7月1日,中南军区气象处委托江西省军区气象科和上饶军分区建立江西省上饶军分区贵溪县气象站,站址设在贵溪县城东门外青连寺。1954年7月1日,建立余江县邓家埠农场气候站。1957年10月1日,贵溪县气象站观测场迁到雄石镇和平街630号(汪张村)。1959年1月1日,建立余江县气候站,站址设在云峰人民公社林家。同年10月16日,余江县气候站迁到锦江镇茶场。1965年3月,余江县气候站迁到余江新县城邓家埠镇。同年6月,余江县邓家埠农场气候站撤销,资料移交给余江县气象服务站。1973年1月开始建立鹰潭镇气象站。其中,1958年"大跃进"中,农村社队纷纷建立气象哨,1962年被裁撤。1979年3月改名为鹰潭市气象站;1980年7月改名为鹰潭市气象局,升级为科级单位;1984年1月鹰潭市升格为省辖市,鹰潭市气象局改名为鹰潭市气象站;1985年4月改名为鹰潭市气象台,升级为处级单位,管理鹰潭市所辖两县气象站,业务工作仍由上饶市气象局代管;1992年4月,将鹰潭市气象台改名为鹰潭市气象局;1993年1月,鹰潭市气象局开始接管全市的气象业务工作。

  管理体制 1973年1月鹰潭镇气象站成立,由鹰潭镇人民武装部革命委员会管理;1980年改为气象部门和地方政府双重领导,以气象部门领导为主的管理体制。

  机构设置 1971年以前,贵溪、余江两县气象站的测报、预报、农气三大业务工作基本上都是大轮班,未设任何专门机构;1972年3月县气象站下设测报、预报两个组;1980年7月县气象局下设测报、预报、农气3个股;1985年鹰潭市气象台下设气象科、人秘科;1990年10月鹰潭市气象台增设气象服务科;1992年4月鹰潭市气象科改称鹰潭市气象台;1993年11月鹰潭市气象局增设综合经营科;1998年鹰潭市气象局成立综合管理科;2006年1

月鹰潭市气象局综合管理科分为局办公室、业务科技科、政策法规科 3 个职能科室。

台站数量 鹰潭市辖区内有鹰潭市气象局 1 个市级气象台站和贵溪市气象局、余江县气象局 2 个县级气象台站。到 2008 年底,全市共建有 38 个自动气象站,其中四要素站 14 个,两要素站 8 个,单要素站 16 个。

人员状况 截至 2008 年 12 月,全市气象部门有在职人员 54 人,均为汉族;在职人员中本科学历 23 人,大专学历 13 人,中专及以下学历 18 人;高级工程师 5 人,工程师 27 人,助理工程师 22 人;35 岁以下 18 人,36~45 岁 16 人,46~55 岁 14 人,56 岁以上 6 人。

党建与气象文化建设 鹰潭市气象部门有党支部 3 个,党员 34 人,占职工总数的 47%。市气象局每年与各科(台)和县气象局签订党风廉政责任状,没有出现违法违纪现象。

主要业务范围

地面气象观测 全市共有地面气象观测站 3 个。其中贵溪市气象局为国家基本气象站,地面气象观测资料参加亚洲气象情报交换。1938 年 8 月贵溪测候所进行气温、雨量、雨日、蒸发、风等项目观测;1952 年 7 月起贵溪县气象站进行气压、气温、湿度、风向、降水、蒸发、草温、云状、云向、云速、云高、能见度、天气现象、地面状态、日照、积雪等项目的观测;1954 年 1 月起贵溪县气象站执行《气象观测规范(地面部分)》(气技 104),取消草温观测;1956 年 10 月增加电线积冰观测;1957 年 10 月增加积雪密度观测,同年 12 月停止云向、云速的观测;1961 年 1 月 1 日起执行中央气象局颁发的《地面气象观测规范》的急需实施部分,1962 年 1 月 1 日起全面执行;1980 年 1 月 1 日执行修改后的《地面气象观测规范》,同时增加指示性云、地方性云、系统性云的观测。

鹰潭市气象局和余江县气象局为国家一般气象站,除电线积冰等特殊项目的观测外,地面气象观测项目与贵溪县气象局基本相同。自 1994 年 1 月 1 日起,余江县气象局停止地温、蒸发的观测,同时开展简化云状和天气现象的观测记录。

1954 年 8 月 26 日,贵溪县气象站开始为军、民航拍发危险天气电报;1954 年 12 月 1 日,江西省气象局指定贵溪县气象站为担负拍发固定航空危险天气报任务站,拍发地点涉及 8 个省(市)18 个军、民航单位;1957 年 1 月,增加 30 分钟一次的特殊航空报。

农业气象 1958 年,贵溪县气象站开始进行生育期观测和物候观测。观测项目主要有:早稻、二季晚稻、泡桐树、葡萄等;1962 年,贵溪县气象站停止农业气象业务,余江县气象站被调整为全省农业气象观测站;1978 年,各县气象站均设立农气组,恢复农业气象观测;1980 年 1 月,余江县气象站被调整为一般农业气象站,开展简易的农业气象观测;1987 年,贵溪县气象站被调整为二级农业气象站,开展以双季稻为主的农业气象观测并发报;1990 年 1 月,将贵溪县气象站的二级农业气象站调整给余江县气象站,余江县气象站被定为二级农业气象站;1992 年观测水稻和辣椒,1993 年观测水稻,1994 年观测柑橘和甘蔗,1995 年观测甘蔗,1996 年观测水稻、柑橘和甘蔗,1997—2008 年观测柑橘和甘蔗。

天气预报 1956 年 10 月前,各县气象站不制作天气预报;1956 年 11 月贵溪县气象站首次正式发播了霜冻预报;1958 年 7 月贵溪县气象站正式发布未来 12~72 小时天气预报及灾害性天气预报;1959 年 1 月贵溪县气象站开始制作年度天气展望,月、旬天气趋势预报以及重要农事季节的中、长期天气预报;1986 年开始制作短时灾害性天气预报;1988 年 10 月余江县气象站除制作专业服务预报、短时订正预报外,短期天气预报由鹰潭市气象台代作;贵溪县气象站从 1991 年起,每年 9 月至次年 2 月由市气象台代作;20 世纪 80 年代市气象台制作未来 2 天的一般性、灾害性天气预报;2008 年 6 月 15 日起,市气象台增加预报频次,每天 04、06、10、16 时 4 个时次制作发布未来 3 天天气预报。

人工影响天气 鹰潭地区人工增雨最早开始于 1978 年;2007 年 4 月 1 日,在贵溪市塔桥园艺场首次成功实施人工消雹作业,至 2008 年贵溪市、余江县气象局均为江西省人工防雹作业点,全市已建立市、县 3 支标准化人工影响天气作业队伍。

鹰潭市气象局

鹰潭属亚热带湿润季风气候,四季分明,无霜期长,光照充足,冷暖变化显著,降水充沛而时空分配不均,主要气象灾害有干旱、洪涝、风雹、冻害等。年平均气温 18.3℃,极端最高气温 41.0℃(1991 年 7 月 23 日),极端最低气温 −10.4℃(1991 年 12 月 29 日);年平均降水量 1881.8 毫米,年平均日照时数 1750 小时。

鹰潭市气象局位于鹰潭市军民路 19 号,观测场位于北纬 28°15′,东经 117°02′,海拔高度 55.8 米,观测场面积 25 米×25 米,为国家一般气象站。

机构历史沿革

始建情况 鹰潭镇气象站成立于 1973 年 1 月。

历史沿革 建站时称鹰潭镇气象站;1979 年 3 月改名为鹰潭市气象站;1980 年 7 月改名为鹰潭市气象局,升级为科级单位;1984 年 1 月,鹰潭升格为省辖市,更名为鹰潭市气象站;1984 年 7 月更名为鹰潭市气象局;1985 年 4 月更名为鹰潭市气象台,升为处级单位;1992 年 4 月更名为鹰潭市气象局;1993 年 1 月鹰潭市气象局开始接管全市的气象业务工作。

管理体制 建站时由鹰潭镇人民武装部和镇革命委员会管理;1980 年 7 月,实行气象部门和地方政府双重领导,以气象部门领导为主的管理体制。1985 年 4 月升为处级单位,管理鹰潭市所辖两县气象站,业务工作仍由上饶市气象局代管。

机构设置 1985 年鹰潭市气象台成立后,下设气象科和人秘科;同年 10 月 10 日成立鹰潭市气象学会;1987 年 9 月 27 日成立鹰潭市气象局工会;1988 年 9 月 22 日成立鹰潭市气象局党组,同时设立鹰潭市气象局党组纪检组;1990 年 8 月 4 日鹰潭市政府成立鹰潭市人工影响天气领导小组,下设办公室,挂靠在市气象局;同年 10 月成立气象服务科;1991 年 3 月成立鹰潭市防雷中心;1992 年 4 月鹰潭市气象科改称鹰潭市气象台;1993 年 11 月成立综合经营科;1998 年人秘科改称综合管理科,气象服务科改称气象科技服务中心;2002 年 3 月鹰潭市防雷中心改称鹰潭市防雷装置质量检测检验所;2006 年 1 月综合管理科分为办公室、业务科技科、政策法规科 3 个科室。

至 2008 年,市气象局下设 3 个职能科室,即办公室(人事教育科、计划财务科、监察审计科)、业务科技科、政策法规科(雷电防护管理局);3 个直属事业单位,即鹰潭市气象台(鹰潭市气象研究所、鹰潭市环境预报中心、信江下游流域预报中心、鹰潭市农村信息中心)、鹰潭市气象科技服务中心(鹰潭市风云科技发展有限公司)、鹰潭市防雷装置检测检验所;1 个地方机构,即鹰潭市人工影响天气领导小组办公室。

单位名称及主要负责人变更情况

单位名称	姓名	职务	任职时间
鹰潭镇气象站	袁竹静	站长	1973.01—1979.03
鹰潭市气象站		站长	1979.03—1980.07
鹰潭市气象局		局长	1980.07—1984.01
鹰潭市气象站		站长	1984.01—1984.07
鹰潭市气象局	王春红	副局长(主持工作)	1984.07—1985.04
鹰潭市气象台		副台长(主持工作)	1985.04—1985.10
	周兴	副台长(主持工作)	1985.10—1987.02
	付旭	台长	1987.02—1991.12
	刘水胜	副台长(主持工作)	1991.12—1992.04
鹰潭市气象局		局长	1992.04—1999.01
	朱有生	局长	1999.01—2001.12
	邹伦硕	局长	2001.12—

人员状况 1973 年鹰潭镇气象站建站时有 3 人;1978 年有 8 人;1985 年成立鹰潭市气象局时工作人员增加到 10 人。截至 2008 年 12 月,全局在职人员 33 人,退休人员 11 人,均为汉族;党员 22 人,占职工总数的 50%;在职人员中本科学历 19 人,大专学历 9 人,中专及以下学历 5 人;高级工程师 4 人,工程师 15 人,助理工程师 14 人;35 岁以下 13 人,36～45 岁 9 人,46～55 岁 9 人,56 岁以上 2 人。

气象业务与服务

1. 气象业务

①地面气象观测

地面观测 建站时每日进行 08、14、20 时 3 个时次人工观测,并按时编发加密气象观测报告、重要天气报告、气象旬(月)报、预约航空报和危险报等,制作气象月报表和年报表;1986 年 3 月配备了 PC-1500 袖珍计算机取代人工编报;2003 年建成 CAWS600 型自动气象站,2004—2005 年进行人工与自动站平行观测;2006 年起进入自动站单轨业务运行。

观测项目 地面气象观测主要项目有云、能见度、天气现象、日照、蒸发、雪深(仍为人工观测)、气压、空气的温度和湿度、风向、风速、降水、地面温度、浅层地温(自动站 24 小时连续观测,人工 20 时对比观测)。

现代化观测系统 2005—2008 年先后建成区域气象观测站网、省市可视会商系统、闪电定位仪、多普勒天气雷达同步终端及延伸系统、雨滴谱观测仪、酸雨观测站、风云 2 号气象卫星数据接收系统、GPS/MET 水汽监测站。

②天气预报

短时临近预报 20 世纪 80—90 年代,短时临近预报主要对突发灾害性天气进行补充订正预报;2005 年以来,鹰潭市气象台加强了对灾害性天气的监测和预警,预报产品包括 0～1 小时、1～3 小时、3～6 小时灾害性天气预报及定量降水预报等。

短期天气预报 20 世纪 80 年代,鹰潭市气象台制作未来 2 天内的一般性、灾害性短期天气预报;2008 年 6 月 15 日起鹰潭市气象台增加预报频次,每天 04、06、10、16 时 4 个时次制作并对外发布未来 3 天天气预报。

中期及长期天气预报 从 1989 年开始,实行预报业务结构调整,中、长期天气预报不作为地(市)台的指令性任务。因服务需要,仍坚持制作旬、月气候预测、春播期、汛期的气候预测、年景展望等。

专业预报 主要包括农业病虫害预报、紫外线、空气质量、火险等级预报、人体舒适度预报等。

预报工具和方法 1979 年 5 月,配备传真机接收气象传真图,结束了靠手摇电话和收听气象广播来收集气象资料和气象情报的落后状况;1986 年 7 月配置 15 瓦甚高频对讲机,组成气象辅助通讯网;1988 年 1 月建成单向气象警报广播系统;1993 年 6 月建立电子计算机远程工作站,开展卫星云图、数值预报产品应用等研究;1997 年气象信息综合分析处理系统 MICAPS 投入业务使用。

1976—1980 年开展气象资料统计方法研究;1982—1988 年研制 MOS 长、中、短期整套预报方法;1988 年 8 月—1992 年 2 月实施预报体制改革,开展市气象台取代县气象站预报方法研究;2003—2008 年先后开展暴雨、突发灾害性天气的短时临近预报预警、气象灾害防御、区域气象观测站应用与服务、气象信息保障技术的研究等。

2. 气象服务

主要有公众气象服务、决策气象服务、专业与专项气象服务、气象科技服务四大类。服务领域已由社会公众、地方党委、政府及水利、农业、电力、交通运输等行业扩展到彩球广告、电视广告、防雷安全、人工影响天气、气象信息服务等领域。

公众气象服务 20 世纪 80 年代初,气象服务以书面文字发送为主;1986 年 4 月起江西省电视台每日新闻节目后增加播放鹰潭市未来 24 小时天气预报;1988 年 1 月建立小功率无线电发射台,每天两次通过气象警报广播系统发布未来 1～3 天的天气预报;1993 年 1 月起市电视台每日新闻节目后播放鹰潭市短期天气预报;1997 年开始自主制作电视天气预报节目,同年"121"天气预报自动答询电话系统投入使用;2000 年 7 月鹰潭农经网开通,2006 年 9 月 1 日改版为鹰潭新农村建设网;2002 年开通气象短信平台;2004 年开通全省首家农村经济信息声讯服务系统,实现了天气预报及农经信息进村入户。

决策气象服务 每年汛期将信江河、白塔河流域上游各站的雨情、水情收集起来加以分析,结合天气预报及时向决策指挥部门报告。在抵御 1989 年、1992 年、1994 年、1998 年历次洪涝中均发挥了重要作用。2008 年 1 月 12 日—2 月 5 日鹰潭市出现了历史罕见的持续低温雨雪冰冻天气,市气象局先后启动了重大气象灾害预警应急预案Ⅲ级、Ⅱ级应急响应,为鹰潭市委、市政府指挥抗冰救灾提供了决策依据。

气象科普宣传 市气象局被江西省8个厅局命名为省级青少年科普活动基地,每年采取定时和临时相结合的方式面向全社会免费开放。每年以纪念世界气象日、防灾减灾日、科技活动周活动为契机,围绕防灾减灾主题,结合鹰潭市气象事业发展的实际,精心组织各项宣传活动。

气象法规建设与社会管理

法规建设 2002年10月鹰潭市政府颁布实施《鹰潭市防雷减灾管理办法》(市政府令第29号);2004年6月鹰潭市政府颁布实施《鹰潭市人工影响天气管理办法》(市政府令第35号)。

为依法发展气象事业、规范管理气象活动,市气象局结合本地区实际,依法制定《关于加快气象事业发展的实施意见》、《关于进一步加强气象灾害防御工作的实施意见》、《鹰潭市探测环境保护办法》、《鹰潭市气象灾害应急预案》等规范性文件。

社会管理 承担着管辖区域内的气象行政许可和行政执法任务,防雷装置设计审核和竣工验收由鹰潭市防雷装置检测检验所负责,防雷工程、庆典彩球等由市风云科技发展有限公司经营,做到政、事、企分开。2004年1月防雷装置设计审核和竣工验收的行政许可进驻市行政服务中心统一办理,防雷装置管理职能得到进一步加强。

政务公开 成立局务公开工作领导小组和政务公开工作监督小组,于2006年制定《鹰潭市气象局局务公开监督管理办法》、《鹰潭市气象局局务公开责任追究制度》。设立对社会公开和对内公开两块局务公开栏,将市气象局的办事制度、依据、职责范围、干部人事、财务等重点工作事项予以公开。

党建与气象文化建设

1. 党建工作

党的组织建设 建站时鹰潭市气象站党员人数不足3人,与鹰潭农牧渔业局合为一个党支部。1986年3月成立鹰潭市气象台党支部时,有党员4人。截至2008年12月,有党员22人(其中退休党员5人)。

党风廉政建设 成立气象廉政文化建设工作小组,认真落实党风廉政建设目标责任制,市气象局党组与全市机关科室、市直属单位及县(市)气象局主要领导签订党风廉政责任状。自2002年以来,市气象局开展好每年的党风廉政宣传月活动。围绕"人、财、物、事"四权,制定《党组议事规则》、《财务管理制度》、《招待费管理办法》、《用车制度》、《信访接待制度》、《廉政谈话制度》、《督办督查制度》、《党风廉政责任制度》、《县(市)局三人决策制度》和《安全生产管理办法》。财务账目每年接受江西省气象局的年度审计,纠正财务违规行为,严格规范财务管理,杜绝"小金库"及"账外账"的发生,并将结果向全局职工公布。全局干部职工没有违法、违纪、违规现象发生。

2. 气象文化建设

精神文明建设　成立创建精神文明行业活动领导小组,制定《鹰潭市气象部门岗位行为规范和职业道德规范》、《鹰潭市气象局开展文明创建活动考核评比办法》、《鹰潭市气象部门文明创建工作规划》、《鹰潭市气象部门创文明行业活动实施方案》,充分发挥党组织、共青团、工会等的作用,开展各项活动。

文明单位创建　鹰潭市气象局被评为第十届(2004—2005年度)、第十一届(2006—2007年度)江西省文明单位;1986年开始连年被评为鹰潭市文明单位;连续被评为江西省第一届、第二届文明行业;2004年在全市所有条管和窗口单位行风评议中荣获第一名。

文体活动　市气象局重视群众性文化体育活动设施设备的建设,建有图书阅览室、职工学习室、室内乒乓球馆、室外篮球场等文体设施。积极开展气象文化建设专项活动,通过宣传栏、广告牌匾等形式大力宣传气象文化建设。积极参加江西省气象局和地方组织的文艺汇演和体育运动,如江西省气象部门首届运动会、"我看气象事业改革发展30年"有奖征文和有奖摄影比赛、"华云杯"气象知识竞赛等活动,努力推动群众性文化体育活动的开展,丰富干部职工的业余生活。

3. 荣誉

1990年鹰潭市气象局受到中国气象局通报表扬,发给奖金并授匾;1989年、1992年受到江西省气象局汛期防洪抗灾气象服务工作集体记功奖励;2005年被中共中央宣传部、司法部联合授予"2001—2005年全国法制宣传教育先进单位"称号;2003年、2007年被江西省气象局授予"人工增雨抗旱先进集体"称号;近年来多次被鹰潭市委、市政府评为抗洪抢险先进单位、安全生产先进单位、综合治理工作先进单位、和谐平安单位、计划生育先进单位等;2008年,在鹰潭市委组织的市直部门单位述职考评中,获驻鹰条管单位类别第三名。

台站建设

1973年鹰潭市气象局建成时占地面积8200平方米,有1幢办公房约60平方米,2幢职工宿舍约365平方米;1985年1月江西省气象局拨款5万元,建成1幢新的职工宿舍楼,建筑面积480平方米;1987年7月江西省气象局拨款8万元,鹰潭市政府拨款2万元,建成1幢办公楼,建筑面积890平方米;1989年1月江西省气象局拨款8万元,鹰潭市政府拨款2万元,建成1幢职工宿舍楼;2000年全局干部职工集资100万元建成1幢宿舍楼;2001年江西省气象局拨款30万对办公楼进行装修,拨款27万元对鹰潭市气象局院落环境进行整治;2005年江西省气象局拨款30万元,为鹰潭市气象局购置867平方米土地;至2008年底,全局占地9067平方米。

贵溪市气象局

贵溪市位于江西省东北部,信江中游,自唐永泰元年(765 年)建县,1996 年成立县级市。土地面积 2480 平方千米,总人口 55 万,辖 18 个乡镇、3 个街道办事处、7 个林(垦殖、园艺)场。

贵溪市属亚热带季风湿润气候。四季分明、热量丰富、光照充足、雨量充沛、无霜期长。年平均气温 18.4℃,年极端最高气温 41.1℃(2003 年 8 月 11 日),年极端最低气温 −9.3℃(1991 年 12 月 29 日);年平均降水量 1863.2 毫米;年平均日照时数 1808.8 小时。

贵溪市气象局位于贵溪市三小路,观测场经纬度为北纬 28°18′,东经 117°13′,海拔高度 51.2 米,为国家基本气象站。

机构历史沿革

始建情况 贵溪气象站于 1952 年 7 月 1 日,由中南军区气象处和上饶军分区在县城东门外青莲寺建立气象站;1957 年 10 月 1 日,因观测场不符合规范要求,迁至贵溪县雄石镇和平街 630 号(即汪张村)。

历史沿革 1952 年 7 月 1 日站名为江西上饶军分区贵溪气象站;1953 年 11 月更名为江西省贵溪气象站;1959 年 6 月更名为贵溪县水文气象站;1960 年 3 月 15 日更名为贵溪县水文气象服务站;1962 年 7 月更名为江西省上饶水文气象总站贵溪气象服务站;1964 年 6 月更名为江西省贵溪气象服务站;1969 年 5 月更名为江西省贵溪县农业服务站革命委员会气象服务组,为县农业服务站(今农业局)下属单位;1970 年 12 月站名定为江西省贵溪县气象站;1980 年 7 月成立贵溪县气象局,实行局、站合一;1984 年 1 月撤销贵溪县气象局,更名为贵溪县气象站;1992 年 4 月 22 日更名为贵溪县气象局;1996 年 9 月 1 日由于撤县建市,更名为贵溪市气象局;从 2006 年 12 月 31 日 20 时开始,由原国家基本气象站调整为国家气象观测站一级站。

管理体制 1952 年 7 月 1 日,建站时属军队建制;1953 年 11 月 16 日从军队系统建制转到政府系统建制;1959 年 3 月 3 日划归上饶专区水文气象总站和县政府双重管理;1962 年 7 月 1 日划归江西省水利电力厅水文气象局管理;1970 年 6 月 8 日江西省革命委员会抓革命促生产指挥部决定将全省各专(市)县水文气象台站下放给各专(市)县革命委员会管理,县气象站划归县革命委员会抓革命促生产指挥部管理;1970 年 12 月 18 日由县人民武装部和县革命委员会双重管理、以县人民武装部管理为主;1973 年 6 月 22 日改由县革命委员会管理,归口农林办;1980 年 7 月,实行气象部门与地方政府双重领导,以气象部门领导为主的管理体制。

机构设置 1952 年 7 月 1 日建站至 1971 年,测报、预报、农业气象等业务工作均系大轮班,未设任何机构;1972 年 3 月开始,测站下设测报组、预报组;1980 年 7 月成立县气象局,下设测报、预报、农业气象 3 个股;1985 年 12 月贵溪县气象学会和县气象站工会成立;1988 年 1 月预报股与农气股合并,设测报股、预报服务股;1991 年成立检测所;1992 年 9 月成立气象科技服务中心;2000 年 1 月,下设立办公室、气象科技服务中心、检测所、综合业务股;2001 年 4 月综合业务股增挂贵溪市农村经济信息中心牌子;2001 年 8 月经市机构编制委员会批准增挂贵溪市雷电防护管理局牌子;2002 年 4 月成立贵溪市防灾减灾委员会,办公室挂靠在气象局;2002 年 11 月经市机构编制委员会批准成立贵溪市人工影响天气领导小组办公室,挂靠在市气象局。

单位名称及主要负责人变更情况

单位名称	姓名	职务	任职时间
江西上饶军分区贵溪气象站	张瑞华	站长	1952.07—1953.05
	黄为政	站长	1953.05—1953.11
			1953.11—1956.03
江西省贵溪气象站	胡景会	站长	1956.03—1957.08
	高顺元	站长	1957.08—1958.11
			1958.11—1959.06
贵溪县水文气象站	黄继威	副站长(主持工作)	1959.06—1960.03
			1960.03—1960.11
贵溪县水文气象服务站	杨兆球	站长	1960.11—1961.01
	付任华	站长	1961.01—1961.09
	黄继威	站长	1961.09—1962.07
江西省上饶水文气象服务总站 贵溪气象服务站	袁竹静	站长	1962.07—1964.06
江西省贵溪气象服务站			1964.06—1969.05
			1969.05—1969.11
江西省贵溪县农业服务站 革命委员会气象服务组	张德节	负责人	1969.11—1970.10
	董正帮	站长	1970.10—1970.12
			1970.12—1974.01
江西省贵溪县气象站	游美旺	负责人	1974.01—1975.01
	夏才春	站长	1975.01—1980.07
贵溪县气象局		局长	1980.07—1980.10
	王则云	副局长(主持工作)	1980.10—1984.01
		副站长(主持工作)	1984.01—1984.07
贵溪县气象站	吴元善	副站长(主持工作)	1984.07—1985.02
	王则云	站长	1985.02—1988.02
	李检详	副站长(主持工作)	1988.02—1989.01
	徐民健	站长	1989.01—1992.04
贵溪县气象局		局长	1992.04—1993.11
	吴元善	局长	1993.11—1997.12
贵溪市气象局	徐建国	局长	1997.12—2002.07
	俞发民	局长	2002.07—

人员状况 1952 年建站时有 6 人。到 2008 年底,有在职职工 12 人,退休职工 5 人,均为汉族。在职职工中本科学历 3 人,大专学历 3 人,中专学历 4 人,高中及以下学历 2 人。全局平均年龄 42 岁(其中 30～40 岁 5 人,40～50 岁 6 人,50 岁以上 1 人)。高级工程师 1

人,工程师8人,助理工程师3人。

气象业务与服务

1. 气象业务

①地面气象观测

地面观测始于1952年7月,为国家基本站,24小时值守班。2002年8月建成自动气象站。

观测项目　1952年7月开始进行气压、气温、湿度、风向、风速、降水、蒸发、草温、云状、云向、云速、云高、能见度、天气现象、地面状态、日照、积雪等项目的观测;1954年1月取消草温观测;1956年10月增加电线积冰观测;1957年10月增加积雪密度观测,1961年1月1日停止;1958年7月增加地温(包括0厘米、最高、最低)观测,同年12月停止云向、云速的观测;1998年1月1日增加大型蒸发观测;2002年1月1日停止小型蒸发观测;2004年1月1日增加40～160厘米地温、海平面气象观测;2007年1月1日增加草温观测。

气象电报　1952年7月1日每天拍发8次天气报,1957年1月起每天进行05、08、14、17时4次天气报;1954年12月1日起拍发航空报;1957年1月增加危险报和30分钟1次的特殊航空报;1960年增加每天08时区域绘图天气报告(GD-81),同年9月增加区域危险天气通报(GD-82);1982年开始拍发台风试验报;1984年1月1日增加重要天气报;1985年增加台风加密报;2007年1月1日天气报调整为每天8次。

气象哨与区域自动站　1959年3月以前,在全县26个公社(场)建立气象哨,1967年全县大部分气象哨自行解散,仅有文坊、塘湾、上清3个气象哨坚持每日3次的定时观测,并按月制作报表上报贵溪县气象站,至1986年底全市农村气象哨全部撤销。

2005年10月开始建设区域自动站,至2008年12月共建成20个区域站,其中四要素站9个,两要素站2个,单要素站9个。

②高空探测

1952年7月至1956年12月开展经纬仪高空测风业务,每天进行2次(07、19时)探测并发报。

③农业气象

1958年3月,贵溪市气象站对双季稻进行各生育期的观测和植株高度、密度的观测;1962年停止观测;1987年恢复简易农业气象观测,主要作物仍以双季稻为主,并被定为二级站;1990年初业务改革调整,农业气象观测移交给余江站。

在开展农业气象业务的同时,开展物候观测。1988年在鸿塘乡进行秋玉米适时播种及生育期所需气象条件实验;1989年和县农业局种子站开展南北两乡杂交水稻制种实验;1989年和塔桥园艺场果科所合作,对贵溪北乡柑橘开展生育各阶段所需气象条件实验。

农业区划　1980年11月开始气候资源调查;1983年3月18日正式完成《贵溪县农业气候资源考察与农业气候区划报告》。

农业气象情报与预报　20世纪50年代末,开始制作农业气象预报,最早制作的是早稻播种期预报。随着农业生产的需求,逐步开展农业灾害性天气预报、农作物生育期预报、农用天气预报、水稻产量预报等。

④天气预报

预报种类 1956年10月以前不制作天气预报,只担负气象观测任务;11月开始首次正式发布霜冻预报;1958年7月开始每天正式发布未来12~72小时天气预报及灾害性天气预报;1959年1月开始制作年度天气展望,旬、月天气趋势预报以及重要农事季节(春播、汛期、干旱期、寒露风)的中、长期天气预报;1984年1月增加森林火险气象等级预报,同时根据用户需求,制作专业天气预报;1986年开始制作短时灾害性天气预报;2004年发布短时临近预报;2006年1月发布灾害性天气预警信号。

预报工具 20世纪50年代后期至60年代,运用曲线图、剖面图、气象要素之间前后相关的点聚图,气象要素空间分布的简易天气图等预报工具,结合群众看天经验、物候天象先兆反应等进行综合分析作出预报;1963年1月起利用汉口广播的08时高空图和14时地面实况作为预报依据;1973年1月正式确立以基本资料、基本图表、基本方法、基本档案为主体的县气象站预报方法;1979年5月1日正式开展气象传真业务,获取天气图、数值天气预报产品等空间气象资料;1982年开始推广应用模式输出统计法(MOS方法),建立4—6月大暴雨,冬季强冷空气和24、48小时晴雨天气的"MOS"预报方法;1994年4月建立电子计算机远程工作终端,逐步取代传真机;1999年4月建立PC-VSAT(气象卫星信息广播系统)、MICAPS(气象信息综合分析处理系统),气象信息量大增;21世纪通过计算机网络获取雷达和区域站资料制作短时天气预报。

⑤气象信息网络

建站初期气象电报收发主要通过邮电无线通讯;1986年7月气象辅助通信网(甚高频电话)建成;1989年8月15日开始用辅助通信网传输拍发小区域气象报;1996年气象报表、旬(月)报、台风定位报等开始陆续采用计算机拨号上传;1999年10月增加分组交换网;2000年5月1日天气报等气象信息(航空报除外)全部实现分组交换上传;2003年5月13日撤销分组交换网,改用ADSL(航空报除外)上传气象信息;2007年1月建成2兆MSTP专线,气象信息(航空报除外)全部采用专线上传,ADSL作为备份;2007年7月2日航空报通过VPN方式上传至南昌电信报房,原来通过电信部门传输方式停止。

2001年6月与市农村工作办公室合办贵溪市农村经济信息网,2006年9月1日更名为贵溪市新农村建设网。

2.气象服务

公众气象服务 1953年以前,气象工作主要服务于军事;1958年确定气象工作以农业服务为重点;1959年3月开展单站补充天气预报,每天通过县广播站向公众发布未来1~3天的天气预报和未来24小时的天气、风向、风力、最高、最低温度等,于20世纪80年代末停播;1989年《贵溪报》复刊,每年的春播等重要农事季节,专题刊登天气信息;1990年建立灾害性天气警报网;1994年4月建立双向气象警报服务系统,用于传递气象信息;1996年8月与电信局合作开通"121"天气预报自动答询电话系统;1997年起,在江西电视台播出贵溪市天气预报;1997年10月与市广播电视局协商在有线电视台每天播出贵溪市天气预报,遇有重要天气过程和灾害性天气时随时插播;2001年6月开通农经网,通过网络方式发送天气预报;从2003年8月起,通过气象短信方式向有关用户发布气象信息。

决策气象服务 1960 年开始,贵溪市气象局定期向县委、县政府各位领导、各乡镇场以及农、林、水各部门,以书面形式发布旬(月)天气预报等,20 世纪 90 年代起,利用电话、传真、手机短信、互联网等发布气象信息。

专业与专项气象服务 1958 年气象服务工作的重点转向农业;20 世纪 80 年代初,气象服务由主要为粮食生产服务扩展为农、林、牧、副、渔综合性的大农业服务。

1978 年秋,贵溪市在彭湾乡用"三七"高炮开展人工增雨作业 2 次,贵溪市气象局气象员作为技术人员参加现场作业指挥,取得较明显的试验效果;1979 年贵溪县政府成立人工增雨领导小组,下设的办公室就设在市气象站;2000 年 11 月 17 日市人民武装部划拨 3 门 55 式"三七"高炮(单管)给贵溪市人工影响天气领导小组办公室;2003 年 7 月 18 日购买人工增雨火箭发射架 1 套。

1992 年开始进行防雷检测服务,2004 年开始防雷装置的设计、审核、施工和竣工验收工作。

气象科技服务与技术开发 1985 年初开始逐步在部分企业试行有偿专业气象服务,定期向有关单位发布气象信息;1990 年利用气象警报接收机传递气象信息和停限电信息服务,同年开展彩球广告服务;1993 年开始安装电子避雷器;1994 年 4 月建成双向气象警报接收机,每天 2 次通过气象警报广播系统发布未来 1~3 天的天气预报,遇有灾害性和突发性天气,随时发布各种气象信息;1997 年 10 月开始电视广告服务;至 2008 年,服务领域发展到气象信息服务、彩球广告、电视广告、防雷安全系列服务等四大类。

气象科普宣传 自 1985 年以来,市气象局被贵溪市科协列为贵溪市青少年气象科普教育示范基地,每年通过开展讲授气象科普知识、举办气象报告会、利用宣传媒介传播气象知识、开展气象科技咨询等方式开展气象科普宣传。

气象法规建设与社会管理

法规建设 1998 年 1 月 20 日贵溪市政府下发《关于加强我市防雷安全工作的通知》(贵府字〔1998〕8 号)。2002 年 1 月 23 日贵溪市政府办公室下发《关于印发《贯彻江西省实施《气象法》办法暨加强防雷安全工作座谈会会议纪要》的通知(贵府办字〔2002〕8 号),同年 11 月 29 日,贵溪市政府办公室下发《关于贯彻《江西省人工影响天气管理办法》的通知》(贵府办字〔2002〕98 号)。2006 年 6 月 26 日,贵溪市政府办公室下发《关于印发贵溪市气象灾害应急预案的通知》(贵府办字〔2006〕32 号)。

社会管理 主要职能有探测环境保护、施放气球管理和防雷管理。防雷管理始于 2001 年 8 月,经市编制委员会批准增挂贵溪市雷电防护管理局牌子。2000 年 1 月贵溪市政府法制办批复确认气象局具有独立行政执法主体资格,并为 3 名职工办理行政执法证。2001 年气象局为安全生产委员会成员单位,明确气象局施放气球安全管理和防雷安全管理职责。

局务公开 2002 年开始推行局务公开制度。市气象局对外公开的主要有行政管理和技术服务有关内容、项目、依据、收费标准、服务指南、办事承诺等;对内公开的主要是单位发展规划、财务管理、行政管理等项目。

党建与气象文化建设

1. 党建工作

党的组织建设 建站时只有党员1名,未成立党支部;直到1962年10月与县拖拉机站、木丝岭水库联合成立党支部;1963年县气象站新发展党员2名,成立党小组。到1972年正式成立气象站党支部时,有党员5名;截至2008年底,有中共党员5名,预备党员1名。

党风廉政建设 2001年,市气象局内设兼职党风廉政监督员,形成三人决策机制;2002年开始推行局务公开制度,同年8月开始,每年开展党风廉政建设宣传教育月活动;2003年起,市气象局主要领导与县气象局主要领导签订党风廉政建设责任书;2004年开始,每年向地方纪委汇报党风廉政工作。

2. 气象文化建设

文明单位建设 2001年制定《2001—2005年精神文明建设规划》,对2001—2005年精神文明建设工作进行规划和指导;2002年成立精神文明建设领导小组,制定《精神文明建设领导小组工作职责》;2006年制订"十一五"期间文明建设规划。

1985—2008年连续被鹰潭市委、市政府评为鹰潭市文明单位;2004年6月被江西省委、省政府授予"第九届文明单位"称号;2005年8月被贵溪市文明委评为"十佳文明庭院";2006年3月被贵溪市文明委授予"全市文明行业"称号;2006年4月被鹰潭市文明委授予"首届文明行业"称号。

文体活动 不断改善职工群众文化娱乐条件,1997年购买电视、音响等娱乐设备,购买图书300余册,建成羽毛球场。2001年8月建成篮球场。2007年1月购置跑步机等健身器材。2002年开始,每年5月组织开展丰富多彩的文体活动。

3. 荣誉与人物

集体荣誉 1985年以来,贵溪市气象局共获集体荣誉63项。其中1986年、1988年被江西省气象局评为文明单位;1989年被江西省气象局评为"防洪抢险"先进单位;1989年被江西省总工会评为"先进职工之家";1991年、1993年、1994年、1996年被江西省气象局评为"先进单位";2000年、2001年被江西省人工影响天气领导小组评为人工增雨抗旱服务"先进集体";2001年被鹰潭市委、市政府授予"抗洪抢险先进集体"称号;2004—2008年被江西省气象局评为"全省地面测报业务优胜单位";2005年11月被中国气象局评为"政务公开先进单位";2006年1月被江西省气象局、江西省人事厅评为"全省气象工作先进集体"。

人物简介 王则云,1938年9月出生,浙江温州人,1958年8月毕业于北京气象学校。1972年9月起在贵溪县气象站工作,1979年10月任贵溪县气象站副站长,1985年2月任站长。1977年12月王则云当选江西省五届人大代表;1983年连选为江西省六届人大代表;1978年10月王则云被评为全国气象部门"学大庆、学大寨"先进工作者;1980年2月,王则云被授予"江西省劳动模范"称号。

台站建设

　　1952 年建站时,除观测场外,办公、宿舍均在县城东门外青莲寺内;1957 年上半年在县城雄石镇和平街(汪张村)兴建观测场、办公室、值班室及单身宿舍等,耗资 1 万元;1968 年 5 月宿舍偏西角墙体被雷电击裂;1972 年新盖平房办公室 1 栋,耗资 0.7 万元,1983 年拆除;1974 年拆除原单身宿舍,新盖 2 栋平房宿舍共 12 套,耗资 0.9 万元;1983—1984 年新盖二层平顶办公楼 1 栋 400 平方米,耗资 4 万元;1989 年拆除平房宿舍 1 栋,新盖二层宿舍 1 栋 12 套,700 平方米,耗资 12 万元;1998 年投入 18 万元对办公楼和院内环境进行综合改善;1998 年全局个人集资 35 万元建宿舍 1 栋 14 套,拆除平房宿舍 1 栋;全局现占地 7400 平方米。

贵溪市气象局观测场(摄于 1953 年)

贵溪市气象局(摄于 2006 年)

余江县气象局

　　余江古名安仁,正式建县于北宋端拱元年(988 年)。余江县位于江西省东北部,面积936.93 平方千米,总人口 34.4 万,辖 6 个镇、5 个乡、7 个农场、137 个行政村、12 个街道居委会。年平均气温 17.5℃,极端最高气温 40.5℃(1971 年 7 月 31 日),极端最低气温 －15.1℃(1991 年 12 月 29 日);年平均降水量 1832.8 毫米,年平均日照时数 1739.4 小时。

　　余江县气象局位于余江县邓埠镇上宋,观测场经纬度为北纬 28°12′,东经 116°49′,海拔高度为 39.8 米。

机构历史沿革

　　始建情况　1954 年 7 月 1 日建立江西邓家埠气候站(二等站),属场办专业气候站(邓家埠水稻原种场);1955 年 5 月份改名为江西省余江邓家埠气候站;1965 年 6 月该站撤销。1959 年 1 月 1 日正式建立江西省余江气候站(属国家一般站)。

　　站址迁移情况　1959 年 10 月迁至余江县锦江镇茶场,距原址约 1500 米;从 1965 年 3 月起,迁至新县城所在地邓埠镇,站址在余江县邓埠镇上宋。

历史沿革 1959年1月1日建立江西省余江气候站(属国家一般站);1959年5月更名为余江县水文气象站;1960年3月更名为余江县水文气象服务站;1962年6月更名为余江县气象服务站;1971年3月更名为江西省余江县气象站;1981年10月更名为余江县气象局;1984年1月更名为余江县气象站;1992年5月更名为余江县气象局。

管理体制 建站时建制单位为江西省水文气象局;1959年4月至1962年5月为余江县人民委员会管理;1962年6月至1971年2月为江西省水文气象局管理;1971年3月至1973年7月为中国人民解放军余江县人民武装部管理;1973年8月至1980年6月为余江县革命委员会管理;从1980年7月起,实行气象部门与地方政府双重领导,以气象部门领导为主的管理体制。

机构设置 1976年以前未设置下属机构;1976年成立测报组和预报组;1981年11月将测报组和预报组改为测报股和预报股,同时成立农业气象服务站;1988年1月将预报和农业气象合并,成立预报服务股;1994年1月将测报股和预报服务股分别改为综合业务部和综合服务部;2002年3月设立余江县减灾委员会办公室;2003年6月增设防雷装置检测检验所;2002年1月设立余江县人工影响天气办公室。至2008年,县气象局下设综合业务部、综合服务部、防雷检测所、人工影响天气办公室和局办公室。

单位名称及主要负责人变更情况

单位名称	姓名	职务	任职时间
江西省余江气候站			1959.01—1959.05
余江县水文气象站	欧阳娥	负责人	1959.05—1960.03
			1960.03—1960.04
余江县水文气象服务站	无	无	1960.04—1960.08
	官寅山	站长	1960.08—1962.04
	陈百奇	站长	1962.04—1962.06
			1962.06—1965.04
余江县气象服务站	陈捌义	负责人	1965.04—1970.04
	伍浓春	负责人	1970.04—1971.03
			1971.03—1973.09
	万林新	站长	1973.09—1977.01
江西省余江县气象站	吴和标	副站长(主持工作)	1977.01—1978.01
	陈有攸	站长	1978.01—1979.04
	于胜坤	副站长(主持工作)	1979.04—1981.10
余江县气象局		副局长(主持工作)	1981.10—1983.07
	王春红	副局长(主持工作)	1983.07—1984.01
		副站长(主持工作)	1984.01—1984.06
余江县气象站		副站长(主持工作)	1984.06—1991.05
	李平安	站长	1991.05—1992.05
		局长	1992.05—2000.02
余江县气象局	李九龙	局长	2000.02—2003.12
	丁向群	局长	2003.12—

注:1960年4月至1960年8月期间,无负责人。

人员状况　1959 年建站时有 4 人。1979 年有 10 人。截至 2008 年底,全局有在职人员 8 人,均为汉族。其中,中共党员 6 人,占 75%;本科学历 1 人,大专学历 6 人,中专学历 1 人;工程师 3 人,助理工程师 5 人;50 岁以上的 2 人,30～49 岁的 5 人,30 岁以下的 1 人。

气象业务与服务

1. 气象业务

1959 年开始气象观测业务,并制作气象观测报表,同年 5 月开始拍发 GD-81 报;建站起就开始制作短期天气预报,并对外开展气象预报服务。

①地面气象观测

主要气象观测项目有云量、云状、风向、风速、风自记、水平能见度、降水、降水自记、积雪深度、气温、湿度、温湿度自记、最高最低气温、气压、气压自记、0 厘米地温、地面最高最低温度、蒸发、日照、天气现象等;自动气象站观测项目有气温、湿度、气压、风向、风速、降水、地温(5 厘米、20 厘米)。

全县共建 13 个自动气象观测站,其中四要素站 4 个,两要素站 3 个,单要素站 6 个。

观测时次　1959 年 1 月 1 日至 1960 年 6 月采用地方平均太阳时;1960 年 7 月以后采用北京时,而日照采用真太阳时;定时观测在 1959 年 1 月 1 日至 1960 年 6 月 30 日以 19 时为日界;1960 年 7 月 1 日以后改为以 20 时为日界。

1959 年 1 月 1 日至 1960 年 6 月 30 日每天进行 01、07、13、19 时 4 次定时观测;1960 年 7 月 1 日改为每天 02、08、14、20 时 4 次定时观测;1963 年 10 月 1 日开始改为每天 08、14、20 时 3 次定时观测,02 时记录用自记值代替。至 2008 年 12 月,每天定时观测 3 次,时间为 08、14、20 时,晚上不守班,02 时记录用自记值代替;自动气象站观测每天 24 小时进行。

发报种类　县气象站 1959 年 5 月开始每天 08、14 时编发 GD-81 报;1961 年开始增发 GD-82 报;1966 年 7 月—1972 年 10 月停止编发 GD-81、GD-82 报;1972 年 11 月恢复编发 GD-81、GD-82 报;1982 年 1 月停发 GD-81、GD-82 报,改发 GD-91 报;1984 年 1 月增发 GD-11 报;1991 年起每年 5—7 月的 05 时增发雨量报;1999 年 3 月停发 GD-91 报,改发 GD-05 报。从 1981 年 7 月开始编发台风联防报;1972 年 11 月增发气候旬月报 HD-02;1991 年 7 月停发 HD-02,改为 HD-03 报。截至 2008 年 12 月,县气象站发报种类有 GD-05(每天定时 3 次)、GD-11、HD-03。

②农业气象

1962 年 5 月余江气象站确定为农业气象观测站;1969—1979 年农业气象观测中断;1980 年调整为一般农业气象观测站;1990 年 1 月确定为江西省农业气象观测二级站,农业气象观测执行中央气象局颁发的《农业气象观测规范》。

观测项目　1962 年为水稻、大豆、芝麻;1964 年观测水稻、紫云英;1965 年增加观测棉花;1967—1968 年观测水稻;1969—1981 年进行农作物观测;1982 年观测水稻和黄红麻;1983 年观测水稻;1984—1985 年观测油菜;1986 年观测水稻、油菜和紫云英;1987—1991 年观测水稻;1992 年观测水稻和辣椒;1993 年观测水稻;1994 年观测柑橘和甘蔗;1995 年观测甘蔗;1996 年观测水稻、柑橘和甘蔗;1997—2008 年观测柑橘和甘蔗。

农业气象试验 1985—1987年、1990年和1996年分别在余江县马荃镇杨溪乡、邓埠镇及贵溪市塔桥等地,单独或与县种子公司、市气象台合作开展杂交水稻、杂交玉米制种农业气象观测,发布农业气象预报,进行农技指导,取得高产效果。

农业气候区划 1980—1981年开展农业气候区划工作,编写《余江县农业气候资源和气候区划的报告》获得"江西省农业气候区划二等奖"。

农业气象预报、情报 1984年开始制作水稻播种期、移栽期、齐穗期、成熟期及产量分析等农业气象预报;1997—2008年制作水稻各生育期及水稻、柑橘、甘蔗产量定性、定量农业气象预报;定期发布气象旬、月情报及专题农事季节天气预报、气候评价、气候分析等农业气象信息。

③天气预报

从建站起就开始制作1～3天的短期天气预报,预报要素有晴雨、风向风速、温度等;20世纪70年代中期开始制作中长期天气预报,预报项目有春播、汛期、干旱、寒露风及年景气候趋势预测;90年代开始制作0～6小时的短时天气预报,预报内容有大风、强降水、强对流天气等,90年代后期增加森林火险指数、地质灾害等专项预报;2008年开始制作短时临近预报。

20世纪70年代以前,预报工具以图、资、群结合为主,每日收听上级台的天气形势,点绘天气形势图和本站02、08、14、20时的压温湿曲线图,建立"四个基本",结合天象物象,制作每天的短期天气预报和中长期天气预报;20世纪80年代中期开始有了传真图,并用数理统计方法,建立晴雨、暴雨、冬季冷空气等"MOS"预报方法;90年代后期开始利用计算机网络、气象卫星单收系统等接收有关信息资料,制作天气预报。

④气象信息网络

建站初至20世纪70年代,仅靠收音机接收上级的天气形势预报,发报通过电话传给邮电局转发;1982年有传真机;1986年有甚高频对讲机;1992年建立农村气象警报系统;1995年有"486"计算机;1997年开通"121"天气预报自动电话咨询系统;2000年建立农村综合经济信息网、气象卫星单收站。

2. 气象服务

公众气象服务 20世纪90年代以前,天气预报通过县广播站发布;1997年通过县有线电视台发布;1993年1月建立余江县农村气象警报系统,通过该系统向全县各乡镇定时播发天气预报信息;1997年建立"121"气象信息自动电话咨询系统;2005年开通手机短信服务系统。

决策气象服务 县气象局通过电话或书面汇报天气预报,定期或不定期呈送《余江县气象信息与咨询》、《余江县重要天气信息》等材料给地方领导;对农作物引种、作物布局调整、重大工程项目等,及时提供气候环境评价、气象条件分析给地方领导作决策参考。

专业与专项气象服务 1985年开始为农业、林业、水利、建筑、交通运输、电力等部门的50多个单位提供专业气象服务。

1987年以来为林业的灭虫、播种开展飞防和飞播服务,在每年的10月至次年5月开展森林防火气象服务。

1978 年开始利用"三七"高炮开展人工增雨作业;1996 年后购置高炮 2 门、火箭发射架 1 台,组织人工增雨专业队伍和开展培训工作。

1992 年增加防雷装置安全服务。通过对防雷工程设计和安装的审核、检测、验收,确保防雷装置的安全;从 1995 年开始增加彩球广告和电视广告服务。

气象科普宣传 主要宣传手段有编印宣传资料送下乡、接待中小学生来县气象站参观、开展咨询宣传活动。每年世界气象日组织气象科技人员上集市、下乡村、进学校、进社区、进公交进行气象科普宣传,通过讲座或培训班普及气象科普知识。在县气象站内建立气象科普长廊。

科学管理与气象文化建设

1. 社会管理

依法行政 20 世纪 90 年代以后,县气象局根据法律法规赋予的职能,认真开展气象行政执法工作,成立 4 人执法队伍。余江县政府先后印发《余江县气象探测环境保护办法》、《余江县防雷减灾管理实施细则》等文件。每年组织人员对全县防雷装置进行检测,对防雷工程进行审核验收。

政务公开 县气象局成立政务公开工作领导小组,领导负总责,各股室及相关人员具体分工负责;制定《余江县气象站政务公开实施细则》,建立对外对内的政务公开栏;每年不定期地在职工会议上或公开栏中公开站内业务、服务、财务收支、人事任免、基建工程、重大事项等情况。

2. 党建工作

党的组织建设 1973 年以前,县气象站党员少,未成立党支部,党员组织关系挂靠在县水利电力局或县农业局党支部;1973 年 10 月成立余江县气象站党支部,有党员 3 人;截至 2008 年底,有党员 6 人。

党风廉政建设 成立党风廉政建设领导小组,确定兼职纪检监督员,并把党风廉政建设工作纳入党支部的重要议事日程和年度工作目标考核内容。组织开展"三个代表"学习教育、党员先进性教育等活动,组织观看警示教育影视片、听廉政报告会,激励党员干部勤政廉洁。

3. 气象文化建设

精神文明建设 成立创建工作领导小组,具体工作有专人负责;加强宣传教育,制定工作规划和实施方案;完善和落实各项规章制度,强化内部管理,治理工作秩序,优化工作环境;做到内强素质,外树形象,积极主动做好气象服务工作;不断改善院内环境,做到绿化、美化、亮化。

文明单位创建 余江县气象局获第九届(2002—2003 年度)、第十一届(2006—2007 年度)江西省文明单位;2002—2008 连年被评为市级文明单位;2006 年被评为鹰潭市首届文明行业、市绿化先进单位。

文体活动 每年征订各种报刊、杂志,购买各种书籍,方便职工阅读学习;购置乒乓球桌、羽毛球和其他健身器材,不定期组织象棋、乒乓球、羽毛球等比赛活动,还参加地方组织的迎奥运万人健步行、与外单位开展篮球友谊赛等活动,丰富职工业余文化生活。

4. 荣誉

1963年被江西省人民委员会授予"全省农业先进单位"称号;1963年、1964年、1966年被江西省水文气象局评为"五好台站";1982年、1992年、1998年被江西省气象局授予"抗洪抢险气象服务先进单位"称号。

台站建设

建站初期至20世纪70年代中期,工作生活条件艰苦。1975年耗资2.5万元建成1栋面积为340平方米的办公楼;1987年耗资5.15万元建成职工宿舍楼1栋;2001年耗资20万元建成综合办公楼1栋,并拆除旧办公楼;2002年耗资5万元进行综合改造;2006年耗资45万元扩建办公楼并进行环境改造。

县气象局庭院风景怡人,占地面积5338平方米,有面积600平方米的办公楼1栋,460平方米(8套)宿舍楼1栋,20平方米其他用房1间。四周有透绿围墙300米,院内路面硬化1500平方米,绿化3000平方米,标准化观测场(面积为16米×20米)。庭院风貌照片被《中国气象基层台站建筑成就选篇》刊登。

余江县气象局办公楼(摄于1976年)

余江县气象局综合业务楼(摄于2008年)

赣州市气象台站概况

赣州市位于赣江上游,江西南部,简称赣南。东接福建省三明市和龙岩市,南临广东省梅州市、河源市和韶关市,西靠湖南省郴州市,北连吉安、抚州两市。赣州市辖 1 区 2 市 15 县,面积 3.94 万平方千米,总人口 890 万,是江西省最大的行政区。赣州市位于南岭、武夷、诸广三大山脉交接地区,地势四周高、中间低。地貌以丘陵、山地为主。

赣州市位于中亚热带南缘,属亚热带丘陵山区湿润季风气候,光照适宜,气候温和,热量丰富,雨量充沛,灾害种类多,影响范围大。年平均气温 17.9℃～19.6℃,年平均日照时数 1342.3～1778.4 小时,年平均降水量 1049.4～2237.6 毫米,无霜期 286 天左右。由于受季风影响,气象灾害较频繁,主要气象灾害有暴雨洪涝、高温干旱、雷电、大风、强降水、冰雹、春季低温阴雨、寒露风、寒潮、低温冻害以及由气象灾害衍生的地质灾害和森林火灾等。

历史沿革 1929 年 9 月建立赣州水文观测站,站址设在原赣县县城(今章贡区)。每天进行 3 次观测,观测项目有温度、湿度、气压、风向、风速、降水、蒸发等。1938 年 3 月,该站更名为三等测候所,每天进行 4 次观测,并增加日照、云、天气状况等观测项目,1943 年 1 月该所更名为水文站。1938 年 9 月,建立宁都测候所,站址设在宁都县叶屋巷天主教堂。每天进行 3 次观测,观测项目有气温、湿度、气压、风向、风速、降水、蒸发、云天状况等,1944 年 1 月该所更名为水位站。

1950 年建立赣州气象站,1951 年 1 月 1 日正式观测,是新中国成立后赣南第一个气象站,1956 年扩建为气象台。1954—1959 年,全市先后建立起 17 个县气象站。

管理体制 1958 年 3 月前,赣南未设气象管理机构,全区气象台站由省主管部门直接管理。1951 年 3 月,由中南军区建制改为赣州军分区管理;1954 年 1 月转为当地政府管理,隶属江西省气象局;1959 年 3 月,赣州水文、气象机构合并成立赣南区水文气象总站,地区、县水文气象机构分别由赣南行署和县人民委员会管理,划归行署农业水利电力处和各县农水局;1962 年 5 月赣南水文气象划归省管,同年 7 月更名为江西省赣南水文气象总站,各县为"××县水文气象服务站";1970 年 7 月,体制下放,分别隶属赣州专区和县革命委员会管理;1971 年 1 月,水文、气象机构分设并成立江西省赣州地区气象台和各县气象站,实行军、地双重管理,以军队管理为主的体制;1973 年 6 月,划归地、县革命委员会管理;1980 年 7 月,实行上级气象部门与当地政府双重领导、以气象部门领导为主的管理体制,各级气象部门既是上级业务部门的下属单位,同时又是同级政府的工作部门,并成立县气象局,实行局站合一。1984 年撤销气象局保留气象站,1990 年 7 月恢复为局站合一。

台站数量 赣州市气象局辖宁都县、石城县、瑞金市、会昌县、于都县、兴国县、赣县、南康市、上犹县、崇义县、大余县、信丰县、龙南县、全南县、定南县、安远县、寻乌县等 17 个县气象局(站),市气象局下设赣州市气象台。共计 18 个气象台站。

在全市 18 个气象台站中,设有国家基本站 4 个(赣县、寻乌、宁都、龙南),国家一般站 14 个。其中全球气象情报交换站 1 个(赣县),亚洲气象情报交换的站 1 个(寻乌),航空危险天气报站 3 个(赣县、寻乌、会昌),国家农业气象基本站 3 个(宁都、南康、龙南),探空站 1 个(赣县),太阳辐射观测站 1 个(赣县),酸雨观测站 2 个(赣县、寻乌),多普勒天气雷达站 1 个(市气象台),紫外线观测站 1 个(市气象台),雷电监测站 2 个(赣县、寻乌),负离子观测站 2 个(赣县、寻乌)。2005 年 11 月至 2008 年底,在全市范围内建有 298 个区域自动气象站。

人员状况 1959 年有职工 126 人,1978 年底有职工 250 人。2008 年底有在职职工 224 人,30 岁以下 44 人,30～39 岁 46 人,40～49 岁 86 人,50～59 岁 48 人;硕士研究生 1 人,大学本科 42 人,大专 101 人;高级职称 8 人,中级职称 94 人。

党建与精神文明建设 至 2008 年底,全市县(市)气象局有党支部 17 个,有党员 91 人。市气象局设有党总支,下属 4 个党支部,有党员 63 人。市气象局每年与各科室和县(市)局签订党风廉政建设责任状,同时与全市副科级以上干部签订廉洁自律承诺书,没有出现违法违纪现象。2002 年起在全市气象部门开展局务公开工作,每年对局务公开工作进行考核,全市有龙南、瑞金、兴国县气象局被中国气象局评为"局务公开先进单位"。截至 2008 年底,全市气象部门共有县级文明单位 2 个,市级文明单位 14 个,省级文明单位 2 个,"2007—2008 年度全国气象部门文明台站标兵"1 个。

主要业务范围

地面气象观测 台站主要开展云、能见度、天气现象、气压、空气温度和湿度、风向和风速、降水、蒸发、日照、地面温度、雪深等气象要素观测,赣县气象站有高空风观测和太阳辐射观测。1990 年 1 月和 2007 年 5 月起,赣县和寻乌气象站分别增加酸雨观测。2003 年起赣县和寻乌两站增加闪电定位观测,2007 年起赣县和寻乌两站增加负离子观测。2008 年底全市共有 16 个站(除龙南、南康外)设有 GPS/MET 基准水汽观测。

2003 年 1 月起市气象台增加紫外线观测,2003 年中规模静止卫星云图接收站投入业务运行,1982 年 2 月 20 日 713 型雷达正式开始工作,2002 年 9 月新一代多普勒雷达投入业务使用。

部分台站承担航空危险天气报业务和绘图报、补充绘图报、雷达探测情报拍发业务。全市台站均制作和上报多种气象观测资料报表。

农业气象 国家基本站观测项目主要有水稻、甘蔗、早大豆、花生、油菜、脐橙、土壤水分和物候等。2004 年 6 月起南康站增加稻田生态观测。农业气象预报主要是发布农业气象灾害警报,对水稻、油菜等作物做全年生育期评述和全年农业气象条件评述,对水稻、油菜等作物进行产量预报和粮食总产预报。全市台站均开展农业气象预报、情报和资料服务,开展农业气候普查与区划、气象科技扶贫、气候可行性论证、农业科技开发以及特色产业气候区划等工作。

天气预报　按时效划分有临近、短时、短期、中期、长期天气预报;按内容划分有一般性天气预报和灾害性天气预报;按性质划分有天气预报和天气警报;按服务对象划分,有公众预报和专业、专项预报与决策预报。2000 年 4 月市气象台增加雾和雷电预报预警,2003 年 1 月开展紫外线预报,2004 年开展城市空气质量预报。

人工影响天气　截至 2008 年底,全市气象部门拥有"三七"高炮 12 门,新型火箭发射架 23 套,作业运载车 18 辆,组建有 18 支"五个一"(1 台火箭发射架,1 部火箭运载车辆,1 部 GPS 卫星定位仪,1 套人工影响天气作业移动技术支撑系统,1 整套作业工作服装)标准化人工影响天气作业分队。人工影响天气工作由开始的单一为农业抗旱服务,拓宽到防雹减灾、水库蓄水、森林防(灭)火、夏季城市降温等多个领域。

气象服务　公众气象服务通过广播、电视、报刊、"12121"自动电话答询系统、电子显示屏等媒介开展天气预报与警报服务。决策气象服务主要内容为中长期天气预报、灾害性天气预报、重要天气预报、关键性天气预报、气象情报等,定期或不定期编发《气象呈阅件》、《气象情况反映》、《雨情公报》、《气象灾害预警》、《地质灾害预警》,直接送达或传真给政府领导和防汛、地矿等部门,对突发性气象灾害天气预警、地质灾害预警同时采用手机短信向领导、相关部门责任人员、气象灾害信息员播发。专业和专项气象服务主要针对各行业生产需要提供专业气象预报信息服务和资料服务,服务对象主要有农业、水利、林业、交通、粮食、制糖、烟叶、供电等行业。2002 年通过"12121"声讯系统开展人体舒适度、体感温度、洗涤指数、穿衣指数、雨具指数、中暑指数、城市森林火险指数、紫外线指数等专业预报服务。20 世纪 90 年代开始,台站还先后开展防雷、彩球和气象广告等项服务。

赣州市气象局

机构历史沿革

始建情况　赣州气象站始建于 1950 年 11 月,站址设在赣州市小南门外第三农场。

站址迁移情况　1951 年 3 月迁至赣州市文清路 154 号;1952 年 7 月迁至赣州市南门外教场口;1956 年 1 月 1 日迁至赣州市张家围路 9 号,北纬 25°51′,东经 114°57′,观测场海拔高度 123.7 米;2001 年 7 月 1 日,赣州气象站承担的地面与高空探测业务迁至赣县气象局,原址改建为城市气候观测站。

历史沿革　赣州气象站始建于 1950 年 11 月;1956 年 1 月,赣州气象站扩建为江西省赣州气象台;1959 年 4 月,赣州水文、气象机构合并组建赣南区水文气象总站;1962 年 5 月更名为江西省水利电力厅水文气象局赣州分局;1967 年 3 月改为江西省赣州专区水文气象服务站革命委员会;1971 年 4 月,水文、气象机构分设,组建江西省赣州地区气象台;1979 年 4 月改称江西省赣州地区行政公署气象局;1980 年 12 月更名为赣州地区气象局;1984 年 1 月更名为赣州地区气象台;1985 年 3 月更名为江西省赣州地区气象管理局;1999 年赣州撤地设市,赣州地区气象管理局更名为赣州市气象局。

管理体制　1950年11月,中南军区司令部气象管理处组建赣州气象站;1951年3月10日,由中南军区划归赣州军分区管理;1954年1月1日转为地方管理,隶属江西省气象局;1959年4月13日,隶属赣南行署农业水利电力处管理;1962年5月17日,隶属江西省水利电力厅水文气象局;1970年7月1日,隶属赣州专区革命委员会;1971年4月10日,实行以军队管理为主的体制,隶属于赣州军分区;1973年6月22日,划归赣州地区革命委员会管理;1979年4月24日,成立赣州地区行政公署气象局(正处级);1980年7月1日以后,实行气象部门与地方政府双重领导、以气象部门领导为主的管理体制。

机构设置　至2008年底,赣州市气象局下设4个职能科室、5个直属事业机构。职能科室为办公室、人事教育科、业务科技科、政策法规科;直属事业机构为气象台、大气探测技术保障分中心、防雷检测所、科技服务中心、财务核算中心。

单位名称及主要负责人变更情况

单位名称	姓名	职务	任职时间
赣州气象站	不详	不详	1950.11—1956.01
江西省赣州气象台	薛占久	副台长(主持工作)	1956.01—1956.08
	苏志忠	副台长(主持工作)	1956.08—1956.12
	王庆珍	台长	1956.12—1959.04
赣南区水文气象总站	王久富	站长	1959.04—1962.05
		负责人	1962.05—1962.08
江西省水利电力厅水文气象局赣州分局	崔立柱	负责人	1962.08—1965.02
		副局长(主持工作)	1965.02—1967.03
江西省赣州专区水文气象服务站革命委员会	钟兆先	副主任(主持工作)	1967.03—1968.10
	张振华	主任	1968.10—1970.12
	傅　忠	主任	1970.12—1971.04
		台长	1971.04—1972.11
江西省赣州地区气象台	王好礼	教导员	1972.11—1973.04
		台长	1973.04—1979.04
江西省赣州地区行政公署气象局	于俊泉	局长	1979.04—1980.12
赣州地区气象局		局长	1980.12—1984.01
江西省赣州地区气象台	陈友标	台长	1984.01—1985.03
		局长	1985.03—1991.07
江西省赣州地区气象管理局	周　军	局长	1991.07—1996.12
	朱有生	局长	1996.12—1999.01
	陈忠风	局长	1999.01—2001.12
江西省赣州市气象局	吴延年	局长	2001.12—2005.01
	谢　勇	副局长(主持工作)	2005.01—2007.04
		局长	2007.04—

注:1950年11月至1956年1月期间,无资料。

人员状况　建站初有职工3人;1978年有职工68人。2008年有职工73人,其中硕士研究生1人,本科学历23人,大专及以下学历49人;高级职称7人,中级职称34人,初级职称人员 29 人；30 岁以下 10 人，30～39 岁 10 人，40～49 岁 35 人，50 岁以上 18 人。

气象业务与服务

1. 气象业务

①地面气象观测

地面观测 1951 年 1 月 1 日开始正式观测。观测时次为每日 02、08、14、20 时进行 4 次定时观测；05、11、17、23 时进行 4 次辅助观测。观测项目有云、能见度、天气现象、气压、气温、湿度、风向、风速、降水、日照、蒸发、地面及地中温度、雪深。改建城市气候观测站后，除天气现象外的其他观测项目执行《地面气象观测规范》。

建站初，有各种温度表、雨量器、蒸发皿、日照计；1951 年增加空盒气压表，1954 年改为动槽式水银气压表；1968 年启用电接风向风速计；1980 年 1 月至 1982 年 12 月使用百叶箱通风干湿表；1980 年 1 月安装 160 厘米、320 厘米直管地温表；1962 年 6 月开始使用 E-601 型蒸发器（1970 年 6 月停用），1984 年安装 E-601 型蒸发器；1990 年 1 月至 2001 年 6 月使用 PHS-3B 型精密 PH 计、DDS-307 型电导仪。2004 年 11 月安装 CAWS600 型自动气象站；2005—2006 年在章贡区、黄金开发区各乡镇安装两要素区域自动气象站 12 个，四要素区域自动气象站 7 个；2008 年启用 GPS/MET 水汽观测仪。

高空观测 1956 年 1 月 10 日开始正式观测，高空观测主要业务是收集高空不同层次的温度、湿度、气压及风向风速。1956 年 1 月至 1958 年 2 月，每天进行 2 次探空和测风观测发报；1958 年 3 月 1 日至 1991 年 1 月 1 日每天增加 01 时高空测风观测；1982 年 6 月 1 日至 1990 年 1 月 1 日每天增加 13 时高空测风观测。

20 世纪 50 年代使用芬兰进口探空仪；从 1960 年 8 月起，使用 P3-049 式探空仪；从 1966 年 12 月起，使用 59 型电码式探空仪。1968 年前使用芬兰或国产 80 号气球，探测高度在 15～21 千米之间；1968 年改用国产 120 号气球，探测高度平均提高 10 千米左右。20 世纪 70 年代中期前，充灌探空气球使用化学制氢；1976 年开始改用电解水制氢。1984 年开始使用 PC-1500 袖珍计算机进行测风记录整理与编报；1998 年 10 月改用"59701"数据处理系统。

天气雷达 1982 年 2 月 20 日正式启用 713 型雷达，用于云雨回波、雷暴监视、雷雨大风、冰雹、强降水天气发生、发展及其演变过程的探测。713 雷达每年 2 月 20 日至 10 月 31 日每日 05、08、11、14、17、20、23 时进行定时观测，遇有复杂天气随时加密观测。1982—1990 年参加全省和华东、中南、华中区联防；1984 年在全国首先实现天气雷达数字化图像传输；1989 年实现全省雷达数字化组网拼图。

2002 年 9 月，713 型天气雷达更新为新一代多普勒天气雷达，机型为 CINRAO/SC。新一代多普勒天气雷达安装在赣州市马祖岩山顶，海拔高度 264.0 米。雷达自动运行，自动定标，每 6 分钟 1 个体扫，生成 76 种产品。雷达回波资料可实时上传中国气象局、上海区域气象中心、省气象局，同时在赣南气象内网实现 WEB 方式共享。多普勒雷达汛期（4—9 月）24 小时开机，其余时间 10—15 时开机，遇有灾害性天气或重要天气过程连续开机。

特种观测 1957 年 1 月 1 日起承担太阳总辐射和辐射平衡观测，每天定时观测 5 次，1984 年 5 月 17 日起停止辐射平衡观测；1957 年 7 月至 1966 年 4 月，增加热量平衡观测；

1990 年 1 月 1 日增加酸雨观测,进行液态和固态降水酸碱度和电导率测试;2008 年 12 月 11 日开始水汽观测;2003 年 1 月起开始紫外线观测。

农业气象观测　1959 年 2 月至 1962 年 5 月,进行早稻、晚稻、棉花发育期农业气象指标鉴定,水稻空壳率与气象关系试验研究;1980—1990 年对甘蔗生产与气象条件的影响进行试验研究;2005—2006 年开展赣南早稻优质高产生态环境试验与研究,气候生态对赣南烤烟生产的影响研究。

农业气候普查与区划　1980 年以来,先后开展 3 次农业气候资源普查与农业气候区划,从气候资源角度对农业产业结构进行布局调整;对农业主导产品进行气候论证和区划。2002 年开展脐橙气候区划和气候论证工作;2003 年对赣南烟稻轮作进行调查研究,运用 GIS 技术开展赣南发展烟稻轮作的气候区划;2004 年对赣南优质早稻进行气候区划;2005 年对赣南油茶种植进行气候区划。

农业气象情报预报　制定脐橙周年气象服务方案,根据方案开展经常性的气象情报服务;遇灾害性天气或特殊天气气候,及时对农业主导产品提供气象情报服务。2008 年 1 月出现历史罕见的低温雨雪冰冻灾害,编写《低温雨雪冰冻灾害对赣南脐橙影响评估报告》,为领导决策提供科学依据。20 世纪 60 年代开始制作农作物生育期预报;1980 年之后,先后制作水稻、甘蔗产量和病虫害发生发展预报,为粮食计划和病虫害防治提供依据。

②天气预报

短期天气预报　1956 年 1 月 1 日开始制作发布一般性、灾害性短期天气预报。一般性天气预报内容为晴、雨、最高气温、最低气温、风向、风速;灾害性短期天气预报内容为大风、冰雹、暴雨、台风、寒潮天气的发生时间、强度、影响范围。20 世纪 90 年代中期开始制作旅游景点预报、全市分片和各乡镇天气预报。

中期天气预报　1958 年开始制作 3～10 天的中期天气预报,内容有旬平均气温、旬最高及最低气温、旬雨量、雨日、旬主要晴雨过程、冷空气活动过程,结合天气预报情况提出相应的农事建议。从 1960 年起,增加重要天气过程中期预报,如春播期阴雨低温过程及晴雨过程。

短期气候预测(长期天气预报)　1958 年 8 月开始制作 10～30 天的长期天气预报;1970 年开始制作季度、年度天气趋势预报。月预报内容有月平均气温、月降水量、月极端气温、主要冷热天气过程和降水过程;季度、年度预报内容有旱涝、冷暖趋势、月(季)降水分布等。

短时天气预报　1982 年开始制作 12 小时内短时天气预报;2003 年开始制作 0～1 小时、1～3 小时、3～6 小时、6～12 小时短时临近预报和强对流监测与预报;2007 年开始增加人工影响天气作业指导预报。

③气象信息网络

1956 年前,气象报文通过邮电、话音报务系统传输,其他气象信息交换通过无线电与信函方式传递。从 1956 年 1 月起,配备短波收音机;从 1975 年 4 月起,先后配备 56 型、62 丙型收音机、6610 移频终端和 28 型、51 型、55 型打字机,自动接收无线电传广播。1978 年 6 月启用 117 型传真收片机;1987 年 8 月配单板机智能终端无线电传选报器和 KY-980 型、XLT03 型气象情报打字机;1985 年 10 月开始启用传真发片机向县气象站发送传真片。1983 年 5 月 10 日,启用小功率短波单边带电台;1985—1986 年建成全市小功率短波单边带电台通信网;1986—1990 年逐步建成 VHF 甚高频气象辅助通信网,取代小功率短波单边带无线通信网。

1993 年建成 Novell 局域网,通过程控拨号实现与省气象局交换气象信息;1995 年建成基于程控拨号的气象远程终端,与气象台站交换信息;1997 年 Novell 局域网升级为 NT 网,建成 VSAT 站和 PC-VSAT 站;2002 年下半年,建成新一代天气雷达站至本部 2 兆 SDM 专线;2003 年 1 月,赣南气象网站接入互联网,建成省—市—县三级 VPN 虚拟气象专用广域网和内部 WEB 网站,Notes 电子办公系统投入运行;2005 年 1 月建成省—市 2 兆 SDM 专线气象广域网,初步建立市—省气象信息通信地面通道,省—市可视化视频会商系统投入业务运行;2005 年底,建成基于 GPRS/GSM 的区域自动气象站资料接收中心,实现了区域自动气象站资料的收集、处理、转发;2007 年 4 月,建成县—市 2 兆 MSTP 专线气象信息网络。

2. 气象服务

公众气象服务　建站初,公众气象服务内容主要有短期日常天气预报、短期灾害性天气预报、短时灾害性天气预报;2004 年增加气象灾害预警预报;2005 年增加气象、水文、地质灾害预警。

1956 年 1 月 6 日,首次通过赣州市广播站发布大风警报;1968 年 5 月 1 日起,公众气象服务信息定时在赣州市无线广播站(现赣州交通调频广播电台)播发,突发性灾害天气随时插播;1984 年 3 月 1 日起,江西人民广播电台增播赣州市短期天气预报;1988 年起,赣州电视台播放章贡区短期天气预报;《赣南日报》、《赣州晚报》每天固定版面刊登日常天气预报,周二、周五设一周天气与农事专栏。2000 年和 2003 年起分别在赣州农经网、赣南气象外网发布天气预报。

决策气象服务　决策气象服务内容主要有中长期天气预报、灾害性天气预报、重要天气预报、关键性天气预报、气象情报。预报情报服务信息以《气象呈阅件》、《气象情况反映》、《雨情公报》、《气象灾害预警》、《地质灾害预警》形式编发,供领导参阅;突发性气象灾害天气预警、地质灾害预警,以手机短信方式向市委、市政府和相关部门领导及责任人、气象灾害信息员播报。

专业与专项气象服务　1960 年 3 月,赣州市气象局配合赣南科学院在上犹县陡水镇采用地面熏烟(燃烧樟脑酒精溶液和食盐)、气球携带碘化银、发射"土火箭"方法进行人工增雨试验;1975 年 8—10 月,组成人工降雨作业队在上犹县油石乡清溪村进行高炮人工降雨试验;2001 年火箭作业系统投入人工影响天气作业;2004 年 11 月 18 日开展人工消雨试验,保障第 19 届世界客属恳亲大会顺利召开;2007 年、2008 年联合市烟草公司开展人工消雹作业;2007 年 12 月 21 日下午,在通天岩实施降低森林火险等级人工增雨作业;2008 年 3 月 7 日晚,在沙石镇南田村、蟠龙镇实施森林灭火增雨作业,扑灭峰山森林火灾。

气象科技服务与技术开发　1984 年起,开展气象有偿服务。服务对象涉及到农业、水利、林业、交通、粮食、制糖、烟叶、供电行业。服务内容有长、中、短期天气预报和气象资料,根据用户需要开展专题气候分析与气候评价。

1985 年开通"121"天气预报自动电话答询系统;1990—1995 年,组建 VHF 甚高频气象警报网与供电部门联合开展停限电信息服务;从 1991 年起,向社会提供系留气球服务;

从 1997 年起,利用电视天气预报栏目画面开展商业广告业务;从 2003 年起,利用省气象科技服务中心服务平台开展手机短信天气预报服务;2005 年市气象局成立气象短信中心,负责手机用户开发和气象信息编发。

气象科普宣传　为配合气象业务服务工作需要,提升社会公众对气象科学的关注水平与应用能力,赣州市气象局在世界气象日、安全生产月、科技周、减灾日等活动期间,组成气象服务小分队到街头巷道、圩镇摆摊设点展示科普图片、发放科普手册,送气象科普知识进农村、进学校、进社区、进企业、进机关、进列车、进公交。通过电视、广播、网络、报刊形式开展气象知识竞赛及气象知识讲座,普及气象科学知识。2004 年赣州马祖岩雷达站被列为赣州市青少年科普教育基地。

白昉研制的"积温查算曲线图"在全省推广应用,并获 1978 年江西科技大会创作奖。他主持汇编《赣州地区农业气象资料手册》,撰写的《赣南近三十年气候变化》一文在全国天气气候学术会上交流,获得江西省科协优秀论文三等奖。

气象法规建设与社会管理

法规建设　赣州市政府结合实际相继下发《赣州市政府关于切实保护气象探测环境的通知》、《赣州市防御雷电灾害管理规定》、《关于进一步加强气象工作的通知》、《关于加强人工增雨系统建设工作的通知》、《赣州市气象灾害应急预案》、《赣州市政府关于加快气象事业发展的实施意见》、《关于加强中小学校防雷减灾工程建设的意见》。

社会管理　1990 年,成立赣州市防雷中心,联合市劳动局、市保险公司开展避雷针年度安全检测,承接防雷工程安装业务;2002 年 4 月成立防雷装置质量检测检验所,承担防雷装置年度检测工作;2004 年,防雷装置质量检测检验所行使防雷装置设计、图纸审核、施工分段验收职能。

依法行政　根据法律法规授权,赣州市气象局承担本行政区内气象工作的政府行政管理职能。2001 年以来,市气象局重点开展易燃易爆场所、人口聚集场所、教育、金融、通信行业的防雷安全检查监督。2003 年,在市政府行政服务中心设立服务窗口,开展建筑物防雷装置设计审核和竣工验收行政审批工作。2005 年成立赣州市气象行政执法支队,依法开展气象探测环境保护、气象信息发布与传播、防雷安全和施放气球安全行政执法,依法制止和查处违反气象法律法规的行为。

政务公开　对气象行政审批办事程序、气象行政执法依据、气象服务内容、服务承诺、服务收费依据及标准,通过户外公示栏、政府行政服务中心电子公示牌、网站、发宣传单方式向社会公开。

党建与气象文化建设

1. 党建工作

党的组织建设　建站初期,有 1 名党员,先后编入赣州地区农林水办公室党支部、赣州地区牛奶场党支部。1959 年 5 月成立赣州地区水文气象总站党支部。1970 年 1 月成立赣州地区气象台党支部,有党员 11 人。1994 年 11 月成立赣州地区气象局机关总支部委员会(1999 年更名为赣州市气象局机关总支部委员会);总支 48 名党员,下设机关支部、直属支部、离退休支部。2002 年 6 月离退休支部分为离退休一支部和二支部。2008 年底有党员 63 名。

党风廉政建设 每年将党风廉政建设目标责任细化分解,年终同业务工作一并进行考核。经常开展多种形式廉政教育活动,如集中学习、辅导讲座、廉政教育、单位主要领导上廉政党课、参观监狱等警示教育基地、参观爱国主义教育基地,通过开展这些活动,使干部职工熟悉党风廉政方面的政策法规,增强廉洁自律意识。积极组织开展撰写(创作)廉政题材的对联、诗文、书画、摄影作品等廉政文化建设活动,使党风廉政教育深入人心。制定完善了一系列管理制度,执行主要领导不直接分管财务制度。实行局务公开,在办公楼门厅建立对外政务公开栏,在赣州市政府网站开通政务公开网页,公开工作职责、工作流程、有关收费项目、标准等内容,并向社会作出服务承诺;对内则通过内部公开栏公开单位人事、财务、基建等情况。

2005 年开始,单位主要领导定期向地方纪律检查委员会汇报党风廉政建设工作。

2. 气象文化建设

赣州市气象局重视职工文化娱乐生活,组建职工业余篮球队参与地方和部门举办的各种篮球赛,2006 年荣获全省气象部门职工篮球赛第二名。20 世纪 50 年代中期组建职工业余乐队,经常受邀参加部分直属单位组织的演出。20 世纪 70 年代组织职工养猪种菜,改善职工生活条件,培养职工自力更生、艰苦奋斗的精神。精神文明建设有组织、有领导,文明创建工作制度化、规范化、经常化;气象文化阵地建设不断加强,局务公开栏、宣传学习栏、两室一场按规定要求建设。针对气象业务服务要求准确、及时的特点,深入开展职业道德教育。

荣获江西省气象部门首届职工运动会
道德风尚奖(摄于 2008 年)

3. 荣誉与人物

集体荣誉 赣州市气象局 1957 年获省政府授予"全省农业先进集体"称号;1963 年获省政府授予"全省工农业先进单位"称号;1964 年获省政府授予"全省农业先进单位"称号;1965 年获省政府授予"全省农业生产先进单位"称号;1966 年获省政府授予"全省农业先进单位"称号;1982 年获国家气象局授予"全国农业气候资源调查及气候区划先进集体"称号;1984 年获国家气象局授予"全国台风业务试验优秀集体"称号;1992 年获省防汛抗旱指挥部授予"1992 年全省抗洪抢险先进集体"称号;1996 年获国家气象局授予"全国气象部门汛期气象服务先进集体"称号;2001—2008 年,获省委、省政府授予"江西省文明单位"称号;2003 年获省防汛抗旱指挥部授予"全省人工增雨抗旱工作先进集体"称号；2007年获省防汛抗旱指挥部"防汛抗旱先进集体"称号。

人物简介 ★白昉，男，江苏省宜兴市人。1931年出生。1953年7月从樟树农校毕业，先后在贵溪、庐山、弋阳、南昌莲塘、南康气象站、赣州市气象局、大余县工作。1979年12月入党；1981年2月评为农业气象工程师；1981年4月任赣州市气象局副局长。曾连续当选江西省科协第二、第三届代表；1986年任省气象局信丰崇仙乡科技扶贫组组长，获得中国气象局、中国气象学会颁发的科技扶贫一等奖。1977年、1978年、1979年、1982年被评为全省气象部门先进工作者；1980年、1982年获"江西省劳动模范"称号；1992年3月退休；2005年被评为全国气象部门离退休干部"四好"先进个人。

★陈桂龙，男，广东省兴宁县人，1937年出生。1955年11月从北京气象学校毕业分配在赣州气象站工作。1958年8月入党，1983年6月评为工程师，1979年7月任赣州地区气象台台长。参加了赣州气象台建台场地的选择和探空仪器设施设备的安装调试工作，为赣州气象探空业务的建设和发展及人才培养做出了贡献。20世纪80年代中期开始，致力于全市气象部门基层台站计算机的普及与推广应用工作，他编制的探空"规定层"报表制作程序、农业气象多级模糊综合评判程序、线性回归方程回代程序均投入业务使用。1956年被评为全省气象系统优秀工作者，1958年3月获"江西省农业战线先进生产者"称号（省级劳模），1962年被评为全省气象系统"五好"干部。1997年9月退休。

★何居如，男，广东省兴宁县人，1936年出生。1955年9月从北京气象学校毕业，同年参加工作，1958年12月入党，1983年6月评为测报技师（1987年转工程师）。在赣州市气象台从事高空气象探测工作期间，2次主持探空仪改型，完成了新设备、新技术的推广应用工作，组装的49型探空收报练习器，在训练探空人员收报业务中发挥重要作用。1969年9月调任寻乌县气象站站长，主持建立"四个基本"，实施预报改革。1979年，调任赣州地区气象局业务科科长，拟写了赣州气象部门体制改革调查报告和体制交接方案。1989年服从组织安排，执笔编纂《赣州气象志》。1956年、1957年被评为全省气象部门先进工作者，1959年被评为全省农业生产先进工作者，1960年被评为全国优秀探空员。1996年3月退休。

参政议政 2005—2008年，谢勇被选为赣州市政协委员。

台站建设

赣州气象站建在赣州市小南门第三农场，经多次搬迁至赣州市张家围路9号。占地面积37220.15平方米，2000年出让土地10018.37平方米，现占地面积27201.78平方米。

1955年建砖木结构办公楼1栋，建筑面积721平方米；1981年建办公大楼1栋，建筑面积2617平方米。1994年新建成套职工住宅30套，建筑面积2231平方米；2001年新建成套职工住宅60套，建筑面积7267平方米。

2002年，多普勒天气雷达站落成。站址位于赣州市章贡区水东镇马祖岩山上，占地面积1813.22平方米，工作用房550平方米。

2005年动工兴建新一代多普勒天气雷达信息处理中心，中心大楼主体12层，总建筑面积11788平方米。

赣州 CINRAD/SC 型新一代多普勒天气雷达站（摄于 2004 年）

宁都县气象局

宁都，三国吴嘉禾五年（236 年）建县，首用阳都、虔化、博生等县名，元清时期两度升为直隶州，1934 年 10 月为国民党专署驻地，解放初曾设宁都专区，1952 年并入赣州专区。宁都位于江西省南部，赣州市北部，四周山地错结，中部丘陵起伏，山间多河谷盆地，县域面积 4053 平方千米，总人口 74 万，下辖 24 个乡镇。

宁都县位于中亚热带和南亚热带的过渡地带，年平均气温 18.4℃，年平均降水量 1759.4 毫米，年平均日照时数 1844.1 小时，气候温和、四季分明、日照充足、雨水充沛，素有"赣南粮仓"的美誉。

宁都县气象局位于宁都县梅江镇博生西路 71 号，北纬 26°29′，东经 116°01′，观测场海拔高度 209.1 米，为国家基本气象站。

机构历史沿革

始建情况　民国廿七年（1938 年）7 月，在宁都县城叶屋苍天主教堂设立测候所。每日 08、12、16 时观测 3 次，观测项目有气压、气温、湿度、云、风速、雨量、蒸发、天气现象等。1946 年 10 月，宁都测候所改为水位站，气象观测到 1949 年 5 月止。

宁都县气象站始建于 1956 年 11 月，地处宁都县刘坑乡背村，东经 115°50′，北纬 26°22′，海拔高度 191.0 米。2005 年前属国家一般气象站，2007 年 1 月 1 日定为国家基本气象站。

站址迁移情况　1965 年站址迁至宁都县梅江镇蔚背岭，东经 116°01′，北纬 26°29′，海拔高度 209.1 米。

历史沿革　始建站时名称江西省宁都气候站；1959 年 5 月更名为宁都县气象站；1960 年 4 月更名为宁都县水文气象服务站；1962 年 8 月更名为江西省赣南水文气象总站宁都气

象服务站;1964年1月更名为江西省宁都气象服务站;1971年5月更名为江西省宁都县气象站;1980年10月成立宁都县气象局,与宁都县气象站合二为一;1984年6月撤销宁都县气象局,保留宁都县气象站;1990年11月恢复宁都县气象局与宁都县气象站合二为一。

管理体制　宁都气候站初建时隶属于江西省气象局;1960年4月隶属于宁都县政府;1964年1月隶属于江西省水利电力厅水文气象局;1971年5月实行军队与地方政府双重管理,以军队为主的管理体制,隶属于宁都县人民武装部;1973年隶属于宁都县革命委员会;1980年10月实行气象部门与地方政府双重领导,以气象部门领导为主的管理体制。

机构设置　1956—1973年测站配有1名站长或负责人;1974年设地面气象测报、天气预报2个组,1979年增设农业气象组;1980年设地面测报、天气预报、农业气象三个股;1988年设基础业务股和服务股;1989年恢复地面测报、天气预报、农业气象三个股;1997年设基本业务股、科技产业股、办公室;2001年设业务股、防雷工程部、防雷检测所、办公室;2006年防雷工程部和防雷检测所合并为科技产业股,增设气象行政执法大队。

经宁都县人民政府批准,宁都县人工影响天气领导小组办公室、宁都县雷电防护管理局、宁都县减灾委员会办公室、宁都县新农村建设信息中心挂靠宁都县气象局。

单位名称及主要负责人变更情况表

单位名称	姓名	职务	任职时间
宁都气候站	汪若泉	负责人	1956.11—1959.05
宁都县气象站			1959.05—1960.04
			1960.04—1960.12
宁都县水文气象服务站	徐静甲	负责人	1960.12—1962.06
			1962.06—1962.08
江西省赣南水文气象总站宁都气象服务站	傅双喜	负责人	1962.08—1964.01
			1964.01—1965.08
江西省宁都气象服务站		副站长(主持工作)	1965.08—1970.10
	彭光浩	指导员	1970.10—1971.05
		站长	1971.05—1972.09
江西省宁都县气象站	刘观保	站长	1972.09—1976.09
	伊玉明	站长	1976.09—1980.10
宁都县气象局		局长	1980.10—1981.09
	傅旭	副局长(主持工作)	1981.09—1984.06
		站长	1984.06—1984.07
宁都县气象站	刘吉生	副站长(主持工作)	1984.07—1986.01
		站长	1986.01—1990.11
		局长	1990.11—1995.11
宁都县气象局	李先保	副局长(主持工作)	1995.11—1996.03
		局长	1996.03—

人员状况　1956年建站初,有工作人员2人;1978年底在职职工11人;2008年底在职职工12人,其中本科学历1人,大专学历4人,中专(高中)学历6人,初中学历1人;工程师5人,助理工程师7人;30岁以下5人,30～39岁2人,40～49岁1人,50岁以上4人。党员6人。

气象业务与服务

1. 气象业务

①地面气象观测

观测项目 1956 年 11 月 1 日开始的观测项目有水平能见度、云状、云量、天气现象、风向、风速、气温、湿度、降水、地面和浅层温度、日照;1959 年 6 月 1 日增加大型蒸发观测;1966 年 10 月 1 日增加气压观测;2004 年 1 月 1 日实行自动站与人工站并行观测,人工站观测项目不变,自动站观测项目有气温、气压、相对湿度、降水、风向、风速、地面温度、浅层和深层地温;2006 年 1 月 1 日起实行自动站单轨业务运行,仍保留每日 20 时人工观测项目。

观测时次 1956 年 11 月 1 日以地方平均太阳时,每天 01、07、13、19 时 4 次观测;1960 年 1 月 1 日起取消 01 时观测,每天 07、13、19 时 3 次观测;1960 年 7 月 1 日改用北京时,每天 08、14、20 时 3 次观测;2007 年 1 月 1 日每天 02、05、08、11、14、17、20、23 时 8 次观测。

发报种类 测站曾拍发过的报类有十余种,有的已经停发,2008 年担负的发报种类有天气报告(GD-01)、气象旬(月)报(HD-03)、重要天气报告(GD-11)、加密天气报告(GD-05)。2008 年增发为飞机人工增雨作业参考的航空危险天气报。

气象报表 1956 年 11 月开始制作气象月报表,1957 年开始制作年报表;1986 年 6 月使用 PC-1500 袖珍计算机制作气象报表;1991 年 7 月向省气候中心上报气表-1 简表,由省气候中心制作地面报表;1996 年 7 月用 AHDM 测报系统制作报表,2004 年 1 月用 OSSMO 系统制作报表。

自动气象站 2003 年 12 月安装 CAWS600 型自动气象站,增加气温、相对湿度、风向、风速、降水、地面温度、浅层及深层地中温度传感器。2005 年 12 月至 2008 年 2 月建成 23 个区域自动站,其中四要素(气温、降水、风向、风速)站 21 个,两要素(气温、降水)站 2 个,通过 GPRS 短信每 5 分钟向赣州市气象局中心站上传一次数据。2008 年 10 月完成宁都县 GPS/MET 基准站建设,开展 GPS/MET 定位与水汽通量观测,数据自动上传省气象局、省测绘局。

气象哨 1958 年建立公社气象哨 29 个,看天小组 300 多个;1961 年琳池、东山坝、长胜气象哨以国家代办的形式给予一定的经费资助,其余气象哨全部停止,3 个气象哨维持一段时间后,仅保留琳池气象哨;1972 年先后增建对坊、小布、赖村、长胜、固村气象哨,后因经费紧缺,1988 年先后停办。

②农业气象

宁都的农业气象工作始于 1957 年,后因故中断了 10 余年,1978 年恢复农业气象各项业务工作,1979 年定为江西省农业气象观测网点,1980 年 1 月起改为国家农业气象基本观测站。

农作物物候观测 1957—1967 年开展水稻、油菜、花生、小麦、紫云英的物候观测;1978 年开展油菜、水稻、花生、甘蔗物候观测;1982 年开展山桃、旱柳、楝树、梨树、葡萄、青蛙、家燕、蚱蝉物候观测;至 2008 年,观测项目为水稻、油菜、花生、脐橙作物观测及楝树、梧桐、桃树、青蛙、燕子、蚱蝉物候观测。

农业气象情报、预报、分析　1977年开始进行专题农业气候分析;1980年开始执行农业气象周年服务方案,同年开始编发定期农业气象情报,制作春播期农业气象预报、早稻成熟期预报、晚稻播种期预报、油菜适宜播种期预报;1983年起开展农业气候评价工作及水稻产量预报;1990年开始发布油菜产量预报。

农业气候调查与气候区划　1980年宁都县政府决定在全县开展农业自然资源调查和农业区划工作,农业气象区划工作于1981年结束,区划成果有《宁都县农业气候资源考察和区划报告》、《宁都县农业气象资料手册》、《宁都县农业气候图集》。1986年针对1985年12月出现的柑橘冻害进行调查,并写出《宁都县1985年柑橘冻害调查报告》;1991年进行草莓引种与繁育的农业气象技术开发;1995年开展宁都县森林火险专业气象预报方法研究;2000年开展稻瘿蚊防治的气象研究与应用;2002年开展脱毒马铃薯种植气候分析;2003年开展黄鸡产业化气候分析。

③天气预报

1958年7月1日开始发布天气预报。

预报产品　日常天气预报(未来12小时、24小时、48小时天空状况、降水量级、气温、风向、风速以及天气现象的预报),短时临近天气预报(0～1小时、2～3小时、3～6小时短时灾害性天气和降水量预报),中、长期天气预报(旬天气预报、月天气预报、年度天气预报),灾害性天气预报(暴雨、大风、冰雹、寒潮、大雪、冻雨、高温、大雾、雷暴等预报),专业(项)天气预报(森林火险、春播、汛期、寒露风天气趋势预报、干旱期天气预报、果树防病灭虫天气预报、高温逼熟、农作物产量预报)。

预报工具与方法　20世纪50年代末至60年代主要靠收听省气象台的天气预报广播,结合群众看天经验,利用测站观测资料制作点聚图,观察天物象等情况制作订正预报;70年代收填分析14时汉口天气实况广播,点绘综合要素曲线图,建立春播、汛期、大(暴)雨等专题预报方法;80年代研制了大量MOS预报方法投入业务应用;90年代后数值预报产品、卫星云图产品、雷达回波产品、区域气象自动站资料等相继应用于气象预报中。

④气象信息网络

1980年前,主要通过电话、电报、广播等途径进行信息交流;1980年12月至1994年应用气象无线传真收片机;1985年6月设置单边带无线对讲机,1990年改用VHF甚高频电话,1991年建成气象预警系统,至1994年底停用;1994年建成Novell网远程程控拨号终端,县级业务系统投入应用;1999年10月,建成PC-VSAT单收站,MICAPS系统投入业务应用,建成Windows局域网;2002年使用基于ADSL宽带网络的VPN虚拟拨号接入市气象局Windows NT局域网;2004年5月Lotus Notes网络办公系统投入应用;2005年建成雷达延伸系统终端;2007年3月,建成基于MSTP技术的2兆市—县SDH专线气象通信网络。

2. 气象服务

公众气象服务　1958年开始发布短期天气预报,每天由县广播站在天气预报节目中广播;1997年12月起,利用电视天气预报制作系统,制作多媒体天气预报节目,由县有线电视台每晚播放2次,2003年6月,开通宁都无线电视台电视天气预报栏目;2003年1月起在宁都县农村经济信息网发布天气预报信息、灾害性天气和重要天气信息;2004年开展手机短信气象灾害预警信息服务,同年起在电视台插播气象灾害预警信息。

决策气象服务 20 世纪 90 年代以前,决策气象服务以书面材料和口头汇报为主,报送县领导、防汛抗旱领导小组办公室等部门。书面服务材料主要有中、长期天气预报、专题天气预报、《气象情况反映》《气象呈阅件》等;90 年代后,决策气象服务报送方式主要有传真、网络、电话以及邮递等方式;2004 年开始,增加重要预警信息、重大灾害性天气预警服务。2005 年开通天气预报手机短信平台,重要气象信息以手机短信方式向全县各级领导发送。

专业与专项气象服务 1983 年起根据用户需要提供专业和专项气象服务,主要服务方式有传真、邮寄、警报系统等手段,重要服务对象使用电话服务,用户群体主要是县、乡党政部门、农业、工业、商业、保险、建筑、交通、财贸、文教、卫生等行业。

1978 年 8 月首次开展人工增雨试验。作业时使用"三七"高炮,作业人员由气象局和武装部的退伍炮兵共同组成,气象局作业人员负责指挥及空域申请等工作。2003 年配备 1 台火箭发控系统,购置 1 辆作业车,2007 年底建成标准化人工影响天气作业分队 1 支。人工影响天气不仅在农田抗旱中发挥作用,而且在森林防(灭)火、降低城市高温、人工消雹及水库增水发电等方面提供服务。

气象科技服务与技术开发 1995 年起承接系留气球业务;1997 年 8 月开通"121"天气预报自动咨询电话,2005 年 1 月,"121"电话升位为"12121";1997 年 12 月起,开展电视天气预报画面广告业务;2004 年起开展手机短信气象服务。

气象科普宣传 建站以来,通过油印小手册、在县报上刊登科普小常识等形式进行气象科普宣传。每年利用世界气象日、科技周、安全生产月等活动,派出气象服务小分队,通过图片展览、发放科普手册,把气象科技知识送进农村、进学校、进社区、进企业、进机关。2008 年县科协在宁都县气象局设立青少年科普教育基地,每年接待参观学习的中小学生达数千人次。

宁都县副县长杨跃辉(前排左一)在咨询台前
看望气象工作人员(摄于 2008 年 6 月)

气象法规建设与社会管理

法规建设 2005 年 7 月由县政府办公室印发《关于进一步加强防雷安全工作的通知》,加强防雷安全监管职能,规范防雷检测程序,督促落实防雷装置与主体工程同时设计、同时施工、同时验收并投入使用的"三同时"制度;2006 年 8 月 9 日、8 月 27 日由宁都县政府办公室分别印发《关于印发宁都县人工影响天气事故处理预案的函》《关于印发宁都县气象灾害应急预案的函》;2008 年 1 月以县气象局名义印发《关于进一步加强防雷安全管理的通知》,再次严格规范防雷安全管理及"三同时"制度,进一步完善防雷报建程序。

社会管理 1996 年起县气象局对建筑物防雷设施开展防雷安全检测;2000 年起承接

防雷工程设计和施工业务；2002年开展新建建筑物防雷装置设计审核和竣工验收工作。

2000年联合宁都县消防大队开展易燃易爆场所防雷检查，整顿全县所有易燃易爆场所防雷设施的安装与年度安全检测；2002年加强新建、改建、扩建建（构）筑物防雷装置的设计、施工、竣工验收管理，由县政府牵头，相关单位和部门分工负责共同把好防雷报建关；2007年将新建建筑物防雷装置设计审核和竣工验收纳入县行政服务中心统一管理。

2003年加强气象探测环境保护，将控制范围、高度、距离详细列表成册送建设、国土、规划、环保等相关部门把关。2006年宁都县名门家苑商住楼出现建筑物超高规划，经气象执法，其规划高度由7层降至5层，防止了破坏探测环境事件的发生。

政务公开　2006年8月编印《宁都县气象局行政执法责任制》，2007年制订《气象服务承诺制度》、《宁都县气象局首问责任制》，通过户外公示栏、电视广告、发放宣传单等方式向社会公开气象行政审批办事程序、气象服务内容、服务承诺、气象行政执法依据、服务收费依据及标准等。在宁都县政务公开信息网络上主动公开公共服务信息、部门概况信息、气象法律法规、气象标准规范、气象行政许可和气象行政监管等。

党建与气象文化建设

1. 党建工作

1973年12月经宁都县革命委员会政治部核心小组批准，成立宁都县气象站党支部，有党员3名。2002—2003年，先后吸收5人入党。2004年经宁都县直属工委批准，成立宁都县气象局党支部委员会。2008年底有党员7人，其中在职党员5人，退休党员2人。2003—2008年，累计共获得县直机关工委颁发的"先进党支部"奖励4次，优秀共产党员1人次。

近年来开展了"三讲"、"三个代表"、"八荣八耻"、践行科学发展观等教育活动，组织干部职工收看反腐倡廉等警世教育片。2003年县气象局内设党风廉政监督员1名，设立公示栏、意见箱，部分内容通过电视、网络、宣传单等形式公开。

2. 气象文化建设

坚持政治业务学习制度，通过经常性的政治时事、法律法规学习，提高职工素质。2003年以来送培7位职工报考气象大专院校函授深造，提升职工科学文化水平。1990年开始每年年初制订单位目标考核办法，年底根据考核办法开展局内先进个人、文明家庭、五好家庭评比活动；每年"八一"建军节组织全体职工开展建军爱军拥军的座谈会、聚会等活动。

1989年9月获宁都县政府授予"十佳文明单位"称号；1990年获宁都县政府授予"文明单位"称号；1997年获赣州地委行署授予"文明单位"称号；2000年、2002年、2004年、2006年、2008年获第八至第十一届"江西省文明单位"称号。

20世纪90年代以来，先后建起了两室三场（文体活动室、报刊图书室、羽毛球场、篮球场、运动健身场），分别配备乒乓球桌、羽毛球架、篮球架、单杠、跑步机等健身器械，拥有图书、杂志千余册。2003年与宁都县蚕桑总公司联合举办庆元旦职工羽毛球、乒乓球比赛；2008年获江西省首届气象部门职工运动会羽毛球男子组单打第二名。

3. 荣誉与人物

集体荣誉 宁都县气象局1981年、1983年、1985年、1986年、1987年、1989年、1990年、1996年8次被江西省气象局评为"全省气象系统先进单位",1984年、1988年被评为"全省农业气象系统先进单位",1998年、2008年被江西省气象局评为"五大工程"建设达标单位。

人物简介 刘吉生,男,汉族,江西省宁都县人,1939年7月5日出生,初中毕业,1958年8月1日在宁都县气象局参加工作,1982年8月加入中国共产党,1984年6月任副局长主持工作,1986年1月至1995年10月任宁都县气象局局长,2000年退休。1982年12月获省政府授予"江西省农业劳动模范"称号,1983年出席在南昌召开的江西省农业劳动模范和先进集体代表大会。

台站建设

宁都县气象站初建时,有土木结构平房2间;1965年迁站后,站内建有土木结构房屋10间。1984年11月修建气象站至博生路的水泥路,1985年7月兴建三层办公楼1幢;1987年5月修建大门、水泥台阶、片石砌护坡;1988年8月建二层职工宿舍楼1幢;2003年在办公楼三层新建业务室1间;2007年院内修建3.1米宽水泥路面100米,改造围墙200米。

县气象局院内占地面积5843.75平方米,办公楼建筑面积483.63平方米。1998—1999年建成职工集资住房2幢,2002—2008年相继对院内环境进行美化、绿化和硬化,建有雅致凉亭1座,院内硬化地均为水泥地面,空置地面种植草皮和桂花、杨梅、棕树、海桐、含笑、天竺桂等10余种树木,院内绿化率达60%以上。院内呈梯次结构,环境优雅,层次分明。除办公楼和宿舍楼外,另建独立的车库、炮库和制氢室各1间,建有文体活动室、羽毛球场、篮球场及运动健身场所。2008年购置帕萨特公务车1辆。

宁都县气象局外景(摄于2008年11月)

石城县气象局

石城自南唐保大十一年(953年)设县。石城县为赣江发源地,位于江西东南、赣州市东北、武夷山脉中段西侧,全县总面积1581.53平方千米,辖5个镇、5个乡,2008年末总人口为30.97万。

石城属亚热带季风湿润气候区,光热资源丰富,日照充足,雨量充沛,气候温和,无霜期长。年平均气温18.3℃,年平均降水量1766.8毫米,年平均日照时数1719.9小时,平均无霜期280天。特点是四季分明,春季冷暖交往频繁,变温幅度大;春夏之间阴雨霏霏,多连阴雨;夏季降水集中,常致洪涝;伏秋期间太阳辐射量大增,气温高蒸发量大,时有干旱发生;冬季不严寒,霜冻危害低。

石城县气象局为国家一般气象站,观测场位于琴江镇兴隆村大沃里,北纬26°21′,东经116°21′,海拔高度为247.4米。

机构历史沿革

始建情况 石城县气候站于1958年10月1日正式建立,站址在县城北面廊头街与风岭脑之间的墩中。

站址迁移情况 2002年1月1日,观测场迁至琴江镇兴隆村大沃里,北纬26°21′,东经116°21′,海拔高度为247.4米。

历史沿革 建站初站名为江西省石城气候站;1963年5月更名为江西省赣州水文气象总站石城气象服务站;1966年2月更名为江西省石城气象服务站;1981年11月成立石城县气象局,与石城县气象站合二为一;1984年1月撤销石城县气象局,保留石城县气象站;1990年3月恢复石城县气象局。石城县气象局为国家一般气象站,正科级全民事业单位。

管理体制 1980年7月以前,隶属关系先后多次在气象部门和地方政府之间变动,其中1971年1月至1973年7月隶属县人民武装部管理。1980年7月起实行气象部门与地方政府双重领导,以气象部门领导为主的管理体制。

机构设置 建站初期,未设任何下设机构;1974年1月开始先后设测报、预报、农气服务3个股;1991年初增设办公室,同年6月增设石城县防雷检测所,至1991年年底,下设办公室、基础业务股、应用气象股、防雷检测所4个机构;2000年4月石城县防雷检测所更名为石城县雷电防护管理局;2008年下设机构调整为雷电防护管理局(二级局)、气象台、科技服务中心、办公室。石城县人工影响天气领导小组办公室和减灾委员会办公室均设在县气象局。

单位名称及主要负责人变更情况

单位名称	姓名	职务	任职时间
江西省石城气候站	李树华	负责人	1958.10—1958.12
	段兴发	负责人、站长	1958.12—1963.05
江西省赣州水文气象总站 石城气象服务站	林祥安	负责人	1963.05—1966.02
江西省石城气象服务站	刘先梅	负责人	1966.02—1967.02
	朱贤桃	负责人	1967.02—1967.03
	无	无	1967.03—1968.11
	温振文	负责人	1968.11—1970.07
	黄庆显	站长	1970.07—1978.07
江西省石城县气象站		站长	1978.07—1981.11
石城县气象局	罗运源	副局长(主持工作)	1981.11—1984.01
		站长	1984.01—1984.06
石城县气象站	方秀浩	副站长(主持工作)	1984.06—1986.04
	赖凌云	副站长(主持工作)	1986.04—1989.04
	孔冬柏	站长	1989.04—1990.03
		局长	1990.03—1990.05
石城县气象局	温家发	副站长(主持工作)	1990.05—1994.11
		局长	1994.11—2003.02
	陈剑平	副局长(主持工作)	2003.02—2006.03
		局长	2006.03—

注:1967年3月至1968年11月期间,无负责人。

人员状况　建站初有职工2人;1978年底有职工7人。2008年底,有正式职工9人,均为汉族,平均年龄45岁,其中30~39岁3人,40~49岁2人,50岁以上4人;大专学历6人,中专学历2人,高中以下学历1人;工程师5人,助理工程师4人。

气象业务与服务

1. 气象业务

①地面气象观测

观测时次　1958年10月1日开始地面气象观测。每天按地方时01、07、13、19时观测4次。1960年1月1日起取消01时观测,同年7月1日起改用北京时,每天08、14、20时观测3次。1985年3—12月,增加11、17时2次观测。

观测项目　1980年1月起,有云、水平能见度、天气现象、气温、空气湿度、气压、风、日照、降水、蒸发、雪深、地面温度和省气象局规定的浅层地温等观测项目。

发报类别　1959年5月1日开始担负拍发气象电报,先后拍发区域天气报、农业气象旬报、降水量报、赣州地区联防报、江西省重要天气加强报、台风联防报等。至2008年,每天拍发08、14、20时加密天气报(GD-05)和重要天气报(GD-11)。1964年1月1日至1993

年 8 月 31 日还担负 0—24 时的向有关空军机场拍发的预约航空天气报和航空天气危险报任务。

报表制作 1958 年 10 月 1 日起编制地面基本气象观测记录月报表(气表-1),同年 11 月起编制日照记录月报表(气表-4),1959 年 4 月 1 日起编制地温记录月报表(气表-3),1961 年 6 月起气表-3、气表-4 并入气表-1,1963 年 10 月起编制降水量自记记录月报表(气表-5),1972 年 1 月起编制风向风速自记记录月报表(气表-6)。同时按规定编制相应的年报表(气表-21、23、24、25、26)。1980 年 1 月 1 日起气表-5、气表-6 并入气表-1 编制,并制作气表-21。

1991 年 7 月起直接向省气候中心上报气表-1 简表等相关资料,由省气候中心在微机上编制气表-1 和气表-21。1996 年 7 月起改为计算机输入地面气象观测资料再上传省气候中心。2000 年 7 月 1 日起使用《AHDM4.1》制作气表-1 和气表-21。2005 年 1 月 1 日起使用地面测报业务软件(OSSMO 2004)制作气表-1 和气表-21。

气象装备 建站初,气象观测仪器多系进口,20 世纪 80 年代后气象仪器国产化。2004 年 1 月 1 日起安装 CAWS600 型七要素地面自动气象站。2006—2008 年建设 10 个区域自动气象站,其中两要素站 2 个,四要素站 8 个,观测要素有气温、降水、风向、风速。2008 年建成 GPS/MET 基准水汽观测站。

②农业气象

农业气象简易观测 1997—1998 年,石城县气象局先后开展早稻、晚稻、烤烟、白莲、秋玉米等农作物的简易观测和苦楝树的简易物候观测,上报报表。1986 年在单位院内建立"四结合"基地(业务、服务、试验、生产结合),种植柑橘 50 余棵,葡萄 7 株,1992 年结束。

农业气象情报、预报 情报主要有旬报、月报,主要对上旬、月的农业气象条件进行分析。预报主要有旬报、月报、各重要农事季节的预报以及作物生育期预报、农业气象灾害预报、病虫害预报和早、晚稻产量预报等。

③天气预报

短期天气预报 每天早上制作未来 24 小时内、下午制作未来 48 小时内的一般性天气预报。

短期灾害性天气预报 每天下午制作 20—20 时 24 小时内寒潮(强冷空气)、暴雨、雷暴、大雪、冻雨(雨凇)、大雾等灾害性天气预报。

短时灾害性天气预报 制作未来 12 小时内大风、冰雹、强降水等强对流天气预报。

短期气候预测和中期天气过程预报 定期制作各种旬、月、年、春播、汛期、干旱、寒露风等短期气候预测,不定期制作各种重要或灾害性天气过程预报。

专项预报 根据各行各业不同生产环节对气象条件的要求而专门制作的天气预报,随时传递到各专业用户。

专业预报 主要开展森林火险等级预报和生活指数预报。

专题天气预报 制作汛期结束期预报,高、中考期间的专题天气预报等。

预报技术手段 1970 年以前,以省、地区气象台预报为主,结合当地天气实况、天气谚语、动植物异常活动情况和气象要素曲线图特征,综合分析制作补充订正天气预报。1971

年起,以各种资料、图表为基础,逐步建立日常天气、灾害性天气的天气学、统计学预报方法和指标,结合省、市预报独立制作本地天气预报。1994年,天气预报业务工作转轨,工作重点放在短期和短时灾害性天气的补充订正预报上。

④气象信息网络

1982年4月前,气象信息的上传、交换、获取、发布方式主要有3种:一是通过当地邮电部门以电报的形式上传、交换、获取;二是通过无线电广播获取;三是通过当地的广播电台(站)广播、编发书面气象信息、电话传送等方式发布各种气象信息。

1982年4月添置无线传真收片机,代替无线电广播手工收取气象信息,1992年停用。1986年5月4日配备PC-1500袖珍计算机投入业务使用,1989年停用。1989年6月开通15瓦单边带电台替代通过当地邮电部门以电报形式上传、交换、获取的气象信息。1991年下半年以甚高频电话传递信息,1996年停用。1995年6月计算机远程终端开始投入业务使用,县级综合业务系统投入业务运行。1998年开通"121"天气预报自动电话答询系统,后升位为"12121"。1999年建起气象卫星地面接收小站,建成计算机局域网,MICAPS系统投入业务使用。2003年与市气象局的气象信息交换改由基于互联网宽带技术的VPN虚拟拨号连接。2004年11月1日在石城电视台播出由石城县气象局制作的天气预报节目。2006年4月雷达延伸系统投入业务应用。2006年底增设手机气象信息服务,区域自动气象站实时资料传输和控制通过GPRS/GSM短信方式实现。2007年4月建成2兆连接县—市气象局SDH专用通信线路。

2002年前所有原始观测记录、自记记录等原始记录档案均由县气象局档案室收集、整理、保管。从2002年起,每年将气象原始记录档案移交省气象局档案馆,县气象局档案室只保留最近5年的原始记录及部分保管期限为短期的档案。

2. 气象服务

公众与决策气象服务 石城县气象局通过当地广播、电视、新农村建设网站等载体,发布各种天气预报和气象灾害预警信息。

通过书面形式(呈阅件、专题天气预报)、电话、传真、手机信息提供一些重要天气预报和气候可行性分析论证等服务。《石城气候适应广种牛心柿》的气候可行性论证文章被县政府批转各乡镇、单位。《石城种植脐橙气候条件之优劣》的文章被选为县果业招商项目的宣传材料。

专业与专项气象服务 20世纪80年代起,开展森林火险等级预报。根据各个行业对气象条件的需求不同,有针对性地提供各种天气预报产品和开展专项气象服务。1979年8月首次开展人工增雨作业,2007年4月首次开展人工消雹作业。1990年起开展防雷技术服务。

围绕县农业支柱产业"烟、莲、稻"开展农业气象适用技术推广服务,尤其是在1991—1995年,先后参加县烟草生产办公室推广"扩种烤烟和提高烟叶质量技术"项目,仅1995年优质烟就比1994年提高4.5%。参与县种子公司的秋季杂交制种方案制订,重点做好花期授粉的专项服务。1996年配合县种子公司在丰山乡开展"二系"杂交制种,经送海南检定,纯度达98%。参与县农业局"白莲良种引种繁殖试验与推广"项目,"八五"期间累计推广白莲良种3万亩,结实率较过去提高20%,获地区行署"科技进步四等奖"。

根据服务和市场需求,开展施放气球服务、"12121"自动电话答询气象服务和手机短信气象服务。

气象科普宣传 利用广播、电视、报刊、墙报、咨询、会议、街头宣传等方式宣传气象知识。接待中、小学生及各界人士参观考察,普及气象知识。1988年1月,由石城中学3名学生组成的石城县中学生气象知识竞赛代表队赴赣州参加全区气象知识竞赛决赛获三等奖。

气象法规建设与社会管理

1. 法规建设

1997年10月22日石城县政府下发《关于保护气象观测环境的批复》(石府办字〔1997〕94号),批复同意对气象观测环境进行保护,在保护范围内进行建设要征得气象部门同意。

2001年8月16日,石城县政府下发《关于转发赣州市政府令〈赣州市防御雷电灾害管理规定〉的通知》(石府发〔2001〕40号)。2005年石城县政府办公室下发《关于进一步加强防雷安全工作的通知》(石府办字〔2005〕29号)。2008年石城县政府下发《关于加强气象探测环境备案的通知》(石府字〔2008〕7号)。2008年石城县政府办公室下发《关于切实做好全县雷电灾害预防工作的通知》(石府办字〔2008〕99号)。

2. 社会管理

探测环境保护 依照规定,划定了保护范围,并报政府相关部门备案,对在保护范围内建设项目进行审批把关。

施放气球管理 对施放气球的公司进行资质审查,对其施放作业申请进行审批。

防御雷电灾害管理 为政府防雷减灾工作提供决策依据;负责防雷工作的组织管理;监督防雷装置的安装、检测、整改和防雷产品质量监督检查;组织有关部门对雷电事故进行评估和成因鉴定;开展防雷安全宣传工作和防雷技术的示范推广。

政务公开 将县气象局的工作职责、机构设置、气象服务、防雷管理、法律法规、办事程序予以公开,接受社会监督。将职工关心的年度工作方案、职称评定、晋级、干部任用、晋升、评先、财务收支等公开。

党建与气象文化建设

党建工作 1986年10月22日由县气象站、渔种场、茶果场、畜牧良种场4个单位的正式党员6人、预备党员1人组成石城县气象站支部。1989年6月1日县气象站单独成立支部。至2008年,有正式党员5人。

气象文化建设 县气象局设有阅览室、活动室,有乒乓球桌等活动设施。从1997年起,石城县气象局被县委、县政府授予"文明单位",2004—2005年度、2006—2007年度获市级"文明单位"称号。

荣誉 石城县气象局1963年被省水文气象局评为"全省水文气象系统五好站";1984年5月31日至6月1日暴雨天气预报服务获国家气象局通报表彰;1984年11月获赣州地

委、行署授予的"全区农业科技工作先进单位"称号;1985年2月被省气象局评为全省气象系统预报先进单位;1994年获省气象局"在6月15日的特大暴雨预报服务中记大功"奖励;1998年1月24日获省气象局颁发的"重大灾害性天气预报服务先进集体"奖励。

台站建设

建站之初,占地面积不足1000平方米,只有4间面积67平方米的工作、生活用房,没有电,挑河水食用。2007年底临206国道竣工六层综合楼1幢2515平方米,其中一层为经营用房,二层为办公,三至六层为职工家属宿舍,在石城安家的职工均有1套120~155平方米不等的住房。观测场与综合楼分处两地,观测场及周围占地约为3400平方米,水、电、路设施齐全。2006年配备了1辆人工影响天气作业车。2008年添置了1辆公务小车。

石城县气象局建于1976年的办公楼(摄于1981年)

2007年12月竣工的石城县气象局综合大楼(摄于2008年)

会昌县气象局

会昌,太平兴国七年(982年)设县。位于江西省东南部,赣州东部,东邻福建,南靠广东,辖19个乡镇,面积2722.18平方千米,总人口47万。

会昌县属亚热带湿润气候区,年平均温度19.3℃,最高气温39.7℃,最低气温−7℃,年平均日照时数1745.7小时,年平均降雨量1615.6毫米。

会昌县气象局位于北纬25°36′,东经115°48′,观测场海拔高度167.4米。

机构历史沿革

始建情况 会昌县气象站始建于1956年11月,同年12月1日开始地面观测记录,地址位于会昌县文武坝镇林岗村莲塘面10号,未搬迁过。

历史沿革 1956年12月名称为江西省会昌气候站;1959年4月更名为会昌县气象站;1960年5月更名为会昌县气象服务站;1962年7月更名为江西省赣南水文气象总站会

昌水文气象服务站;1964 年 8 月更名为会昌县气象服务站;1971 年 11 月更名为江西省会昌县气象站;1980 年 10 月成立会昌县气象局,与会昌县气象站合二为一;1984 年 1 月撤销会昌县气象局,保留会昌县气象站;1990 年 12 月恢复会昌县气象局。从 1980 年 10 月起,会昌县气象局为正科级事业单位。

管理体制 1959 年 4 月以前,隶属江西省气象局;1959 年 4 月起隶属会昌县人民委员会;1962 年 6 月起隶属江西省水利电力厅水文气象局;1971 年 11 月起隶属会昌县人民武装部;1973 年 7 月起隶属会昌县革命委员会;1980 年 10 月后,实行气象部门与地方政府双重领导,以气象部门领导为主的管理体制。

机构设置 1973 年 12 月设地面气象测报和天气预报业务 2 个组;1981 年 10 月设地面气象测报、天气预报、农业气象 3 个股;1989 年农业气象股改名为农业气象服务股;1990 年 12 月内设机构调整为基本业务股、产业服务股和办公室;2008 年底,会昌县气象局下设机构为基本业务股、气象科技服务股、气象行政执法室。1992 年 5 月经县机构编制委员会办公室批准成立会昌县防雷安全检测所,隶属会昌县气象局,2008 年更名为赣州市防雷装置质量检测检验所会昌分所。2003 年,成立会昌县人工增雨领导小组,办公室挂靠会昌县气象局。

单位名称及主要负责人变更情况

单位名称	姓名	职务	任职时间
江西省会昌气候站	刘季芳	负责人	1956.11—1958.02
	傅双喜	负责人	1958.02—1958.11
			1958.11—1959.04
会昌县气象站	林祥安	副站长(主持工作)	1959.04—1960.05
会昌县气象服务站			1960.05—1960.12
	王章义	站长	1960.12—1962.07
江西省赣南水文气象总站会昌水文气象服务站	华福来	负责人	1962.07—1963.08
	陈富年	负责人	1963.08—1964.08
会昌县气象服务站			1964.08—1968.11
	蔡乃长	负责人	1968.11—1970.03
	李绍荣	指导员	1970.03—1971.11
		负责人	1971.11—1973.10
会昌县气象站	洪锦华	站长	1973.10—1975.04
	赖庆仔	站长	1975.04—1980.10
会昌县气象局		局长	1980.10—1984.01
		站长	1984.01—1984.06
会昌县气象站	陈富年	站长	1984.06—1988.10
	周斌辉	副站长(主持工作)	1988.10—1989.04
	蔡乃长	站长	1989.04—1990.12
会昌县气象局		局长	1990.12—1994.06
	朱科焰	局长	1994.06—1997.03
	周斌辉	局长	1997.03—

人员状况 1956 年建站时有气象观测员 3 人,到 1978 年底人员增至 11 人,最多时为

18 人。2008 年底,有在职职工 8 人,均为汉族,其中本科学历 1 人,大专学历 5 人,中专学历 2 人;工程师 4 人,助理工程师 4 人;30 岁以下 3 人,30～39 岁 1 人,40～49 岁 2 人,50 岁以上 2 人,平均年龄 37.8 岁。

气象业务与服务

1. 气象业务

1956 年起陆续开展的气象业务有地面气象观测、天气预报、农业气象、气候评价评估、气候区划、气象科普、人工影响天气、防雷装置验收与检测等。

①地面气象观测

观测时次与项目 建站至 1960 年 6 月 30 日用地方时制,每天 01、07、13、19 时 4 次观测;1960 年 7 月 1 日起改为北京时,每天 02、08、14、20 时 4 次观测,1962 年 1 月 1 日起改为每天 08、14、20 时 3 次观测,02 时记录用 08 时记录代替。1973 年 1 月 1 日起恢复 02 时观测。1986 年 1 月 1 日起又取消 02 时观测,02 时的记录用相应自记记录内插订正读取。2007 年 1 月 1 日起改为国家气象一级站,每天 02、05、08、11、14、17、20、23 时 8 次观测,全天值班。观测项目有云、能见度、天气现象、气压、气温、湿度、风向、风速、降水量、雪深、日照、蒸发、地温。

发报种类 1959—1985 年,有 AV24 小时的固定航空危险天气报,1986 年起改为白天 AV 固定航空危险天气报,2008 年起担负向 AV 南京拍发 08—18 时航空危险天气报;1964 年 4 月 1 日至 6 月 30 日,每天 14 时向上级台编发区域天气报(GD-81),1982 年 1 月 1 日起启用中央气象局编发的新陆地测站地面天气报告电码(GD-01),气象服务电报(GD-91)改由预报值班员编发,同时每年 3—9 月向赣州市气象台编发区域灾害性天气联防报。1986 年起编发重要天气报(GD-11),1999 年 3 月 1 日起编发加密天气报,2007 年 1 月 1 日起每天 8 次定时观测并向江西省气象台拍发(GD-01)报。

报表制作 主要有气表-1、气表-21,1987 年以前靠手工抄算,邮局寄送省、地气象局各 1 份,自存 1 份。1987 年起使用 PC-1500 袖珍计算机整理报表,向上级寄送磁盘。1991 年 7 月起向省气候中心上报气表-1 简表,由省气候中心制作纸质报表,1996 年 7 月起采用计算机制作报表,并通过网络上传数据资料。2002 年开始原始气象观测记录档案送省气象局档案馆处理及保存,本单位只保管最近 5 年气象原始资料。

自动气象站 2003 年 12 月 24 日安装建成 CAWS600 型自动气象站并于 12 月 31 日起进入对比观测。从 2004 年 12 月 31 日 20 时起,压、温、湿、风、降水、地温等项目采用自动站观测记录(人工观测为辅),并自动选取资料编发报。从 2005 年 1 月 1 日起,自动气象站记录代替人工观测同类项目记录。2005—2007 年,分三批在全县各乡镇建成 17 个四要素、2 个两要素区域自动气象站。

②农业气象

1957 年 3 月起开展农业气象观测和发报业务,1963 年、1965—1978 年两度中断。1979 年开展全县农业气候调查。1981 年 2 月至 1988 年会昌县气象站为省内农业气象情报站,开展早晚稻、大豆、红薯、油菜、蚕豆、豌豆、甘蔗、茶叶等作物和桃李、油茶等物候观测。20 世纪 80 年代起,开展水稻、红薯、烟叶、油菜等不同播种期的对比试验和两系法杂优制种试验研究,开展主要粮食作物产量预报,编写《会昌县农业气候手册》、《会昌县农业气候资源考察与区划报告》、《会昌县烟稻轮作气候论证与区划》等。

③天气预报

会昌县的天气预报始于 1958 年 7 月。

预报产品 短时临近天气预报(定时制作 3 小时临近天气预报,春夏季节不定时制作灾害性天气预报、预警)、短期天气预报(每天制作 08、20 时未来 2 天日常天气预报)、中、长期天气预报(定期制作旬(月)、春播、汛期、伏秋季、寒露风天气趋势预报和年景趋势预报)、短期灾害性天气预报(定时制作暴雨、雷电、大风、冰雹、寒潮、大雪、冻雨、大雾等灾害性天气预报)、短时灾害性天气预报(不定时制作强降水、大风、冰雹等灾害性天气预报)、专业、专题天气预报(每日制作森林火险等级预报,定期制作榨季天气预报,不定期制作重大活动专题天气预报、关键性、转折性天气预报)等。

预报工具和方法 20 世纪 50—60 年代靠收听上级台预报,结合群众经验和看天经验,利用测站观测资料,制作点聚图、曲线图、时间剖面图、观察天物象等制作预报。70 年代以汉口气象台天气形势广播,点绘天气形势简图,单站综合要素曲线和基本图表、基本资料、基本方法、基本档案的初步成果等做预报。80 年代引进气象传真收片机等设备后,以传真图及单站资料研制"MOS"预报方法。90 年代后,数值预报、卫星云图、多普勒雷达回波、区域自动站及常规探测资料等预报资料日渐丰富,充分利用 PC-VSAT 站、内网、雷达延伸系统收集各种预报资料,应用 MICAPS 系统强大分析功能,结合沿用的各类预报方法和工具制作预报。

④气象信息网络

20 世纪 80 年代以前,依靠收音机、手摇电话和邮政信件传递信息。20 世纪 80 年代、90 年代先后装备 79-1 型定频收信机、123-1B 型传真收片机、单边带、VHF 甚高频气象辅助通信网、基于程控拨号的市气象局 Novell 网气象远程终端、PC-VSAT 单收站,建成计算机局域网。2003 年建立基于互联网技术的 VPN 虚拟气象信息网络,2007 年 4 月建立基于 MSTP 技术的县—市 2 兆 SDH 专线气象信息网络,实现了省—市—县三级气象信息网络的互联互通。2005 年底建立区域自动气象站实时数据的 GPRS/GSM 短信传输网络。

2. 气象服务

公众气象服务 主要有日常天气预报、森林火险指数、灾害性天气预报、预警等内容。通过有线广播网播出,通过县有线电视、"12121"电话自动答询、县政府网站、县新村网、手机短信等方式向社会各界发布。1998 年购置线性电视天气预报制作系统,开始制作天气预报节目,2006 年升级为非线性、高清晰、数字化多媒体编辑系统,天气预报节目分别在县电视台两套节目中早、中、晚固定时次播出,遇突发性和重大灾害性天气,利用电视新闻报道和滚动字幕方式不定时向广大公众播出。2002 年起在会昌新农网发布天气预报(原会昌农村经济信息网)。

决策气象服务 主要内容有突发性、关键性、转折性、重大灾害性天气、重大节日或重大社会活动的天气预测预报,以及有关当地产业发展气候论证等。服务方式主要以电话、直接报告或者以书面《专题预报》、《气象情况反映》、《气象呈阅件》等纸质材料为主,以手机短信为辅。

专业与专项气象服务　主要针对乡镇、企事业单位、大中型建设工程等用户提供长、中、短期天气预报和气候资料服务。服务方式以纸质材料和电话服务为主,同时采用甚高频气象警报接收机、电话传真、手机短信、电子预警显示屏、电子邮件等手段。至 2008 年底,专业(项)服务对象扩大到全县种植、养殖、果业、林业、烟草、交通、水利、电力、矿业等 20 多个行业。

气象科技人员在盘古嶂进行风能资源调查(摄于 2005 年 7 月)

人工影响天气工作于 1978 年正式开展,作业装备历经 JI-50 型气象火箭、"三七"高炮几个阶段,2003 年装备了 CF2-1A 型车载火箭发射系统,2007 年底建成"五个一"标准化人工影响天气作业小分队。主要开展人工增雨、人工消雹和森林防(灭)火等减灾服务。1991年、2003 年、2007 年等大旱之年,及时实施人工增雨作业,减缓了灾情,石壁坑水库等单位给县人工影响天气领导小组办公室赠送了锦旗。

1990 年开展防雷装置年度检测工作,并逐步承接防雷工程安装业务。2002 年逐步开展新建建筑物防雷装置设计审核、分段验收工作和雷击风险评估业务。

气象科技服务与技术开发　20 世纪 90 年代中后期,开始承接系留升空气球施放和电视天气预报画面广告业务。2004 年起开展手机短信气象预报预警服务业务。

气象科普宣传　县气象局每年定期或不定期接待数千人参观学习。在重要农事季节,气象科技人员深入乡村一线,与农民开展面对面的农事气象服务。世界气象日、防灾减灾日、安全生产月等活动期间,组织科技人员上街摆摊设点与群众进行气象科技宣传和交流。2000—2008 年,累计开展气象科技宣传活动 16 次,共发放气象科普宣传画册和资料 1.8 万余份。

科学管理与气象文化建设

气象法规建设　2002 年起县政府先后下发《会昌县防雷减灾管理规定》、《会昌县气象灾害应急预案》和《关于切实做好雷电灾害预防工作的通知》等规范性文件,绘制的《会昌县气象观测环境保护范围控制图》抄送城建、环保、土管、法制等部门备案。

社会管理 2002 年,成立气象行政执法室,配有 5 名持证兼职执法人员,多渠道开展气象法律法规宣传活动,提高社会公众的气象法制意识;同时与城建部门达成协议,将新建建(构)筑物防雷装置设计审核、分段及竣工验收纳入综合报建管理,气象探测环境保护列入建设规划审批。气象违法案件从源头得到控制,查处违法案例 12 件(次)。

党建工作 1972 年,会昌县气象站支部成立,有党员 3 人。1990 年 12 月 25 日更名为会昌县气象局党支部。2008 年底有党员 6 名(其中在职党员 3 名)。支部建立至 2008 年底,先后 19 次被县直属机关党委评为先进党支部,共发展党员 5 名。

2001 年设立局务公开栏、意见箱,实行党风廉政建设监督员制度,对重要工作、重大事项、涉及职工利益、职工敏感事件、人事变动、晋级晋升、建设项目、计划财务等大事要事,采取集体讨论和会议表决方式,确保公开、公平、公正,民主监督阳光操作。从建站起,没有出现违法违纪违规的人和事。

气象文化建设 建立健全政治业务学习制度,开展文明创建活动和职工业余文体活动,逐年建起棋牌台球等文体活动室、藏书千册的阅览室和室外羽毛球场、健身运动场等。建站以来,一直注重提高职工的政治素质与业务素质,把德才兼备、责任心强的业务骨干选入领导班子,选送好学上进的职工 8 人次到气象院校深造,开展岗位练兵、业务竞赛和模范家庭评比活动,全局形成了健康和谐、守法奉献、发奋上进的氛围。

荣誉 1956 年起会昌县气象局共获集体荣誉 28 项(次),主要有因 1985 年台风暴雨预报服务效果显著而获国家气象局的嘉奖;1985 年获全省气象系统"文明单位"称号;1991年、1996 年被评为全省气象部门先进单位;1992 年度获得省气象局防汛气象服务"记功"奖励。1999—2008 年连续五届获赣州市"文明单位"称号。

台站建设

会昌县气象局占地面积 5183 平方米,办公、住宅楼等占地 1150 平方米,院内气象探测环境面积 1620 平方米,院内绿化率达 65%。

进入 21 世纪后,基础设施和气象业务现代化建设、办公条件和生活环境得到全面改善和提升。2004 年新增征用临街办公用地 400 平方米。2004 年 9 月和 2007 年 12 月,分别购置 1辆人工增雨作业运载车和公务小轿车。2008 年起对单位院内建设重新进行规划,并按台站规划进行附属楼建设、院内道路硬化、大门拆旧建新以及院内环境的美化、绿化和亮化。

瑞金市气象局

瑞金古为杨州城的荆蛮之地。到唐天佑年(904 年),以东汉延安 7 年(200 年)始建的象湖镇淘金场置监。据传"置监时有航浮于水面,色如黄金,入目为瑞"。在近代史中,瑞金是红色故都、共和国摇篮、二万五千里长征出发地。

瑞金市位于江西省东南边陲,赣州东部,东界福建省长汀县,西连于都,南邻会昌,北接宁都,东北毗石城。总面积约 2448 平方千米,总人口 64 万,辖 17 个乡(镇)。属亚热带季风湿润气候,四季分明,年平均气温 18.9℃,极端最高气温 40.4℃,极端最低气温 -6.5℃,年平均日照时数 1607.9 小时,年平均降水量 1698.2 毫米。

瑞金市气象局属国家一般气象站,观测场位于象湖镇瑞明村上岗下,北纬 25°54′,东经 116°02′,海拔高度 208 米。

机构历史沿革

始建情况 瑞金气候站建于 1957 年 7 月 31 日,地处瑞金县城关镇绵水大队,北纬 25°52′,东经 116°02′,海拔高度 192.7 米,同年 11 月 1 日开始气象观测。

站址迁移情况 1989 年 1 月观测场搬迁至原址的东北角,北纬 25°52′,东经 116°02′、海拔高度 193.2 米;2002 年观测场迁至象湖镇瑞明村上岗下。

历史沿革 1957 年建站时为江西省瑞金气候站;1960 年 1 月更名为瑞金县气象服务站;1962 年 8 月更名为江西省赣州水文气象总站瑞金气象服务站;1963 年 7 月更名为江西省瑞金气象服务站;1971 年 1 月更名为江西省瑞金县气象站;1980 年 7 月成立瑞金县气象局,与瑞金县气象站合二为一;1984 年 1 月,撤销瑞金县气象局,保留瑞金县气象站;1991 年 12 月,恢复为瑞金县气象局。1996 年 4 月瑞金撤县设市,瑞金县气象局更名为瑞金市气象局。

管理体制 1957 年建站时隶属于江西省气象局;1960 年隶属瑞金县水电局;1962 年隶属江西省水电厅水文气象局;1963 年隶属江西省水文气象局;1971 年隶属瑞金县人民武装部;1973 年隶属瑞金县革命委员会抓革命促生产指挥部;1980 年起实行气象部门与地方政府双重领导,以气象部门领导为主的管理体制。

机构设置 1957—1974 年,未设内部机构;1975 年开始设立地面气象观测、天气预报、农业气象 3 个业务小组(股);1989 年增设办公室;2000 年,设办公室、业务股,成立瑞金市气象科技服务有限责任公司;2005 年设办公室、基本业务股、防雷检测所、公司。

1998 年,经瑞金市政府批准,成立瑞金市人工影响天气领导小组,办公室设在瑞金市气象局;2000 年,经瑞金市机构编制委员会批准,成立瑞金市雷电防护管理局;经瑞金市政府批准,成立瑞金市减灾委员会,办公室设在气象局。

单位名称及三要负责人变更情况

单位名称	姓名	职务	任职时间
江西省瑞金气候站	王熙宣	站长	1957.07—1958.08
	刘一中	负责人	1958.08—1959.07
	刘书莱	站长	1959.07—1960.01
瑞金县气象服务站			1960.01—1962.08

单位名称	姓名	职务	任职时间
江西省赣州水文气象总站 瑞金气象服务站	刘一中	负责人	1962.08—1963.07
江西省瑞金气象服务站			1963.07—1970.06
	李安桂	指导员	1970.06—1971.01
		站长	1971.01—1974.12
	刘振业	站长	1974.12—1975.11
江西省瑞金县气象站	谢远增	站长	1975.11—1976.01
	谢远途	副站长(主持工作)	1976.01—1978.10
	黄日照	站长	1978.10—1980.07
瑞金县气象局		局长	1980.07—1981.11
	钟蔚康	副局长(主持工作)	1981.11—1984.01
瑞金县气象站		副局长(主持工作)	1984.01—1984.08
	吴锦岳	副站长(主持工作)	1984.08—1985.02
	钟蔚康	副站长(主持工作)	1985.02—1989.04
	朱科焰	副站长(主持工作)	1989.04—1991.12
瑞金县气象局		副局长(主持工作)	1991.12—1993.01
		局长	1993.01—1994.06
	杨继满	副局长(主持工作)	1994.06—1996.04
瑞金市气象局		副局长(主持工作)	1996.04—1997.03
	朱科焰	局长	1997.03—

人员状况　建站初期有职工 3 人,1978 年有职工 10 人,最多时期达 13 人。2008 年,全局共有 18 人(其中在职 8 人,退休 7 人,外聘 3 人)。在职职工中:本科学历 1 人,大专学历 4 人,中专学历 1 人,高中 2 人;工程师 4 人,助理工程师 4 人;年龄 30 岁以下的 3 人,30～39 岁 1 人,40～49 岁 2 人,50 岁及以上 2 人,平均年龄 40 岁。

气象业务与服务

1. 气象业务

①地面气象观测

观测时次　1957 年 11 月至 1960 年 6 月,每天按地方时进行 01、07、13、19 时 4 次观测。1960 年 7 月 1 日起,每天按北京时进行 08、14、20 时 3 次观测。

观测项目　有云量、云状、天气现象、雪深、水平能见度、风向、风速、气温、空气湿度、气压、降水、蒸发、日照、地面温度、浅层土壤曲管温度及深层地中直管温度的观测(1968 年停止该项目观测)。

气象电报　自建站以来担负着为军航、民航拍发预约和固定航空报和航空危险天气报及气象部门的气象旬(月)报、区域绘图天气报、雨情公报、重要天气电报、台风试验报、台风联防报。20 世纪 90 年代取消航空报和航空危险报的拍发。

气象报表 自建站开始,每月编制报表有气表-1、气表-3、气表-4 和气表-21。1965 年开始每月增加气表-5、气表-6、气表-25。1980 年取消气表-5、气表-6、气表-25。1986 年 4 月使用 PC-1500 袖珍计算机输入报表数据。1991 年开始,抄录简表由省气候中心用计算机制作报表。

自动气象站 2003 年 8 月建成 CAWS600 自动气象站。2003 年 10 月完成 GPS/MET 基准站建设,并正式投入业务运行。2007 年在瑞金市 17 个乡镇全部建起了自动气象站(2 个两要素站、14 个四要素站、1 个六要素站)。

②农业气象

农业气象观测 1958 年 3 月开始进行农作物生育状况的观测,是一般农业气象站,观测项目包括农作物生育状况、自然物候、土壤湿度等。项目有早(晚)稻、花生、大豆、烟叶、红薯、油菜、紫云英、肥田萝卜、甘蔗等,目测土壤湿度和器测土壤湿度。1990 年后停止农业气象观测。

物候观测 观测项目有桃、李、杨、柳、苦楝、梧桐、女贞、葡萄、梨、柑橘、甜柚以及候鸟、青蛙、家燕、蝉等。

农业气象试验研究 1959—1995 年,先后进行早(晚)稻适宜播种期试验、晚稻栽插不同密度对田间小气候的影响试验、双季稻上山试验、降水量与土壤渗透深度试验、干旱期不同性质土壤湿度与丰产田的对比试验、油菜防冻观测试验、早春甘蔗地膜覆盖小气候和生理效应试验、晚稻抗寒露风引种试验、甘蔗宿根越冬防冻方法试验、水稻产量预报研究、杂交水稻花期与气象条件的研究、淮山种植与气候研究、白芽芋烂芽气候诊断等。

农业气候区划 1972 年和 1979 年先后进行两次农业气候调查和分析,编制《瑞金县农业气候手册》、《瑞金县农业气候资源汇编》、《瑞金县农业气候资源分析》、《瑞金县农业气候资源调查与区划》、《瑞金县主要农作物农业气象指标汇编》、《瑞金县主要经济作物气候条件分析与区划》、《油菜农业气象区划》等,其中油菜农业气象区划被评为气候区划一等奖。2003 年、2004 年编制《瑞金市脐橙种植气候区划》、《瑞金市烟稻轮作气候区划》。

③天气预报

1958 年 6 月,瑞金站在江西省第一家试作单站补充天气预报并开展服务。《人民日报》为此发表《小小气候站也能管天》的评论员文章,其先进事迹 1959 年 10 月在北京农业展览馆"建国十周年农业先进事迹展览"中展出。

预报种类 有短期日常天气预报、短时临近天气预报和短期、短时灾害性天气预报;有旬、月预报,节气、季度、年度预报等中、长期预报(测)。专题(项)预报有春播、汛期、干旱、家鱼春季孵化、早稻高温逼熟、晚稻秋季寒露风、低温霜冻预报,以及重大社会活动、重要灾害天气等专题预报。专业预报有森林火险等级预报等。

预报方法 1958 年收听上级气象台天气预报广播,结合看天经验进行补充订正。20 世纪 60 年代后采用听、看、谚、地、资、商、用、管的"八字方针"和"图、资、群""大、中、小"结合的方法。20 世纪 70 年代还利用气象哨的观测资料制作全县分片预报。20 世纪 80—90 年代前期利用传真收片机收集国内外气象预报信息,使用 MOS 方法。90 年代开始,制作短期、短时天气补充订正预报。

④气象信息网络

20 世纪 80 年代以前，主要通过电话、电报、广播等途径进行信息交流；1980 年配备了天气图传真收片机；1983 年 5 月启用小功率短波单边带电台，建立与赣州的无线通信；1986—1995 年利用甚高频气象辅助通信网，取代了单边带电台；1986 年 4 月装备了PC-1500 袖珍计算机。1995 年建成程控拨号远程终端，县级综合业务系统投入业务运行；1998 年建成 PC-VSAT 站和局域网，1998 年 MICAPS 系统在气象预报业务中应用；2003 年建立与市气象局的 VPN 拨号连接；2007 年 4 月建成 2 兆县—市 SDH 专线气象通信网络。

2. 气象服务

公众气象服务 1958 年天气预报每天晚上通过县广播站对外发布。1990—1995 年自筹资金组建气象警报系统，每天早、中、晚各广播 1 次天气信息，遇有突发气象灾害天气随时插播。1995 年 5 月瑞金市天气预报在江西电视台正式播出。同年购置电视天气预报制作系统，每天在瑞金电视台播出一档瑞金市分片天气预报和森林火险等级预报。1995—1996 年通过中文寻呼台传播天气预报。从 1997 年 8 月起，与电信部门合作开展"12121"天气预报自动电话答询系统。2002 年通过瑞金农村经济信息网发布日常天气预报。从 2004 年起，开展手机短信天气预报信息服务。

决策气象服务 从 20 世纪 70 年代开始，以《气象呈阅件》、《气象情况反映》、《决策气象服务》、《专题天气预报》、《雨情公报》、《农村经济信息》等书面材料为瑞金市委、市政府和有关部门开展决策气象服务。内容主要有重大灾害天气、重要转折天气、重要病虫害危害、重要农事季节天气预报等。

专业与专项气象服务 1983 年起根据天气情况和用户的要求，开展专业(项)气象服务。如水库的水位调度、水库修复期晴雨天气趋势、鱼苗春孵适宜期、糖厂榨期专题天气预报和春播、汛期、伏秋干旱、秋收冬种天气预报以及早(晚)稻产量预报、农作物病虫害专题预报、早稻高温逼热、晚稻寒露风危害、当地主要农作物的气候分析等，每天发布森林火险等级预报。

1959 年利用大铁桶燃烧木炭、樟脑、酒精等形成凝结核，借助山坡的上升气流进行催化影响云层降雨。1978 年利用"土火箭"进行人工增雨作业。1979 年以后利用"三七"高炮实施人工增雨作业；2003 年起使用 CF2-1A 型地面火箭移动作业系统开展人工增雨、消雹、森林灭火等作业。2007 年 9 月新配 CF4-1B 型火箭发射控制系统 1 套，年底建成标准化作业分队 1 支。

气象科技服务与技术开发 1990—1991 年，利用气象警报系统发布停限电信息，有用户 141 个。1994 年起开展系留气球(氢气)服务，2005 年填充气体改为氦气。2005 年利用电视天气预报节目开展画面广告服务。

20 世纪 80 年代至 90 年代前期，先后研制日常晴雨天气预报方法、较大降水天气预报方法、暴雨预报方法和汛期洪涝预报方法、鱼苗最佳孵化预报方法、韵律模式长期天气过程预报方法，其中韵律模式长期天气过程预报方法获瑞金县科技成果二等奖。

1958 年 6 月先后在 17 个公社建立气象哨。1970 年 11 月，全县共有气象哨 22 个，每个气象哨配有专职气象员 2 名，与县气象站同步进行基本气象要素观测，开展补充天气预报服务，各气象哨 14 时还向县气象站编发区域小天气图绘图报。1982 年只保留岗面、拔英、日东 3 个气象哨，1983 年全部停办。

气象科普宣传 1958 年创办《瑞金气象》小报，20 世纪 80 年代改为《气象信息与咨询》，2000 年改为《农村经济信息》，内容有"农业科技"、"农用技术"、"气象知识"等。该小报被江西省气象局连续三届评为"优秀小报"。

在世界气象日、安全生产月、世界减灾日期间，市气象局采取上街咨询、接受电视台采访、撰写科普文章等方式开展气象防灾减灾知识的科普宣传。

瑞金市气象局技术人员在街头开展春播天气咨询
（摄于 1985 年 3 月）

气象法规建设与社会管理

法规建设 1999 年 12 月瑞金市政府印发《瑞金市防御雷电管理规定》（瑞府发〔1999〕65 号）。2003 年 11 月瑞金市政府下发《关于转发江西省施放气球管理实施细则的通知》（瑞府办发〔2003〕128 号）。2005 年 3 月，瑞金市政府下发《关于切实做好气象探测环境保护的通知》（瑞府办发〔2005〕63 号）。2006 年 4 月瑞金市政府下发《关于印发瑞金市人工影响天气事故处理预案的通知》（瑞府办发〔2006〕25 号），同年 6 月下发《关于印发瑞金市气象灾害应急预案的通知》（瑞府办发〔2006〕124 号）。2007 年 1 月瑞金市政府下发《关于印发瑞金市空飘气球失控事故应急救援预案的通知》（瑞府办发〔2007〕10 号）。

社会管理 1991 年起，会同县劳动局、保险公司开展防雷装置年度安全检测工作；2000 年起获得防雷工程设计和施工资质，对外提供防雷工程设计和施工服务；2004 年起承担新建建筑物防雷装置设计审核和分段验收工作。

2003 年对经营手持氢气小气球现象进行整治；2004 年就瑞金市石油公司拒绝防雷装置年度安全检测一案进行行政处罚。到 2008 年，共立案查处案件 18 起，结案 18 起，其中申请法院强制执行 7 起。

党建与气象文化建设

党建工作 建站初期有党员 1 名，参加县农水局党组织生活。1977 年成立党支部。2008 年底有党员 7 名（在职党员 4 名，退休党员 3 名）。

开展专题教育活动，组织全体职工集体观看廉政教育片，对财务、基建、人事等重要事项能定期、不定期在局务公示栏内公布。开展"六个一"活动，即：唱一首廉政歌、听一场廉政报告、看一部廉政影片或警示片、写一篇廉政体会、订一份廉洁自律承诺书、建一个廉政档案。

气象文化建设 凝炼"继承传统、管天为民、爱岗敬业、追求卓越"的红都气象人精神。瑞金市气象局创作局歌《红都气象员之歌》和《我是人民的气象员》廉政建设之歌。每年开展"文明家庭"、"文明楼院"的评比活动。2008 年编印《敢为人先铸辉煌》宣传画册。

1970年瑞金气象站作为基层台(站)代表出席了全国(军)气象战备工作经验交流会,并在大会作了典型发言。1973年3月,经江西省政府和江西省军区批准,由江西省电影制片厂摄制了《风云前哨》电影纪录片。

1998年瑞金市气象局被瑞金市委、市政府授予"文明单位"称号;2003年以来获赣州市委、市政府授予的"文明单位"称号。2005年获中国气象局授予的"局务公开先进单位"称号。2009年被中国气象局评为2007—2008年度"全国气象部门文明台站标兵"和"全国气象部门廉政文化示范点"。

荣誉 1958年、1962年、1963年获江西省政府授予的"社会主义建设(气象方面)先进集体"称号;1970年获中央气象局、中央军委气象局授予的"全国(军)气象战备工作红旗单位"称号;1988年、1992年特大暴雨天气预报服务获得国家气象局表彰;1992年、2003年被赣州市委、市政府评为"抗洪抢险先进集体"、"人工影响天气抗旱工作先进单位";2005年获江西省人事厅、江西省气象局授予的"全省气象系统先进单位"称号;1988年、1990年、1992年、1995年、1998年、2000年、2002年、2004年、2005年、2008年分别获得江西省气象局"创优评先工作先进集体"、"专业气象服务先进单位"、"防洪减灾气象服务工作先进系统"、"农业区划工作先进单位"、"重大气象服务先进集体"、"五大工程建设达标单位"等荣誉。

台站建设

建站初期有土地5530平方米,1幢四间一厨的平房,1965年在原平房的基础上改建主楼为两层、其他为一层的办公楼,1983年又改建为二层办公楼,建筑面积513.9平方米。1993年建成1幢综合楼,建筑面积885.51平方米。1996年以集资形式建成1栋四层1单元8套的住房。2000年征地6750.98平方米,用于观测场搬迁,土地面积增加到12280.95平方米。2002年1月1日,新区业务值班室和地面观测场正式启用。2003年对1983年改建的办公楼进行全面改造装修,同年对院内环境进行改造和整治,每个办公室配备了计算机、空调等设施。2003年购置人工影响天气作业车1辆。2005年和2007年购置1.6排量别克和1.8排量帕萨特工作用车各1辆。

瑞金市气象局办公大楼(摄于2008年)

于都县气象局

于都于西汉高祖六年(公元前 201 年)置县,是江西最早建县的 18 个县和赣南最早建县的 3 个县之一,是中央红军长征集结出发地。于都县位于江西南部、赣州东部,总面积 2893 平方千米,总人口 100 万,辖 9 镇 14 乡。

于都县属中亚带丘陵山区湿润季风气候,年平均气温 19.7℃,年平均日照时数 1923 小时,年平均降水量 1507 毫米。

于都县气象局位于北纬 25°53′,东经 115°25′,观测场海拔高度 132.4 米。

机构历史沿革

始建情况　于都县气候站始建于 1958 年,1959 年 1 月 1 日开始观测,位于于都县西郊乡教场坪,北纬 25°57′,东经 115°22′,观测场海拔高度 125.0 米、规格为 16 米×20 米,距县城约 1 千米。

站址迁移情况　1963 年 12 月 1 日迁至于都县贡江镇于中一路 7 号到现在,观测场规格为 25 米×25 米。站院占地面积约 9600 平方米。

历史沿革　建站初期单位名称为于都县气候站;1959 年 4 月,更名为于都县气象站;1960 年 4 月,更名为于都县气象服务站;1962 年 8 月,更名为江西省赣南水文气象总站于都气象服务站;1964 年 8 月,更名为江西省于都气象服务站;1966 年 1 月,更名为于都县水文气象站革命委员会;1972 年 1 月,更名为江西省于都县气象站;1981 年 2 月,成立于都县气象局,与县气象站合二为一;1984 年 1 月,撤销于都县气象局,保留于都县气象站;1990 年 12 月,恢复于都县气象局。

管理体制　于都县气象站建站初期,隶属江西省水利电力厅水文气象局;1959 年 4 月,隶属县水利局;1971 年 1 月,隶属县人灵武装部;1973 年 7 月,转地方建制,隶属县革命委员会;1980 年 10 月后,实行部门与地方政府双重领导,以气象部门领导为主的管理体制。

机构设置　建站时无内设机构,1974 年开始设地面测报组、天气预报组;1977 年增设农业气象组;1990 年设农气测报股,预报服务股、办公室;1991 年 6 月,增设防雷检测所;2002 年 8 月 14 日于都县机构编制委员会批准成立于都县雷电防护管理局,为副科级事业单位;2003 年 4 月 8 日于都县机构编制委员会批准成立于都县减灾委员会办公室,设在于都县气象局;2008 年底内设机构有办公室、气象台、气象科技服务中心、防雷装置检测检验分所。1990 年于都县机构编制委员会批准成立于都县人工影响天气领导小组办公室以及 2003 年 4 月 8 日批准成立的于都县减灾委员会办公室,均设在县气象局。

单位名称及主要负责人变更情况

单位名称	姓名	职务	任职时间
于都县气候站			1959.01—1959.04
于都县气象站	谢光裕	负责人	1959.04—1960.04
			1960.04—1960.09
于都县气象服务站	丁俊华	负责人	1960.09—1961.10
	管让湖	负责人	1961.10 — 1961.11
	邹国秋	负责人	1961.11—1962.07
			1962.07—1962.08
江西省赣南水文气象总站 于都气象服务站	管让湖	负责人	1962.08—1964.08
江西省于都气象服务站			1964.08—1966.01
			1966.01—1969.01
于都县水文气象站革命委员会	肖汉溱	负责人	1969.01—1970.04
	朱生洪	主任	1970.04—1972.01
		负责人	1972.01—1972.02
江西省于都县气象站	肖汉溱	副站长(主持工作)	1972.02 — 1972.03
	舒九阳	站长	1972.03—1974.12
	方来发	站长	1974.12—1980.12
于都县气象局	肖汉溱	副站长(主持工作)	1980.12—1981.02
		副局长(主持工作)	1981.02—1984.01
		副站长(主持工作)	1984.01—1984.07
于都县气象站	赖章发	副站长(主持工作)	1984.07—1989.05
		站长	1989.05—1990.12
		局长	1990.12—1992.12
于都县气象局	刘志理	局长	1992.12—2003.01
	邓江(女)	局长	2003.02—

人员状况 建站时有职工 3 人。1978 年有 11 人。2008 年底,有正式职工 7 人,均为汉族。平均年龄 38 岁,30 岁以下 1 人,31～39 岁 2 人,40～49 岁 4 人。本科学历 1 人,大专学历 4 人,中专学历 2 人。工程师 2 人,助理工程师 5 人。党员 3 人。1 人当选县政协委员。

气象业务与服务

1. 气象业务

①地面气象观测

地面观测 建站时观测项目有云状、云量、水平能见度、天气现象、风向、风速、空气温度、空气湿度、降水、蒸发量、日照时数、地面温度、浅层地温、地面状态。1961 年取消地面状态观测。1966 年 8 月 1 日起增加气压观测。

观测时次 建站时采用地方平均太阳时每天进行 4 次观测。1960 年 1 月 1 日起改为每天 3 次观测。1960 年 7 月 1 日开始采用北京时,每天进行 3 次观测。日照用真太阳时,以日落为日界。其余项目 1958 年 11 月至 1960 年 6 月定时气候观测以地方平均太阳时 19 时为日界,自记记录以 24 时为日界;1960 年 7 月至 1979 年 12 月定时气候观测记录以北京时 20 时为日界,自记记录以北京时 24 时为日界;1980 年 1 月起自记记录以北京时 20 时为日界。

气象电报种类 于都县气象站自 1959 年 1 月 1 日开始拍发的气象电报种类先后有区域小天气图报(GD-81)、水情报、航空天气报告(GD-21)、航空危险天气通报(GD-22)、重要天气报告(GD-11)、台风加密观测报、江西省气象服务电报(GD-91)、江西省重要天气加强报、雨量报、江西省加密天气报(GD-05)等。

气象仪器 于都建站初期仅有几支温度表、乔唐式日照计、雨量器、蒸发器、风压板测风仪。1964 年增加虹吸雨量计。1966 年 7 月增加动槽式水银气压表,1968 年 12 月用电接风向风速仪取代了原来的风压板测风仪。1986 年配备 PC-1500 袖珍计算机。2004 年配备台式计算机,到 2008 年拥有 16 台计算机。

从 2004 年 1 月 1 日起,使用 CAWS600-B 自动气象站观测,观测项目有气压、风向、风速、空气湿度、空气温度、降水、地面温度、浅层地温、深层地温。2004 年 12 月 31 日 20 时启用自动气象站观测记录为正式记录,2005 年 12 月 31 日 20 时实行自动气象站单轨运行。从 2005 年 12 月至 2008 年 1 月在全县 22 个乡镇完成区域自动气象站建设并进行观测,其中盘古山镇、铁山垅镇观测项目为空气温度、雨量,其余 20 个乡镇观测项目为空气温度、雨量、风向、风速。

②农业气象

农业气象业务工作自 20 世纪 60 年代初开始,1987 年列入省内情报网站,担负柑橘等项目的观测、发报、报表制作任务和农业气象灾害及异常气候资料的发报任务。1980—1981 年完成于都县农业气候资源和区划工作。1987—1991 年开展农作物观测、植物物候观测、动物物候观测、果茶类观测。

农业气象预报有水稻产量预报、油菜产量预报、早稻大面积播种期和移栽期预报、早稻和晚稻成熟期预报、柑橘落花落果期预报、农业气候年景预报、重要农事季节天气过程预报等。

③天气预报

短期天气预报 20 世纪 60 年代开始每天早上制作未来 24 小时内、下午制作未来 48 小时内日常天气预报。

短时灾害性天气预报 20 世纪 80 年代开始预报未来 3~12 小时内出现的大风、冰雹、龙卷、强降水等强对流天气。

中、长期天气预报 20 世纪 70 年代开始根据服务需要,制作重要天气过程预报和旬、月、年预报。

专业预报 20 世纪 70 年代开始为人工增雨、飞机播种、森林火险、病虫害防治、杂交水稻制种等制作专业天气预报。

专题天气预报 20 世纪 80 年代开始为高考、中考、春播、汛期、干旱、寒露风等制作专题天气预报。

④气象信息网络

建站时,气象信息收集、传输主要采用无线电广播、电话。1980 年 12 月配备气象传真机;1985 年 6 月 5 日开通气象甚高频电话;1994 年开始利用计算机网络终端进行信息传输;1998 年建立"121"天气预报自动电话答询系统、农经网系统;1999 年 7 月建立 PC-VSAT小站;2004 建立 Lotus Notes 办公自动化系统;2005 年建立气象灾害预警信号发布平台;2006—2008 年先后建立雷达延伸系统、短时临近预警预报系统、报文传输应急备份系统 FTP 客户端、农业气象灾害监控系统、自动气象站综合业务处理系统应用终端、县级基本业务系统、县级人工影响天气信息系统、灾情直报系统、人工影响天气指挥系统,2007 年实现 2 兆光纤线路传输。

2. 气象服务

公众气象服务 主要通过有线广播、电话、气象警报网、"12121"天气预报自动电话答询系统、电视节目、手机气象短信、电子显示屏为社会公众提供日常天气预报、转折性天气预报、重要天气预报和灾害性天气预警。

决策气象服务 主要有《专题天气预报》、《气象呈阅件》、《气候可行性论证》等决策气象服务产品,向于都县委、县政府提供服务。2007 年 6 月 3 日、2008 年 6 月 13 日于都县局部大暴雨和 2008 年严重低温雨雪冰冻灾害天气过程,及时向县委、县政府及有关部门提供了决策服务。

专业与专项气象服务 主要有糖厂榨期专题天气预报和春播、汛期、伏秋冬种天气预报,早(晚)稻产量预报,农作物病虫害专题预报,早稻高温逼热、晚稻寒露风危害以及当地主要农作物的气候分析等,每天发布森林火险等级预报。2004 年为心连心艺术团演出、2006 年为中央文明委组织重走长征路文艺演出、2008 年为奥运圣火传递转场等重大社会活动提供气象保障。

1991 年成立人工影响天气领导小组办公室,先后配备"三七"高炮、火箭发射架、购置作业车,配备一套标准化人工影响天气装备,每年为农业抗旱、城镇降温、森林防(灭)火开展人工影响天气作业。2003 年人工增雨抗旱工作受到省政府表彰,于都县老百姓送来"百年罕见遇伏虎,人定胜天降甘雨"、"上天驭龙驱旱魔,遍洒甘霖慰民心"锦旗。

气象科技服务与技术开发 开展专业气象科技服务、气象警报系统服务、手机短信预警服务和庆典气球施放、建(构)筑物防雷检测及新建(构)筑物防雷分段检测和验收,电视天气预报栏目广告服务。

气象科普宣传 在世界气象日、安全宣传月等活动期间,县气象局利用电视、报刊、电子显示屏进行气象科普宣传,每年接待中小学生及社会各界人士参观。2007 年被县科协、县科技局确定为科普教育基地。每年对学校、军营开展气象灾害防御知识培训,同时把气象科普送进农村、企业、社区、公交和码头。2008 年开办气象灾害信息员培训班。加强和新闻媒体的合作,在《赣南日报》、赣州电视台、于都电视台等媒体传播气象科普知识。

气象法规建设与社会管理

1. 法规建设

2003 年 11 月 3 日于都县政府下发《关于切实加强保护气象探测环境的通知》(于府字〔2003〕170 号)。

2. 社会管理

探测环境保护　依照规定,划定于都县气象探测环境保护范围,并报县政府相关部门备案,对在保护范围内建设项目进行审批把关。

施放气球管理　依法对施放气球的单位进行资质审查,对施放气球作业活动进行审批。

防雷安全管理　为政府防雷减灾工作提供决策依据;负责防雷工作的组织管理;监督防雷装置的安装、检测、整改和防雷产品质量监督检查;组织有关部门对雷电灾害事故进行评估和鉴定;开展防雷安全宣传工作;2006 年 4 月起,县气象局进驻县行政服务大厅,开展新建建(构)筑物防雷设计审核和竣工验收行政审批工作。

3. 政务公开

通过政务公开栏、网络向社会公开行政审批项目和相应办事程序。通过局内公示栏向职工公开单位收支、人事、劳资、分配、制度等职工关心的热点、难点问题及处理办法等事项。

党建与气象文化建设

党建工作　1970 年以前,党务工作先后归口县水电局、县农业局党组织。1970 年成立于都县水文气象站支部委员会。1998—1999 年、2000—2001 年、2005 年于都县气象局党支部被县直属机关党委评为"先进党支部"。

从 2002 年起,每年开展党风廉政教育月活动。从 2006 年起,每年开展局领导党风廉政述职报告和党课教育活动,并签订党风廉政目标责任书,推进惩治和预防腐败体系建设。为规范职工行为,先后制定工作、学习、党风廉政等六个方面的规章制度。

气象文化建设　2006 年以来,建立气象科普教育基地,开设科普长廊、图书阅览室、学术厅、党员活动室、职工活动室、羽毛球场等职工精神文化、体育活动场所。组织干部职工到苏维埃中央政府旧址、红军"长征第一渡"等爱国主义教育基地接受爱国主义和革命传统教育,开展职工乒乓球、羽毛球等文体活动。2007 年获于都县巾帼建功协调小组"巾帼文明示范岗"称号;2008 年在江西省首届气象部门职工运动会中获乒乓球女子单打第三名。

荣誉　于都县气象局 1981 年获江西省农业气候区划一等奖;1992 年被评为江西省气象部门"先进单位";1993—1994 年被评为江西省气象部门"创优评先先进单位";2001 年被评为"省二级档案管理先进单位";2001 年被评为"江西省园林绿化达标单位";1999—2002 年连续两届获"县级文明单位"称号;2002—2008 年连获三届"市级文明单位"称号;2003 年被江西省政府评为"人工增雨抗旱工作先进集体";2004—2005 年被评为"市级文明行业";2007 年被评为江西省气象部门"五大工程"建设达标单位。

台站建设

1972 年建围墙 517 米。1981 年购买县病虫植保站平房 10 间。1986 年建办公大楼450 平方米。1987 年,建气象局大院大门。1988 年整改、换新供水管道。1991—1992 年建

8套共500平方米职工宿舍。2003—2008年对大院重新进行规划建设,完成平移观测场和764平方米的防灾减灾指挥中心大楼建设,大院绿化3879.39平方米,道路硬化1155.53平方米,砌护坡120平方米,建水沟160米。2006—2007年,建12套共1800平方米职工住房。2008年建传达室和电动大门。

于都县气象局新貌(摄于2008年)

兴国县气象局

兴国建县始于三国,吴嘉禾五年(236年)置平阳县,北宋太平兴国七年(982年)以年号"太平兴国"为县名;第二次国内革命战争时期,是中央苏区模范县,是闻名全国的红军县、将军县和烈士县。

兴国县位于江西省中南部、赣州市北部。总面积3215平方千米,总人口76万,辖25个乡镇。兴国县属亚热带季风湿润气候,气候温和,雨量充沛,光照充足,四季分明,无霜期较长;年平均气温18.9℃,年平均降水量1520毫米,年平均日照时数1860小时。

兴国县气象局位于北纬26°21′,东经115°21′,观测场海拔高度151米。

机构历史沿革

始建情况　兴国县气候站始建于1956年11月1日,地址在高兴乡殷富村,北纬26°51′,东经115°18′,观测场海拔高度162.7米,距县城15千米。

站址迁移情况　1959年1月1日,迁至县城北郊凤岗村岭坪上,观测场面积为16米×20米。

历史沿革　1956年11月建立江西省兴国气候站;1958年11月更名为兴国县气象站;1959年8月水文气象合并,更名为兴国县水文气象站;1964年8月水文气象分设,更名为兴国县气象服务站;1971年1月更名为兴国县气象站;1981年10月成立兴国县气象局,实行局站合一;1983年12月取消气象局名称,保留气象站名称;1990年12月恢复县气象局名称。

管理体制　1959年8月隶属省水利电力厅气象局和县人民委员会;1971年1月隶属

县人民武装部管理;1973年划归县革命委员会管理;1980年10月实行气象部门与地方政府双重领导,以气象部门领导为主的管理体制。

机构设置　1971年以前实行业务大轮班,未设内部机构,1972—1980年设测报组和预报组,1981年10月设测报、预报和农业气象3个股,1990年12月设业务股、服务股和办公室,1991年8月增设县人工增雨领导小组办公室,2003年8月增设县减灾委员会办公室,2004年4月增设雷电防护管理局,1992年9月增设防雷安全检测所等机构。2000年6月组建气象科技服务有限责任公司。

单位名称及主要负责人变更情况

单位名称	姓名	职务	任职时间
江西省兴国气候站	肖国慈	负责人	1956.11—1957.10
	曹安宅	负责人	1957.10—1958.04
	赖国禄	负责人	1958.04—1958.07
兴国县气象站	简中宣	负责人	1958.07—1958.11
			1958.11—1959.08
			1959.08—1961.10
兴国县水文气象站	胡先贵	站长	1961.10—1962.05
	简中宣	站长	1962.05—1964.08
			1964.08—1965.09
	李　伟	站长	1965.09—1966.02
兴国县气象服务站	简中宣	站长	1966.02—1969.08
	刘先梅	站长	1969.08—1970.05
	林圣初	站长	1970.05—1971.01
			1971.01—1974.10
兴国县气象站	谢　浩	站长	1974.10—1980.04
	张昌任	副站长(主持工作)	1980.04—1981.08
	李其浴	站长	1981.08—1981.10
兴国县气象局		局长	1981.10—1983.12
		站长	1983.12—1984.07
兴国县气象站	张昌任	站长	1984.07—1988.04
	刘自勇	副站长(主持工作)	1988.04—1990.12
兴国县气象局	钟文勇	副局长(主持工作)	1990.12—1993.05
		局长	1993.05—2000.02
	刘建文	局长	2000.02—2002.03
	钟文勇	负责人	2002.03—2004.03
		副局长(主持工作)	2004.03—2006.03
		局长	2006.03—

人员状况　建站时只有2人,1978年有10人,最多时达15人。2008年底,有在职职工11人,退休5人,编外聘用2人;在职职工中30岁以下3人,30～39岁4人,50岁以上4人,平均年龄39岁;本科学历3人,大专学历4人,中专学历4人;中共党员3人;工程师5人,助理工程师5人,技术员1人。

气象业务与服务

1. 气象业务

①地面气象观测

1956年12月1日正式开始地面气象观测,1958年8月1日开始拍发气象电报,2004年1月1日起启用自动气象站。

观测项目　1956年12月1日起,每日定时观测和记录的项目有云量、云状、能见度、天气现象、空气温度和湿度、风向、风速、降水、日照、蒸发、雪深;1958年8月1日增加地面温度和浅层地温观测,1959年4月1日增加自记雨量观测,1963年1月1日增加气压观测,1968年6月1日增加电接风向风速观测,2004年1月1日增加深层(40～320厘米)地温观测。

观测时次　1956年12月1日至1960年6月,采用地方平均太阳时01、07、13、19时4次观测,不守夜班,1960年2—6月夜间守班并观测;1960年7月改为北京时02、08、14、20时4次观测,夜间守班;1961年1月改为北京时08、14、20时3次观测,不守夜班。2007年1月1日起,承担国家基本站观测业务,夜间守班,4次定时观测。

发报种类　1958年8月1日开始拍发气象旬(月)报。1960年11月至1989年10月拍发固定或预约航空天气报告和航空危险天气报告。1976年6月开始拍发区域绘图报。1982—1984年拍发台风试验报。1984年1月开始增加重要天气报。1985年开始按指令拍发台风加密观测天气报。2007年1月起,每天编发4次天气绘图报和4次补充绘图报。

报表制作　1957年1月开始手工编制地面气象记录月报表和年报表。1987年9月开始采用PC-1500袖珍计算机制作气象报表,1996年开始采用计算机网络传输气象报表。

自动气象站　2003年12月建立CAWS600型自动气象站。2005—2007年在23个乡镇场安装21个四要素、2个两要素区域自动气象站。

②农业气象

1959—1962年开展早、晚稻和早大豆生育期的气象观测。1969年10月开始不定期编印农业气象情报。1979—1982年开展甘蔗、油菜和花生生育期的气象观测。20世纪80年代初制作完成兴国县主要农作物布局的气候规划。90年代初期开展水稻产量预报。2002年制作完成《兴国脐橙气候规划》。2008年主要制作和发布关键农事季节天气预报和农业气象灾害预警预报。

③天气预报

预报种类　主要有短期(1～3天)预报(含灾害性天气预报)、中期(3～10天)预报(主要有周报和旬报)、长期(10天以上)预报(主要有月报、农事季节趋势预报和年报)、专业专题天气预报(主要针对专业用户需求单独制作)。1958年1月1日开始,每天晚上通过县广播站发布3天内天气预报。1980年4月起,每日早上增播一次2天内天气预报。2005年开展短时(2～12小时)临近预报。

预报工具　20世纪60—70年代主要参照上级气象台天气形势预报,运用气象要素曲线图和历史资料对比,结合民间谚语、天兆物象等制作天气预报。80年代通过气象传真机接收天气实况图并使用 MOS 预报方法制作天气预报。90 年代增加卫星云图和雷达降水回波图。进入 21 世纪,主要利用计算机网络获取上级和各地的各种实时气象信息资料制作或订正制作天气预报。

④气象信息网络

从建站至 20 世纪 70 年代末期,采用普通收音机接收上级台站天气形势预报,气象信息主要通过邮电线路传输。1981 年配备气象传真收片机。1985 年配备甚高频电话。1986 年配备 PC-1500 袖珍计算机。1995 年建立远程计算机终端。1999 年 3 月建立 PC-VSAT 气象卫星接收站。90 年代开始逐步建成 Novell 网、NT 网、Notes 电子办公系统、县—市 2 兆 MSTP 专线气象通信网络。2007—2008 年新购或更新计算机 8 台。

2. 气象服务

公众气象服务 20 世纪 80 年代以前通过有线广播、有线电话、书面材料发布日常天气预报、中长期预报和专题预报。1991 年县政府投资建立气象警报(无线广播)网,增加气象警报网定时或不定时向公众发布日常天气预报、灾害性天气预报预警、转折性和重要性天气预报。1997 年开通电视天气预报和“12121”天气预报自动电话答询业务。2001 年起开展手机短信气象信息服务和计算机网络天气预报服务。

决策气象服务 主要为县领导和有关部门提供重大气象灾害预报预警服务、重要农事季节关键性天气预报服务和重大活动、重大工程专题天气预报服务。运用本站资料为本县农作物布局、农林果开发、城市规划和建设及重大工程建设等提供气候影响评价和气候规划服务。同时为地方政府播发通知和召开电话会,一直延续到 2001 年 5 月。

专业与专项气象服务 1988 年开始,针对农业、水利、林业、供电、交通、建筑、厂矿等不同行业对气象的需求,开展专业气象服务,至 20 世纪 90 年代中后期服务对象发展到 10 多个行业 60 多个用户。

1991 年开展人工影响天气服务,使用高炮和火箭为农业抗旱、水库蓄水、森林防扑火、城市降温开展增雨作业和烟叶防雹作业。2000 年 6 月由市政府分配人工增雨用“三七”高炮 1 门。2003 年 7 月购置人工增雨运载车 1 辆,二管火箭发射装置 1 套。2007 年 8 月配备四管人工影响天气火箭发射装置 1 套。

从 1992 年起,先后开展防雷检测、防雷工程设计和施工服务。

气象科普宣传 开展多种形式的气象科普宣传,在世界气象日、安全生产月、全国减灾日等活动期间,在街头设点接待群众咨询、展示科普图片、发放气象知识手册和气象防灾减灾材料,同时利用电视播放科普标语,扩大气象科普知识的受众面。

气象法规建设与社会管理

承担本行政区域内气象工作的政府行政管理职能。2000 年 5 月,县气象局取得行政执法主体资格证。为贯彻落实有关法律法规,县政府先后印发《关于切实加强气象探测环境的通知》、《气象警报系统管理办法》、《防御雷电灾害管理规定》、《农村经济信息网管理方案》、《兴国县气象灾害应急预案》等规范性文件。

依据相关法律法规履行气象行政执法职能,依法开展气象探测环境保护、气象信息发布与传播、防雷安全和施放气球安全行政执法。2004 年开始依据国务院 412 号令,对全县范围新建建(构)筑物防雷装置的设计审核及竣工验收和气球施放活动进行行政审批并作出许可决定。

党建与气象文化建设

党建工作 建站时有党员 1 名,其组织关系先后在县水利局党支部、县人民武装部党支部和县农业局党支部。1969 年经县委批准成立气象局党支部,当时有党员 3 名。至 2008 年底有党员 5 名。2006 年被县委直属工委评为"十面红旗"之一。

党支部建立民主管理、民主监督制度。建立和完善了党风廉政建设目标责任制。2003 年设兼职廉政监督员 1 名,实施局务公开制度。支部每年组织党员、职工开展参观、演讲、知识竞赛等党风廉政建设的宣传、教育活动。

气象文化建设 建站初期单位有 6 间土坯房,办公和生活用房无法分开,有 20 多年交通、饮水、用电不便,职工自己动手开路、挖井、架线、种地、养鱼养猪改善工作生活条件。改革开放之后,把提高业务质量、提升预报服务水平、拓展专业服务领域、增强自我发展活力、促进气象事业可持续发展作为奋斗目标,激发干部职工的工作热情。至 2008 年底,文体活动场所设施齐全,干部职工生活条件改善,文化氛围浓厚,职工素质提升,站容站貌发生深刻变化。

荣誉 兴国县气象局 1987 年被省气象局授予"文明单位";1991 年、1992 年、1995 年被省气象局评为"年度创优评先工作先进单位";1995 年被省气象局评为"科技服务先进单位";1998—2007 年连续五届获赣州市委、市政府授予的"文明单位"称号;2000—2002 年连续三年被省气象局评为"气象科技服务十强县局";2000 年、2007 年被省人工影响天气领导小组评为人工增雨抗旱先进单位;2001 年、2008 年被省气象局评为"五大工程"建设一级达标单位;2001—2005 年连续五年被市气象局评为"年度目标考核优秀单位";2003 年被赣州市政府评为"人工增雨抗旱先进单位";2005 年获中国气象局授予的"全国气象部门局务公开先进单位"称号;2007—2008 年连续两年被市气象局评为"年度目标考核优秀单位"。

台站建设

建站初期有土木结构平房 1 栋,面积 179 平方米,1967 年建土木结构平房 1 栋,面积 95 平方米,1977 年建二带三层砖木结构楼房 1 栋,面积 371 平方米,1989 年建二层砖混结构职工住房 1 栋(8 套),面积 477 平方米。1985 年县政府划拨土地 2.15 亩,用于平移观测场。1994 年省气象局投资 12 万元、县财政投资 6 万元,征收大院村民土地 7.15 亩。1996 年省气象局立项新建业务办公楼,面积 500 平方米。1998 年经县政府批准开发土地 11 亩,取得可用资金 60 余万元,用于办公楼装修、附属房、观测场建设和大院改造。2004 年在附属平房顶加建一层作为综合业务室,建筑面积 228 平方米。至 2008 年底,大院面积为 7800 平方米,工作用房面积 850 平方米,职工住房面积 178 平方米,通过综合改善,大院格调独特,环境优美。

赣县气象局

　　赣县因《山海经》所记"南方有赣巨人"而得名。汉高祖六年(公元前201年)始置县。赣县位于江西省南部,赣江上游,环绕赣州市区,是"千里赣江第一县",也是誉满大江南北的"中国板鸭之乡"。全县辖9个镇、10个乡,面积2993平方千米。

　　赣县属中亚热带湿润季风气候区,年平均气温19.4℃、年平均日照时数1855.2小时,年平均降水量1438.3毫米,年平均无霜期285天。

　　赣县气象局位于东经115°00′,北纬25°25′,观测场海拔高度137.5米。

机构历史沿革

　　始建情况　1959年1月1日建立赣县气候站,位于江口旱塘,东经115°02′,北纬25°56′。

　　站址迁移情况　1960年10月1日迁移至江口清水塘,观测场面积20米×15米,1961年10月撤站。1973年4月恢复赣县气象站,地址在梅林镇教育路1号,观测场面积25米×25米,海拔高度134.0米,站址用地14000平方米,属一般气象站。2001年7月,观测场海拔高度抬高至137.5米。

　　历史沿革　初建站时站名为赣县气候站;1960年10月更名为赣县江口气象站;1961年10月撤站;1973年4月站名为赣县气象站;1980年7月起成立赣县气象局,与赣县气象站合二为一;1984年1月撤销赣县气象局,保留赣县气象站;1990年12月恢复赣县气象局;2001年7月,赣州市气象局地面、高空探测任务并入,赣县气象局升格为国家基本气象站。1980年前为副科级全民事业单位,1981年起升格为正科级全民事业单位。

　　管理体制　1959年6月至1961年9月,归县水电局管理;1973年4月至1973年7月,实行军队与地方双重管理以军队为主的管理体制;1973年8月至1980年6月归县革命委员会管理;从1980年7月1日起,实行气象部门与地方政府双重领导,以气象部门领导为主的管理体制。

　　机构设置　1978年以前站内未设任何机构;1979年1月内设地面观测、天气预报、农业气象3个组;1982年1月改组为股;1985年1月1日,撤销预报股,改农业气象股为农业气象服务股;1986年8月1日,撤销各股;2008年下设机构有气象台、办公室、防雷装置检测检验分所、气象科技服务中心。经赣县机构编制委员会批准,设在赣县气象局的地方机构有赣县减灾委员会办公室、赣县人工影响天气领导小组办公室、赣县雷电防护管理局、赣县新农村建设网信息中心。

单位名称及主要负责人变更情况

单位名称	姓名	职务	任职时间
赣县气候站	龚政棠	负责人	1959.01—1960.10
赣县江口气象站		站长	1960.10—1961.10
赣县气象站	汪光达	站长	1973.04—1975.08
	刁礼康	站长	1975.08—1979.07
赣县气象局	王臣樟	副站长(主持工作)	1979.07—1980.07
		副局长(主持工作)	1980.07—1984.01
		副站长(主持工作)	1984.01—1984.07
赣县气象站	黄烈鲜	副站长(主持工作)	1984.07—1985.03
	刘学基	副站长(主持工作)	1985.03—1985.12
	邓祥富	负责人	1985.12—1986.04
	方秀浩	副站长(主持工作)	1986.04—1988.01
	叶昌明	副站长(主持工作)	1988.01—1990.12
		副局长(主持工作)	1990.12—1999.11
赣县气象局	杨继满	副局长(主持工作)	1999.11—2001.03
		局长	2001.03—

注:1961年10月至1973年4月期间撤站。

人员状况　建站时有职工2人,1978年有职工8人。2008年12月有在职职工17人。其中中共党员6人;工程师7人,助理工程师9人,技术员1人;50岁以上4人,40～49岁2人,30～39岁2人,30岁以下9人。

气象业务与服务

1. 气象业务

①地面气象观测

观测时次　1959年1月1日赣县气候站每日在地方时01、07、13、19时4个时次进行气象观测。1960年10月1日起,改为北京时间08、14、20时3次观测。1961年10月1日撤站停止观测。1976年7月1日起恢复每日北京时08、14、20时3次观测。日照时数采用真太阳时。2001年7月1日起,每天02、05、08、11、14、17、20、23时进行8次观测。

观测项目　1959年1月1日至1961年9月30日,观测项目有云、能、天、气温、湿度、风向、风速、降水、蒸发、日照。1976年7月1日起,观测项目有气压、气温、湿度、云、降水量、风、蒸发、日照、地温。1976年8月1日增加能见度观测。1980年11月1日停止能见度、地温、蒸发、雨量自记观测。1982年1月1日恢复能见度、地温、蒸发、雨量自记等项观测。2001年7月1日起观测项目有云、能、天、气压、气温、湿度、风向、风速、降水、雪深、雪压、日照、蒸发、地温、浅层地温、深层地温、电线积冰、辐射等;同时增加航空危险天气报、酸雨等观测任务。2002年1月取消小型蒸发观测,启用大型蒸发观测。2003年3月20日增加闪电定位观测。2007年1月20日增加负离子观测。

发报种类　有地面天气报、地面补充天气报、重要天气报、航空天气报及危险天气报、旬(月)报、CS 气候月报。

气象仪器 1959 年使用的仪器有温度表、雨量器、威尔达风压器。1976 年 7 月 1 日起增加动槽式水银气压表、气压计、温度计、湿度计、虹吸雨量计、蒸发皿、地温表、电接风向风速仪。2002 年 8 月 27 日建立自动气象站，2007 年建成 24 个区域自动气象站，其中两要素站 7 个，四要素站 14 个。

报表制作 建站开始手工制作气象月报表和年报表。2001 年 7 月起使用计算机制作报表。

高空观测 2001 年 7 月 1 日 7 时起，每天北京时 07 时 15 分和 19 时 15 分进行探空、测风雷达综合观测。主要任务是收集高空不同层次的温度、湿度、气压及风向风速。编发高空(压、温、湿、风)天气报告、高空风报。计算机制作高空(压、温、湿)记录月报表、高空风记录月报表。资料进行全球交换。

②农业气象

1980 年起，先后进行早稻、晚稻、甘蔗、油菜生长发育期观测。1980—1983 年制作发布早稻播种期、成熟期及晚稻齐穗期预报。1979 年 4—6 月，进行赣县气候调查，编写《赣县农业气候手册》。1981 年完成农业气候区划工作，编写《赣县农业气候资源考察及区划报告》。对双季稻、油菜、甘蔗、柑橘进行专题气候分析，绘制气候图。

③天气预报

短期天气预报 1960 年 10 月 1 日起，每日制作发布未来 24 小时、48 小时、72 小时天气预报。1976 年 7 月 1 日起，每日对外发布 1～3 天短期天气预报，1981 年 1 月改为发布 12 小时、24 小时、48 小时短期天气预报。

中期天气预报 主要制作旬天气趋势预报。内容有旬平均气温、旬最高及最低气温、旬雨量、旬主要天气过程。

短期气候预测(长期天气预报) 制作月天气趋势预报、年天气展望，内容有月平均气温、月最高及最低气温、月雨量、主要天气过程、年天气趋势、年总降水量、分季雨量。

2. 气象服务

公众气象服务 公众气象服务内容主要有日常天气预报、短期灾害性天气预报、短时灾害性天气预报。先后开通"12121"天气预报自动电话答询系统、电视天气预报节目。2001 年建立赣县新农村建设网，2006 年建立乡村气象灾害联络员队伍，负责气象预警预报信息的接收和传播。2007 年，建立气象短信平台，向社会公众发送气象信息。2008 年在部分新农村建设点安装电子显示屏传播天气预报及灾害性天气预警信息。

决策气象服务 主要有《专题天气预报》、《气象情况反映》、《气象呈阅件》、《气象—地质灾害呈阅件》、《农经信息呈阅件》、气候可行性论证等气象服务产品，为地方领导决策提供服务。

专业与专项气象服务 主要为农、林、水、地矿、交通部门提供春播天气预报、汛期天气预报、双抢天气预报、寒露风天气预报、晚稻收晒天气预报、冬修水利天气预报、森林火险指数预报、地质灾害预警预报、道路交通天气预报服务。

气象科技服务与技术开发 1993 年开始，开展建筑物防雷装置安全性能检测检验技术服务。1994年开展防雷工程设计与施工服务,另外,开展庆典彩球服务。

气象科普宣传　建站以来,开展多种形式的科普教育活动。每年世界气象日、安全生产月等纪念日在电视台、乡镇圩场、学校、社区开展科普讲座、举办图片展览、发放宣传资料、VCD光盘,开展气象科普宣传活动。

气象法规建设与社会管理

赣县气象局依法负责县域内的防雷安全管理工作,重点开展易燃易爆场所等重点防雷单位的安全检查。2000年成立人工影响天气领导小组,对本行政区域的人工影响天气作业实行统一管理,制定安全作业规程和作业装备管理制度。对施放气球单位资质、作业人员资格进行监管,开展施放活动审批工作。2002年,县政府下发《赣县政府关于切实加强保护气象探测环境的通知》,依法保护气象探测环境。

对外设置公开栏,将气象执法依据,执法范围和办事程序以及工作职责、服务承诺、收费项目与标准向社会公开,并在县行政服务中心公开监督电话号码。对内设置局务公开栏,将单位的基建、财务、重大决策情况向职工公开。

党建与气象文化建设

党建工作　赣县气象站支部委员会,成立于1975年9月,隶属于赣县直属机关委员会,1989年10月,党支部撤销,党员关系编入赣县水利局支部委员会。2003年9月成立赣县气象局支部委员会,至2008年12月,有党员6人。

党支部定期召开民主生活会,开展民主评议党员活动,先后开展局领导党风廉政述职、学习"八荣八耻"、深入学习实践科学发展观等活动。

气象文化建设　2000年以来,对单位庭院进行绿化、美化,绿化率达到70%,被当地政府评为绿化、卫生先进单位,连续四届被赣州市政府授予年度"文明单位"称号。建立健全了业务服务、财务管理、党务政务、安全生产、文明创建、环境卫生、行政接待、考核奖励制度,开展业务竞赛,有3人被国家气象局授予"质量优秀测报员"称号。

2005年建成单身职工公寓、图书室、职工文体活动室,订购了图书、杂志、报纸。购置乒乓球台等健身器材,在局大院内修建了公共健身设施,组织职工开展文体活动,积极参加县里组织的文艺汇演和户外健身活动。

荣誉　赣县气象局连获赣州市第二、三、四、五届"文明单位"称号;2007年被评为"全省人工增雨抗旱减灾工作先进集体"。

台站建设

1999年1月至2001年6月,建成办公楼1栋,面积700平方米,建成制氢室、食堂、配电房。2002年建成职工宿舍,面积1080平方米。2005年建成单身职工公寓、活动室、车库,共计400平方米;硬化道路,建造围栏120米,种植花木、草皮2000平方米。

赣县气象局标准观测场(摄于 2006 年 5 月 20 日)　　赣县气象局办公大楼(摄于 2004 年 6 月 12 日)

南康市气象局

南康历史悠久,秦、汉名"南塺",三国立南安县,晋太康元年(280 年)始名南康。南康市位于江西省南部,居赣江上游、章江中下游,毗邻赣州市中心城区。面积 1796 平方千米,总人口 81 万,辖 19 个乡镇、2 个街道办事处。

南康市属中亚热带季风湿润气候,年平均气温 19.1℃,年平均降水量 1464.7 毫米,年平均日照时数 1690.6 小时,无霜期 286 天左右,冬无严寒,夏无酷暑,雨量充沛。

南康市气象局位于北纬 24°40′,东经 114°45′,海拔高度 127.0 米。

机构历史沿革

始建情况　1956 年 11 月建立南康东山气候站,位于东山马踏岭,即北纬 24°42′,东经 114°42′,距县城 3 千米,观测场海拔高度未测量。

站址迁移情况　1971 年 1 月 1 日,站址迁至距县城 1.5 千米的西华乡华山村,观测场规格为 25 米×25 米。

历史沿革　建站初,站名为南康东山气候站;1959 年 4 月更名为江西省南康县农业气象试验站;1960 年 7 月更名为南康县气象服务站;1961 年 8 月,更名为南康县水利电力局气象服务站;1962 年 9 月,更名为江西省赣南水文气象总站南康气象服务站;1964 年 7 月,更名为江西省南康气象服务站;1970 年 7 月 1 日,更名为南康县水文气象站革命领导小组南康气象站;1973 年 10 月,更名为南康县气象站;1981 年 10 月,成立南康县气象局,与南康县气象站合二为一;1984 年 1 月,撤销南康县气象局,保留南康县气象站。1991 年 12 月,恢复南康县气象局。1995 年 8 月,南康撤县设市,更名为南康市气象局。

管理体制　建站初期,隶属于江西省水利电力厅水文气象局;1970 年 7 月 1 日,实行军队与地方双重管理,以军队管理为主,隶属南康县人民武装部;1973 年 10 月,管理体制转移到地方,隶属南康县人民政府;1980年10月起,实行气象部门与地方政府双重领导,以气象部门领导为主的管理体制。

机构设置 建站初期站内未设任何机构;1974年1月下设地面观测、天气预报两个组;1977年9月增设农业气象组;1981年10月,设地面观测、天气预报、农业气象3个股;1990年9月增设气象服务股;1991年成立防雷装置检测所,2000年4月更名为雷电防护管理局;2001年设办公室、综合业务股、气象服务股。

单位名称及主要领导人变更情况

单位	姓名	职务	任职时间
南康东山气候站	无	无	1956.11—1958.04
	白昉	副站长(主持工作)	1958.04—1958.12
	李伟	副站长(主持工作)	1958.12—1959.04
江西省南康县农业气象试验站			1959.04—1959.12
南康县气象服务站	申世湖	副站长(主持工作)	1959.12—1960.07
			1960.07—1961.08
南康县水利电力局气象服务站			1961.08—1962.09
	谢万源	副站长(主持工作)	1962.09—1963.07
江西省赣南水文气象总站 南康气象服务站			
	曾本良	副站长(主持工作)	1963.07—1964.07
			1964.07—1964.11
江西省南康气象服务站	方其亮	副站长(主持工作)	1964.11—1966.03
	曹诗述	副站长(主持工作)	1966.03—1970.07
南康县水文气象站 革命领导小组南康气象站	刘涵俊	站长	1970.07—1973.10
南康县气象站			1973.10—1980.03
	廖信华	站长	1980.03—1981.10
南康县气象局		局长	1981.10—1981.11
	龚享俊	局长	1981.11—1984.01
南康县气象站		站长	1984.01—1991.12
南康县气象局		局长	1991.12—1994.01
	郭萌生	局长	1994.01—2006.02
南康市气象局	张智勇	副局长(主持工作)	2006.02—2007.12
		局长	2007.12—

注:1956年11月至1958年4月期间,无资料。

人员状况 2008年底有在职人员8人,均为汉族。其中30岁以下3人,30～39岁1人,40～49岁4人。本科学历2人,大专学历4人,中专学历2人。工程师3人,助理工程师4人,技术员1人。中共党员3人。

气象业务与服务

1. 气象业务

①地面气象观测

观测项目　1956年12月1日,观测项目有云状、云量、能见度、天气现象、风向、风速、气温、空气湿度、蒸发量(小型)、降水量、地面状态、日照时数。1957年12月1日起增加地面温度和浅层地温观测。1961年1月1日取消地面状态观测。1967年1月1日增加气压观测。

观测时制与时次　1957年1月1日起每天4次观测(地方时01、07、13、19时);1960年8月1日改为北京时02、08、14、20时4次观测;1961年1月1日由每天4次观测改为3次观测,即08、14、20时。

发报种类　定时拍发08、14、20时的GD-05报,不定时编发重要天气报(GD-11),按预约拍发航空危险天气报。

气象报表　自建站起手工制作气象月报表和年报表,1991年改用PC-1500袖珍计算机制作报表。

仪器更新　1967年1月1日启用福丁式气压表。1971年1月1日增加双金属温度计、毛发湿度计、空盒气压计、EL-1型电接风向风速仪;1980年1月1日增加风向、风速记录器。1987年7月配备PC-1500袖珍计算机。2003年12月31日20时CAMS600-B型自动气象站建成并投入使用。2005—2007年在19个乡镇陆续建成区域自动气象站,其中两要素站2个,四要素站17个。

②农业气象

观测项目　1957年3月21日开始观测水稻生育期。1958年1月8日开始土壤湿度观测。2008年观测项目有作物生育期(早稻、晚稻、花生、大豆)和物候观测(桐、栗、柑橘、蝉、蛙、燕)、土壤湿度、稻田生态等。

农业气象预报　1978年起利用积温法试作杂交水稻制种父本、母本错期预报,1981年起制作早稻移栽期、成熟期预报、二晚最迟播种期预报、甘蔗留种期预报。1986年制作发布早、晚稻产量预报。

农业气象情报　1958年编印农业气象情报,主要有雨情报告、低温情报、高温情报、水稻、花生、大豆、甘蔗生育期农业气象条件分析报告。

农业气候区划　1978年11月,进行南康气候调查。1980年编写《南康气候手册》。1981年8月开展南康县农业气候区划工作,编写《南康县农业气候区划报告》、《南康县农业气候区划资料》以及《水稻与气候》等专题报告,绘制《南康县农业气候区划图集》。

农业气象试验　1977年开展早稻不同品种生育期农业气象条件对比试验;1978年,进行杂交水稻秋季制种开花习性观测试验,进行"叶面宝"、"钼酸铵"添加剂叶面喷洒、"长风Ⅲ号"增温剂调节花期试验;1979年进行早稻高温逼熟观测试验;1982年进行花生播种地膜覆盖增温效应观测试验;1982—1984年进行春、秋植甘蔗气候资源利用对比观测试验;1986—1987年进行埃及塘虱鱼养殖试验,1987—1988年进行墨西哥玉米、紫花苜蓿、苇状羊毛等牧草的观测试验。

③天气预报

短期天气预报 1958 年 7 月开始每天下午发布 1 次未来 1~3 天的天气预报。

中长期天气预报 1960 年 1 月起发布每旬天气、春播、汛期、干旱预报。1961 年开始制作冬季低温霜冻预报。1977 年夏季开始制作寒露风预报。1986 年起制作旬报、订正转发上级气象台长期预报、订正重要农事季节天气预报。

专题预报 从 1978 年开始制作发布飞机播种造林、森林防火、糖业生产、渔业生产以及重要活动、重点工程项目等专题预报。

预报工具 20 世纪 50—60 年代抄收江西省气象台的天气预报、运用本站资料结合群众看天经验,制作天气预报。70 年代起运用数理统计的原理制作天气预报。80 年代开始使用天气图,制作各种预报。

④气象信息网络

1980 年以前,使用短波收音机接收气象信息,通过邮电线路拍发气象电报。1980 年 2 月,利用气象传真机接收天气预报图。1985 年 6 月通过甚高频电话与地区气象台联络。1994 年,建立计算机网络终端。1998 年建立 PC-VSAT 单收站,通过卫星接收资料。

2. 气象服务

公众气象服务 20 世纪 90 年代以前,每天 06、17 时通过广播电台向社会发布短期天气预报。1990 年制作播出电视天气预报节目。2003 年建立南康市农村经济信息网。2008 年在南康政府网设置天气预报栏目。

决策气象服务 通过书面形式向地方党委、政府和有关部门提供天气实况、重大天气过程、关键性转折性天气过程、重大社会活动天气预报、气候资源分析、气候可行性论证报告。

专业与专项气象服务 1985 年起开展气象有偿服务,为各乡镇、单位提供中长期天气预报。1989—1993 年利用天气预报警报接收机,每天发布未来 2 天天气预报和短时灾害天气警报。1998 年开通"121"天气预报自动电话答询系统,2007 年 3 月建立手机短信群发平台发送气象预警信息。

1978 年 7 月起,开始利用 J1-50-2 型气象火箭开展人工增雨作业。20 世纪 80 年代后期至 90 年代,利用"三七"高炮开展人工增雨作业。2002 年以后利用 BL-1 型人工增雨火箭开展人工影响天气作业。

1993—2003 年开展庆典氢气球广告业务服务。

气象法规建设与社会管理

法规建设 2003 年市政府印发了《关于切实保护气象观测环境的通知》(康府办发〔2003〕96 号)。

社会管理 依法对探测环境保护、防雷工程设计、施工和施放气球等活动履行社会管理职责。广泛宣传气象探测环境和设施保护的法律法规;进一步完善防雷社会管理程序,强化新建、改建、扩建项目防雷装置的设计审核和竣工验收工作;加强对施放气球活动的监管,严禁无资质的单位和个人从事施放气球活动。

政务公开 气象行政审批、办事程序、服务内容、服务承诺、气象行政执法依据、服务收费依据及标准等,都通过户外公示栏方式向社会公开;每季度财务公开、重大项目开支、基建开支以及职工福利发放等都在室内公开栏公开。公共服务信息、气象法律法规、气象标准规范、气象行政许可和气象行政监管等,在南康市政务公开信息网络上公开。

党建与气象文化建设

党建工作　1970年7月成立党支部,有党员2人。1973年党支部撤销,2名党员参加其他单位党支部活动。1982年2月9日成立南康县气象站支部委员会,隶属南康市直属机关工作委员会。1980—2008年,先后吸收5人入党。2008年有党员6人。

党支部建立完善党风廉政建设责任制,设立公示栏、意见箱,2003年设兼职廉政监督员1名,政务公开、财务公开制度化。

气象文化建设　2000年成立精神文明建设领导小组。精神文明建设任务分解落实至每一个职工,列入年度目标管理考核。2002年修建文化活动室、阅览室、室外运动场,配备报刊图书、电教设备、文体器材等,定期开展各种文明创建活动。

荣誉　1996年被江西省气象局评为"全省气象部门先进单位";1998年被赣州市委、市政府评为"第一届文明单位";2001年被赣州市委、市政府评为"第二届文明单位";2001年被江西省气象局评为"五大工程"一级达标单位;2004年被江西省委、省政府评为"第九届文明单位";2004年被江西省气象局评为"五大工程"一级达标单位;2006年被赣州市委、市政府评为"第四届文明单位";2009年被赣州市委、市政府评为"第五届文明单位"。

台站建设

建站时借用南康县农科所房屋办公,后来自建7间土木结构平房。1971年建房屋11间,占地面积2667平方米。1972年1月打水井1口。1975年8月建土木结构平房5间。1977年11月,将地面观测场木围栏改成钢筋结构,建成水塔,征用土地1660平方米,建成围墙。1980年4月建砖木结构平房5间。1985年征用土地1050平方米,建三层砖混结构办公楼1幢,建筑面积386.5平方米。1986年建职工宿舍8套,建筑面积共400平方米。1999年实施台站综合改善,装修办公楼、修建大门和围墙,绿化、美化、亮化气象局大院。2002年征用土地600平方米,面积扩为5933平方米。2008年12月,扩建办公楼,增加办公面积560平方米。

南康市气象局办公楼(摄于2008年)

上犹县气象局

上犹县位于江西省南部赣州西部,面积1545平方千米,总人口29万,辖14个乡(镇)。上犹属亚热带季风湿润温和气候,年平均气温18.9℃,年平均降水量1771.7毫米,年平均日照时数1719.7小时。

上犹县气象站位于北纬25°48′,东经114°33′,观测场海拔高度140.2米。

机构历史沿革

始建情况 上犹县气候站始建于1958年12月,站址设在上犹县油石乡樟树村岗上,1959年1月1日正式开始观测。

站址迁移情况 1962年1月4日南迁500米至油石乡塘角村,办公和住宿在县农科所。1965年1月搬迁至县城东山镇水南。

历史沿革 站名在1959年1月、1959年8月、1960年6月、1962年8月、1971年10月五次更名。1981年12月成立上犹县气象局,1984年1月撤销"局"名称,保留站名,1990年12月恢复上犹县气象局名称,机构规格属正科级事业单位。

管理体制 建站至1959年2月、1962年5月至1971年1月、1980年1月至今实行气象部门与地方政府双重领导,以气象部门领导为主的管理体制。1959年3月至1962年4月、1973年7月至1980年1月以地方政府管理为主,1971年2月至1973年7月由部队管理为主。1980年1月开始,实行气象部门与地方政府双重领导,以气象部门领导为主的管理体制。

机构设置 建站初期站内无下设机构,1981年下设测报、预报、农业气象3个股,2005年1月起合并为综合业务股。1991年6月县机构编制委员会发文,在县气象局设立上犹县防雷技术检测所,2000年3月撤销。2004年4月县机构编制委员会发文,成立上犹县雷电防护管理局,隶属县气象局。2000年上犹县发文(上府办字〔2000〕89号)成立上犹县人工影响天气领导小组办公室,设在县气象局。2002年9月上犹县发文(上府办字〔2002〕83号)成立上犹县减灾委员会,委员会办公室设在县气象局。2003年12月上犹县发文(上府办字〔2003〕107号)成立上犹县农业气候可行性论证工作领导小组,办公室设在县气象局。

单位名称及主要负责人变更情况

单位名称	姓名	职务	任职时间
上犹气候站	黄基元	负责人	1959.01—1959.06
	李天芬	负责人	1959.06—1959.08
上犹县水文气象服务站			1959.08—1960.06
江西省上犹县气象服务站			1960.06—1962.08
			1962.08—1963.05
江西省上犹县水文气象站	段兴发	站长	1963.05—1969.08
	代桂盛	负责人	1969.08—1970.10
			1970.10—1971.02
江西省上犹县气象站	彭作炎	指导员	1971.02—1973.05
	李勋球	站长	1973.05—1981.12
上犹县气象局		副局长（主持工作）	1981.12—1984.01
上犹县气象站		副站长（主持工作）	1984.01—1984.12
	方道俊	站长	1984.12—1990.12
上犹县气象局		局长	1990.12—1993.12
	曹福坤	副局长（主持工作）	1993.12—1997.01
		局长	1997.01—

人员状况 建站初期有技术员 3 人,1978 年有 9 人,1990 年人数最多达 13 人。截至 2008 年底为 8 人,其中具有本科学历 3 人,大专学历 3 人,中专学历 2 人;工程师 2 人,助理工程师 5 人;30 岁以下 2 人,30～39 岁 1 人,40～49 岁 4 人,50 岁以上 1 人,平均年龄 41 岁;汉族 6 人,满族 2 人。另外还外聘 3 人。

气象业务与服务

1. 气象业务

①地面气象观测

从 1959 年 1 月 1 日起每日进行 4 次地面气象观测。观测项目有气温、湿度、降水、蒸发、地温、日照、风向、风速、云量云状、能见度、天气现象、雪深和地面状态。1960 年 1 月 1 日起每日进行 3 次观测,1967 年 1 月增加气压观测。1980 年 12 月至 1981 年 8 月增加大气污染本底观测。2003 年 12 月自动气象站试运行,2004 年 7 月开始实行人工与自动气象站观测双轨运行。2005 年 12 月底调整为自动气象站单轨运行。

气象报表 从建站起逐月逐年人工编制气表-1 和气表-21,向省、地气象局各报 1 份,1996 年 7 月开始用《AHDM4.1》编制气表-1、气表-21。2005 年 1 月使用地面测报业务软件(OSSMO 2004)制作气表-1 和气表-21。

气象电报 1960 年 1 月至 1961 年 9 月向机场发航空和危险天气电报,1964 年 4 月至 1982 年 12 月每天 14 时向省气象台发区域绘图报,1982 年 1 月向省气象台发气象服务电报,1967 年、1973 年、1980 年、1983 年、1985 年、1990 年先后编发林业飞播灭虫航空天气电报。电报传递原先通过电话传至邮局报房发出,1987 年改用高频电话口传,2000 年起实行计算机网络上传。

气象装备 1960 年 3 月小型蒸发由秤量改为杯量,1963 年 2 月安装自记雨量计,1967 年 1 月安装动槽式水银气压表和空盒气压计;1971 年 8 月启用双金属片温度计、毛发湿度计、EL 型电接风向风速计。1986 年 4 月配备 PC-1500 袖珍计算机,2003 年 12 月起建立自动气象站(AWS600-B)。2005—2007 年先后三批在全县所有乡(镇)建立二或四要素区域自动气象站 14 个。

②农业气象

上犹县气象站属农业气象一般站,1963 年开始开展水稻、花生、苎麻、动植物简易农业气象观测,1971 年开始开展杂交水稻制种、高产农业气象试验及早稻、晚稻产量预报,1979—1981 年担负"全国杂交水稻气候适应性试验",此课题获国家科委、农委颁发的协作推广奖,1989—1990 年为县鱼种场提供鱼苗孵化预报,开展的农业气候区划获省气象局三等奖。1991—1992 年在五指峰黄沙坑开展中稻再生稻试验,2000 年后对超级稻、花生、葡萄、果蔗、毛竹低改开展高产气候适应性试验。1990 年以来,按省气候评价模式要求开展季、半年、全年气候及影响评价分析。

③天气预报

短期天气预报 未来 1~2 天天空状况、雨量、风、气温预报,1990 年后增加短期、短时及临近(1~3 小时)暴雨、强对流、雷电、大雾、雪灾等灾害性天气预报。

中期天气预报 未来 3~10 天天气过程预报,雨量、气温预报及农事建议。

短期气候预测(长期天气预报) 发布月、季、年气温、降雨变化及主要灾害天气趋势预测。

专题预报 主要有春播、汛期、高温、干旱、寒露风、低温冰霜冻,以及人工增雨、森林防火、飞播、农业病虫灾害等方面专题预报。

④气象信息网络

建站初期气象信息传输靠拍发电报,1980 年后相继采用气象传真、单边带电台、甚高频电话(VHF)。1994 年 6 月起,建成 PC-VSAT 小站,2000 年开始建立省、市县内网、外网及农村经济信息网,2006 年建立 Notes 系统、人工增雨上报系统、灾情直报系统。

2. 气象服务

公众气象服务 建站初期,基本没有开展服务,1963 年通过县广播站发布短期天气预报,1992 年县政府投资建设天气警报系统,各乡(镇)安装警报接收机。2000 年开始,通过广播、电视、"121"电话、短信、传真、网络、邮寄材料及现场流动开展服务。

决策气象服务 从 1990 年开始以《气象信息咨询》形式为县委、县政府及有关部门提供季、月趋势及旬天气过程预报服务,以《气象呈阅件》、《气象情况反映》形式为领导决策提供有分析、有建议的专题服务材料。如 2004 年向县委、县政府呈报的《上犹气候优势分析》决策服务材料受到县主要领导批示,并被县农业部门采纳利用。2006 年"格美"强台风,县气象局向军分区、省防汛抗旱总指挥部提供了预报服务,2007 年"圣帕"台风和 2008 年初罕见的冰雪灾害均提前做出了较准确的预报和决策建议。

1972 年 6 月准确预报后期无大雨,为油石梅岭小(一)型水库提供服务,避免了炸溢洪道的损失;1986 年 6 月提供准确无雨预报,使 30 米自来水塔一次浇灌成功;1987 年报准春播倒春寒天气,全县减少烂种 125 万千克;2004 年提出的"利用气候资源调整农业产业结构"建议被县政府及有关部门采纳,使农民平均增收 120 元;2006 年"7·26"台风特大暴雨预报服务获省水利厅及市领导表扬。

专业与专项气象服务 1976 年 7—9 月上犹气象站配合全市在油石花山用高炮开展人工增雨作业。1979 年 7—9 月先后在泊石、中稍、社溪、紫阳等地使用火箭进行人工增雨抗旱作业。1999 年 7 月首次为龙潭水库进行商业性人工增雨蓄水作业。2000 年,购置火箭发射架 1 台、高炮 1 门,聘请 2 名作业人员开展人工增雨作业。2002 年 5—6 月,2003 年 7—9 月为陡水、龙潭水电厂开展人工增雨作业。2006 年购置轻型人工增雨运载车、手提笔记本电脑。2007 年 7—8 月上旬,实施人工增雨作业 4 次,缓解了旱情。

气象科技服务与技术开发 从 1980 年开始,先后为县五指峰山珍罐头厂、灵潭、双宵及南河、仙人陂电站建设提供气象科技服务。2007 年为县黄埠工业园区提供环境评价气象服务。对空中水资源和西北草山风能进行实地考查分析,其中双溪草山风能利用建议被中央、省、县有关部门采纳,2007—2008 年已建成 40 米和 70 米的测风塔进行前期风资料积累。

气象科普宣传 从 1970 年开始,在重要农事季节、世界气象日组织下乡开展咨询,发放气象科普宣传资料。1980 年以后宣传形式和内容扩大,建立专门气象服务联系点,在县、乡有关会议上宣讲。1990 年后围绕洪涝、地质灾害、雷电灾害、抗旱人工增雨、森林防火等开展气象防灾减灾宣传。从 2000 年开始,每年与县科学技术协会、安全生产监督管理局联合开展大型科普宣传,2007—2008

上犹县气象局与县科协联合开展科普宣传(摄于 2008 年)

年开展防雷安全进校园活动,为全县中小学赠送防雷挂图光盘 100 套。

气象法规建设与社会管理

1. 法规建设

2000 年 7 月上犹县政府印发《关于〈中华人民共和国气象法〉和〈江西省气象管理规定〉的实施意见》(上府发〔2000〕37 号)。2000 年 7 月 23 日上犹县政府印发《上犹县防御雷电灾害管理规定》(县政府第 18 号令)。2007 年成立气象行政执法大队,行政许可项目进入县行政审批中心,设立气象窗口,开展气象行政许可审批。

2. 社会管理

气象探测环境保护 1998 年县政府印发《关于切实保护气象观测环境的通知》(上府发〔1998〕30 号)。

2005 年县气象局向县政府呈报《关于气象探测环境规划保护图的报告》,县政府以上府批字〔2005〕9 号批复:"县建设、县国土等单位要严格按照'气象探测环境规划'控制气象观测站周边建筑物高度",并报县建设局、县国土局、县环保局、县房产局备案。

防雷安全管理 2000 年后,每两年开展一次县气象局联合安监、消防部门进行的防雷安全大检查,对不合格或无防雷设施的单位下发限期整改通知书。2007 年经检查,全县大部分中小学无防雷设施,存在严重安全隐患,县政府从财政拨出专款 33 万元,对 48 所中小学 97 栋校舍楼和 41 个远程教育终端安装防雷设施。

3. 政务公开

2006 年开始在局内设立公开栏,对机构、人员、财务、许可项目、服务承诺及收费标准实行公开,在县行政审批中心对许可项目、依据、程序实行公开。2007 年开始在县政府网站公开。

党建与气象文化建设

1. 党建工作

县气象站党支部成立于 1971 年,有党员 3 人。1975 年有党员 5 人;1985 年有党员 4 人;2008 年有党员 5 人(含退休 2 人),党支部归县直属工委领导。有 5 人次获县委、县直工委授予的"优秀党员"和"优秀党务工作者"称号。2008 年县直属工委授予县气象局党支部为"五好党支部"称号。

县气象局与市气象局签订党风廉政建设责任状和领导干部廉洁自律承诺书,每年向县纪委汇报党风廉政建设工作情况,从 2003 年起设纪检监察员 1 名。建立公示栏,对领导班子党风廉政情况进行公示,接受群众监督。

2. 气象文化建设

深入开展文明单位创建活动和气象文化建设。业务上精益求精,有 4 人报考气象大专函授深造,2 人获本科学历。2004—2006 年先后组织职工到北京、厦门学习考察;县气象局办公楼走廊设置"八荣八耻"、气象职业道德、气象科普图片,建起文艺活动室和羽毛球场。

3. 荣誉与人物

集体荣誉 上犹县气象局从 1964 年以来共获得集体荣誉 24 项(次),1965 年被评为江西省农业战线先进单位,1974 年被评为全国气象系统先进单位,1978 年被评为全国气象系统"双学"先进单位,站长参加在北京、天津召开的全国气象部门"双学"代表大会,受到党和国家领导人的接见,并合影留念。1980 年被评为江西省农业科技先进单位,获省长嘉奖令。1998—2007 年获赣州市第一、二、三、四、五届"市级文明单位"称号。

人物简介 方道俊,男,江西省上犹县人,1942 年 10 月出生,1962 年 7 月江西瑞金大学气象中专毕业,同年 11 月在上犹县气象站工作,1981 年 7 月入党,1982 年 2 月被评为气象工程师,1985 年 1 月至 1995 年 4 月任上犹县气象局(站)局局长。2002 年 11 月退休后,返聘回县气象局继续从事气象工作。曾担任过镇人大代表,县第六、七、八、九届政协委员,先后获得"县优秀共产党员"、"赣州市抗洪抢险先进个人"、"省气象系统先进个人"、"省科协系统先进工作者"称号,1982 年 12 月被授予"江西省农业劳动模范"称号。40 多年来,他爱岗敬业,管天为民,总结出一套当地长、中、短期预报方法,先后主持参加和编写了上犹县杂交水稻制种及中稻再生稻、葡萄、毛竹低改、果蔗高产气候条件试验。《上犹农业气候资源及其利用》、《上犹县农业气候手册》(上、下册)、《上犹县农业气候区划报告》、《上犹气候优势分析》等总结和论文被县农业部门采纳,有的选入江西省气象科研文集。

台站建设

上犹县气象站始建时在油石乡樟树村、塘角村,当时租用农民和县农科所泥瓦房办公、住宿。1964 年底,迁至县城水南乡村,占地 8000 平方米,兴建砖瓦平房 7 间。1981 年,兴建 1 栋二层半砖混结构办公楼。1994 年,县城扩建,县气象局北、西、南方向建街道,面积缩减到 6467 平方米。1997 年通过争取二级拨款和职工集资在大院西边临街面新建店铺12 间和二层家属楼 4 套。2007 年 1 月,气象观测场向西北迁移 25 米,在西北兴建出口大门。建透视铁艺围栏 100 米,院大门至办公楼铺设水泥路面 110 米。2008 年,对整个大院空地进行绿化、美化,业务办公楼正在扩建中。

崇义县气象局

崇义县是中国竹子之乡。位于江西省西南边陲,毗邻湘粤两省,东连南康,南接大余和广东仁化,西界湖南汝城、桂东两县,北靠上犹。于明正德十二年(1517 年)立县,总面积2206.27 平方千米,总人口 20 万,辖 16 个乡镇。

崇义县属中亚热带季风湿润气候区,气候温暖,雨量充沛,四季分明,空气湿度大,雾日多,光照偏少,无霜期长。1959—2008 年年平均气温 18.1℃,极端最高气温 39.9℃,极端最低气温−8.0℃。无霜期 307 天。年平均降水量 1612.9 毫米。年平均日照时数 1380.2 小时。

崇义县气象局位于北纬 25°42′,东经 114°18′,观测场海拔高度 246.9 米,属国家一般气象观测站。

机构历史沿革

始建情况 江西省崇义县气候站始建于 1958 年 7 月,同年 9 月 1 日正式开始气象观测。

站址迁移情况 2000 年观测场改造,新观测场向西移 40 米,规格为 20 米×16 米。

历史沿革 建站初期站名为江西省崇义县气候站;1959 年 4 月更名为江西省崇义县气象服务站;1971 年 1 月更名为江西省崇义县气象站;1980 年 10 月晋升为正科级事业单位;1981 年 1 月成立崇义县气象局,实行局、站合一;1983 年 12 月撤销崇义县气象局,保留崇义县气象站;1991 年 1 月恢复崇义县气象局,实行局、站合一。

管理体制 自 1958 年 7 月建站以来,多次更变隶属关系。1959 年 1 月划归崇义县农村水利局;1960 年 4 月划归崇义县水电局;1962 年 7 月隶属赣南水文气象分局;1969 年 8

月划归崇义县农村工作办公室;1971 年 1 月实行军队与地方双重管理,以军队管理为主的管理体制;1973 年 8 月划归崇义县农村工作办公室管理;1980 年 10 月实行气象部门与地方政府双重领导,以气象部门领导为主的管理体制。

机构设置 1974 年以前,县气象站无内设机构,业务工作实行大轮班。1974 年 1 月开始,分设地面测报、天气预报两个组;1979 年 1 月增设农业气象组;1980 年 12 月开始,下设地面测报、天气预报、农业气象三个股;1992 年 2 月 19 日成立崇义县防雷安全检测所;2000 年 8 月 9 日将崇义县防雷安全检测所更名为崇义县雷电防护管理局;2000 年 1 月设立综合业务股和科技服务股,地面测报、天气预报、农业气象综合值班。经崇义县政府批准,2005 年 3 月 21 日成立崇义县人工影响天气领导小组,办公室设在气象局。2005 年 6 月成立崇义县地震办公室,办公室挂靠崇义县气象局,与气象局合署办公。

单位名称及主要负责人变更情况

单位名称	姓名	职务	任职时间
江西省崇义县气候站	袁厚森	负责人	1958.09—1959.04
			1959.04—1961.12
江西省崇义县气象服务站	龚政棠	负责人	1961.12—1964.12
	甘朝景	代站长	1964.12—1966.01
	张光照	负责人	1966.01—1971.01
			1971.01—1971.07
江西省崇义县气象站	谭德禄	站长	1971.07—1974.12
	郑西康	站长	1974.12—1976.12
	杜作浩	站长	1976.12—1981.01
江西省崇义县气象局		局长	1981.01—1981.02
	袁厚森	副局长(主持工作)	1981.02—1983.12
江西省崇义县气象站		站长	1983.12—1989.04
		副站长(主持工作)	1989.04—1991.01
崇义县气象局	陈维铭	副局长(主持工作)	1991.01—1993.05
		局长	1993.05—

人员状况 建站时仅 1 人。1978 年底 10 人。2008 年底,有在职职工 6 人,其中本科学历 1 人,大专学历 4 人;党员 2 人;工程师 3 人,助理工程师 2 人,技术员 1 人。30 岁以下 2 人,30～39 岁 1 人,40～49 岁 1 人,50 岁以上 2 人。平均年龄为 39 岁。

气象业务与服务

1. 气象业务

①地面气象观测

观测项目 建站至 1959 年 12 月,每天 01、07、13、19 时进行 4 次气候观测,用地方平均太阳时制。1960 年 1 月 1 日起,取消 01 时观测,用 07 时记录代替。1960 年 7 月 1 日起,气候观测改为北京时 08、14、20 时 3 次观测,不守夜班。建站至 1960 年 12 月观测项目有气温、湿度、云、能见度、天气现象、降水、日照、风向、风速、蒸发量(小型)、地面温度、地中温度、气压、地面状态。1961年1月取消地面状态观测。1963年4月停止日照、蒸发量观测。1964年1月恢复日照、蒸发量观测。1964年4月增加雨量自记的观测。1968年7月将维尔达风向风速仪改为EL型电接风向风速计。1971年1月增加气压观测。1973年1月增加温度、湿度自记的观测。1983年1月增加自记风的观测。2003年11月建立地面自动气象站。2004年1月起,自动气象站开始运行,与人工观测平行。观测项目有气压、气温、湿度、降水、0～320厘米地温、风向、风速。2006年1月起自动气象站单轨运行,取消08、14时定时人工观测,保留云、能见度、天气现象、日照、定时降水量人工观测项目。2006年11月至2008年1月全县各乡镇分三期安装16个加密自动气象站。2008年11月安装GPS/MET水汽观测设备并投入运行。

发报种类　1964年4月至1981年12月向省、地区气象台编发区域绘图天气报告(GD-81)和区域危险天气报告(GD-82)。1965年1月至1993年12月为军、民航拍发航空天气报和危险天气报。1981年6月至1983年9月参加全国台风气象服务和联防办法的试验业务,拍发台风联防报。1982年1月起向省气象台拍发气象服务报(GD-91)。1985年7月开始拍发台风加密观测报,1984年1月1日开始拍发重要天气报(GD-11)。1997年3月开始编发春播气象服务报(CB-01)。1999年3月1日起拍发加密气象观测报(GD-05)。

气象报表　建站至1991年6月手工编制气表-1和气表-21。1991年7月开始直接向省气候中心上报气表-1简表等有关资料,由省气候中心在微机上编制气表-1和气表-21。1996年7月1日起使用AHDM制作地面报表。2005年1月1日起使用地面测报业务软件(OSSMO 2004)制作地面报表。

②农业气象

农业气象观测　崇义属农业气象一般站。1960年春播期开始相继对早晚稻、油菜等作物进行生育期观测。1976—1977年对杂优早晚稻生育期进行观测。1984年增加大豆生育期观测,1985—1986年增加柑橘生育期观测,1986年增加晚玉米生育期观测,1987年增加花生和食用菌的观测。1990年停止农业气象观测,其他任务不变。

农业气象预报　1960年开始制作春播期天气预报。1978年开始制作干旱、寒露风和晚稻、齐穗期预报。1985年制作早稻移栽期、晚稻播种期预报。1987年开始制作早稻、晚稻产量预报。

农业气象情报　1960年开始不定期向县各有关单位发送农业气象灾情与农情情报。1988年开始定期编发农业气象旬(月)报。

农业气象分析　1988年以前制作全年降水量预测、春播气候分析、汛期降水量预测等。1988年开始定期、定项目的编制农业气象分析,开展水稻生育期的气候评价和全年气候评价工作。

农业气候区划　1979—1980年开展气候普查和气候区划,编写崇义县气候资源调查及农业气候区划。

③天气预报

1959年1月1日开始制作单站补充天气预报。短期天气预报从1959年开始制作未来1～3天的天空状况、雨量、风、气温的预报。短时预报从1988年开始制作未来12小时天气变化情况的短时预报。中期预报从 1959 年开始制作未来 3～10 天的天气趋势预报,内容为天气过程、雨量、气温、农事建议。长期预报从 1959 年开始制作未来 10 天以上降水过程、气温变化及灾害天气趋势预报。专题天气预报从 1959 年开始制作春播天气预报,后来逐步增加汛期、高温、干旱、寒露风、低温霜冻、人工增雨、飞播、森林火险、病虫害防治、杂交水稻制种等方面的天气预报。

预报方法 建站至 20 世纪 60 年代末,主要依靠收听省气象台天气预报、群众看天经验、观察动植物的特殊反映等制作预报。70 年代初增加抄收汉口气象台气象广播,点绘并分析高空和地面天气图,利用单站资料建立一套较正规的综合要素曲线图。1982 年后增加气象传真机、甚高频电话,建立气象计算机网络县级远程终端,安装 PC-VSAT 单收站,利用传真图、卫星资料、雷达资料和数值预报产品制作天气预报。2001 年 1 月正式开展雾和雷电预报业务。2006 年开展短时临近天气预报和突发灾害性天气预警信号发布工作。

④气象信息网络

建站至 1981 年底,主要靠普通短波收音机接收江西省气象台天气形势预报制作本站天气预报,气象电报的收发主要是依赖邮电线路。1982 年 2 月增加无线传真收图业务。1986 年 10 月开通县—地区甚高频电话。1995 年 11 月建立气象计算机网络县级远程终端。1999 年 12 月建立 PC-VSAT 卫星单收站。2001 年 5 月开通因特网。2003 年 4 月开通 Notes 邮件系统,实现了电子政务。2004 年 12 月建立气象短信平台。2007 年 4 月开通 MSTP 专线,自动气象站资料通过专线上传。

2. 气象服务

公众气象服务 建站到 20 世纪 80 年代,天气预报主要通过有线广播发布,通过电话、书面材料开展服务;90 年代,天气预报主要通过有线电视发布,通过电话、书面材料开展服务;进入 21 世纪,天气预报发布渠道进一步拓宽,服务方式多样。2001 年开始制作播放县城及其东部、西部、南部、北部的天气预报;2001 年安装“121”天气预报自动电话答询系统;2001 年 5 月,建立崇义县农村经济信息网,并在网上发布天气预报信息;2004 年开始开展灾害性天气气象手机短信服务;2008 年开始在崇义县政府网上发布天气预报信息。

决策气象服务 决策服务主要是局站领导以口头或书面的方式进行,同时通过手机、电话、书面材料、互联网和手机短信等渠道为领导服务。

专业与专项气象服务 1972 年 6—9 月利用“土火箭”开展人工降雨试验。1990 年 8—9 月利用“三七”高炮开展人工增雨作业。1998 年 8—9 月在横水镇中营村平盘山,利用“三七”高炮开展人工增雨抗旱作业。2003 年购置 1 台车载式移动火箭发射架,7—8 月在全县范围内开展人工增雨抗旱作业,收效明显。

1990 年 2 月开始开展森林火险等级预报服务。

1992 年 2 月开始开展防雷设施安全检测。2002 年 3 月崇义县政府下发《崇义县防御雷电灾害实施办法》。

党建与气象文化建设

党建工作 1977 年 11 月成立崇义县气象站党支部,有党员 3 名。1980 年由于 2 名党员调出,崇义县气象站党支部撤销,并入县农牧渔业局党支部。1986 年 11 月恢复崇义县气象站党支部。截至 2008 年底有党员 5 人。

崇义县气象局党支部不定期组织党员学习《中国共产党章程》和党的方针政策以及上级重要文件,开展党员先进性教育等活动。局内有党员活动室。2008 年 6 月崇义县气象局党支部被崇义县委授予"先进基层党组织"称号。2009 年 2 月崇义县气象局被崇义县委、县政府评为崇义县经济和社会发展目标管理考评先进单位。

崇义县气象局的党风廉政建设不断加强,党支部认真贯彻落实科学发展观,经常对党员进行"八荣八耻"等内容的廉政教育和廉政文化建设,设有公示栏、意见箱,设立纪检监督员,建立局务公开栏,对干部职工关心的重要或重大事项定期进行公开,接受群众监督。

气象文化建设　1979 年以前,崇义县气象局饮水困难,办公、生活条件十分艰苦,干部职工克服困难,埋头苦干,爱岗敬业。为改善职工生活,站长带领干部职工砍柴、种菜。改革开放以后,崇义县气象局坚持以人为本,弘扬自力更生、艰苦创业精神,物质文明建设同精神文明建设一起抓,做到两手抓两手都硬,深入持久地开展文明创建工作。1991 年成立文明创建工作领导小组,制定政治学习等制度。先后建立文化娱乐活动室、报刊图书室、羽毛球场,购置电教设备,职工生活丰富多彩。通过经常性的政治时事、法律法规学习和文体活动,全局干部职工爱岗敬业,思想稳定,自觉学习科学文化知识。从 1991 年起,每年都获崇义县委、县政府授予县级"文明单位"称号;1998 年开始连续五届获赣州市委、市政府授予市级"文明单位"称号。

台站建设

崇义县气象局位于崇义县横水镇南中路 173 号,占地 3192.93 平方米。始建时,有 1 栋约 60 平方米的平房,用于办公和生活。1968 年、1976 年先后建成 2 栋约 170 平方米的平房。1983 年、1989 年建成 1 栋两层半约 300 平方米的办公楼和 1 栋二层约 500 平方米的职工宿舍。2000 年拆除原办公楼房,重建 1 栋四层 810 平方米的办公楼。2000 年以来,逐步对院内环境进行绿化改造,规划整修了道路,修建草坪和花坛,重新装饰办公楼门面,改造业务值班室。

建站初期业务办公和职工住房(摄于 1991 年)

崇义县气象局现办公大楼(摄于 2008 年 8 月)

大余县气象局

大余县位于江西省西南边缘,章江上游,大庾岭北麓,面积 1367 平方千米,总人口 30 万,辖 11 个乡镇。

大余县属中亚热带湿润季风气候区,年平均气温 18.4℃,年平均降水量 1586.4 毫米,年平均日照时数 1647.2 小时。

大余县气象局位于北纬 25°24′,东经 114°20′,观测场海拔高度 215.6 米,观测场面积 25 米×25 米。

机构历史沿革

始建情况　江西大余气候站,始建于 1954 年 4 月 1 日,位于大余县城北门外新民村金莲山。

站址迁移情况　1957 年 7 月 1 日,迁至县城西门外新珠村宝珠山上。

历史沿革　初建站名为江西省大余气候站;1959 年 9 月更名为大余县气象站;1960 年 3 月更名为大余县气象服务站;1962 年 9 月更名为江西省赣南水文气象总站大余气象服务站;1964 年 7 月更名为江西省大余气象服务站;1973 年 7 月更名为江西省大余县气象站;1981 年 5 月成立大余县气象局,与县气象站合二为一;1984 年 1 月撤销大余县气象局,保留大余县气象站;1990 年 12 月恢复大余县气象局。1954 年建站至 1980 年为副科级事业单位,1981 年起升格为正科级事业单位。

管理体制　1954 年建站至 1980 年体制改革前由地方领导,业务受上级台站指导,1980 年体制改革后实行气象部门与地方政府双重领导,以气象部门领导为主的管理体制。

机构设置　1974 年以前,站内未设机构。1974 年开始,内设测报、预报两个组;1977 年增设农业气象组;1981 年 5 月,成立大余县气象局,内设测报、预报、农业气象 3 个股;2000 年设综合业务股、雷电防护管理局(二级单位)、局办公室、气象科技服务有限责任公司和防雷设施检测所。

单位名称及主要负责人变更情况

单位名称	姓名	职务	任职时间
大余县气候站	朱家荣	站长	1954.05—1956.05
	柯正辉	站长	1956.05—1958.04
	徐坤林	负责人	1958.04—1959.09
大余县气象站			1959.09—1960.03
			1960.03—1960.09
大余县气象服务站	廖报贤	负责人	1960.09—1961.12
	蔡厚辉	副站长(主持工作)	1961.12—1962.07
	蒋良全	副站长(主持工作)	1962.07—1962.09
江西省赣南水文气象总站 大余气象服务站			1962.09—1964.07
			1964.07—1966.03
	汪若泉	代站长	1966.03—1967.04
江西省大余气象服务站	邓敏志	负责人	1967.04—1968.12
	蔡绵有	负责人	1968.12—1970.06
	郑永德	指导员	1970.06—1973.02
		站长	1973.02—1973.07
			1973.07—1978.03
大余县气象站	刘绵生	站长	1978.03—1980.12
	蔡绵有	副站长(主持工作)	1980.12—1981.05
大余县气象局		副局长(主持工作)	1981.05—1984.01
		副站长(主持工作)	1984.01—1984.03
大余县气象站	彭赞平	站长	1984.03—1987.01
	蔡绵有	站长	1987.01—1990.12
		局长	1990.12—1991.05
大余县气象局	刘建文	局长	1991.05—2000.02
	赖淑华	副局长(主持工作)	2000.02—2000.08
	宋湖洲	局长	2000.08—2003.03
	黄会民	局长	2003.03—

人员状况　建站时有职工 3 人,1978 年有 11 人,1990 年底达到 13 人。截至 2008 年底有职工 8 人;其中大专学历 3 人,中专学历 5 人;气象工程师 3 名,助理工程师 5 人;中共党员 6 人(含退休党员 3 人)。30 岁以下 1 人,30～39 岁 2 人,40～49 岁 4 人,50 岁以上 1 人。

气象业务与服务

1. 气象业务

地面气象观测　1954 年 4 月 1 日开展地面气象观测,执行地方时,每天 01、07、13、19 时进行 4 次气候观测。1960 年 7 月 1 日改用北京时。1961 年 1 月 1 日改为 3 次观测。观测项目有风向、风速、气温、气压、云、能见度、天气现象、降水、日照、蒸发、地面温度、雪深。1962年4月1日,停止160厘米、320厘米地温观测。1963年1月1日取消日照、蒸发、温度计、湿度计观测,1964年1月1日恢复。1964年9月21日取消40厘米、80厘米直管地温观测。1969年1月1日停止地温观测,1970年1月1日恢复观测。2004年1月1日起除云、能见度、天气现象、日照、蒸发、定时降水量采用人工观测外,其他项目均采用自动观测。

建站初期,仅有温度表、日照计、雨量器、蒸发器、测风仪,1959年增加浅层地温表,1966年7月增加水银气压表,1970年1月开始使用EL型电接风向风速计,同时增加湿度计。2003年12月,建成自动气象站(CAWS600-B),于2004年1月1日正式运行,与人工站并行观测。2005年至2008年1月在全县各乡镇安装四要素区域自动气象站9个,两要素区域自动气象站2个。

农业气象 1959年开始对水稻、花生、油菜等农作物进行生育期观测,对蝉、梧桐、苦楝树、桃树等进行物候观测。1987—1988年进行葡萄物候观测,并撰写山区葡萄栽培小结。1989年进行柑橘物候观测。2005年停止农业气象观测。

1977年6月11日起,向省气象台拍发农业气象旬(月)报,并利用雨情公报、旱情公报、低温情报、农业气象旬报向县、乡政府提供气象情报信息。1986年7月,根据农事季节和服务的需要,编发各种气象服务小报至农业生产指挥部门、各乡镇。

天气预报 从开始制作天气预报到20世纪60年代,其主要预报工具是图、资、群相结合,以群众经验、农谚为主。每日定时收听江西、广东省气象台的预报,利用县气象站资料点绘的曲线图、点聚图,结合观测泥鳅、蚂蟥、鳖等动物对天气变化的反应,制作未来1~3天的短期天气预报。

20世纪70年代增加时间剖面图、综合要素曲线图、周期叠加、14时PT编码。研制汛期大雨到暴雨预报指标、7—9月台风暴雨预报指标。建立县气象站春播预报方法,汛期短、中期预报方法。

20世纪80年代初,通过传真接收中央气象台和省气象台的旬、月天气预报,结合本地气象资料、短期天气形势、天气过程的周期变化制作1旬天气过程趋势预报。县气象站主要运用数理统计方法和常规气象资料图表及天气谚语、韵律关系方法,制作具有本地特点的补充订正预报。

20世纪70年代中期开始制作长期天气预报,80年代贯彻"大中小、图资群、长中短"相结合的技术原则,建立一整套长期预报的特征指标和方法。长期预报主要有年度预报、春播预报、汛期(4—6月)预报、伏秋干旱预报、冬季防寒预报。

气象信息网络 建站到20世纪70年代,主要是通过电话、电报、广播进行信息交流。80年代后,添置气象传真机、甚高频电话(VHF),1994年1月建成县级现代业务系统,1996年6月建成地面卫星PC-VSAT小站,2004年建成Lotus Notes办公自动化系统,2005年建立气象灾害预警信息发布平台,2007年3月建成市—县MSTP专线。

2. 气象服务

公众气象服务 大余县气象局的气象服务形式主要通过广播、电视、书面传递、电话传递、短信平台向社会发布天气预报。服务内容主要有重要农事季节专题服务、中短期和短时天气预报服务、气象情报、农业气象预报、气候分析、气候评价服务。

决策气象服务 制作《气象情况反映》、《专题气象情报》、《专题天气预报》向防灾减灾部门提供预警信息,通过手机短信发送至各级领导和气象信息员。

专业与专项气象服务 从 1984 年起,开展有偿专业气象服务,有专业气象用户 7 个。1990 年底,对 34 个单位开展有偿专业气象服务。通过调查研究,制订专业气象服务指标。如《森林防火气象指标》、《公路施工气象指标》、《建材专业气象指标》。

1978 年 9—10 月期间,首次开展人工影响天气试验,采用发射火箭,在左拔镇等地开展作业。1998 年和 2003 年,改用"三七"高炮进行人工影响天气作业。2005 年配备新一代车载式人工影响天气火箭发射架。

气象科技服务与技术开发 气象科技服务涉及水稻生产期栽培、果树栽培、花卉适宜气候因子考证。技术开发主要是与县科技局协作,对新品种、新项目进行气候条件论证。

气象科普宣传 利用广播、报刊宣传气象科普知识。通过县广播站广播气象科普文章;在世界气象日和安全宣传月期间,通过在人口集中地摆放咨询台、深入田间地头和中小学校宣传气象科普知识以及普及气象法规知识。

气象法规建设与社会管理

法规建设 2008 年大余县政府印发《关于加强气象探测环境保护的通知》(余府办字〔2008〕19 号)、《关于切实做好雷电灾害预防工作的通知》(余府办字〔2008〕72 号)等文件。

社会管理 县气象局与县规划建设局、县环保局、县国土局加强合作,依法加强对探测环境的保护。严厉查处无资质、擅自进行防雷装置设计安装、施工和随意施放氢气球的行为。

2004 年开始开展防雷装置、设计审核工作,实行新建建(构)筑物的报建审批。对气象行政审批办事程序、气象服务内容、服务承诺、气象行政执法依据、服务收费依据及标准通过户外公示栏、电视广告、发放宣传单等方式向社会公开。干部任用、财务收支、目标考核、基础设施建设、工程招投标内容在职工大会或在县气象局公示栏公开。

党建与气象文化建设

1. 党建工作

1972 年 2 月,成立大余县气象局支部委员会,有党员 3 名。至 2008 年,有党员 6 名(含退休人员党员 3 名)。2008 年,开展"突出践行科学发展观活动"和"八荣八耻"教育。每周坚持召开一次党员生活会,组织党员学习。2003 年增设纪检监督员岗位。

2. 气象文化建设

凝炼了"献身气象、忠于职守、团结协作、科学严谨、准确及时、争创一流"的大余气象人精神。加强了阅览室、室内外文体活动场所建设,每年组织干部职工开展各项文体活动。大力鼓励干部职工提升学历教育。2006 年以前没有一个大专生,至 2008 年已有 3 名大专生,另有 3 人正在接受函授教育。

文明创建档次不断提升,1999—2007年连续五届被授予赣州市"市级文明单位"称号。

3. 荣誉与人物

集体荣誉　1999年被江西省气象局评为"五大工程"建设一级达标单位;1999—2007年被赣州市委、市政府评为"市级文明单位";2004年被赣州市委、市政府评为"人工增雨抗旱先进单位"。

人物简介　洪顺意,女,福建晋江县人,1938年出生,1957年毕业于成都气象学校,1993年退休。工作期间,她先后在市内8个气象台站工作,但她不管在哪个台站工作,都兢兢业业地工作,倾注了全部心血。

连续八年被评为省、市气象部门先进工作者;1983年以来连续4次获得"百班无错"奖励,预审31个月的报表均合格,先后被省气象局记功2次;1989年被国家气象局授予"全国气象系统双文明建设劳动模范"称号;1990年被省政府授予"江西省劳动模范"称号。

台站建设

大余县气象局占地12257平方米。1978年以前,只有3栋平房,用于办公、业务、职工住宿。1981年,建起1栋三层业务办公楼。1994年,兴建了1栋三层6套的家属楼。2003年,建起了新的办公楼。2004—2008年,先后对局内设施进行完善,修筑了挡土墙,硬化了道路,绿化草地800平方米,栽种花木200余棵。

大余县气象局办公大楼(摄于2006年)

信丰县气象局

信丰县始建于唐高宗永淳元年(682年),位于江西省南部赣州市中部。全县辖16个乡镇、1 个工业园管委会,面积 2878 平方千米,总人口 73 万。信丰脐橙品质优良,全国闻名,有"中国脐橙之乡"之称。

信丰县属中亚热带季风湿润气候,年平均气温 19.5℃,极端最低气温－5.1℃,极端最高气温 40.0℃,年平均降水量 1473.1 毫米,年平均日照时数 1660.3 小时,无霜期 306 天。

信丰县气象局位于嘉定镇水北街圣香路 59 号,东经 114°56′,北纬 25°24′,观测场海拔高度 164.2 米,属国家一般气象站。

机构历史沿革

始建情况　信丰县气候站始建于 1956 年 11 月,站址位于信丰县西牛农林场,距县城约 12 千米处,1957 年 1 月 1 日开始正式气象观测。

站址迁移情况　1957 年 8 月 1 日,站址迁至嘉定镇水北街圣塔路 59 号,观测场面积 25 米×25 米。1996 年 3 月,受城市发展影响,观测场面积缩小为 16 米×20 米。

历史沿革　1957 年建站时,站名为江西省信丰气候站;1959 年 7 月,更名为信丰县气象站;1960 年 3 月,更名为信丰县气象服务站;1973 年 7 月,更名为信丰县气象站;1980 年 7 月,成立信丰县气象局,实行局站合一;1984 年 1 月,撤销信丰县气象局,保留信丰县气象站;1990 年 12 月,恢复信丰县气象局。1980 年 7 月起,属正科(局)级事业单位。

管理体制　建站初期,隶属江西省气象局;1959 年 7 月,隶属江西省水利电力厅赣南水文气象分局;1971 年 1 月 1 日,实行军队与地方政府双重领导、以军队领导为主的管理体制,隶属信丰县人民武装部管理;1973 年 7 月,隶属信丰县革命委员会生产指挥部;1980 年 7 月起,实行气象部门和地方政府双重领导,以气象部门领导为主的管理体制。

机构设置　建站至 1960 年 3 月,除一名负责人外,未设任何机构;1960 年 4 月至 1974 年 1 月,下设测报、预报两组,1977 年 1 月增设农业气象组;1980 年 7 月,原来的 3 个组改为 3 个股(即测报、预报、农业气象股);1990 年 1 月,增设办公室、服务股;1991 年 1 月增设防雷检测所;2000 年 1 月,测报、预报、农业气象 3 个股合并为气象台,撤销服务股;至 2008 年,下设机构为办公室、气象台、防雷检测所。1991 年 6 月,经信丰县人民政府批准,成立信丰县人工影响天气领导小组办公室,挂靠在信丰县气象局;2001 年 4 月,经信丰县人民政府批准,成立信丰县雷电防护管理局,隶属信丰县气象局。

单位名称及主要负责人变更情况

单位名称	姓名	职务	任职时间
江西省信丰气候站	张忠诚	负责人	1957.01—1958.06
信丰县气象站	徐基仁	负责人	1958.06—1959.07
			1959.07—1960.03

单位名称	姓名	职务	任职时间
信丰县气象服务站	余为柱	副站长（主持工作）	1960.03—1962.05
	陈玉松	站长	1962.05—1965.12
信丰县气象站	黎垂秀	站长	1965.12—1973.07
			1973.07—1973.12
	孙国雄	站长	1973.12—1980.07
信丰县气象局	王斯湖	副局长（主持工作）	1980.07—1984.01
信丰县气象站		站长	1984.01—1985.10
	江思有	站长	1985.10—1990.12
信丰县气象局		局长	1990.12—

人员状况 建站初期,在编职工 2 人;1978 年在编职工 13 人;1987 年在编职工 15 人,为最多人员时期;2008 年底有职工 11 人,其中在编职工 7 人,编制外聘用 4 人;年龄在 30 岁以下 4 人、30～39 岁 2 人、40～49 岁 3 人、50 岁以上 2 人,平均年龄 39 岁;工程师 3 人,助理工程师 4 人;中专学历 4 人,大专学历 5 人,高中学历 2 人。

气象业务与服务

1. 气象业务

①地面气象观测

观测项目 建站至 1959 年 12 月,每天进行 01、07、13、19 时 4 次气候观测,用地方平均太阳时;1960 年 1 月 1 日起,取消 01 时观测;1960 年 7 月 1 日起,气候观测改为北京时,每天 08、14、20 时进行 3 次,夜间不守班。观测项目有云、能见度、天气现象、气压、气温、湿度、风向、风速、降水、日照、蒸发、地面温度、浅层地温、深层地温、雪深,以及压、温、湿、风、降水的自记记录。

发报种类 1957 年 3 月起,拍发气候旬报、农业气象旬报和五日气候报;1958 年 8 月起,定时拍发 08、14 时区域天气报告;1959 年 12 月起,向民航、军航拍发预约、固定航空天气报和航空危险天气报;1982 年 1 月起向省气象台拍发气象服务报(GD-91);1984 年 1 月起不定时拍发重要天气报(GD-11);1989 年起拍发江西省气象服务报(GD-91);1992 年 1 月起取消航空天气报和航空危险天气报;1997 年 3 月起编发春播气象服务报(CB-01);1999 年 2 月起取消气象服务报(GD-91);同年 3 月起拍发加密气象观测报(GD-05)。

报表编制 1957 年 1 月起制作气表-1、气表-21;1960 年 3 月起编制气表-5;1963 年 4 月起编制气表-25;1972 年 1 月起制作气表-6;1980 年 1 月起取消气表-5、气表-6、气表-25 三种报表,有关内容并入气表-1。1991 年 7 月起,使用计算机制作报表,向省气候中心上报气表-1 简表等资料,由省气候中心在计算机上编制气表-1 和气表-21。1996 年 7 月 1 日起使用 AHDM 制作地面气象报表,并通过计算机网络传送数据资料;2005 年 1 月 1 日起使用测报业务软件(OSSMO 2004)制作地面气象报表。

气象装备 建站初期,仅有干湿球温度表、乔唐式日照计、雨量器、蒸发器、风压板测风仪,此后陆续增加浅层地温表、雨量计、E-601型蒸发器、水银气压表、EL型电接风向风速计、温度计、湿度计、气压计;1985年7月配备PC-1500袖珍计算机;2003年12月建成自动气象站(CAWS600-B),并于2004年1月1日正式投入业务运行,与人工站并行观测;2006年1月1日除云、能见度、天气现象、蒸发、日照等人工观测项目外,全部采用自动气象站仪器数据。2008年10月,建成GPS/MET水汽观测设备,观测数据自动上传省气象局、省测绘局。

自动气象站 2005年12月、2006年11月、2008年1月,在全县安装16个自动气象站,除正平、大塘埠镇为两要素(气温、雨量)站,其余均为四要素(气温、雨量、风向、风速)站,初步建成中尺度天气自动监测网。

②农业气象

农业气象观测 1986年起,农业气象观测逐步完善,物候观测项目主要有水稻、甘蔗、油菜、大豆、油桐、桃树、李树、乌桕树、苦楝树等。

农业气候区划 1977年12月,编印《信丰县积温查算表》,为大力发展信丰县杂交水稻制种和种植提供了气象依据;1978—1979年,整理1957—1978年的气象资料,编写出版《信丰县农业气候手册》;1982—1983年,完成《信丰县农业气候资源调查与区划报告》;2004年完成《信丰县脐橙种植气候区划》。

③天气预报

预报制作 县气象站天气预报制作共经历了4个过程。1957—1972年,靠每日收听南昌、广州气象台的预报,利用本站资料点绘气象要素时间剖面图,结合看天、观察物象经

油山镇长安园艺场脐橙气象服务监测站
(摄于2007年)

验,制作天气预报;1973—1980年,根据气象广播点绘分析高空图和地面天气图,结合气象要素曲线图和天气实况,进行综合分析,同时建立预报的"四个基本"(即基本图表、基本资料、基本方法、基本档案),初步制作晴雨、大到暴雨短期天气预报方法;1981—1995年,利用中央气象台和东京气象台气象传真图资料,应用数理统计方法,建立晴雨、汛期暴雨、强冷空气、寒潮等MOS预报方法,使得天气预报内容更加客观化;1996年起,利用计算机和网络技术,获取卫星云图、雷达回波资料,各类预报信息丰富,预报制作取得新进展,产品由过去定性预报逐步转向定量预报。

预报产品 从1957年起制作短期天气预报,即未来24小时、48小时和72小时3个时段预报;1959—1980年定期或不定期制作长期(月、季、年)和中期(旬)天气预报,1981年起定期制作中期天气预报。从1988年起,不定时制作未来12小时内大风、冰雹、强降水、雷电、寒潮、大雪、大雾等灾害性天气预报,2006年起开展突发灾害性天气预警信号发布工作。从1980年起,为森林防火、防汛抗旱、农业生产、水利发电、公路运输、重大社会活动等,不定期制作各类专题天气预报。

④气象信息网络

从建站到20世纪70年代,主要是通过电话、电报、广播等途径进行信息交流;1980年12

月至 1994 年应用气象无线传真接收机；1985 年 6 月启用单边带无线对讲机，1990 年改用 VHF 甚高频电话，1992 年建成气象预警系统，至 1994 年底停用；1994 年 1 月，建成 Novell 网远程程控拨号终端；1999 年 10 月，建成 PC-VSAT 单收站，MICAPS 系统投入业务应用；2002 年使用基于 ADSL 宽带网络的 VPN 虚拟局域网；2004 年 5 月 Lotus Notes 网络办公系统投入应用；2007 年 3 月，建成基于 MSTP 技术的 2 兆市—县 SDH 专线光纤通信网络。

2. 气象服务

公众气象服务 建站至 1993 年 8 月，天气预报每晚通过县广播站广播；1993 年 9 月起播放电视天气预报，由县气象局提供天气预报信息，县电视台负责制作并发布；1994 年 4 月起，县气象局建成多媒体电视天气预报制作系统，电视天气预报改为自制节目录像，县电视台播放。1998 年 6 月起，气象局与电信局合作，开通"12121"天气预报自动电话答询系统。2002 年 3 月建立信丰县农村经济信息网，2006 年 9 月更名为信丰县新农村建设网。2006 年底开通手机短信气象服务。

决策气象服务 20 世纪 80 年代起，决策气象服务主要以书面材料和口头汇报为主，如遇有重大灾害性天气，报送或报告县领导和防汛办等有关部门；决策气象服务材料主要有《中、长期天气预报》《专题天气预报》《气象情况反映》《气象呈阅件》等；2005 年 3 月，开通气象短信服务平台，以手机短信方式服务社会各界。

专业与专项气象服务 1985 年 3 月起，利用传真、邮寄、警报系统等手段，开展有偿气象科技服务，主要为乡镇、有关企事业单位、大中型基建工程，提供各类天气预报和气候资料服务。

信丰县人工影响天气试验始于 1959 年，在崇仙乡黄柏山，依靠人工观测云层，利用烧锅炉，使食盐、樟脑水蒸发而影响天气；20 世纪 90 年代起，人工影响天气作业工具和技术有了明显提高，建立起一支标准化人工影响天气作业小分队，先后购置 2 台火箭发射架、配发 1 门"三七"高炮和 1 辆人工增雨作业车，利用卫星云图、多普勒天气雷达等先进探测手段，抓住时机开展抗旱、森林灭火、烟叶防雹和水库蓄水等人工增雨作业。

气象科技服务与技术开发 1985 年，在天气气候分析的基础上，选用物理因子、专家经验，运用数理统计方法，在 PC-1500 袖珍计算机上研制出"信丰县五月暴雨预报初级专家系统"，获省气象局"气象业务现代化建设成果一等奖"，为全省基层台站首创。

气象科普宣传 20 世纪 80 年代起，每年在世界气象日、科技宣传周、安全生产月等活动期间，在县城及部分乡镇开展气象科普咨询，发放气象防灾减灾资料，深受群众好评。

气象法规建设与社会管理

法规建设 2004 年 12 月，县政府下发《关于新建建筑物防雷装置设计审核和竣工验收行政审批的实施意见》（信府办字〔2004〕238 号），将防雷装置设计审核和竣工验收纳入气象行政审批；2005 年 4 月，县政府下发《关于进一步加强防雷安全工作意见的通知》（信府办发〔2005〕4 号），明确要求防雷装置与建筑物主体工程同时设计、同时施工、同时验收的"三同时"制度，履行新、改、扩建项目防雷装置的审核和验收职责，并对已建成的防雷装置进行定期检测，实行年检制度；2007 年 12 月，县政府下发《关于进行气象探测环境备案的通知》(信府办发〔2007〕400 号),要求县建设局、县国土局、县环保局与县气象局共同做好气象探测环境保护工作。

社会管理　1991 年 1 月,成立信丰县防雷检测所,逐步开展建筑物防雷装置检测、防雷工程图纸审核和竣工验收等防雷安全技术服务;1996 年,县气象局被列为县安全生产委员会成员单位,负责全县防雷安全的管理,定期对液化气站、加油站、炸药仓库等高危行业和建筑物的防雷设施进行检查,对不符合防雷技术规范的单位,责令进行整改。

依法对探测环境保护、防雷工程设计、施工和施放气球等活动履行社会管理职责。广泛宣传气象探测环境和设施保护的法律法规;进一步完善防雷社会管理程序,强化新建、改建、扩建项目防雷装置的设计审核和竣工验收工作;加强对施放气球活动的监管,严禁无资质的单位和个人从事施放气球活动。

政务公开　对气象行政审批、办事程序、服务内容、服务承诺、气象行政执法依据、服务收费依据及标准等,通过户外公示栏、发放宣传单等方式向社会公开;对公众服务信息、气象法律法规、气象标准规范、气象行政许可和气象行政监管等,在信丰县政务公开信息网络上公开;2006 年 7 月,在县行政服务大厅设立气象窗口,办理防雷装置设计审核与验收、施放气球活动等行政审批工作。

党建与气象文化建设

党建工作　20 世纪 70 年代,成立党小组;80 年代初成立党支部;2008 年底,有党员 6 人。党建工作不断得到加强,各项工作制度逐步健全,民主管理、民主监督制度落到实处。同时,积极抓好职工思想政治工作和精神文明建设,做好党员干部的培养工作,从 1990—2008 年共发展 5 名党员。

认真落实党风廉政建设目标责任制,积极开展"八荣八耻"等内容的廉政宣传教育活动;2003 年起,县气象局内设兼职兼政监督员 1 名;2003 年 3 月起,局长不直接分管财务。

气象文化建设　1979 年以前,县气象局地处偏僻,交通、饮水困难,办公、生活条件艰苦,干部职工能够克服困难,埋头苦干,爱岗敬业。改革开放以后,坚持弘扬自力更生、艰苦创业精神,把物质文明建设同精神文明建设一起抓,深入持久地开展文明创建工作,认真落实"公共气象、安全气象、资源气象"的发展理念,通过政治时事、法律法规学习,锻炼出高素质的职工群体,形成"坚持发展、求实创新、管天为民、争创一流"的新世纪气象人精神。2003 年以来送培 6 名职工参加气象大专院校函授学习,提升了职工的科学文化水平。1998 年被评为"县级文明单位",2006—2007 年被评为"市级文明单位"。

荣誉　1981—1982 年,信丰县气象局被省气象局评为"测报工作先进单位";1983 年获省气象局颁发的"农业气候区划成果一等奖";1992 年 8 月被省气象局授予"防洪减灾气象服务先进单位"称号;1992 年被赣州地委、行署授予"抗洪抢险先进集体"称号;1992 年被省气象局评为"先进单位";1995 年被省气象局授予"科技服务先进单位"称号;2007 年被江西省人工影响天气领导小组授予"全省人工增雨抗旱减灾工作先进集体"称号。

台站建设

建站初期有土坯平房 3 间,以后陆续建成土木结构平房 16 间;1987 年新建办公楼 1

幢,约 450 平方米;1989 年新建 1 栋二层职工宿舍,约 450 平方米;1996 年对大院环境进行改造,修建了草坪和花坛,栽种了景观树,重新规划和硬化了道路,工作和生活环境得到明显改善。2006 年 11 月,购置江铃皮卡车 1 辆;2007 年建成 1 幢气象业务大楼,面积 776 平方米,业务和办公设施得到进一步完善。县气象局 2008 年底占地面积 5446 平方米。

信丰县气象局综合业务楼(摄于 2008 年)

龙南县气象局

龙南县始设于南唐保大十一年(953 年),隶属赣州府道,位于江西省最南端,总面积 1640.35 平方千米,总人口 31 万,辖 9 个镇、4 个乡、2 个林场、2 个管委会。

龙南县年平均气温 18.9℃,极端最高气温 39.0℃,极端最低气温-6.0℃;年平均降水量 1557.9 毫米,日最大降水量 190.6 毫米;年最多降水量为 2595.5 毫米;年最少降水量为 938.5 毫米;年平均日照时数 1634.9 小时。

龙南县气象站位于北纬 24°55′,东经 114°49′,观测场海拔高度 206.3 米。

机构历史沿革

始建情况 1950 年 1 月,县城郊五里山森林苗圃始建雨量站。1956 年 9 月,建立江西省龙南气候站,1957 年 1 月 1 日正式开始地面气象观测记录。

站址迁移情况 建站初期,站址设在县农场内,1959 年 1 月 1 日站址迁至龙南县城金水大道中段(现址)。

历史沿革 建站初称江西省龙南气候站;1958 年 12 月更名为江西省龙南气象站;1959 年 5 月更名为江西省龙南水文气象站;1960 年 4 月更名为江西省龙南水文气象服务

站;1960年11月更名为江西省龙南气象服务站;1962年6月更名为江西省赣州水文气象总站龙南气象服务站;1964年6月更名为江西省龙南气象服务站;1971年11月更名为江西省龙南气象站;1972年1月更名为龙南气象站;1980年12月成立龙南县气象局,与龙南气象站合二为一;1983年12月撤销龙南县气象局,保留江西省龙南气象站;1990年12月恢复龙南县气象局。建站至2006年,为一般气象站;2007年1月1日升格为国家气象观测站一级站,2008年12月31日定为国家气象观测基本站。1980年前为副科级事业单位,1980年12月起升格为正科级事业单位。

管理体制　建站至1970年10月,由地方政府和上级主管气象部门共同领导;1970年11月至1973年8月,实现以军事部门领导为主的领导体制;1973年9月至1980年6月,由龙南县革命委员会领导;1980年7月后,改为气象部门与地方政府双重领导,以气象部门领导为主的管理体制。

机构设置　1973年前无内设机构;1974年1月起设立地面测报组和天气预报组;1977年增设农业气象组;1980年由组改股;1990年11月增设应用气象股;1993年应用气象股改为防雷设施检测所;20世纪90年代末设有地面测报股和天气预报股,农业气象股合并为综合业务股,增设办公室;2001年8月,防雷设施检测所更名为雷电防护管理局,为副科级单位。

单位名称及主要负责人变更情况

单位名称	姓名	职务	任职时间
江西省龙南气候站	万恒慎	负责人	1957.01—1957.12
	黄继威	站长	1957.12—1958.12
江西省龙南气象站	樊政云	站长	1958.12—1959.05
江西省龙南水文气象站			1959.05—1960.04
江西省龙南水文气象服务站			1960.04—1960.11
江西省龙南气象服务站			1960.11—1962.06
江西省赣州水文气象总站龙南气象服务站			1962.06—1963.12
	万恒慎	负责人	1963.12—1964.06
江西省龙南气象服务站			1964.06—1965.12
	黄青全	代站长	1965.12—1970.04
江西省龙南气象站	车开昌	主任	1970.04—1971.11
			1971.11—1972.01
龙南气象站	魏延泮	主任	1972.01—1975.10
	钟井明	站长	1975.10—1980.06
龙南县气象局	黄观胜	站长	1980.06—1980.12
		局长	1980.12—1983.12
龙南县气象站		站长	1983.12—1986.02
	廖振民	副站长(主持工作)	1986.02—1990.12
龙南县气象局		局长	1990.12—1999.06
	王丽平	局长	1999.06—2006.01
	廖红玲	局长	2006.01—

人员状况 建站时有职工2人。1978年有职工9人。2008年有职工11人,其中本科学历3人,大专学历7人,中专学历1人;中级职称3人,初级职称8人。

气象业务与服务

龙南县气象站原为一般气象站(国家农业气象站)。2006年1月升格为国家气象观测站一级站;2008年12月更名为国家气象观测基本站。

1. 气象业务

①地面气象观测

观测时次 建站至1960年6月用地方平均太阳时制,每天01、07、13、19时进行4次定时观测;1960年7月改为北京时02、08、14、20时进行定时观测;1961年1月至1972年12月,每天08、14、20时进行3次定时观测;1973年1月至1974年12月,恢复每天4次观测;1975年1月至2005年12月,每天进行08、14、20时3次观测;2007年1月1日起,每天进行02、05、08、11、14、17、20、23时8次定时观测。观测项目有云、能见度、天气现象、气压、气温、湿度、风向、风速、降水、雪深、日照、蒸发、地温。

发报种类 1959年1月1日至1994年12月31日,每天06—22时向广东省兴宁机场拍发固定航空(危险)报。1957年8月11日,每月向省气象台发月报1次,旬报3次。1957年10月1日至1981年12月31日向省、地区气象台发送危险天气报(GD-82)。1982年1月1日执行GD-91报,1999年3月改为GD-05报,2001年6月1日增发14、20时GD-05报,2007年1月1日起,只发08时GD-08报;1982年1月1日开始编发重要天气报,2007年1月1日增加02、08、14、20时天气报,23、05、11、17时补充天气报。2008年增发为人工增雨作业的预约航空(危险)天气报。

气象报表 编制气表-1、气表-21,1991年7月向省气候中心上报气表-1简表,由省气候中心负责制作报表。1996年7月开始使用《AHDM》制作报表。1998年4月起通过计算机网络输入原始资料上传,停报纸制报表。

自动气象站 2003年10月建成CAWS600型自动气象站,同年11月1日开始试运行。自动气象站观测项目有气压、气温、湿度、风向、风速、降水、地温等,观测项目全部采用仪器自动采集、记录,替代了人工观测。2004年1月1日,自动气象站正式投入业务运行。

2005—2007年,先后在各乡镇建成区域自动气象站,其中两要素站2个、四要素站11个、六要素站1个。

②农业气象

农业气象观测 1957年1月起开始对农作物生育状况和自然物候观测,农作物生育状况和自然物候观测有早晚稻、早大豆、花生、油桐、楝树、桃树、家燕、青蛙、蚱蝉。

农业气象报表 制作农作物生育状况和自然物候观测农业气象报表,按规定向上级业务部门报送农气表-1和农气表-3。

农业气象情报和预报 1957年8月11日起定期或不定期向上级气象部门拍发农业气

象旬(月)报和农业气象灾情报;1983 年开始制作作物生育期天气、作物产量预报及农业气候评价。

农业气候调查与气候区划 1981—1982 年开展农业气候调查与气候区划工作,编写出版了《龙南县农业气候调查与气候区划报告》、《龙南县农业气象资料手册》、《龙南县农业气候图集》。

③天气预报

1958 年 10 月起制作"单站补充订正预报";1966 年 1 月起制作天气预报。

短期天气预报始于 1958 年 10 月,主要预报未来 3 天内(20 世纪 80 年代起 2 天内)的日常天气和灾害性天气;自 1959 年 10 月起,制作旬、月、季、年及重要农事季节的天气趋势(旱、涝、冷暖)及天气主要过程预报。1986 年开始作短时天气预报,预报未来 1~12 小时的强对流天气;2006 年增加气象灾害预警信号的发布(含台风、暴雨、暴雪、寒潮、大风、沙尘暴、高温、干旱、雷电、冰雹、霜冻、大雾、霾、道路结冰等),预警信号的级别依据气象灾害可能造成的危害程度、紧急程度和发展态势一般划分为四级,即Ⅳ级(一般)、Ⅲ级(较重)、Ⅱ级(严重)、Ⅰ级(特别严重),依次用蓝色、黄色、橙色和红色表示。

1988 年开始根据用户要求制作专业气象预报。如森林火险、各类生活指数天气预报等。

④气象信息网络

建站初期各类报文通过电话向电信局发送。1980 年开始采用天气图传真,接收北京的气象传真和日本的传真图表。1986 年开通甚高频无线对讲通讯电话,实现与地区气象局直接业务会商。1998 年地面卫星接收小站建成并正式启用。2000 年建立龙南县农村经济信息网站,2006 年改为龙南县新农村建设网。

2. 气象服务

公众气象服务 服务项目有日常天气预报、灾害性天气预报、中长期天气预报、重要关键性天气预报、主要农业气象预报。建站初期主要是电台广播、书面材料、口头汇报服务方式。

1985 年,建成气象预警服务系统,正式使用预警系统对外开展服务,每天上、下午各广播一次,服务单位通过预警接收机定时接收气象服务。1996 年,县气象局建成多媒体电视天气预报制作系统,将自制节目录像带送电视台播放,2005 年电视台电视播放系统升级,电视天气预报制作系统升级为非线性编辑系统。1997 年,气象局与电信局合作正式开通"121"天气预报电话自动答询系统。2001 年根据赣州市气象局的要求,全市"121"答询电话实行集约经营,主服务器由赣州市气象局建设维护。2005 年"121"电话升位为"12121"。2000 年,建成龙南县农村经济信息网站,2006 年改为龙南县新农村建设网,并在全县各镇、场开通信息站,促进全县农村产业化和信息化的发展。2005 年,建立移动短信平台。

决策气象服务 每逢灾害性天气、重要农事季节、重大节日活动和社会活动、关键性天气、转折性天气时,及时向各级领导和有关部门提供天气、气候预测、预报服务。

专业与专项气象服务 1976 年县气象局派员参加县南繁制种队到海南岛进行杂交水

稻繁殖制种气象服务,1986年为水土保持稀土尾沙处理进行气候、物候观测服务。

1998年成立龙南县人工影响天气领导小组,办公室挂靠县气象局。人工影响天气配有"三七"高炮1门、火箭炮1部,发射车1辆。

1991年1月开展防雷设计、安装、检测系列服务;2003年增加雷电天气预报和雷电灾害预警服务工作。

气象科技服务与技术开发 1979年编发《杂交水稻农业气象手册》,获省政府科技成果四等奖;1982年编制《农业气候区划》,该项目获江西省气象局一等奖;1983年4月至1986年3月,参与全国亚热带丘陵地区农业气候资源研究项目,在杨村、古坑、上湖进行气候、物候观测;1985年《三种暴雨MOS预报方法试验结果》参加全国大会交流,并收录在大会文集;1986年《早稻产量预报方法—模糊合成》、《晚稻产量预报—多元回归》收录在全省文集汇编;在龙南县立项并获奖的项目有"引种罗汉果"、"龙南县早稻产量与农业气象条件分析和预报"、"苎麻高产栽培试验"、"两系法杂交水稻制种试验"。

气象科普宣传 每年都在世界气象日组织科技宣传,普及气象与农业、防雷等知识。积极参加当地组织的各项科技宣传活动,经常组织周边中、小学校学生到县气象局参观,给学生传授气象知识,建立气象科普教育基地。

气象法规建设与社会管理

法规建设 龙南县政府先后印发了《龙南县政府关于切实保护气象观测环境的通知》、《龙南县防雷减灾管理规定》、《龙南县政府办公室关于各乡镇做好自动雨量监测点建设选址及日常管理工作的通知》、《龙南县政府办公室关于开展人工影响天气准备工作的通知》、《龙南县政府办公室关于印发龙南县气象探测环境保护标准的通知》、《龙南县政府应急管理办公室关于印发龙南县气象灾害应急预案的通知》、《关于加强气象观测环境和设施保护工作的通知》等法规性文件。

社会管理 为加强防雷安全管理,将防雷工程从设计、施工到竣工验收、防雷报建、防雷检测全部纳入气象行政管理范围。县气象局具有独立的行政执法主体资格,5名职工办理了行政执法证,气象局成立行政执法队伍。2002年,县气象局被列为县安全生产委员会成员单位,负责全县防雷安全的管理,定期对易燃易爆场所、高危行业及各类建筑物防雷设施进行检测,对不符合防雷技术规范的单位,责令进行整改,对拒不整改的单位依据《防雷减灾管理办法》进行处罚。

加强施放气球管理,对全县范围内施放气球的单位和个人进行管理、监督、审批等,对违反有关法规者,依据《施放气球管理办法》进行执法处理。

政务公开 对气象行政审批办事程序、气象服务内容、服务承诺、气象行政执法依据、服务收费依据及标准通过户外公示栏、电视广告、发放宣传单等方式向社会公开;干部任用、财务收支、目标考核、基础设施建设、工程招投标等内容,采取职工大会或在县气象局公示栏张榜、内部局域网公示等方式向职工公开。

党建与气象文化建设

党建工作　龙南县气象局党支部成立于1972年7月,当时有党员5人;截至2008年底党员增至9人。支部坚持"三会一课"(支部会、党员会、民主生活会、党课)制度。围绕每年的工作目标、工作任务,充分发挥战斗堡垒和先锋模范作用。

2004年设立党风廉政建设监督员;局内有公示栏、意见箱,制定党风廉政建设制度,开展民主评议党员干部活动。

气象文化建设　成立精神文明建设领导小组,建立文明创建工作制度,创建有规划,年度有目标,考核有依据,评比有奖罚。添置了电教设备,改造局内和观测场环境,装修业务值班室,统一制作局务公开栏、学习园地、法制宣传栏和文明创建标语等宣传牌。从1989年开始一直保持市级文明单位称号。

为了丰富职工的业余生活,龙南县气象局建设图书阅览室、职工学习室、小型运动场,拥有图书1000多册,多次参加省、市气象局和县组织的体育活动、文艺汇演和各项知识比赛,每年开展1~2次职工文体活动比赛。

荣誉　龙南县气象局1976年被江西省政府授予"先进单位"称号;1977年被赣州地委、行署评为"向科学技术进军成绩显著"单位;1977—1979年连续三年被江西省气象局评为"先进集体";1979年获江西省政府颁发的"科技成果四等奖"、省长颁发的"省政府嘉奖令";1982年被赣州地委、行署评为"农业科技先进单位"、被江西省气象局评为"先进单位";1983年被赣州地委、行署评为"农业科技先进集体"、被江西省气象局评为"农业气象单项先进"和"农业气候区划一等奖";1984年被江西省气象局评为地面气象观测、农业气象单项先进;1987—1988年连续两年被江西省气象局授予"文明单位"称号;1989—2000年、2003—2008年被赣州地委(市委)、行署(市政府)授予"文明单位"称号;1997年、1998年、2003年、2007年被江西省气象局评为"五大工程建设一级达标单位";2006年被江西省气象局评为"重大气象服务先进单位";2005年、2007年被中国气象局评为"全国气象部门局务公开先进单位"。

台站建设

龙南县气象局2008年底有土地面积6534平方米,房产面积1600平方米。1958年底房屋占地面积240平方米,1972年增加房屋占地面积241平方米,1978年增加房屋占地面积268平方米,1988年增加家属住房占地面积240平方米,1993年建成的气象综合大楼占地面积252平方米,2002年建成的气象局办公用房占地面积259平方米,2004年建成的业务用房占地面积210平方米。

2002—2005年,龙南县气象局分期分批对院内的环境进行绿化改造,规化整修道路,在庭院内修建草坪和花坛,重新规划观测场地,修建门面、行政办公用房、业务值班用房,完成业务系统的规范化建设。规划修建草坪、花坛,全局绿化、硬化率达到80%。

龙南县气象局综合业务楼(摄于 2007 年)

全南县气象局

全南建县于 1903 年,位于江西最南端,有"江西南大门"之称。全县面积 1520 平方千米,总人口 18 万。

全南县属中亚热带季风型气候,具有"气候温和,四季分明,无霜期长,夏无酷热,冬少严寒,日照偏少,雨水充沛"的气候特征,干旱、洪涝、雷电、风雹等灾害性天气时有发生。

全南县气象局(站)位于全南县城厢镇曹屋塅,观测场位于北纬 24°45′,东经 114°32′,海拔高度 252.0 米。

机构历史沿革

始建情况　全南县气象站始建于 1958 年 9 月,站址处全南县城厢镇曹屋塅农科所内,观测场位于北纬 24°44′,东经 114°29′,同年 11 月 1 日开始正式观测。

站址迁移情况　1965 年 1 月 1 日,测站迁移到原址西南方向约 200 米的田塅上(现址)。

历史沿革　1958 年 9 月正式组建江西省全南县气候站;1959 年 8 月更名为全南县气象站;1960 年 5 月更名江西省全南县气象服务站;1960 年 8 月更名全南县水文气象服务站;1960 年 10 月更名全南县农水局水文气象服务站;1962 年 8 月更名江西省赣南水文气象总站全南气象服务站;1964 年 7 月更名江西省全南气象服务站;1971 年 10 月更名江西省全南县气象站;1980 年 7 月成立全南县气象局,与全南县气象站合二为一;1984 年 1 月撤销全南县气象局,保留全南县气象站;1990 年 12 月恢复全南县气象局。1971 年 10 月前,全南县气象站为股级全民事业单位;1980 年 7 月前,为副科级全民事业单位;1980 年 7 月后,为正科级事业单位。

管理体制　1958年9月归江西省水利电力厅水文气象局管理;1960年5月归全南县人民委员会管理;1962年8月归江西省水利电力厅水文气象局管理;1971年10月归全南县人民武装部管理;1973年6月归全南县革命委员会管理;1980年7月以后,改为气象部门与地方政府双重领导,以气象部门领导为主的管理体制。

单位名称及主要负责人变更情况

单位名称	姓名	职务	任职时间
江西省全南县气候站	陈根梅	负责人	1958.09—1958.12
	程之洪	副站长(主持工作)	1958.12—1959.08
全南县气象站			1959.08—1960.05
江西省全南县气象服务站			1960.05—1960.08
全南县水文气象服务站			1960.08—1960.10
			1960.10—1960.12
全南县农水局水文气象服务站	曹诗述	副站长(主持工作)	1960.12—1962.08
江西省赣南水文气象总站全南气象服务站			1962.08—1964.07
			1964.07—1965.03
江西省全南气象服务站	曾本良	副站长(主持工作)	1965.03—1968.11
	黄洪庭	负责人	1968.11—1969.12
	周学增	站长	1969.12—1971.10
			1971.10—1972.04
江西省全南县气象站	曹美华	站长	1972.04—1974.11
	霍树祯	站长	1974.11—1976.11
	钟本周	站长	1976.11—1978.08
	李城根	副站长(主持工作)	1978.08—1979.04
	郭粹芳	站长	1979.04—1980.07
全南县气象局		局长	1980.07—1981.09
	李城根	副局长(主持工作)	1981.09—1984.01
全南县气象站		副站长(主持工作)	1984.01—1984.06
	邓　忠	副站长(主持工作)	1984.06—1985.09
	王斯湖	站长	1985.09—1989.01
	刘建文	副站长(主持工作)	1989.01—1990.12
		副局长(主持工作)	1990.12—1991.04
全南县气象局	郭萌生	局长	1991.04—1994.01
	邱诗平	副局长(主持工作)	1994.01—1997.01
		局长	1997.01—

人员状况　建站初期有2名工作人员,1978年有职工9人。到2008年底在编职工6人,其中工程师4人,助理工程师2人;大专学历4人,中专学历2人;30~39岁1人,40~49岁4人,50岁以上1人。

气象业务与服务

全南县气象站为国家一般气象站。承担人工站每日3次定时观测和自动站每日24次观测任务,按规定编发气象电报和编制气象观测报表,按行政区划制作发布天气预报,为当地经济建设和人民生活提供气象服务。

1. 气象业务

①地面气象观测

观测时次与项目 建站早期进行每天地方平均太阳时07、13、19时3次定时观测,1960年7月1日起改为北京时08、14、20时3次定时观测。初期的观测项目有云量、云状、能见度、天气现象、气温、湿度、风向风速(目测)、降水量、蒸发量、日照和浅层地温;1963年6月增加气压观测;1968年3月1日至1969年12月31日取消地温和能见度的观测;2005年1月1日增加深层地温观测。2008年底观测项目有云量、云状、能见度、天气现象、气温、湿度、气压、降水量、蒸发量、日照、风向、风速、浅层地温和深层地温、雪深。

气象电报 1960年1月至1981年12月定时编发《江西省区域绘图天气报》(GD-81)和不定时编发《江西省区域危险报》(GD-82)。1982年1月至1999年2月编发《江西省气象服务电码》(GD-91)代替GD-81和GD-82。1984年1月起编发《重要天气报》(GD-11)。1999年3月起编发《江西省加密天气报》(GD-05)代替GD-91。2008年开始为人工增雨作业编发预约航空报。

报表制作 编制《地面气象观测记录月报表》(气表-1)和《地面气象观测记录年报表》(气表-21),其中1991年开始气表-21由手工抄录改为微机制作,1996年7月开始气表-1由手工制作改为微机制作。

现代化探测设备 2004年8月,安装CAWS600型自动气象站。2006年4月至2009年5月,先后建成9个区域自动气象站,其中四要素站6个,两要素站3个。2008年8月,安装GPS/MET基准水汽观测站。

②农业气象

农业气象观测 建站初,对主要农作物水稻、油菜等进行生育期观测及家燕、蝉等动物物候观测。"文化大革命"期间停止农业气象业务。1977年开始恢复水稻、油菜等农作物的生育期观测,并制作早稻播种期、晚稻齐穗期及早、晚稻成熟期预报。1985年起开展早、晚稻农业气象产量预报业务。

1989年全省农业气象业务体制改革,取消农业气象正规观测业务。

农业气候区划 1979年4月开始,在全县开展农业气候普查,设立调查点193个,同时进行温度、降水、光照等气象要素的观测,积累了大量资料。1981年至1983年9月,绘制全县平面和分层农业气候区划图,编写《全南县农业气候考察与区划报告》。

③天气预报

预报种类 建站初期,预报内容主要是48小时晴雨、风、温度等气象要素及灾害性天气。20世纪70年代始,在一定范围内发布中长期天气预报及重要农事季节天气预报(如春播、汛期、干旱期天气预报,寒露风预报等)。80年代后期逐渐开展专业气象预报,开展气象灾害预警信号的发布和短时临近预报业务。

预报工具　20世纪50年代末至60年代,主要预报工具为单站要素时间剖面图和曲线图,同时收听江西省和广东省气象台的天气预报。70年代,利用单站资料建立一套用于预报的基本资料、基本图表、基本方法和基本档案;建立县气象站春播、汛期、短期、中期预报方法及暴雨预报指标。

20世纪80年代后,通过气象传真机接收实况天气图、日本地面降水形势及高空形势预报图;同时根据广东省气象台天气形势资料点绘综合实况图。

1999年11月开始,通过PC-VSAT小站接收包括云图在内的预报信息;20世纪90年代中期开始使用计算机实时上网调用上级气象台站提供的天气图、数值预报产品、云图等资料。

进入21世纪,实现宽带上网和光缆专线通信,赣州市布设了新一代多普勒雷达,资料调用更为快捷,预报信息更加丰富。

④气象信息网络

20世纪70年代以前,气象通信主要靠电话,气象电报通过邮电部门发到用报单位;80年代初装备气象传真机,接收天气传真图;1989年6月开通甚高频电话,用于传报、天气会商和天气联防;1995年12月实现与省、市气象局计算机的终端联系;1999年11月安装PC-VAST卫星接收小站;2001年开通电信宽带网;2007年4月建成部门内网的MSTP光纤专线。

2. 气象服务

1985年以前气象服务局限于公众气象服务。1985年后,部分专业服务由无偿转为有偿,服务的广度和深度得到进一步拓展。

建站早期的气象服务信息主要是通过电话和广播传递,特殊情况下重要信息由专人骑自行车送达有关部门。20世纪80年代起,定期和不定期编发书面期刊发布中长期、专题天气预报及天气公报等气象信息。

1997年6月,天气预报电话自动答询系统"12121"开通。1998年11月,电视天气预报节目在全南县有线电视台正式开播。2004年7月,建立全南县农村经济信息网。2006年9月,建立"短信王"气象短信群发平台。2007年,加入《政府信息加密网》,发送电子版中、长期天气预报和专题天气预报。

1979年7月,首次开展人工增雨试验,使用"三七"高炮。2004年7月,开展人工增雨作业,使用新型BL-1防雹增雨火箭,发射高效增雨弹2枚。2007年7—8月,在全县开展较大范围人工增雨作业,使用新型BL-1防雹增雨火箭,发射高效增雨弹13枚。

气象法规建设与社会管理

1990年县政府下文批准成立全南县避雷设施检测所,并下发《关于开展避雷设施检测的通知》。防雷设施检测所从事防雷设施的检测和竣工验收;防雷设施的检测、设计、施工实行持证上岗制度,设计、施工实行分级资质管理。

1996年开始对施放气球活动进行管理,截至2008年底,共4次制止了违规充灌、经营氢气小球的行为。1999年8月,全南县气象局取得行政执法主体资格。2000年有5人取得气象行政执法资格证或监督证。2000年开始对不按规定设计、安装和定期检测防雷设施的违法行为进行行政执法。2001年成立全南县气象科技服务责任有限公司,从事防雷设施的设计和安装。2005年开始,全南县防雷装置设计审核和竣工验收纳入房屋综合报建程序。

1997年开始,气象探测环境面临新城区开发的影响。1997年依法制止在气象观测场南面建设住宅楼的行为;在积极争取县政府支持的同时,2001年开始先后进行气象探测环境保护行政执法20余次,并对个别案例申请法院强制执行;2007年9月县政府决定无偿划拨20亩土地用于新建气象观测站。

2005年1月,制作《全南县气象探测环境保护范围示意图》和《全南县气象探测环境保护范围说明书》等送县国土局、县规划局、县建设局和县环保局备案;2007年7月,重新规范探测环境保护备案的内容和标准。

2005年开始规范政务公开工作,通过公示栏、办事指南、宣传单等方式将气象行政审批程序、气象服务内容、优质服务承诺、收费依据和标准等对外公开,接受社会监督。

党建与气象文化建设

党建工作 1990年前未建立党组织,党员先后编入县农工部、县农业局党支部。1991年10月成立党支部。1996年11月因党员人数不足3人撤销党支部,党员编入县农业局支部。1994年4月恢复党支部。2008年底有党员4人。

2003年起建立局务公开制度,设立党风廉政监督员。

气象文化建设 1996年成立文明单位创建工作小组,完善《创建文明单位实施意见》、《职工文明守则》等制度,先后建成羽毛球场、乒乓球室、多媒体电教室、阅览室、休闲健身场等设施。经常性开展节假日文体活动及"文明楼院"、"文明家庭"评比活动。2006年、2008年参加县委宣传部组织的广场文艺演出。

通过文明创建活动,单位面貌和职工文明素质不断改善,1998—2005年连续获第一届、第二届、第三届、第四届"市级文明单位"称号。1978年10月,1人赴北京出席全国气象部门"双学"先进代表会议,受到当时中央领导人接见并合影留念。

荣誉 全南县气象局1984年被县委、县政府授予"先进单位"称号;1989年被县委、县政府授予"先进集体"称号;1990年被县委、县政府授予"先进集体"称号;1991年被江西省气象局授予"先进单位"称号;1996年被赣州市气象局评为目标考核优秀单位;2008年被赣州市气象局评为目标考核优秀单位。

台站建设

建站初期,有3间土木房作为办公和生活用房。1979年建成1栋两层砖木结构办公楼,建筑面积420平方米。

1986年,安装自来水。1988年,建成1栋两层砖混结构办公楼,建筑面积480平方米。1998年12月,建成1栋两层砖混结构综合办公楼,建筑面积500平方米。2002—2004年,对工作环境进行全面绿化、美化和亮化,建成花园式台站。硬化道路1650平方米,改造给水和排水设施,完善健身场和路灯,种植草坪 1800 平方米,绿化率达 75%。2003 年 8 月,购置"长城·赛铃"皮卡车 1 辆,用于人工增雨。2007 年,对综合办公楼进行全面装修,办公条件明显改善。2008 年 11 月,购置"一汽奔腾"轿车 1 辆。

全南县气象站 20 世纪 80 年代中期工作及生活区(摄于 1986 年)　　全南县气象局职二生活区(摄于 2008 年)

定南县气象局

定南于明朝隆庆三年(1569 年)建县,位于江西南部,与广东山水相连,国土面积 1318 平方千米,总人口 21 万。全县辖历市、天九、龙塘、鹅公、岿美山、岭北、老城 7 个镇。

定南位于中亚热带季风湿润气候区,气候温和,雨量充沛,光照丰富。年平均气温 18.8℃,年平均降水量 1609 毫米,年平均日照时数 1581.7 小时。

定南县气象局位于东经 115°02′,北纬 24°47′,总占地面积 8157.6 平方米,观测场海拔高度为 249.8 米。

机构历史沿革

始建情况　定南县气象站始建于 1958 年 10 月,即建于现址,一直未迁移。

历史沿革　初建时站名为定南气象站;1959 年 4 月 24 日水文、气象机构合并,组建定南水文气象站;1960 年 3 月 1 日更名为定南水文气象服务站;1962 年 8 月 1 日改名为江西省赣南水文气象总站定南气象服务站;1964 年 7 月 1 日更名为江西省定南气象服务站;1971 年 10 月 1 日更名为江西省定南县气象站;1980 年 7 月 1 日成立定南县气象局,与定南县气象站实行两块牌子一套人马;1984 年 1 月撤销定南县气象局,保留定南县气象站;1990 年 12 月 25 日恢复定南县气象局。

管理体制　1958 年 10 月,隶属江西省水利电力厅水文气象局;1960 年 3 月 1 日隶属于县农水局;1962 年 8 月 1 日隶属江西省水利电力厅水文气象局;1971 年 10 月 1 日隶属定南县人民武装部;1973 年 7 月 1 日隶属于定南县革命委员会生产指挥部;1980 年 7 月 1 日后,实行气象部门与地方政府双重领导,以气象部门领导为主的管理体制。

机构设置　1973 年之前实行地面观测、天气预报、农业气象工作大轮班;1973 年 3 月起分设地面观测组、天气预报组、行政后勤组;1977年增设农业气象组;1980年7月1日起,下设机构由组改股,设地面测报股、天气预报股、农业气象股、行政后勤股;1990年取消行政后勤股;1993年取消农业气象股,增设办公室;2000年地面测报股和天气预报股合并为基本业务股。2008年机构编制调整,下设机构为办公室、综合业务股、综合服务股、雷电防护管理局、应急管理办公室、人工影响天气领导小组办公室、减灾委员会办公室挂靠县气象局。

单位名称及主要负责人变更情况

单位名称	姓名	职务	任职时间
定南气象站	蒋良全	站长	1958.10—1959.04
定南水文气象站			1959.04—1960.03
定南水文气象服务站			1960.03—1962.06
		负责人	1962.06—1962.08
江西省赣南水文气象总站 定南气象服务站	黄召洲	副站长(主持工作)	1962.08—1964.07
			1964.07—1968.07
江西省定南气象服务站	无	无	1968.07—1970.07
	张作才	负责人	1970.07—1971.10
			1971.10—1972.01
定南县气象站	郭永昌	站长	1972.01—1976.06
	孙玉图	站长	1976.06—1980.07
定南县气象局		局长	1980.07—1981.08
	陈友标	局长	1981.08—1984.01
定南县气象站	黄召洲	站长	1984.01—1989.03
	温祖埔	副站长(主持工作)	1989.03—1990.12
		副局长(主持工作)	1990.12—1991.04
定南县气象局	王吉明	局长	1991.04—2000.08
	叶建国	副局长(主持工作)	2000.08—2003.03
		局长	2003.03—

注:1968年7月至1970年7月期间,无负责人。

人员状况 建站时有职工4人;1978年有职工9人;2008年有在岗职工11人,其中编制内6人,编制外5人;工程师4人,助理工程师4人;大专学历5人,中专学历4人。

气象业务与服务

1. 气象业务

①地面气象观测

观测项目 1959年1月1日开始正式气象观测,观测项目有云量、云状、能见度、天气现象、风向、风速、气温、湿度、蒸发量、雨量、日照、地温(最高、最低、0厘米、5厘米、10厘米、15厘米、20厘米)和地面状态。1961年1月1日起取消地面状态观测;1962年1月1

日起执行《地面气象观测规范》;1980 年 1 月 1 日起执行修改后的《地面气象观测规范》;2004 年 1 月 1 日起执行 2003 年版《地面气象观测规范》,具体的观测项目有云、能见度、天气现象、气压、气温、湿度、风向和风速、降水、日照、蒸发、浅层和深层地温(最高、最低、地面、0 厘米、5 厘米、10 厘米、15 厘米、20 厘米、40 厘米、80 厘米、160 厘米、320 厘米)、雪深、电线积冰。

气象电报 1960 年 1 月 1 日至 1962 年 9 月 30 日,每天 08、14 时向赣州、南昌编发区域天气报,不定时编发区域危险报;1963 年 4 月 1 日至 1964 年 9 月 30 日向江西省防汛抗旱总指挥部、广东省韶关、广州、老隆、惠阳防总编发水情电报;1964 年 4 月 1 日起每天 14 时向南昌编发 GD-81、GD-82 报;1978 年 1 月 1 日开始不定期编发航空报和危险天气报,同日起将编发(GD-81)报的时间由每天 14 时改为每天 08 时;1989 年开始编发江西省气象服务电码(GD-91)和重要天气报(GD-11),原 GD-81 和 GD-82 报停止编发;1999 年 3 月 1 日开始编发《江西省加密天气报》(GD-05)代替原 GD-91,每天 08 时编发;2001 年 6 月 1 日起增发 14 时和 20 时 GD-05 报;2001 年 11 月 1 日起,取消 14 时天气实况报,改在 08 时 GD-05 报中编发;之后,每日固定编发 3 次(08、14、20 时)GD-05 报;2008 年开始增发为飞机人工增雨作业拍发的预约航空报。

报表编制 1959 年 1 月开始编制地面气象观测记录月报表(气表-1)和地面气象观测记录年报表(气表-21)。1959 年至 1961 年 5 月编制日照记录月、年报表。1959—1961 年编制地温记录月、年报表。1963 年 5 月至 1979 年 12 月编制降水量自记记录月、年报表。1986 年 6 月使用 PC-1500 袖珍计算机制作气象报表。1996 年 7 月用"AHDM"测报系统制作报表。2004 年 1 月用"OSSAM"系统制作报表。

气象装备 2005 年 1 月 1 日正式使用 CAWS600-BS 型自动气象站,实行人工站与自动站双轨运行。2007 年 1 月 1 日实行自动站单轨运行。2005—2007 年,建成 9 个中尺度站。2008 年 6 月建成 GPS/MET 水汽观测基准站。

农业气象 1959 年 3 月至 1962 年 10 月进行早、晚稻各发育期和花生、油菜、红薯、甘蔗、豌豆生育期观测。1961 年进行黄麻、印度园果种的观测。1980 年起恢复水稻、大豆、花生、油菜观测;开展茶叶、柑橘、板栗、油桐、葡萄、苦楝物候期观测,候鸟、家燕、两栖类动物(蚱蝉、青蛙)始见、绝见、始鸣、绝鸣日期记载。

20 世纪 50 年代末至 60 年代初开展农业气象情报制作业务。1978 年以后,定期或不定期地制作农业气象情报,编发雨情、灾情报告,开展农业气候评价、农业气候资源调查。70 年代末,开始编制早稻成熟期和晚稻齐穗期预报;80 年代增加早大豆、早花生、油菜等经济作物的播种期和成熟期预报。1983 年开始运用气象因子相关数理统计法,建立产量预报方程,进行早稻和晚稻的产量预报工作。1982 年开展全县农业气候区划。1994 年取消农业气象业务项目。

②天气预报

预报方法 20 世纪 60 年代前,主要通过收听江西、广东、福建、湖南省气象台的天气形势和天气预报,利用本站气象资料,点绘要素时间剖面图,结合天物象反应和群众看天经验、气象谚语进行天气分析制作天气预报。70 年代,进行基本图表、基本资料、基本方法、基本档案建设,研制了春播、汛期预报方法,以及年、汛期雨量多因子拟合率长期预报方法,建立7—9月台风暴雨短期预报指标。80—90年代中期,根据传真图,结合测站气象要素,利用数理统计方法,制作了日常天气预报方法和大风、冰雹、强降水预报方法。90年代以后,以通信、网络、计算机应用为基础的气象现代化建设取得飞速发展,丰富了气象预报信息。

预报种类 日常天气预报有未来12小时、24小时、48小时天空状况、降水量级、最高气温、最低气温、风向、风力以及霜冻等常见天气现象的预报。短时临近天气预报有0~1小时、2~3小时、3~6小时短时灾害性天气和降水量预报。中、长期天气预报有旬天气预报、春播、汛期、寒露风天气趋势预报、干旱期天气预报、年度天气预报。灾害性天气预报有暴雨、大风、冰雹、寒潮、大雪、冻雨、高温、大雾、雷暴等。专业天气预报有森林火险、果树防病灭虫天气预报、高温逼熟、农作物产量预报。

③气象信息网络

20世纪50—70年代,所有气象电报均通过电话经邮电局转发。1981年6月1日装备气象传真机,接收传真图。1985年4月18日安装单边带电台,可直接向赣州收发电报。1990年10月1日开始使用甚高频电话(VHF)。1996年9月实现与省、市气象局计算机联网。1999年开始应用互联网。2000年安装PC-VAST小站。2001年开办定南农村经济信息网。2003年开始通过VPN使用内网。2004年使用Lotus Notes办公系统。2007年利用手机短信发布气象预警。

2. 气象服务

1985年起,开展气象科技专业有偿服务。服务项目主要包括气象信息服务、防雷检测、防雷工程安装、庆典氢气球施放、电视天气预报广告等。

2004年开始启用"121"天气预报自动电话答询系统,2005年1月"121"升位成"12121"。2007年5月建成天气预报预警手机短信发布平台,以手机短信方式向全县各级领导和群众发送气象信息。2007年建立县、镇、村三级并覆盖农村、学校、社区、企业共250人组成的气象灾害信息员队伍,气象服务体系不断完善。

1991年全县严重干旱,6月21日至9月9日用"三七"高炮共开展人工增雨作业14次,发射降雨弹498发,旱情得到有效缓解。

2007年12月8日,县城举办"中国红歌会"大型露天演唱会。由于气象服务准确及时,取消搭建室内备用舞台、购置雨具的开支,节约经费约50万元。

2008年1月的低温雨雪冰冻天气服务,提前一周预报冰冻结束时间,为抗冰救灾工作争取主动,最大限度地减少灾害损失。

科学管理与气象文化建设

行政执法 2000年,成立定南县气象行政执法大队。2003年5月、2007年5月,赣州市人大常委周绍富、赣州市人大农工委主任余英华先后到定南开展贯彻实施气象法律法规专题调研。2003年县政府下发《定南县政府关于印发〈定南县贯彻落实赣州市防御雷电灾害管理规定的实施意见〉的通知》。2004年绘制《定南县气象局观测场保护范围示意图》及说明书,并在县国土局、县规划局、县建设局和县环保局备案。2004 年 12 月将防雷装置设计审核和竣工验收等行政许可业务移入县行政服务中心大厅办理。2008 年 8 月,将防雷装置设计审核和竣工验收纳入了房屋综合报建并联审批程序,实行"一站式"服务、"一票制"收费,有力地推进了防雷安全管理工作。

党建工作 1973 年 11 月前,仅有 1 名中共党员,编入定南县电信局党支部。1973 年 12 月,建立定南县气象站支部委员会。截至 2008 年有党员 3 人。

2002 年开始推行局务公开制度。设立局务公开栏,政务情况在政府网站、服务窗口公开;设立对内财务公开栏,财务情况每月及时公开。2003 年设立党风廉政建设监督员,初步建立 3 人决策机制,局主要领导每年与市气象局领导签订党风廉政建设责任状,每年度进行述职述廉报告。

气象文化建设 制订《定南气象局精神文明建设工作计划》,形成以思想作风、道德品质、团结协作、爱岗敬业为核心,以经常性的思想政治教育和群众性创建活动为手段,以文明单位创建为载体,以树立气正风清、健康向上新形象为目标的工作思路。

1989 年、1990 年定南县气象局被县爱国卫生运动办公室授予"爱国卫生达标单位"称号;1990 年被评为县级文明单位;1997 年被省爱国卫生运动委员会评为"卫生庭院"、被评为全省气象部门窗口示范单位;1999 年被评为第七届省级文明单位;2000—2007 年连续被评为市级文明单位。

荣誉 1960 年 3 月,定南县气象站被评为 1959 年度全省气象标兵;1962 年度被评为全省水文气象系统"五好"台站,同年被评为全省工农业先进单位;1983 年被评为赣州地区科学技术先进集体;1994 年、1996 年被评为全省气象科技服务先进单位;1997 年被赣州地区行政公署授予"科教兴赣南先进集体"称号、被江西省气象局评为全省气象部门"五大工程"建设一级达标单位;1998 年被评为江西省园林绿化达标单位;2008 年获省气象局"重大气象服务先进集体奖"。

台站建设

建站初期,租用当地毛坯民房。1984 年建成办公楼,砖混结构,共二层 14 间 250 平方米。1993—2001 年,对单位院内的环境进行整治和绿化,拆除了危旧房,改造了业务值班室。1994 年新建了 8 套两室一厅职工宿舍。2001 年建篮球场、拆除旧厕所并在办公楼内加设了水冲式卫生间。2002 年加高北面围墙。2004 年 7 月 1 日开始抬升观测场,观测场海拔高度从 249.8 米抬高至 253.0 米。2008 年底开始在观测场四周砌挡土墙并铺设草皮。

安远县气象局

安远县自南朝梁大同十年(544年)建县。安远县位于江西南部,赣州东南部,属于珠江流域东江发源地。全县下辖108个乡(镇),总人口35.17万。

安远县属中亚热带季风气候区,年平均气温18.7℃,无霜期291天,历年极端最高气温38.5℃,历年极端最低气温-7.2℃,年平均降水量1604.5毫米,年日照时数1597.1小时。

安远县气象局位于欣山镇永丰村,北纬25°09′,东经115°24′,观测场海拔高度305.0米。

机构历史沿革

始建情况 安远县气象站始建于1958年9月1日,站址处于濂江公社国营农场(今欣山镇九龙路282号),北纬25°09′,东经115°20′,观测场面积25米×25米。

站址迁移情况 1997年1月1日,观测场迁至欣山镇东江源大道西端;2005年10月1日,观测场迁至现址。

历史沿革 建站时,站名为江西省安远县气候站;1958年11月24日,更名为江西省安远县气象站;1960年4月,更名为安远县气象服务站;1961年2月,水文、气象合并,成立江西省安远县水文气象服务站;1962年8月,更名为江西省赣南水文气象总站安远气象服务站;1964年1月,更名为江西省赣南水文气象分局安远气象服务站;1964年7月,水文、气象分开,更名为江西省安远县气象服务站;1971年10月1日,更名为江西省安远县气象站;1981年10月,成立安远县气象局,实行局站合一;1984年1月,撤销安远县气象局,保留安远县气象站;1990年12月,恢复安远县气象局。

管理体制 建站初,隶属于江西省水利厅水文气象局;1959年3月,划归安远县人民委员会管理;1962年5月,划归省水电厅水文气象局管理;1970年7月,划归安远县革命委员会管理;1971年1月,实行军队与地方双重管理、以军队为主的管理体制,隶属于安远县人民武装部;1973年8月,划归安远县革命委员会管理;1980年7月,实行气象部门与地方政府双重领导,以气象部门领导为主的管理体制。

机构设置 1974年2月,设立测报组和预报组;1981年下设测报股、预报股、农业气象股;1984年8月,农业气象股改为服务股;1990年服务股改为应用气象股,增设行政办公室;1991年3月,成立安远县防雷检测所;1993年应用气象股改为气象科技服务股;1995年测报股预报股合并为业务股;1997年取消气象科技服务股,成立安远县气象科技产业服务中心;1998年成立安远县雷电防护管理局;2000年10月,成立安远县宇虹气象科技服务有限公司,实行独立核算;2001年起,气象局下设机构有业务股、办公室、宇虹气象科技服务有限公司、安远县雷电防护管理局、安远县防雷检测所。

单位名称及主要负责人变更情况

单位名称	姓名	职务	任职时间
江西省安远县气候站	刘德先	负责人	1958.09—1958.11
江西省安远县气象站			1958.11—1960.04
安远县气象服务站			1960.04—1960.11
	李 熊	负责人	1960.11—1961.02
江西省安远县水文气象服务站			1961.02—1961.07
			1961.07—1962.08
江西省赣南水文气象总站 安远气象服务站	姚大缓	站长	1962.08—1964.01
江西省赣南水文气象分局 安远气象服务站			1964.01—1964.07
			1964.07—1966.03
安远县气象服务站	陈根梅	站长	1966.03—1970.04
	崔保民	站长	1970.04—1970.11
	高方焕	站长	1970.11—1971.10
安远县气象站			1971.10—1976.06
	何修金	站长	1976.06—1977.12
	魏超群	站长	1977.12—1981.10
安远县气象局	曾国鑫	副局长(主持工作)	1981.10—1984.01
		副站长(主持工作)	1984.01—1985.04
安远县气象站	王庆陵	副站长(主持工作)	1985.04—1989.03
		站长	1989.03—1990.12
		局长	1990.12—1994.12
安远县气象局	梅松峰	副局长(主持工作)	1994.12—1997.10
	熊林茂	副局长(主持工作)	1997.10—1998.08
	杨继满	副局长(主持工作)	1998.08—1999.11
	熊林茂	副局长(主持工作)	1999.11—2001.03
		局长	2001.03—

人员状况 建站初有职工 2 人;1978 年有职工 7 人。2008 年底有在编职工 8 人,其中大专学历 5 人,中专学历 2 人,高中学历 1 人;工程师 2 人,助理工程师 6 人。30～39 岁 3 人,40～49 岁 4 人,50 岁以上 1 人。平均年龄 37.9 岁。

气象业务与服务

1. 气象业务

①地面气象观测

观测时次 1958 年 9 月 1 日起,采用地方平均太阳时每天 01、07、13、19 时进行地面气象观测。1960 年 1 月 1 日起改为地方时 07、13、19 时进行定时观测。1960 年 7 月 1 日起,改为北京时 08、14、20 时进行定时观测。

观测项目　1958 年 9 月 1 日起,观测项目有云、能见度、天气现象、风向、风速、气温、湿度、降水量、蒸发量、日照、地面状态。1959 年 4 月 1 日开始增加地温观测(1969 年 5—12 月中断)。1961 年 1 月起,取消地面状态观测。1961 年 7 月 1 日起,增加自记雨量观测。1963 年 2 月 16 日—12 月 31 日停止日照、蒸发量观测(1964 年 1 月 1 日起恢复)。1963 年 8 月 1 日起,增加 14 时气压自记(周转型)观测(9 月 3 日增加 08、20 时观测)。1966 年 10 月 1 日起,增加水银气压表观测。1972 年 1 月 1 日起,增加温度和湿度的自记观测。1980 年 1 月 1 日起,所有观测项目按新的《地面气象观测规范》规定进行观测。1982 年 1 月 1 日起,增加自记风向、风速观测。2006 年 1 月 1 日起增加地面 40 厘米、80 厘米、160 厘米、320 厘米地温自动观测并正式使用自动雨量计。

气象电报　1959 年 1 月 1 日起开始向省气象台拍发江西省区域绘图天气报(GD-81)和江西省区域危险报(GD-82)。1960 年 1—7 月,拍发农业气象旬报(GD-92)。1962 年 2 月开始拍发预约航空天气报(GD-21)、航空危险天气报(GD-22)。1982 年 1 月 1 日,开始拍发江西省气象服务电报(GD-91)。1984 年 1 月 1 日,开始拍发重要天气报告(GD-11)。2001 年 6 月 1 日,增发 14、20 时 GD-05 报。2008 年重要天气报增加视程障碍现象和雷电的编发内容。

自动气象站　2005 年 11 月 30 日,建成自动气象站。2005 年 11 月 30 日 20 时试运行,2006 年 1 月 1 日正式投入运行。2006 年,长沙乡、塘村乡安装两要素自动气象站,凤山、重石、三百山、孔田、龙布、版石、高云山安装四要素自动气象站。2008 年,在镇岗、鹤仔、新龙、车头、蔡访、双芫、浮槎、天心、欣山安装四要素自动气象站。2008 年 10 月,安装 GPS/MET 水汽观测系统。

②天气预报

短期天气预报　1959 年 1 月 1 日开始,依靠收听省气象台天气预报广播,结合天象、物象变化,发布未来 1～2 天的日常天气预报和未来 24 小时灾害性天气预报。2000 年 3 月起开展雾和雷电的预报。

中长期天气预报　中期天气预报有旬天气预报和不定期的未来 3～7 天天气预报。20 世纪 80 年代初,通过传真接收中央气象台、省气象台的旬、月天气预报,再结合分析本地气象资料、短期天气形势、天气过程的周期变化制作一旬天气过程趋势预报。长期天气预报有年景展望、汛期天气趋势、春播天气、每月天气预测。

③气象信息网络

20 世纪 80 年代前,气象观测电报主要通过邮电局传递;1983 年 12 月,启用气象传真机接收各种气象信息。1987 年 10 月,安装单边带无线电台,气象电报通过电台向赣州传送。1990 年 5 月,将单边带电台更换成 VHF 电话。利用 VHF 通信网与各县、市气象局进行天气预报会商和气象灾害联防。

1998 年利用 NT 网进行气象信息的传输;2002 年 7 月开始使用 Notes 进行文件的传送;2007 年 4 月开通光纤专线。

2. 气象服务

公众气象服务　1959 年 1 月 1 日开始,发布未来 1～2 天的日常天气预报和未来 24 小时灾害性天气预报。1997 年,正式开通"121"天气预报自动答询电话。2005 年 1 月,"12121"电话升位为"12121"。1998 年 1 月,建成多媒体电视天气预报制作系统,在县电视台播放安远县天气预报。2004 年 7 月,组建安远县农村经济信息网。

决策气象服务 2007 年 6 月,通过移动通信网络开通气象短信平台,以手机短信方式向全县各级领导发送气象信息。

1983 年 3 月 27 日,安远普降暴雨。县城附近白塔水库告急,县城 2 万多人的生命财产受到严重威胁。县委、县政府准备调用 25 部汽车搬迁、疏散居民和物资。当天下午,县气象站准确发布了"未来 24 小时只有小到中雨,3 天内无大雨"的预报。县委领导根据预报,果断作出不搞全城大搬迁的决定。

专业与专项气象服务 1989 年 7 月,安远县政府人工降雨办公室成立,办公室设在县气象局。2003 年 8 月,购置 1 辆人工影响天气专用车和 1 台车载式地面火箭移动作业发射装置。

1978 年 7 月 17—19 日,县气象局进行人工降雨作业 7 次,发射降雨弹 600 发,作业区及下风方大部分地区降了中雨或大雨,缓解了旱情。2007 年 8 月,利用车载火箭发射系统在车头、版石、孔田、城郊、风山、云心进行人工增雨作业,版石、车头出现大到暴雨,其他作业区出现了小到中雨,有效地缓解了旱情。

1994 年起,开始防雷工程设计、施工、竣工验收。县气象局被列为县安全生产委员会成员单位,负责全县防雷安全的管理。2008 年 12 月,防雷报建进入县行政服务中心大厅。

气象科技服务与技术开发 1985 年 1 月开始实行气象有偿专业服务,为各乡(镇)和相关企事业单位提供中、长期天气预报和气象资料。气象资料一般有气象观测资料,旬、月、年天气预报及气象分析,气象情报和农业气候区划成果。

气象法规建设与社会管理

法规建设 1999 年安远县政府下发《关于进一步加强气象服务工作的通知》(安府字〔1999〕35 号);2000 年安远县政府下发《关于印发安远县防御雷电灾害管理规定的通知》(安府发〔2000〕25 号);2005 年安远县政府转发《市政府办公厅将防雷装置设计审核和竣工验收纳入县(市、区)房屋综合报建程序的通知》(安府发〔2005〕50 号);2006 年印发《关于做好 2006 年防雷装置定期安全检测工作的通知》(安气发〔2006〕01 号)等文件。

探测环境保护 依照规定,划定了保护范围,并报政府相关部门备案,对在保护范围内建设项目进行审批把关。

施放气球管理 1998 年获得氢气球施放资质,依据《中华人民共和国气象法》对施放气球的公司进行资质审查,对其施放作业申请进行审批。

防御雷电灾害管理 1991 年起,会同县劳动局、保险公司开展防雷装置年度安全检测工作;2000 年起获得防雷工程设计和施工资质,对外提供防雷工程设计和施工服务;2004 年起承担新建建筑物防雷装置设计审核和分段验收工作。

政务公开 将县气象局的工作职责、机构设置、气象服务、防雷管理、法律法规、办事程序予以公开,接受社会监督。将职工关心的年度工作方案、职称评定、晋级、干部任用、晋升、评先、财务收支、目标考核、基础设施建设、工程投标等进行公开。

党建与气象文化建设

1. 党建工作

党的组织建设　1972 年 4 月前,气象站的党员编入县农科所党支部。1972 年 5 月成立中共安远县气象站支部委员会,有党员 4 人。截至 2008 年 12 月底有党员 5 人(其中离退休职工党员 1 人)。

党风廉政建设　安远县气象局认真落实党风廉政建设目标责任制,积极开展廉政教育和廉政文化建设活动。制订了《安远县气象局廉政建设工作计划》《安远县气象局领导干部及班子作风建设制度》《安远县气象局廉政建设管理制度》《安远县气象局党员管理监督制度》。局主要领导每年向县纪检部门汇报廉政工作情况和廉政践诺情况 1 次。县气象局财务账目每年接受上级财务部门年度审计,并将结果向职工公布。

2. 气象文化建设

领导班子注重自身建设和职工队伍思想建设,先后制订《安远县气象局职工职业道德规范》《安远县气象文化建设纲要》《安远县气象局文化建设实施办法》。着力提高单位职工文化和业务素质,选送 6 名职工参加学历教育培训;积极组织干部职工参加远程教育,做好新技术、新设备推广应用工作。

开展文明创建规范化建设,加强基本设施建设,改造观测场,装修业务值班室,制作规范化局务公开栏、学习园地、法制宣传栏和文明创建标语宣传牌。建设两室一场(图书阅览室、职工活动室、羽毛球运动场),拥有图书杂志 1100 册。文明创建取得一定成效,1986 年10 月被评为县级文明单位。

3. 荣誉

1978 年 11 月,安远县气象局被赣州地区革命委员会授予"人工降雨先进集体"称号;1981 年获江西省气象局组织的春播气象预报服务竞赛第一名;1990 年、1999 年被省气象局评为"全省气象系统先进单位"。

1973 年,龚宏基被县革命委员会授予"全县劳动模范"称号。

台站建设

建站初期,有 3 间平房。1981 年建砖混结构二层业务办公楼 1 栋,面积 370 平方米。1997 年 1 月地面气象观测场搬迁至濂江乡大胜村,建观测预报工作室 3 间。2005 年 10月,地面气象观测场搬迁至欣山镇永丰村,2007 年新建办公楼 1 栋 600 平方米,业务值班室1 栋 100 平方米,车库炮库 1 栋 90 平方米。2007—2008 年,院内修建草坪 1500 平方米,硬化路面 1100 平方米,设置花坛,栽种了风景树,全局绿化率达 60%。

安远县气象局业务室(摄于 2008 年)

寻乌县气象局

寻乌县位于江西省东南部,闽、粤、赣三省交界处,土地总面积 2344 平方千米,总人口 30 万,共辖 17 个乡镇。

寻乌县属中亚热带湿润季风气候区,年平均气温 19.1℃,极端最高气温 38.3℃,极端最低气温－5.5℃;年平均降水量 1642 毫米,无霜期 284 天。

寻乌县气象站位于寻乌县长宁镇马蹄岗二路 81 号,北纬 24°57′,东经 115°39′,观测场海拔高度 303.9 米,1974 年 6 月定为亚洲气象情报交换站。

机构历史沿革

始建情况　寻乌县气象站始建于 1955 年 10 月 31 日。

站址迁移情况　1986 年 6 月 30 日,地面观测场分别向西迁移 56.6 米、向南迁移 15 米。

历史沿革　1955 年 10 月,站名为江西省寻乌气象站;1959 年 3 月,更名为寻乌县气象站;1960 年 3 月,更名为寻乌县气象服务站;1970 年 7 月,更名为寻乌县气象站;1980 年 7 月,成立寻乌县气象局,与寻乌县气象站合二为一;1983 年 12 月,撤销寻乌县气象局,保留寻乌县气象站;1990 年 12 月恢复寻乌县气象局。

管理体制　1955 年 10 月,隶属于江西省气象局;1959 年 3 月,隶属于寻乌县农水局;1962 年 5 月,隶属于江西省水电厅水文气象局;1970 年 7 月,隶属于县革命委员会;1971 年 1 月,归县人民武装部与县革命委员会双重管理,以军队管理为主;1973 年 6 月,隶属于县革命委员会;1980 年 7 月,实行气象部门与地方政府双重领导,以气象部门领导为主的管理体制。

机构设置 1975 年设测报组;1980 年 12 月,改测报组为测报股;1985 年增加服务股;1989 年 7 月成立寻乌县政府人工降雨办公室;1994 年成立寻乌县防雷检查所。

单位名称及主要负责人变更情况

单位名称	姓名	职务	任职时间
江西省寻乌气象站	邱其云	站长	1955.10—1957.03
	何国春	副站长(主持工作)	1957.03—1958.12
			1958.12—1959.03
寻乌县气象站	陈根梅	副站长(主持工作)	1959.03—1960.03
			1960.03—1961.06
	黄世庆	站长	1961.06—1962.12
	陈根梅	副站长(主持工作)	1962.12—1966.01
寻乌县气象服务站	王庆陵	副站长(主持工作)	1966.01—1968.12
	刘 之	负责人	1968.12—1969.10
	何居如	站长	1969.10—1970.07
			1970.07—1971.06
寻乌县气象站	谢应良	指导员	1971.06—1978.12
	邱其云	站长	1978.12—1980.07
寻乌县气象局	黄仕贤	局长	1980.07—1983.12
		站长	1983.12—1986.01
寻乌县气象站	黄观胜	站长	1986.01—1986.11
	彭赞平	站长	1986.11—1990.12
		局长	1990.12—1991.02
寻乌县气象局	周斌辉	局长	1991.02—1997.03
	林山源	副局长(主持工作)	1997.03—1997.09
		局长	1997.09—

人员状况 1955 年建站时有职工 5 人;1980 年底,有在编人员 13 人。2008 年有在编人员 11 人,其中工程师 4 人,助理工程师及以下 7 人;本科学历 2 人,大专学历 5 人,中专学历 2 人,初中文化 1 人。

气象业务与服务

1. 气象业务

①地面气象观测

观测时次 1955 年 11 月 1 日至 1960 年 6 月 30 日,定时气候观测采用地方平均太阳时,地面天气报观测采用北京时。1960 年 7 月 1 日起气候观测和天气报采用北京时。

1955 年 11 月 1 日至 1960 年 6 月 30 日,每天进行 12 次定时观测;1960 年 7 月 1 日起改为每天 8 次定时观测;1966 年 12 月 1 日至 1985 年 2 月 28 日取消 23 时定时观测,改为每天观测 7 次;1985 年 3 月 1 日起恢复 23 时定时观测;1986 年 2 月 1 日至 2006 年 12 月

31 日取消 23 时观测。2007 年 1 月 1 日起又恢复 23 时观测。

观测项目 建站初,观测项目有气压、气温、风向、风速、能见度、降雨量、湿度、蒸发量、云量、云状、地面温度、日照、天气现象、浅层地温、雪深、雪压;1980 年 1 月 1 日起增加电线积冰;1984 年 1 月 1 日起增加大型蒸发。2002 年 8 月自动气象站建成,2003 年 1 月 1 日正式观测;同年 6 月雷电闪电定位仪投入使用;2007 年 1 月 20 日起增加负离子观测;同年 2 月 10 日起增加酸雨观测;2008 年 1 月起增加草面温度观测;同年 11 月起增加 GPS/MET 水汽观测。

发报项目 1955 年 11 月 1 日 2 时起开始拍发 4 次定时绘图天气报和 4 次补助绘图天气报,期间有 13 次取消 23 时观测和发报。1957 年 6 月 24 日 06 时开始拍发固定和预约航空危险天气报,2008 年起担负 OBSAV 南京的航空危险天气报任务。1957 年 8 月上旬开始拍发气象旬月报;1984 年 1 月开始拍发重要天气报;1999 年 3 月 1 日开始拍发加密天气报。

报表编制 编制的报表有地面气象月报表(气表-1)和年报表(气表-21)。1991 年 7 月开始向省气候中心上报气表-1 简表,由省气候中心返回制作气表-1 和气表-21。1996 年开始用(AHDM)制作气表-1 和气表-21。2000 年 11 月起通过 162 分组网向省气候中心传输原始资料,停止报送纸质报表。

自动气象站 2002 年 8 月,DYYZ-Ⅱ型自动气象站建成,同年 12 月试运行。自动气象站观测项目有气压、气温、湿度、风向、风速、降水、地温、草温等。观测资料全部采用仪器自动采集、记录。2003 年 1 月 1 日,自动气象站正式投入业务运行。

2003 年 10 月中旬与斗晏水利发电厂达成协议,实时共享 8 个雨量站雨情、水情自动测报信息。

2006 年 11 月,建成桂竹帽垦殖场、龙廷乡两要素自动气象站;同年 8 月,建成桂竹帽镇、罗珊乡、项山乡、菖蒲乡自动气象站;同年 11 月建成丹溪乡、南桥镇和晨光镇自动气象站;2007 年 12 月,建成澄江镇、河角村、三标乡、留车镇、吉潭镇、水源乡四要素自动气象站。

②农业气象

农业气象观测开始于 1957 年春,后来中断。1976 年县气象局与县农业局合作重新开始这项工作。1980 年春,开始每年进行双季水稻观测,1982 年开始进行物候观测,观测项目有苦楝树、油桐树、柑橘、青蛙和蝉。1957 年 8 月开始编发农业气象旬(月)报,内容有苗情、温情、灾情等数据。1984 年开始开展气候评价服务。1986 年开始,制作早、晚稻产量气象预报。

③天气预报

短期天气预报 1958 年 6 月开始制作补充天气预报。20 世纪 80 年代初期开始制作 24 小时天气预报,通过电话传到县广播站,由播音员从无线电台播放给群众。90 年代后期开始每天制作 48 小时天气预报,制成磁盘录像带送到电视台播放。如预测有突发性强对流天气,通过电话通知县防汛指挥部,由县防总再通报县领导及相关部门。2006 年建立短信用户平台,可以及时将 12 小时、6 小时等短时强对流、防火等预报信息及时传到县领导及用户手机上。

中期天气预报 20 世纪 80 年代初开始制作中期天气预报。中期天气预报项目主要有周天气预报、旬天气预报和月天气趋势预报。中期天气预报主要通过传真、电话等通讯方式传递给用户。

短期气候预测（长期天气预报） 20 世纪 70 年代中期开始制作长期天气预报。主要内容有年度预报、春播预报、汛期（5—9 月）预报、秋季预报、冬季预报。长期预报业务按服务需要而开展，通过传真、电话等通讯方式传递给特定用户。

天气预报制作方法 建站初期主要利用气象广播了解天气形势，20 世纪 80 年代初通过无线传真机接收日本传真资料、定时收听气象广播，填图资料、物候等气象信息，并结合日本气象传真资料及单站资料分析总结出本站的 MOS 预报方法，用来作 48 小时内的短期预报。用本地历史资料与相关预报因子建立本地各月晴雨预报方法和 4—9 月各月暴雨指标预报方法（PP 法）。1987 年制作了寻乌县 3—5 月强对流短期、短时综合预报系统。1998 年开始利用中国气象局的"9210"工程建立 PC-VSAT 卫星接收站，能够接收较多的气象资料和预报产品，并可观看中央气象台的天气预报会商。随着网络的发展，通过互联网可接收大量的气象资料和预报产品，冬春季主要参考德国天气在线对寻乌的数值预报，5—10 月主要参考日本数值预报产品，每天均采用欧洲形势预报、省、地区气象台预报、全省自动气象站信息并结合本站要素指标等相关气象资料来制作中、短期预报。

④气象信息网络

建站初期，唯一的通信工具是手摇式电话机和一部收音机；1980 年 9 月，安装气象传真接收机，接收北京、日本东京等地播发的传真天气图表资料；1986 年安装单边带对讲机，进入全区气象辅助通讯网，沟通了与地区气象台及其他县气象站的通信联络；1988 年使用甚高频电话；1989 年为 4 个用户安装天气警报接收机，天气预报直接快速传给用户；1997 年 7 月"121"天气预报电话自动答询系统投入使用；1998 年 6 月卫星接收气象信息系统 PC-VSAT 投入使用；2000 年 7 月开通寻乌县农经网，2006 年 9 月改名为寻乌县新农村建设网；2003 年 6 月开通移动气象短信平台；2007 年 4 月开通 2 兆电信 MSTP 专线。

2. 气象服务

1995 年县气象局与县广播电视局协商同意在电视台播放天气预报，天气预报信息由县气象局提供，1997 年 12 月县气象局建成多媒体电视天气预报制作系统，将自制节目录像带送电视台播放。

1997 年 7 月，气象局与电信局合作正式开通"121"天气预报自动答询电话。2000 年根据赣州市气象局的要求，全市"121"电话实行统一经营。2005 年 1 月"121"电话升为"12121"。2004 年建立寻乌县农经网，在全县 15 个乡（镇）开通信息站，促进全县农村产业化和信息化的发展。2007 年建立气象灾害信息员制度，到 2008 年 12 月 31 日共有气象灾害信息员 159 人，全县各单位、乡（镇）、村、厂矿、学校均有气象灾害信息员。2008 年通过移动通信网络开通气象短信平台，以手机短信方式向全县各级领导发送气象信息，对突发气象灾害的发布速度有所提高，避免和减轻了气象灾害造成的损失。

1989 年 7 月寻乌县政府人工降雨办公室成立，挂靠县气象局。2003 年 8 月经县政府同意，购置 1 部皮卡车，用于人工增雨火箭的发射。2003 年以来，每年都在旱情较严重时进行人工增雨作业。

1994年开始对全县的防雷工程进行设计、施工，并负责全县防雷安全的管理，定期对液化气站、加油站、民爆仓库等高危行业的防雷设施进行检查，对不符合防雷技术规范的单位责令整改。

气象法规建设与社会管理

法规建设　县政府先后印发《关于开展新建建筑物防雷设计审核与竣工验收的通知》、《关于印发寻乌县气象灾害应急预案的函》、《关于进一步加强防雷安全管理工作的通知》、《寻乌县政府关于加快气象事业发展的实施意见》等文件。

2003年寻乌县法制办批复确认县气象局具有独立的行政执法主体资格，并为4名职工颁发了行政执法证；同年组建气象行政执法队伍。

社会管理　县气象局建立健全保护气象探测环境各项制度，广泛宣传气象探测环境和设施保护的法律法规，气象探测环境和设施保护工作相关文档送达城建、规划、国土、环保等部门备案。

对施放气球的作业人员实行资格管理，严禁无资质的单位和个人从事施放气球活动。加强对施放气球单位和人员以及施放气球活动的审批和监督管理。

健全完善防雷社会管理程序和措施，强化新建、改建、扩建项目防雷装置的设计审核和竣工验收工作，落实防雷装置与主体工程设计、施工、验收"三同时"制度。开展对石油化工等易燃易爆场所，学校、旅游景点、商场、体育场馆等人口聚集场所，以及高层建筑、通讯设施、电子系统等其他易遭雷击的建筑物和设施的防雷安全检查与治理。组织做好农村中小学防雷示范工程的建设工作，努力减少农村雷电灾害事故。

党建与气象文化建设

党建工作　1971年7月3日成立寻乌县气象站党支部，有4名党员。截至2008年12月31日，寻乌县气象局党支部共有4名党员。

县气象局认真落实党风廉政建设目标责任制，积极开展廉政教育和廉政文化建设活动，努力建设文明机关、和谐机关和廉洁机关。开展以"情系民生，勤政廉政"为主题的廉政教育。局财务账目每年接受上级财务部门年度审计并向职工公布。

气象文化建设　重视文明创建活动，1998—1999年度、2000—2001年度、2006—2007年度被评为市级文明单位；2002—2003年度、2004—2005年度被评为省级文明单位。

荣誉　寻乌县气象局1963年3月被评为全省工农业先进单位；2003年被江西省政府授予"人工增雨抗旱先进集体"称号。

台站建设

1966—1973年，陆续建成土木结构食堂用房4间、职工宿舍7间。1987年建办公楼1栋、职工宿舍8套。1996—1998年陆续对院内外道路、护坡进行硬化和改造，完成观测场、办公区的绿化，新建羽毛球场，添置组合音响、乒乓球台。1999年4套职工集资房建成竣工。2004—2009 年完成气象防灾减灾办公楼和附属设施建设,进行道路硬化,建起了围墙、排水涵管、护坡、天桥等。

1966 年建成的寻乌县气象局办公宿舍一体房(摄于 2004 年 11 月)　　寻乌县气象防灾减灾大楼(摄于 2008 年 12 月)

宜春市气象台站概况

宜春市位于江西省西北部,自汉代开始建县,迄今有 2200 多年的历史,现辖樟树、丰城、高安、上高、万载、宜丰、铜鼓、奉新、靖安、袁州 3 市 6 县 1 区,总面积 1.87 万平方千米,境内以丘陵、山地为主,气候温和,雨量充沛,四季分明,素有"山明水秀,土沃泉甘,其气如春,四时咸宜"之称。

历史沿革   1929 年 7 月江西省建设厅水利局在樟树镇府前街 7 号(今为市背街)设立水文站,担负水文气象观测;在奉新、宜丰设雨量站。1934 年在靖安设雨量站;1937 年 5 月在上高、高安、万载、丰城设雨量站,同年 8 月,江西省水利局根据中央气象研究所意见,在宜春(东门外乡师附小内)设三等测候所,进行水文、气象观测,至 1942 年停测。1946 年 6 月在万载鹅峰山林场建测候所;同年 7 月,丰城县农业推广所建测候所。

1952 年 7 月 1 日宜春市第一个气象站——宜春气象站建成。1955—1959 年全市 9 个县先后建立气象站,实现"县有站,专有台"。同时,军队、盐矿、水利、农场、林业等部门根据需要建立一批气象台站。1958 年丰城县开始建立农村气象哨,到 1959 年底,宜春市建气象哨 68 个、气象组 304 个、群众气象员 1875 人;1960 年樟树县气象哨被评为"江西省气象哨标兵";"文化大革命"开始后,各地农村气象哨多数停止。1981 年建立一批民办公助气象哨,1986 年起撤销。20 世纪 70 年代,宜春市教育部门根据教学需要,在市气象部门帮助下,建立一批学校气象哨组。2002 年开始,10 个国家气候站建成自动气象站;2005 年开始,宜春市 10 县(市、区)建成 155 个中尺度区域自动气象站。

管理体制   1973 年前,管理体制经历了从军队建制到地方政府管理、再到地方政府和军队双重管理的演变;1973—1979 年,转为地方同级革命委员会管理,业务受上级气象部门指导;1980 年实行气象部门和地方政府双重领导,以气象部门领导为主的管理体制。

台站数量   至 2008 年底,全市有地面气象观测站 10 个,其中 1 个国家基准气候站,3 个国家基本气象观测站,6 个国家一般气象观测站。中尺度区域自动气象站 155 个,其中单要素(雨量)站 42 个,两要素(温度、雨量)站 72 个,四要素(温度、雨量、风向、风速)站 40 个,六要素(温度、雨量、风向、风速、湿度、气压)站 1 个。

在地方政府和有关部门的支持下,保护气象探测环境。2007 年,宜春市气象局指导万载县气象局对村民自建超高住宅开展气象行政执法工作。2008 年,宜春市气象局对周边

多家房地产开发项目影响探测环境开展气象行政执法工作

人员状况　全市气象部门 1952 年有在职职工 3 人,1960 年有 70 人,1970 年有 54 人,1980 年有 112 人,1990 年有 152 人,截至 2008 年底在职职工达 161 人,其中大专以上学历 113 人(含硕士研究生 1 人,大学本科 35 人)。中级以上职称有 79 人(含高级职称 10 人)。

党建与气象文化建设　1981 年 2 月 18 日宜春地区气象局成立党组。2008 年底宜春市气象部门有党支部 11 个,党员 120 人。

宜春市气象局每年与各科室和县气象局签订党风廉政责任状,没有出现违法违纪现象。截至 2008 年底,全市气象部门共有省级文明单位 1 个,市级文明单位 9 个。

主要业务范围

地面气象观测　丰城、奉新、高安、上高、铜鼓、万载是国家一般气象观测站,承担全国统一观测项目任务,内容包括云、能见度、天气现象、气压、气温、湿度、风、降水、雪深、日照、蒸发(小型)和地温(距地面 0 厘米、5 厘米、10 厘米、15 厘米、20 厘米),每天 08、14、20 时 3 次定时观测,向省气象台拍发省区域天气加密电报和重要天气报。

宜春基准站和樟树、宜丰、靖安基本站每天增加 02 时定时观测并拍发天气电报,05、11、17、23 时 4 次补充定时观测并拍发补充天气报告,编发气象旬(月)报。宜春、樟树站是亚洲区域气象情报交换站,增加电线积冰厚度与重量观测、E-601 大型蒸发观测。宜春站增加深层地温观测和编发气候月报。宜春、宜丰、靖安和奉新承担航空危险天气发报任务。宜春站 2005 年增加酸雨观测、闪电定位监测,2007 年增加负氧离子观测、2008 年增加GPS/MET 水汽观测。宜丰 2007 年增设太阳辐射观测。

2002 年宜春市开始建设地面自动气象站,实现气压、气温、湿度、风向、风速、地温(包括地表、浅层和深层)自动记录。宜春市完成了区域自动气象站建设。台站气象资料按规定按时上交到省气象局档案馆。

天气雷达　天气雷达站建于 1978 年 4 月,系 711 测雨雷达;2004 年 9 月,测雨雷达设备更替为 713 测雨雷达。主要监测和预警灾害性天气,探测重点是暴雨和强对流天气,为灾害性天气的监测和人工影响天气提供服务。

农业气象观测　观测项目有作物生育期观测、自然物候观测。

人工影响天气　1975 年 5 月宜春地区人工降雨办公室成立,挂靠地区气象局,同年 7 月在宜春县半边山、吞塘、柏木等地,进行首次人工影响天气作业,用“三七”高炮发射人工降雨弹。人工影响天气是防灾减灾的公益性服务,最初主要目的是为农业抗旱而实施人工增雨,2000 年以后发展为农业抗旱、缓解高温、人工消雹、水库蓄水、森林防火等服务。至 2008 年底,宜春市气象局有标准化作业小分队 10 支,车载式作业火箭 14 套,作业“三七”高炮 11 门。

气象服务　宜春气象业务侧重于决策气象服务工作,服务方式包括纸质传真和手机短信息两种。纸质的服务产品有重要天气信息、气象呈阅件、社会活动气象服务、节日天气等;手机短信服务材料有重要天气、农事天气、气象灾害预警等。通过电话、传真、“12121”、短信、电视天气预报、因特网等方式开展公众气象服务、专业气象服务。

2004 年 10 月第五届全国农民运动会在宜春举行,宜春市气象局依托“9210”和高速网络及时得到欧美、北京的数值预报产品,做好 7～15 天的中期天气预报;依托南昌和吉安多普勒雷达、宜春新一代数字化雷达、自动气象站的加密资料制作定点、定时、定量天气预报,为全国第五届农民运动会提供了气象服务,预报准确、服务周到,受到党和国家领导人的肯定。

宜春市气象局

宜春,古称袁州,赣西中心城市之一。宜春市位于江西省西北部,北纬 27°33′—29°06′,东经 113°54′—116°27′,2008 年底总人口 544.46 万。

宜春境内以丘陵、山地为主,气候温和,雨量充沛,四季分明,年平均气温 17.3℃,年平均降水量 1720 毫米。

宜春气象站位于北纬 27°48′,东经 114°23′,观测场海拔高度 131.3 米。

机构历史沿革

始建情况　宜春气象站始建于 1952 年 7 月 1 日。

站址迁移情况　建站时站址在城内宜春台;1954 年 6 月迁至原汽车站东北;1956 年 7 月迁至县城西门外黄峰窝;1960 年 8 月迁至城西凤凰山。

历史沿革　建站时称宜春气象站;1959 年 5 月更名为宜春地区水文气象总站;1964 年 8 月在总站基础上扩建成立江西省水利电力厅水文气象局宜春分局;1968 年 8 至 9 月称宜春地区革命委员会筹备小组;1968 年 9 月又改为宜春专区水文气象站革命委员会;1972 年 8 月 25 日水文、气象分设,1973 年 4 月改称宜春专区气象台;1979 年 9 月更名为宜春地区行署气象局;1982 年 2 月更名为宜春地区气象局;1984 年 2 月改为宜春地区气象台;1985 年 3 月更名为宜春地区气象管理局;从 1994 年 4 月开始称宜春市气象局。

1953 年 6 月 4 日定为丙等一级站;1954 年 10 月 26 日划为二等气象观测站;1974 年 6 月为全国和亚洲情报交换站;1987 年 1 月为全国基准气候站;1990 年 10 月,列为 WMO(世界气象组织)全球基准气候站,并承担航空天气报告任务。2005 年以来,宜春市气象局建成中尺度区域自动气象站共 23 个,其中六要素(温度、雨量、风向、风速、湿度、气压)站 1 个、四要素(温度、雨量、风向、风速)站 5 个、两要素(温度、雨量)站 9 个、单要素(雨量)站 8 个。

管理体制　自建站至 1953 年 11 月 15 日,属军队建制,由江西省军区气象科管理;1953 年 11 月 16 日由军队转为政府建制,同年 12 月 26 日,归省政府气象科管理;1954 年归省气象局管理;1959 年 3 月归宜春专署水利电力局管理。1962 年划归省水利电力厅水文气象局管理。1971 年实行以军事部门与各级革命委员会的双重管理、以军事部门为主。1973 年 6 月 22 日属宜春专区革命委员会建制,归专区农林办公室管理。1980 年 7 月以后,实行气象部门与地方政府双重领导,以气象部门领导为主的管理体制。

机构设置 1965年7月,内设职能机构有秘书、气象、水文3个科,直属业务单位有气象服务台,1979年4月,内设人事秘书、业务管理、气象科学研究所和气象台。1981年4月,机构调整为办公室、人事科、业务科、气候资料室和气象台,同年12月,省气象局下发地区气象局机构设置方案,确定二科(人事、业务)二室(办公、气候资料)为职能单位,气象台是地区局直属业务单位。1984年1月,保留二室(办公、气候资料)一科(人事),业务科改称业务管理科,原气象台改称气象室。同年12月,增设气象科技服务中心。1985年3月,气象室恢复称地区气象台,气候资料室改名为服务科。同年4月气象科技服务中心改称为江西省宜春地区气象科技咨询服务中心。1987年12月,撤销服务科,并入江西省宜春地区气象科技咨询服务中心。1991年12月设立综合经营科。1997年6月,撤销综合经营科。1998年3月成立科技服务管理科。2001年12月科技服务管理科改称政策法规科,气象科技咨询服务中心改称气象科技服务中心。2002年10月成立宜春市防雷装置质量检测检验所。2007年11月成立宜春市气象局财务核算中心。2008年设人事教育科、办公室、政策法规科、业务管理科4个职能科室,市气象台、气象科技服务中心、气象防雷装置质量检测检验所、财务核算中心4个直属单位,地方编制机构有人工影响天气领导小组办公室;下辖樟树、丰城、高安、上高、万载、宜丰、铜鼓、奉新、靖安9个县(市)气象局和袁州区气象局。1968年8月26日以前管辖进贤县气象局;1985年3月15日以前管辖新余市气象局、分宜县气象局;1988年11月30日以前管辖安义、新建县气象局。

单位名称及主要负责人变更情况

单位名称	姓名	职务	任职时间
宜春气象站	温辅文	负责人	1952.07—1952.12
	杨和旺	负责人	1952.12—1953.03
	李海庭	站长	1953.03—1955.01
	马荣茂	站长	1955.01—1956.08
	陈永生	副站长(主持工作)	1956.08—1959.05
宜春地区水文气象总站	潘增良	负责人	1959.05—1964.08
江西省水利电力厅水文气象局宜春分局	许乃昌	局长	1964.08—1968.08
宜春地区革命委员会筹备小组	田 力	组长	1968.08—1968.09
宜春专区水文气象站革命委员会		主任	1968.09—1969.12
	王文杰	主任	1969.12—1973.04
宜春专区气象台	潘增良	副台长(主持工作)	1973.04—1979.09
宜春地区行署气象局	崔发滨	副局长(主持工作)	1979.09—1982.02
宜春地区气象局		局长	1982.02—1984.02
宜春地区气象台	潘增良	台长	1984.02—1985.03
		局长	1985.03—1986.02
宜春地区气象管理局	苏石桥	局长	1986.02—1989.09
	朱玉盛	副局长(主持工作)	1989.09—1991.07
		局长	1991.07—1994.04
宜春市气象局	郭友德	局长	1994.04—

人员状况 2008 年在职人数为 61 人,其中硕士研究生 1 人,大学本科 17 人,大学专科 18 人,中专及以下 25 人。35 岁以下 12 人,36~45 岁 15 人,46~55 岁 26 人,56~60 岁 8 人。高级工程师 9 人,工程师 25 人,助理工程师及以下 27 人。

气象业务与服务

1. 气象业务

①地面气象观测

地面观测 宜春地面气象观测站是国家基准气候站(观测场为 25 米×25 米),担负全球气象信息交换任务。每日进行 8 次人工观测,其中 4 次(02、08、14、20 时)定时观测,4 次(05、11、17、23 时)辅助观测。自动观测项目进行 24 小时连续观测。

2003 年建立闪电监测仪,设备自动监测,实时上传信息。2005 年 1 月 1 日开展紫外线观测。2006 年 7 月 1 日开展酸雨观测。2007 年 1 月 20 日开展空气负离子观测。2008 年开展 GPS/MET 水汽观测。

天气雷达 1978 年 4 月 2 日,宜春地区气象台的 711 测雨雷达开始进行重大灾害性天气跟踪观测和监测工作,提供宜春周围 300 千米半径内空间出现积雨云层厚度、距离、方位、高度等方面的图像资料。通过雷达对雷雨、大风、冰雹、强降水等项目观测,对重要季节的转折天气进行监测,为制作短时天气预报、进行灾害性天气预报服务提供依据。自 1978 年起,每年的 3 月 1 日至 10 月 31 日,宜春地区气象台在每天的 01、04、08、13、16、20 时分别进行 6 次定时雷达气象观测。1989 年改为每年的 3 月 1 日—10 月 31 日,在每天的 04、16、20 时共进行 3 次定时雷达气象观测。非定时雷达气象观测,由预报人员根据需要确定。1991 年因 711 测雨雷达报废停止雷达观测。2004 年 9 月,装备新一代数字化 713 测雨雷达,恢复雷达观测。

②农业气象

1958 年 2 月开始农业气象观测,1959 年 5 月停止。1959 年 5 月,宜春农业气象试验站制作水稻负泥虫和浮尘子盛发期预报;1953 年开始制作农作物关键生育期预报;1983 年开始制作农业气象产量预报。

③天气预报

1985 年 4 月 1 日宜春气象台首次试作短时预报;1986 年 3 月建成强对流天气预报专家系统,正式制作短时预报;2005 年 8 月开始发布临近天气预报。1959 年 4 月 18 日首次发布短期天气预报。1959 年 4 月开始发布中长期天气预报。

④气象信息网络

1959 年 4 月使用 239 短波接收机,1976 年 3 月改用 BD055 型无线电传打字机和 SDH1-62 型单边带接收机自动接收气象电报,1979 年 6 月使用气象传真接收机,气象台站信息往来使用高频电话,1997 年启用"9210"工程的卫星通信,至 2008 年以计算机网络通信为主。

1993 年组建 Novell 局域网,1997 年建成卫星地面双向站(PES/TES),1998 年 NT 局域网取代 Novell 网;1999 年建成 PC-VSAT 站,并通过 MICAPS 系统处理和调用气象资料;2002年建成VPN网络,同年完成宜春气象内网建设;2005年3月建成风云二号静止气象卫星中规模站,同年5月完成省—市2兆专线、雷达同步系统和天气可视会商系统的建设;2007年9月完成DVB-S建设;2007年全市10个气象台站建成市—县2兆MSTP高速网络;2008年完成市—县天气可视会商系统建设。

2001年9月,建成宜春市农村经济信息网和袁州区农村经济信息网,并在袁州区各镇、场开通信息站,促进市、区农村产业化和信息化的发展。

2. 气象服务

公众气象服务 1985年9月25日安装天气预报警报发射机,架设甚高频无线对讲通讯电话,实现直接对下级台站业务指导。1986年3月1日起,在宜春气象台设立的气象广播电台正式开机,每天3次向宜春部分乡镇及服务单位定时播发天气预报。1990年8月20日,地区气象局与地区广播电视局协商同意在地区电视台播放宜春天气预报,天气预报信息由气象局提供,电视节目由电视台制作,预报信息通过电话传输至广播局。1997年9月,地区气象局建成多媒体电视天气预报制作系统,将自制节目录像带送电视台播放。2002年5月,市电视台电视播放系统升级,电视天气预报制作系统升级为非线性编辑系统。

1996年1月,宜春市气象局与市电信局合作,正式开通"121"天气预报自动电话答询系统。2004年4月全市"121"电话实行集约经营,主服务器由市气象台建设维护。2005年1月,"121"电话升位为"12121"。

决策气象服务 对特别重大的天气气候事件以《气象呈阅件》形式直接送到市委、市政府领导和有关部门。对重大社会经济活动和重要节日提供气象服务保障。

专业气象服务 1980年9月1日宜春地区气象台根据有关规定,实行气象资料服务收费;1985年5月积极拓展专业有偿气象预报服务,为重要的厂矿企业、交通运输企业、航运码头、仓库、粮食、蔬菜、商业、邮政、医药等部门和企业,以及大型工程建设项目提供中、长期天气预报和气象资料,一般以旬天气预报为主。2000年后在市、区防汛抗旱指挥部办公室和部分有偿服务单位安装接收终端。

气象科普宣传 宜春市气象局以召开座谈会、下乡咨询服务等形式开展世界气象日纪念活动,接待大中专和中小学学生参观、实习,开展为当地政府及有关部门建言献策活动,并建立建言献策库。组织气象科技人员参加科技活动周,开展送气象科技进农村、进企业、进社区、进学校、进公交等多项活动,加强和新闻媒体的合作,在《宜春日报》《赣西晚报》、宜春电视台等媒体刊(播)出相关的科普宣传或报道。

气象法规建设与社会管理

法规建设 宜春市政府办公室2001年、2003年、2004年、2008年分别下发《宜春市防雷减灾管理规定》(宜府办发〔2001〕27号)、《关于进一步做好防雷安全工作的通知》(宜府办字〔2003〕11号)、《宜春数字化天气雷达站探测环境和探测设施保护办法》(宜府办发〔2004〕20号)、《关于进一步加强气象灾害防御工作实施意见的通知》(宜府办发〔2008〕43号)等文件;2007年,宜春市政府下发《宜春市政府关于进一步加快气象事业发展意见的通知》(宜府发〔2007〕12 号)。

社会管理 宜春市气象局依法对所属气象台站的探测环境进行保护、对防雷工程专业设计或施工资质管理、施放气球单位资质认定、施放气球活动许可制度等实行社会管理。2001 年,根据宜编办〔2001〕2 号文件,成立宜春市雷电防护管理局。

宜春市气象局对气象行政审批办事程序、气象服务内容、服务承诺、气象行政执法依据、服务收费依据及标准等,通过户外公示栏、电视广告、发放宣传单等方式向社会公开。干部任用、财务收支、目标考核、基础设施建设、工程招投标等内容则采取职工大会或在局公示栏张榜等方式及时向职工公开。财务一般每半年公布 1 次,每年年底对全年收支、职工奖金福利发放、领导干部待遇、劳保、住房公积金等向职工作详细说明。

党建与气象文化建设

党建工作 1981 年 2 月 18 日宜春地区气象局成立党组。2008 年底有中共党员32 人。

认真履行党建工作职责任务,积极宣传党的路线、方针、政策和国家法律法规,抓好职工思想政治建设、文化建设和精神文明建设,抓好党务干部的培养和选拔工作,维护职工的合法权益。积极稳妥地做好入党积极分子的培养和发展党员工作,积极为党组织开展党的活动创造条件,指导、协调和支持工会、共青团、妇联等群众组织开展工作。把廉政文化建设工作作为文明创建工作的重要内容,纳入党组的重要议事日程和年度目标考核。

气象文化建设 始终坚持以人为本,弘扬自力更生、艰苦创业精神,深入持久地开展文明创建工作,政治学习有制度、文体活动有场所、电化教育有设施,职工生活丰富多彩,文明创建工作跻身于全省先进行列。

宜春市气象局把领导班子的自身建设和职工队伍的思想建设作为文明创建的重要内容,通过开展经常性的政治理论、法律法规学习,造就了清正廉洁的干部队伍,锻炼出一支高素质的职工队伍。对政治上要求进步的职工,党支部重点培养,条件成熟及时发展;多次选送职工到南京信息工程大学、中国气象局培训中心和党校学习深造。

开展文明创建规范化建设,改造观测场,装修业务值班室,统一制作局务公开栏、学习园地、法制宣传栏和文明创建标语等宣传用语牌。丰富干部职工文化生活,举办综合文艺表演,组织乒乓球比赛。

荣誉 宜春市气象局 2001—2007 年连续四届被评为省级文明单位,1997—2007 年连续六届被评为市级文明单位,2001—2007 年连续 3 届被评为"省级文明行业"。1992 年以来被宜春市直属机关工委连续 16 次授予"先进党支部"称号,获市委市政府授奖 20 余次。1994 年汛期气象预报服务和 2004 年第五届全国农运会气象保障服务获中国气象局表彰;2006 年、2007 年重大气象服务获江西省气象局"先进集体"表彰。

1998 年获江西省第三次地面气象测报竞赛团体第一名;1997 年以来,平均每年获两个地厅级科研课题立项并结题,获得宜春市科技进步奖二等奖 1 个、三等奖 5 个,获江西省气象局科技进步奖三等奖 3 个、气象科技创新奖三等奖 1 个,获江西省农科教突出贡献奖三等奖 2 个。

人物简介　詹丰兴,男,1963年3月生,江西玉山人,中共党员。1984年毕业于浙江大学,2002年获南昌大学硕士学位。1993年任工程师,1997年任高级工程师。在宜春气象台任预报员、台长、业务科长,他始终坚守在预报服务第一线,忠实履行自己的职责,精心组织灾前预报,灾中和灾后服务,为防灾减灾作出了突出贡献。曾多次受到各级政府和部门的表彰、鼓励,1987年被评为全国气象系统"双文明"建设劳动模范,1989年获国务院授予的"全国先进工作者"称号;受到邓小平、江泽民等的亲切接见。

台站建设

宜春市气象局占地面积22071平方米。1978年建成办公楼1栋1171平方米。2008年底有宿舍4栋、面积共计6693平方米。2000—2007年先后投入200余万元,对局院内环境进行综合改善,新建车库197平方米、门卫房22平方米,重修了大门,对办公室进行装修,增加卫生间,外墙进行美化亮化,道路硬化5000平方米,铺设草坪13732平方米,栽种风景树65棵,修建花坛2个,修建篮球场1个,安装运动器材4套,安装路灯5处,院内绿化率达63%。2006年对大院水、电进行改造,安装箱变和无塔供水设备。把一个建在偏僻山头上的气象局大院建成园林化单位。2004年被省绿化委员会、省建设厅评为园林化单位。

2008年在宜春新行政区购地1万平方米,2008年底土建工程已完工,业务楼5708平方米。

宜春市气象局观测站(摄于2008年)

樟树市气象局

樟树市历史上曾名清江县,是江西四大古镇之一,以其特有的药材生产、加工、炮制和经营闻名遐迩,是我国著名的"南国药都"。樟树市位于江西省中部,赣江中游,鄱阳湖平原南缘,东经115°10′—115°4′,北纬27°49′—28°08′,1988年10月25日经国务院批准撤县设市,总面积1287平方千米,总人口53.6万,辖5个街道、10个镇、4个乡。

樟树市属中亚热带季风润湿气候区,年平均气温17.8℃,极端最高气温40.9℃(2003年),极端最低气温−11.7℃(1977年),年平均降水量1710.7毫米。

樟树市气象局位于樟树市共和东路24号,北纬28°04′,东经115°33′,观测场海拔高度为30.4米。

机构历史沿革

始建情况　樟树市气象局始建于1953年12月19日。正式工作时间为1957年1月1日,站址在清江县(现樟树市)临江区姜璜乡南面约1千米的山头上,即北纬28°01′,东经115°22′,观测场海拔高度57.6米。

站址迁移情况　1963年1月1日迁往清江县(现樟树市)樟树镇大路口,即北纬28°05′,东经115°31′。观测场面积25米×25米,海拔高度为30.4米,并与原址进行4个月的对比观测,定为国家基本站。1978年1月1日观测场移至现址。

历史沿革　1957年1月1日建站,站名为江西省清江气象站;1958年11月更名为清江县气象站;1962年8月,改名为江西省宜春水文气象总站清江县气象服务站;1964年7月,改名为江西省清江气象服务站;1968年6月,改名为清江气象站领导小组;1969年3月改名为清江县农机水电管理处革命委员会水文气象服务组;1970年11月,改名为江西省清江县气象站;1980年7月改名为清江县气象局,实行局站合一;1984年2月撤销气象局,成立清江县气象站;1987年7月,由清江县气象站改名为清江县气象局;1988年12月撤县设市,清江县气象局改名为樟树市气象局,为国家基本站。

管理体制　建站时隶属江西省政府气象科管理;1959年6月3日,归县人民委员会管理;1962年8月归宜春水文气象总站和县人民委员会双重管理;1968年6月归清江县革命委员会管理;1970年11月,归清江县革命委员会、县人民武装部管理;1973年6月,归清江县革命委员会管理;1980年7月以后,实行气象部门与地方政府双重领导,以气象部门领导为主的管理体制。

机构设置　目前樟树市气象局内设机构有办公室、测报股、决策服务室、防雷检测所、气象科技发展有限公司。

单位名称及主要负责人变更情况

单位名称	姓名	职务	任职时间
江西省清江气象站	马震远	站长	1957.01—1958.11
清江县气象站	赵丙申	站长	1958.11—1962.08
江西省宜春水文气象总站清江县气象服务站			1962.08—1962.10
	何国春	站长	1962.10—1964.07
江西省清江气象服务站			1964.07—1965.03
	无	无	1965.03—1966.03
	赵丙申	站长	1966.03—1968.06
清江气象站领导小组			1968.06—1969.03
清江县农机水电管理处革命委员会水文气象服务组			1969.03—1970.11
江西省清江县气象站			1970.11—1980.07
清江县气象局		局长	1980.07—1981.03
	戚嘉麟	局长	1981.03—1984.02
清江县气象站		站长	1984.02—1987.02
	谢邦开	站长	1987.02—1987.07
清江县气象局		局长	1987.07—1988.12
樟树市气象局	刘普金	局长	1988.12—1993.04
	邓能发	局长	1993.04—1994.12
	杨秋平	局长	1994.12—2008.11
	徐保华	局长	2008.11—

注:1965年3月至1966年3月期间,无负责人。

人员状况 到2008年底在职人员16人,退休5人。在职人员均为汉族,40岁以下6人,40~49岁4人,50~60岁6人。在职人员中本科学历2人,大专学历7人,中专学历4人,初高中学历3人;中共党员8人;工程师9人,助理工程师7人。

气象业务与服务

1. 气象业务

①地面气象观测

1957年1月1日建站,每天进行02、05、08、14、17、20时(北京时)6次气候观测。2006年起增加11、23时气候观测,后改为02、05、08、11、14、17、20、23时8次观测,24小时守班。

观测项目有云、能见度、天气现象、气压、气温、湿度、风向、风速、降水、雪深、日照、E-601蒸发、地面及地中温度、草温、电线积冰。

1957年1月1日发报种类有GD-01、GD-22、GD-81、气象旬报,1957年3月1日增加航空报GD-21,1982年1月1日开始拍发GD-91,1984年1月1日开始拍发重要天气报。1989—1998年停发航空危险报。气象电报传递方式采用专用线路通过邮电局报房传递,1999年起实行计算机网络上传。

DYYZⅡ型自动气象站于2002年10月1日起开始试用,2004年1月1日正式运行,有气压、气温、湿度、风向、风速、降水、地温、草温等观测项目。2006年1月开始,分批在全市所有乡镇安装自动气象站。

樟树气象站属农业气象一级站,1958年开展过简易农业气象观测,1991年起设为农业气象一级站,观测项目有早稻、晚稻、大豆、花生、物候、油菜等种类。

②天气预报

1958年8月1日,清江气象站向外发布第一次(份)单站补充天气预报。短期天气预报有未来1～3天的天空状况、雨量、风、气温。中期天气预报有未来3～10天的天气趋势预报,内容为天气过程、雨量、气温、农事建议。长期天气预报有未来10天以上降水过程,气温变化及灾害天气趋势预报。专题天气预报主要有春播、汛期、高温、干旱、寒露风、低温霜冻,人工增雨、飞机播种,森林消防,病虫害防治,杂交水稻制种等方面的天气预报。如有重要灾害天气出现,立即向市党政领导报送《气象信息专题》。

2. 气象服务

1989年2月至1993年4月全市安装了31部天气预报警报接收机,每天8时30分、16时30分向各置机单位发布未来两天天气预报和灾害性天气警报。建站后,气象预报先是通过广播,后是通过电视向社会各界发布。电视天气预报画面经历二次升级,至2008年底,值班员运用多媒体电视天气预报系统制作预报,将录像带送电视台播放。1997年10月1日开通"121"天气预报自动答询电话,2004年起,"121"电话由市气象局集约经营并维修,2005年1月"121"电话升位"12121"。2007年3月,用移动通信网络开通气象商务短信平台,以手机短信方式向全市各级领导和群众发送气象信息。建立樟树市农经网,在各乡镇开通信息站。

1985年开始气象专业有偿服务,为各乡镇、各有关企事业单位、大中型基建工程,提供中长期天气预报和气候资料,一般以旬报为主。

樟树市人工影响天气领导小组办公室2001年成立,设在樟树市气象局。2002年8月樟树市财政拨款购1辆长城牌皮卡汽车,供人工影响天气作业专用,发射工具由30年前的土火箭转变为BL-1型电动火箭发射器和专用火箭弹。2006年,樟树市发生了特大罕见旱情,樟树市气象局全体干部职工放弃休息时间,历时42天奔走于樟树市各个乡镇开展人工增雨作业,有效缓解旱情。

2008年1月25日—2月12日出现低温雨雪冰冻灾害天气,樟树市气象局及时通过手机短信向市政府及各乡镇主要领导发布预警信号,以呈阅件方式每天为市政府提供一次专题材料,为市领导抗冰救灾提供了决策依据。

科学管理与气象文化建设

社会管理 1990年,樟树市气象局成立防雷检测所,2003年更名为防雷减灾管理局,将防雷工程设计、施工、竣工验收纳入气象行政管理范围,对市内加油站、液化气站、民爆仓库等高危行业的防雷设施进行检查,不符合防雷技术要求的单位,责令其改正。

樟树市气象局对在市内施放气球的单位和个人加强管理,进行登记、审查、监督、指导。

党建工作 建站至 1979 年仅有 1～2 名党员,2008 年底在职人员中有 8 名党员,退休人员中有 3 名党员,建有 1 个党支部。

樟树市气象局党建工作不断得到加强,支部各项工作制度健全,民主管理、民主监督制度落到实处。明确党风廉政目标责任制,认真贯彻科学发展观,经常对党员进行"八荣八耻"等内容的廉政教育。自 2001 年起,设兼职廉政监督员 1 名,党风廉政建设由一把手亲自抓,政务、财务公开制度化,通过政务公开栏、公示牌把防雷报建、防雷检测等收费标准向社会、公众公开,通过公示牌或职工大会把单位收支账目、基建项目、车辆使用情况、招待费用等向职工公开。

单位还组织党员干部职工观看警示教育片,参观警示教育基地,开展廉政对联、短信创作比赛。在元旦、春节等节假日给市气象局干部职工发公开信,欢迎大家监督市气象局行政行为。

气象文化建设 樟树市气象局设有一系列的栏目标牌宣传文明建设内涵,建成两室一场(文娱活动室、报刊图书室、篮球场),拥有图书千余册。通过经常性的政治时事、法律法规学习,进一步提高干部职工素质。全局同志遵纪守法,勤奋工作,争当模范家庭,培育子女成才,未发生任何违纪违法事件。

每年世界气象日,都组织各种科普宣传活动,向群众发放气象科普材料,答复咨询问题,受到当地群众欢迎。

荣誉 1959 年 11 月 30 日全省区吉安会议上,清江气象站被评为"红旗单位";1960 年 1 月 15 日全省区进贤会议上,清江气象站被评为 1959 年"第一等先进单位";1962 年 2 月 20 日,清江气象站被授予"省劳模先进单位"称号;2000 年 9 月被江西省气象局评为全省气象部门"五大工程"建设一级达标单位;2003 年 12 月被江西省政府授予"2003 年人工增雨抗旱工作先进集体"称号;2007 年 1 月被江西省气象局评为全省气象部门"五大工程"建设达标单位;2008 年 1 月被江西省人工影响天气领导小组评为"2007 年全省人工增雨抗旱减灾工作先进集体"。

台站建设

樟树市气象局占地面积约 8700 平方米,2004 年投入 60 万元,按现代气象业务要求,建 1 栋新办公楼,面积为 600 平方米,院内有职工宿舍 2 栋共 990 平方米。

2002 年以来,对气象局院内环境进行综合改造,新建车库 60 平方米,围墙翻修 100 米。修建标准篮球场 1 个,羽毛球场 1 个,装配健身器材 1 套(4 件),道路硬化 1000 平方米,铺草坪 1500 平方米,栽种风景树 1000 棵,建小广场 1 个。安置景观灯 4 处、路灯 4 处。院内绿化率达 75%。

清江县气象站（摄于 20 世纪 80 年代）　　　　樟树市气象局（摄于 2008 年）

丰城市气象局

　　丰城市处于鄱阳湖盆地南端，赣江下游，因地上盛产"黄金"（稻谷），地下储藏"乌金"（煤、钨、铜），素有煤海粮仓"金丰城"之美誉。总面积 2844.69 平方千米，下辖 5 个街道、20 个镇、7 个乡，总人口 132.32 万。

　　丰城市属中亚热带湿润气候，年平均气温 17.6℃，年平均日照总时数 1701.9 小时，年平均降水量 1706.5 毫米。

　　丰城市气象站现址位于丰城市剑邑大道 2 号，北纬 28°13′，东经 115°49′，观测场海拔高度 27.0 米。

机构历史沿革

　　始建情况　1956 年成立丰城气候站，同年 11 月 1 日开始观测。站址在丰城县农场第二部（即现在的梅岗良种场所在地），南面 400 米有堤坝，西面 800 米有铁路。

　　站址迁移情况　由于始建站址地势低洼，离城太远，于 1957 年 9 月 1 日站址迁到丰城县梅岗埠直到现在。原址距现站址 3 千米左右。

　　历史沿革　建站时称江西省丰城气候站；1959 年 5 月更名为江西省丰城县气象站；1960 年 4 月更名为江西省丰城县气象服务站；1962 年 4 月改为江西省宜春水文气象站丰城气象服务站；1964 年 6 月更名为江西省三城气象服务站；1970 年 12 月改为江西省丰城县气象站；1979 年 12 月，局站合一，成立江西省丰城县气象局；1984 年 2 月改为江西省丰城县气象站；1989 年 1 月成立江西省丰城市气象台；1991 年 5 月更名为江西省丰城市气象局。

　　管理体制　从建站到 1958 年 5 月，由江西省水利电力厅水文气象局直接管理。1959 年 3 月至 1970 年 6 月由宜春专区水文气象总站管理。1970 年 7 月至 1979 年 6 月由于管理体制变动，先后归丰城县革命委员会、丰城县武装部、革命委员会抓革命促生产指挥部管理。1980 年 1 月实行气象部门与地方政府双重领导、以气象部门领导为主的管理体制,丰城市气象站归宜春市气象局管理。

机构设置 1971 年以前,气象站没有内设机构。1971—1980 年,气象队伍扩大,人员增加到 10 余人,气象站设二个组,即预报服务组和测报组。1980—1992 年,由气象站到气象台又到气象局,内设机构有:办公室、气象服务中心、测报股。1992—2008 年,内设机构有办公室、气象台、星云科技咨询有限责任公司、市雷电防护管理局,防雷设施检测所。

单位名称及主要负责人变更情况

单位名称	姓名	职务	任职时间
江西省丰城气候站	袁九思	负责人	1956.11—1959.05
江西省丰城县气象站			1959.05—1960.04
江西省丰城县气象服务站	张国兴	负责人	1960.04—1962.04
江西省宜春水文气象站 丰城气象服务站	程士芳	负责人	1962.04—1964.06
江西省丰城气象服务站			1964.06—1967.04
	无	无	1967.04—1970.12
江西省丰城县气象站	吴声顶	负责人	1970.12—1973.07
	付良洪	站长	1973.07—1978.06
	徐海龙	站长	1978.06—1979.12
江西省丰城县气象局	黎汉林	局长	1979.12—1984.02
江西省丰城县气象站		站长	1984.02—1986.12
	夏新林	站长	1986.12—1989.01
江西省丰城市气象台		台长	1989.01—1991.05
		副局长(主持工作)	1991.05—1992.06
江西省丰城市气象局	陈长文	局长	1992.06—2002.01
	李卫国	局长	2002.01—2005.01
	徐保华	副局长(主持工作)	2005.01—2005.11
	卢火香	局长	2005.11—

注:1967 年 4 月至 1970 年 12 月期间,无负责人。

人员状况 初建站时只有 5 人。2008 年底,有在职职工 13 人,临时工作人员 4 人。在职职工中本科学历 3 人,大专学历 4 人。党员 8 人。中级职称 7 人,初级职称 6 人。

气象业务与服务

1. 气象业务

①地面气象观测

丰城市气象站 1956 年 11 月 1 日开始观测,气候(定时)观测时次为 01、07、13、19 时每天 4 次。观测项目有气温、湿度、蒸发、降水、风向、风速、云状、云高、云量、能见度、天气现象、地面状态、日照。1957 年 1 月 1 日至 1959 年 12 月 31 日为 4 次气候观测,采用地方时。1960 年开始编发航空危险天气报 GD-01。1960 年 7 月 1 日开始改为 08、14、20 时 3 次观测,采用北京时。1973 年 1 月 1 日气候观测改为 02、08、14、20 时 4 次观测,航空危险天气报改为 24 小时固定每小时拍发 1 次,从 1977 年 1 月 1 日起,航空危险天气报改为 06—20 时固定每小时拍发 1 次,2006 年 12 月 31 日航空危险天气报任务结束。1977 年 1 月 1 日气候观测改为 08、14、20 时 3 次观测。至 2008 年,承担一般气象站的气象观测任务,每天进行 08、14、20 时地面观测,观测项目有风向、风速、气温、湿度、气压、云、能见度、天气现象、降水、日照、小型蒸发、地面温度、雪深、电线积冰等。每天向江西省气象台和宜春市气象台传输 3 次定时观测电报。丰城市气象站建站后气象月报表、年报表,用手工抄写方式编制,一式 2 份,1 份上报省气象局气候资料室,1 份本站留底。1985 年配制了 PC-1500 袖珍计算机编制报表。

2004 年 1 月 1 日建成自动气象站并投入运行。自动站观测项目包括温度、湿度、气压、风向风速、降水、地面温度,每天 20 时进行自动站与人工并行观测。自动站采集的资料与人工观测资料存于计算机中互为备份,每月定时复制光盘归档、保存、上报。2007 年底全市 26 个乡镇区域自动气象站的安装全部完成,并投入使用。

②农业气象

1959 年 3 月 1 日—1991 年 1 月承担农业气象观测任务。1985 年以后开展农作物产量预报。发布专题春播预报,农业气象灾害预报,如倒春寒、小满寒、寒露风、高温逼熟、低温冻害、暴雨洪涝、干旱等。1992 年以后编制《气象信息与咨询》向乡镇和专业用户提供 10 天预报和农事建议。

1979—1980 年开展全县农业气候普查,编制《丰城市农业气候集》;1981 年开展农业气候区划工作,编制《丰城县综合农业区划文集》。1990 年配合林业局开展田间小气候试验项目,拍摄教育片。1991 年和 1992 年开展国家在丰城建设火力发电厂的气候资源论证和环保论证,丰城电厂地址论证工作。1996 年开始配合农业开发对药湖开发进行气候论证,建立 2 个气象观测站,编写了《药湖农业开发气候分析与评价》。1999 年编制《关于在全市进行气候资源调查并提出开发利用发展计划项目的可行性报告》;2001 年开展对丰城市水产养殖的气候论证工作,编制《丰城市水产开发气候分析》。

③天气预报

短期天气预报有未来 1~3 天天空状况、雨量、风、气温的预报。中期天气预报有未来 3~10 天天气趋势预报,内容为天气过程、雨量、气温、农事建议。长期天气预报有未来 10 天以上降水过程、气温变化及灾害天气趋势预报。专题天气预报主要有春播、汛期、高温、干旱、寒露风、低温霜冻。人工增雨、森林、消防、病虫害防治、杂交水稻制种等方面的天气预报,如有重要灾害天气出现,立即上报《重要气象信息呈阅件》给市党政领导。

④气象信息网络

1994 年建立计算机终端系统,可以在网上交换资料。2002 年实现互联网连接,通过内外网可调用天气图,预报准确率有了较大提高。

2. 气象服务

公众气象服务 1980 年以前主要通过广播站播出 24 小时天气预报,电话传递灾害天气预报。1990 年 5 月 1 日,丰城天气预报列入江西省电视台"城市天气预报"栏目播出。1996 年建成电视天气预报制作系统,丰城电视台开始播出乡镇天气预报。

决策气象服务　为地方党政领导提供春播、干旱和其他灾害天气预报服务。

【气象服务事例】　1998 年 6 月,出现连续性大暴雨过程,过程雨量超过 800 毫米,赣江、抚河、锦江、内河等 10 座大型水库均超过警界线,由于丰城市气象局准确及时地提供气象预报服务,指挥部关闭部分水库,使内河水位没有超过分洪水位,避免 5 万多群众转移,几万亩农作物免受洪水侵袭。

专业与专项气象服务　1960 年 10 月在梅岗公社进行人工增雨试验;1978 年 8 月配合中国人民解放军在湖塘、淘沙、铁路、潘桥、秀市等乡镇进行人工增雨作业。1991 年在防汛抗旱指挥部统一安排下开展人工增雨作业。1995 年 6 月,市政府人工影响天气领导小组办公室成立,设在市气象局。1999 年、2001 年、2003 年、2004 年、2005 年、2007 年开展过人工增雨作业。

气象科技服务与技术开发　1985 年开始推行气象有偿专业服务,主要是为全县各乡镇(场)或相关企事业单位提供中、长期天气预报和气象资料,一般以旬报为主。

2005 年 7 月,电视天气预报制作系统升级为非线性编辑系统。1999 年 6 月,正式开通"121"天气预报自动答询电话。2004 年 4 月"121"答询电话主服务器归由宜春市气象局建设维护。2005 年 1 月,"121"电话升位为"12121"。2001 年 8 月丰城农村经济信息网建成。1999 年,地面卫星接收小站建成并正式启用。2008 年开通灾害性天气预警系统,以手机短信方式向全市各级领导和气象信息员发送灾害性气象信息。

科学管理与气象文化建设

1. 社会管理

2001 年市政府市长办公会议通过《丰城市雷电防护管理规定》,同意并成立雷电防护管理局。2005 年底作出"关于将新建建筑物防雷装置设计审核与竣工验收纳入综合报建程序"的决定。2000 年开始,市气象局和市安监局每年联合发文对全市雷电安全进行全面大检查,定期检查液化气站、加油站、民爆仓库等高危行业和非煤矿山等的防雷设施。

执法队伍建设日趋完善。由市政府批准,市气象局获行政执法主体资格,有 4 人获得行政执法上岗证;4 人获得施放氢气球上岗证;5 人获得人工增雨作业上岗证。

2. 党建工作

1980 年成立党支部。2008 年底,有党员 8 人。党支部坚持每周召开 1 次党的生活会,定期召开民主生活会,开展民主评议党员活动,组织党员学习政策文件,发挥党支部战斗堡垒作用和党员模范带头作用。全站重视精神文明建设和党建工作,党员干部以身作则,在工作中作出了表率。全站形成了艰苦奋斗、团结友爱的风气,培养出一支爱岗敬业、战斗力强的队伍。

丰城市气象局认真落实党风廉政建设目标责任制,积极开展廉政教育和廉政文化建设活动,努力建设文明机关、和谐机关和廉洁机关。

3. 气象文化建设

丰城市气象局始终坚持以人为本,弘扬自力更生、艰苦创业精神,深入持久地开展文明创建工作。把领导班子的自身建设和职工队伍的思想建设作为文明创建重要内容,通过开展经常性政治理论、法律法规学习,造就了廉洁的干部队伍,锻炼出一支高素质的职工队伍。全局干部职工及家属子女无任何违法违纪事件。

开展文明创建规范化建设,改造观测场,装修业务值班室,统一制作局务公开栏、学习园地、法制宣传栏和文明创建标语等宣传牌。建设两室一场(图书阅览室、职工学习室、小型运动场),拥有图书 2000 册。

每年世界气象日组织科技宣传,普及气象与防雷知识。积极参加市里组织的文艺汇演和户外健身,丰富职工的业余生活。

4. 荣誉与人物

集体荣誉 丰城市气象局 1963 年、1964 年被评为全省农业先进单位。1978 年被评为全省农业学大寨先进集体。1984 年、1985 年、1987 年、1989 年被评为全省气象部门先进集体。1992—2000 年连续 9 年被评为"全省气象部门先进单位",其中 1994 年名列第二名。1995 年获全省气象部门防灾减灾集体记功奖励;2003 年被评为全省气象部门"十强市县"。

人物简介 陈长文,1950 年 4 月出生,祖籍江西高安,中专学历,工程师。1985—1986年任奉新县气象站副站长,1987—1992 年任安义县气象局局长兼党支部书记,1992—2002年任丰城市气象局局长兼党支部书记,2002—2008 年任丰城市气象局党支部书记。陈长文因成绩突出,1987 年、1993 年、1995 年、1998 年获省气象局"双文明建设"和"气象服务"记功奖励;1995 年被省气象局授予"优秀中青年"称号和"优秀县市局长"称号;1992—2002年省气象局给陈长文记功 4 次,1 次记大功;1987—2003 年他多次被地方党组织评为"优秀党员"或"优秀党务工作者";2000 年被省政府授予"江西省劳动模范"称号。

台站建设

丰城市气象局占地总面积 9900 平方米。20 世纪 80 年代建成办公楼。1998 年建成职工宿舍。2004 年建成新办公楼并投入使用。2000—2004 年,丰城市气象局在院内实施了绿化、道路硬化等工程,按照规范化建设业务值班室。建成约 5000 平方米草坪、花坛,绿化率达到了 65%,路面硬化约 1100 平方米。

丰城市气象站(摄于 1983 年)

丰城市气象局业务楼(摄于 2008 年 10 月)

靖安县气象局

　　靖安,五代时建县,隶属洪州。新中国建立时属九江军分区,后划归南昌专区。1959年 1 月 1 日属江西省宜春市(地区)。靖安县位于江西省西北部,面积 1377.49 平方千米,辖 5 个镇、6 个乡、74 个行政村,总人口 14 万。境内千米以上山峰 113 座。

　　靖安县位于北中亚热带湿润气候带,气候温和,四季分明,雨量充沛,日照充足,霜期较短,植物生长期长。年平均气温为 17.2℃,年平均降水量为 1731.1 毫米,年平均日照时数为 1773.7 小时。

　　靖安县气象局位于靖安县双溪镇香田坪,北纬 28°52′,东经 115°23′,观测场海拔高度为 78.9 米。

机构历史沿革

　　始建情况　1957 年 1 月 1 日靖安气候站建于双溪镇香田坪,北纬 28°51′,东经 115°22′,观测场海拔高度为 54.6 米。

　　站址迁移情况　1965 年 1 月 1 日迁至县城东门外小山上。北纬 28°52′,东经 115°23′,观测场海拔高度为 78.9 米。

　　历史沿革　建站时名称为靖安气候站,是一般观测站,1958 年 1 月改为靖安县气象站,1980 年 1 月改为靖安县气象局,1984 年 7 月改称靖安县气象站,1990 年 1 月改为靖安县气象局,为正科级事业单位。1994 年 11 月为辅助观测站,1998 年 1 月恢复一般观测站,2007 年 1 月 1 日升格为国家基本站。

　　管理体制　1957 年 1 月 1 日,归江西省水利电力厅水文气象局管理;1959 年 3 月归靖安县水电局和宜春专区水文气象总站管理;1962 年 5 月归江西省水电厅水文气象局和宜春水文气象总站管理;1964 年 7 月归江西省水电厅水文气象局和宜春水文气象分局管理;1971 年实行靖安县革命委员会和靖安县人民武装部双重管理、以武装部为主,业务属宜春专区气象台指导;1973 年 8 月归靖安县革命委员会管理,业务上由宜春专区气象台指导;

1980 年 6 月实行气象部门与地方政府双重领导、以气象部门领导为主的管理体制。

机构设置 靖安县气象局现设机构有:办公室、业务股、服务股、靖安县昌安气象服务有限公司、靖安县雷电防护管理局、靖安县防雷装置质量检测检验所、靖安县人工影响天气办公室。

单位名称及主要负责人变更情况

单位名称	姓名	职务	任职时间
靖安气候站	付光俊	负责人	1957.01—1958.01
	邓昌玉	负责人	1958.01—1962.01
	朱思藻	负责人	1962.01—1964.09
靖安县气象站	梅富昌	站长	1964.09—1969.09
	项金珍	站长	1969.09—1972.02
	刘发德	站长	1972.02—1975.08
	彭清和	负责人	1975.08—1976.05
	胡德庭	站长	1976.05—1980.01
靖安县气象局		局长	1980.01—1982.02
靖安县气象站	郑士华	副局长(主持工作)	1982.02—1984.07
		站长	1984.07—1990.01
		局长	1990.01—1996.03
靖安县气象局	漆爱华	局长	1996.03—2003.09
	陈隆财	副局长(主持工作)	2003.09—2006.03
		局长	2006.03—2009.03
	辛增林	副局长(主持工作)	2009.03—

人员状况 靖安气象站成立时仅有 4 人,1974 年 1 月从农业局借调 2 人。2008 年有在职职工 11 人,外聘 1 人,退休 4 人;在职职工中大专学历 10 人,高中学历 1 人。工程师 4 人,助理工程师 2 人。

气象业务与服务

1. 气象业务

①地面气象观测

建站时每日观测 4 次(地方时 01、07、13、19 时),1960 年 1 月 1 日起改为 3 次(北京时 08、14、20 时),不守夜班。观测项目有云、能见度、天气现象、气压、气温、湿度、风向、风速、降水、雪深、日照、蒸发、地温,以及压、温、湿、风、降水的自记仪器记录。2004 年 12 月 31 日安装自动气象站,与手工观测并行。2007 年开始以自动气象站为主,手工观测为辅,云、能见度、天气现象、日照、蒸发等为手工观测。2005 年开始建成 10 个区域自动气象站,形成遍布全县的气象自动监测网络。

建站后气象月报表、年报表制作主要是手工抄写方式编制,一式 3 份,分别上报省气象局、地区气象局、本站留底 1 份。从 1995 年开始报表制作采用计算机,向上级气象部门报送磁盘。经省气象局审核合格后打印1份,寄回本站。1998年4月起通过计算机网络输入原始资料上传,停报纸制报表。

2007年前每天拍发08、14、20时GD-05报。2007年1月1日起每天拍发4次基本地面天气报,4次补充地面天气报,08时拍发GD-05报。不定时拍发重要天气报。每天06—20时拍发固定的OBSAV南京航空报。天气报的内容有云、能见度、天气现象、气压、气温、风向、风速、降水、雪深、地温;航空报的内容只有云、能见度、天气现象、风向风速等。当出现危险天气时,5分钟内向所有需要航空报的单位拍发危险天气报;重要天气报的内容有暴雨、雷暴、大风、雨、积雪、冰雹、龙卷风等。

初建站时,观测仪器主要有干、湿球温度表,最高、最低温度表,2米及70厘米雨量器,小型蒸发器,轻便型风压器,日照计。1961年增加地温观测项目。1962年5月至1964年12月停止曲管地温观测。1968年1月1日增加气压自记观测。1970年3月4日增加风向风速自记。1971年6月1日起增加温度、湿度自记记录观测。1975年增加雨量自记观测。

②农业气象观测

1962年3月开始农业气象观测,主要进行一些生物气候观测;20世纪70—80年代主要承担江西省气象科学研究所的水稻再生稻研究项目的观测。1991年承担省气象科学研究所的胶股蓝研究项目,以中源乡为基地,开办胶股蓝生产加工场。

③天气预报

短期天气预报有未来1~3天的天气状况、雨量、风、气温。建站初期,制作补充天气报。1990年增加短时天气预报。中期天气预报有未来3~10天的天气趋势预报,内容为天气过程、雨量、气温、农事建议。通过接收上级台的旬、月天气预报,结合分析本地的气象资料,短期天气形势,天气过程的周期变化等制作天气过程趋势预报。长期天气预报有未来10天以上降水过程,气温变化及灾害天气趋势预报。主要运用数理统计方法和常规气象资料图表以及天气谚语、韵律关系等方法分别制作出本地一年天气趋势、春播、汛期、干旱期、冬季等与工农业生产息息相关的长期天气预报,供各级领导参考。

④气象信息网络

20世纪80年代以前,基本以手工操作为主,随着电子技术的发展,气象信息网络逐步建立。1981年开始正式接收传真图,1986年架设开通甚高频电话实现与宜春气象台的直接业务会商,1994年购置1台计算机,通过程控拨号网络调阅气象资料、图表等。1999年开通PC-VSAT接收系统,接收大量的气象信息,大大提高了预报准确率。2000年用Modom拨号、2004年用VPN网络传报。2007年建成SMTP专线,保障报文及自动气象站实时资料的传输。1997年开通"121"天气预报自动答询系统,2004年起"12121"电话由市气象局集约经营并维修。2005年借助移动通信网络开通气象短信平台,以手机短信方式向全县各级领导和群众发送气象信息。2001年购买1套电视天气预报制作系统,制作天气预报。2001年5月,建立农村经济信息网,2001年与电信局接通互联网。

2. 气象服务

公众气象服务 短期天气预报和气象灾害预警等信息通过县广播电台、电视台等传媒向社会公众发布。1999年10月起,靖安县气象局制作的短期天气预报在靖安县人民广播电台、靖安县电视台播出,并每晚在靖安电视台新闻节目后播出未来 2 天每个乡、镇的天气预报。

决策气象服务 根据本地工农业生产和社会活动的需要,及时做好关键性、转折性、灾害性天气预报服务,向县政府有关部门及各乡镇提供天气实况和预报等信息,如大风、冰雹、暴雨集中期、强雷电、冰冻灾害等均做出比较准确的预报,并及时通过电话、手机短信告知县乡领导,为领导进行科学决策提供准确及时的气象信息。

专业与专项气象服务 1982 年,由于干旱严重,靖安县开展人工增雨作业,炮点定在水口乡,火箭发射点定在宝峰镇。2008 年底有"三七"高炮 2 门(其中 1 门双管,1 门单管)。2006 年购置 1 辆人工增雨火箭发射车,双管火箭发射架 1 套。

气象科技服务与技术开发 1980 年,对外提供气象资料实行收费。1985 年起,服务对象和范围扩大,服务的项目内容增多,从单纯的预报到预报、情报、气候分析等;服务的手段从单纯的电话服务发展到电话、邮寄、传真、"12121"自动答询电话、手机短信等。还根据用户的特殊需求,如对椪柑节、生态旅游节及森林火险等级作专题天气预报服务,制作特殊的气象服务产品。

气象科普宣传 市气象局与学校合作,将市气象站作为学校的教学基地。市气象局经常深入社区街道进行科普宣传,散发气象科普读物,撰写稿件在靖安县广播电台、电视台进行防雷减灾和气象知识宣传,每年利用世界气象日、安全生产月广泛进行宣传。安排气象科技人员进入工厂、企业、乡村宣讲气象防灾减灾知识。

科学管理与气象文化建设

1. 社会管理

行政执法 2003 年县法制局将《中华人民共和国气象法》作为在全县进行执法大检查的重点。2005 年县司法局把《中华人民共和国气象法》作为普法重点。

雷电防护管理始于 20 世纪 90 年代末。1998 年,成立靖安县防雷检测所。2004 年县政府印发《靖安县防雷安全管理规定》。2006 年防雷报建工作进入县政府行政服务中心。

政务公开 对气象行政审批办事程序、服务承诺、气象行政执法依据、服务收费依据及标准,通过户外公示栏等方式向社会公开,财务收支、工程招标等内容则采取职工大会或在局务公开栏、内网、张贴等方式向职工公开,财务一般每半年公示一次。

2. 党建工作

1987 年前党员不足 3 人,气象局和农业局合设党支部,1988 年建立独立党支部,先后发展党员 5 人。2008 年底,党员人数达 6 人。2007 年、2008 年连续两年被县直机关工委授予"先进党支部"称号。

2003 年设立廉政监督员岗位,认真落实党风廉政建设目标责任制,积极开展廉政教育和廉政文化建设活动,努力建设文明机关、和谐机关和廉政机关,积极参加全国气象部门党风廉政宣传月活动和靖安县委组织的警示教育,局长每年向靖安县纪委汇报一次廉政建设情况。

3. 气象文化建设

县气象局建设两室一场（图书阅览室、职工学习室、篮球、羽毛球场），添置了乒乓球桌、室外运动器材等，不定期组织员工进行卡拉 OK 比赛，丰富职工文化生活。

靖安县气象局成立文明创建工作领导小组，由局长任组长，副局长任副组长，成员由局务会成员组成。20 世纪 90 年代以来，多次被靖安县委、县政府授予"两个文明建设先进单位"称号，2004 年、2006 年连续两届被宜春市委、市政府授予"精神文明建设先进单位"称号。

4. 荣誉

靖安县气象局被评为 2003—2004 年度、2004—2005 年度、2006—2007 年度宜春市"文明单位"；1993 年获中国气象局"农业开发科技进步二等奖"。

台站建设

1957 年建站时，站址设在香田公社香田土段农民水田上。1960 年迁至现在的双溪镇东门小山上，建成 1 幢 96 平方米的办公室和一层住宅瓦房，吃水靠人工到山下的水井挑水，下雪时挑水十分困难。1977 年省气象局拨款 0.8 万元，建成 400 平方米的职工宿舍。1994 年，省气象局拨款 15 万元建成 315 平方米的办公楼。1996 年省气象局拨款 4 万元，拆除危旧职工厨房，建成 175 平方米新厨房。2002 年省气象局拨款 15 万元用于综合改善，修水泥路、建成 85 平方米的综合业务室。2007 年省气象局拨款 40 万元用于建靖安县气象局综合业务大楼，25 万元用于综合改善。2008 年完成综合业务大楼土地平整。

靖安县气象局旧办公楼（摄于 20 世纪 80 年代）

靖安县气象局现办公楼（摄于 2008 年）

奉新县气象局

汉景帝三年（公元前 154 年）设海昏县，汉灵帝中平二年（185 年）改名新吴，南唐保太元年（943 年）为表示"弃旧迎新"之意改名奉新。奉新是世界科技巨著《天工开物》作者宋应星的故乡,是佛教"禅林清规"(天下清规)的发祥地。县域面积1645平方千米,总人口30.2万。

奉新县属中亚热带湿润气候,年平均气温17.2℃,年平均降水量1685.5毫米,年平均日照时数1775.7小时,年最大风速27米/秒。

奉新县气象局位于县城北门罗山路,北纬28°42′,东经115°23′,观测场海拔高度53.7米。

机构历史沿革

始建情况　奉新县气象站建于1958年10月,位于奉新县赤岸公社(现赤岸镇)赖家地。

站址迁移情况　建站时位于奉新县赤岸公社赖家地,1971年1月1日搬迁至奉新县冯川镇王家地(即县城北门罗山路59号)。

历史沿革　建站时称奉新气象站;1959年8月更名为奉新气象服务站;1971年5月更名为奉新气象站;1980年7月成立奉新县气象局;1983年9月撤消奉新县气象局,改回奉新气象站;从1990年6月起,恢复奉新县气象局名称,属正科级事业单位。

管理体制　1959年1月至1959年2月、1962年6月至1968年10月、1980年7月起实行双重管理、以部门为主的管理体制。1959年3月至1962年5月、1968年11月至1970年11月、1973年8月至1980年6月实行以当地政府管理为主的体制。1970年12月至1973年7月实行军队和地方政府双重管理、以军队为主的管理体制。1980年7月,实行气象部门与地方政府双重领导,以气象部门领导为主的管理体制。

机构设置　建站至1970年,县气象站除1名站长(负责人)或副站长主持工作外,未设任何机构。1971年开始,县气象站下设测报股和预报股,1979年增设农业气象组,1980年7月奉新县气象局成立,下设测报、预报和农业气象3个股。1986年设测报、预报服务2个股。2001年1月至2008年设防雷管理局、防雷中心、综合业务、气象科技服务和办公室。

单位名称及主要负责人变更情况

单位名称	姓名	职务	任职时间
奉新气象站	石颂周	负责人	1958.10—1959.08
奉新气象服务站	顾元忠	站长	1959.08—1962.06
	余朝溪	副站长(主持工作)	1962.06—1971.05
奉新气象站	詹名洗	站长	1971.05—1971.10
	罗时珍	站长兼指导员	1971.10—1973.06
	胡学军	站长	1973.06—1980.07
奉新县气象局		局长	1980.07—1981.05
	梅富昌	副局长(主持工作)	1981.05—1983.09
奉新气象站		站长	1983.09—1989.02
	徐蛇根	副站长(主持工作)	1989.02—1990.03
	刘加木	副站长(主持工作)	1990.03—1990.06
奉新县气象局		副局长(主持工作)	1990.06—1992.01
		局长	1992.01—1995.01
	刘普金	局长	1995.01—1997.04

续表

单位名称	姓名	职务	任职时间
奉新县气象局	卢火香	副局长（主持工作）	1997.04—1998.08
	段筱玲	局长	1998.08—1999.03
	卢火香	局长	1999.03—2005.08
	汤剑保	局长	2005.08—2007.10
	杨秋莲	局长	2007.10—

人员状况 奉新县气象站成立时编制 4 人,1 名负责人、3 名观测员;1984 年人员增加至 17 人;截至 2008 年底有 13 人,其中在职职工 9 人,平均年龄 41 岁,20～30 岁 1 人,30～40 岁 3 人,40～50 岁 4 人,55 岁以上 1 人,退休 4 人。本科学历 2 人,大专学历 6 人。

气象业务与服务

1. 气象业务

①地面气象观测

1959 年 1 月建站开始时,根据《气象观测暂行规范》、《地面气象观测规范》观测气压、气温、湿度、风向、风速、降水量、小型蒸发量、云量、云状、能见度、天气现象及地面和浅层地温。2003 年 11 月起安装自动气象站后,增加 40 厘米、80 厘米、160 厘米、320 厘米深层地温观测,与人工站观测并行。

1959 年 1 月起按地方平均太阳时 01、07、13 时和 19 时进行 4 次观测。1960 年 7 月 1 日起改用北京时 02、08、14、20 时进行 4 次观测。1962 年 1 月起改为北京时 08、14、20 时 3 次气候观测。1985 年 3 月 1 日增加 11、17 时 2 次气压、气温、湿度、风向、风速、云量、云状、能见度观测。1986 年 2 月起取消 11、17 时观测。

1959 年 1 月至 2006 年 12 月,向军航、民航提供 06—20 时每小时固定航空和危险报以及 21—05 时预约航空报。2007 年 1 月 1 日起改为 08—16 时航空报和危险报。1960 年 1 月起向省、地区气象台拍发 08 时区域绘图天气报。1961 年 1 月起增发区域危险报。1980 年 1 月起增发重要天气报和每日 08 时向省气象台拍发 GD-91 区域绘图天气报。1999 年 1 月起增发 08、14、20 时 GD-05 天气加密报。另有台风试验报、台风加密报和区域联防报等。

建站时配置干、湿球温度表,最高、最低及地面和浅层 5～20 厘米温度表,雨量器,小型蒸发器,维尔达测风器,水银气压表,空盒气压计,温、湿度计等仪器。1968 年 9 月测风仪器更新,取消维尔达测风器,启用电接风向风速计。1985 年 9 月配备 PC-1500 袖珍计算机,1986 年 1 月起正式用于编发气象电报和制作地面气象报表。2003 年 11 月,奉新县气象局 CAWS600-B 型自动气象站建成,从 2003 年 12 月 31 日起,执行人工、自动站平行对比观测,自动气象站观测项目有气压、气温、湿度、风向、风速、降水、地温等,观测项目全部采用仪器自动采集、记录,替代了人工观测。

2005 年 12 月,在澡下镇、仰山乡、甘坊镇首先建成 CAWS600-RT 型自动雨量站。2006 年 12 月,在赤岸镇、赤田镇及干洲镇建成 HYA-M 型温度、雨量、风向、风速四要素自动气象站,在宋埠镇建成 HYA-M 型温度、雨量两要素自动气象站。2008 年 4 月在柳溪乡、石溪乡办事处、澡溪乡、罗市镇、上富镇、会埠镇建成 CAWS600-RT 型温度、雨量两要素自动气象站。

②农业气象

建站以来,围绕农业上的种、管、收进行调查服务。1976 年首次成立农业气象蹲点组,深入澡溪开展双季稻栽培试验和物候观测及田间水、泥温观测记载。1979 年县气象站成立农业气象组,在上富、赤岸、仰山开展早晚稻、油菜、花生、大豆等物候观测记载和杂交稻制种观测。1984—1986 年对奉新县猕猴桃研究所园林开展物候和园林小气候、土壤含水量的观测记载。通过对全县农业气候的深入调查和收集整理,编写《奉新县气候服务手册》和《奉新县农业气候调查区划报告》。

③天气预报

奉新县气象站建站时就开始制作 1～3 天的天气预报。至 2008 年,有春播、汛期、干旱、寒露风等专题预报和旬、月中长期预报以及暴雨、大风、雷电、高温、大雾、寒潮、大雪、道路结冰等灾害性天气预报和预警。

1959 年建站时,采取收听预报指导和看天的方法制作发布天气预报。1961 年 11 月开始实施观测物象征兆探索天气变化。20 世纪 70 年代开始,预报工具改进,每日根据汉口中心气象台广播点绘 08 时高空图和 14 时地面天气图作预报。1972 年预报科技人员利用综合要素曲线图、高空图和地面天气图进行分析,找出变化规律作预报。1974 年在综合要素曲线图取得成效的基础上总结出"四个基本"和"四个结合"的预报方法。此期间制作了汛期暴雨预报方法,汛期降水趋势预报、汛期降水集中期和结束期的预报方法。1978 年 3 月引进气象传真机设备。1982 年学习 MOS 预报方法,利用接收的传真图、单站资料为预报因子,利用数理统计的方法,建立 4—6 月汛期暴雨预报、各月晴雨及大风、大雪、雨凇等 MOS 预报方法。1990 年 10 月停收气象传真图,只作解释预报。21 世纪以来,利用计算机网络技术获取卫星、雷达等资料制作 48 小时补充订正预报,特别是做好灾害性天气预报预警以及短时临近预报。

2. 气象服务

从建站开始,以农业为重点做好公众气象服务。每日通过广播站发布天气预报,到 20 世纪 90 年代天气预报改用电视台播放。随着社会发展,服务手段不断更新,有广播、电视、短信、电子显示屏、"12121"电话、报刊等。

在做好公众气象服务的同时,注重为党政领导做好决策气象服务,口头或书面形式向县委、县政府有关领导提供重要性、转折性天气信息,通过手机短信向全县各级领导干部发送灾害天气预警信息。

1975 年开始人工增雨试验,利用气象火箭人工催化降雨。20 世纪 90 年代增配 2 门"三七"高炮。2004 年底购置 1 台火箭发射架。2005 年 9 月由省气象局和地方财政合资配套购置 1 部人工影响天气作业车,建立 1 支作业分队,多次开展人工增雨作业用于抗旱和缓解城市高温。

1985 年开始对专业户开展专业服务,根据专业户的需求制作专题预报。有森林火险指数、水稻病虫害、重点工程所需的天气预报以及人文天气预报。

奉新县气象局从建站以来,开展各种形式气象科普活动。1982年开办《气象科技》小报。1988年组织全县6所中学进行气象知识竞赛。在每年的世界气象日、防灾减灾日都以科普展板和发放科普资料形式开展宣传。

气象法规建设与社会管理

法规建设 1997年奉新县政府印发《关于切实做好我县防雷工作意见的通知》(奉府办发〔1997〕11号)。2005年奉新县政府印发《关于气象观测场探测环境实施保护办法的通知》(奉府办发〔2005〕51号)。2007年奉新县政府印发《关于进一步加强防雷减灾工作实施意见的通知》(奉府办发〔2007〕61号)。

社会管理 加强气象探测环境保护,向县国土局、县环保局、县建设局、县规划局报送探测环境保护的备案资料。20世纪90年代开展防雷检测工作。2001年奉新县雷电防护管理局成立。防雷设计、审核进入县政府行政大厅,施工、竣工验收纳入气象行政管理范围。

政务公开 在奉新县政府网设有公示栏,公开内容有气象机构设置、职能、办事程序、气象行政事业性收费项目、依据、标准、气象行政许可、行政审批项目、依据、程序、期限、有关行政法规、规章和规范性文件。同时通过职工大会对奉新县气象局重大决策、年度及阶段性目标任务、财务收支等重大事项进行公开。

党建与气象文化建设

党建工作 1959年建站初期,只有1名党员。1970年调入1名党员。1971年发展1名党员,党员参加邮电局支部活动。1973年1月经县人民武装部党委批准成立县气象站党支部,有4名党员。2008年底有9名党员。

党支部成立后,制订学习计划和制度,认真落实党风廉政建设目标责任制,积极开展廉政建设和廉政文化活动,开展学习"八荣八耻"等活动。

气象文化建设 奉新县气象局坚持把领导班子的自身建设和职工队伍的思想建设作为精神文明建设的重要内容,经常开展政治理论、法律、法规学习。全局干部职工及家属子女均能遵纪守法,无一例违纪违法现象,无一例违反计划生育现象。文明创建得到加强,单位设有局务公开公示栏、文明创建标语等宣传栏目,院内有羽毛球、健身器材等文体活动场所。

荣誉 奉新县气象局从1973—2008年共获集体荣誉40余项,主要有1978年8月"汛期暴雨预报方法"获江西省政府科技成果奖;1978年10月被中国气象局授予"全国气象部门红旗单位"称号;1978年12月获"全国先进单位"称号,受国务院嘉奖;1980—1983年被江西省政府授予"全省农业先进单位"称号;1998—2007年连续被评为市级"文明单位"。

台站建设

奉新县气象局在1980年以前只有2栋平房,1980年新建1幢三层办公楼。1989年建1幢两层宿舍楼,面积430平方米。2003年争取专项资金35万元,建办公楼,面积680平方米。内设综合业务室96平方米、会议室、资料档案室等。2005—2006年争取资金30万元用于综合改善,修建草坪、花坛、道路。

奉新县气象站(摄于1975年)

奉新县气象局(摄于1981年)

奉新县气象局(摄于2008年)

高安市气象局

高安市位于江西省中部偏西北,属长江中下游平原,建制于汉,初名建成,唐改称高安,1993年12月撤县设市。全市面积2439.33平方千米,辖2个街道办事处、22个乡镇(街道)、1个垦殖场,总人口83万。

高安市年平均气温17.7℃,年平均降水量1560.0毫米,年平均日照时数1772小时。

高安市气象站位于锦河北岸的河北鹤背岭,北纬28°25′,东经115°23′。观测场海拔高度为46.8米。

机构历史沿革

始建情况　高安市气象站始建于 1959 年 1 月 1 日，原址在锦河南岸的东方红公社朝阳门外老古潭庙。

站址迁移情况　1960 年 10 月 4 日迁至锦河北岸（新址距原址约 3000 米）的县城河北鹤背岭，承担国家一般气候观测任务，属国家一般气象站。

历史沿革　建站时为高安气象服务站；1971 年 1 月改为高安气象站；1980 年 1 月改为高安县气象局；1984 年 6 月又改为高安县气象站；1990 年 6 月更名为高安县气象局；1993 年 12 月随着撤县设市，改为高安市气象局。

管理体制　1959 年 1 月 1 日，由江西省水利电力厅水文气象局管理；1959 年 3 月由高安县水电局和宜春专区水文气象总站管理；1962 年 5 月改由江西省水电厅水文气象局和宜春专区水文气象总站管理；1964 年 7 月由江西省水电厅水文气象局和宜春水文气象分局管理；1971 年实行高安县革命委员会和高安县人民武装部双重管理、以武装部为主的管理体制，业务上属宜春专区气象台指导；1973 年 8 月改由高安县革命委员会管理，业务上由宜春专区气象台指导；1980 年 6 月，实行气象部门与地方政府双重领导、以气象部门领导为主的管理体制。

单位名称及主要负责人变更情况

单位名称	姓名	职务	任职任期
高安气象服务站	康发根	负责人	1959.01—1960.05
	喻承焱	负责人	1960.05—1962.04
	左秀岩	负责人	1962.04—1962.09
	梅富昌	负责人	1962.09—1963.08
	李林生	负责人	1963.08—1968.12
	无	无	1968.12—1969.02
	贾火焱	负责人	1969.02—1971.01
高安气象站			1971.01—1973.01
	付双喜	副站长（主持工作）	1973.01—1975.08
	贾火焱	副站长（主持工作）	1975.08—1980.01
高安县气象局		副局长（主持工作）	1980.01—1984.06
高安县气象站		站长	1984.06—1989.01
	谢邦开	站长	1989.01—1990.06
高安县气象局		局长	1990.06—1993.12
高安市气象局			1993.12—2001.02
	付晓明	局长	2001.02—

注：1968 年 12 月至 1969 年 2 月期间，无负责人

人员状况　高安市气象站成立时仅有 2 人，随后基本上保持 4 人。1968 年至 1969 年 1 月原有业务人员全部下放，从农业局、水文站抽调 2 人。最多时人员达到 14 人。截至 2008 年底有在职职工 10 人，退休职工 5 人。在职职工中：大学普通班学历 1 人，大专学历

5 人,中专学历 4 人。工程师 5 人,助理工程师 4 人。中共党员 6 人。均为汉族。

气象业务与服务

1. 气象业务

①地面气象观测

观测时次与项目 刚建站时的观测是每日 4 次(地方时 01、07、13、19 时)。1960 年 7 月 1 日起观测时间改为北京时间,观测时次也由 4 次改为 3 次,即 08、14、20 时。观测项目有云、能见度、天气现象、气压、气温、湿度、风向、风速、降水、雪深、日照、蒸发、地温等。

2003 年 7 月安装自动气象站,与手工观测并行。2006 年开始以自动气象站为主,手工观测为辅,但云、能见度、天气现象、日照、蒸发等仍以手工为主。

气象报表制作 高安气象站建站后气象月报表、年报表的制作主要是手工抄写方式编制,一式 3 份,分别上报省气象局、地区气象局、本站留底 1 份。从 1995 年开始报表制作采用计算机,向上级气象部门报送磁盘。经省气候中心审核合格后打印 1 份,寄回本站。2001 年开始从网络直报省气候中心。

拍发航空天气报 从 1963 年 1 月 1 日起拍发预约航空天气报,1965 年开始每天 06—20 时拍发 OBSAV 南京、OBSMH 南昌的航空危险天气报,同时还承担 AV 广州、清江、北京等地的预约航空报任务。2007 年,业务技术体制改革将航空危险天气报任务划归国家基本站,高安气象站持续 40 余年的航空天气报任务结束。

发报内容 天气报的内容有云、能见度、天气现象、气压、气温、风向风速、降水、雪深、地温;航空报的内容只有云、能见度、天气现象、风向风速等。当出现危险天气时,5 分钟内及时向所有需要航空报的单位拍发危险天气报;重要天气报的内容有暴雨、雷暴、大风、雨、积雪、冰雹、龙卷风等。

观测仪器 刚建站时,观测仪器全部是人工观测,主要有温度表、雨量筒、寇乌式气压表、日照计、蒸发皿,1961 年增加地温观测。1938 年 2 月 15 日至 4 月 30 日终止 0 厘米和地面最高、最低温度观测,2 月 15 日至 9 月 30 日终止 5 厘米、10 厘米、15 厘米、20 厘米曲管地温观测,观测风的仪器是维尔达压板测风器。1962 年 9 月 1 日增加气压自记观测,1966 年 6 月 1 日起增加雨量自记观测,1968 年 3 月取消 E-601 型蒸发观测,1968 年 9 月 1 日增加风向风速自记记录观测,结束维尔达风向风速观测,1970 年 3 月 1 日起增加温度、湿度自记记录观测。

②农业气象

1959 年 2 月开始农业气象观测,主要进行生物气候观测。20 世纪 60 年代时测时停。70—80 年代承担部分省气象科学研究所的一些研究项目的观测,如天麻、宁麻观测。1971 年 3—4 月,在新街公社农科所开展薄膜育秧湿度效应观测,为高安市早稻采用薄膜育秧提供科学依据。20 世纪 80 年代,主要观测水稻、棉花各生育期的变化,向省、地气象部门发报,制作早、晚稻产量预报。20 世纪 90 年代末,高安市气象站取消农业气象一级站,停止农业气象观测。

③天气预报

短期天气预报 建站初期,县级开始作补充天气预报,主要是收听江西省人民广播电台对气象台站广播的天气形势,结合本站的气象要素以及物候反映制作预报。20世纪60年代中期至70年代末,除收听江西省人民广播电台的天气形势广播外,还抄收每天15时的武汉中心气象台播报的高空、地面欧亚的各类气象资料,填在图上进行分析,制作预报。

中期预报 20世纪70年代中期,通过接收上级气象台的旬、月天气预报,结合分析本地的气象资料、天气过程的周期变化等制作一旬天气过程趋势预报。

短期气候预测(长期天气预报) 主要运用数理统计方法和常规气象资料图表以及天气谚语、韵律关系等方法分别制作出本地一年天气趋势、春播、汛期、干旱期、冬季等与工农业生产息息相关的长期天气预报,供各级领导参考。

高安市气象局制作长期预报在20世纪70年代起步,从80年代起,为适应预报工作发展的需要,按中央气象局提出的"大中小、图资群、长中短"相结合的技术原则,多次会战,建立一整套适合本地特点的长中短期天气预报指标方法。

④气象信息网络

20世纪80年代以前,基本以手工操作为主。1981年开始正式接收传真图,主要接收北京和日本的气象传真图;利用传真图表独立分析判断天气变化。1986年架设开通甚高频电话实现与宜春气象台的直接业务会商。1994年购置1台计算机,通过电讯网络调阅天气预报资料等。1995年开通"9210"卫星接收系统。1997年正式开通"121"天气预报自动电话答询系统。2001年购买1套电视天气预报制作系统,由市气象局制作每天的天气预报,送市广电局播放。2001年5月建立农村经济信息网,2001年与电信局接通互联网。2003年7月23日建立自动气象站,2005年以来建成20个区域自动气象站,形成气象自动监测网络。

2. 气象服务

公众气象服务 高安市气象局始终把为国防和国民经济建设服务作为工作重点来抓,认真做好每日的短期天气预报,通过本地广播电台、电视台等传媒告知广大市民。1994年2月起,制作的短期天气预报在江西人民广播电台、江西卫视中播出。

决策气象服务 除做好日常天气预报外,还根据本地工农业生产和社会活动的需要,提供各类决策服务工作,如重大灾害性天气预报,及时通过电话、手机短信息方式告知各级领导。

专业与专项气象服务 1976年起高安市气象局开展人工影响天气工作。20世纪80年代,人工增雨以火箭为主。90年代开始用"三七"高炮开展人工增雨。1996年购置1门双管"三七"高炮。2003年购置人工增雨火箭发射车1台,双管火箭发射架1套,用火箭实施人工增雨作业。

气象科技服务与技术开发 1980年,开始试行气象资料收费服务。1985年气象有偿服务的范围不断扩大,从最初的几个单位发展到60个单位,服务的项目内容不断增多,从单纯的预报到预报、情报、气候分析等;服务的手段也不断更新,从单纯的电话服务发展到电话、邮寄、传真、"12121"自动答询、手机短信等。有时还根据用户的特殊需求,制作特殊的气象服务产品。

气象科普宣传 市气象局与学校合作,将市气象站作为学校的教学基地。撰写稿件在高安市人民广播电台、高安市电视台播出,每年都参加市政府组织的安全生产月活动,宣传气象防灾减灾知识。

科学管理与气象文化建设

1. 法规建设与社会管理

法规建设　高安市政府批转市气象局《气象灾害应急预案》、《关于进一步做好防雷减灾工作》的通知和《关于加强我市建设项目防雷装置防雷设计审核、跟踪检测、竣工验收工作》等文件。

政务公开　对气象行政审批办事程序、气象服务内容、服务承诺、气象行政执法依据、服务收费依据及标准等,通过户外公示栏等方式向社会公开。财务收支、工程招标等内容则采取职工大会或在局务公开栏、内网、张贴等方式向职工公开。

雷电防护　防雷工作开始于 20 世纪 30 年代末。2003 年成立高安市防雷中心,防雷检测工作进入正规化轨道。2005 年防雷工作进入市政府行政服务中心办公。

2. 党建工作

1971 年以前高安县气象站无党员,1971 年从部队退伍军人中挑选 1 名党员分配到市气象局工作,1985 年成立党支部,先后发展党员 5 名,从部队调入 2 名。2008 年,设支部 1 个,有党员 6 名。

2003 年设立廉政监督员岗位,认真落实党风廉政建设目标责任制,积极开展廉政教育和廉政文化建设活动,努力建设文明机关、和谐机关和廉政机关,积极参加全国气象部门党风廉政宣传月活动和高安市委组织的警示教育,局长每年都向高安市纪委汇报 1 次本单位的廉政建设情况。

3. 气象文化建设

高安市气象局多年来始终狠抓精神文明建设不放松,成立精神文明建设领导小组,由局长任组长,副局长任副组长,成员由局务会成员组成。

20 世纪 90 年代以来,高安市气象局每年都被高安市委、高安市政府授予"两个文明建设先进单位"称号。2001 年、2003 年、2005 年、2007 年连续四届被宜春市政府授予"精神文明建设先进单位"称号。

建有两室一场(图书阅览室、职工学习室、小型运动场),拥有图书近千册,添置了乒乓球桌、台球桌、麻将桌、室外运动器材等。

4. 荣誉

2003 年高安市气象局被中国气象局授予"局务公开先进单位"称号。

台站建设

高安市气象局刚建站时,站址设在东方红公社的老大潭庙,1960 年迁到城北鹤背岭后,建 1 幢 110 平方米的房子、1 间值班室、4 间职工宿舍、1 个储物间。1985 年江西省气象局拨款 5 万元,修建 1 幢 400 平方米的办公大楼。台站综合改善先后经历 2 次。2000 年,省气象局拨款 10 万元用于平整土地,观测场换马尼拉草和办公楼修膳,开挖一座红石山,砌观测场挡土墙 50 米,平整近 0.2 公顷,搬运土石方 1500 立方米。2005 年省气象局拨款 40 万元,拆除高安市气象局原办公楼,新建 650 平方米的现代化办公大楼。1996 年、2001 年通过职工集资先后修建了 600 平方米和 900 平方米的职工宿舍 2 幢。

高安市气象局原办公大楼(摄于 1985 年)

高安市气象局现办公大楼(摄于 2006 年)

上高县气象局

上高县位于江西省西北部,面积 1364.4 平方千米,总人口 34.6 万,辖 6 个乡、6 个镇、1 个街道办事处。

上高县属中亚热带季风湿润气候,年平均气温 17.6℃,年平均降水量 1718.4 毫米,年平均日照时数 1668.2 小时。

上高县气象站位于北纬 28°14′,东经 114°55′,观测场海拔高度 66.6 米。

机构历史沿革

始建情况 上高县气象站始建于 1956 年 12 月,原站址在上高县锦江乡胡家村,即北纬 28°16′,东经 114°54′,位于县城偏西方,距县城约 5 千米。

站址迁移情况 1959 年 12 月迁入城区内,即上高县敖阳镇东门口,海拔高度为 53.0 米。由于城市扩建,1969 年又迁入上高县敖阳镇五马大队贯山上,即上高县敖阳镇贯山路 20 号,观测场面积为 25 米×25 米。1999 年因台站规划需要,观测场改为 20 米×16 米。

历史沿革 建站时称江西省上高气候站;1959 年 3 月改名为江西省上高水文气象站;1962 年 5 月改名为江西省宜春水文气象总站上高气象服务站;1964 年 7 月改名为江西省上高气象服务站;1969 年 11 月改为上高县农业服务站革命委员会气象组;1970 年 11 月改

为江西省上高县气象站;1981 年 1 月改名为上高县气象局;1983 年 2 月改为上高县气象站;1990 年 6 月改为上高县气象局。

管理体制 1956 年 12 月建站时隶属于江西省气象局管理;1958 年归属江西省水利电力厅水文气象局管理;1959 年 3 月,改为上高县政府委员会水利电力局管理;1970 年 11 月实行军队与地方政府双重管理、以军队为主的管理体制;1973 年 8 月实行地方政府管理;1980 年 7 月以后,实行气象部门与地方政府双重领导,以气象部门领导为主的管理体制。

机构设置 1974 年前,内部未设任何机构。1975 年设测报、预报两组。1981 年 3 月设测报、预报、农业气象三个股。1995 年增设行政办公室,即"二股一室",综合业务股、科技服务股和办公室。2008 年底有直属单位 4 个,即上高县华云气象科技服务中心、上高县雷电防护有限公司、宜春市防雷检测所上高分所、上高县雷电防护管理局。

单位名称及主要负责人变更情况

单位名称	姓名	职务	任职时间
江西省上高气候站	黄继威	站长	1956.12—1958.12
	梅富昌	站长	1958.12—1959.03
江西省上高水文气象站			1959.03—1959.10
	罗根秀	站长	1959.10—1961.02
	左秀岩	站长	1961.02—1962.05
江西省宜春水文气象总站上高气象服务站			1962.05—1962.07
	梅富昌	站长	1962.07—1964.07
江西省上高气象服务站			1964.07—1964.10
	洪宝林	站长	1964.10—1968.10
	无	无	1968.10—1969.11
上高县农业服务站革命委员会气象组	无	无	1969.11—1970.02
		负责人	1970.02—1970.11
江西省上高县气象站	涂长有	站长	1970.11—1970.12
			1970.12—1976.03
	黄水连	站长	1976.03—1980.12
上高县气象局		站长	1980.12—1981.01
	洪宝林	局长	1981.01—1983.02
上高县气象站		站长	1983.02—1987.04
	高木林	站长	1987.04—1990.06
上高县气象局		局长	1990.06—1999.08
	吴才旺	局长	1999.08—

注:1968 年 10 月至 1970 年 2 月期间,无负责人。

人员状况 建站时有 2 人,1992 年最多达 14 人。2008 年底有在职职工 12 人,退休 2 人。在职职工中:本科学历 3 人,大专学历 3 人,中专学历 6 人。中共党员 10 人。工程师 8 人,助理工程师 3 人。

气象业务与服务

1. 气象业务

①地面气象观测

观测项目 1956 年 12 月 1 日开始观测的项目有气温、湿度、风向、风速、降水、云、能见度、天气现象、蒸发、地面状态。1957 年 7 月增加日照观测。1959 年 3 月增加自记雨量观测。1960 年 1 月增加地面最低温度观测。1962 年 6 月增加地面 0 厘米、最高及地中 5 厘米、10 厘米、15 厘米、20 厘米温度观测。1966 年 6 月增加气压观测。1969 年增加自记气压观测。1969 年 9 月增加自记温度、湿度观测。1979 年 1 月增加自记风观测。1994 年 11 月取消地面 0 厘米、最高、最低温度和 5 厘米、10 厘米、15 厘米、20 厘米的地温观测项目,天气现象部分项目改为简记。1998 年 1 月恢复地面 0 厘米、最高、最低温度观测,天气现象按规范记载。

观测时次 1956 年 12 月 1 日起每天按地方时进行 01、07、13、19 时 4 次定时观测。1960 年 1 月起由 4 次定时观测改为 07、13、19 时 3 次观测。同年 7 月改为北京时 08、14、20 时 3 次观测。2005 年 1 月 1 日起除云、能见度、天气现象、日照、蒸发、定时降水量为人工观测外,其他项目均采用自动观测。

发报种类 气候旬报 1957 年 3 月开始拍发,1958 年 8 月增加 08 时天气报告,1959 年 5 月开始向宜春气象台编发 08 时天气报告和 14 时降水报,1975 年增发气象联防报,1982 年增加台风试验报,1984 年 1 月增加重要天气报,1985 年增加台风加密天气报。至 2008 年,每天拍发 08、14、20 时 GD-05 报和不定时重要天气报 GD-11。

气象仪器 1957 年 7 月安装日照计,1959 年 3 月安装虹吸式雨量计,1961 年 1 月雨量计高度由 2 米改为 70 厘米,百叶箱高度由 2 米改为 1.5 米。1962 年 6 月安装地面温度表及曲管地温表,1966 年 6 月安装动槽式水银气压表及空盒气压计,1969 年 9 月安装毛发湿度计和双金属片温度计,1970 年 3 月维尔达风向风速计停用,改为电接风向风速计,1979 年 1 月安装电接风向风速自记仪。2002 年安装自动气象站。2006—2008 年地方拨款,在全县各乡镇建 13 个二至四要素的中尺度区域自动气象站。

②农业气象

生物气候观测从 1959 年 3 月开始,1979 年 1 月正式开展农业气象观测和预报情报服务,观测的项目有早晚稻、油菜、柑橘、花生等,1979 年 7 月正式规范农业气象工作制度,并着手建立农业气象"四个基本",开展早晚稻、油菜等农作物产量预报服务。1988 年完成了上高县农业气候资料和区划工作。20 世纪 90 年代后期随着业务结构调整,农业气象观测基本停止,主要是针对农业生产结构调整开展农业气象情报、预报服务,农业生产引种改制气候资料分析与论证。

③天气预报

短时、短期预报 1958 年 5 月起在收听省、地区气象台及邻省(湖南、湖北)的天气预报基础上,结合群众看天经验、本站气象要素的特征,制作 1~3 天天气预报,随着气象卫星、气象雷达的发展,现在制作短时、短期等天气预报。

中长期预报 1959 年起开始制作旬、月及重要农事季节天气预报。1960 年起制作春播、汛期、干旱、寒露风及年景预报,并根据农业生产的需要制作各种专题预报。

专业气象预报 从 1985 年为县制药厂提供第一次专业预报以来,发展到现在为建筑行业、交通运输、森林防火、重要社会活动、重点工程项目提供所需专业天气预报。

预报工具与技术方法 20 世纪 50—60 年代,主要是收听南昌、长沙、汉口的天气预报,结合图、资、群,以群众经验为主,利用县气象站资料点绘气象要素时间剖面图及 14 时压、温、湿曲线图和点聚图,收集群众经验和谚语以及天物象(动植物)反映作预报指标。20 世纪 70 年代,天气图得到改进,根据汉口气象广播点绘 08 时 500 百帕、700 百帕、850 百帕高空图和 14 时地面图进行分析,利用本站要素曲线图和 14 时本站资料寻找预报方法和指标,总结出四个基本、四个结合的县气象站预报方法。20 世纪 80 年代,有气象传真机设备,扩大收图数量,提供垂直高度和物理量,1983 年起以传真图和单站资料预报因子,应用数理统计办法,建立一系列的 MOS 预报方法。20 世纪 90 年代开始四个结构调整,减少重复劳动,县气象站集中力量搞好短期预报。21 世纪以来,利用卫星、雷达资料等制作短时订正预报。

④气象信息网络

建站初期气象通信网络十分薄弱,电报收发主要依靠邮电线路、天气预报靠收音机。1987 年用高频电话。20 世纪 90 年代中后期,随着计算机网络技术的发展,各种电报及气表-1 等资料通过计算机网络传输。

2. 气象服务

公众气象服务 20 世纪 70—90 年代天气预报服务手段主要依托县广播。1998 年 6 月与广电部门联合开通电视天气预报节目。20 世纪 70 年代中期开始,每年早稻春播季节,派出服务小分队,深入农村田间地头,开展现场气象服务。2003 年建成上高县农经网,并在各乡镇开通信息站,定期印发农经信息。

决策气象服务 建成决策气象服务平台,开通为主要领导服务的计算机服务终端,定期不定期制作《气象情况呈阅件》、《气象情报信息》,快速、便捷、简要地向领导提供信息和建议,通过手机短信方式向领导发送气象预测预警信息。

专业与专项气象服务 1984 年 10 月,县气象局第一次发布专业预报服务以来,服务领域、行业和种类有所发展,向有关企事业单位、基建工程提供天气服务或工程项目论证等工作。1991 年 5 月,开通县气象广播(警报)系统,开展计划用电信息与天气预报服务。1993 年 6 月开通各乡镇气象警报系统,开展天气预报服务和农业气象预报情报服务。1998 年 6 月开通上高县"121"电话自动答询系统。

上高县人工影响天气于 1978 年起步,当时使用"三七"高炮和土火箭,气象技术人员根据省、地区气象台天气预报和经验来指挥人工增雨作业。1989 年 4 月省、地、县气象部门与保险公司在上高县进行人工消雹试验。2003 年 7 月上高县人工影响天气领导小组成立,办公室设在县气象局,至 2008 年,已配备专用车和 BL-1 型电控火箭发射器和专用火箭弹,建立人工影响天气通讯、雷达跟踪等保障系统。2001 年以来人工影响天气作业在为抗旱、森林防火、城市降温气象服务中起到积极作用。

气象科普宣传 建站 50 多年来,上高县气象局始终把气象科普宣传作为一项重要工作来抓,油印宣传小册子,利用县报刊、县广播电视新闻媒体宣传气象科普常识,把气象科普知识送进农村、送进学校、送进社区、送进企业、送进机关,设立青少年科普基地,接待中小学学生参观学习。

科学管理与气象文化建设

法规建设与社会管理 1987 年开始避雷针检测工作,至 2008 年,已涉及防雷装置的设计、图纸审核、施工、竣工验收、雷击风险评估、防雷报建等工作。

2001 年上高县政府印发《加强防雷设施建设和管理的意见》,上高县气象局与县建设局联合开展防雷报建工作。2005 年上高县政府办公室印发《上高县防雷安全管理办法》,防雷竣工验收作为新建建筑竣工验收的一项重要内容。2005 年县政府办公室印发《上高县国家气候站探测环境和设施保护办法》。2006 年县政府办公室印发《上高县气象灾害应急预案》。

党建工作 1972 年以前仅有 1~2 名党员,与水文站或水利局编为一个支部。1973 年开始成立县气象站党支部。截至 2008 年底有 9 名党员(其中 2 名退休职工党员)。

支部各项工作制度健全,民主管理、民主监督落到实处。与各股室签订党风廉政建设责任状。从 2001 年起,局内设兼职廉政监督员 1 名,党风廉政建设由一把手亲自抓,廉政监督员具体抓,政务、财务公开制度化。通过窗口办事指南把防雷报建、防雷检测等收费向社会、公众公开。通过局务公开栏、会议等形式把单位收支账目、基建项目、车辆使用情况、招待费用等向职工公开。

组织党员干部职工观看警示教育片,开展同唱荣辱歌,开展书写廉政对联、短信编辑比赛等活动。

气象文化建设 上高县气象局 2000 年成立精神文明建设领导小组,创建工作有计划、有目标、有考核评比办法,组织全体干部职工到韶山等地开展革命传统教育,在单位业务楼开辟气象文化走廊,编排具有气象特色的快板书参加全县文艺演出。至 2008 年,单位文体活动设施齐全,有电教设备、职工阅览室、室内室外健身场所。

荣誉 1963 年、1964 年被江西省政府授予"农业先进单位"称号,2003 年被省委、省政府授予"省级文明单位"称号,2005 年被中国气象局授予"局务公开先进单位"称号。

台站建设

上高县气象局占地面积 1 公顷,2003 年投入 78 万元,拆除老办公楼,按现代气象业务要求,新建建筑面积为 490 平方米的业务楼,同时对院内环境全面改造,清理余土 3 万立方米,新建车库、炮库 140 平方米,环境绿化美化。2008 年投入 70 多万元,扩建业务楼 380 平方米,更换办公设施,建成宣化路直通气象局大门的道路,修建大门、门卫房,安装电动门。

上高县气象局旧办公室（摄于 1981 年 6 月）　　上高县气象局改建后的综合业务楼（摄于 2008
年 10 月）

宜丰县气象局

宜丰建县于三国吴大帝黄武年间（222—229 年），位于赣西九岭山脉中段之南麓。

宜丰县属中亚热带温暖湿润气候区，总面积 1935 平方千米，总人口 28 万，共 16 个乡
（镇、场），年平均气温 17.1℃，年平均日照时数 1558.5 小时，年平均降水量 1779.5 毫米。

宜丰县气象局位于北纬 28°24′，东经 114°47′，观测场海拔高度 91.7 米。

机构历史沿革

始建情况　宜丰县气候站始建于 1958 年 11 月 1 日，建站时站址设在宜丰县新昌镇北
门（城郊），1958 年 11 月 1 日 1 时正式开始观测。

站址迁移情况　1965 年 1 月 1 日迁至宜丰县城西郊桥西乡桥西村广螺山。

历史沿革　建站时定为宜丰县气候站，1959 年 6 月更名为宜丰县水文气象站；1960 年
5 月改为宜丰气象服务站；1962 年 8 月改名为江西省宜春水文气象总站宜丰气象服务站；
1964 年 7 月更名为江西省宜丰县气象服务站；1971 年 5 月更名为宜丰县气象服务站；1980
年 6 月更名为宜丰县气象局；1980 年被国家气象局列为国家农业气象基本站；1984 年 1 月
更名为宜丰县气象站；1990 年 6 月恢复为宜丰县气象局。2007 年 1 月 1 日为国家气候一
级站，2008 年为国家基本气象站，并承担航空天气报告任务。

管理体制　1958 年 11 月建站时，隶属江西省气象局管理；1959 年 3 月归口县水利电
力局管理；1959 年 11 月成立水文气象站气象组，改为宜丰县政府委员会水利电力局管理；
1973 年 7 月归县水利电力局管理；1980 年 7 月以后，实行气象部门与地方政府双重领导，
以气象部门领导为主的管理体制。

机构设置　建站只有业务股；1985 年设有预报股、测报股、综合经营股；2004 年设有业
务股、防雷检测所。

单位名称及主要负责人变更情况

单位名称	姓名	职务	任职时间
宜丰县气候站	张瑞华	站长	1958.11—1959.06
宜丰县水文气象站			1959.06—1959.12
宜丰气象服务站	何德俊	站长	1959.12—1960.05
			1960.05—1962.08
江西省宜春水文气象总站 宜丰气象服务站	戚嘉麟	站长	1962.08—1964.07
江西省宜丰县气象服务站			1964.07—1968.09
	（不详）		1968.09—1971.05
宜丰县气象服务站	（不详）		1971.05—1971.11
	漆烈生	站长	1971.11—1980.06
		局长	1980.06—1980.11
宜丰县气象局		站长	1980.11—1981.06
	熊长喜	局长	1981.06—1983.12
		局长	1983.12—1984.01
		站长	1984.01—1984.11
宜丰县气象站	辛焕堂	站长	1984.11—1988.12
	陶苗树	站长	1988.12—1990.05
		站长	1990.05—1990.06
宜丰县气象局		局长	1990.06—2004.02
	况秋明	局长	2004.02—

注:1968年9月—1971年11月资料缺失。

人员状况 建站时有5人,1981年有18人,2008年底有在编职工12人,聘用2人,退休6人。均为汉族。在职人员中40岁以下4人,40～49岁7人,50～55岁3人。本科学历3人,大专学历7人,中专学历3人,高中文化1人。高级工程师1人,工程师6人,助理工程师2人,技术员2人,中级技术工人1人。

气象业务与服务

1. 气象业务

①地面气象观测

观测项目 1958年11月1日起正式进行气温、湿度、地温、降水量、蒸发、风、云、能见度、天气现象、积雪深度、日照等项目观测;1965年1月增加气压观测。2007年8月29日增加太阳辐射观测,2008年10月24日增加GPS/MET观测。

观测时次 1958年11月1日起每天进行4次观测(01、07、13、19时);1960年1月1日起改为每天3次观测;1961年1月1日改为北京时(08、14、20时);1965年1月1日起每天进行4次观测;1985年3月1日起改为每天8次观测;1986年2月1日起恢复每天4次观测;1988年5月1日起改为每天3次观测;2007年1月1日起又改为每天8次观测。

发报种类　1958年11月1日起24小时拍发航空危险天气报;1963年2月1日起04—20时拍发航空危险天气报,1964年1月1日起24小时拍发航空危险天气报;1988年5月1日起06—22时拍发航空危险天气报;1997年1月1日起06—20时拍发航空危险天气报。天气报于1959年5月1日起拍发区域绘图天气报告;1983年1月11日起拍发气象旬月报,1983年5月1日起增发重要天气报告;2007年1月1日起拍发8次天气报告,保留08时GD-05报。

气象仪器　建站时,配置了维尔达风压器、干湿球温度表、最高最低温度表、雨量筒、小型蒸发皿、空盒气压计(周转);1963年8月配置地面温度表、最高、最低温度表、5~20厘米曲管地温表;1965年配置湿度自记仪;1966年增加温度自记仪、空盒气压计换日转型;1969年1月EL型电接风向风速仪取代维尔达风压器;1985年1月起用PC-1500袖珍计算机编发航空危险天气报、编制气表-1和气表-21;1996年1月起使用486计算机编发航空报,编制气表-1和气表-21;2003年11月23日建成自动气象站;2005年12月23日至2008年6月分三批建成天宝等12个区域自动气象站;2007年8月29日起开展太阳辐射观测项目。

②农业气象

1959年3月起进行油菜、水稻等作物观测(1966—1975年中断);1976年起开展农业气象试验和服务;1979年江西省气象局将宜丰县气象站列为农业气象情报网站;1980年被国家气象局列为国家农业气象基本站。

农业气象服务　1959年起进行春播天气预报服务,1976年增加重要农事季节情报、预报;1979年开始开展杂交稻制种、稻豆轮作、西瓜水稻轮作专项服务。

农作物物候观测　1959年起进行多年的水稻生育期观测;1979年对早晚稻、林木、动物、候鸟、昆虫进行系统的观测记录;1984年开展黄红麻、玉米生育期观测。

农业气候调查和农业气候区划　1976年10月搜集整理农业气候资源;1978年进行全县气候资源调查;1982年8月完成《宜丰县农业气候区划报告》、《宜丰县农业气候区划资料表》、《宜丰县农业气候区划图集》。

农业气象试验研究　1978年以来进行杂交水稻制种、早稻地膜育秧、豆稻连作、引种西瓜、秋玉米分期播种、黄麻栽培、食用菌优质栽培等农业气象条件的试验研究。

③天气预报

天气预报方法在20世纪80年代以前手段简单,局限于"土洋结合",以土为主,其后无线电通讯设备、计算机及网络化技术的应用,天气预报种类逐步增加,服务手段多样化。

短期天气预报　1959年1月起对外发布1~2天的短期天气预报;1982年起增加灾害性天气短时补充预报;2006年1月1日起对外发布气象灾害预警信号。

短期气候预测(长期天气预报)　1959年起不定时发布1旬天气预报和重要农事季节的天气预报;1976年起定期发布旬报、春播汛期和干旱天气预报,不定时发布"小满寒"、"寒露风"、"冬季低温"等天气预报。

专项天气预报　1985年起向工业、交通、保险、森林防火、水电、农业等部门发布高温、大风、降水、火险级别等专项预报。

预报工具　20世纪60年代主要通过电台广播收听上级气象台天气预报和环流形势分析,抄收点绘武汉气象台地面、850百帕、700百帕、500百帕天气图,观测天物象变化,制作天气预报。20 世纪 70 年代开始开发短中期预报方法,对春播天气、汛期大到暴雨天气进行模式数值预报。

④气象信息网络

1958 年建站至 1984 年,县气象通信网络能力薄弱,靠收音机接收上级气象台的天气形势和预报,气象电报的收发依赖邮电线路;1999 年 7 月建成气象卫星接收小站;2001 年 6 月 29 日建成计算机局域网和农经网;2003 年 11 月 23 日建成自动气象站;2007 年 8 月起航空报通过网络传输到省电信局;2008 年 10 月 9 日建成气象预报可视化会商系统。

建站到 2002 年前,县气象记录原始档案均由本单位保存,2002 年 9 月将大部分气象探测原始记录档案移交省气象档案馆保存,为了方便查阅和调用,本站仅保存最近 5 年的气象探测记录档案,其后逐年向省气象档案馆移交。

2. 气象服务

公众气象服务 1959 年 1 月向外发布短中期天气预报;1976 年起,县气象局工作人员深入农村进行现场气象服务;1998 年 1 月建成电视天气预报制作和"12121"电话自动答询系统;2003 年 6 月起通过网络发布天气预报,同时将天气预报传送至手机用户;2006 年 1 月 1 日向全县手机用户发布气象预警信号。

决策气象服务 20 世纪 90 年代以前以口头方式向领导汇报,之后定期和不定期制作《气象呈阅件》《气象服务》,向领导提供气象信息和建议;2001 年 9 月起县乡(镇)通过农经网调用气象信息和农经信息;2006 年 1 月 1 日起通过手机短信方式向领导发送气象预测预警信息。

专业与专项气象服务 从 1985 年起,开展专业气象服务,对农、林、水、交通、保险、粮储、防汛、抗旱、防火等部门提供气象资料,对特别重大的天气气候事件则以《气象呈阅件》形式直接送到县委、县政府领导手中。对本县重大社会经济活动和重要节日提供气象服务保障。

气象科技服务与技术开发 自 20 世纪 80 年代初开始,先后进行食用菌栽培技术培训与开发、广告制作、彩球施放、防雷检测、专业有偿服务、电视天气预报栏目广告制作等多种气象科技服务,2003 年县财政出资购置 1 辆人工影响天气作业车和 1 台火箭发射架,抽调人员组成 1 支人影作业小分队,为解除农业旱情、城市降温、降低森林火险等级等开展人工影响天气作业。

气象科普宣传 开展送气象科技知识进农村、进学校、进社区、进企业、进机关等多项活动。利用世界气象日、科技宣传周、安全生产月等活动,通过图片展板、发放科普手册、现场咨询等多种形式,让科普知识走进千家万户。设立科普教育基地,每年在世界气象日期间对外开放,共接待参观学习的中小学生和群众上千人(次)。

气象法规建设与社会管理

法规建设 自 1988 年开始,宜丰县政府先后印发《关于进一步加强气象工作发展地方气象事业的通知》《关于企业进行防雷设施安全检查的通知》等文件。2002 年底宜丰县政府印发《宜丰县防雷减灾管理规定》(宜府发〔2002〕52 号)。

社会管理 依法对本站的探测环境进行保护,对防雷工程专业设计资质、防雷工程专业施工资质、施放气球单位资质进行认定,对施放气球活动实行许可管理。

2002 年,在宜丰县气象局内部抽调人员成立宜丰县雷电防护管理局,主要职责是为当地新建、改建、扩建建(构)筑物的防雷设计、施工、竣工验收进行管理。

政务公开 宜丰县气象局于 2005 年 1 月成立局务公开工作领导小组,建立"一网二栏"即内部网、内部公开栏和外部公开栏,进行对内和对外政务公开。

党建与气象文化建设

1. 党建工作

1958 年 11 月至 1969 年 12 月,只有 1 名党员,编入县水电局党支部;1970 年 1 月至 1971 年 12 月,有 3 名党员,先编入县水电局党支部,后编入县邮电局党支部;1972 年 1 月经县委批准,正式建立宜丰县气象站支部,党员由 4 名发展到 6 名;至 2008 年 12 月,有党员 8 名,预备党员 1 名。

1995 年 4 月成立气象局监察组,设立廉政监督员,负责廉政建设工作。党务、政务公开实行制度化。

2. 气象文化建设

坚持精神文明建设和物质文明建设两手抓,深入持久地开展文明创建工作。健全了创建精神文明的机制,制定相关的管理制度。1990 年成立创建精神文明领导小组。建设图书阅览室、职工学习室、小型运动场。1990 年以来连续 19 年被评为县级文明单位,1998—2008 年连续 6 届被评为市级文明单位,2000—2003 年连续两届被评为省级文明单位。

3. 荣誉

集体荣誉 宜丰县气象局 1979 年被江西省气象局授予"社会主义建设先进单位"称号。1985 年"宜丰县垂直梯度气候观测研究"获江西省政府科技成果三等奖。1987 年获江西省气象局农业气象"短平快"成果二等奖。1990 年获国家气象局科技扶贫工作集体三等奖。1991 年被评为全区气象部门目标考核"优秀单位"、"创优评先工作先进单位"、"全省气象部门创优评先工作先进单位"。1998 年被县委、县政府授予"1998 年服务地方经济建设先进单位"称号;被宜春地区气象局评为重大气象服务先进单位。1997 年、1998 年获中国气象局气象科技扶贫三等奖。2003—2005 年度被评为江西省气象局"全省气象科技服务三年翻番先进单位"。

个人荣誉 辛焕堂,男,汉族,1939 年 11 月生,1981 年 4 月至 1996 年 7 月在宜丰县气象局工作,1989 年 4 月被国家气象局授予"双文明建设先进个人"称号。

台站建设

宜丰县气象局占地面积为 1.47 万平方米,建站时,借用民房 4 间(约 60 平方米),作为办公、生活用房。1965—1980 年先后建起 4 幢砖木结构的平房作为办公及生活用房。1988—1990 年兴建 556 平方米 10 套二层平顶钢混结构职工宿舍 1 幢。1996—1997 年建设 1 幢 300 平方米的二层钢混结构办公楼。

2003—2004 年先后投入 25 万元，对院内环境进行综合改造，扩建办公楼 230 平方米，装修办公楼面积 530 平方米，更换了所有办公设备。道路硬化 1921.5 平方米，铺草坪 3000 平方米，栽种多种风景树，做花坛 3 个。安装室外健身器材 5 个。2007 年在气象局北面修筑了一条长 250 米、宽 5 米的水泥道路。

宜丰县气象局现办公楼（摄于 2008 年）

铜鼓县气象局

铜鼓县位于赣西北部，东界宜丰县，南界万载县，西界湖南省浏阳市、平江县，北界修水县，全县面积 1590 平方千米，下辖 9 个乡镇、4 个林场。

铜鼓县属于大陆性季风气候，年平均气温 16.2℃，年平均降水量 1855.6 毫米，光照充足，气候温和，雨量充沛，无霜期长。

铜鼓县气象站位于北纬 28°32′，东经 114°23′，观测场海拔高度 259.8 米。

机构历史沿革

始建情况　铜鼓县气象站始建于 1956 年 11 月 1 日，位于铜鼓县国营农场温塘。

站址迁移情况　建站时位于铜鼓县国营农场温塘，1975 年 1 月 1 日搬迁至铜鼓县永宁镇桃子岗（即永宁镇定江东路 386-8 号），距原址南面 2 千米处。

历史沿革　建站时命名为江西省铜鼓气候站；1959 年 6 月更名为铜鼓气象站；1960 年

5 月改为铜鼓气象服务站;1970 年 12 月改为江西省铜鼓县气象站;1980 年 7 月更名为铜鼓县气象局;1984 年 5 月又改为铜鼓县气象站;1985 年 11 月更名为铜鼓县气象局。

管理体制 铜鼓县气象站从成立至 1970 年 7 月,由宜春水文气象站管理。1971 年—1980 年 7 月间管理体制几经变动,先后归铜鼓县革命委员会、人民武装部、铜鼓县革命委员会抓革命促生产指挥部管理。从 1980 年 7 月起,县气象局实行气象部门与地方政府双重领导,以气象部门领导为主的管理体制,隶属于宜春市气象局管理。

单位名称及三要负责人变更情况

单位名称	姓名	职务	任职时间
铜鼓气候站	李 轩	站长	1956.11—1958.05
铜鼓气象站	戚嘉麟	站长	1958.05—1959.06
			1959.06—1960.05
铜鼓气象服务站			1960.05—1962.10
	何德俊	站长	1962.10—1964.09
	朱思藻	站长	1964.09—1970.12
			1970.12—1971.4
铜鼓县气象站	肖朝生	站长	1971.04—1972.04
	谢光汉	站长	1972.04—1973.02
	邵江南	站长	1973.02—1980.07
铜鼓县气象局		局长	1980.07—1984.05
铜鼓县气象站	揭正中	站长	1984.05—1985.11
铜鼓县气象局	高明沐	局长	1985.11—2002.03
	黄克勤	局长	2002.03—

人员状况 1956 年建站时只有 3 人。截至 2008 年底有在职职工 8 人,离退休职工 3 人,聘用人员 2 人。

气象业务与服务

1. 气象业务

①地面气象观测

观测时次与项目 1956 年 11 月 1 日至 1960 年 12 月 31 日,每天进行 02、08、14、20 时 4 次观测;1961 年 1 月 1 日起,定时观测次数由 4 次观测改为 3 次观测,每天进行 08、14、20 时 3 次观测。观测项目有云、能见度、天气现象、气压、气温、湿度、风向风速、降水、雪深、日照、蒸发、地温等。1961 年 7 月 10 日至 1997 年 12 月 31 日向 OBSAV 长沙、OBSMH 广州拍发预约航空(危险)天气报。1998 年 1 月至 2003 年 12 月只向 OBSAV 长沙拍发 06—18 时的航空(危险)天气报。2004 年 1 月起取消拍发航空(危险)天气报。

发报内容 天气报的内容有云、能见度、天气现象、气压、气温、风向风速、降水、雪深、地温等;航空报的内容只有云、能见度、天气现象、风向风速等。当出现危险天气时,5 分钟内及时向所有需要航空报的单位拍发危险报;重要天气报的内容有暴雨、大风、雨凇、积雪、冰雹、龙卷风、雷暴、视程障碍现象等。

气象报表　铜鼓县气象站编制的报表有 3 份气表-1,向省气象局、地(市)气象局各报送 1 份,本站留底 1 份。1985 年 8 月开始使用 PC-1500 袖珍计算机;2000 年 1 月通过网络向省气候中心转输原始资料,停止报送纸质报表。

自动气象站　2003 年 7 月,县气象局 CAWS600-BS 型自动气象站建成,7 月 1 日开始试运行(至 2004 年 12 月)。自动气象站观测项目有气压、气温、湿度、风向风速、降水、地温等,观测项目全部采用仪器自动采集、记录,替代了人工观测。2005 年 1 月 1 日,自动气象站正式投入业务运行。

2005 年 11 月,在带溪乡、排埠镇、棋坪镇首先建成 3 个单要素(雨量)自动气象站。2006 年 11 月,在高桥乡、大塅镇分别建成两要素(温度、雨量)、四要素(温度、雨量、风向、风速)自动气象站,2008 年 2 月分别在三都镇、温泉镇建成两要素、港口乡建成四要素自动气象站。

②农业气象

铜鼓县气象站为一般农业气象站,1981 年开始编发不定期农业气象情报,每年 12 篇左右;1982 年开始执行周年农业气象服务方案。农业气象观测项目有早稻、晚稻、油菜、茶叶、西瓜、马铃薯、玉米;开展农业气象预报项目有早稻产量预报、晚稻产量预报、油菜管理预报。1990 年底取消农业气象观测。

③天气预报

1996 年 9 月,县气象局与县广播电视局协商同意在电视台播放铜鼓县天气预报,县气象局建成电视天气预报制作系统,将自制节目录像带送电视台播放。后改为天气预报信息由县气象局提供,电视节目由电视台制作。

④气象信息网络

1997 年 7 月,县气象局在互联网上建起县级业务系统,进行试运行,此系统于 1997 年 12 月正式开通使用(传真图接收同时进行)。1998 年 9 月停收传真图,预报所需资料全部通过县级业务系统进行网上接收。2000 年 4 月 1 日,地面卫星接收小站建成并正式启用。2001 年 9 月建起了铜鼓县农村经济信息网,并在全县各镇、场开通信息站,促进全县农村产业化和信息化的发展。2008 年完成市—县天气可视会商系统建设。

2. 气象服务

公众气象服务　1981 年 7 月正式开始天气图传真接收工作,主要接收北京的气象传真和日本的传真图表,利用传真图表独立地分析判断天气变化,取得较好的预报效果。1989 年 5 月,正式使用预警系统对外开展服务,每天上、下午各广播 1 次,服务单位通过预警接收机定时接收气象服务语音信息。

1996 年 9 月,县气象局与县广播电视局协商同意在电视台播放铜鼓县天气预报,县气象局建成电视天气预报制作系统,将自制节目录像带送电视台播放。后改为天气预报信息由县气象局提供,电视节目由电视台制作。

1997 年 6 月,县气象局同县电信局合作,正式开通"121"天气预报自动答询电话。2004 年 4 月全市"121"答询电话实行集约经营,主服务器由宜春市气象局建设维护。

1997 年 7 月,县气象局在互联网上建起县级业务系统,进行试运行,此系统于 1997 年 12 月正式开通使用(传真图接收同时进行)。1998 年 9 月停收传真图,预报所需资料全部通过县级业务系统进行网上接收。2000 年 4 月 1 日,地面卫星接收小站建成并正式启用。2001 年 9 月建起了铜鼓县农村经济信息网,并在全县各镇、场开通信息站,促进全县农村产业化和信息化的发展。

决策气象服务 2007 年 3 月通过移动通信网络开通气象短信平台,以手机短信方式向全县各级领导发送气象信息。对特别重大的天气气候事件则以《气象呈阅件》形式直接送达县委、县政府领导。对重大社会经济活动和重要节日提供气象服务保障。

2008 年 3 月组建气象灾害信息员队伍,通过手机短信向全县每个村灾害信息员发送气象灾害预警信号,并利用全县公共场所安装的电子显示屏开展气象灾害信息发布工作。

专业与专项气象服务 1987 年开始推行气象有偿专业服务。气象有偿专业服务主要是为全县各乡镇(场)或相关企事业单位提供中、长期天气预报和气象资料,一般以旬、月天气预报为主。

1978 年 7 月 12 日成立铜鼓县人工降雨领导小组,7 月 14 日首次用气象火箭在二源江头开展人工降雨作业。1985 年 7 月配置 1 门人工增雨"三七"高炮,采用"三七"高炮开展人工增雨作业。1999 年 10 月,铜鼓县人工影响天气领导小组办公室成立,办公室设在县气象局,2004 年购置 1 套人工增雨火箭发射装备。

2008 年 1 月中旬,铜鼓县出现历史罕见的低温雨雪冰冻灾害天气,给电力、交通、通信、林业、农业及人们生产生活带来严重影响。针对此次长时间低温、雨雪、冰冻灾害性天气,县气象局在 1 月 11 日就发出第一份寒潮预警短信,并进行连续跟踪服务,为当地党政领导和部门作好抗击冰雪灾害工作提供了及时准确的优质服务,县气象局被宜春市授予"抗寒救灾工作先进单位"称号。

气象科普宣传 坚持开展气象科普宣传活动,把气象科技知识送进农村,送进学校,送进社区,送进企业,送进机关。每年利用世界气象日、科技周、安全生产月活动,派出气象服务小分队,通过图片展览、发放科普手册,让气象科普知识走进千家万户,走进人民群众的生活。

气象法规建设与社会管理

法规建设 2001 年 7 月铜鼓县政府办公室下发《关于印发〈铜鼓县防雷减灾管理规定〉的通知》(铜府办发〔2001〕17 号);2005 年 1 月对新建建筑物的防雷设计与审核纳入县城建报批项目,2006 年 1 月防雷审批正式进入县行政服务中心;2005 年 4 月印发《关于转发县气象局〈铜鼓县国家一般气候站探测环境和设施保护办法〉的通知》(铜府办字〔2005〕20 号);2006 年 9 月印发《关于印发铜鼓县气象灾害应急预案的通知》(铜府办发〔2006〕61 号);同年 12 月印发《关于切实加强全县防雷安全管理工作的通知》(铜府办字〔2006〕93 号);2008 年 12 月印发《关于进一步加强气象灾害防御工作的实施意见的通知》(铜府办发〔2008〕64 号);为规范铜鼓县防雷市场的管理,提高防雷工程的安全性,铜鼓县气象局还争取县政府法制办的支持,编写出台《铜鼓县防雷工程设计审核、施工监督和竣工验收管理办法》,并在全县范围内实施。

政务公开 对气象行政审批办事程序、气象服务内容、服务承诺、气象行政执法依据、服务收费依据及标准等,采取了通过户外公示栏、电视广告、发放宣传单等方式向社会公开。干部任用、财务收支、目标考核、基础设施建设、工程招投标等内容则采取职工大会或在局公示栏张贴等方式向职工公开。财务一般每半年公示 1 次,年底对全年收支、职工奖金福利发放、领导干部待遇、劳保、住房公积金等向职工作详细说明。干部任用、职工晋职、晋级等及时向职工公示或说明。

党建与气象文化建设

党建工作 1973 年 8 月成立铜鼓县气象局党支部,当时有党员 3 人,截至 2008 年底,县气象局党支部有党员 8 人,其中离退休党员 2 人,预备党员 1 人。

重视精神文明建设和党建工作,注重发挥党支部的战斗堡垒和党员的先锋模范作用,带动群众完成各项工作任务。党支部定期召开民主生活会,开展民主评议党员活动。

认真落实党风廉政建设目标责任制,积极开展廉政教育和廉政文化建设活动,设立廉政监督员岗位,努力建设文明机关、和谐机关和廉洁机关。

气象文化建设 始终坚持以人为本,弘扬自力更生、艰苦创业精神,深入持久地开展文明创建工作,政治学习有制度、文体活动有场所、电化教育有设施,职工生活丰富多彩。

铜鼓县气象局把领导班子的自身建设和职工队伍的思想建设作为文明创建的重要内容,通过开展经常性的政治理论、法律法规学习,造就了清正廉洁的干部队伍,锻炼出一支高素质的职工队伍。

开展文明创建规范化建设,改造观测场,装修业务值班室,统一制作局务公开栏、学习园地、法制宣传栏和文明创建标语等宣传牌。建设两室一场(图书阅览室、职工活动室、小型运动场),拥有图书 600 多册。积极参加社会组织的文艺汇演和户外健身活动,丰富了职工的业余生活。

荣誉 1978 年 9 月因合作研制人工降雨弹,铜鼓县气象站在省科技大会上获江西省委颁发的科技重要成果奖;1989 年 4 月获得全国气象科技扶贫先进集体三等奖;2000—2007 年连续被授予宜春市第一、二、三、四届"文明单位"称号;2006 年被江西省气象学会第九届理事会授予"先进集体"称号。

台站建设

至 2008 年,铜鼓县气象局占地面积 13574 平方米,1 栋 300 平方米左右的职工宿舍,1 栋 70 平方米的车库。2002—2004 年,分期分批对院内的整体环境进行改造,规范整修道路,在庭院内修建草坪和花坛,扩建装修业务综合楼达到 450 平方米,修建车库和单身宿舍楼,全局绿化率达到了 85%,硬化路面 1000 平方米,购置健身器材。

铜鼓县气象局旧办公楼(摄于 20 世纪 80 年代)

铜鼓县气象局现办公楼(摄于 2004 年)

万载县气象局

　　万载县历史悠久,孙吴黄武年间(222—229 年)开始设县,名阳乐;杨吴顺义元年(921年),置万载县,始用"万载"县名;宋徽宗时,更名建成,宋高宗绍兴元年(1131 年)复名万载。万载县位于赣西北边境,锦江上游,武功山脉以北,九岭山脉之南,县境东西长 61 千米,南北宽 52 千米,总面积 1719.63 平方千米。总人口 50 万。下辖 17 个乡镇。

　　万载县属亚热带湿润气候,年平均气温 17.5℃,极端最高气温 40.9℃,极端最低气温—11.6℃;年平均日照时数 1626.4 小时,年平均降水量 1673.8 毫米,年平均无霜期258 天。

　　万载县气象局位于县城北面小北关外 500 米,即北纬 28°07′,东经 114°27′,观测场海拔高度 98.4 米。

机构历史沿革

　　始建情况　万载县气象站始建于 1958 年 12 月,1959 年 1 月 1 日开始观测。

　　历史沿革　建站时称江西省万载县气候站;1959 年 3 月更名为万载县气象站;1960 年3 月起名称更改为万载县水文气象服务站;1970 年 11 月更名为江西省万载气象服务站;1973 年 8 月更名为江西省万载县气象站;1980 年 6 月成立万载县气象局;1984 年 1 月撤局改站;1990 年 6 月恢复万载县气象局。

　　管理体制　建站时归江西省水利电力厅水文气象局管理;1959 年 3 月为县人民委员会管理;1960 年 3 月归省水利电力厅水文气象局管理;1970 年 11 月归县人民武装部和县革命委员会双重管理,以县人民武装部管理为主;1973 年 8 月归县革命委员会管理;1980 年 6 月实行宜春市气象局和县人民政府双重领导,以气象部门领导为主的管理体制。

　　机构设置　1974 年 11 月起内设气象测报、天气预报、农业气象三个股(组)。2000 年 6

月成立万载县雷电防护管理局,属副科级单位,归县气象局管理。2001年起增设办公室和防雷检测所,原气象测报股、天气预报股、农业气象股合并为业务股。

单位名称及主要负责人变更情况

单位名称	姓名	职务	任职时间
万载县气候站	无	无	1958.12—1959.03
万载县气象站	无	无	1959.03—1959.06
	李 斌	副站长(主持工作)	1959.06—1960.03
			1960.03—1961.12
万载县水文气象服务站	戚嘉麟	负责人	1961.12—1962.09
	邓昌钰	负责人	1962.09—1970.11
江西省万载气象服务站			1970.11—1972.01
	彭建汉	站长	1972.01—1973.08
江西省万载县气象站	无	无	1973.08—1974.11
	陈鑫生	站长	1974.11—1980.06
万载县气象局		局长	1980.06—1980.08
	邓昌钰	副局长(主持工作)	1980.08—1981.06
		局长	1981.06—1984.01
万载县气象站		站长	1984.01—1986.12
	汤剑保	站长	1986.12—1990.06
万载县气象局		局长	1990.06—2005.07
	杨秋莲	局长	2005.07—2007.09
	汤剑保	局长	2007.09—

注:1958年12月至1959年6月期间,无负责人;1973年8月至1974年11月原负责人调离后无负责人。

人员状况 从建站起至2008年12月累计在站工作过的人员共42人。2008年底有在职人员10人,中共党员7人。大专以上学历7人。工程师5人。40岁以下4人,40～49岁4人,50～59岁2人。临时工2人,退休人员4人。

气象业务与服务

1. 气象业务

①地面气象观测

1959年每天观测4次(地方时01、07、13、19时);1960年1月1日改为每天观测3次(地方时07、13、19时),同年7月1日起采用北京时(08、14、20时)观测3次。

1959年1月1日起,根据《气象观测暂行规范(地面部分)》开始观测温度、湿度、风向风速、降水量、蒸发量、云量云状、能见度、天气现象和日照、地温。1964年1月起增加气压自记观测。1968年2月14日至3月4日取消5～20厘米地温、能见度、露、霾、轻雾观测,风向由16个方位改为8个方位。1969年5月起增加气压定时观测和温度、湿度、降水自记观测。1978年1月起增加风的自记观测。1980年起执行新的《地面气象观测规范》。

1959年5月1日起向地区气象台拍发地区区域天气报。1960年1月1日起向省气象台拍发GD-81区域天气报。1960年9月1日起拍发GD-82区域危险天气报。1970年1月至1991年12月分别向南昌、泰和、长沙、广州、耒阳、福州军用或民用机场拍发航空天气报和航空危险天气报。1982年1月起拍发GD-91气象服务电报和台风试验报。1984年1月起拍发GD-11重要天气报和03、14、20时GD-05报。

建站初期,气象仪器大部分为德国制造,以后逐渐更换为国产。1964—1978年逐渐增加风、气压、温度、湿度、降水的自记仪器。1985年4月安装甚高频电话,同年8月配置PC-1500袖珍计算机。1998年建成市到县微机终端。1999年建成PC-VSAT单收站。从建站至2003年12月所有观测项目均采用人工观测并制作气象报表。2003年8月安装自动气象站,观测的项目为压、温、湿、风、降水、地温。2004年1月起投入业务运行,并进行对比观测,2006年1月起取消08、14时与自动站相同项目的人工观测。2006—2008年,全县除靠近城区的康乐街道、马步乡外,其余15个乡镇安装单要素或多要素区域自动气象站,并投入了业务使用。2008年7月建成天气预报可视会商系统,同年8月开始GPS/MET水汽观测。

②农业气象

1959—1964年开展水稻、棉花生育期及田间小气候观测。1976—1989年开展农业气象观测、农业气象试验、农业气象情报、农业气象分析,期间的1979年1月至1989年12月列为全省农业气象情报网站。1990年1月撤销农业气象情报网站,终止农业气象观测。

在农业气象服务方面,1976—1977年在高城乡烧田村里路小组开展水稻单季改双季农业气象试验获成功。1978—1979年在白良乡白良村开展杂交水稻繁殖、制种农业气象试验获成功,为万载县开展一季稻制种提供科学依据,不需远赴海南制种。1979—1982年完成全县农业气候普查和农业气候区划。1979年起开展水稻生育期间农业气象条件预报及早、晚稻、油菜产量的定性、定量预报。

③天气预报

1959年3月起发布日常短期天气预报;1963年1月起增加中长期天气预报(旬、月报)和专题预报(春播、汛期、干旱、寒露风)。1970年以前预报方法主要是图、资、群相结合,以群为主。1973年起建立天气预报四个基本(基本资料、基本图表、基本方法、基本档案)。1983年10月起改用传真机接收各类预报图表和本站的MOS预报方法制作天气预报。1990年后,主要根据气象网上发布的预报资料以及省、市气象台的指导预报制作发布本辖区内的短期、短时和各种专题预报。

④气象信息网络

建站起至1983年9月制作天气预报所需的资料均依靠收听、抄录江西、湖南、武汉广播电台气象节目播出的有关信息。1983年10月至1985年使用气象传真机接收资料、图片。1986年1月起用甚高频电话接收。1998年起所有预报资料改从微机终端和PC-VSAT单收站接收。

2. 气象服务

公众气象服务 通过广播电台、电视台对外发布天气预报,建立声讯电话,建站起至 2006 年定期将天气旬报以书面形式发送至各乡镇和有关单位,通过网络和手机短信发布气象信息。

决策气象服务 有春播气象预报、汛期气象预报、短期灾害性天气预报。

专业与专项气象服务 万载县人工增雨作业始于 1978 年。1979 年万载康乐花炮厂进行气象火箭弹的生产试制工作。1986 年省军区调运 2 门"三七"高炮进行人工增雨作业。1999 年省人工影响天气领导小组调拨单管"三七"高炮 1 门。2002 年购置双管"三七"高炮 1 门。2005 年省人工影响天气领导小组调拨双管气象火箭发射设备 1 套。2006 年购置人工影响天气作业专用车 1 辆。

万载县主要在抗旱和森林灭火时开展人工增雨作业。县政府于 1999 年起成立人工影响天气领导小组,组长由分管农口的副县长担任,成员由各相关单位主要领导组成。领导小组办公室设在县气象局,办公室主任由县气象局主要领导担任并负责日常工作。1999—2005 年经县人民武装部从各单位选调人员组成人影作业分队,由县人工影响天气办公室根据天气状况安排作业。2006 年起人工影响天气作业多数采用气象火箭。

气象科技服务与技术开发 主要内容为天气预报服务和气象资料服务。1990 年以前为无偿服务,1990 年起除公益服务和为当地党政机关服务外,逐步转向有偿服务。

气象科普宣传 主要是编印气象小报、撰写气象科普稿件、利用世界气象日和全国安全生产宣传月进行气象科普宣传。

气象法规建设与社会管理

1. 法规建设

1988 年 12 月经县政府法制办考试合格,有 5 人取得气象执法资格。2001 年 3 月万载县政府印发《万载县防雷减灾管理规定》。2004 年 12 月万载县政府办印发《万载县政府办公室关于印发加强防雷减灾工作实施意见的通知》。2008 年经县政府审核批准,换发行政执法主体资格证。

2. 社会管理

探测环境保护 2005 年 5 月县政府办公室印发《万载县政府办公室关于印发万载县国家气候站探测环境和设施保护办法》,县气象局将相关文件、资料送有关单位进行备案。2007 年 12 月县政府办印发《关于保护气象探测环境有关资料进行备案的通知》,县气象局将相关文件、资料于 2008 年 5 月送达有关单位重新备案。

施放气球管理 万载县气象局 1996 年开始施放气球业务管理。2000 年 6 月起实行持证上岗,2008 年底有持证人员 5 人,严格按照《施放气球管理办法》和《通用航空飞行管制条例》执行。

防雷管理　万载县气象局的防雷管理工作始于 1992 年。2000 年 6 月成立万载县雷电防护管理局。2001 年设立防雷检测所。2005 年 6 月起万载县气象局在县行政服务中心设立服务窗口，派出 2 人负责防雷装置图纸的审核和防雷装置的验收。

党建与气象文化建设

党建工作　1972 年 2 月万载县气象局成立党支部，有党员 6 人（其中退伍军人 5 人，调入 1 人）。党支部从成立至 2008 年先后在气象科技人员中发展党员 8 人。2008 年底有党员 11 人（其中在职党员 7 人，退休党员 4 人），下设 2 个党小组（在职党小组和老干部党小组）。

万载县气象局党支部从成立以来，认真贯彻执行党的路线、方针、政策，坚持"三会一课"制度，党员政治思想稳定，敬业精神强。2004 年起成立党风廉政建设领导小组。支部领导班子成员廉洁自律，全体党员无违法违纪行为。

气象文化建设　1986 年县气象局成立精神文明建设领导小组，每年把精神文明建设工作列入重要议事日程，纳入年度工作目标考核内容。

1988—1996 年，县气象局先后被县委、县政府授予"创文明建设先进单位"、"文明单位"、"'五四三'和创'三优'优胜单位"称号；2001 年 12 月分别被县文明委和宜春市委、市政府评为"文明规范服务示范窗口"；1998—2007 年连续五届（含原地级）被评为市级"文明单位"称号；2008 年被县委、县政府授予"文明楼院"称号。

荣誉　万载县气象局从建站至 2008 年，获省委、省政府奖励 1 次；获市委、市政府（含原地委、行署）奖励 8 次；获县委、县政府奖励 24 次（含先进党支部）；获省气象局奖励 12 次；获市气象局奖励 13 次；获省、市其他部门单项奖 2 次。

人物简介　张海泉，男，1950 年生，江西万载县赤兴乡人，中共党员，高中毕业。1968 年 2 月应征入伍，1971 年 4 月分配到万载县气象站，担任气象观测及天气预报工作，历任天气预报股股长、副站长。因工作业绩突出，1982 年被省政府授予"农业劳动模范"称号。1985 年调离气象部门。

台站建设

万载县气象局 1976 年建成 1 栋 600 平方米的二层办公楼。1984 年建成 1 栋 500 平方米的二层职工宿舍楼，办公和生活区四周建起围墙。2003 年新建 1 栋 600 平方米的三层办公楼，在新建办公楼的同时，经单位统一规划，住户职工全额集资，扩建改造了职工宿舍 1 栋，共增加建筑面积近 150 平方米，室外墙面、水电设施、排污管道等统一进行改造，绿化率达 60％以上。2008 年改造装修办公辅助用房。

万载县气象站旧办公业务房（摄于 20 世纪 80 年代）　　万载县气象局现综合业务楼（摄于 2008 年）

上饶市气象台站概况

上饶市位于江西省东北部,辖 10 县 1 市 1 区,面积 2.279 万平方千米,总人口 716.35 万。全市设有上饶市气象局和上饶县、广丰县、玉山县、弋阳县、横峰县、铅山县、鄱阳县、余干县、万年县、德兴市、婺源县气象局。

历史沿革 1934 年在玉山县东津桥飞机场附近建立雨量站。1948 年 10 月玉山气象站在东津桥飞机场建立并开始观测,1949 年 2 月停测,观测站撤销。1950 年 10 月下旬,中央军委中南军区气象处派员直接由武汉到玉山东津桥飞机场建站,同年 11 月 1 日开始正式地面观测。

1954 年 12 月 1 日鄱阳县在府城皇设气象站,1957 年 1 月 1 日迁至鄱阳镇杉树台。1955 年 12 月 1 日弋阳县在城郊公社湖塘设气象站。1956 年婺源县在每砂农场内设气象站,1961 年 1 月 1 日迁至茶场。1957 年 12 月 1 日德兴市在女儿田村设气象站,1981 年 1 月 1 日迁至银城镇河西狮子山上。1957 年上饶市在上饶县皂头乡设气象站,1968 年 1 月 1 日迁至信州区书院路豆芽巷文笔峰。1958 年横峰县在苗圃田园上设气象站,1960 年 1 月 1 日迁至城北门窑背。1958 年 9 月 1 日,铅山县在永平乡北极村设气象站,1960 年 1 月 1 日迁至河口镇旺子元。1959 年 1 月 1 日万年县在青云镇南门设气象站,1960 年 1 月 1 日迁至陈营镇。1959 年 1 月 1 日余干县在马背嘴苗圃设气象站,1960 年 1 月 1 日迁至琵琶洲。1959 年 11 月 1 日广丰县在城郊公社东风队上关设气象站,1981 年 3 月 1 日改为国家农业气象基本站。1976 年 7 月 1 日上饶县在旭日镇设气象站。

1958 年上饶市水文站、气象站合并,扩建成上饶气象台;上饶市设有 5 个专业气象站和大批农村气象哨,1956 年由国营江西省上饶地区乐丰良种繁殖场自建气象站,1958 年由江西省国营五府山综合垦殖场自建五府山气象站,1982 年由江西省上饶地区国营武夷山垦殖场自建气象站,1983 年江西铜业公司德兴铜矿自建气象站,永平铜矿自建气象站,均为本场(矿)提供气象情报服务。

1966 年后,上饶气象部分业务项目被撤销,大部分业务人员下放,部分气象记录中断。

管理体制 1953 年 11 月前,全市气象部门管理体制经历了从军队建制到地方政府管理、再到地方政府和军队管理的演变;1968 年 11 月 28 日,转为地方同级革命委员会管理,业务受上级气象部门指导;1980 年 7 月进行体制改革,实行气象部门和地方政府双重领导,以气象部门领导为主的管理体制。

台站数量 全市有地面气象观测站 12 个,其中 3 个国家基本气象观测站,8 个国家一般气象观测站,1 个国家基准气候观测站。截至 2008 年底,全市建成区域自动气象站 269 个,其中单要素(雨量)站 39 个,两要素(温度、雨量)站 104 个,四要素(温度、雨量、风向、风速)站 113 个,六要素(温度、雨量、风向、风速、湿度、气压)站 13 个。2006 年起,39 个单要素站升级为两要素站。

人员状况 1957 年上饶市气象台初建时只有 3 人。1971 年水文气象分设时,上饶地区气象台有 23 人,波阳县基本站有 10 人,一般站均为 3~4 人,全市气象部门共有 97 人。1990 年上饶地区气象管理局有 69 人,波阳县基本站有 17 人,玉山县基准站有 20 人,一般站有 10 人,全市气象部门共有 208 人。1994 年全市气象部门共有 196 人,2000 年共有 168 人。截至 2008 年底,全市共有职工 165 人,其中大专以上学历 109 人(含本科学历 44 人),研究生(含硕士学位)2 人;中级以上职称 74 人(其中高级职称 5 人)。

党建与气象文化建设 全市气象部门有党总支 1 个,党支部 13 个,党员 117 人。上饶市气象局每年与各县(市)气象局、局机关各科室和局直属各单位签订党风廉政责任状,没有出现违法违纪现象。截至 2008 年底,全市气象部门共有市级文明单位 8 个,省级文明单位 4 个。

探测环境保护 全市气象部门密切关注探测环境的变化,业务值班员在值班日记上注明探测环境情况,实行零报告制度。

2005 年,全市气象部门将气象法律法规和探测环境保护范围及标准送建设、规划等部门备案,或由市县两级政府将探测环境保护标准转发给相关部门备案。2006 年,德兴、婺源、余干等县(市)和上饶市气象台观测站从国家一般气象观测站升级为国家气象观测一级站,鄱阳县国家基本气象观测站改为国家气象观测一级站,这些站对原观测环境保护备案材料补充了有关说明和新的保护标准。2008 年 12 月 31 日 20 时起,余干县、婺源县国家气象观测一级站改为国家一般气象观测站,德兴市、鄱阳县、上饶市气象台观测站从国家气象观测一级站改为国家基本气象观测站。2007 年 12 月,全市气象部门认真核对并清理备案内容,对有遗漏或不全的进行重新整理并备案。全市气象部门共开展气象探测环境执法 11 次。

主要业务范围

地面气象观测 观测项目有云、能见度、天气现象、气压、空气的温度、湿度、风向、风速、降水、日照、蒸发、地面温度、雪深、浅层和深层地温。广丰、弋阳、玉山、鄱阳、婺源、万年、余干、德兴等县(市)气象局和上饶市气象台增加 GPS/MET 基准水汽观测内容;玉山县气象局是全球气象情报交换站,担负国际气候月报交换任务,鄱阳县气象局是亚洲区域气象情报资料交换站。鄱阳、玉山县气象局承担航空危险天气报任务。2003 年开始建设地面自动气象站,实现地面气压、气温、湿度、风向、风速、降水、地温自动记录。

天气预报 1958 年起上饶气象部门面向社会发布天气预报,天气预报种类有短期天气预报、中长期天气预报、短时天气预报和专业天气预报。

1958 年 3 月起对外发布 24 小时天气预报,以收听江西省气象台的天气预报广播为基础,结合本站气象要素和群众看天经验制作天气预报。1959 年 1 月起发布 1～3 天的天气预报,1974 年起,只发布 48 小时天气预报。1959 年 1 月起,每月 10 日、20 日、月末最后一日发布未来 10 天的中期天气预报,每年 3 月上旬发布春播长期天气预报。1971 年后发布汛期、干旱期及寒露风长期天气预报。1974 年起随时发布未来 12 小时、6 小时、3 小时的短时灾害性和突发性天气预报。1988 年 11 月起,根据林业、消防、电子等行业需要,专门发布水险、火灾、高温、低温冰冻等气象要素预报。

人工影响天气　1976 年开始在广丰县鹤山、车井、河北 3 个乡开展人工消雹试验。1978 年开始在德兴、余干、万年、铅山、波阳、玉山、广丰等县(市)开展人工增雨作业。1990年上饶地委行署成立上饶地区人工影响天气领导小组,下设人工增雨办公室,挂靠上饶地区气象局。1996 年 12 月 28 日上饶地区机构编制委员会发文《关于成立上饶地区人工增雨办公室的批复》(饶编发〔1996〕33 号),成立上饶地区人工增雨办公室,隶属上饶地区气象局,为正科级事业单位,编制 5 人。

2000 年起各级市县政府投入资金,购置人工增雨移动火箭发射工具和车辆。人工增雨服务实现了全年化,由单纯的伏秋季抗旱拓宽到森林防火、城市降温、改善生态和水库增蓄等多个方面,人工影响天气技术由单一依靠人工观测云层、采用"三七"高炮发射碘化银炮弹作业,发展到利用气象卫星、多普勒天气雷达等先进探测手段,与车载式火箭、"三七"高炮作业相结合。

气象服务　1978 年以后,气象业务由单纯的地面气象观测和天气预报拓宽到农业气象、专业气象服务、农业气象技术开发、气候资源开发利用、人工影响天气、森林防火、气象防灾减灾等方面。同时气象业务现代化建设提上了重要议事日程,气象仪器不断更新,自动化程度不断提高,建设中尺度区域自动气象站、新一代天气雷达、市—县天气预报可视会商系统、重大气象灾害天气短信绿色通道、"12121"天气预报自动电话答询系统、上饶新农村建设网、"生活气象通"手机短信等,取得明显的经济效益和社会效益。

上饶市气象局

上饶市位于江西省东北部,东经 116°13′—118°29′,北纬 27°41′—29°34′。辖上饶、广丰、玉山、弋阳、横峰、铅山、鄱阳、余干、万年、婺源 10 个县和信州区,代管德兴市,面积2.279 万平方千米,总人口 716.35 万。

上饶市属中亚热带季风湿润气候,日照充足,无霜期较长,全市年平均降水量为1600～1850 毫米,年平均气温为 16.7℃～18.3℃。

上饶市气象局观测站位于北纬 28°27′,东经 117°59′,观测场海拔高度为 118.2 米。

机构历史沿革

始建情况　上饶市气象局观测站,1957 年 1 月建于上饶县皂头乡。

站址迁移情况　建站时位于上饶县皂头乡,北纬28°26′,东经117°54′,观测场海拔高度约80米;1968年1月站址迁往上饶市刘家坞文笔峰,观测场海拔高度122.2米;1974年12月27日又迁移观测场,海拔高度为118.2米,属国家基本站。

历史沿革　建站时为上饶气候站;1958年3月成立江西省水文气象局上饶工作组;1959年4月,江西省政府批准成立江西省上饶地区水文气象总站;1964年8月,更名为江西省上饶地区水文气象分局;1968年11月,成立江西省上饶专区水文气象站革命委员会;1971年5月,更名为江西省上饶地区气象台;1978年6月,经江西省政府批准,更名为江西省上饶地区气象局;1983年10月,经江西省政府批准,更名为江西省上饶地区气象台;1985年1月,经江西省政府批准,更名为江西省上饶地区气象管理局;1996年11月,更名为江西省上饶地区气象局;2000年10月,根据江西省政府《关于撤销上饶地区设立地级上饶市的通知》(赣府字〔2000〕97号),更名为江西省上饶市气象局。

管理体制　1958年3月成立江西省水文气象局上饶工作组,归江西省水电厅管辖。1959年4月,江西省政府批准成立江西省上饶地区水文气象总站,隶属上饶地区行署。1961年10月体制收回省管。1962年11月归江西省水电厅管辖。1968年10月,江西省上饶地区水文气象分局归上饶地区行署;1971年隶属江西省上饶军分区管辖,水文工作与气象工作分离;1973年7月,上饶地区气象台归上饶地区行署管辖;1980年7月,实行江西省气象局和上饶地区行署双重领导,以气象部门领导为主的管理体制;1985年1月,经江西省政府批准,更名为上饶地区气象管理局,归江西省气象局管辖,并负责管理鹰潭市、景德镇市所属的气象台站的业务工作。

机构设置　1963年11月6日,江西省上饶地区水文气象总站下设秘书科、水文科、水文气象服务台;1964年8月,更名为江西省上饶地区水文气象分局,设秘书科、气象科、水文科、气象台;1979年设人事科、业务科、资料室和气象台;1985年4月设办公室、人事科、业务科、气象服务科、气象台;1988年11月,撤销办公室、人事科、气象服务科,成立人事秘书科、后勤管理科、综合经营科;1990年3月,撤销人事秘书科、后勤管理科、综合经营科,恢复办公室、人事科、气象服务科;1991年7月,成立江西上饶地区防雷技术中心,挂靠上饶地区气象管理局气象服务科;1995年11月,成立上饶地区天气电视影像中心,为上饶地区气象管理局下属单位;1996年11月,上饶地区气象管理局更名为上饶地区气象局,下设办公室、人事科(政工科)、业务管理科、科技服务管理科、科技服务中心;1996年12月,经上饶地区机构编制委员会批复(饶编发〔1996〕33号),成立上饶地区人工增雨办公室,隶属地区气象局,为正科级单位,核定事业编制5名;1999年7月,成立上饶地区防雷装置质量检测检验所;2002年4月,《上饶市气象局机构改革方案》(赣气人〔2002〕15号)经省气象局审核批准实施,设办公室(财务核算中心)、业务科技科、人事教育科(监察审计科、精神文明建设办公室)、政策法规科(雷电防护管理局)4个正科级职能科室,设上饶市气象台、上饶市气象科技服务中心(上饶市气象影视中心、上饶市气象科技产业发展公司)、上饶市防雷装置质量检测检验所3个正科级直属事业单位;2002年7月上饶市政府成立减灾委员会,委员会办公室设在上饶市气象局。2006年5月,《上饶市气象局机构编制调整方案》(赣气发〔2006〕73号)经省气象局审核批准实施。设办公室(计划财务科、财务核算中心)、业务科技科、人事教育科(监察审计科、精神文明建设办公室)、政策法规科(雷电防护管理局)4

个正科级职能科室,设上饶市气象台(上饶市环境预报中心、上饶市农村经济信息中心、上饶市气象科学研究所)、上饶市气象科技服务中心、上饶市防雷装置质量检测检验所、上饶大气探测技术分中心4个正科级直属事业单位。

单位名称及主要负责人变更情况

单位名称	姓名	职务	任职时间
上饶气候站	梁建秋	站长	1957.01—1958.03
江西省水文气象局上饶工作组	高顺元	组长	1958.03—1959.04
江西省上饶地区水文气象总站	甘绍芬	副总站长(主持工作)	1959.04—1961.11
	李相鉴	总站长	1961.11—1964.08
江西省上饶地区水文气象分局	李忠	局长	1964.08—1968.11
江西省上饶专区		负责人	1968.11—1969.09
水文气象站革命委员会	赵玉玺	革命委员会主任	1969.09—1971.05
		负责人	1971.05—1971.10
江西省上饶地区气象台	李登山	台长	1971.10—1973.09
	高顺元	副台长(主持工作)	1973.09—1977.01
		台长	1977.01—1978.06
江西省上饶地区气象局	张自雄	副局长(主持工作)	1978.06—1983.10
江西省上饶地区气象台		副台长(主持工作)	1983.10—1985.01
		副局长(主持工作)	1985.01—1985.04
江西省上饶地区气象管理局	付旭	局长	1985.04—1987.02
	张自雄	副局长(主持工作)	1987.02—1988.10
	张范元	局长	1988.10—1994.07
江西省上饶地区气象局	王君武	局长	1994.07—1996.11
			1996.11—2000.10
江西省上饶市气象局			2000.10—2001.12
	计福建	局长	2001.12—

人员状况 1957年上饶市气象站初建时只有3人,1971年水文气象分设时,上饶地区气象台有23人。1990年上饶地区气象管理局有69人。2008年底,上饶市气象局有在职职工58人,均为汉族。大专以上学历44人,其中本科学历30人,研究生学历1人,硕士学位2人。30岁以下12人,30~39岁14人,40~49岁24人,50岁以上8人。具有高级职称4人,中级职称21人,中级以下职称33人。

气象业务与服务

1. 气象业务

①地面气象观测

观测项目 1957年开始空气温度、湿度、降水、风向、风速、积雪深度观测,同年7月增加浅层地温观测和大型蒸发观测,1964年1月停止大型蒸发观测。(从1984年12月31日20时起,又继续进行E-601大型蒸发观测)。1962年1月1日全部观测项目根据《地面气象观测规范》进行观测。1977 年 7 月 1 日增加指标性云、地方性云、系统性云的云天观测，1980 年 1 月根据第四次修改的《地面气象观测规范》进行观测，1985 年 1 月启用《新湿度查算表》。2004 年 6 月建成并使用闪电定位仪。2007 年 2 月和 4 月分别增加酸雨和负离子观测项目。2007 年 8 月建成并使用太阳辐射监测仪。2008 年 10 月建成并使用 GPS/MET 基准水汽观测。

观测时次 20 世纪 50—60 年代，地面气象观测每隔 6 小时进行 1 次，每天按地方时进行 01、07、13、19 时 4 个时次定时观测。1960 年 7 月 1 日改为 02、08、14、20 时采用北京时进行观测，但日照观测仍用地方时。1985 年 3 月 1 日起增加 05、11、17、23 时的补充观测，1986 年取消增加的补充观测时次。2007 年 1 月 1 日起恢复为每天的 4 次定时观测和 4 次补充观测。

气象探测装备 1957 年安装浅层地温表，1960 年 10 月 1 日起雨量器高度改为 70 厘米，1961 年 1 月 1 日起百叶箱高度改为 1.5 米。1968 年 10 月撤换维尔达风压器，改为 EL 型电接风向风速仪。1983 年 1 月起增加遥测雨量计进行雨量观测；1984 年起配备 PC-1500 袖珍计算机编报和制作气象报表。1985 年后，地面气象观测仪器有 EL 型电接风向风速仪、动槽式水银气压表、空盒气压计、DWJ1 型温度计、DHJ1 型湿度计、SM1 型雨量器、SJ1 型虹吸式雨量计、量（称）雪器、FJ-2 型暗筒式日照计、AM3 型蒸发器、玻璃温度表。2003 年 8 月，安装 CAWS600-B 型自动气象站设备。

2006 年 7 月起上饶在全市建立中尺度突发性灾害天气自动监测系统，截至 2008 年底，上饶市县两级政府投入 560 多万元建成 269 个自动气象站，平均每个乡镇有一个自动气象站，把每年近 100 万元的维持经费列入地方财政预算。

雷达观测 上饶地区雷达气象观测站建于 1977 年 11 月，使用 711 测雨雷达对雷雨、大风、冰雹、强降水等进行观测。1978 年 3 月 1 日至 10 月 31 日进行每天 6 次（01、04、08、13、16、20 时）定时雷达气象观测。1987 年起改为每天 4 次（04、08、12、16 时）观测。1989 年起改为每年 3 月 1 日至 10 月 31 日，每天 3 次（04、16、23 时）观测，非定时观测根据需要而定。1990 年后由于设备老化等原因，根据天气情况或在人工增雨作业时进行不定时观测。

2004 年 11 月 9 日上饶市发展和改革委员会同意新一代天气雷达立项。2006 年 3 月 16 日中国气象局同意雷达立项建设。同年 11 月开工。2007 年 5 月，主体结构封顶。同年 11 月进入业务试运行。2008 年初，上饶市政府因城市建设发展要求上饶雷达提升架高。同年 8 月 5 日，雷达架高提升工程开工，经过雷达设备拆卸、塔楼主体结构加固、雷达设备二次吊装，雷达架高提升 12 米。

②农业气象观测

上饶气候站农业气象观测始于 1957 年 4 月，观测作物有水稻、棉花。1960 年 3 月，上饶气候站改建为农业水文气候试验站，1962 年 8 月撤销，农业气象观测工作由上饶水文气象台观测组继续观测到 1967 年终止。1978 年农业气象工作恢复。1979 年 2 月起，全区普遍开展双季稻、水稻制种的农业气象观测和油菜、棉花、花生、柑橘、茶叶、苏里娜、子粒苋、玉米、大豆、烟叶及作物病虫与水产养殖水温的农业气象物候观测。

③天气预报

短期天气预报 1958 年 3 月起发布 24 小时天气预报。1959 年 1 月起发布 1～3 天的天气预报。1974 年后只发布 1～2 天天气预报。

中、长期天气预报 1959 年 1 月起，每月逢 10 发布未来 10 天的中期天气预报。每年 3 月上旬发布春播长期天气预报。1971 年后发布汛期、干旱期及寒露风长期天气预报。

短时临近天气预报 1974 年起，发布未来 12 小时、6 小时、3 小时的短时灾害性和突发性天气预报。2004 年 10 月起在 06 时 30 分、11 时 30 分、17 时 30 分定时发布 0～6 小时短时预报，在预报或监测到本台站所在的行政区域有灾害性天气时，各台站对外发布灾害性天气警报（0～2 小时）或紧急警报（0～1 小时）

专业天气预报 1988 年 11 月起，根据林业、建筑、消防、电力、粮食仓储等行业的特殊需要，发布低温、冰冻、高温、干旱、火险等气象要素预报。2003 年 12 月 1 日起发布城市紫外线预报，2006 年 1 月 1 日起发布城市空气质量预报。

灾害性天气预警 1988 年起，在党政机关、企事业单位安装警报接收机，发布灾害性和突发性天气预警。

指数预报 2000 年起，开展人体舒适度、啤酒指数、火险等级指数预报。

联防预报 1970—1973 年，闽、浙、皖、赣四省组成军地气象联防协会，相互拍发危险天气联防预报。1981 年，上饶雷达站参加全省雷达站联防组织后，每年 3～9 月定时向省气象台拍发天气雷达预报。同年 6—7 月，上饶雷达站、玉山气象站参加华东地区天气雷达联防试验预报，向上海、合肥拍发天气雷达报。

④气象信息网络

1958 年 10 月 1 日，上饶地区气象台报务组使用 7512-B 型机，抄收汉口、北京中心气象台莫尔斯广播。1976 年 11 月改用 BDC55 型电传打字和 SDH1-62 型单边带接收机，接收由汉口、上海、北京发布的区预报、测水报和探空报。1979 年 1 月配备单边带接收讯号的 117 型滚筒式传真机。1983 年底添置高频电话通讯设备。1983 年 1 月建立气象警报系统。1993 年建立基于 Netware 操作系统的客户端，与省气象局实现了远程计算机网络通信，1994 年建立基于 Netware 操作系统的服务器（Novell 网），实现了市—县计算机网络通信。1996 年建立基于 Windows NT 操作系统的服务器，计算机通信转入 Windows 平台。2001 年建成气象局域网，实现气象办公、业务、服务等项目的网络化。1997 年建立气象卫星综合应用业务系统（"9210"工程）（卫星地面站），1998 年建立 PC-VSAT 单收站。

2. 气象服务

公众气象服务 从 1959 年 9 月起，气象服务信息主要是常规预报产品。从 1990 年起，上饶电视台每天播放未来 1～3 天的天气预报。1995 年 12 月，上饶市气象局建成多媒体电视天气预报制作系统，增加森林火险等级预报。2007 年增加生活指数预报。1996 年 4 月，上饶市气象局同电信部门合作正式开通"121"天气预报自动答询电话。2005 年 4 月 1 日起"121"电话升位为"12121"，24 小时全天候提供最新天气变化信息。2001 年建成上饶农经网，2006 年改建为上饶新农村建设网，网站栏目有"信息荟萃"、"市场动态"、"农业科技"、"招商引资"、"地域经济"等。

2008年3月,上饶市气象局推出"生活气象通"短信,天气短信预报的期间扩展到7天以上,短信内容有天气预报信息、气象灾害预警信息、生活指数预报、二十四节气信息、季节饮食参考、气象保健知识和农事建议等。同年6月6日,上饶市政府开通重大气象灾害天气短信绿色通道,由上饶市气象局编制天气信息,由移动、联通、电信公司及各媒体与气象部门建立短信免费群发平台,气象信息在15~30分钟内向社会发布。

决策气象服务 20世纪80年代初,决策气象服务主要以书面文字发送为主;90年代起,决策气象服务产品由电话、传真、手机短信等向电视、微机终端、互联网发展。

1985年12月7日,一次强寒潮过境,最低气温降至-5℃,上饶地区气象管理局及时向上饶地区长途线务站提供天气情况和防御措施建议,指出可能受灾的地点、方位,有效保障了长途线务站抢修线路,减少经济损失约100万元。

2008年1月12日至2月3日,上饶市出现了持续低温雨雪冰冻天气,全市气象部门1月12日进入加强值班状态,1月27日11时进入重大气象灾害预警应急预案Ⅲ级响应状态。报送《气象呈阅件》8期,准确预报出1月28日夜至29日、2月1日夜至2日等两次降雪过程,每两小时向市委市政府和有关部门领导发送天气短信。由于预报准确、服务及时,上饶市气象台被上饶市委、市政府授予"抗冰救灾先进集体"称号。

专业与专项气象服务 2000年上饶市气象局使用"三七"高炮在上饶县东山岭开始人工增雨作业。2003年起使用移动火箭发射工具并开始大规模开展人工增雨作业,人工增雨服务实现全年化,由单纯的伏秋季抗旱拓宽到森林防火、城市降温、改善生态和水库增蓄等方面。

气象科普宣传 从1984年起,上饶市气象局在每年世界气象日都举办科普宣传、报告会、座谈会等各种纪念活动。1984年在上饶县沙溪镇、广丰县永丰镇举办了流动画展。1985年、1986年与地区邮电学会联合组织了两期"气象邮电青少年夏令营"活动。1988年,举办全区各县市中学生参加的气象知识竞赛活动。2002年起,每年组织国际减灾日、科普宣传周等有关气象防灾减灾科普宣传活动。2004年3月,上饶市科学技术委员会在上饶市气象台设立青少年气象科普教育基地。

气象法规建设与社会管理

法规建设 2001年8月8日,上饶市政府印发《关于印发上饶市防雷减灾管理规定的通知》(饶府发〔2001〕21号);2003年7月19日,上饶市政府印发《关于印发上饶市人工影响天气管理规定的通知》(饶府发〔2003〕25号);2005年9月20日,上饶市政府印发《关于印发上饶多普勒天气雷达站探测环境和探测设施保护办法的通知》(饶府办字〔2005〕100号);2008年6月12日,上饶市政府印发《关于进一步加强气象灾害防御工作的实施意见》(饶府办发〔2008〕9号);2008年6月12日,上饶市政府印发《关于加强气象探测环境和设施保护工作的通知》(饶府办字〔2008〕66号)。

2007年3月上饶市政府印发《关于加强全市防灾减灾信息员队伍建设工作的通知》(饶府办字〔2007〕33号)。同年4月,组建气象防灾减灾信息员队伍共4472人,覆盖全市乡村、学校、水库、厂矿企业和旅游景区,传播气象科普知识、传递灾害预警信息、收集上报灾情、组织群众抗灾。2008年8月5日,上饶市政府召开全市气象防灾减灾大会,市县两级常务副县(市、区)长、分管副县(市、区)长、应急办主任、财政局长、气象局长及优秀防灾减灾信息员共 120 余人参加会议。

社会管理 2001 年 7 月,上饶市机构编制委员会批复同意市气象局设立上饶市雷电防护管理局,定编 5 人。2001 年 12 月,上饶市气象局制定《上饶市防雷减灾管理规定实施细则》。1989 年 11 月 6 日,上饶地区气象管理局联合地区劳动局、保险公司开展防雷检测,建立检测档案,此后每年在干旱季节定期检测 1 次,新增或维修后的避雷装置随时检测。1991 年 6 月 10 日,上饶地区劳动局委托地区气象管理局和各县(市)气象局防雷服务机构在全区范围内进行防雷检测。2002 年起开展防雷报建和防雷执法,规范防雷装置设计审核、竣工验收行政审批和防雷工程专业资质初审,共开展防雷执法 30 多次。1999 年 7 月起对施放气球单位资质及施放气球人员资格进行管理,对全市施放气球活动进行审批。

党建与气象文化建设

1. 党建工作

党的组织建设 上饶市气象局建站时,没有党员和支部。1963 年上饶地区水文气象总站成立第一个党支部,有党员 9 人。"文化大革命"期间党建工作基本瘫痪。1978 年上饶地区气象局有 1 个党支部,党员 10 余人。2004 年 11 月 15 日,成立中共上饶市气象局机关总支部委员会;同年成立上饶市气象局机关支部委员会和老干部支部委员会。截至 2008 年底,上饶市气象局有 1 个党总支,2 个党支部,中共党员共 45 人(其中在职 28 人)。

党风廉政建设 上饶市气象局成立党风廉政建设领导小组,建立党风廉政建设责任制,每年制定党风廉政建设和反腐败要点,每年四月份开展党风廉政宣传教育月活动,每年与各县(市)气象局和市气象局直属各单位、机关各科室签订了党风廉政责任状,建立廉政监督员队伍。建站以来,上饶市气象局未发生一起刑事案件。

2. 气象文化建设

2002 年 4 月 17 日,上饶市气象局设立精神文明建设办公室,挂靠市气象局人事教育科。1997 年被上饶市委、市政府(现在的信州区)授予"文明单位"称号。1997 年 9 月被上饶地委、上饶地区行署授予"文明单位"称号。2000 年 12 月被上饶市信州区委、区政府授予"文明标兵单位"称号。2001 年 2 月被上饶市委、市政府授予第一届(1999—2000 年度)"文明单位"称号。被江西省委、省政府授予第八届(2000—2001 年度)、第九届(2002—2003 年度)、第十届(2004—2005 年度)、第十一届(2006—2007 年度)"文明单位"称号。被江西省委、省政府授予第一届(2001—2002 年度)、第二届(2003—2004 年度)、第三届(2005—2006 年度)"文明行业"称号。

2008 年组队参加全省气象部门首届职工运动会,获得团体总分第六名,并获得乒乓球团体第三名和乒乓球男子单打第二名。2008 年组队参加上饶市首届市直机关运动会,获得体育道德风尚奖、团体三等奖、羽毛球团体第八名、拔河比赛第八名、县处级组男子乒乓球单打第二名。

为丰富职工文体生活,上饶市气象局设立阅览室、健身房、老干部活动室,购置多用跑步机、室外健身器材、修建了篮球场等。

3. 荣誉与人物

集体荣誉 1992年9月上饶市气象局被江西省政府授予"全省抗洪抢险先进集体"称号。1992年7月上旬在抗洪抢险气象服务中成绩显著,于1993年4月受到国家气象局表彰。1996年1月被中国气象局授予"1995年度汛期气象服务先进集体"称号。1995年8月和1999年1月获江西省气象局"抗洪抢险气象服务记大功"奖励。1990年、1995年、1996年、1997年、1998年、2002年、2003年、2008年被评为"全省气象部门目标管理工作优秀单位"。2004年、2005年、2006年、2007年被评为"全省气象部门目标管理工作特别优秀单位"。2005年、2006年、2007年、2008年被评为"江西省气象局重大气象服务先进集体"。

人物简介 张范允(1935年10月—2002年8月),汉族,河北广宗人,大专学历。张范允同志1957年8月毕业于北京气象专科学校(2549部队)。1960年1月调入江西省气象台,先后任预报员、服务科科长,1985年加入中国共产党。1984年1月起先后任上饶地区气象管理局副局长、局长、党组书记。1987年12月被评为高级工程师。1995年11月退休。

张范允任上饶地区气象局防汛抗旱预报、服务领导小组组长多年,是地区防汛指挥部专家咨询小组成员。在他的带领下,气象局从1988年开始,每年都出色完成天气预报、服务任务,受到省、地区政府和上级主管部门表彰,其中3次被中国气象局评为"全国气象服务先进单位",2次被省政府评为"抗洪抢险先进单位"和"人工增雨先进集体",4次被地委、行署评为"森林防火先进集体"、"抗洪抢险先进单位"和"人工增雨先进集体",5次受到省气象局集体记功或记大功奖励。

1994年汛期,上饶地区出现几十年一遇的大洪涝,张范允作为地区气象局党政一把手,负责洪涝期间预报服务总把关,组织领导全区气象干部职工昼夜奋战,多次将天气变化情况和防御洪涝建议及时报告给上饶地委和行署领导,以出色的预报技术、服务业绩,为夺取全区抗洪抢险胜利作出了贡献。1994年11月,张范允被国家防总、人事部、水利部、解放军总政治部评为"全国抗洪模范",享受省劳模待遇。

台站建设

初建站时,在上饶县皂头乡建有值班室、气压室和休息室3间办公和生活用房。1968年1月迁入上饶市信州区书院路豆芽巷文笔峰,占地面积14688.4平方米,建有1个观测值班室,局机关在上饶地区行署招待所三部隔壁一楼办公。1979年在书院路豆芽巷文笔峰建成三层办公楼1栋,建筑面积1000平方米,1999年对三层办公楼进行全面改造。1982年在办公楼对面建成二层业务辅助楼1栋,建筑面积700平方米。

1978年,在市气象局院内建成三层职工宿舍共20套。1987年在气象局院内建成四层职工宿舍共24套。1994年在信州区马皇庙建成七层职工宿舍共14套。

2004年起,对市气象局院内宿舍、办公楼、辅助房、职工食堂、水电管网、围墙等进行综合改善。

上饶市气象局 711 雷达（摄于 2005 年 7 月）　　上饶市气象局新一代天气雷达（摄于 2008 年 12 月）

上饶县气象局

上饶县建于东汉建安初（196—204 年），属豫章郡。上饶县位于江西省东北部，面积 2240 平方千米，总人口 71.57 万，辖 2 个街道办事处、11 个镇、10 个乡。

上饶县地处中亚热带，属亚热带湿润季风气候区，年平均气温 17.7℃，年平均日照时数 1814.9 小时，年平均降水量 1839.7 毫米。

上饶县气象局位于旭日街道后畈街 82 号，即北纬 28°28′，东经 117°55′，观测场海拔高度 90.6 米。

机构历史沿革

始建情况　1976 年 7 月 1 日上饶县在旭日镇设气象站。1979 年 1 月 1 日开始地面气象观测，为国家一般气象站。1990 年 3 月，因各种原因取消人工观测。由于 1998 年的全局性的洪灾，经地方政府多次向省气象局要求，1999 年 5 月上饶县委、县政府出资兴建新观测场，经省气象局同意 2000 年 1 月迁至新的观测场并恢复人工观测。

历史沿革　建站时称上饶县气象站；1980 年 7 月，更名为上饶县气象局；1984 年 1 月，撤销上饶县气象局，更名为上饶县气象站；1990 年 3 月，因体制改革的需要，上饶县气象站再次更名为上饶县气象局。

管理体制　自建站至 1980 年 6 月，由上饶县政府领导；1980 年 7 月进行体制改革，改为气象部门与地方政府双重领导，以气象部门领导为主，即垂直管理，此种管理体制一直延续至今。

单位名称及主要负责人变更情况

单位名称	姓名	职务	任职时间
上饶县气象站	无	无	1976.07—1979.01
	郑仕棠	负责人	1979.01—1979.12
		副站长（主持工作）	1979.12—1980.07
上饶县气象局	陈广炎	副局长（主持工作）	1980.07—1983.06
	康治柱	副局长（主持工作）	1983.06—1984.01
		副站长（主持工作）	1984.01—1984.06
上饶县气象站	夏玖梅	副站长（主持工作）	1984.06—1987.12
	陈勤政	副站长（主持工作）	1987.12—1989.08
	杨荣茂	副站长（主持工作）	1989.08—1990.03
		副局长（主持工作）	1990.03—1994.10
上饶县气象局	康治柱	副局长（主持工作）	1994.10—1994.12
	朱红京	副局长（主持工作）	1994.12—1997.10
	杨桂林	局长	1997.10—1998.12
	吴云峰	副局长（主持工作）	1998.12—2000.09
		局长	2000.09—

注：1976年7月至1979年1月期间，无资料。

人员状况 初建站时有5人。到2008年底有在职职工8人，均为汉族。本科学历3人，大专学历2人，中专学历2人，高中文化1人。中级职称3人，初级职称5人。平均年龄39.6岁，其中30岁以下1人，30～39岁1人，40～49岁5人，50岁以上1人。

气象业务与服务

1. 气象业务

①地面气象观测

1979年1月1日正式开展地面气象观测，1989年3月1日取消地面气象观测。2000年1月1日恢复地面气象观测，每天进行08、14、20时3次定时观测，观测项目有风向、风速、气温、气压、云、能见度、天气现象、降水、日照、雪深、电线积冰等。每天向江西省气象台传输3次定时观测电报，制作气象月报和年报报表。

②农业气象

农作物物候观测 1981年冬开始先后对油菜、早稻、晚稻进行生育期、高度、密度、生长状况、病虫害观测记载，取样产量分析，观测资料经整理后，进行农业气象报表填算。观测方法均按国家气象局制定的《农作物观测方法》进行。从1984年后改为农作物简易观测（即大田巡视）。

农业气候调整与农业气候区划 1979年8—9月对全县32个公社（场）开展农业气候资源普查工作，统计分析上饶地区气象台1957—1980年24年的基本气象观测资料，以上饶县气象站和上饶县科学技术委员会名义首次编写出版《江西省上饶县农业气候手册》。1983年10月完成《上饶县农业区划报告》中的农业气候资源与区划部分，并在该报告中撰写了《上饶县茶叶生产与气候条件分析》及《上饶县油茶生产与气候条件分析》2个单项分析材料。

农业气象情报预报 1982年起改善气候与农业气象服务,加强调查研究,适时提供农业气象情报、气候评价、农业气象预报、水稻产量预报和病虫害预报等,向县、乡政府及服务单位发布农业气象情报和信息。

③天气预报

短期天气预报 从1982年1月1日起正式发布48小时内短期天气预报。主要是通过每天抄收14时汉口地面、850百帕、500百帕实况图,抄收以后再结合省气象台天气形势,采取分析本站天气实况与资料相结合的办法,作出具有本地特点的补充订正预报。

中、长期天气预报 主要利用MOS预报方法,结合省、地区气象台预报进行综合分析,得出预报结论,取得较好的预报效果。

1982年开始,制作年、月、旬天气预报及重要农事预报,主要有春播、汛期、干旱、寒露风、年度预报。

由于结构调整,1989年3月1日起停止地面观测,短、中、长期预报均由地区气象台提供。

2. 气象服务

公众气象服务 1982年1月起使用广播对外开展气象服务,每天晚上在县有线广播站向全县广播天气预报。1998年起拓展电视气象服务,开播天气预报。同年上饶县气象局与电信局合作正式开通"121"天气预报自动答询电话业务。2005年4月1日起"121"电话升位为"12121",24小时全天候提供最新天气变化信息。2001年10月,建成上饶县农经网。2006年1月起利用江西气象短信业务平台,对外发布预警信息服务。

决策气象服务 从1982年起采用书面形式发布定期旬(月)预报、重要农事、节日、灾害性天气预报等。遇有灾害性天气时,局领导及时通过电话向县领导及相关部门负责人汇报。每月旬(月)预报、灾害性天气预报,通过专人直接送达县领导及有关单位。遇有重要天气时,由局领导亲自向县领导进行汇报。遇有灾害性天气,及时发送手机短信给县领导及相关人员。

专业与专项气象服务 2001年8月,上饶县成立人工影响天气领导小组,办公室设在县气象局。2001年11月,成立上饶县雷电防护管理局,同年12月14日,上饶县政府第26次常务会研究通过《上饶县防雷减灾管理规定》。2007年7月,上饶县政府下发抄告单(饶县政办抄字〔2007〕193号),要求县规划局将防雷设计审核意见作为发放"两证一书"的前置条件,房管局将防雷装置验收意见作为发放房产证的前置条件。

气象科普宣传 2003年9月,上饶县科学技术协会发文(饶县科协〔2003〕4号),在县气象局设立气象科普教育基地。

自建站以来,每年世界气象日都举办科普宣传、报告会、座谈会等各种纪念活动。2002年起,每年在国际减灾日、科普宣传周都组织有关气象防灾减灾科普宣传活动。

气象法规建设与社会管理

1. 气象法规建设

上饶县政府先后出台和下发了《上饶县防雷减灾管理规定》(饶县府发〔2001〕39 号)、《关于切实做好雷电灾害预防工作的通知》(饶县府办发〔2008〕33 号)、《关于进一步规范和完善县行政服务中心窗口单位进驻工作的通知》(饶县府字〔2007〕78 号)、《关于公布我县行政许可项目的通知》(饶县府发〔2007〕13 号)等文件。

2. 社 会 管 理

探测环境保护　将探测环境保护与防雷装置设计审核的行政许可职能有机结合,在开展建筑物防雷设计图纸审核的同时,严格按照《气象探测环境和设施保护办法》中有关规定对气象探测环境保护进行把关,并及时到建设、规划、国土等部门进行备案。上饶县气象局在业务室安装观测环境视频监视系统,实行实时报告、月报告和零报告制度。

施放气球管理　制定《氢气球、飞艇充灌施放安全制度》、《施放气球安全操作规程》、《安全生产奖惩办法》等,严格对非法施放气球活动进行执法,建立巡查制度,规范申报程序。

雷电灾害防御　每年开展各类防雷安全检查,加强防雷科普宣传。

党建与气象文化建设

党建工作　初建站时,仅有 1 名党员。1982 年成立党支部。截至 2008 年底,上饶县气象局有党支部 1 个,党员 5 人,预备党员 1 人。

党支部注重发挥战斗堡垒和党员的模范带头作用,带动群众完成各项工作任务。定期召开民主生活会,开展民主评议党员活动,学习"八荣八耻"、深入学习实践科学发展观、开展机关效能年活动。从 2004 年起有多人被评为优秀共产党员。

认真落实党风廉政建设责任制,成立党风廉政建设领导小组,积极开展廉政教育和廉政文化建设活动,努力建设文明机关、和谐机关和廉洁机关。加强社会主义荣辱观教育,积极开展"知荣辱、树新风"活动,加强廉政文化建设,积极参加廉政征文活动,抓好局务公开,实行民主管理。加强行风建设,积极开展气象为新农村建设服务和气象服务效益评估活动。

气象文化建设　长期以来,上饶县气象局始终坚持把创建文明单位作为重要工作目标,广泛深入地开展群众性精神文明创建活动,健全创建管理制度,制定并实施《"十一五"期间精神文明建设工作规划》、《精神文明建设工作规定》、《精神文明建设计划》等。

文明创建工作得到稳步提升,2001 年被评为县级文明单位,2002 年被评为市级文明单位,2007 年被评为省级文明单位。

为丰富职工业余文化生活,上饶县气象局每年组织 3 次以上文体活动,每年春节与离退休职工座谈。局内设有阅览室、乒乓球室,购置音响设备,安装健身器材,有图书、杂志报刊 1500 多册。

荣誉 2002—2008 年,上饶县气象局先后被评为"全国气象部门局务公开先进单位"、"江西省第十一届精神文明单位"、"江西省气象科技服务十强县气象局"、江西省气象部门"五大工程"建设达标单位、市级文明单位,连续两年被上饶市气象局评为目标考核第一名。

台站建设

2001 年 7 月,上饶县气象局新建办公大楼。

2007 年,对观测场进行全面改造,将观测场地沟盖板换成花岗石、安装塑钢护栏、整修百叶箱、地温场、观测场踏板等,重新布设综合业务室供电线路。同时对院内环境和后勤保障进行综合改善,修整道路,增加各类健身器材,新建草坪、花坛,绿化面积达到局院内总面积的 80%,基本实现绿树成荫,鸟语花香式的基层台站。

上饶县气象局(摄于 2008 年 12 月)

广丰县气象局

广丰建县始于唐乾元元年(758 年),名"永丰",隶信州。元和七年(812 年)撤县为镇,属上饶县。宋熙宁七年(1074 年)复县,乃隶信州。清雍正十年(1732 年)始改称广丰县。

广丰县地跨北纬 28°3′30″—20°37′23″,东经 118°1′18″—118°20′15″。面积 1377.79 平方千米,总人口 75.52 万,下辖 23 个乡(镇、街道)。

广丰县属亚热带季风湿润气候带,年平均气温 17.7℃,年平均日照时数 1787.7 小时,年平均降水量 1694.3 毫米。

广丰县气象站位于北纬 28°26′,东经 118°12′,观测场海拔高度 95.3 米。

机构历史沿革

始建情况　广丰县气象局始建于 1959 年 1 月 1 日,位于广丰县永丰镇东关村上关村民组。始建时,测站所在地称为广丰县永丰人民公社三协大队上关生产队。

历史沿革　建站时名称为广丰县气候站;1960 年 1 月,更名为广丰县水文气象服务站;1962 年 6 月,更名为广丰气象服务站;1972 年 10 月,更名为江西省广丰县气象站;1980 年 9 月改为广丰县气象局;1983 年 10 月改为广丰县气象站;1990 年 4 月,更名为广丰县气象局。

管理体制　1959 年建站时属广丰县人民委员会管理;1960 年 1 月至 1969 年 12 月,属上饶地区水文气象总站(分局)和广丰县政府双重管理、以总站管理为主;1970 年 1 月至 1972 年 12 月,属广丰县人民武装部管理;1973 年 1 至 1980 年 9 月,隶属农业局管理,为二级单位;1980 年 9 月起,升格为正科级单位,同时设立广丰县气象局与广丰县气象站二块牌子,实行气象部门与地方政府双重领导、以气象部门领导为主的管理体制。

单位名称及主要负责人变更情况

单位名称	姓名	职务	任职时间
广丰县气候站	郑树枫	负责人	1959.01—1959.05
		站长	1959.05—1960.01
广丰县水文气象服务站			1960.01—1962.06
广丰气象服务站	胡著斌	负责人	1962.06—1964.09
	曾有良	站长	1964.09—1964.12
	伍浓春	负责人	1964.12—1969.12
	俞智强	负责人	1969.12—1972.10
广丰县气象站	俞智强	站长	1972.10—1976.02
	余昌木	站长	1976.02—1979.12
	祝东山	站长	1979.12—1980.09
广丰县气象局	陈辉球	负责人	1980.09—1981.03
	左德隆	副局长(主持工作)	1981.03—1983.10
广丰县气象站		副站长(主持工作)	1983.10—1984.08
	林新民	副站长(主持工作)	1984.08—1984.12
	陈辉球	副站长(主持工作)	1984.12—1990.04
广丰县气象局		副局长(主持工作)	1990.04—1990.12
	冯智	副局长(主持工作)	1990.12—1993.12
	吴小卫	副局长(主持工作)	1993.12—1995.12
		局长	1995.12—

人员状况　初建站时,有职工 3 人,1978 年有职工 11 人。截至 2008 年底,广丰县气象局有在职职工 8 人,退休职工 4 人,均为汉族。在职职工中:30~39 岁 3 人,40~49 岁 4 人,50~59 岁 1 人。本科学历 1 人,大专学历 5 人,中专学历 1 人,高中文化 1 人。工程师 4 人,助理工程师 4 人。有在职党员 5 人,退休党员 2 人。

气象业务与服务

1. 气象业务

①地面气象观测

自 1959 年 1 月 1 日起进行温度、湿度、风向、风速、降水量、蒸发量、云量、云状、日照、能见度和天气现象等项目的观测,1967 年增加气压观测,1971 年增加气压自记观测,1975 年增加温度、湿度自记观测。1980 年按修改后的《地面气象观测规范》进行观测,至 2008 年,执行中国气象局新版《地面气象观测规范》(2003 版)。

2003 年 11 月建成自动气象站,2004 年 1—12 月进行人工站与自动站平行观测,2005 年 1 月 1 日起,以自动气象站观测为准。2005—2007 年建立区域自动气象站网。

编发气象旬(月)报(HD-02)、重要气象报(GD-11)、江西省气象服务报(GD-91)、江西省重要天气加强报、地面热带气旋(台风)加密观测报。向有关机场不定期编发航空天气报告(GD-21Ⅱ),危险天气报(GD-22Ⅱ)。2008 年 9 月建成 GPS/MET 基准站。

②农业气象

1978 年开始农业气象观测,1979 年定为全省农业气象观测情报网点,执行新的《农业气象观测方法》。观测的作物品种有早稻、晚稻、小麦、油菜、甘蔗等。此外根据当地经济的发展,还开展天桂梨、马家柚等果树的生长情况的观测,并进行相应的服务。

1978 年,在上级业务部门的指导下,赴全县各地进行气候调查,编写出版《广丰县农业气候手册》。1982 年 8 月完成《广丰县农业气候资源及农业气候区划综合报告》。

2006 年 4 月开始与南昌县实行"一拖五"模式进行农田生态监测业务。同时开展农业气象情报、预报服务,做好年度、季度的气候影响评价及专题农业气候分析服务。2004—2005 年县气象局荣获中国气象局气象科技扶贫三等奖。

③天气预报

短期天气预报 建站初期,只制作未来 1 天的天气预报。20 世纪 70 年代开始制作未来 2 天的天气预报。

中、长期天气预报 有旬(月)预报、春播天气预报、汛期(4—6 月)天气预报、寒露风天气预报等。

短时临近天气预报 20 世纪 90 年代开始,制作 0~12 小时的天气预报,特别是对雷雨大风、冰雹、强降水等突发性灾害性天气及时开展预报服务。

20 世纪 60 年代,主要收听南昌、汉口、杭州 3 个气象台的预报,结合天象、物象指标制作预报。20 世纪 70 年代,逐步建立以综合要素曲线图为主的基本图表、基本资料、基本档案、基本方法。20 世纪 80 年代气象传真机技术引进后,天气图的数量有了增加,各种预报图、实况图投入了预报使用。20 世纪 90 年代后期,计算机网络的建成,使卫星云图、雷达回波图进入预报业务使用。2005 年起区域自动气象站网的建成,预报员可随时调阅各市县、各乡镇的降水、温度等气象要素情况。

④气象信息网络

20 世纪 70 年代之前,发出气象信息主要依靠手摇电话和邮电部门的电报,气象信息的接收主要靠电话、电报及广播电台的广播。1984年2月1日气象传真机技术引进后,获得的气象信息量有了很大的增加;1994年计算机网络建成,气象信息的传输量与传输速度得到了大幅提升,从根本上改善了气象信息的传输问题;2003年自动气象站的建成提高了观测能力和数据采集能力。

1997年以前,各种气象资料按月按年归档,存放在县气象局资料室;1997年8月各种原始资料上交省气象局档案馆统一保存。

2. 气象服务

公众气象服务 1996年10月县气象局开始制作广丰县电视天气预报节目,预报点根据地理分布选择具有一定代表性的乡镇,电视天气预报节目每晚在广丰新闻之后播出近3分钟时间。遇有灾害性天气过程,则通过短信群发及电视字幕等形式向社会发布。

决策气象服务 县气象局主要负责人承担决策气象服务的主要任务,与县委、县政府及相关决策部门保持密切联系,通过电话、短信、专题气象服务报告、直接汇报等各种形式,为当地领导的工作决策、防灾减灾当好气象参谋。

专业与专项气象服务 1976年,开始进行人工影响天气试验。1996年广丰县政府成立广丰县人工影响天气领导小组,办公室设在县气象局,配置了2门"三七"高炮。每年开展人工增雨作业用于农业抗旱、增加水库蓄水、降低森林火险气象等级、参与森林灭火和开展城市降温等工作。

20世纪80年代,防雷工作起步。1990年1月2日,广丰县劳动人事局、县保险公司、县气象局联合转发上饶地区劳动局、地区保险公司、地区气象局《关于对避雷设置进行安全检测的通知》,由县气象局负责每年1次的检测工作。在县行政服务大厅设有气象行政审批窗口,办理防雷工程的设计、审批、检测验收等气象行政审批事务。

气象科技服务与技术开发 气象科技服务始于20世纪80年代,1986年12月12日,广丰县政府批准县气象局《关于开展有偿气象服务的报告》,并发文至各乡镇遵照执行。气象科技服务逐步发展,涉及农业、工业、商业、旅游业等各个行业。

气象科普宣传 建站以来,广丰县气象局始终坚持利用多种形式进行气象科普宣传,编写科普文章,利用报刊、广播宣传气象知识;到乡镇、学校进行气象科普讲座;组织接待中、小学生参观气象工作场地;利用每年的世界气象日,组织开展普及气象科学知识、做好防灾减灾工作的科普宣传活动。

气象法规建设与社会管理

1. 法规建设

广丰县政府先后出台《广丰县防雷减灾管理规定》(广府发〔2001〕45号)、《关于成立广丰县减灾委员会的通知》(广府办字〔2003〕37号)、《关于进一步规范和完善县行政服务中心窗口单位进驻工作的通知》(广府字〔2003〕28号)、《关于成立广丰县气候资源开发利用可行性论证领导小组的通知》(广府办字〔2003〕39号)等文件。

2. 社会管理

探测环境保护　县气象局将探测环境保护与防雷装置设计审核的行政许可职能有机结合,在开展建筑物防雷设计图纸审核的同时,严格按照《气象探测环境和设施保护办法》中有关规定对气象探测环境保护进行把关,并及时到建设、规划、国土等部门进行备案,还建立技术监督体系,在业务室安装观测环境视频监视系统,同时实行探测环境变化实时报告、月报告制度。

施放气球管理　为加强对施放气球活动的安全管理,预防安全事故的发生,县气象局建立《氢气球、飞艇充灌施放安全制度》、《施放气球安全操作规程》、《安全生产奖惩办法》等,加强对非法施放气球活动和气象执法力度,建立巡查制度,规范申报程序。

雷电灾害防御　防雷减灾工作得到快速发展。每年及时开展各类防雷安全检查,加强防雷科普宣传。

党建与气象文化建设

党建工作　1986 年 7 月成立广丰县气象局党支部,有党员 5 人。2008 年底有党支部 1个,党员 7 人。

认真落实党风廉政建设目标责任制,注重职工队伍的思想建设,积极开展廉政教育和廉政文化建设活动,努力建设文明机关、和谐机关和廉洁机关。

气象文化建设　广丰县气象局广泛开展群众性精神文明创建活动,健全创建管理制度,制定并实施《"十一五"期间精神文明建设工作规划》、《精神文明建设工作规定》和《精神文明建设计划》,开展"创建文明卫生楼院"、"门前五包,门内达标"、"创安工作"等活动。文明创建工作得到稳步提升,1998—2008 年,县气象局连续被评为"市级文明单位"。

广丰县气象局设有阅览室、羽毛球场,在院内安装各类健身器材,拥有图书、杂志、报刊1000 多册,每逢重阳节,召集老干部座谈。

集体荣誉　广丰县气象局被评为 1994—1996 年全市气象部门目标管理工作先进单位,1996—2001 年被江西省气象局授予"气象科技服务十强县气象局"称号,1998 年被评为江西省气象部门"五大工程"建设一级达标单位,同年被评为市级文明单位,2002—2004 年获全市气象部门目标考核第一名,2006—2007 年被评为全市气象部门目标考核特别优秀单位,2008 年被江西省气象局授予"五大工程"建设达标单位,2008 年获全市气象部门目标管理工作第二名。

台站建设

近年来,县气象局投入数十万元资金,对局机关的环境面貌和业务系统进行全面的改造,2000 年装修了办公大楼、观测场,职工办公环境得到了改善,2007 年全面改造观测场,维修加固围墙。同时对院内环境和后勤保障进行全面的改善,对原有办公用房和职工宿舍重新装修,在院内新建了草坪、花坛,绿化面积占总面积的 80%。

玉山县气象局

玉山县位于江西省东北部,全县面积 1731.2 平方千米,总人口约 50 万,辖 16 个乡镇。

玉山县属亚热带季风气候,年平均气温为 17.5℃,年平均降水量为 1859.4 毫米,年平均日照时数为 1717.5 小时。

玉山县气象局为国家基准气候站,位于北纬 28°41′,东经 118°15′,观测场海拔高度为 116.3 米。

机构历史沿革

始建情况 1948 年 10 月,玉山气象站在距县城约 5 千米的东津桥飞机场建成,并开始观测,1949 年 2 月起停止气象观测;1950 年 10 月下旬,中央军委中南军区气象处派员到玉山东津桥飞机场重建气象站,同年 11 月 1 日正式开始地面气象观测,这是中华人民共和国成立后江西省建立的第一个气象站。

站址迁移情况 1951 年 3 月 1 日迁到玉山县县前街 32 号,同年 8 月 1 日迁至玉山县施家弄 156 号;1954 年 1 月 1 日迁至玉山县砻坊街太宝山 32 号;1980 年 1 月 1 日观测场迁至原观测场北面约 80 米处。

历史沿革 建站时称玉山气象站;1958 年 12 月更名为江西省玉山水文气象站;1960 年 3 月,更名为江西省玉山县水文气象服务站;1962 年 5 月,更名为江西省上饶水文气象总站玉山水文气象服务站;1970 年 1 月,更名为玉山气象服务站;1980 年 7 月,更名为玉山县气象站;1981 年 5 月,更名为玉山县气象局,实行局站合一;1984 年 2 月,更名为玉山县气象站;从 1990 年 4 月起,更名为玉山县气象局。

玉山气象站 1951 年 10 月确定为乙种气象站。1954 年 10 月划分为三等气象站。1986 年 2 月 19 日改为国家基准气候站,1990 年 1 月 1 日开始执行国家基准气候站工作任务。

管理体制 1950 年 11 月 1 日起,归中国人民解放军中南军区气象处管理;1951 年 1 月 1 日起,归中国人民解放军空军航空处玉山航空站管理;1951 年 3 月 10 日起,归江西省上饶军分区管理;1953 年 11 月 16 日起,归江西省政府管理;1954 年 10 月,归江西省气象局管理;1958 年 5 月起,归江西省水利电力厅水文气象局管理;1959 年 3 月,归玉山县水利局管理;1962 年 5 月起,归江西省水利电力厅水文气象局管理;1968 年 12 月起,归玉山县农业服务管理站管理;1971 年 1 月 1 日,归玉山县革命委员会管理;1980 年 7 月,实行气象部门与地方政府双重领导,以气象部门领导为主的管理体制。

机构设置 1974 年 3 月前,未设下设机构;1975 年开始下设预报、测报两个组;1978 年增加农业气象组;1981 年设立测报、预报、农业气象 3 个股;1990 年增加办公室;1997 年成立玉山县春秋气象服务有限责任公司,设广告部、服务部;2003 年成立玉山县雷电防护管理局。

单位名称及主要负责人变更情况

单位名称	姓名	职务	任职时间
玉山气象站	无	无	1950.10—1952.02
	马震远	站长	1952.02—1953.07
	陶茂训	站长	1953.07—1956.01
	马震远	站长	1956.01—1957.02
	高顺元	站长	1957.02—1958.04
玉山水文气象站	郦火根	站长	1958.04—1958.12
			1958.12—1960.03
玉山县水文气象服务站			1960.03—1960.11
	无	无	1960.11—1962.05
上饶水文气象总站	无	无	1962.05—1963.09
玉山水文气象服务站	董明樵	负责人	1963.09—1970.01
玉山气象服务站			1970.01—1972.02
	张业祥	站长	1972.02—1977.07
玉山县气象站	蒋成仔	站长	1977.07—1980.07
			1980.07—1980.10
	田广范	站长	1980.10—1981.05
玉山县气象局		局长	1981.05—1984.02
玉山县气象站	丁学文	站长	1984.02—1989.01
	徐桂灿	站长	1989.01—1990.04
玉山县气象局	曾国鑫	局长	1990.04—1991.01
	徐文良	局长	1991.01—2001.12
	冯建文	局长	2001.12—

注:1950年10月—1952年2月期间,无资料;1960年11月—1963年9月期间,无负责人。

人员状况　建站时只有2～3人。到2008年底有在职职工12人,聘用6人。本科学历13人,大专学历4人。中级职称3人,初级职称10人。40～49岁5人,40岁以下13人。

气象业务与服务

1. 气象业务

①地面气象观测

观测项目　从1951年1月1日起进行气压、温度、风向、风速(目测)、湿度、蒸发量、云量、云状、能见度、天气现象、日照、地面状态等项目的观测;从1954年1月1日开始增加地面最低温度观测;1955—1962年增加云向、云速观测;1956年9月增加地面温度观测(包括地面最高温度观测),10月增加电线积冰观测;1957年增加积雪深度观测,7月增加浅层地温5～20厘米和深层地温40～320厘米观测;1977年7月1日起增加指示性云、地方性云等云天观测项目;1982年1月1日起观测项目根据《地面气象观测规范》进行;1998年1月1日增加大型蒸发观测项目;2002年1月1日取消小型蒸发观测;2003年1月1日开始执行《地面气象观测规范》（2003 版）。

观测时次 1950 年 11 月 1 日起进行气压、气温、湿度 24 小时观测记录，云量、云状、能见度、风向、风速 16 次观测（每天 06—21 时）；1953 年 1 月 1 日改为 8 次观测，即 03、06、09、12、15、18、21、24 时观测；1954 年 1 月 1 日改为 4 次地面观测记录（地方时 01、07、13、19 时）；1960 年 7 月 1 日起改为北京时观测记录（即 02、08、14、20 时）；1990 年 12 月 31 日 20 时开始 24 小时观测记录。

发报种类 从 1952 年 5 月 24 日开始每天拍发 4 次天气报告，同年 12 月 1 日增加 4 次辅助绘图天气报告；1961 年 3 月 15 日起取消 2 次绘图天气报和 2 次辅助绘图天气报；2008 年 7 月 1 日恢复每天绘图天气报和辅助绘图天气报各 4 次，同时增加气候月报拍发任务；1954 年 9 月 21 日起为军航、民航拍发危险天气报，同年 12 月 1 日增加固定航空天气报。建站时，每天地面绘图报、航空危险天气报使用手摇电话机口传到县邮政局报房，由县邮政局拍发给用户单位。2003 年开始使用网络宽带传输地面绘图报、补绘报、航空危险天气报等。

仪器设备 建站初期气象仪器采用进口，1954 年后陆续使用国产仪器。1955—1962 年增加梳状测云器；1983 年 1 月增添遥测雨量计；1985 年 10 月增加 PC-1500 袖珍计算机编报和制作气象报表；1995—1997 年增加 386 新型计算机，并通过程控拨号调阅天气图等资料；1997 年建立卫星单收站，接收天气图、传真图等各种资料；2000 年由县政府出资建立玉山县农经网，2006 年改名为玉山县新农村建设网；2002 年 11 月建成 CAWS600 型自动气象站，于 2004 年 1 月 1 日投入业务运行，进行人工和自动站平行观测，自动站采集的资料与人工观测资料存于计算机中互为备份，每月定时复制光盘归档、保存、上报。2005—2007 年在全县各乡镇建立区域自动气象站 21 个。

②农业气象

1959—1961 年农业与气象工作开展合作。1978 年根据农业生产的需要再度开展农业与气象工作的合作。

农作物物候观测 1959 年开始对水稻、小麦进行观测；1960 年进行红花草生育期观测；1978 年开始恢复水稻、小麦、油菜观测，以后逐渐增加杂交水稻制种、大豆、西瓜、柑橘等观测。

农业气象试验 1978 年开展杂交稻制种农业气象条件鉴定试验。1983—1984 年开展稻豆轮作试验。1984 年开展"双秧田"增温效应的试验。1984—1985 年开展双季稻品种熟性最佳搭配气象条件鉴定试验。1986 年开展西瓜间作高秆作物的试验。1989 年开展早稻有效栽插期试验。1990 年在单季稻区海拔 700 米以上开展再生稻农业气象条件试验。

气候调查与农业气候区划 1979 年 2 月 20 日至 3 月 28 日对玉山县进行山区气候资源调查，编写《玉山县农业气候手册》；1982 年 9 月完成《玉山县农业气候资源调查及区划报告》。

③天气预报

短期、短时天气预报 1958 年初开始制作并对外发布未来 24 小时天气预报；1959 年发布未来 1～3 天天气预报，随后增加 12 小时短时灾害性天气预报；1988 年 3 月起发布未来 1～2 天天气预报；2000 年起发布 1～3 天天气预报。

中、长期天气预报 1959年初开始不定期制作年、月、旬或季节性的天气预报。

专业、专题天气预报 1963年开始发布春播、汛期、小寒露和寒露风天气预报；1981年开始为糖厂榨季、飞播、灭虫、森林防火、砖瓦生产、航测、鱼种繁殖等提供专项天气预报。

预报方法 20世纪50年代后期到60年代，天气预报制作主要采用图、资、群相结合的预报方法。70年代初每日接收汉口气象台播发的08时500百帕、700百帕、850百帕高空实况和地面实况，填成简易天气图，进行分析、预报。1978年7月配备气象传真机。1986年6月配备高频电话。1997年建立卫星单收站和MICAPS系统，接收和处理天气图、传真图等各种资料。

2. 气象服务

公众气象服务 县气象局从1958年开始发布天气预报，由县广播站每天早、晚播放1次。1983—1985年每天播放3次。遇有重大灾害性天气时，及时制作短时灾害性天气预报，县广播站随时播出。1998年开始在电视台播出天气预报；2008年开始在玉山电视1台和玉山电视2台两个频道中播出天气预报。

决策气象服务 20世纪50年代开始，进行农业生产气象服务。1978年以来，加强农业生产调查和农作物的试验工作，为县政府提供农业气象情报、预报、气候评价、气候分析等。从20世纪70年代开始，定期发布书面旬（月）报、年报，不定期发布季节性天气预报、专题天气预报等。根据服务需求，70年代开始，每天定时用电话向服务单位传送当天制作的天气预报，遇有灾害性天气则及时用电话将预报传送给服务单位和乡镇。

1972年4月19日玉山县出现强降水和雷雨大风天气，根据天气形势，县气象站提早向县领导汇报并电告浙江巨县机场，机场得到通报后，紧急召回正在飞行的飞机，避免因强降水和雷雨天气给飞行带来的安全隐患，得到机场表扬。

1998年6月12—25日出现连续暴雨—大暴雨过程。县气象局经过认真的分析并与上级气象部门、周围台站会商，提前向县委、县政府汇报天气预报情况。县委、县政府立即采取有效的措施，使工农业损失降到最底。

2008年1月12日至2月3日玉山县遭遇罕见的持续低温雨雪天气，县气象局及时启动Ⅲ级气象应急响应状态，及时发布天气预警，为县领导提前部署雨雪冰冻天气的防御工作提供了重要依据。

专业与专项气象服务 1978年开展人工降雨工作。1996年由县政府出资购置1门双管"三七"高炮；2003年增加1门部队退役的单管"三七"高炮；2003年由县政府出资购置1套新型车载式火箭人工增雨作业工具。

1981年开始参加国家气象局组织的台风业务试验工作。1986年开始为县糖厂开展榨季专项气象服务。

气象科普宣传 建站以来，县气象局始终坚持多种形式的科普宣传活动，普及气象科学知识。1964年开始，每年在春播期和汛期前将印制的气象信息材料发至各公社。在街边道旁设立气象科普宣传栏，不定期地选登一些气象科普知识。1976—1978年为玉山县下放知识青年开办气象科学技术培训班3期。1990年开始进行《气象小报》科普宣传活动。2000年开始增加防雷、春播等专项气象科普宣传。2003年被县科协列为青少年科普教育基地。

气象法规建设与社会管理

法规建设 2001年玉山县政府下发《玉山县防雷管理办法》、《玉山县防灾减灾管理规定》等有关文件,进一步规范玉山县防雷市场的管理。县气象局编写出台《玉山县防雷工程设计审核、施工监督和竣工验收管理办法》,并在全县范围内实施,防雷行政许可和防雷技术服务逐步规范化。

2004年和2007年,县气象局两次依法就气象探测环境保护范围和内容向县有关部门、单位备案。2005年县房地产开发商建楼破坏了气象探测环境,县气象局通过与省人大、省气象局、上饶市人大、市气象局、玉山县人大和县有关部门的合作,进行联合执法,依法制止其破坏气象探测环境的行为,最后由县政府出资70万元对破坏气象探测环境部分的楼房进行拆除,使玉山县气象探测环境免遭破坏。

政务公开 对气象行政审批办事程序、气象服务内容、服务承诺、气象行政执法依据、服务收费依据及标准等,采取户外公示栏、电视广告、发放宣传单等方式向社会公开。干部任用、财务收支、目标考核、基础设施建设、工程招投标等内容则采取职工大会或在县气象局公示栏张贴向职工公开。

制定《玉山县气象局综合管理制度》,对干部、职工休假及奖励工资、医药费、业务值班、会议、财务、福利等进行规范管理。

党建与气象文化建设

党建工作 1972年4月成立玉山县气象站党支部;1988年3月成立支委会;2008年玉山县气象局共有党员10名,其中在职党员7人(含预备党员1人)、退休党员3人。

气象文化建设 县气象局积极开展规范化建设和文明创建活动,改造观测场,装修业务值班室,建设两室一场,拥有图书1000多册。制作局务公开栏、学习园地、法制宣传栏和文明创建标语牌等,提升县气象局文化内涵。自2001年开始连续4届荣获"省级文明单位"称号。

集体荣誉 1958年玉山县气象局被评为"气象工作全国红旗县";1958年被评为"全国气象部门先进单位";1959年被省水文气象局授予"先进集体"称号;1960年获省水文气象局通令嘉奖;1982年被评为"全省气象系统农业气象先进单位";1983年被省气象局评为"先进单位";1983年度被上饶地区授予"1983年度农业科技先进单位"称号;1985年被省气象局评为"江西省气象系统1985年度文明单位";1989年被省气象局评为"先进单位";1990年被省气象局评为"先进单位";2000年被国家气象局授予"双文明建设先进集体"称号;2001—2007年连续4届被评为江西省"文明单位"。

个人荣誉 章祝华,女,汉族,1953年6月生,1972年1月至2008年8月在玉山县气象局工作,1995年被江西省政府评为"江西省先进工作者"。

台站建设

县气象局占地面积14734平方米,办公楼2栋500平方米,职工宿舍2栋1000平方米

（含辅助楼）。

1990 年以前，县气象局办公楼和职工宿舍都为平房，院内环境较差。1990 年新建 1 栋办公楼；2000 年新建综合业务大楼；2005—2006 年投入综合改善资金 90 万元新建 1 栋业务辅助楼，重新装饰综合业务楼，改造业务值班室和院内环境绿化，全局绿化率达到 80%。

玉山县气象站（摄于 20 世纪 70 年代）　　　　玉山县气象局综合业务楼（摄于 2007 年）

横峰县气象局

横峰县位于江西东北部，面积 655.24 平方千米，辖 2 个镇、6 个乡、1 个街道办事处，总人口约 22 万。

横峰县属亚热带湿润季风气候，年平均气温为 17.5℃，年平均降水量为 1750 毫米，年平均日照时数为 1750.9 小时。

机构历史沿革

始建情况　横峰县气象站建于 1959 年 1 月 1 日，气象观测场设在城阳垦殖场苗圃的田野上，距离横峰火车站 300 米，距离县城中心 700 米左右。

站址迁移情况　1960 年 1 月 1 日，站址迁往横峰县城北门窑背，离原址约 1000 米，地理位置为北纬 28°25′，东经 117°36′，观测场海拔高度 79.0 米，面积为 25 米×25 米。

历史沿革　建站时站名为江西省横峰气候站；1959 年 3 月，更名为横峰县水文气象站；1960 年 3 月更名为横峰县气象服务站；1962 年 5 月更名为上饶地区水文气象总站横峰气象服务站；1964 年 7 月更名为江西省横峰县气象服务站；1971 年 1 月，更名为江西省横峰县气象站；1981 年 5 月更名为横峰县气象局；1984 年 5 月撤销横峰县气象局，保留横峰县气象站名称；1990 年 5 月更名为横峰县气象局。

管理体制　1959 年 1 月属江西省水利电力厅水文气象局管理。1959 年 3 月，水文气象合并，归横峰县人民委员会管理。1960 年 3 月水文气象分开，1962 年 5 月，由江西省水利电力厅水文气象局接管。1971 年由横峰县人民武装部管理。1973 年 7 月，由横峰县革命委员会管理。1980 年，实行气象部门与地方政府双重领导，以气象部门领导为主的管理体制。

单位名称及主要负责人变更情况

单位名称	姓名	职务	任职时间
横峰气候站	程坤山	负责人	1959.01—1959.03
横峰县水文气象站			1959.03—1959.06
	张法根	站长	1959.06—1960.03
横峰县气象服务站			1960.03—1961.03
	程坤山	副站长（主持工作）	1961.03—1962.05
			1962.05—1962.08
上饶地区水文气象总站 横峰气象服务站	王海川	负责人	1962.08—1963.03
	白　昱	负责人	1963.03—1963.06
	俞玉梅	负责人	1963.06—1964.01
	左德隆	负责人	1964.01—1964.07
横峰县气象服务站			1964.07—1968.10
	无	无	1968.10—1971.01
横峰县气象站	无	无	1971.01—1972.06
	程贞兰	站长	1972.06—1981.05
横峰县气象局		局长	1981.05—1981.10
	杨文昌	副局长（主持工作）	1981.10—1984.05
横峰县气象站	左德隆	副站长（主持工作）	1984.05—1988.12
		站长	1988.12—1990.05
横峰县气象局		局长	1990.05—1991.04
	胡纯清	副局长（主持工作）	1991.04—1992.12
	杨桂林	局长	1992.12—1994.12
	余国华	副局长（主持工作）	1994.12—2000.06
	陈　斌	局长	2000.06—2003.12
	黄京平	局长	2003.12—

注：1968年10月至1972年6月期间，无资料。

人员状况　1976年前2～3人，且调动频繁。1968—1969年仅1人，1970年起人员逐渐增加。到2008年底在职职工8人，离退休人员7人；大学本科学历2人，大专学历4人；高级工程师1人，工程师4人，助理工程师3人；党员6人。

气象业务与服务

1. 气象业务

①地面气象观测

观测时次　1959年1月1日起每日进行4次气候观测，按地方时01、07、13、19时进行。1960年1月1日开始，观测时间改为07、13、19时3次观测。1961年1月1日改为每日北京时08、14、20时观测，夜间不守班。2003年12月31日自动气象站建立，自动观测项目有气压、气温、湿度、降水、风向、风速、地温。2004年1月1日人工观测和自动站观测双轨运行,观测项目有云、能见度、天气现象、气压、气温、湿度、风向、风速、降水、雪深、日照、蒸发、地温等。2005年12月31日20时开始自动气象站单轨运行,除云、能见度、天气现象、日照、蒸发仍为人工观测外,其他观测项目全部采用自动观测。

发报内容 有GD-11、GD-05、AB旬月报、航空危险天气报(预约报)、春播报。天气报的内容有云、能见度、天气现象、气压、气温、风向、风速、降水、雪深、地温等;航空报的内容只有云、能见度、天气现象、风向、风速等,出现危险天气时,5分钟为及时拍发危险报。

气象报表 县气象站编制的报表有气表-1、气表-21,向国家气象局、省气象局、地(市)局各报送1份,本站留底本1份。从2003年开始停止报送纸质报表,改为计算机报表。

②天气预报

短期天气预报 从1959年到20世纪60年代初,预报方法比较简单,主要收听省气象台天气预报,结合本站观测资料,进行补充订正,发布24小时天气预报。70年代开始制作和发布1~3天天气预报。80年代开始发布1~2天(24~48小时)天气预报和灾害天气报。1981年5月正式开始天气图传真接收工作,主要接收北京气象传真和日本传真图表,利用传真图表独立地分析判断天气变化。1987年7月,开通甚高频无线对讲通讯电话,实现与地区气象局直接预报会商和报文传递。20世纪90年代开始制作短时灾害性天气报和临近天气预报。1994年7月,建立县级气象业务系统,并进行试运行,1996年12月正式开通使用。1998年9月停收传真图,预报所需资料全部通过县级气象业务系统进行网上接收。2000年4月1日,地面卫星接收小站建成并正式启用。2007年开始发布灾害性天气预报预警。

中、长期天气预报 从1972年开始抄收武汉中心气象台天气形势分析预报、08时高空和14时的地面资料,填简易天气图进行分析,同时参加省、市气象部门的预报方法会战,制作春播、汛期降水、寒潮以及大风、冰雹等强对流天气预报。20世纪80年代初期,配备气象传真机、电子计算机、无线电对讲机,可直接接收国内外天气形势分析图。1982年学习MOS方法,在短期天气预报、灾害性天气预报的客观化、定量化方面有明显提高。20世纪80年代后期不再独立制作中长期天气预报,县气象站主要作好短时(0~12小时)灾害天气或突发灾害天气预报和服务。20世纪90年代后期,在市气象台的指导下,制作中长期天气预报,主要有1年天气展望、每月和每旬天气预报、春播预报、汛期降水趋势预报、秋季干旱预报、森林防火等级预报、节假日专题天气预报等。

2. 气象服务

公众气象服务 2001年3月,县气象局与县广播电视局协商在电视台每晚播放2次横峰县天气预报,天气预报信息由气象局提供,电视节目由电视台制作,预报信息通过电话传输至广播局。2004年7月县气象局建成多媒体电视天气预报制作系统,将自制节目录像带送电视台播放。2006年7月电视台电视播放系统升级,县气象局电视天气预报制作系统升级为非线性编辑系统。2002年9月,建立横峰县农经网,并在全县各镇、场开通信息站。

决策气象服务 1993年6月,县政府拨款9万元购置农村警器器无线通讯接收装置,发射台安装在县电视差转台,主机在县气象局,分机安装到县防汛抗旱办公室(简称防办)和各乡镇(场),通过气象预警服务系统,每天上、下午各广播1次,服务单位通过预警接收机定时接收气象信息。

2007年4月,横峰县政府印发(横发〔2007〕1号)文件,建立全县防灾减灾信息员队伍,协助防灾减灾部门开展自然灾害预警信息接收、传播和灾情信息的收集整理与报告工作。

专业与专项气象服务 2003年6月,横峰县人工增雨领导小组办公室和减灾委员会成立,办公室均设在县气象局。2004年购置人工增雨火箭发射装置1台。2006年10月购置人工增雨作业车1辆。

2003年1月,横峰县政府办公室发文将防雷工程从设计、施工到竣工验收,全部纳入气象行政管理范围。2003年12月,横峰县政府法制办批复确认县气象局具有独立的行政执法主体资格,并成立行政执法队伍。2004年,县气象局被列为县安全生产委员会成员单位,负责全县防雷安全的管理。

气象科技服务与技术开发 1984年开始推行气象有偿专业服务。1985年横峰县政府对气象有偿专业服务的对象、范围、收费原则和标准等内容进行规范。气象有偿专业服务主要为全县各乡镇(场)或相关企事业单位提供长、中、短期天气预报和气象资料,气象信息咨询主要以旬、月天气预报为主。

科学管理与气象文化建设

法规建设与管理 2001年横峰县政府转发《上饶市政府关于防雷减灾管理规定的通知》(横府发〔2001〕23号)等有关文件,规范防雷管理,实行一站式统一审批制。

2005年横峰县政府办公室转发《上饶市政府办公室关于加强气象观测环境保护的通知》(横府办发〔2005〕8号),建设、国土部门联合备案,加强对气象台站观测环境的保护。

县气象局对气象行政审批办事程序、气象服务内容、服务承诺、气象行政执法依据、服务收费依据及标准等通过公示栏等向社会公开。财务收支、目标考核等内容采取职工大会或在县气象局公示栏张贴,向职工公开。

党建工作 建站至1986年6月,有党员1～3人,编入县农工部党支部。1987年7月成立横峰县气象站党支部。1990年5月改为横峰县气象局党支部。1992—1998年有党员5人。1999—2008年底有党员6人。

党支部积极组织党员开展理论学习,参加创建文明单位活动,坚持"三会一课"制度,认真落实党风廉政建设目标责任制,开展党风廉政宣传教育月活动。

气象文化建设 每年定期组织职工(含离退休人员)到方志敏纪念馆、葛源红色革命根据地、井冈山革命根据地等接受革命传统教育。2004年建成办公楼,设立图书阅览室、活动室,室外建立文体活动场所、休闲场所,购置文体活动器材,组织职工开展各项文体活动。

荣誉 1993—2008年横峰县气象局荣获各项荣誉10余次。1993—1994年被评为全市气象部门目标考核先进单位;1993—1994年汛期气象服务获省气象局记功奖励;1994年被县政府评为价格(收费)管理先进单位;1994—1996年度被县委、县政府授予"文明单位"称号;1998—2008年一直被上饶市委、市政府授予"文明单位"称号。

台站建设

1982年10月经省气象局批准,投资3万元建职工宿舍,基本解决职工住危房问题。1987年6月省气象局投资4万元,县政府投资1万元,拼盘建设横峰县气象站办公楼。1994年10月省气象局投资8万元、职工集资8万元建职工宿舍楼1栋三层6套。2003年8月省气象局投资6万元改造职工集体宿舍及宿舍前护坡。2004年10月省气象局投资35万元新建横峰县防灾减灾综合业务楼,总建筑面积580平方米,2006年2月省气象局竣工并投入使用。2006年6月省气象局投入25万元,进行院内环境综合改善。

弋阳县气象局

弋阳县位于江西省东北部,信江中游,始建于东汉建安十五年(210年),东吴孙权析余汗地置葛阳县,隋开皇十二年(592年),移治弋江之北,改名弋阳县。面积1592.5平方千米,辖16个乡(镇、场),总人口36.7万。

弋阳县属中热带湿润气候区,年平均气温为18.1℃,年平均日照时数为1707.4小时,年平均降水量为1951.3毫米。

弋阳县气象局位于北纬28°24′,东经117°26′,观测场海拔高度70.0米。

机构历史沿革

始建情况　1955年1月,弋阳气候站在弋阳县北门外成立,同年12月1日开始气象观测。

站址迁移情况　1962年12月31日搬迁到弋阳县城郊水南街"乡村";1979年1月1日搬迁到弋阳县城郊公社湖塘"乡村"。

历史沿革　建站时称弋阳气候站;1958年12月更名为江西弋阳县水文气象站;1960年3月更名为弋阳县水文气象服务站;1962年6月更名为江西省上饶水文气象总站弋阳气象服务站;1964年7月更名为江西省弋阳气象服务站;1968年12月更名为弋阳县农业服务站;1970年11月更名为弋阳县气象站;1980年1月更名为弋阳县气象局;1983年4月更名为弋阳县气象站;1990年4月更名为弋阳县气象局,属国家一般气象观测站。

管理体制　自建站至1962年5月,归江西省气象局管理;1962年2月,归江西省水文气象局管理;1969年1月,归弋阳县革命委员会农业领导小组管理;1971年4月,由弋阳县人民武装部管理;1973年7月,归弋阳县革命委员会管理;从1983年3月起,实行气象部门与地方政府双重领导,以气象部门领导为主的管理体制。

单位名称及主要负责人变更情况

单位名称	姓名	职务	任职时间
弋阳气候站	白 昉	负责人	1955.01—1958.01
	左德隆	负责人	1958.01—1958.12
江西弋阳县水文气象站			1958.12—1960.03
弋阳县水文气象服务站			1960.03—1962.06
江西省上饶水文气象总站 弋阳气象服务站	赵学圣	负责人	1962.06—1964.07
江西省弋阳气象服务站	赵学圣	负责人	1964.07—1965.02
	徐桂灿	负责人	1965.02—1968.04
	无	无	1968.04—1968.12
弋阳县农业服务站	无	无	1968.12—1970.11
弋阳县气象站	无	无	1970.11—1971.10
	童元才	站长	1971.10—1980.01
弋阳县气象局		局长	1980.01—1983.04
弋阳县气象站		站长	1983.04—1984.06
	徐桂灿	站长	1984.06—1989.01
	杨桂林	站长	1989.01—1990.04
		局长	1990.04—1991.02
弋阳县气象局	周景和	副局长(主持工作)	1991.02—1994.12
		局长	1994.12—2006.07
	范明群	局长	2006.07—2008.06
	程云花(女)	局长	2008.07—

备注:1968年4月—1971年10月,"文化大革命"期间无负责人。

人员状况 1955年,建站时有3人。到2008年底有在编职工9人,聘用临时工2人。在编职工中大专及以上学历8人,高中文化1人。中级职称4人,初级职称5人。30岁以下的2人,40~49岁6人,50~55岁1人。

气象业务与服务

1. 气象业务

①地面气象观测

1960年1月1日,进行07、13、19时3次观测(地方平均太阳时)。1960月7月1日取消地方平均太阳时,采用北京时,改为08、14、20时3个时次进行地面观测。1961年1月1日起天气现象云状简化记载。观测项目有风向、风速、气温、气压、云、能见度、天气现象、降水量、日照、小型蒸发、地面温度、雪深等。每天编发08、14、20时3个时次的定时GD-05报和重要天气报。编制气表-1和气表-21,向省气象局、地(市)气象局各报送1

份,本站留底本 1 份。2000 年开始将压、温、湿、雨量、风自记纸和气簿-1 等原始资料整理归档,本站只保存最近的 5 年资料,其他全部上交省气象档案馆保管,每年上交 1 次。

2002 年开始建设 CAWS600 自动气象站,并于 2003 年 11 月底建成,新增深层地温观测;2004—2005 年自动气象站与人工平行观测;2005 年 12 月 31 日 20 时起,进入自动气象站单轨运行。至 2008 年,以自动气象站资料为准发报,自动气象站采集的资料与人工观测资料存于计算机中互为备份,每月定时复制光盘归档、保存、上报。

弋阳县气象局先后建成 21 个中尺度雨量自动气象站,其中 2005 年 5 个中尺度雨量自动气象站,2007、2008 年县政府拨款 46 万元,建成 16 个中尺度雨量自动气象站。

②农业气象

1979 年进行水稻、油菜、花生等作物观测,并进行物候观测、制作年报表、开展产量预测、提供农业气象情报等工作。1984—1986 年籽粒苋农业气象立项,进行专项观测;1987 年引种台湾花生,并荣获弋阳县科研二等奖。1988 年调整为农业气象一般站,开展产量预测、编发春播气象服务电报,发布农业气象灾害警报。

③天气预报

1981 年 5 月正式开始天气图传真接收工作,主要接收北京的气象传真和日本的传真图表,通过传真图表独立分析判断天气变化。1987 年 7 月,架设开通甚高频无线对讲通讯电话,实现与地区气象局直接业务会商。1994 年县政府拨款 5 万元,建立服务终端系统,代替天气图传真。2000 年,地面卫星接收小站建成并正式启用。

短期天气预报 根据生产需要 1958 年 4 月开始制作补充订正天气预报。接收省气象台天气形势广播、抄录汉口台天气小图,结合本站要素进行订正预报,并对外进行广播。1994 年由服务终端系统代替省气象台天气形势广播、汉口台天气小图。

中期天气预报 20 世纪 80 年代初,通过传真接收中央气象台、省气象台的旬、月天气预报,再结合分析本地气象资料、短期天气形势、天气过程的周期变化等制作 1 旬天气过程趋势预报。

短期气候预测(长期天气预报) 参照省、市气象台长期预报,结合本县气候规律,分别作出具有本地特点的补充订正预报。长期预报主要有春播预报、汛期(4—6 月)预报、干旱预报、年气候趋势展望。

至 2008 年,对省、市气象台的 3 小时内灾害性天气预报警报产品和 24 小时内常规天气指导预报进行订正,其他天气预报和短期气候预测使用省、市气象台的指导预报进行解释服务。

④气象信息网络

2002 年通过普通电话线进行拨号上网,最高速率为 56 千伏安/秒。2003 年接入 AD-SL 上网方式。从 2008 年 1 月 1 日起自动气象站启动 5 分钟频次采集数据。为确保数据及时上传,2008 年增加 20 兆/秒点对点的专线网络,双核处理器计算机 9 台,奔腾四计算机 5 台。

2. 气象服务

公众气象服务 服务产品有日常天气预报、火险等级、生活指数、晨练指数、啤酒指数等预报。

1958年4月开始作补充订正天气预报,并对外发布;1990年建立气象预警服务系统,对外开展气象服务,每天上、下午各广播1次气象信息。1996年起,在弋阳县电视台1、2频道开通天气预报专栏,每天播出4次。2005年更新多媒体电视天气预报制作系统,有虚拟节目主持人。1997年6月,弋阳县气象局正式开通"121"天气预报自动答询电话。2005年,"121"电话升位为"12121"。2007年开通移动气象短信群发平台服务业务。2005年建立由391人组成的气象防灾减灾信息员队伍。

决策气象服务 主要以《气象呈阅件》《雨情通报》《气象—地质灾害呈阅件》《人工影响天气简报》《自然灾害公报》《气象情况反映》《农业气象灾害警报》等形式,通过送纸质材料或手机短信群发平台,送到各级领导及县委、县政府和相关单位。

专业与专项气象服务 1977年8月,省气科所在弋阳实施"三七"高炮人工增雨试验,炮点设在圭峰公社招宾和贵溪县文坊公社。1978年7—9月,省气象科学研究所在弋阳湾里公社和方团电站上游实施"三七"高炮人工增雨试验。2000年弋阳县人工影响天气办公室成立。2001年省政府出资购买火箭发射架1套,从此弋阳县人工增雨作业全部使用火箭发射。2003年县财政拨款3万元更换火箭发射架。2004年省人工影响天气办公室拨款4万元,县财政拨款1万元,自筹资金4万元,购置1辆人工增雨作业专用车。

1990年开展防雷装置年检,年检覆盖率达到80%～85%;2004年开展新建建筑物防雷装置分段验收检测及竣工验收工作。2007年县政府下发抄告单(弋府办抄字〔2007〕206号)规定,城乡规划建设局将防雷设计审核意见作为发放"两证一书"的前置条件,县房管局将防雷装置竣工验收意见作为发放房产证的前置条件。

气象科技服务与技术开发 1987年开始推行气象有偿专业服务。气象有偿专业服务主要提供中、长期天气预报和气象资料,一般以旬(月)报为主。

气象法规建设与社会管理

法规建设 弋阳县政府下发《弋阳县防灾减灾管理规定》(弋府办发〔2001〕21号)和《关于执行防雷并联审批制度的抄告》(弋府办抄字〔2007〕206号)等有关文件。2002年3月,弋阳县政府法制办批复确认县气象局具有独立的行政执法主体资格,有5名干部职工具有行政执法证。2001年被列为弋阳县安全生产委员会成员单位,负责全县防雷安全的管理。

社会管理 2005年1月,气象探测环境保护范围在县国土资源局、县城乡规划局、县环保局等单位进行备案;2007年12月,气象探测环境保护范围在县国土资源局、县城乡规划局、县环保局等单位重新备案。

对气象行政审批办事程序、气象服务内容、服务承诺、气象行政执法依据、服务收费依据及标准等,县气象局采取对外公示栏方式向社会公开。干部任用、财务收支、目标考核、基础设施建设、工程招投标等内容则采取职工大会或局公示栏张贴。

党建与气象文化建设

党建工作 1988 年弋阳县气象站成立党支部。到 2008 年底,有党员 8 人。认真落实党风廉政建设目标责任制,积极开展廉政教育和廉政文化建设活动,努力建设文明机关、和谐机关和廉洁机关。

气象文化建设 弋阳县气象局始终把创建文明单位纳入气象工作总体目标之中,加大对精神文明建设和创建工作的投入,确保用于政治教育、政工宣传、专题调研、政工设施、教育培训、环境改善、文体活动等建设,制定精神文明建设目标和创建文明单位的工作计划,开展文明创建和气象文化建设,制作局务公开栏、学习园地、法制宣传栏和文明创建标语等宣传用语牌,建设"五室一场",拥有图书 1000 多册。

集体荣誉 2002 年弋阳县气象局被评为"江西省第九届文明单位";2005 年被评为"江西省第十届文明单位";2005 年、2007 年被中国气象局授予"局务公开先进单位"称号。

个人荣誉 徐桂灿,广东省人,1936 年 11 月出生,1953 年 10 月参加工作,1996 年 12 月在弋阳县气象局退休,1983 年,被省政府授予"江西省农业劳动模范"称号。

台站建设

1989 年省气象局投资 5 万元建设办公楼。1997 年省气象局投资 10 万元对办公楼进行装修和改造。2006—2008 年省气象局先后投资 85 万元,上饶市气象局投资 10 万元,对弋阳县气象局进行环境改善,新建业务办公楼。

弋阳县气象局现占地面积 2 万平方米,业务办公楼 1 栋 800 平方米,职工宿舍 3 栋 1800 平方米,车库 1 栋 30 平方米。栽种 2600 平方米草坪、花坛、风景树等,绿化率达到 60%,硬化 2000 平方米路面,已发展成为具有一定规模、现代化建设和花园式的基层台站。

1979 年 12 月建成的办公房(摄于 1996 年 3 月)

弋阳县气象局新建成的综合业务楼(摄于 2008 年)

德兴市气象局

德兴市位于江西省东北部,赣、浙、皖三省交界处。面积 2101 平方千米,辖 12 个乡镇和大茅山省级经济开发区,总人口 31 万。东汉建安八年(203 年)置县,1990 年 12 月撤县设市。

德兴市属中低纬度亚热带湿润季风区,年平均气温 17.3℃,年平均降水量 1909.1 毫米,年平均日照时数 1665.0 小时。

德兴市气象站属国家基本气象站,位于北纬 28°57′,东经 117°35′,观测场海拔高度 88.5 米。

机构历史沿革

始建情况　德兴气象站筹建于 1957 年 10 月,1957 年 12 月 1 日建成并正式业务运行,属国家一般气象站。站址在县城南效新营乡女儿田村,北纬 28°51′,东经 117°34′,观测场面积 25 米×25 米,海拔高度 56.3 米。

站址迁移情况　1981 年 1 月 1 日迁至县城(银城镇)河西狮子山(现址),观测场面积 20 米×16 米。2006 年 1 月 1 日升为国家气象观测站一级站,2008 年 1 月改为国家基本气象观测站。

历史沿革　1957 年 10 月成立德兴县气象站;1959 年 8 月,水文气象合并,成立德兴县水文气象站;1960 年 3 月更名为德兴县水文气象服务站;1962 年 5 月更名为江西省上饶地区水文气象总站德兴县气象服务站;1964 年 1 月更名为江西省上饶地区水文气象局德兴县气象服务站;1968 年 12 月更名为德兴县水文气象站革命委员会气象组;1969 年 12 月,水文气象分开,更名为德兴县气象服务站;1973 年 7 月更名为德兴县气象站;1980 年 1 月成立德兴县气象局,实行站(局)合一;1984 年 1 月更名为德兴县气象站;1990 年 5 月更名为德兴县气象局;1991 年 5 月德兴撤县设市,更名为德兴市气象局。

管理体制　1957 年 10 月由江西省水文气象局管理;1959 年 3 月,由德兴县人民委员会管理;1971 年 2 月由德兴县人民武装部管理;1973 年 7 月由德兴县革命委员会管理;1980 年 1 月开始,实行气象部门与地方政府双重领导,以气象部门领导为主的管理体制。

机构设置　1973 设测报组和预报组。1980 年设测报股、预报股、农业气象股。1983 年成立德兴县气象局工会。1991 年 10 月,设气象业务科和气象服务科。1991 年 2 月,成立德兴县防雷技术检测所,同年 5 月 4 日改为德兴市防雷技术检测所。2002 年 11 月 13 日成立德兴市雷电防护管理局。2006 年升为国家基本气象站,下设办公室、气象业务科、气象服务科、防雷管理局、天宏公司、德兴市人工影响天气领导小组办公室、德兴市减灾委员会办公室。

单位名称及主要负责人变更情况

单位名称	姓名	职务	任职时间
德兴县气象站	张忠诚	负责人	1957.10—1959.08
德兴县水文气象站			1959.08—1960.01
	王占发	负责人	1960.01—1960.03
德兴县水文气象服务站			1960.03—1962.05
江西省上饶地区水文气象总站 德兴县气象服务站	王春红	负责人	1962.05—1963.01
			1963.01—1964.01
江西省上饶地区水文气象局 德兴县气象服务站	杨荣茂	负责人	1964.01—1968.12
德兴县水文气象站 革命委员会气象组	于 义	站长	1968.12—1969.12
德兴县气象服务站			1969.12—1970.12
	徐志远	站长	1970.12—1971.12
	徐良才	负责人	1971.12—1972.12
	韩克清	副站长(主持工作)	1972.12—1973.07
德兴县气象站			1973.07—1978.12
	汪修茂	站长	1978.12—1980.01
德兴县气象局	骆维荣	副局长(主持工作)	1980.01—1983.01
	庞放民	副局长(主持工作)	1983.01—1984.01
		副站长(主持工作)	1984.01—1985.01
德兴县气象站	骆维荣	副站长(主持工作)	1985.01—1986.12
	陈勤政	副站长(主持工作)	1986.12—1987.09
		副站长(主持工作)	1987.09—1990.05
德兴县气象局	齐移民	局长	1990.05—1991.05
德兴市气象局			1991.05—

人员状况 1957年建站时有3人。2008年有20人,其中在编人员11人,外聘测报技术人员3人,临时合同用工2人,退休4人。在编职工中本科学历6人,大专学历2人,中专学历3人。工程师6人,助理工程师5人。中共党员5人(其中在职党员4人),农工党党员1人。

气象业务与服务

1957年12月1日,开始进行地面气象观测记录和服务,主要业务是地面气象观测记录和防灾减灾气象服务,每天向省气象局传输8次定时天气报、定时或不定时重要天气报、森林火险等级报、气象旬(月)报、春播报,制作气象月报和年报报表。

1. 气象业务

①地面气象观测

1957年建站时观测项目有云、能见度、天气现象、气温、湿度、降水等12个项目;1960年增加气压观测;1979年7月,增加指示性云、系统性云、地方性云观测;2003年12月,自动气象站建成并投入使用,实行人工站与自动气象站双轨运行,每分钟自动采集数据1次,观测项目有温度、气压、湿度、雨量、地温、风向、风速,自动气象站采集的资料与人工观测资料存于计算机中互为备份;2006年1月1日起实行自动气象站单轨运行;2007年1月1日开始按照国家基本气象站业务要求,每天02、08、14、20时4个基本时次和05、11、17、23时4个补充时次进行人工观测和发报;2008年2月增加空气负离子观测;2008年6月增加GPS/MET水汽观测项目。

1973年首次向空军崇安机场拍发航空危险天气报;1973—1986年,先后向空军崇安机场、南昌民航机场、景德镇昌河机场拍发航空(危)天气报(不定期预约报);1976年开始向闽、浙、赣、皖四省军队地方气象联防协会拍发危险天气报;1992年开始,根据台风试验业务拍发台风报;2007年1月1日开始编发GD-01报。

1986年1月1日,PC-1500袖珍计算机投入业务使用,使用PC-1500袖珍计算机取代人工编报;1994年6月,计算机终端设备投入业务使用,用其替代原手工制作报表;1999年5月,地面气象卫星接收站建成并投入使用;2003年12月,自动气象观测站建成并投入业务运行;2005年5月至2007年12月,建成28个中尺度自动气象监测站;2008年2月,购置空气负离子观测仪进行负离子观测;2008年6月,建成GPS/MET基准水汽观测站。

建站至1996年5月,用手工抄写方式编制地面气象观测月、年报表。1996年6月年开始,使用微机编制地面气象观测月、年报表。

②天气预报

1958年8月正式开始制作1～3天的天气预报,并通过广播服务工农业生产和军事建设部门。1983年5月配备气象传真接收机,接收国内外传真天气图,制作每日天气预报。1999年5月,地面气象卫星接收站建成并投入使用,丰富了预报资料。

③气象信息网络

1958年,通过邮电部门专用电报线路拍发和传输气象数据、气象电报;1984年4月启用甚高频对讲机,向上饶地区气象局发送区域绘图天气报;1994年气象报文由程控电话拨号传出;2001年改为电信ADSL宽带传输;2007年1月开始通过MSTP专线传输。

2004年1月起,自动气象站所采集的数据通过计算机互联网传送至省气象信息中心,每小时定时传输1次;2008年1月1日,改为每5分钟定时传输1次。

2. 气象服务

1984年市气象局与德兴铜矿签定气象服务合同,首次启动有偿气象服务。至2008年,开展了防雷检测验收、防雷工程设计施工服务、氢气球广告、气象资料、"12121"气象信息电话自动答询、手机短信服务、气候可行性论证、雷电灾害评估等服务项目。

1996年10月,开始制作电视天气预报节目;2005年12月,更新电视节目编辑系统,从12月9日开始,改版后的《德兴天气预报》在市电视台《铜都新闻》黄金时段播出。

1978年首次开展高炮人工影响天气作业。2005年成立人工影响天气作业小分队,实施火箭人工影响天气作业,"三七"高炮转为人工影响天气备用装备。

2007年,组建由263人组成的气象防灾减灾信息员队伍,通过信息员队伍将气象服务产品迅速传递到广大城乡。2008年全市气象灾害预警信息发布系统开始筹建。

1998年7月23日,德兴铜矿出现12小时降水312.7毫米的特大暴雨,德兴市气象局气象预报服务及时有效,被江西省气象局给予抗洪抢险集体记大功嘉奖,被德兴市委、市政府授予"抗洪抢险先进单位"称号。

2008 年初冰冻雨雪灾害性天气，先后向市领导呈交《气象呈阅件》、《气象情况反映》等决策服务材料 12 份，加强与水利、地矿、林业、电力、交通、交警等部门间的合作，建立预报预警信息共享机制，每天通报天气信息 2 次，取得抗冰冻雨雪天气预报服务的较好效果。

气象法规建设与社会管理

1. 法规建设

2001 年 7 月 9 日德兴市政府印发《德兴市农村经济信息网信息管理暂行办法》（德府发〔2001〕15 号）；2002 年 6 月 24 日德兴市政府印发《德兴市防雷减灾管理规定》（德府发〔2002〕9 号）；2003 年 1 月 16 日德兴市气象局、建设局、消防大队印发《关于印发〈德兴市防雷减灾管理规定〉实施细则的通知》（德气发〔2003〕1 号）；同年 9 月 8 日德兴市政府办公室印发《关于转发〈上饶市人工影响天气管理规定〉的通知》（德府办字〔2003〕45 号）；2006 年 9 月 25 日德兴市政府办公室印发《关于转发市减灾委员会〈德兴市自然灾害信息发布及汇总暂行办法〉的通知》（德府办字〔2006〕37 号）；同年 12 月 16 日德兴市政府印发《关于印发〈德兴市气象灾害应急预案〉的通知》（德府字〔2006〕136 号）；2008 年 10 月 17 日德兴市政府办公室印发《关于印发〈关于进一步加强气象灾害防御工作实施意见〉的通知》（德府办发〔2008〕4 号）。

2. 社会管理

探测环境保护 2005 年 12 月，德兴市气象观测站探测环境现状及保护要求在市规划局、市建设局、市水利局、市国土局等职能部门进行备案。2008 年，按照国家基本气象站的要求，德兴市气象观测站探测环境现状及保护标准，在市规划局、市建设局、市水利局、市国土局等职能部门再次进行备案。

施放气球管理 2004 年气象行政执法队成功查处一起未经批准非法施放气球违法活动。

防雷管理 2000 年 6 月 26 日，履行雷电和雷电灾害监测、预警、防护等防雷减灾工作管理职责。2003 年成立德兴市雷电防护管理局，为市气象局副科级二级单位，受市气象局委托履行防雷减灾管理工作。

党建与气象文化建设

党建工作 1990 年 11 月成立德兴县气象局党支部时，有党员 3 人。1991 年 5 月 4 日德兴撤县设市，县气象局支部改为德兴市气象局党支部。2008 年有正式党员 5 人。

市气象局党支部 1999 年、2001 年、2002 年、2005 年、2006 年、2007 年、2008 年被德兴市直机关工委授予"先进党支部"称号；2004 年获"红旗党支部"称号。

荣誉 1989 年被德兴县评为"创三优先进单位"、被上饶地区行署评为"气象服务先进单位"、被江西省气象局评为"全省气象服务工作先进单位"；1990 年获首届"县级文明单位"和"全县防汛工作先进集体"称号；1992 年被江西省气象局授予"全省气象系统先进单位"称号；1993 年被上饶行署授予"第一届地级文明单位"称号，被德兴市委、市政府授予

"全市目标管理先进单位"称号,被评为上饶市气象部门地方气象事业第一名;1995年江西省气象局给予"抗洪抢险集体记功"嘉奖,获德兴市"目标管理先进单位"称号;1996年被评为全省人工增雨先进单位;1997年被上饶行署授予"第二届地级文明单位"称号;1998年被评为德兴市森林防火先进单位;1999年江西省气象局给予"抗洪抢险集体记大功"嘉奖,被德兴市评为目标管理先进单位和五好文明楼院;2000年被江西省委、省政府授予"第七届省级文明单位"称号,被江西省气象局评为"五大工程"一级达标单位,上饶行署授予"文明楼院"称号,被德兴市评为目标管理和综合治理先进单位;2003年被江西省政府授予全省人工增雨先进单位,被上饶市委、市政府授予"第一届市级文明单位"称号;2004年被江西省委省政府授予"第九届省级文明单位"称号;2005年被评为江西省省级文明楼院、卫生庭院、园林绿化单位;2006年被江西省委、省政府授予"第十届省级文明单位"称号、德兴市授予"人民满意单位"称号;2007年被江西省气象局评为第二轮"五大工程"达标单位、被评为上饶市气象部门目标管理第二名;2008年被江西省委、省政府授予"第十一届省级文明单位"称号、被评为上饶市气象部门目标管理优秀单位。

台站建设

德兴气象站建站初期业务办公场所是砖瓦结构、水泥地面的平房,设有观测值班室、办公室、宿舍、厨房、贮藏室等房间。

1980年迁站,新建砖瓦房屋。1993年建成办公大楼,建筑面积为450平方米,大楼与观测场之间用天桥连接,办公楼外修建了操场、羽毛球场,工作和生活环境得到改善。2002年将观测场围杆换成不锈钢材料,百叶箱更换为玻璃钢材料。2005年4月,配备小轿车和人工增雨作业工具车。2007年,德兴市气象防灾减灾指挥中心立项,设计三层,建筑面积约1200平方米。

婺源县气象局

婺源县建于唐开元二十八年(740年)。位于江西省东北部,地处浙、赣、皖三省交界。地域跨北纬29°01′—29°35′,东经117°22′—118°11′,面积2947平方千米。

县域内属亚热带湿润季风气候区,年平均气温16.8℃,年平均降水量1962.3毫米,年平均日照时数1715.1小时。

婺源县气象站位于北纬29°16′,东经117°51′,观测场海拔高度80.9米。

机构历史沿革

始建情况 1956年12月婺源筹建气候站,站址在婺源县高砂农场内。1957年1月1日起正式开始气象要素观测记载。

站址迁移情况 1959年5月1日站址由高砂农场内迁到秋口乡香田村;1961年1月1

日由香田迁到婺源县源头茶场内;1974年2月起改为婺源县源头。

历史沿革 建站时站名为江西省婺源县气候站;1962年5月,更名为江西省水文气象总站婺源气象服务站;1964年6月,更名为江西省婺源气象服务站;1969年6月改为婺源县气象站;1980年7月,成立婺源县气象局,实行局、站合一;1984年1月,撤销婺源县气象局,更名为婺源县气象站;1990年4月重新恢复婺源县气象局名称。

管理体制 1957年1月1日建站,属江西省政府气象科管理;1959年8月,水文气象合并,1962年5月,归江西省水利电力厅水文气象局管理;1964年6月,水文与气象工作分开;1971年2月实行军队与地方政府双重管理、以军队管理为主的体制;1973年7月,划归婺源县革命委员会管理;1980年7月以后,实行气象部门与地方政府双重领导,以气象部门领导为主的管理体制。

单位名称及主要负责人变更情况

单位名称	姓名	职务	任职时间
江西省婺源县气候站	周盛斌	负责人	1956.12—1959.12
	程冬生	站长	1959.12—1961.12
	王秋林	负责人	1961.12—1962.05
江西省水文气象总站婺源气象服务站	周盛斌	负责人	1962.05—1963.01
			1963.01—1964.06
江西省婺源气象服务站	黄继威	负责人	1964.06—1969.06
			1969.06—1970.12
婺源县气象站	侯凤英	站长	1970.12—1973.12
			1973.12—1974.12
	杜砚田	站长	1974.12—1976.12
	洪兆联	站长	1976.12—1980.07
婺源县气象局		副局长(主持工作)	1980.07—1984.01
婺源县气象站	叶华新	副站长(主持工作)	1984.01—1985.12
		站长	1985.12—1990.04
婺源县气象局		局长	1990.04—1992.09
	詹发成	副局长(主持工作)	1992.09—1993.11
	叶华新	局长	1993.11—

人员状况 建站时有2人。1983年增加到14人。2007年1月至2008年12月升级为国家气象观测一级站。截至2008年底,有在职职工10人,退休5人。在职职工中有工程师4人,助理工程师3人,技术员3人;本科学历2人,大专学历4人,中专学历3人,高中文化1人。

气象业务与服务

1. 气象业务

①地面气象观测

1957年1月1日正式开展地面气象观测,进行气压、温度、风向风速、湿度、降水量、蒸发量、积雪、云量、云状、能见度和天气现象等项目观测;2003 年 12 月 25 日建立 CAWS600 型自动气象站,自动观测项目有地温(地面 0 厘米、地面最高、地面最低、5 厘米、10 厘米、15 厘米、20 厘米、40 厘米、80 厘米、160 厘米、320 厘米)、气温、空气湿度、降水、气压、风向、风速;2004 年 1 月 1 日起实行人工站与自动气象站双轨运行;2006 年 1 月 1 日正式执行自动气象站单轨运行,人工站仅 20 时观测与自动气象站数据对比;2005 年在段莘水库建立两要素区域自动站,在镇头、大鄣山建立单要素区域自动站;2007 年在沱川建立六要素区域自动站,在段莘、溪头、江湾、赋春、清华、许村、秋口、太白建立四要素区域自动站,在浙源、中云、古坦、思口、珍珠山、龙山建立两要素区域自动站;2009 年在紫阳镇高砂、梅林、潋溪、许村镇中州、中云镇罗田、江湾镇栗木坑、钟吕水库、赋春镇甲路村、思口镇高枧小学建立四要素区域自动站;2008 年 10 月建立 GPS/MET 水汽观测站。

从 1960 年 7 月 20 日开始拍发天气报和航空危险天气报;1994 年 1 月 1 日起停止拍发航空危险天气报;2007 年 1 月 1 日至 2008 年 12 月 31 日升级为国家气象观测一级站,每天进行 8 次观测发报,全天 24 小时值守班。

②农业气象

1957 年 4 月县气象局开展农业气象业务,主要有农业气象观测、农业气象试验、农业气象情报和农业气象预报等。1962 年 5 月 17 日调整为省级基本农业气象观测站;1966 年停止农业气象业务;1979 年恢复;1981 年 3 月经国家气象局业务管理司批准,省气象局以赣气业〔1981〕31 号文通知,将景德镇国家农业气象基本站移至婺源县气象局,并执行国家气象局 1979 年 6 月出版的《农业气象观测方法》;1994 年执行中国气象局 1993 年 2 月出版的《农业气象观测方法》。

农作物观测 1957 年对水稻、油菜进行生育期观测;1958 年增加大豆、荞麦观测;1960 年增加茶叶观测;1966 年开始终止农业气象观测;1979 年又恢复水稻、油菜、茶叶等作物的物候观测;1994 年增加玉米观测;2004 年停止玉米观测;2004 年开始增加一季晚稻观测。

农业气象试验研究 1979 年在江西省气象科学研究所的指导下,开展晚稻防御寒露风措施对比试验,通过对长风Ⅳ号保温剂、尿素、草木灰、硫酸锌等 10 种不同形式的增温措施对二季晚稻结实率的影响对比试验,为防御寒露风危害取得有益的经验。

1983 年与省茶校、县茶叶科学研究所合作,开展婺源茶区春季茶芽萌动起点积温统计方法研究,提出分早、中、迟 3 种芽种及各自春季萌动起点温度的新见解,对婺源茶区的茶叶生产、培训、管理、品种合理搭配及区划,适宜采摘加工等具有积极指导意义。该成果在 1984 年获江西省科技进步四等奖。

1983 年研制早、晚稻产量预报方法;1984 年正式发布早稻和二季晚稻产量预报;1988 年开展森林火险(指标)预报服务;1990 年开展油菜产量预报服务。

农业气候调查与农业气候规划 1979 年组成气候调查小组,分赴全县 36 个公社(镇、场、所)、236 个大队进行气候普查,并整编建站到 1976 年的基本气象资料,编写《江西省婺源县农业气候手册》,供各级领导指挥农业生产参考。1981 年至 1983 年 5 月组成气候区划工作小组,完成《婺源县农业气候资源及农业气候区划综合报告》,获江西省气象系统区划成果一等奖。2003 年完成婺源县茶叶种植的气候区划。

农业气象情报 1957 年 8 月开始,向省气象局拍发农业气象旬报,并通过县气象局自办的气象情报或专题报告县、乡政府及相关单位。

③天气预报

短期天气预报　1958年8月开始,通过县广播站正式播发当地未来24小时天气预报;1959年延伸到1～3天;1992年在婺源县电视台开始播放文字天气预报;1999年4月改为有图文画面的电视天气预报栏目,至2003年每天下午16时定时发布未来1～2天天气预报;1999年通过电话"12121"开展未来72小时天气预报自动答询服务。

中长期天气预报　1959年起,不定期制作中、长期(年、月、旬)天气预报及重要农事季节专题预报。1985年起只制作旬报及重要农事季节的天气预报。

专题预报　在森林防火、重大活动、地质灾害防御、旅游服务和重要农事活动中,制作专题气象预报。

短时预报　从1985年起增加1～12小时短时天气预报。

④气象信息网络

1984年2月增设气象传真机;1986年12月26日开始使用甚高频电话;1994年建成计算机局域网络;1999年建成气象卫星单收站;2002年建成婺源农经网;2006年4月改为婺源县新农村建设网。

2. 气象服务

专业与专项气象服务　从1971年起,成立浙、赣、闽、皖四省军民联防气象组织;1972年四省气象联防工作会议在婺源县召开。为加强气象联防,增加上饶、景德镇、乐平、德兴、玉山等台站参加区域联防组织。

1976年和1977年,用发射"土火箭"的方法,进行小规模的人工增雨试验。7—8月用气象火箭开展人工增雨工作。2003年购置新型人工增雨火箭发射架,同年7月恢复人工增雨工作。2005年购置GPS卫星定位仪,2006年购置人工增雨专用皮卡车,人工增雨为缓和农田旱情、增加水库蓄水、缓和高温发挥积极作用。

1990年8月开展避雷装置安全检测工作。2000年、2001年《中华人民共和国气象法》、中国气象局《防雷减灾管理办法》和《江西省实施〈中华人民共和国气象法〉办法》相继出台,依法开展对新建建筑物、构筑物进行防雷装置分段检测和竣工验收工作。

气象科技服务与技术开发　1985年5月开展气象有偿服务。1996年7月开展氢气球庆典广告有偿服务。1999年利用电视天气预报栏目,开展电视天气预报广告有偿服务。同年开始通过"12121"电话开展天气预报自动答询服务。

气象科普宣传　1965年派专人对本地的部分农谚进行收集验证后,编印《婺源农谚》小册子,发给各公社、场、镇及有关单位;2004年县科协在婺源县气象局设气象科普基地,每年省茶校的毕业生到婺源县气象局进行一周的气象观测和预报实习。县气象局每年通过世界气象日、防灾减灾日、科技活动周、安全生产月开展气象科普活动,普及气象知识。

党建与气象文化建设

党建工作　1978年,成立婺源县气象站支部。1981年,县气象局党支部的党务工作由县委直属机关党委管理。截至2008年,共有正式党员8人。

县气象局党支部多次获婺源县委和县直机关工委表彰,多名党员荣获"优秀党务工作者"和"优秀共产党员"称号。

气象文化建设 建立健全各项制度,加强职工思想道德和职业道德教育,文明创建工作取得明显实效。1998 年被婺源县委、县政府授予"县级文明单位"称号;1999—2008 年,连续 10 年被上饶市委、市政府授予"市级文明单位"称号。

建立健全政治学习和业务学习制度,加强党风廉政建设,认真落实党风廉政建设目标责任制,积极开展廉政教育和廉政文化建设活动。坚持向职工进行财务公开、政务公开、事务公开。

建成乒乓球室、羽毛球场、阅览室,并组织职工开展有益的文体活动,职工生活丰富多彩,干部职工团结友爱。

台站建设

1957 年建站时,办公和生活用房十分简陋。1961 年全局业务、办公、生活用地 2667 平方米,建设 1 幢 200 平方米左右平房作为办公和生活用房。气象观测场建在县气象局围墙外婺源县武口茶场茶园。1984 年征用土地 3334 平方米。

1986 年 3 月,建成 516 平方米办公楼。1999 年对办公楼和院内环境进行全面综合改善,业务值班室、会议室、阅览室、乒乓球室、行政办公室重新修建装饰。并对院内环境进行绿化、美化、规化,整修道路。使院内环境变成整洁、美观、风景秀丽的花园式台站。

婺源县委、县政府为改善气象探测环境,2008 年 9 月 18 日同意办理国有土地使用证面积 5.33 万平方米(其中建设用地 667 平方米),用于建设新观测站,原址保留长期对比观测。

铅山县气象局

铅山县位于武夷山脉北麓,东近浙江,西接赣中,南邻福建,北望安徽,面积 2178 平方千米,辖 17 个乡镇,有 2 个少数民族乡,总人口 42 万。

铅山属中亚热带温湿型气候,据 1959—2007 年气象资料统计,年平均降水量为 1804.3 毫米,年平均气温为 18.1℃,年平均日照时数为 1792 小时。

铅山县气象站位于北纬 28°19′,东经 117°43′,观测场海拔高度为 55.1 米。

机构历史沿革

始建情况 铅山县气象站始建于 1958 年 5 月,1958 年 9 月 1 日开始气象业务工作。站址在铅山县永平乡北极村,即北纬 28°12′,东经 117°48′,观测场海拔高度 80.0 米。

站址迁移情况 1960 年 1 月迁往河口镇旺子源,即北纬 28°19′,东经 117°43′,观测场面积为 25 米×25 米,海拔高度 52.8 米。1975 年 4 月 17 日人工填高观测场,海拔高度为 55.1 米,位于铅山县城南气象路 20 号,为国家一般气象站。

历史沿革　1958年9月,成立江西省铅山县永平中心气候站;1958年12月为江西省铅山县气象站;1959年5月更名为铅山县水文气象站;1960年3月更名为铅山县水文气象服务站;1962年7月更名为铅山县气象服务站;1968年11月为铅山县农业服务站革命委员会;1970年8月为铅山县农水电业局水文气象组;1970年12月更名为铅山县气象站;1981年5月更名为铅山县气象局;1983年10月更名为铅山县气象站;1990年4月更名为铅山县气象局。

管理体制　成立江西省铅山县永平中心气候站时,隶属省水电厅水文气象局管理;1959年5月隶属铅山县人民委员会管理;1962年7月隶属省水电厅水文气象局管理;1968年11月隶属铅山县革命委员会管理;1971年4月隶属铅山县人民武装部管理;1973年7月隶属铅山县革命委员会管理;1981年5月开始实行气象部门与地方政府双重领导,以气象部门领导为主的管理体制。

单位名称及主要负责人变更情况

单位名称	姓名	职务	任职时间
铅山县永平中心气候站	赵自彭	站长	1958.09—1958.12
铅山县气象站			1958.12—1959.05
铅山县水文气象站			1959.05—1960.03
铅山县水文气象服务站			1960.03—1961.02
	袁竹静	副站长(主持工作)	1961.02—1962.07
铅山县气象服务站	刘盛越	负责人	1962.07—1962.10
	赵自彭	站长	1962.10—1963.03
	陈伯勋	负责人	1963.03—1963.12
	吴景炉	负责人	1963.12—1964.04
	冯　明	站长	1964.04—1967.02
	(不详)	(不详)	1967.02—1968.11
铅山县农业服务站革命委员会	(不详)	(不详)	1968.11—1970.08
铅山县农水电业局水文气象组	(不详)	(不详)	1970.08—1970.12
铅山县气象站	(不详)	(不详)	1970.12—1971.09
	夏汉臣	站长	1971.09—1973.12
	李延火	站长	1973.12—1981.03
铅山县气象局	冯　明	副站长(主持工作)	1981.03—1981.05
		副局长(主持工作)	1981.05—1983.10
铅山县气象站		副站长(主持工作)	1983.10—1984.07
	贺宗岳	站长	1984.07—1989.01
	周加林	站长	1989.01—1990.04
铅山县气象局		局长	1990.04—1992.01
	邱小平	副局长(主持工作)	1992.01—1995.07
	杨桂林	局长	1995.07—1997.11
	邱小平	副局长(主持工作)	1997.11—1999.03
	张建凤	局长	1999.03—2003.12
	冯建文	负责人	2003.12—2004.07
	刘春艳	局长	2004.07—

注:1967年2月至1971年9月期间,无资料。

人员状况 建站时只有 3 人。到 2008 年底有 8 人,其中工程师 4 人,助理工程师 1 人,技术员 2 人,见习人员 1 人;本科学历 3 人,大专学历 3 人,中专学历 2 人。

气象业务与服务

1. 气象业务

①地面气象观测

1958 年 9 月 1 日开始进行温度、风向、风速、湿度、降水量、蒸发量、云量、云状、能见度、地面温度、日照、雨凇、地面状态和天气现象等项目的观测。1959 年 1 月 1 日增加气压观测。1959 年 4 月 1 日增加最低温度观测。1962 年 1 月 1 日起根据《地面气象观测规范》规定进行 3 次定时(08、14、20 时)观测。1977 年 7 月 1 日起增加指示性云、地方性云、系统性云等云天观测项目。2004 年增加地面深层温度自动观测。1958 年 10 月 1 日增加航线危险天气报。1961 年 1 月 1 日起拍发 GD-81、GD-82 电报。1980 年 4 月 1 日起停止雨量报拍发。1982 年 1 月 1 日停发 GD-81 电报。1984 年 4 月 1 日拍发重要天气电报(GD-11)。1986 年 1 月 1 日取消固定航空危险天气报任务。每旬、月拍发上旬、月天气报告(AB 报)。

2004 年 1 月 1 日,建成自动气象站,并投入业务运行。自动气象站观测项目包括温度、湿度、气压、风向风速、降水、地面温度、地面深层温度。云、能见度、天气现象、蒸发量和日照进行人工观测,其他观测项目以自动气象站资料为准并发报,自动气象站采集资料存于计算机中互为备份,每月定时复制光盘归档、保存、上报。

2005—2007 年争取地方政府支持,投资 62 万元建成 27 个区域自动气象站。

②农业气象

1978 年开始进行农业气象观测工作。1979 年初被定为全省农业气象一般站。1982 年 4 月开始进行水稻、油菜生育期的简易观测和青蛙、蚱蝉、家燕等物候观测。1985 年 5 月改为大田巡视,其中 1982 年 6 月完成铅山县热量、水份、光照等资源图表的绘制,编写的《铅山县农业气候资源及农业气候区划》获省气象局农业气候区划三等奖。

③天气预报

20 世纪 60 年代,主要按照图、资、群结合,收听地面天气实况广播,绘制分析地面天气图,并利用 14 时的气象资料,收集民间看天经验进行预报。70 年代,根据汉口广播点绘 08 时 850 百帕、700 百帕、500 百帕的高空图,填写和分析 14 时地面天气图。80 年代,增加气象传真图,每日接收日本、北京、上海、南昌等各地的天气实况和分析传真图,结合县气象站资料进行分析,制作预报。近 20 年来,气象卫星、天气雷达、电子计算机和遥测遥感等高新技术相继投入气象业务,天气预报已由传统的天气图预报方法逐渐转为以数值天气预报方法为基础的多种预报方法。

④气象信息网络

20 世纪 60—70 年代主要根据电话、广播手段来进行气象信息传输。1980 年开始使用传真机。90 年代以来逐步建成"9210"工程、农经网、VPN 网络、Notes 办公系统、气象内网、大气探测自动气象站、气象短信、气象灾害预警系统等。依托 Internet 气象信息网络实现省、市、县三级互联,保证了数据安全、及时传输,同时建立气象数据省内共享平台和实时气象要素自动上传系统。资料由手工记录存档变为电子文档存档。

2. 气象服务

公众气象服务 从1959年3月16日开始制作未来1～3天天气预报。1960年7月至1990年底,县气象站每天通过县有线广播站发布天气预报,其中在"文化大革命"期间间断。20世纪60年代初期县气象站将未来1～3天天气预报,风向、风速、最高气温、最低气温写在小黑板上,挂在县城最热闹的金利合药店门口。利用"1973"气象热线、"12121"气象信息系统等手段开展气象服务。1995年通过电视天气预报节目对外发布未来1～3天天气预报及乡镇预报等。2002年建立铅山县新农网,开始在网站上发布天气预报信息。2008年开始利用手机短信平台发布重要天气预警信息。

决策气象服务 建站以来,县气象局为铅山地区的各级党、政、军和决策部门指挥生产、组织防灾减灾、气候资源合理开发利用和环境保护等方面提供及时有效的气象信息。

专业与专项气象服务 铅山县气象局针对县里重大活动保障、重大工程建设、交通、电力、供水等城市运行需求以及广大市民的生活需要,提供各类专业专项气象服务产品。

气象科技服务与技术开发 巩固加强电视天气预报,延长天气预报时效。同时积极开展电话气象信息服务、网络气象信息服务、手机气象短信服务,以及防雷监测服务等科技服务与产业项目。

气象科普宣传 1986年起不定期编印出版气象小报;1987年编印《气象信息与咨询》材料;通过广播、报刊宣传气象科普知识,在国家和省气象局主办的气象刊物、江西人民广播电台、地县广播站撰写科普文章,进行宣传;接待中小学生来县气象局参观,同时派出业务骨干进学校、进课堂,讲授气象知识;县气象局2003年被县科协评定为青少年科普教育基地。

气象法规建设与社会管理

1. 法规建设

2001年铅山县政府下发《铅山县防雷管理办法》、《铅山县防灾减灾管理规定》等文件。

2. 社会管理

施放气球管理 县气象局依法对未取得施放气球资质证或者资格证而从事施放气球活动的行为进行查处;依法对未按照安全要求从事施放气球活动的行为进行查处;依法对未经气象主管部门批准或者超出审批范围,施放气球的行为进行查处。

防雷管理 县气象局依法对不具备防雷检测、防雷工程专业设计或者施工资质和资格,擅自从事防雷检测、防雷工程专业设计或者施工的行为进行查处;依法对新建、扩建、改建的防雷装置未经当地气象主管机构委托的单位验收或者未取得合格证书,擅自投入使用的行为进行查处;依法对应当安装防雷装置而拒不安装的行为进行查处;依法对安装和使用不符合使用要求的防雷装置的行为进行查处;依法对已有防雷装置,拒绝进行检测或者经检测不合格又拒不整改的行为进行查处;依法对重大雷电灾害事故隐瞒不报的行为进行查处。

党建与气象文化建设

党建工作 1981年5月成立铅山气象局党支部。截至2008年底有党员3人。

坚持反腐倡廉战略方针,加强党员干部作风建设,建立党风廉政建设规章制度,落实党政领导班子党风廉政责任及追究制。

气象文化建设 成立精神文明建设工作领导小组,组长由局长担任。制订《铅山县气象局精神文明实施方案》、《铅山县气象局2009年精神文明建设工作计划》。

经常组织职工开展文体活动,参加业务竞赛,深入乡镇开展科普宣传,参与市气象局运动会等,在2007年投入2万多元建立图书馆,添置健身器材、乒乓球桌等。

县气象局连续6年保持市级文明单位;连续5年被授予"青年文明号"称号;2005年获全县服务"三农"先进单位三等奖;被评为2002—2007年度全县扶残助残"先进单位";连续4年被评为平安单位。

荣誉 2007年被省气象局评为"五大工程"一级达标单位。

台站建设

2003年建成综合业务楼;2004年完成单位附属楼的建设;2007年配置工作用车。

万年县气象局

万年县始建于明朝正德七年(1512年),位于江西省东北部鄱阳湖东南面,面积1140.76平方千米,全县总人口40万,辖12个乡(镇)。

全县以亚热带季风湿润气候为主,年平均气温17.5℃,年平均降水量1908.4毫米,年平均日照时数1800小时。

万年县气象站位于万年县民桥巷2号,北纬28°41′,东经115°05′,观测场海拔高度55.5米。

机构历史沿革

始建情况 万年气象站始建于1959年1月1日,同年7月1日开始正式观测。观测场位于万年县青云镇城墙内北门口,面积为25米×25米,是国家一般气象站。

站址迁移情况 1960年1月1日站址迁至新县城(陈营镇)南门外。

历史沿革 建站时称江西万年县气候站;1960年6月成立万年县水文气象服务站;1962年1月更名为万年县水文气象站气象组,同年3月1日更名为万年水文气象服务站,7月1日更名为江西省上饶水文气象总站万年县气象服务站;1964年1月更名为江西万年气象服务站;1971年1月更名为江西万年县气象站;1980年1月更名为万年县气象局;1983

年 10 月由局改为站;从 1990 年 4 月起,由站改为局。

管理体制 1962 年 5 月归属江西省水利电力厅水文气象局管理;1971 年 1 月由军队管理;1973 年归县革命委员会抓革命促生产指挥部管理;1980 年 1 月起实行气象部门与地方政府双重管理,以气象部门领导为主的管理体制。

单位名称及主要负责人变更情况

单位名称	姓名	职务	任职时间
江西万年县气候站	刘冬生	负责人	1959.01—1959.05
万年县水文气象服务站	李日久	站长	1959.05—1960.06
			1960.06—1962.01
万年县水文气象站气象组			1962.01—1962.03
万年水文气象服务站			1962.03—1962.07
江西省上饶水文气象总站	吴植杯	负责人	1962.07—1963.03
万年县气象服务	余招富	负责人	1963.03—1964.01
江西万年气象服务站			1964.01—1971.01
江西万年县气象站	吴春海	站长	1971.01—1974.02
万年县气象局	余招富	站长	1974.02—1980.01
		局长	1980.01—1983.10
万年气象站		站长	1983.10—1985.01
	廖青清	副站长(主持工作)	1985.01—1987.04
	余老昌	副站长(主持工作)	1987.04—1989.02
	陈超美	副站长(主持工作)	1989.02—1990.04
万年县气象局	黄日品	副局长(主持工作)	1990.04—1992.09
	沈孝主	局长	1992.09—1994.02
	廖青清	副局长(主持工作)	1994.02—1997.01
	陈超美	副局长(主持工作)	1997.01—2001.06
	叶战铜	副局长(主持工作)	2001.06—2003.09
		局长	2003.09—

人员状况 建站时只有 3 人。到 2008 年底有在编职工 7 人,聘用人员 4 人,退休人员 5 人。在编职工中 50～55 岁 1 人,40～49 岁 5 人,40 岁以下 1 人。本科学历 3 人,大专学历 2 人,中专学历 2 人。工程师 3 人,助理工程师 4 人。

气象业务与服务

1. 气象业务

①地面气象观测

地面观测 1959 年 1 月 1 日建站,并正式开展地面气象观测。1960 年 1 月 1 日观测项目有气温、湿度、风向、风速、降水、云、能见度、天气现象、地面状态、地温、蒸发(小型)。1962 年 1 月 1 日起全部观测项目根据《地面气象观测规范》进行观测。1973 年 4 月启用 EL 型电接风向风速计。1977 年 7 月增加指示性、地方性、系统性云系等云天观测。1980 年 1 月 1 日按修改后的《地面气象观测规范》进行观测。2008 年 8 月安装 GPS/MET 水汽观测设备并投入运行。至 2008 年,观测项目有气温、湿度、风向、风速、降水、云、能见度、天气现象、地面状态、地温(地面)、浅层地温、深层地温、蒸发(小型)、日照、积雪深度。

观测时次 1959 年 1 月 1 日起每天进行 01、07、13、19 时 4 次观测和记录。1960 年 1 月 1 日原 4 次观测改为 3 次气候观测,时间为 07、13、19 时,夜间不守班。同年 7 月改为 08、14、20 时 3 次观测。2005 年 1 月 1 日起除云、能见度、天气现象、日照、蒸发、定时降水量仍为人工观测外,其他项目均采用自动观测。

发报种类 1959 年 4 月 1 日开始拍发防汛电报。1959 年 5 月 1 日开始向上饶专区水文总站编发 08 时天气报(GD-81)。1960 年 10 月开始编发江西省区域危险天气报告。1962 年 10 月开始向南昌编发水情报。1965 年开始拍发预约航空危险天气报告。1982 年开始拍发台风试验报告。每月(旬)发 1 次气象月(旬)报,1984 年 1 月 1 日开始编发重要天气报。1985 年增加台风加密天气报等。

仪器更新 1960 年 10 月 1 日雨量器由 2 米高改为 70 厘米;1961 年 1 月 1 日百叶箱由 2 米改为 1.5 米;1965 年建立城厢、魁家、当下、铁厂 4 个雨量站;1973 年 1 月增加空盒气压计和虹吸雨量计。1974 年 4 月撤换维尔达风压器为 EL 型电接风向风速计,增设大百叶箱并使用毛发湿度计和双金属片温度计;1983 年 7 月改用铁塔式风向杆;1986 年 11 月正式使用 PC-1500 袖珍计算机进行编发气象电报和制作气象报表;2004 年 1 月 1 日安装自动气象站,并通过 2 年对比观测,于 2006 年 1 月 1 日正式单轨运行;2006—2008 年每个乡镇、小二型以上水库均建成二至四要素自动气象站,总数为 16 个;2008 年 8 月安装 GPS/MET 水汽观测设备并投入运行。

②农业气象

1977 年,对万年县全境进行规模较大的气候普查,1978 年编写出版《万年县农业气候手册》。1980 年建立农业气象股,开展农业气象试验和农业气象技术应用等工作。1983 年 7 月完成万年县农业气象区划工作,并编写《万年县气候资料及农业气候区划综合报告》、《万年县农业气候资料》。

农业气象预报、情报服务 1983 年开始正式发布水稻产量预报;1985 年开始发布水稻、棉花等农作物病虫害预报;1983 年开始向中央气象局拍发《农业气象旬月报》,通过县气象站自办的气象情报或专题报告向县、乡政府发布气象情报信息;1989 年开始与县植保站协作发布水稻、棉花虫情报告。

③天气预报

1959 年 1 月开始发布制作短期天气预报。截至 2008 年底,开展暴雨、大风、雷电、高温、大雾、寒潮等天气预报及春播、汛期、干旱、寒露风等专题预报和旬(月、季)天气趋势、年景等预报。

短期天气预报 1959 年 1 月开始,在收听省气象台预报的基础上,结合群众看天经验,制作当地未来 24 小时预报;1982 年起延伸到 1～2 天的天气预报。截至 2008 年底,依据上级气象台指导预报制作短时、临近预报。

中长期天气预报 1959 年 5 月起,以群众经验为线索,不定期制作长期(年、季、月、旬)天气预报及重要农事季节的天气预报。之后逐步发展到制作森林防火、防风、冬修水利、水稻杂交制种等,并定期制作长期天气趋势预报和不定期重要农业季节专题预报。

专业气象预报 1985 年开始根据专业用户需求制作专业气象预报。至 2008 年底,开展有紫外线指数、森林火险指数、人体舒适度以及重要活动、重点项目工程所需的天气预报。

预报工具 20 世纪 50 年代末至 60 年代初,主要预报工具是图、资、群结合,以群为主。每日收听南昌、汉口、安徽等 3 个气象台预报,利用县气象站资料点绘气象要素时间剖面图及 14 时压、温、湿曲线,饲养水生动物泥鳅、蚂蝗,作为物象指标,观测指示性云状,收集民间看天经验并进行汇编。根据省气象台高空环流分型及日历,找出万年气象站汛期大雨到暴雨预报指标。20 世纪 70 年代主要预报工具是每日根据汉口广播点绘 08 时 850 百帕、700 百帕、500 百帕高空图,填写分析 14 时地面天气图,在单站资料方面建立一套综合要素曲线图,即将每日 02、08、14、20 时气压、温度、湿度绘成曲线。1978 年 3 月开始以综合要素图、时间剖面图、峰谷差图为主,建立"四个基本"即基本图表、基本资料、基本方法、基本档案。1979 年 6 月启用气象传真机,每日接收中央气象台 08 时 850 百帕、700 百帕、500 百帕实况图,同时接收日本地面降水形势、500 百帕形势、700 百帕垂直速度等预告图进行分析。1982 年学习吉林省 MOS 预报方法,以传真图、县气象站资料为预报因子,按照数理统计方法,建立 3 月份大风、4—6 月大到暴雨、1 月份强冷空气、大雪、雨淞 MOS 预报方法,10 月至次年 2 月 12 小时、24 小时、48 小时晴雨 MOS 预报方法等。

④气象信息网络

建站初期,天气预报以普通短波收音机进行接收形势预告,气象电报的收发主要依靠邮电线路。20 世纪 90 年代中后期,应用计算机网络技术,气象信息均通过计算机网络上传。

建站至 2002 年前气象观测记录原始档案包括加工整理资料均由本单位保存,从 2002 年开始原始气象观测记录档案送省气象局气候中心处理及保存。

2. 气象服务

公众气象服务 20 世纪 70 年代初至 80 年代末天气预报由县有线广播站播发;1994 年开始改由电视台播放;1998 年与广电部门协作开通电视天气预报。

决策气象服务 采用口头或书面向领导汇报、定期和不定期制作《气象情况反映》、《专题气象情报》等方式,快速、便捷、简要地向领导提供气象信息和建议,同时通过手机短信方式向领导发送预测预警信息。

专业与专项气象服务 从 1985 年开始气象资料服务;1986 年与专业用户合作,安装一批警报接收机,提供气象预报及"三电"等气象信息;1993 年在防汛、农业、水利、林业、交通、粮储等部门及行业安装甚高频无线对讲通讯电话,及时发布预测预警气象信息。

1977 年首次使用"三七"高炮,进行人工增雨试验。1978 年 8—9 月分别在齐埠、陈营、汪家开展高炮作业。参加作业人员由县或市统一调配民兵预备役人员,县气象局负责业务指挥及空域申请等工作。2004 年购置 1 台火箭发射架,并配套购置 1 部人工影响天气作业车。2007 年再次购进 1 台火箭发射架,建立两支人工影响天气作业小分队,在抗旱、森林灭火、降低城市高温等方面开展人工增雨作业。

1987 年开始避雷针检测工作,截至 2008 年底已涉及到防雷装置的设计审核、施工、竣工验收等方面,防雷报建工作逐渐规范。

1992 年第一次试放彩球广告,截至 2008 年底有 4 个具有操作资质的工作人员持证上岗。

气象科普宣传 每年在世界气象日、科技活动周、安全生产月等活动中,派出气象宣传小分队进学校、进农村、进社区普及气象知识。县科协在县气象局设立青少年科普基地,每年接待中小学生达千人。

科学管理与气象文化建设

法规建设与管理 2007 年万年县政府印发《万年县气象灾害应急预案》,2008 年印发《关于进一步加强气象灾害防御工作实施意见的通知》。

万年县政府牵头,相关单位和部门分工负责,加强新建、改建、扩建建(构)筑物防雷装置的设计、施工、竣工验收的管理。万年县气象局将气象探测环境保护控制范围、高度、距离详细列表成册送县建设局、县国土局、县规划局、县环保局等相关部门备案。

依法管理氢气球施放,对无资质无证照违规施放气球者与工商行政管理部门共同查处。2006 年、2007 年先后出现两例无资质人员施放氢气球情况,县气象局立即派出执法人员对其进行说服教育,制止违法事件发生。

党建工作 建站至 1971 年仅有 1～2 名党员,编入农林水党支部;1971 年有 3 名党员,成立气象站党支部。截至 2008 年底有在职党员 3 人,退休党员 3 人。

自 2001 年起在县气象局内设兼职廉政监督员 1 名,党风廉政建设由一把手亲自抓。政务、财务公开制度化,通过政务公开栏、公示牌把防雷报建、防雷检测等收费向社会、公众公开;通过公示牌、会议把单位收支账目、单位基建项目、车辆使用情况、招待费用等向职工群众公开,接受群众监督。

单位还组织党员干部职工观看警示教育影视片,参观革命旧址,进行革命传统教育,开展廉政对联、反腐倡廉知识竞赛活动。在元旦、春节期间给干部职工发公开信。每年党风廉政测评时群众满意度达 100%。

荣誉 县气象局 1965 年、1974 年、1976 年、1977 年、1978 年、1980 年、1983 年、1984 年被江西省政府授予"先进单位"称号。1989 年被万年县政府授予"文明单位"称号。1994 年被万年县委、县政府授予"先进单位"称号。1995 年在抗洪抢险气象服务工作中,获省气象局集体记功奖励。2000—2008 年连续五届被上饶市政府授予"文明单位"称号。2002 年被万年县爱卫会、妇联、精神文明创建办公室评为文明卫生楼院。2007 年被省人工影响天气领导小组评为全省人工增雨抗旱减灾工作先进集体。

台站建设

县气象局占地面积约 12000 平方米,1985 年投入 5 万元建成 437 平方米的办公楼;2003 年投入 25 万元,新建 567 平方米的办公楼,内设综合业务室、职工活动室、图书室、会议室、资料档案室等。院内有职工宿舍 2 栋共 1200 平方米。

1997—2008 年先后投入 30 余万元,对气象局院内环境进行综合改造,新建车库、门卫房、电动大门、道路硬化、绿化等,绿化率达 80%。

余干县气象局

余干县位于江西东北部,面积 2330 平方千米,辖 27 个乡(镇、场),总人口 100 万。

余干县属亚热带湿润性季风候,年平均气温 17.9℃,年平均降水量 1758 毫米。

余干县气象站位于余干县玉亭镇琵琶洲,北纬 28°42′,东经 116°41′,观测场海拔高度 21.1 米。

机构历史沿革

始建情况 余干气象站始建于 1958 年,地址在余干县农科所苗圃内,北纬 28°42′,东经 116°41′,观测场海拔高度 20.5 米,1959 年 1 月 1 日正式开始气象观测。

站址迁移情况 1960 年 1 月 1 日,迁至余干县玉亭镇琵琶洲,是国家一般气象观测站、农业气象基本站。

历史沿革 建站时称余干县水文气象站;1960 年 3 月更名为余干县水文气象服务站;1962 年 6 月更名为江西省上饶水文气象总站余干气象服务站;1964 年 6 月更名为余干气象服务站;1971 年 2 月更名为余干县气象站;1980 年 12 月更名为余干县气象局,实行局站合一;1984 年 2 月撤销余干县气象局,更名为余干县气象站;1987 年 7 月更名为余干县气象局。

2006 年 12 月 31 日 20 时由国家一般气象站升级为国家一级站,承担国家一级站的观测和发报任务。2008 年 12 月 31 日 20 时取消一级站,改为国家一般气象站,承担国家一般气象站的观测任务。

管理体制 1959 年建站,归余干县人民委员会管理;1960 年 3 月管理体制变动,归江西省水利厅水文气象局和余干县人民委员会双重管理;1971 年 2 月实行军队与地方政府双重管理、以军队为主的管理体制;1980 年 12 月实行气象部门与地方政府双重领导,以气象部门领导为主的管理体制。

机构设置 1970 年以前,只有 1 名负责人,未设任何下属机构。1970 年 8 月开始下设测报组、预报组。1980 年定为农业气象观测基本站,同时增设农业气象股;1980 年 12 月成立余干县气象局,下设测报股、预报股、农业气象股。1990 年 6 月增设行政办公室。2001 年进行机构改革,下设机构为行政办公室、综合业务股、科技服务股、蓝天气象科技有限公司。

单位名称及主要负责人变更情况

单位名称	姓名	职务	任职时间
余干县水文气象站	郑芳富	负责人	1959.01—1960.01
	段少白	负责人	1960.01—1960.03
			1960.03—1960.06
余干县水文气象服务站	高国富	负责人	1960.06—1962.04
	周纬华	负责人	1962.04—1962.06
江西省上饶水文气象总站 余干气象服务站			1962.06—1962.11
			1962.11—1964.06
余干气象服务站	涂世英	站长	1964.06—1971.02
			1971.02—1972.02
余干县气象站	邹国昌	负责人	1972.02—1972.11
	郑艮清	站长	1972.11—1980.12
余干县气象局		局长	1980.12—1984.02
余干县气象站		站长	1984.02—1984.05
	范明群	副站长(主持工作)	1984.05—1987.07
余干县气象局		副局长(主持工作)	1987.07—1989.07
		局长	1989.07—2006.06
	周景和	局长	2006.06—

人员状况 建站时仅有 2 人。截至 2008 年底有在职职工 11 人,外聘人员 2 人,退休人员 4 人。在职职工中工程师 5 人,助理工程师 4 人,技术员 2 人。大专学历 4 人,中专学历 6 人,高中文化 1 人。

气象业务与服务

1. 气象业务

①地面气象观测

观测时次 1959 年 1 月 1 日开始观测,每天 01、07、13、19 时(地方平均时)进行 4 次气候观测,同年 5 月 1 日开始每天北京时 08 时发报 1 次。1960 年 1 月 1 日改为每天 08、14、20 时(北京时)进行 3 次地面气候观测。2007 年 1 月 1 日改为一级站,每天 02、05、08、11、14、17、20、23 时 8 次气象观测,并编发绘图报和辅助绘图报。

观测项目 1959 年 1 月 1 日观测项目有云、能见度、天气现象、气温、湿度、降水、风向、风速、雪深等。1959 年 3 月 1 日增加日照观测,1959 年 4 月 1 日增加地温观测。1964 年增加蒸发观测,1965 年 7 月 1 日增加气压观测。2004 年 1 月 1 日增加自动站 40 厘米、80 厘米、160 厘米、320 厘米深层地温观测,2008 年 8 月安装 GPS/MET 水汽观测设备并投入运行。

观测仪器 1972 年 1 月 1 日开始使用日转型气压、温度、湿度自记仪器。1973 年 1 月 1 日使用 EL 型电接风向风速仪,并撤换维尔达风压器。2004 年 1 月 1 日开始使用 CAWS600 自动气象站与人工观测并行观测。2006 年 1 月 1 日自动气象站正式单轨运行。

自动气象站 2002 年 11 月在康山乡、瑞洪镇、杨埠乡建成环鄱阳湖地区自动雨量站。

2005 年 5 月在古埠镇、信丰乡、黄金埠镇增设自动雨量观测点。2007—2008 年由余干县政府出资在县域内建成 21 个二至六要素自动气象站。

②农业气象

1980 年定为农业气象观测基本站。国家规定的观测项目有早稻、二晚、油菜、棉花,省内规定观测项目有大豆、花生、杂交水稻。物候观测项目有桃、苦楝、家燕、青蛙等。拍发气象旬(月)报。制作早稻、二晚、油菜产量预报。2002 年开始发布农业气象灾害警报,内容有不利气象条件的分析与预报、农业生产对象影响分析及防御对策等。

农业气象分析　县气象局先后开展余干县柑橘栽培气候分析、油菜大面积丰产的农业气候分析、花生丰产的气候分析、水产—鱼苗的气候分析等。

③天气预报

建站初期,制作当地未来 1～3 天的天气预报,主要是每日收听南昌、汉口的天气形势分析和预报结论,结合本站前 24 小时的云、温、湿、风、降水等要素绘制成曲线图与利用历史单站资料建立一套综合要素曲线图相比较分析作出预报结论。1978 年开始以综合要素图、时间剖面图、峰谷差图为主,建立预报"四个基本"(基本图表、基本资料、基本方法、基本档案)方法。1980 年配备气象传真接收机,每天接收 08 时地面、850 百帕、700 百帕、500 百帕等实况图,以及日本地面降水形势、500 百帕形势分析、700 百帕垂直速度等预告图。1982 年 MOS 预报方法引入,以传真图、本站资料为预报因子,利用数理统计方法,建立大风、汛期、大到暴雨、12 小时、24 小时、48 小时晴雨等 MOS 预报方法。1999 年气象卫星单收站建成,MICAPS 在各县级台站广泛运用,实时获取卫星、雷达的气象资料,在上级台站指导预报的基础上制作 12 小时、24 小时、48 小时的短期预报,根据专业用户需求制作专业气象预报。截至 2008 年底,县气象局开展的专题预报有森林火险指数、人体舒适度、紫外线指数以及重要活动、重点工程所需的专业天气预报。

④气象信息网络

建站初期,天气预报资料依靠短波收音机接收省气象台的形势预告,气象电报的收发依赖于邮电部门的电传,气象报表的报送靠邮寄。1980 年引进气象传真接收机等新技术。到 20 世纪 90 年代中后期,气象电报的编发、气象资料的处理、报送,均通过计算机网络上传至省、市气象局。1999 年建成气象卫星单收站,各种天气预报所需资料均能通过卫星单收站获得。

建站至 2002 年,气象观测记录等原始档案均由县气象局保存,从 2002 年开始原始档案均移交至江西省气象档案馆保存,县气象局只保存最近 5 年的原始资料。

2. 气象服务

公众气象服务　20 世纪 70—90 年代中期,由县气象局制作短期天气预报传至余干县有线广播站播出;1997 年县有线电视网开通,县气象局与广电部门协作开通电视天气预报节目;从 2008 年 1 月起,遇突发性气象灾害预警信息,由电视台打出滚动字幕随时插播。

决策气象服务　从建站起,余干县气象局始终把决策气象服务放在重要的位置,完善决策气象服务制度和机制,定期与不定期制作《气象情况反映》、《气象呈阅件》专题,简明、快速地向县党政领导提供气象信息和应对建议,得到县委、县政府领导的高度重视。

专业与专项气象服务 1978 年余干县大旱,由县政府牵头,县人民武装部调配民兵预备役人员,县气象局负责业务指挥及空域申请,使用"三七"高炮进行人工降雨作业。2003 年县政府出资购置 1 台双管火箭发射架。2004 年县政府再次出资购置 1 部人工增雨作业车,增强人工增雨作业的机动性,为抓住有利时机进行人工增雨作业提供保障。2006 年将双管火箭发射架更换为四管增雨火箭发射架。2007 年省人工影响天气领导小组办公室配备 1 台四管增雨火箭发射架。截至 2008 年,县气象局已有 2 支人工增雨作业小分队,可随时进行人工增雨作业。为余干县的抗旱、降低森林火险等级、森林灭火等提供有效气象服务。

从 1987 年起,开展避雷针检测工作。至 2008 年,已拓展到防雷装置的设计、施工、建筑物防雷装置竣工验收、防雷报建等领域。

气象科技服务与技术开发 从 1984 年开始专业气象有偿服务以来,气象服务领域、行业及种类不断拓宽。1986 年县气象局与专业户合作,安装一批气象警报接收机,提供气象预报服务。1987 年开始先后向县种子公司提供杂交水稻制种专项预报、向县农业局提供农作物病虫害防治预报、向县水产科学研究所提供鱼苗产卵期天气预报。

2007 年由县政府发文,在县域内组建一支由乡、镇、村 420 人组成的气象防灾减灾信息员队伍,气象灾害预警信息通过手机短信平台向防灾减灾信息员发送,再由信息员通知全体村民进行防范。

气象科普宣传 建站以来,积极开展气象科普宣传,油印气象知识宣传小册子,在县政府门户网站发表气象科普常识,送气象科技知识进农家、田间地头、社区、学校、工矿企业,普及气象防灾减灾知识。

2007 年 2 月余干县政府办公室印发《余干县突发性气象灾害应急预案》。2008 年 9 月余干县政府办公室印发《关于进一步加强气象灾害防御工作实施意见》。

县气象局将探测环境保护要求和保护范围、高度、距离详细地制图列表成册,送县建设局、县国土资源管理局、县规划局、县环保局等相关单位备案。2005 年县体育局办公楼建设,县水产科学研究所办公室改建等,经过县气象局多次与建设单位协调,使建筑物符合气象探测要求。

党建与气象文化建设

党建工作 建站至 1980 年仅有 1～2 名党员,编入县水产科学研究所党支部。1980 年成立县气象局党支部。到 2008 年底,有在职党员 3 名,退休党员 1 名。

支部各项工作制度健全,目标明确,责任到人。县气象局设有兼职监督员 1 名,党风廉政建设由一把手亲自抓,民主管理、民主监督制度落到实处,政务、财务公开制度化,局内设有政务公开栏。每季度通过公开栏和全局会议把单位的收支帐目、基建项目、车辆使用情况、招待费等向全局干部职工公开。

单位还组织全局人员观看警示教育影视片,参观警示教育基地,请县检察院和县金融部门派人讲授廉政教育课。

气象文化建设 自建站以来,县气象局始终保持着一支热爱气象事业的队伍。在1995 年和 1998 年的大洪水中,道路中断,办公、生活条件十分艰苦,干部职工坚守岗位,认真观测每个数据、拍发每份电报、制作每份预报、情报。

荣誉 余干县气象局 1999 年度获江西省气象局记功奖励；1997—2001 年、2006—2008 年被上饶市委、市政府授予"文明单位"称号；2007 年被评为全县机关作风整顿活动"星级服务单位"。

台站建设

建站初期局内土地面积不足 6000 平方米，四周无围墙，只有一条乡村公路穿局而过。1987 年以前，站容站貌较差，办公平房是 20 世纪 50 年代修建且破烂不堪，职工住房不成套，院内杂草丛生，道路未硬化，通往县城的主干通道紧挨水塘，经常被淹。1988 年在县政府领导的支持下，由县体委划出 600 平方米土地交气象局使用。1996 年县政府投资 7 万元将局大门至主干道的 230 米路面加高加宽。2003 年路面硬化。1997 年投入 17.5 万元，新建 1 幢三层面积为 309 平方米的办公楼。1999 年投入 30 余万元，对局内环境进行综合改造，院内道路全部硬化，空地全部绿化。2004 年职工全额集资建 10 套宿舍。2008 年投入 30 万元，建成 400 平方米的气象防灾中心，综合业务用房达到 100 平方米。

鄱阳县气象局

鄱阳县气象局位于北纬 29°00′，东经 116°41′，观测场面积为 25 米×25 米，海拔高度 40.1 米，是国家基本气象观测站。

机构历史沿革

始建情况 鄱阳县气象站始建于 1954 年 12 月 1 日，站址在鄱阳县城城隍庙，即北纬 29°01′，东经 116°40′，观测场海拔高度为 23.8 米，距县城约 1 千米。1977 年经江西省气象局批准，增建波阳县石门街气象站，站址在波阳县石门街公社南门大队黄家潭。距县城 90 千米，1986 年经主管部门同意撤销。

站址迁移情况 1957 年 1 月 1 日迁至城西北方向，站址在鄱阳县鄱阳镇杉树台。

历史沿革 1954 年 12 月站名为江西省波阳县气象站；1959 年 5 月，更名为波阳县水文气象站；1960 年 3 月，更名为波阳县水文气象服务站；1962 年 6 月，更名为江西省上饶水文气象总站波阳县气象服务站；1964 年 6 月更名为波阳县气象服务站；1971 年 2 月，更名为波阳县气象站；1980 年 12 月，更名为波阳县气象局；1984 年 2 月撤销气象局，成立波阳县气象站；1987 年 7 月更名为波阳县气象局；2003 年 10 月波阳县更名为鄱阳县，波阳县气象局相应更名为鄱阳县气象局。

管理体制 1954 年 12 月隶属江西省政府气象科管理；1959 年 5 月，归县人民委员会管理；1960 年 3 月，归省水利电力厅水文气象局和县人民委员会双重管理；1971 年 2 月实行军队与地方政府双重管理、以军队为主的管理体制；1980 年 12 月起实行气象部门与地方政府双重领导,以气象部门领导为主的管理体制。

1977年,波阳县石门街气象站建立,归属上饶地区气象管理局和县政府双重管理,业务指导由波阳气象站代管;1984年为波阳气象站石门街分站;1986年波阳县石门街气象站撤销。

机构设置 1970年以前,未内设任何机构;1970年8月开始,县气象站下设测报、预报2个组;1980年10月成立波阳县气象局,下设测报、预报和农业气象3个股;1990年4月增设行政办公室,达到"三股一室"。2001年开始下设机构为办公室、综合业务股、法规股、虹天气象科技公司。

单位名称及主要负责人变更情况

单位名称	姓名	职务	任职时间
江西省波阳县气象站	胡侠	负责人	1954.12—1955.07
	苏志忠	站长	1955.07—1956.05
	王长安	站长	1956.05—1958.11
			1958.11—1959.05
波阳县水文气象站	黄爱生	站长	1959.05—1960.03
波阳县水文气象服务站			1960.03—1960.09
	杜启辉	副站长	1960.09—1962.06
江西省上饶水文气象总站波阳县气象服务站		站长	1962.06—1964.06
		副站长	1964.06—1968.08
波阳县气象服务站	徐克武	负责人	1968.08—1971.02
波阳县气象站	袁竹静	站长	1971.02—1973.04
	杜启辉	站长	1973.04—1980.12
波阳县气象局		局长	1980.12—1984.02
波阳县气象站		站长	1984.02—1984.05
	杨拔质	站长	1984.05—1987.07
		局长	1987.07—1988.12
波阳县气象局	沈孝主	副局长(主持工作)	1988.12—1990.12
	廖海泉	副局长(主持工作)	1990.12—1995.09
		局长	1995.09—2000.09
	戴寿申	局长	2000.09—2003.10
鄱阳县气象局			2003.10—

波阳县石门街气象站主要负责人变更情况

单位名称	姓名	职务	任职时间
波阳县石门街气象站	叶江泉	站长	1977.06—1984.09
	吴庭瑞	负责人	1984.09—1986.10

人员状况 建站时只有2人,1978年有13人,最多时期达21人,截至2008年底有在职人员13人、离休1人、退休7人。在职人员均为汉族。40岁以下5人,40~49岁4人,50~55岁4人。本科学历1人,大专学历7人,中专学历3人,高中文化2人。工程师8

人,助理工程师 5 人。中共党员 3 人。

气象业务与服务

1. 气象业务

①地面气象观测

1954 年 12 月 1 日建站,并正式开展地面气象观测;1955 年 1 月 1 日开始拍发天气报告和航空危险天气报告。

观测项目 1954 年 12 月 1 日开始观测项目有气温、湿度、风向、风速、降水、云向、云速、云向、云量、能见度、地面状态,蒸发(小型)、雪深、天气现象、气压、日照。1956 年 1 月增加浅层地温观测。1956 年 4 月增加雨量计的观测。1959 年 9 月取消云速、云向的观测。1960 年 12 月降低百叶箱安装高度至 1.5 米高(以干湿球温度表球部中心为标准)。1962 年 1 月 1 日起全部观测项目根据《地面气象观测规范》进行观测。1963 年 12 月开展电线积冰观测。1970 年 1 月撤换维尔达风压器,改为 EL 型电接风向风速计,1977 年 7 月增加指示性云、地方性云、系统性云等的云天观测。1980 年 1 月 1 日按修改后的《地面气象观测规范》进行观测。1983 年 1 月至 1934 年 12 月增添遥测雨量计的观测。1984 年 11 月增加 E-601 型蒸发器的观测。1984 年 12 月至 1987 年 11 月由普通干湿表测湿改为通风干湿表测湿。2008 年 8 月安装 GPS/MET 水汽观测设备并投入业务运行。

观测时次 1954 年 12 月 1 日起每天有 02、08、14、20 时 4 次观测,05、11、17、23 时 4 次补充气象观测和 01、07、13、19 时(地方太阳时)观测,共 12 次观测记录。1960 年采用北京时,取消地方时次观测。2005 年 1 月 1 日起除云、能见度、天气现象、日照、蒸发、定时降水量仍为人工观测外,其他项目均采用自动气象站观测。

发报种类 从 1954 年 12 月 1 日开始拍发地面天气报告,每天 02、08、14、20 时 4 次绘图天气报和 05、11、17、23 时 4 次辅助绘图天气报告,每天 08 时编发 24 小时日总降水量的雨情报,每月(旬)发一次气象月(旬)报。1957 年 3 月 1 日开始为军航、民航以及国防科委等十几个单位拍发每小时固定航空天气报以及航线危险天气报。1978 年开始拍发区域绘图报、区域联防危险报。1982 年增加台风试验报。1984 年 1 月 1 日增加重要天气报。1985 年增加台风加密天气报等。

仪器更新 1955 年 1 月把空盒气压计改为福丁式气压表;1935—1959 年增添梳状测云器;1956 年 1 月安装浅层地温表;1956 年 4 月增加雨量计;1963 年 12 月安装电线积冰架;1970 年 1 月撤换维尔达风压器改为 EL 型电接风向风速仪;1983 年 1 月至 1984 年 12 月增添遥测雨量计;1983 年 7 月改用铁塔式风向杆;1984 年 11 月安装 E-601 型蒸发器;1984 年 12 月至 1987 年 11 月安装百叶箱通风干湿表;1985 年 11 月正式使用 PC-1500 袖珍计算机进行编发气象电报和制作气象地面报表;2002 年安装 DYYZ II 自动气象站,通过 2 年的对比观测于 2005 年 1 月 1 日正式单轨运行;2006—2008 年县财政出资 108 万元,全县每个乡镇、小二型以上水库安装二至四要素自动气象站,总数为 38 个。2008 年 8 月安装 GPS/MET 水汽观测设备并投入业务运行。

②农业气象

1979年1月波阳站定为全省农业气象观测情报网点,自1980年起开展农业气象业务,并执行中央气象局颁发的《农业气象观测规范》。

农作物物候观测 1980年起对水稻、棉花、油菜等农作物进行观测。1989年起农作物观测按省气象局制定的《简易观测规范》进行观测。

农业气象试验 1983年在波阳县莲花山乡开展山区水旱轮作的农业气象条件试验,采用早稻不同熟制品种与秋大豆搭配种植,以早稻中熟品种与罗汉豆搭配效益最佳。1984年,开展"苡米"引种试验,引种0.02公顷面积,实收苡米75千克,折合亩产250千克。1986年根据江西省气象局下达的任务,与波阳县水产局联合开展"家鱼人工繁殖的气象条件研究",经两年试验研究,总结出一套家鱼人工繁殖最佳催产期气象指标,该课题获1986年江西省农业气象"短、平、快"课题一等奖。

农业气候区划 1979年5—6月,在余江、万年、乐平、余干县气象站的协助下,组成气候调查小组对全县气候进行普查,清理县气象站1959—1978年累积气候资料,编写《波阳县农业气候手册》,供各级领导和有关部门指导农业生产参考。1982年10月完成《波阳县农业气候资源调查及区划报告》。

农业气象预报、情报服务 1983年开始发布水稻产量预报;1985年开始发布水稻、棉花等农作物病虫害预报;1983年开始向中央气象局拍发农业气象旬(月)报;并通过县气象站自办的气象情报或专题报告向县、乡政府发布气象情报信息;1989年开始与县植保站协作发布水稻、棉花虫情报告。

③天气预报

1956年10月发布霜冻预报,至2008年,发布的预报有暴雨、大风、雷电、高温、大雾、寒潮等天气预报及春播、汛期、干旱、寒露风等专题预报和旬(月、季)天气趋势、年景预报等。

短期天气预报 1958年8月开始,在收听省气象台预报的基础上,结合群众看天经验,制作当地未来24小时预报。1959年起延伸到1~3天的天气预报。至2008年,主要依据上级气象台指导预报制作短时、临近预报。

中长期天气预报 1959年5月起,以群众经验为线索,不定期制作长期(年、季、月、旬)天气预报及重要农事季节的天气预报。逐步发展到制作森林防火、防风、冬修水利、水稻杂交制种等定期长期天气趋势预报和不定期制作重要农业季节专题预报。

专业气象预报 1984年开始根据专业用户需求制作专业气象预报。截至2008年底,有紫外线指数、森林火险指数、人体舒适度以及重要活动、重点项目工程所需的天气预报。

预报工具 20世纪50年代末至60年代初,主要预报工具是图、资、群结合,以群为主,每日收听南昌、汉口、安徽等3个气象台预报,根据省气象台高空环流分型及日历,找出波阳气象站汛期大雨到暴雨预报指标,同时利用县气象站资料点绘气象要素时间剖面图及14时压、温、湿曲线,饲养水生动物泥鳅、蚂蟥,作为物象指标,观测指示性云状、收集民间看天经验进行预报。20世纪70年代的主要预报工具是每日根据汉口广播点绘08时850百帕、700百帕、500百帕高空图,填写分析14时地面天气图,在单站资料方面建立一套综合要素曲线图,即将每日02、08、14、20时气压、温度、湿度绘成曲线。1978年3月开始以综合要素图、时间剖面图、峰谷差图为主,建立"四个基本"即基本图表、基本资料、基本方法、基本档案。20 世纪 80 年代的启用气象传真机,通过传真每日接收中央气象台 08 时 850 百帕、700 百帕、500 百帕实况图,同时接收日本地面降水形势、500 百帕形势、700 百帕垂直速度等预告图进行分析预报。1982 年以传真图、县气象站资料为预报因子,利用数理统计方法,建立 3 月份大风、4—6 月大到暴雨、1 月份强冷空气、大雪、雨凇 MOS 预报方法。进入 21 世纪以来,通过计算机网络获取卫星资料、雷达资料等来制作或订正预报。

④气象信息网络

建站初期,天气预报靠普通短波收音机接收天气形势预告,气象电报的收发主要依靠邮电线路。20 世纪 90 年代中后期,气象信息均可通过计算机网络进行处理。建站至 2002 年气象观测记录原始档案(包括加工整理资料)均由县气象局保存,从 2002 年开始原始气象观测记录送省气象档案馆保存。

2. 气象服务

公众气象服务　20 世纪 70 年代初至 80 年代末,天气预报由县有线广播站广播;1990 年开始改由电视台播出;1998 年与县广电部门协作开通电视天气广告业务,有线电视台和无线电视台定时播出天气预报。

原《波阳报》的天气预报栏目和《上饶日报》、《鄱阳湖晚报》的"出门看天"栏目,均由县气象局指定专人提供气象信息及相关服务指南,深受百姓喜欢。

决策气象服务　建站至 2008 年,始终把决策气象服务放在重要位置,局站领导过去是口头或书面向县纪委汇报,现在是定期和不定期制作《气象情况反映》、专题《气象情报》,快速、便捷、简要地向当地领导提供信息和建议,同时通过手机短信方式向当地领导发送预测预警信息。

专业与专项气象服务　从 1984 年开始专业气象服务以来,气象服务领域、行业及种类不断发展。1986 年与专业用户合作,安装一批警报接收机,提供气象预报等气象信息。1993 年在县政府的支持下,在防汛、农业、水利、林业、交通、粮储等部门及行业安装甚高频无线对讲通讯电话,及时发布气象预测预警信息。1987 年以来,先后向县种籽部门提供杂交水稻制种专项预报、向航运部门提供大风预报、向林业部门提供森林火险预报。

1978 年起开展人工影响天气业务,使用"三七"高炮,参加作业的人员由县或市统一调配民兵预备役人员,气象局负责业务指挥及空域申请等工作;2003 年县财政出资购置 1 台火箭发射架;2005 年县财政再次出资购置 2 台火箭发射架,配套购置 1 部人工影响天气作业车,建立起 3 支人影作业小分队。

1987 年开始避雷针检测工作,至 2008 年,已开展防雷装置的设计审核、施工、竣工验收、防雷报建等工作。

1992 年开始开展彩球广告,至 2008 年每年的系留气球广告业务量均在数百只以上。

气象科普宣传　建站 50 多年来,县气象局把气象科普宣传作为一项重要工作来抓,油印宣传小手册、在县报上刊登科普小常识,把气象科技知识送进农村、送进学校、送进社区、送进企业、送进机关。每年在世界气象日、科技活动周、安全生产月等活动期间,派出气象科技服务小分队,通过图片展览、发放科普手册普及气象科普知识。县科协在鄱阳县气象局设立青少年科普基地,每年接待参观学习的中小学生达数千名。

科学管理与气象文化建设

1. 法规建设与管理

2007年7月27日鄱阳县政府下发《鄱阳县气象灾害应急预案》;2008年9月5日下发《关于进一步加强气象灾害防御工作实施意见的通知》。进一步加强新建、改建、扩建建(构)筑物防雷装置的设计、施工、竣工验收的管理。县气象局按相关法规要求,将气象探测控制范围、高度、距离详细列表成册送县建设局、县国土局、县规划局、县环保局等相关部门把关,各司其责。

2. 党建工作

建站至1976年仅有1~2名党员,编入水利局党支部。1977年有3名党员,并成立气象站党支部。到2008年底有在职党员8人、退休党员7人。

支部各项工作制度健全,民主管理、民主监督制度落到实处。自2001年起,设兼职廉政监督员1名,党风廉政建设由一把手亲自抓,政务、财务公开制度化,通过政务公开栏、公示牌把防雷报建、防雷检测等收费向社会、公众公开,通过公示牌、会议把单位收支账目、单位基建项目、车辆使用情况、招待费用等向职工群众公开,接受群众监督。

单位还组织党员干部职工观看警示教育影视片,参观警示教育基地,开展廉政对联、短信编辑比赛,激励大家清政廉洁。在元旦、春节期间给干部群众发公开信。每年党风廉政测评群众满意度达100%。

3. 气象文化建设

2000年开始成立精神文明建设领导小组,由县气象局主要负责人任组长。创建有规划,年度有目标,考核有依据,评比有奖罚。积极鼓励、激励气象干部职工学文化、学技术、学科学,不断更新知识。添置电教设备,建立学习园地、图书阅览室、职工文体活动室,丰富职工的业余生活。

4. 荣誉

集体荣誉 鄱阳县气象局1987年被江西省气象局授予"文明单位"称号;2001年被县政府授予"文明单位"称号;2002—2008年连续4届被上饶市政府授予"文明单位"称号;2005年被上饶市政府评为"文明楼院"、"平安单位";2005年、2007年两次被江西省气象局评为"五大工程"达标单位;2006年被江西省政府评为"人工影响天气先进单位";2005—2008年在全县政风行风评议中连续4次获第一名,被县委、县政府授予"先进单位"称号。

个人荣誉 杨拔质,男,汉族,1942年1月生,1962年10月至2002年1月在鄱阳县气象局工作,1981年被江西省政府授予"农业劳动模范"称号。廖海泉,男,汉族,1953年5月生,从1976年8月起在鄱阳县气象局工作,1995年被国家防总、人事部授予"抗洪先进工作者"称号。戴寿申,男,汉族,1959年8月生,从1981年7月起在鄱阳县气象局工作,1998年被江西省政府授予"抗洪功臣"称号。

台站建设

县气象局占地面积为 1.17×10^5 平方米,2003 年投入 30 万元,对办公楼进行改造,改造后的办公楼面积为 480 平方米,内设综合业务室(72 平方米)、职工活动室、图书室、会议室、资料档案室、电教室等。院内有职工宿舍 4 栋共 1200 平方米。

2004—2008 年先后投入 40 余万元,对局院内环境进行综合改造,新建车库 98 平方米,门卫房 28 平方米,安装电动大门。修建 1 座 20 平方米的水冲式厕所,道路硬化 1500 平方米,铺草坪 2200 平方米,栽种风景树 600 棵,建花坛 1 个。安置景观灯 8 处、路灯 4 处。设景观垃圾箱 4 处。院内绿化率达 65%。

吉安市气象台站概况

　　吉安市位于江西中部,赣江中游,面积 2.53 万平方千米、总人口 470 万。全市为中亚热带季风湿润气候。其特点是气候温和,年平均气温 17.1～18.6℃;降水丰沛,年平均降水量 1360～1577 毫米;光照充分,年平均日照时数 1600～1800 小时;湿度大,年平均湿度 78%～83%;无霜期长,年无霜期 280 天左右;最热月为 7 月,平均气温为 27.6～29.7℃;最冷月为 1 月,平均气温为 5.1～6.9℃。有井冈山的荆竹山,海拔高度 1779.4 米;安福县的武功山,海拔高度 1918 米。由于受季风影响,气象灾害较频繁,一年四季均有发生。常见的灾害有水灾、旱灾、风灾、雹灾、冻灾、雪灾、倒春寒、小满寒、高温逼热和寒露风等。

　　始建情况　1929 年 8 月,省水利局建立吉安水文站,开展气温、降水等气象观测,曾改过测候所,后又改回水文站,但是气象观测没有中断。1936 年泰和、莲花、宁冈、吉水、峡江 5 个县水利局,在县城建雨量站,观测时间很短,莲花县观测 2 年,其他县观测 1 年。1940 年 5 月省水利局建泰和测候所,1944 年 11 月改为雨量站,1950 年底停止工作。

　　1951 年建立遂川、吉安 2 个气象站;1956 年建立莲花气候站(1992 年划归萍乡市管理);1957 年建立宁冈(2006 年 1 月 1 日迁至井冈山市政府所在地新城区厦坪)、永新、峡江、安福气候站;1958 年扩建吉安气象台、建立井冈山(茨坪)、永丰气候站;1959 年建立新干、万安、吉水、泰和、永丰龙冈(1961 年 6 月撤销)、吉安凤凰圩(1961 年撤销,1978 年在新县城"敦厚镇"复建)气候站,吉安地区实现"县有站,专有台"。

　　台站数量　到 2008 年底,吉安市所辖新干县、峡江县、永丰县、吉水县、吉安县、泰和县、万安县、遂川县、安福县、永新县、井冈山市茨坪、井冈山市厦坪 12 个县级气象台站,市气象局本部下设吉安市气象台,共计 13 个气象台站。全市 13 个气象台站中设有国家基准站 1 个,国家基本站 4 个,国家一般站 8 个。承担全球天气情报和资料交换的站 1 个,承担航空危险天气报的站 3 个,承担国家农业气象基本站的 1 个,承担省级农业气象二级站的 1 个。从 2005 年 11 月开始,先后在吉安市区和新干、峡江、永丰、吉水、吉安、泰和、万安、遂川、安福、永新、井冈山市建立 190 个加密自动气象站。

人员状况 1951 年吉安市气象局只有 6 人,1978 年发展到 153 人。其中,大学本科学历 4 人,大专学历 7 人,中专学历(含高中)75 人,初中及以下文化 64 人。截至 2008 年底有 187 人,其中大学本科学历 45 人,大专学历 86 人;高级职称 6 人,中级职称 103 人。

主要业务范围

地面气象观测 主要对云、能见度、天气现象、气压、空气温度和湿度、风向和风速、降水、日照、地面温度、雪深进行观测。2003 年 3 月在吉安县气象局增加闪电定位观测,并于 2005 年 1 月迁至泰和县气象局;2004 年 1 月在泰和县气象局增加生态观测;2007 年 2 月在泰和县气象局和井冈山市气象局增加负离子、酸雨观测;同年 10 月在吉安县气象局增加滴谱仪观测;同年 10 月在永丰县气象局增加太阳能资源项目观测。开展拍发航空危险天气报、绘图报、补助绘图报、雷达探测情报、制作和上报各种气象资料报表等业务。

农业气象 国家基本站的作物观测项目有水稻、甘蔗、早大豆、油菜和楝、桐、粟、蛙、燕、蝉。省二级站的作物观测项目有柑橘和甘蔗。发布农业气象灾害警报,对水稻、油菜等作物做全年生育期评述和全年农业气象条件评述,对水稻、油菜等作物进行产量预报和粮食总产预报。

天气雷达 1980 年 7 月吉安 711 型天气雷达投入探测业务使用,1994 年底停止。2003 年 1 月建成吉安新一代多普勒天气雷达,并投入业务使用。

天气预报 按时效划分有临近、短时、短期、中期、长期预报;按内容划分有一般性天气预报和灾害性天气预报;按性质划分有天气预报和天气警报;按服务面大小划分有公众预报、专业专项与决策预报。从 2000 年 4 月开始,市气象台增加雾和雷电预报;2006 年联合环保部门开展城市空气质量预报;开展负离子和紫外线预报。

人工影响天气 全市气象部门拥有"三七"高炮 10 门,新型火箭发射架 16 套,摇控烟条撒播系统 1 套,作业运载车 12 辆。主要用于农业抗旱、防雹减灾、水库蓄水、森林防(灭)火、夏季城市降温等多种服务。

吉安市气象局

吉安市位于江西省中部,2000 年吉安撤地设市,设有吉州和青原两区。吉州区自古是历代郡、州、路、府的治所,是赣中名城吉安市的政治、经济、文化中心和通往"革命摇篮"井冈山的大门,辖 5 个乡镇 6 个街道,土地面积 424.9 平方千米、总人口 32.8 万。青原区是由国务院批准新组建的县级行政区,在第二次国内革命战争时期,享有"东井冈"之誉的东固革命根据地,是第一、二次反"围剿"的旧战场,有陂头"二七"会议旧址,毛泽东、朱德、陈毅、曾山等老一辈革命家在这里谱写了壮丽的战斗诗篇。现辖 7 个乡镇 1 个街道、土地面积 914 平方千米、总人口 20.3 万。吉安市城区属亚热带季风气候,年平均气温 18.4℃,年平均降水量 1520 毫米,年平均日照时数 1640 小时,年无霜期 278 天。

吉安市气象局位于吉安市吉州区吉福路竹笋巷 29 号院内,即北纬 27°07′,东经 114°58′,海拔高度 76.4 米。

机构历史沿革

始建情况 1929 年 8 月江西省水利局在吉安城河街建立水文站。1937 年改为测候所,移址回龙桥。1946 年 1 月改为水文站。1949 年 5 月停止气象观测工作。1951 年 8 月正式建立吉安气象站。

站址迁移情况 2000 年 1 月 1 日,吉安气象站迁至吉安县气象局。2003 年 7 月 28 日,在原吉安气象站观测场建立自动气象观测站。2007 年 1 月 1 日,自动气象站改为国家一般气象站。

历史沿革 1951 年 8 月建立吉安气象站;1953 年 12 月 26 日更名为江西省吉安气象站;1954 年 10 月 26 日,中央气象局重新划分台站等级,吉安为一等气象站(属国家基本站);1958 年 9 月 31 日,在吉安气象站的基础上,扩建成吉安气象台;1959 年 4 月 14 日,吉安水文分站与吉安气象工作组合并,成立吉安水文气象总站;1960 年 3 月更名为吉安水文气象服务站;1963 年 9 月 24 日,更名为吉安水文气象分局;1968 年 11 月 6 日,更名为井冈山专区水文气象站革命委员会;1971 年 3 月 12 日,更名为江西省井冈山地区气象台;1980 年 9 月成立江西省吉安地区气象局;1983 年 3 月 22 日更名为吉安地区气象台;1985 年 5 月 29 日更名为江西省吉安地区气象管理局;1996 年 12 月更名为江西省吉安地区气象局;2000 年吉安撤地建市,更名为吉安市气象局。

管理体制 建站时归江西省军区吉安军分区管理;1953 年 12 月归省政府建制,业务由省气象科直接管理;1958 年 9 月扩建成吉安气象台,归省水利电力厅水文气象局管理。同年 10 月成立吉安气象工作组,归省水文气象局领导;1959 年 1 月,归吉安专区建制;1960 年 3 月行政归县政府领导,业务归专区水文气象总站管理;1962 年 5 月 17 日由省水文气象局直接管理;1963 年 9 月 24 日行政受省水利电力厅管理,业务由水文气象局管理;1970 年 7 月 1 日,专区、县水文气象机构下放给专区、县两级革命委员会建制,县气象站业务工作归专区水文气象管理机构管理;1971 年 3 月 12 日,实行以军分区管理为主的双重管理体制,隶属县人民武装部管理,业务归井冈山地区气象台管理;1973 年 6 月 22 日,划归地区革命委员会建制管理;1980 年 9 月成立江西省吉安地区气象局,实行气象部门与地方政府双重领导,以气象部门领导为主的管理体制。

机构设置 1986 年成立江西省吉安地区气象管理局党组;2000 年吉安撤地建市,更名为吉安市气象局。下设管理机构有办公室、人事教育科、业务科技科、政策法规科,直属业务单位有气象台、防雷装置质量检测检验所、气象科技服务中心,2007 年增设财务核算中心。

单位名称及主要负责人变更情况

单位名称	姓名	职务	任职时间
吉安气象站	张瑞华	负责人	1951.08—1952.06
	于中一	站长	1952.06—1953.05
江西省吉安气象站	苏志忠	站长	1953.05—1953.12
			1953.12—1954.01
	苏政财	站长	1954.01—1957.08
吉安气象台	吴同忠	站长	1957.08—1958.09
		台长	1958.09—1958.10
吉安气象工作组		负责人	1958.10—1959.04
吉安水文气象总站	郝文清	副站长(主持工作)	1959.04—1959.12
	汤忠余	站长	1959.12—1960.03
吉安水文气象服务站			1960.03—1962.10
	郝文清	副站长(主持工作)	1962.10—1963.09
吉安水文气象分局		局长	1963.09—1968.11
井冈山专区水文气象站革命委员会	旷圣发	副主任(主持工作)	1968.11—1969.10
	张智	主任	1969.10—1971.03
井冈山地区气象台	李文龙	台长	1971.03—1973.06
	高志延	副台长(主持工作)	1973.06—1980.09
吉安地区气象局		局长	1980.09—1983.03
吉安地区气象台		台长	1983.03—1984.03
	毛道新	台长	1984.03—1985.05
吉安地区气象管理局	郭淑芙	副局长(主持工作)	1985.05—1986.02
		局长	1986.02—1989.09
吉安地区气象局	苏石桥	局长	1989.09—1996.12
			1996.12—2000.01
吉安市气象局			2000.01—2001.05
	罗文逢	局长	2001.05—

人员状况 吉安市气象局建站时有4人。截至2008年底,有在职职工71人。其中,本科学历37人,大专学历20人,中专及以下学历14人;高级工程师6人,工程师42人(2人会计师),助理工程师及以下职称23人。

气象业务与服务

1. 气象业务

①地面气象观测

地面观测 建站开始采用平均太阳时制,每天每小时观测1次;1954年1月改为每天01、07、13、19时进行4次定时观测,每天04、10、16、22时进行补充观测;1960年7月改用北京时制,调整为每天02、08、14、20时进行定时观测,每天05、11、17、23时进行补充观测。观测项目有气压、气温、湿度、能见度、天气现象、风向、风速、降水、蒸发(小型)、日照、最低草温(1954年1月取消)、云向云速和地面状态(1960年1月取消);1953年1月增加浅层地温观测;1955年增加积雪观测;1956年增加电线积冰观测;1957年6月增加深层地温观测;1959年6月增加E-601型蒸发皿观测;2000年1月1日取消所有观测任务;2003年7月28日转为CAWS600自动气象站观测;2007年1月1日调整为国家一般气象站。

1952年5月至1999年12月拍发定时和补充绘图报;1954年12月至1999年12月拍发航空危险天气报;制作月报表和年报表;到2008年底,吉州、青原两区共建有10个区域自动气象观测站。

高空观测 1953年3月1日增加小球高空测风业务,每天07时与19时进行观测;1987年停止观测。

雷达观测 1980年7月711型天气雷达建成并投入业务运行;1994年底停止观测;2003年1月新一代多普勒天气雷达建成并投入业务运行。

②农业气象

1959年开展农业气象观测;1965年停止;1960年12月在吉安市禾埠公社成立专区农业水文气象试验站;1962年5月在精简调整机构中被撤销。

农业气象预报从未间断。建站初期把长期早稻播种期作为主要农业气象预报,接着进行倒春寒、小满寒、高温逼熟、寒露风等农业灾害性天气预报;1983年对主要粮食作物和经济作物开展产量预报工作。

2001年建设农村经济信息网,为农民提供气象信息网络平台。

③天气预报

建站初期天气预报是以"收听预报加看天"和人工绘制天气图作预报;20世纪70年代,从历史天气气候中寻找灾害性天气演变规律制作预报;1980年气象传真机投入使用,增加日本和欧洲中心预告产品;1982年用云图与统计结合研制出模式输出数值预报产品;从90年代起,天气预报逐步发展成为集卫星云图、天气雷达探测资料、加密区域站资料等天基、空基、地基为"三基一体"的气象资料,并通过计算机网络系统和MICAPS软件等工具制作出定时、定点、定量的数值预报。

1958年12月开始地(市)气象台除负责本级天气预报任务外,还承担全地(市)天气预报指导任务。种类分为月、季、年长期预报,主要内容有雨量、气温、洪涝、干旱等趋势预报;3～10天中期预报,主要内容有天气过程、雨量、气温、农事建议;1～3天短期预报,主要内容有晴雨、气温、风向风速等;2003年多普勒天气雷达投入业务运行后,开始制作0～6小时短时临近预报,主要内容有强降水、大风、冰雹、雷电等灾害性天气情报预报;另外还有春播、汛期、高温、干旱、寒露风、低温霜冻以及人工增雨、森林防火、病虫害防治等专题天气预报。

④气象信息网络

1985年3月开始气象台建立甚高频电话。到1986年6月,吉安市气象台与全区各县(市)站开通电话。1987年5月市气象台可与省气象台和赣州市气象台通电话,还可中转省、赣两台互相通电话。

1991年气象台建成远程终端;1994年建设Novell网络服务器和网络路由器;1997年10月建成VSAT卫星小站;1998年建设PC-VSAT卫星接收站;2001年以Wimdows NT网络服务器取代Novell网;2002年开通Internet宽带网络,同年6月建成Notes邮件服务器;2003年吉安气象内网开通;2005年开通省—市2兆SDH专线,用于数据传输系统和可视会商系统;2007年吉安气象外网开通。

2. 气象服务

公众气象服务　建站以来,主要开展电台广播、报社登报、电话答询、电视台语音播放等气象服务;1996年建成电视天气预报制作系统,自行制作天气预报节目;2003年建成"121"(后升位为"12121"气象服务系统)电话自动答询系统;2004年开展手机短信气象服务;2007年全市各地开始组建气象灾害信息员队伍,并充分利用各地的电子显示屏传播气象信息。

决策气象服务　坚持为当地党政领导和有关部门提供重要灾害性、重要农事季节、重要社会活动的气象保障服务工作。凡遇"三重"天气,能及时以口头、电话、书面(如气象情况反应、气象呈阅件、气象信息与咨询)、手机短信等形式开展气象服务,为当地领导防御气象灾害提供科学决策依据。

1982年6月13—18日,吉安地区有9个县连降暴雨,洪水泛滥。由于气象台(站)长、中、短期预报准确,当地领导依此及时进行部署,各地提前做好了准备,将灾情降低到最低限度,区习大、中、小(一)型水库197座安全渡汛,保住了赣东和禾埠大堤。

2008年1月12日至2月5日,吉安市出现历史罕见的连续低温雨雪冰冻天气,最长连续雨雪日数和冰冻日数均突破新中国建立以来气象记录。市气象局主要领导多次列席市委、市政府会议汇报天气情况,准确的天气预报为市委、市政府领导指

1982年吉安市发生洪水,电线上留下水落时的茅草(摄于1982年6月)

挥抗冰救灾、灾后重建等工作作出积板贡献。2008年市气象局被吉安市委、市政府授予"抗冰救灾先进集体"称号。

专业与专项气象服务　人工影响天气服务始于1978年秋季,用土火箭与"三七"高炮开展人工增雨作业。随后逐步发展到用车载移动式新型火箭进行增雨作业,除开展增雨抗旱作业外,还开展防雹减灾、夏季城市降温、森林防(灭)火等人二影响天气作业。

1978年吉安地区行署在全区大面积推广杂交水稻,为解决种子不足问题,决定到海南岛去制种。11月26日,市气象局派出4人气象工作组随同前往,为制种管理及时提供气象情报和天气预报,通过农技调整,杂交水稻的父本与母本花期得以相遇而获得丰收。1981年3月,吉安地区气象局抽调地县两级气象人员,组成农业气候规划队,分期分批进行工作,用20个月的时间完成全区农业气候规划任务。

气象科技服务与技术开发　1985年开始有偿气象科技服务。建筑行业、工矿企业等根据自身需要,与气象局签定有偿服务合同。从常规的专业气象服务,发展到电视天气广告、气球广告、防雷装置定期检测、防雷工程、"12121"电话咨询、气象短信、固定电话与移动电话外呼等气象科技服务。

气象科普宣传　吉安市气象局通过讲座、展板、发放气象资料和光盘、网络发布等形

式,开展气象科普知识进农村、进企业、进机关、进学校、进社区等宣传教育活动,深受社会各界的好评。1984 年,《井冈山报》报社编辑部对连载的《农事节气》12 篇组文评语:"就如何将历史资料转化为生产力,市气象局撰写的《农事节气》作了有益的工作。"

气象法规建设与社会管理

法规建设 2001 年,市气象局建立气象法制管理机构,负责全市气象部门法制体系建设和管理。同年 2 月吉安市政府下发《吉安市防御和减轻雷电灾害管理办法》。同时,为加强气象探测环境保护、人工影响天气、开发利用气候资源、气象灾害预警预报信息发布及突发公共事件气象应急保障等事项,下发管理性文件。2006 年 4 月下发《吉安市防雷减灾管理办法》,进一步完善了依法行政的各项依据。2003 年成立市气象行政执法支队。

制度建设 2003 年,市气象局根据法律法规的规定,建立、推出气象行政执法责任制和执法人员持证上岗、亮证执法、重要事件备案、处罚与收缴分离、气象行政执法错案及执法过错责任追究等十多项制度,使行政执法进一步规范化、制度化。

社会管理 依法履行社会管理职能。1996 年和 1999 年,吉安市有 2 个单位建筑楼房违法超高设计,经过吉安市气象局的执法检查,降低了高度。2004 年,按照吉安市政府要求,市气象局将所有行政许可项目纳入市行政服务中心办理,开展防雷装置设计审核、竣工验收、施放气球资质论证、大气环境评价使用气象资料审查、施放气球活动审批五项行政许可工作。

政务公开 建立并执行首问责任制、否定报备制、一次性告知制、限时办结制、效能告诫制、政务公开义务员监督制等制度,确保行政许可和行政审批规范公开进行。

党建与气象文化建设

1. 党建工作

党的组织建设 吉安气象站在军队建制时期,党员组织关系在军分区,转到地方后,党员参加邮电局支部过组织生活。成立水文气象总站后,单独成立党支部。1993 年 11 月正式成立中共吉安市气象局机关总支部委员会,下设 4 个党支部(含老干部支部)。到 2008 年底有党员 52 名(其中离退休党员 14 名)。

党风廉政建设 认真做好党风党纪工作,把反腐倡廉当成一件大事来抓,并且抓出成效。2005 年吉安市气象局被中国气象局评为局务公开先进单位,2008 年被市直机关工委评为班子作风好、队伍素质好、服务质量好、环境面貌好的"四好单位"。

2. 气象文化建设

精神文明建设 市气象局成立创建文明行业活动领导小组,由局长、党组书记负总责,副局长分管,有专门工作小组,党、政、工、团的兼职干部是精神文明建设的基本队伍和骨干力量。制定以岗位责任制、考核制、奖惩制"三位一体",以考勤、考德、考绩、考能为主要内容的管理办法。充分发挥党、团、工会等组织的作用,落实各项活动。精神文明建设工作由虚变实,由软变硬,由弱变强。

文明单位创建 1991 年,吉安市气象局被评为县级"文明单位";1993—2001 年,连续五届被评为地级"文明单位";2003—2007 年,连续三届被评为省级"文明行业";2005—2007 年,连续两届被评为省级"文明单位";2008 年被吉安市政府评为"平安单位"。

文体活动 20 世纪 60 年代,市气象局建有沙土地面篮球场;80 年代又建成水泥地面篮球场;2008 年建成灯光球场。1987 年在全省气象部门首届"我爱气象,我爱台站"影展评比中,市气象局作品获一等奖;2004 年在省气象局开展建局 50 周年庆典摄影作品比赛中获一等奖 1 个,二等奖 2 个;2008 年在首届

2008 年秋季参加首届全省气象部门职工运动会,吉安市气象局获团体总分第一名(摄于 2008 年 10 月)

全省气象部门职工运动会上,吉安市气象局组成 26 人的代表团参加,并获团体总分第一名和最佳组织奖荣誉。

3. 荣誉与人物

集体荣誉 吉安市气象局 1963 年、1964 年、1965 年、1977 年,被省政府授予"先进单位"称号。获省政府单项表彰 6 次。1982 年以来,获吉安市政府单项表彰 15 次。获省气象局单项表彰 33 次。其中 2003 年被吉安市政府评为"抗旱先进单位"、2007 年被市政府评为"防汛先进单位"、2008 年被市政府评为"抗冰救灾先进单位"、2008 年被省气象局评为"目标管理特别优秀单位"。

个人荣誉 胡细根 2006 年获省人事厅、省气象局授予的"先进工作者"称号。

人物简介 黄玉柱,男,1937 年生于马来西亚,高级工程师。1982 年被省政府授予"农业劳动模范"称号,1989 年被国务院侨务办公室、全国侨联授予"优秀归侨知识分子"称号,1990 年被省政府授予"江西省劳动模范"称号。

1954 年 5 月,黄玉柱怀着报效祖国的赤子之心,瞒着家人,回到向往已久的新中国。1958 年响应祖国号召,到井冈山参加社会主义建设。1959 年 5 月调到井冈山气象站,总结出十几条有价值的预报指标,成为《井冈山上三代人》的先进典型。1969 年他被调到吉安地区气象台工作,工作吃苦耐劳,学习刻苦钻研,主攻灾害性天气暴雨预报问题。他的研究成果在预报实践中得到实用,特别是在 1982 年 6 月发生历史上罕见的特大连续暴雨预报中,起到关键性的作用,受到省气象局和国家气象局的表彰。其个人事迹在新华社、《光明日报》和省、地区党报多次宣传,成为吉安人学习的榜样。

台站建设

吉安市气象站于 1958 年扩建成气象台,只有 11 间简易的小平房进行办公。1960 年 10 月,建成 1 栋面积 1000 平方米、砖瓦木结构的二层办公楼房。1980 年,建起 1 栋砖混结构四层办公大楼。2002 年,在吉安县气象局院内,建成面积 2219 平方米十五层的雷达塔

楼。2008年夏季,开工兴建新办公大楼(又名吉安市雷达信息处理中心),建筑面积达1.02万平方米。

从2001年起,陆续为每个办公室购置安装空调,并多方筹措经费购置电脑(办公管理用机实现人手1台,业务用机充分保障),更新桌椅等办公设备。

1984—2003年,先后建成砖混结构三层18户、六层24户、五层25户、六层30户职工宿舍楼,共计97套,最小的有50平方米,最大的有140平方米。干部职工均住上了成套住房。

建站时院内一片荒凉,有土山,有水塘,另有几株零星树木。市气象局现占有土地面积1.23万平方米,有大树55株,铁树12棵,桂花、茶花、紫薇等40株,小树34株。院内绿树成荫。2000年以来加快建设,凡裸露土地,全部进行绿化。2008年度,被市政府授予"园林单位"称号。

吉安新一代多普勒天气雷达(摄于2008年9月)

井冈山市气象局

井冈山位于江西省西南部,地处湘赣两省交界的罗霄山脉中段,全市总人口15万,土地面积1308平方千米。1927年10月,毛泽东、朱德等老一辈无产阶级革命家率领中国工农红军来到井冈山,创建了中国第一个农村革命根据地,开辟了"以农村包围城市,武装夺取政权"的具有中国特色的革命道路,被誉为"中国革命的摇篮"和"中华人民共和国的奠基石"。井冈山属亚热带季风气候,四季分明,雨量充沛,年平均气温14.3℃;年平均降水量1897.4毫米;年平均日照时数1365.8小时。

井冈山市气象局位于北纬26°45′,东经114°17′,观测场海拔高度253米。

机构历史沿革

1. 井冈山市气象局

始建情况　井冈山市气象站(茨坪)于 1958 年 12 月 1 日建立,设在茨坪毛泽东旧居后山上。

站址迁移情况　1965 年 1 月 1 日迁至天街东侧独立的小山顶上;1980 年 1 月迁至茨坪红军南路小山顶上。即北纬 26°35′,东经 114°10′,观测场海拔高度 843 米,观测场面积 20 米×16 米。

历史沿革　1959 年前,井冈山为遂川县的一个区,茨坪是区里的一个乡,1958 年在茨坪建立江西省遂川县井冈山气候站;1959 年井冈山区从遂川县境内划出,成立井冈山管理局,4 月 19 日中央气象局决定,将井冈山气候站改为井冈山气象站;1959 年气象与水文合并,1960 年 4 月,井冈山气象站改成井冈山管理局水文气象服务站;1962 年 9 月改为江西省吉安水文气象总站井冈山气象服务站;1963 年底改为江西省井冈山气象服务站;1971 年 1 月改为江西省井冈山气象站;1975 年井冈山恢复管理局名称,井冈山气象站于 1978 年 7 月改为江西省井冈山气象台;1981 年井冈山管理局改为井冈山县,10 月成立井冈山县气象局,实行局、台并存,合署办公;1983 年 12 月改称为江西省井冈山县气象站;1984 年井冈山县改市,1985 年 1 月井冈山县气象站随之改为井冈山市气象台;1990 年 7 月,成立井冈山市气象局,实行局、台合署办公;2001 年 1 月井冈山市气象局与宁冈县气象局合并为新的井冈山市气象局。

管理体制　1958 年 12 月成立井冈山气候站,行政归井冈山管理局,业务归吉安专区水文气象总站管理;1962 年 5 月,气象体制归省水利电力厅,业务由省水文气象局管理,吉安专区水文气象总站具体管理;1970 年 6 月 8 日,建制为井冈山革命委员会抓革命促生产指挥部,业务归井冈山地区气象台管理;1971 年 1 月 1 日气象站建制改为中国人民解放军井冈山人民武装部和井冈山市革命委员会双重管理;1973 年 6 月恢复 1970 年建制;1977 年 6 月 24 日起,井冈山气象站建制和业务均为江西省气象局管理,1982 年 1 月 1 日起,属吉安市气象局管理。

单位名称及主要负责人变更情况

单位名称	姓名	职务	任职时间
江西省遂川县井冈山气候站	曾广炟	负责人	1958.12—1959.04
井冈山气象站			1959.04—1960.04
井冈山管理局水文气象服务站			1960.04—1962.09
江西省吉安水文气象总站井冈山气象服务站			1962.09—1963.01
井冈山气象服务站	黄展平	负责人	1963.01—1963.12
			1963.12—1965.12
	周炳昌	负责人	1965.12—1966.03
	黄展平	负责人	1966.03—1971.01

单位名称	姓名	职务	任职时间
井冈山气象站	黄展平	负责人	1971.01—1973.09
	郑子良	站长	1973.09—1974.12
	黄展平	负责人	1974.12—1975.05
	王齐位	负责人	1975.05—1975.10
井冈山气象台	尹天珍	副站长(主持工作)	1975.10—1978.07
		副台长(主持工作)	1978.07—1981.10
井冈山县气象局		副局长(主持工作)	1981.10—1983.12
井冈山县气象站		副站长(主持工作)	1983.12—1984.06
	郑子平	站长	1984.06—1985.01
		台长	1985.01—1988.10
井冈山市气象台	周菊琴	台长	1988.10—1990.04
	朱银淮	台长	1990.04—1990.07
		局长	1990.07—1991.12
井冈山市气象局	李家墩	局长	1991.12—1995.12
	周水明	局长	1995.12—1998.12
	吕作范	局长	1998.12—

人员状况　合并后新的井冈山市气象局 2008 年底有在职职工 21 人,外聘 4 人。在职人员中,大专以上学历 16 人;高级工程师 1 人,工程师 9 人,助理工程师 10 人,技术员 1人;40 岁以下 6 人,40～49 岁 8 人,50 岁以上 7 人。

2. 宁冈县气象局

始建情况　宁冈县气象站于 1956 年 12 月底建立,设在原宁冈县委大院偏东约 50 米处。

站址迁移情况　1961 年 11 月迁至龙市镇坪上村后小山头上,即北纬 26°43′,东经113°58′,观测场海拔高度 263.1 米,观测场面积 20 米×16 米。人工观测到 2005 年 12 月底止,此后由四要素站改为六要素自动气象站。

2001 年 2 月 6 日吉安市气象局《关于新井冈山市气象工作调整的实施方案》(吉气党发〔2001〕01 号)明确原井冈山市气象局与原宁冈县气象局合并为新的井冈山市气象局。2006 年 1 月 1 日在新的井冈山市政府所在地新城区建立厦坪国家一般气象站。厦坪气象站占地面积 4080 平方米,六角型观测场面积 372 平方米,即北纬 26°45′,东经 114°17′,观测场海拔高度 253 米。

历史沿革　1956 年 12 月称江西省宁冈气象站;1959 年 1 月更名为井冈山管理局龙市气象服务站,同年 4 月气象服务站更名为气象站;1960 年 3 月气象站又更名为龙市气象服务站;1962 年 6 月 1 日更名为宁冈县气象服务站,1964 年 7 月更名为江西省宁冈气象服务站;1971 年 1 月更名为江西省宁冈县气象站;1980 年 7 月更名为宁冈县气象局,实行局站合一;1984 年 1 月县气象局更名为宁冈县气象站;1990 年 7 月 15 日恢复宁冈县气象局;2001 年 1 月井冈山市气象局与宁冈县气象局合并后,宁冈县气象局撤销。

管理体制　1956 年建站时属江西省气象局建制;1959 年 1 月 15 日归井冈山管理局管

理,同年3月县气象站属宁冈县水电局管理;1962年5月,改属江西省水利电力厅水文气象局建制,业务属吉安专区水文气象总站管理;1971年1月县气象站体制改为县革命委员会和县人民武装部双重管理、以军事部门管理为主,业务属江西井冈山地区气象台管理;1973年7月,改属宁冈县革命委员会抓革命促生产指挥部管理;1980年7月到2001年1月宁冈县气象局撤销止,实行以气象部门为主的双重管理。

宁冈县气象局主要负责人变更情况

单位名称	姓名	职务	任职时间
江西省宁冈气象站	朱家荣	站长	1956.12—1957.12
	张俊英	副站长(主持工作)	1957.12—1958.10
	陈伯勋	负责人	1958.10—1959.01
井冈山管理局龙市气象服务站			1959.01—1959.04
井冈山管理局龙市气象站			1959.04—1960.03
			1960.03—1961.03
龙市气象服务站	邹前荣	负责人	1961.03—1961.05
	谢章泞	站长	1961.05—1962.06
宁冈县气象服务站	吴景炉	负责人	1962.06—1962.12
	谢正安	站长	1962.12—1964.07
宁冈气象服务站			1964.07—1964.10
	周炳昌	站长	1964.10—1965.12
	林思沐	负责人	1965.12—1971.01
宁冈县气象站	林超元	站长	1971.01—1975.12
	谢好仁	站长	1975.12—1978.02
	林思沐	站长	1978.02—1980.07
宁冈县气象局		局长	1980.07—1984.01
宁冈县气象站		站长	1984.01—1987.12
	李冠桢	站长	1987.12—1990.07
宁冈县气象局		局长	1990.07—1990.12
	石天辉	局长	1990.12—1994.12
	周 鑫	局长	1994.12—1995.11
	唐云胜	局长	1995.11—2001.01

气象业务与服务

1. 气象业务

①气象观测

三地观测业务变更一览表

单位	一般观测站(3次观测)	国家基本站(4次观测)
井冈山市气象局(茨坪)	1958.12—1965.12	1966.01—1968.09
	1968.10—1998.12	1999.01—

续表

单位	一般观测站(3 次观测)	国家基本站(4 次观测)
宁冈县气象局(龙市)	1962.01—1962.12	1957.01—1961.12
	1966.01—1968.12	1963.01—1965.12
	1999.01—2005.12	1969.01—1998.12
厦坪一般观测站	2006.01—	

茨坪地面观测 项目有云、能见度、天气现象、气压、气温、湿度、风向、风速、降水、地温、雪深、雪压、蒸发器(1998 年 12 月 31 日前为小型,1999 年 1 月 1 日后改为大型)。2007年 1 月 20 日起增加酸雨观测,同年 2 月 1 日起增加负氧离子观测。

黄洋界(海拔高度 1430 米山头上)地面观测 从 1981 年 4 月 1 日至 1987 年 6 月 30日。黄洋界 1981 年 2 月 20 日设立 711 型测雨雷达并开始业务工作至 1987 年 10 月 31 日止。1981 年 12 月 22 日 04 时 30 分至 05 时 30 分,黄洋界气象台工作人员观测到北方群山上空有一街灯的蜃景。1983 年 4 月 10 日 07 时 40 分,黄洋界气象站观测到宝光。

龙市(宁冈)地面观测 1957 年 1 月 1 日至 2005 年 12 月 31 日开展地面观测。2006年 1 月 1 日改为四要素(气温、雨量、风向、风速)自动站。2008 年 1 月 24 日改为六要素(气压、气温、湿度、雨量、风向、风速)自动气象站。

气象哨 自从 1958 年 6 月中央气象局提出"依靠全民办气象,提高服务质量,以农业服务为重点,组建全国气象服务网"的方针后。1959 年上半年起建立古城、龙市、新城等地首批气象哨。尔后陆续建立茅坪、鹅岭、桃寮、大井、厦坪、拿山、下庄、黄坳、刘家坪、下七、石市口、小通、长古岭等气象哨,1979—1986 年先后撤销。

自动气象观测站 建设始于 2005 年 11 月,至 2008 年底,先后建起龙市、黄坳、新城、黄洋界、大陇、坳里、龙潭、柏露、自然保护区、下七、罗浮、荆竹山、厦坪、荷花、睦村、古城等16 个自动气象站。

②天气预报

从 1959 年 1 月 1 日起,井冈山市气象台一直发布单站补充天气预报。短期天气预报有未来 1~3 天的天空状况、天气现象、风、气温;从 1989 年 10 月起,每年 10 月至次年 2月,单站不作短期预报,改为转发或补充省、地区气象台天气预报;1990 年后,增加短时天气预报;2003 年后增加森林火险等级预报。中期天气预报有未来 3~10 天的天气趋势预报,内容为天气过程、雨量、气温、农事建议。长期天气预报有未来 10 天以上降水过程,气温变化及灾害天气趋势预报。专题天气预报主要有春播、汛期、高温、干旱、寒露风、低温霜冻、人工增雨、飞播、森林防火、病虫害防治、杂交水稻制种等方面的天气预报。

市气象台天气预报在 20 世纪 60 年代基本以"收听预报加看天"来完成;70 年代通过绘制简易天气图,结合单站要素制作预报;80 年代则运用客观数值统计,通过建立"四个基本"制作预报;1982 年 3 月开始用气象传真机接收资料,并独立地分析判断天气变化;1985年 6 月开始使用甚高频电话与地区气象台进行预报会商;90 年代以后转发并补充订正市气象台预报;2000 市气象台预报主要以短时临近预报为主,随着数值预报、卫星资料、雷达探测和加密自动站等的应用,天气预报准确率不断提高。

③气象信息与网络

1985年6月开始建立甚高频电话。1998年建设 PC-VSAT 卫星接收站；1999年起实行计算机网络上传气象信息；2008年开通省—市—县专线，用于数据传输系统和可视会商系统。

2. 气象服务

公众气象服务 1959年1月1日开通有线广播和电话对外发布1～2天晴雨、风向、风速和气温极值预报。中、长期天气预报用书面材料发送至市党政领导、市直有关单位及乡镇政府。

1985年8月，省广播电台播放井冈山天气预报。

1993年6月建立甚高频电话对讲气象服务系统，为原井冈山市8个乡镇及农、林、水部门进行气象服务，水库配备甚高频电话进行气象预报预警服务。

1996年7月1日，开通井冈山电视天气预报节目。先后制作茨坪、黄洋界、水口、百竹园、主峰、五马朝天、大井、龙市、新城区、黄坳等地的天气预报录像（模拟主持人）带（光盘）送到井冈山市电视台，每晚分别在20时、21时30分《井冈山新闻》后播出。1998年，利用电信平台开展"12121"电话天气预报自动答询服务，2006年由吉安市气象台统一制作。2002年2月5日，井冈山天气预报在 CCTV 新闻、CCTV-1 早晨07时16分同时播出。2002年1月20日至2007年12月，井冈山天气预报在湖南卫视中午12时30分播出。2007年5月30日在天街设立室外电子天气预报显示屏。每天18时至22时滚动播放24小时天气预报、灾害性天气预报、水口彩虹预报、森林火险预报以及对井冈山精神的宣传。

2008年8月1日，开通手机短信平台，对全市党政领导及乡、村、学校、水库主要领导群发短时灾害性天气预报。

决策气象服务 2006年6月17日遭受特大暴雨袭击，全市受灾严重。暴雨来临前，市气象局作出准确预报，以《气象呈阅件》报告市领导、抄送有关部门、并及时通过广播电视、手机短信等通讯手段向社会公众发布信息，使灾害损失降到最低程度。2008年1月12日至2月6日，井冈山市出现历史罕见连续长时间低温雨雪冰冻气象灾害天气，气温低，日平均气温在0℃以下时间长达30天，电线积冰最大直径45毫米，突破有气象记录以来历史极值。为做好此次重大天气过程气象服务工作，井冈山市气象局启动重大气象灾害预警应急预案Ⅱ级应急响应命令，提前报准了几个阶段性的低温冻害天气过程，连续发布低温冻雨天气报告。由于服务到位，受到地方领导的好评。

专业与专项气象服务 2001年7月10日成立井冈山市人工影响天气领导小组。2003年7月14日购置一台火箭发射架，每年不定期开展人工增雨抗旱作业、水库蓄水降低森林火险等级、森林灭火等工作。2003年7月28日井冈山市核心保护区—河西垄大雁岩发生火警，由于山高路险、人工扑灭山火难度加大，7月29日18时人工增雨作业发挥了至关重要的作用。

2001年9月井冈山市编委以井编发〔2001〕80号文件同意成立井冈山市防雷减灾管理局，将防雷工程从设计、施工到竣工验收都纳入气象行政管理范围，并开展防雷服务。

气象科技服务与技术开发 1985年气象专业有偿服务开始起步,主要为各乡镇、各有关企事业单位,提供中、长期天气预报和气候资料,一般以旬报为主。

气象科普宣传 井冈山市气象局充分利用手机短信,户外电子显示屏,电视天气预报节目等形式宣传气象科普知识。2003年6月15日井冈山科协以井科协〔2003〕05号批准在我局设立井冈山市气象科普教育基地,每逢世界气象日邀请中小学生、社会各界团体参观气象科普教育基地,利用科技宣传周、安全生产月、国际减灾日等活动,开展气象科普咨询活动,为农民讲解气象科普知识、发放科普资料。

气象法规建设与社会管理

法规建设 2001年9月井冈山市编委以井编发〔2001〕80号文件同意成立井冈山市防雷减灾管理局。负责组织管理本行政区域内的防雷减灾工作,将防雷装置设计审核和竣工验收,纳入气象行政许可管理范围。

制度建设 为加强雷电灾害防御的依法管理工作,井冈山市人民政府(井府发〔2001〕03号)转发《吉安市防御和减轻雷电灾害管理办法》,建立相应的气象行政执法制度。

社会管理 每年定期开展1~2次防雷安全年检,对易燃易爆场所、学校、车站等人口密集场所进行专门的防雷安全督查,确保人、财、物安全。严格执行防雷检测新规范标准,认真履行《中华人民共和国气象法》等法律法规赋予的各项社会管理职能,切实承担起为富民强市发展大计保驾护航的责任。

1991年成立井冈山市防雷检测所,开始实施防雷检测等技术服务;2003年11月成立气象执法大队,加强执法检查、监督,对违反法律法规的行为及时组织人员依法进行查处。

政务公开 对气象行政审批办事程序、服务内容、服务承诺、执法依据、服务收费依据及标准等,通过户外公开栏、网络等形式公开,每年开展防雷安全宣传活动,发放防雷减灾宣传单、《防雷安全手册》等方式向社会公开。

党建与气象文化建设

党建工作 1987年以前,井冈山市气象局(茨坪)党员加入井冈山市农水局农机公司支部。1987年11月成立市气象局支部。

1985年以前,宁冈县气象局党员加入宁冈县农业局支部,1985年5月成立宁冈县气象局支部。2001年1月两县市局合并,宁冈县气象局支部自然取消。

2001年1月两县市局支部合并为井冈山市气象局支部,归属井冈山市机关党委直接领导。2008年12月支部共有正式党员11名(其中退休党员4名,预备党员2名)。

气象文化建设 市气象局紧紧围绕当地经济建设这一中心,坚持"公共气象、安全气象、资源气象"的发展理念,弘扬井冈山精神,内强素质,外树形象,在巩固原有成果的基础上,以决策服务让领导满意、公众服务让群众满意、专业服务让用户满意、旅游服务让游客满意"四个满意"为宗旨,以一流装备、一流技术、一流人才、一流台站为动力,大力推进气象业务现代化建设,不断提高综合气象观测能力、气象预测预报能力和气象服务能力,持之以恒开展创建活动,着力打造高素质队伍,齐心协力做好气象服务工作,积极营造和谐文明氛围,"三个文明"建设成效显著。市气象局 1997 年被中国气象局授予"文明行业示范单位"称号;1999 年被中央文明委授予"全国创建文明行业工作先进单位";2005 年 10 月、2008 年 12 月连续两次被评为"全国文明单位";1996—1997 年度、1998—1999 年度、2000—2001 年度、2002—2003 年度、2004—2005 年度、2006—2007 年度被评为"省级文明单位"。

荣誉 从建站至 2008 年,市气象局夺得省部级荣誉 12 项,地(厅)级荣誉 10 项。其中 1977 年被江西省委、省政府评为"先进单位";2003 年被江西省政府评为"人工增雨抗旱先进集体";2006 年被江西省人事厅和江西省气象局评为"先进集体"。

台站建设

茨坪:井冈山国家基本气象站办公楼(三层半)1980 年建成并投入使用,建筑面积 980.91 平方米。2001 年进行改造。江西省气象干部井冈山培训中心于 1990 年兴建,主楼二层,面积 1004.7 平方米,餐厅二层 362.89 平方米;1993 年兴建职工宿舍五层 10 套,面积 781.56 平方米;2008 年兴建职工值班用房二层 8 套,面积 512 平方米。

龙市:原宁冈县气象站办公楼(二层半)于 1979 年兴建,面积 546.05 平方米。1994 年在院内南面与 319 国道交界处建有 3.5 间店面,面积 104.95 平方米。

新城区:厦坪国家一般气象站,2005 年 8 月办公大楼竣工验收,三层半,建筑面积 1012 平方米。

井冈山市气象局(摄于 2005 年 12 月)　　井冈山厦坪气象站观测场(摄于 2006 年 9 月)

吉安县气象局

吉安县古称庐陵,秦(公元前 221 年)始建县,1914 年改称吉安县。全县土地面积 2117 平方千米,总人口 46 万。吉安县属于亚热带季风湿润气候,气候温和,雨量充沛,日照丰富,四季分明,冬夏季长而春秋季短,无霜期较长。年平均气温 18.4℃,极端最高气温为 40.9℃,极端最低气温-8.0℃;年平均降水量为 1518.8 毫米;年平均日照时数为 1640.6 小时。

吉安县气象局位于吉安县敦厚镇敦厚村对门岭上,即北纬 27°03′,东经 114°55′,观测场海拔高度 71.2 米。

机构历史沿革

始建情况 1960 年 1 月 1 日,吉安县农业水文气象试验站在吉安县横江公社凤凰墟建站,于 1961 年 12 月 4 日撤销。

1977 年 7 月,在吉安县敦厚镇敦厚村对门岭上建起气候辅助站兼省二级农试站。从 1978 年 1 月 1 日起,开始正式观测记录,观测场面积 16 米×20 米。

20 世纪 90 年代末,吉安地区气象台观测站因城市建设其探测环境受到影响,省气象局决定从 2000 年 1 月 1 日起将吉安地区气象台观测站所有观测项目移至吉安县气象站。从此吉安县气象站改为国家基本站,区站号也改用吉安地区气象台观测站的区站号(省二级农试站的工作任务仍保留)。观测场面积调整为 25 米×25 米,2006 年向北扩展 10 米,面积为 25 米×35 米。

历史沿革 1977 年 7 月建站时,称江西省吉安县气象站;1980 年 7 月改为江西省吉安县气象局,实行局站合一;1983 年 1 月更名为吉安县气象站;1990 年 7 月更名为吉安县气象局,机构规格属正科级事业单位。

管理体制 1977 年 7 月建站时,归吉安县革命委员会抓革命促生产指挥部管理;1980 年 7 月起,实行气象部门与地方政府双重领导,以气象部门领导为主的管理体制。

单位名称及主要负责人变更情况

单位名称	姓名	职务	任职时间
吉安县气象站	夏淦高	站长	1977.07—1979.07
	周英镜	站长	1979.07—1980.07
吉安县气象局		局长	1980.07—1982.03
	王求政	局长	1982.03—1983.01
吉安县气象站		站长	1983.01—1984.07
	朱毅才	站长	1984.07—1990.07
		局长	1990.07—1998.04
吉安县气象局	刘新生	局长	1998.04—1999.02
	季益龙	局长	1999.02—2005.03
	李 强	局长	2005.03—2008.06
	周 俊	副局长(主持工作)	2008.06—

人员状况 1977—2008 年,共有 48 人在吉安县气象局工作过。其中建站时有职工 5 人;1978 年有在职职工 5 人;到 2008 年 12 月,有在职职工 11 人,业务岗位自聘 2 人,其他岗位自聘 5 人,退休 4 人,共 22 人,均为汉族。在职职工中本科学历 2 人,大专学历 7 人,中专学历 2 人;工程师 7 人,助理工程师 4 人。

气象业务与服务

1. 气象业务

①地面气象观测

1978 年 1 月 1 日开始观测,有云状、云量、能见度、天气现象、风向、风速、气温、气压、空气湿度、雨量等观测项目。1979 年 6 月增加蒸发、日照、地温以及指示性云、地方性云、系统性云、飞行云迹观测等。观测记录按月编制地面气象观测月报表(气表-1),按年编制年报表(气表-21)。1981 年、1988 年、1989 年因业务调整不作为正规观测记录而没有统计月、年报表。1987 年底,改为简易观测,云、天气现象只作简易记录,不记起止时间,不正式报送气表-1。1990 年 1 月,又调整恢复原有观测项目,制作气表-1。2000 年 1 月 1 日起调整为国家基本站,承担全球气象资料交换和航空危险报业务。

②农业气象

1982 年 1 月开始进行农业气象观测。作物观测项目有早稻、晚稻、大豆。物候观测项目有家燕、青蛙、蝉、柳、苦楝树、泡桐、梧桐等。1985 年开展甘蔗生育期观测。1986 年增加柑橘、花生、大麦、油菜等作物观测。1987—1989 年进行速生丰产阔叶树一翅夹木的引种观测。1988—1989 年参加全省天气—作物—病虫监测联防网,并向省气象台编发 GD-91 报。1989 年开始正式承担柑橘生育期观测,向省气象台编发 GD-91 报。

1978 年开始,制作春播预报和小满寒、寒露风农业气象专题预报;1980 年开始开展吉安县年(季)气候评价、重要气候事件评价、农业气象灾情分析、农业气候专题分析等工作;1982 年开始制作早、晚稻关键生育期预报及产量预报;1987 年开始制作甘蔗产量预报;1988 年开始与县农业局植保站协作制作作物病虫防治预报;1989 年开始制作森林火险等级预报。

1981 年吉安县成立农业气候区划委员会,开展农业气候区划工作。从资料统计、气候调查入手,收集大量材料,于 1982 年整编出《吉安县农业气候资料汇编》、《吉安县农业气候资源分析》、《吉安县气候分区图》、《吉安县气候图集》、《吉安县主要农经作物气候条件分析集》。

③天气预报

1978 年开始利用武汉区域气象中心的天气形势资料绘制小天气图和收听省气象台天气形势广播,结合测站资料(沿月地台历史资料),绘制压、温、湿等综合要素图、点曲图等制作日常天气预报。运用相似、相关、韵律、外推、举手投票法等进行概率统计分析,制作中期、长期、灾害性、转折性、关键性天气预报。1980 年初,引进并推广使用模式预报方法。1985 年,无线电甚高频电话投入使用。1986 年开始运用地台指导预报作订正预报。1990 年,配备无线电传真机,在关键性、重要转折性天气阶段接收资料,供天气分析之用。2003 年 1 月吉安市气象局将新一代多普勒天气雷达建在吉安县气象局并投入业务使用。

短期天气预报 1978 年 1 月 1 日起制作吉安县未来 24～48 小时晴、雨、风、温度预报。1985 年开始,改为转发地区气象台的日常预报。

中期天气预报　1978 年开始制作吉安县 5～7 天和旬天气过程及晴、雨、温度、降水量级等要素预报，并制作全年、春播期、汛期、干旱期、秋季低温以及各月天气展望。1985 年开始只转发省、地区气象台中、长期预报。

专题预报　1984 年开始，开展农业防病灭虫、人工增雨、植树造林、森林防火服务的专题预报。

2. 气象服务

公众气象服务　建站初期，每天通过电话将天气预报传到广播站对外发布。1990 年初气象预报开始通过电视向社会各界发布，预报画面由固定模式发展到现在的模拟节目主持人主持，全县各乡镇均有背景画面。1997 年开通"121"天气预报自动答询电话。2004 年起"121"电话由吉安市气象局集约开展。2004 年同县革命老根据地建设委员会办公室合作利用电话接收机开展农村信息"村村通"试点工作。2005 年 1 月"121"电话升位"12121"。2006 年 4 月，开通移动手机气象灾害预警短信平台，以手机短信方式向全县各级领导和气象灾害信息员发送气象灾害预警信息。2008 年，由县政府主导县气象局承担"吉安县突发事件预警发布系统"试点工作，利用 DAB、无线扩频广播系统和电子显示屏在县城、永和镇及锦源村、五星村、南安村试发突发事件预警信息。2000 年先后建立吉安县农经网（后更名为吉安县新农村建设网）、庐凌气象内外网，同时在各乡镇设立信息站，为农业、农村、农民增收和社会各界开展服务。

决策气象服务　1980 年初，开始通过手工刻印旬月报开展为县领导的决策服务。决策气象服务主要有《气象旬月报》、《气象呈阅件》、《气象情况反映》、《灾害性天气预警信息》、电视天气预报、网络气象信息、气象广播信息、电子显示屏气象信息等。

2008 年 1 月 25 日至 2 月 4 日，全县出现连续冰雪灾害天气。吉安县气象站电线积冰最大直径达到 21 毫米，山区雨凇更为严重，给全县电力、交通、通信、农业、林业等造成严重灾害。吉安县气象局在此期间主动做好气象服务受到县领导的好评。

2008 年 7 月 28 至 31 日在抗御"凤凰"台风过程中，吉安县气象局通过刚建成的"吉安县突发事件预警发布系统"向村民及时发布台风预警信息，指导在田间地头从事农业生产的农民躲避台风带来的风雨灾害，效果明显，受到欢迎。

专业与专项气象服务　人工影响天气工作在 2005 年前均采用"三七"高炮同吉安市气象局一同作业。2001 年 7 月成立吉安县人工影响天气领导小组办公室，办公室设在吉安县气象局。2005 年 6 月县财政拨款购置 1 辆"宝典"牌汽车，配备 1 套两管 BL-1 型电动火箭发射器。至 2008 年，拥有"三七"高炮 1 门、两管和三管电动火箭发射器各 1 套，适时开展人工影响天气作业。

2006 年 4 月 9 日至 4 月 11 日，吉安县遭受历史罕见的连续性冰雹灾害。由于冰雹形成和发展快，雹粒动能充足，灾害面积大，给全县葡萄产业造成严重损失。2007 年 4 月 1 日在县工业园区，发射火箭 2 枚，抑制了雹云发展，据雷达和气象自动站资料反映，作业效果明显。接着先后在横江镇瓦门前、永阳镇桥南和县工业园区开展防雹作业，实施人工防雹作业 5 次，发射火箭弹 26 枚，保护葡萄面积近 3300 公顷。防雹工作取得明显的社会及经济效益。

1992 年 8 月成立防雷安全质量检测站,2002 年更名为防雷减灾管理局。防雷工程从设计、施工到竣工验收均纳入气象行政管理范围。2004 年成立执法小组,依法对全县气象工作进行管理。2005 年开始防雷装置分灸检测及竣工验收收费。2008 年 6 月正式进入县行政服务中心,进一步规范新建、改建、扩建建筑物防雷"三同时"制度,加强氢气球施放和探测环境保护工作。

气象科技服务与技术开发 1984 年开始,对江西省公路局昌赣公路工程指挥部首次开展专业有偿服务。1989 年开始在专业有偿服务单位安装天气预报警报接收机,每天 08、17 时向其发布未来 2 天天气预报和灾害性天气警报,并在吉安地区带头利用警报接收机捆绑停限电服务获得成功。气象专业有偿服务主要有为用户发送各种气象信息、为水库蓄水开展人工增雨、为用户开展防雷服务、为用户施放气球等。

党建与气象文化建设

党建工作 吉安县气象局 1988 年成立党支部,成立时共有 3 名党员,先后培养发展 6 名党员。到 2008 年底有党员 5 人。设有党支部活动室,张贴《中国共产党章程》及有关制度。先后组织开展"三个代表"和"党员先进性教育"主题教育活动。逐步建立健全局务会制度、全局职工大会制度、局领导班子民主生活会制度、局务公开制度、"三人决策"制度等。

气象文化建设 2005 年建起两室一场(文娱活动室、图书阅览室、健身场)。做到政治业务学习有制度,文体活动有场地,电化教育有设备。

2002 年开始推行局务公开。廉政监督员对局务大小事情全程参与并履行监督职责。全局职工人人遵纪守法,无一人受法纪处罚。

荣誉 1987—1997 年,吉安县气象局先后 5 次被评为"全省气象系统先进单位";从 2002 年开始连续 3 届被吉安市委、市政府授予"文明单位"称号;2007 年被江西省气象局评为"五大工程"建设达标单位;2003 年分别被授予"全国气象部门文明台站标兵"、"全国气象部门局务公开示范单位"和吉安市"巾帼文明岗"称号。

台站建设

吉安县气象局占地面积为 2.04 万平方米,建站初仅有 1 栋三层小楼,至 2008 年,拥有 300 平方米设施完备的现代化办公场所。

2005 年开始加大环境建设力度。至 2008 年,拥有园林景观面积 1.5 万平方米,绿化覆盖率为 90%。全局景观建设布局合理,既有景观乔木、灌木与草皮,又有宁静清幽的林苑小道,而且点缀了景观石、景观灯;建筑物周边分布草皮绿化带,循环便道设有路灯;院内设有专门健身区,安装单杠、迈步机、仰卧起坐平台;院中央为灯光篮球场。

吉安县气象局大院（摄于 2008 年 9 月）

吉水县气象局

吉水县是开国领袖毛泽东主席的祖籍地,文峰镇是"大明奇才"解缙的出生地,县史上溯到南唐保大 8 年(950 年),距今已有 1059 年。吉水县位于赣江中游,丘陵地形,面积为 2509 平方千米,总人口 49 万。吉水县属中亚热带季风润湿气候区,气候温和,雨量充沛,四季分明,日照充足,年平均气温 18.6℃,年平均降水量 1538.8 毫米,年平均日照时数 1644.2 小时,无霜期 292 天。

吉水县气象站位于北纬 27°13′,东经 115°08′,观测场海拔高度 62.3 米。

机构历史沿革

始建情况　江西省吉水气候站始建于 1958 年 12 月 28 日,站址设在八都镇王鱼形。1959 年 1 月 1 日 1 时正式开始观测。

站址迁移情况　1959 年 11 月 29 日搬至吉水县城郊东门龙华寺(现址)。

历史沿革　始建时为吉水气候站,站名在 1960 年 4 月、1964 年 6 月、1971 年 7 月 3 次改动。1982 年 2 月成立吉水县气象局;1984 年 5 月,取消"局"名称,保留站名;1990 年 7 月恢复吉水县气象局名称,机构规格属正科级事业单位。

管理体制　管理体制经几次改变,建站至 1959 年 6 月、1962 年 7 月至 1968 年 10 月、1980 年 10 月起实行气象部门与地方政府双重领导,以气象部门领导为主的管理体制;1959 年 6 月至 1962 年 6 月、1968 年 10 月至 1971 年 2 月、1973 年 8 月至 1980 年 9 月,以当地政府管理为主;1971 年 2 月至 1973 年 7 月由军事机构管理为主。1980 年 9 月,实行气象部门与地方政府双重领导,以气象部门领导为主的管理体制。

单位名称及主要负责人变更情况

单位名称	姓名	职务	任职时间
江西省吉水气候站	林思沐	负责人	1958.12—1959.06
	刘财利	站长	1959.06—1959.12
吉水县水文气象服务站	林思沐	负责人	1959.12—1960.04
			1960.04—1960.06
	傅守珍	站长	1960.06—1964.06
吉水县气象服务站			1964.06—1967.02
	吴炳性	负责人	1967.02—1970.04
	周国栋	负责人	1970.04—1971.07
吉水县气象站			1971.07—1975.10
	刘邦达	站长	1975.10—1977.12
	廖 锋	负责人	1977.12—1978.03
	李钟珍	站长	1978.03—1979.11
	李一达	站长	1979.11—1981.10
	廖 锋	负责人	1981.10—1982.02
吉水县气象局	李家墩	局长	1982.02—1984.05
吉水县气象站		站长	1984.05—1984.08
	李 斌	副站长(主持工作)	1984.08—1987.02
		站长	1987.02—1988.12
吉水县气象局	周水明	站长	1988.12—1990.07
		局长	1990.07—1994.07
吉水县气象局	夏侯俊联	负责人	1994.07—1994.12
	石天辉	局长	1994.12—2002.02
	曾细德	局长	2002.02—2008.08
	王圣发	局长	2008.08—

人员状况 1958—2008 年,在吉水县气象局工作的职工累计 48 人。截至 2008 年底有职工 13 人,其中大专以上学历 10 人;工程师 5 人,助理工程师 8 人;35 岁以下 2 人,45 岁以下 7 人,50 岁以上 4 人。

气象业务与服务

1. 气象业务

①地面气象观测

吉水县气象站为国家一般气象站(1994 年 1 月至 1997 年 12 月为辅助站),自建站至 1976 年,实行观测与预报综合值班,1977 年预报与测报分两组,1982 年 4 月更名为测报股、预报股,2005 年 1 月更名为吉水县气象局气象台,均为 3 人。

观测项目 建站至 1959 年 12 月,采用地方平均太阳时制,每天 01、07、13、19 时进行 4 次气候观测,1960 年 1 月 1 日起,取消 01 时观测,用 07 时记录代替。1960 年 7 月 1 日起,气候观测改为北京时 08、14、20 时 3 次观测(不守夜班),观测项目有云、能见度、天气现象、气压、气温、湿度、风向、风速、降水、日照、蒸发、地面和地中温度、雪深以及压、温、湿、风、降水的自记仪器记录。

发报种类 1960年1月1日起，向省、地区气象台编发14时区域天气报告(GD-81)和区域危险天气报告(GD-82)，1981年12月31日停发。1982年1月1日起，由预报值班员编发气象服务电报(GD-91)，同时向地区气象台编发区域灾害性天气联防电报(限每年3—9月)。至2008年，每天拍发08、14、20时(GD-05)报，不定时重要天气报(GD-11)，冬半年预约航空天气报。建站初期电报通过电话传给邮电局报房发出，1987年起改为用甚高频电话口传，1999年起实行计算机网络上传。

气象报表 编制的报表有气表-1、气表-21，向省、地区气象局各报送1份，留底1份；1998年4月起通过计算机网络输入原始资料上传，停报纸制报表。

自动气象站 CAMS-B型自动气象站于2003年12月20日安装，当月31日20时运行，有压、温、湿、风、降水、地温等项目；2004年1月1日自动气象站投入业务工作，与人工观测并行；2005年1月1日起，自动气象站记录代替人工观测同类项目。2006年1月开始，分批在全县所有乡镇安装一至四要素自动气象站。

②农业气象

吉水县气象局属农业气象一般站，1959年开展过简易农业气象观测，后来停止，1980年恢复，1982年设立农业气象股、配专人，观测项目有水稻、果树、小动物等种类。1983—1987年先后承担黄栀子、水稻产量预报等，其中柑橘的落花落果科研项目获奖。1990年停止农业气象观测，其他任务不变。1995年配农业气象兼职人员，在6个镇的村组开展大棚辣椒、草莓、花生、大蒜、生姜、西瓜的立项科研工作，撰写的农业气象技术总结有4篇登载在省、地(市)气象局内刊上，有1篇获省气象局三等奖。

③天气预报

1959年1月1日，吉水县气象站向外发布第一次(份)单站补充天气预报，50多年来一直制作和发布补充天气预报。

短期天气预报 制作未来1～3天的天空状况、雨量、风、气温预报。从1989年10月起每年10月至次年2月，单站不作短期预报，改为转发或补充省、地区气象台天气预报。1990年后，增加短时天气预报。

中期天气预报 制作未来3～10天的天气趋势预报，内容为天气过程、雨量、气温、农事建议。

短期气候预测(长期天气预报) 制作未来10天以上降水过程，气温变化及灾害性天气趋势预报。

专题天气预报 主要有春播、汛期、高温、干旱、寒露风、低温霜冻、人工增雨、飞播、森林防火、病虫害防治、杂交水稻制种等方面的天气预报，如遇重要灾害天气出现，立即制作并报送《重要气象信息呈阅件》给县党政领导。

县气象站天气预报方法 1958年县气象站预报基本上采取"收听预报加看天"来完成，1960年贯彻"八字措施"、"四川形势配套"、"四个基本"等方法，之后相继使用传真图、MOS预报、数值预报、卫星资料、雷达回波等，县气象站天气预报准确率不断提高。

2. 气象服务

公众气象服务　建站初期,天气预报主要通过广播发布。1989 年 2 月至 1993 年 4 月全县安装 25 部天气预报警报接收机,每天 08 时、17 时向各单位发布未来 2 天天气预报和灾害性天气警报。1993 年后电视天气预报制作系统经历两次升级,至 2008 年,用县气象局多媒体电视天气预报系统制作预报,将录像带送电视台播出。1997 年 10 月 1 日开通"121"天气预报自动答询电话,2004 年"121"电话由市气象局集约经营并维护,2005 年 1 月"121"电话升位为"12121"。2007 年 3 月采用移动通信网络开通气象商务短信平台,以手机短信方式向全县各级领导和群众发送气象信息。2004 年吉水县气象局建起吉水县农经网,并在各乡镇开通信息站,为农业生产、农民增收服务。

决策气象服务　1978 年派员赴广西博白县开展杂交水稻制种现场服务,提供的测报、预报服务产品,取得很好效果,吉水县制种产量高出兄弟县 10% 以上,受到地区行署和县领导好评。

1983—1985 年进行"黄栀子生产与气候条件初探"试验,使黄苑子亩产量由 30 千克提高到 100 千克。1989 年本县杂交水稻就地制种,农业气象服务主动配合,将花期由 8 月下旬调前到中旬,结果增收 4.2×10^5 千克杂交水稻种子,扭转了吉水县过去从外地调购杂交水稻种子的局面。1992 年 3 月下半月,受厄尔尼诺现象影响,吉水县连降大到暴雨,赣江暴发桃花大水,吉水县城防洪大堤面临严重威胁,如降水持续,将被迫开闸放水进县城,造成城市设施和居民生活重大损失,县长亲自询问气象预报,在这关键时刻,吉水县气象局领导和预报员认真分析资料,与省、市气象台会商,作出降雨将减弱的预报结论,县长果断决定不开闸,避免了一次灾害。京九铁路的吉水赣江大桥在勘测设计、施工过程中,吉水县气象局提供气象历史资料、短中期天气预报和短时灾害性天气预报服务,使其避免了损失。

专业与专项气象服务　吉水县人工影响天气领导小组办公室于 2001 年 7 月成立,设在吉水县气象局,2004 年 5 月县财政拨款购 1 辆宝典牌汽车,发射工具相继由 30 年前的"土火箭"、"三七"高炮发展到 BL-1 型电动火箭发射器及专用火箭弹。1985 年 8 月 31 日,设在本县枫江乡的"三七"高炮点抓住当地处在气流辐合带,积雨云迅速发展的有利天时,先后发射增雨炮弹 194 发,不久出现暴雨,使 5 个乡约 350 平方千米的面积解除干旱。2003 年 8 月 3 日下午,省委书记孟建柱

2003 年 8 月 4 日,省委书记孟建柱(左五)亲临吉水县醪桥乡人工增雨作业点视察慰问一线作业人员,亲自发射了一枚火箭弹(摄于 2003 年 8 月)

亲临吉水醪桥人工增雨点视察,鼓励作业人员为抗旱作贡献。

1992 年 8 月,吉水县气象局成立防雷安全质检站,2002 年更名为防雷减灾管理局,将防雷工程设计、施工、竣工验收纳入气象行政管理范围,2004 年成立执法小组,对县内加油站、液化气站、易燃易爆仓库等高危行业的防雷设施进行检查,不符合防雷技术要求的单位,责令其整改。

吉水县气象局自 1995 年起,对施放气球的单位和个人进行管理、登记、审查、监督、指导,并开展施放彩色气球服务。

气象科技服务与技术开发　1985 年吉水县气象局开展气象专业预报有偿服务,主要为各乡镇、各有关企事业单位、大中型基建工程提供中长期天气预报和气候资料服务,一般以旬报为主。

每年世界气象日,吉水县气象局干部职工上街隆重举办宣传活动,向群众散发气象科普材料,答复气象咨询问题,受到当地群众欢迎。

党建与气象文化建设

党建工作　建站至 1980 年,仅站长是中共党员,编入外单位党支部过组织生活。1983 年发展 1 名党员,1984 年 5 月成立县气象局党支部。1983—2008 年,先后吸收 4 人入党,截至 2008 年底有党员 7 人,其中在职 4 人。有 7 人次被吉水县直机关党委授予"优秀共产党员"称号。党支部不定期组织党员学习上级重要文件,参加吉水县委组织的党员义务劳动、街道巡逻,组织党员赴外地参观革命旧址,进行传统教育,局内有党支部活动室,张贴党章及有关制度。

吉水县气象局的党风廉政建设不断加强,党支部认真贯彻落实科学发展观,经常对党员进行先进性教育、廉政教育,加强廉政文化建设,局内有公示栏、意见箱,设立纪检监督员,局务公开事项都在公示栏张贴出来,接受群众监督。

气象文化建设　坚持以人为本,弘扬自力更生、艰苦奋斗精神,深入持久地开展文明创建活动,政治业务学习有制度,文体活动有场地,电化教育有设备,宣传标牌有特色,建起两室一场(文娱活动室、报刊图书室、篮球场),拥有图书千余册,职工生活丰富多彩。通过经常性的政治时事,法律法规学习,锻炼出高素质的职工队伍。

吉水县气象局初建时,设备原始,人手少,任务重,但干部职工埋头苦干,爱岗敬业。为改善职工生活,站长带领干部职工开荒栽树,养猪种菜。1978 年后,随着国家新政策出台,干部职工转变观念,走出站门,开展多种形式的气象服务和综合经营,精神面貌、物质生活大为改观。

荣誉　1977—2008 年,吉水县气象局共获集体荣誉 45 项(次),1998 年,省委、省政府授予吉水县气象局第七届省级"文明单位"称号,之后连续五届获此殊荣,至 2008 年一直保持省级"文明单位"称号。

台站建设

吉水县气象局始建时,在八都镇租用民房办公和住宿,1959 年底搬进县城,站房是大炼钢铁指挥部遗留下来的土坯矮屋,破烂不堪,后来陆续建立简陋的厨房、柴间、猪舍。1973 年、1977 年先后兴建 2 栋平房用于办公、住宿,1982 年、1987 年先后兴建 1 栋二层半办公楼房和 1 栋二层 8 套小面积宿舍。1990—1993 年,通过争取上级拨款和职工自筹资金,投工劳动,先后建成一批临街店铺,供个体户租赁。1995 年前后,对局内环境卫生、房屋布设和业务系统进行过较大范围的改造。1997 年、1998 年先后建成 2 栋五层 16 套职工集资宿舍,每套百平方米以上。2005 年拆除原办公楼房,重建 1 栋二层、具有气象行业特征的新式办公楼房。吉水县气象局院内占地 1.17 万平方米,所有公房面积 3347 平方米。

　　吉水县气象局配合吉水县创建卫生城活动,加强环境建设,绘制规划蓝图,建起篮球场,添置 4 件健身器械,铺上草坪 1561.6 平方米,栽下桂花、樟树、腊梅等风景树 28 种 1050棵,小叶女真 1.67 万株,局内绿化率达 66.5%,建立隔离墙,把职工的菜地与住宿生活区分开,拥有一个良好的工作生活环境。

吉水县气象站(摄于 1977 年)　　　　　　　吉水县气象局(摄于 2008 年 9 月)

永丰县气象局

　　永丰县位于江西省中部,全县土地面积 2695 平方千米,总人口 42 万。永丰历史悠久,人文璀璨。永丰于北宋至和元年(1054 年)建县,九百多年来,涌现出唐宋"八大家"之一欧阳修等一批历史名人,自宋至清进士 287 人,其中状元 4 人。

　　永丰县属中亚热带季风湿润气候区,气候温和,雨量充沛,光照充足,春暖,夏热,秋旱,冬寒。年平均气温 18.1℃,极端最高气温为 41.7℃,极端最低气温−10℃;年平均降水量为 1646.7 毫米;年平均日照时数为 1665 小时。

　　县气象局座落在恩江镇螺丝岭,位于北纬 27°20′,东经 115°26′,观测场面积 25 米×30米,观测场海拔高度 85.7 米。

机构历史沿革

　　始建情况　台站始建于 1958 年 12 月,座落于恩江镇水角上。

　　站址迁移情况　从 1979 年 12 月 31 日起,从恩江镇水角上迁至恩江镇螺丝岭。

　　历史沿革　1958 年 12 月 1 日建站时,站名为永丰县水文气象站;1960 年 4 月 25 日更名为永丰县水文气象服务站;1964 年 7 月,更名为江西省永丰县气象服务站;1980 年 9 月,更名为永丰县气象局;1982 年 1 月,更名为永丰县气象站;1990 年 1 月,恢复永丰县气象局名称,机构规格属正科级事业单位。

　　2007 年 1 月 1 日升级为国家一级气象观测站,2008 年更名为国家基本气象站。

管理体制 1958 年建站至 1959 年 6 月、1962 年 7 月至 1968 年 10 月、1980 年 10 月起,实行以气象部门为主的双重管理体制;1959 年 7 月至 1962 年 6 月、1968 年 11 月至 1971 年 2 月、1973 年 8 月至 1980 年 9 月,以地方政府管理为主;1971 年 3 月至 1973 年 7 月以军事机构管理为主。

单位名称及主要负责人变更情况

单位名称	姓名	职务	任职时间
永丰县水文气象站	周小海	站长	1958.12—1960.04
永丰县水文气象服务站			1960.04—1962.11
	陈自力	站长	1962.11—1964.07
江西省永丰县气象服务站			1964.07—1972.03
	曾继生	站长	1972.03—1977.10
	戴思敬	站长	1977.10—1980.09
永丰县气象局	陈自力	副局长(主持工作)	1980.09—1982.01
永丰县气象站		负责人	1982.01—1990.01
永丰县气象局		局长	1990.01—1995.11
	刘祥亚	局长	1995.11—1999.02
	邱良峰	局长	1999.02—

人员状况 1958 年建站时有职工 2 人。1978 年有在职职工 8 人。截至 2008 年底有在职职工 8 人,聘用 4 人,其中工程师 6 人,助理工程师 4 人,技术员 2 人;本科学历 4 人,大专学历 3 人,中专及以下学历 5 人。

气象业务与服务

1. 气象业务

①地面气象观测

永丰气象站原属国家一般气象站,自建站时的观测项目有气温、湿度、地温、降水量、云量、云状、能见度、天气现象、日照、风向、风速、雪深、蒸发量。

1959 年 12 月至 1976 年 1 月,先后增加地面最低温度、浅层地温(0~20 厘米)、地面最高温度、气压、风向和风速自记、气压自记、气温和湿度自记、雨量自记等观测项目;20 世纪 80 年代中期 PC-1500 袖珍计算机应用于地面观测业务;1998 年 4 月开始电脑制作报表,并由网络上传数据;2001 年 4 月 1 日编发 08、14、20 时 3 次加密气象观测报(GD-05 报);2007 年 1 月 1 日升级为国家一般观测站后,主要开展气温、气压、空气湿度、风向、风速、云、能见度、天气现象、降水、蒸发、日照、雪深、浅层和深层地温等观测任务,人工定时观测时次调整为 02、05、08、11、14、17、20、23 时 8 次,同时承担编发天气报和气象旬(月)报和自动气象站站网的信息上传等工作;2007 年 9 月 1 日增加太阳能资源观测业务。

2004 年 1 月 1 日正式启动自动气象站和实施新的《地面气象观测规范》(2003 版),实行人工站和自动气象站平行观测;2005 年 1 月 1 日由自动气象站记录替代人工观测同类项目记录;到 2008 年底共建有 18 个乡镇的区域自动气象站。

②农业气象

20 世纪 60 年代,对农作物的发育期、生长状况、土壤湿度进行观测并编发农业气象小报;1975—1976 年在永丰最南部的中村乡开展油菜观测;1982—1985 年开展经济作物的生育期观测和物候观测,对红麻、大豆进行简易观测,对燕子、油桐、苳树、乌臼、芙蓉等进行物候观测。同时根据本地的耕作制度和种作方式及地形气候对县内主要农作物的种、管、收各农事季节提供农业气象预报。

③天气预报

预报种类有短时临近预报、短期天气预报、中长期天气预报、灾害性天气预报、专题预报(如春播、汛期、高温、干旱、秋冬季的寒露风和低温霜冻以及森林防火等),出现重要灾害性天气时制作《气象呈阅件》供地方党政领导参阅。

在 1987 年以前利用汉口广播点绘 08 时天气图制作预报;1988 年开通甚高频电话,每日接收九江气象台的指导预报,并通过县气象站资料进行订正预报;1989 年使用传真接收机接收所需的预报资料和图表;1996 年复用 486LEO 计算机,安装网络终端,通过网络调阅中央气象台、江西省气象台、吉安地区气象台的天气预报资料和天气情况分析图表,制作当地补充预报;1999 年 8 月安装 PC-VSAT 卫星小站,资料分发速度加快;2004 年开始,利用多普勒雷达气象资料,制作短时临近预报。

2. 气象服务

公众气象服务 1996 年以前是通过有线广播、无线电视等形式发布日常天气预报,并通过纸质形式定期向当地党政部门和服务单位发送天气旬报、天气实况等;1997 年开通有线电视天气预报;2004 年建立气象短信平台发布短时临近天气预报预警信号,并适时对外发布灾害性天气警报、天气周报等信息,还通过广播、电视滚动、"12121"气象信息自动答询电话等形式开展公众气象服务;2006 年 1 月开始使用新一代电视天气预报制作系统,并新增灾害性天气预报、森林火险等级预报等内容。

决策气象服务 县气象局始终把做好为领导的决策服务放在首位,制作《气象呈阅件》或《气象情报》,通过人工传递、传真、网络传输等途径及时递送到县委、县政府和各涉农部门。内容有气候趋势预测、春播气象预报、汛期气象预报、伏秋气象预报、农业年景气象预测、农事季节关键期气象预报、节假日天气预报等。

2000 年 5 月 25 日,永丰县境内出现 1 小时降水 67.9 毫米、日降水量 148.4 毫米的大暴雨,县气象局及时准确提供天气预报和雨情情报,县领导迅速组织抗洪抢险,防止水库、山塘、恩江河堤的倒坝、决堤,减少经济损失数百万元。2007 年 8 月 19—20 日,受第九号台风"圣帕"影响,永丰县出现特大暴雨,潭头乡降水量 367.9 毫米,县气象局领导和业务人员及时将雨情通报县政府和潭头乡政府,当地政府迅速组织安全撤离低洼地村民 400 余人,把灾害损失降低到最少。

专业与专项气象服务 1981 年 11 月,县气象局完成《永丰县农业气候资源》、《永丰县农业气候资料》、《永丰县农业气候区划图》的编写工作,并对主要农作物水稻、黄麻、油茶、油菜、柑橘等作了专题气候分析;1983 年开展专项气象服务,与县内重点企业、蔬菜种植、专业大户签订服务合同,取得服务效益。特别是利用气象广播警报系统和气象信息优势,与电力部门开展停、限电服务工作,最大程度地减少全县工业企业因停电造成的经济损失;2001年7月开通运行永丰县农经网;2006年9月1日改版为永丰新农村建设网,承担原来农经网本地信息递交任务。

1996年成立永丰县人工影响天气领导小组,领导小组办公室设在气象局。人工增雨作业装备由原来的土火箭、高炮发展到车载移动式电动火箭发射设备。2000年7月至2008年8月,全县实施人工增雨作业60次,共发射炮弹590枚,其中"三七"高射炮弹520枚,火箭弹70枚。

气象科技服务与技术开发 从20世纪80年代起,气象科技服务与专业有偿服务成为永丰县气象工作的重要组成部分。先后开展电视天气预报广告服务、彩球广告服务、气球庆典服务、防雷检测与工程服务、新建、改建建筑物防雷设计审核、竣工验收、手机气象短信服务,服务领域不断拓宽。

气象科普宣传 通过网络、电视、报纸、光盘、招贴画、宣传单、展板等途径向公众传递气象知识。每年的世界气象日、科技宣传周、国际减灾日都召开咨询会和宣传活动,向群众散发气象科普资料,送气象科技下乡镇、进学校、进社区、进公交,举办培训班等,使广大群众更加关注气候变化,了解如何应对气象灾害性天气。

党建与气象文化建设

党建工作 建站初期,没有独立的党支部,党员关系挂靠在县农业局;1990年8月成立永丰县气象局党支部时,有党员3人;2008年底,有党员6名。领导班子认真贯彻落实党风廉政建设责任制,积极开展廉政教育和廉政文化活动,加强对干部职工的教育,单位职工团结互助,凝聚力强。

气象文化建设 县气象局成立精神文明建设领导小组,下设办公室负责日常工作。建立《思想政治工作制度》、《学习制度》、《首问责任制》、《气象服务承诺制》等制度,在文明执法、规范工作程序、提高职工素质、树行业窗口形象等方面取得较好的成绩,受到上级的表彰。1996年获"县级文明单位"称号;2000—2001年度、2002—2003年度、2004—2005年度、2006—2007年度连续4届被吉安市委、市政府授予"文明单位"称号。

鼓励全局每位干部职工积极参加县委、县政府及有关部门组织的各项文体活动,积极参加上级主管部门组织的各项活动,充分展示气象人的风采。

2006年1月,设立图书室、娱乐室,添置乒乓球、羽毛球、篮球等运动器材及棋牌桌,购置音响、投影仪、DVD等娱乐设备。2007年4月29日,举行县气象局首届运动会。

荣誉 2000—2008年,永丰县气象局共获集体荣誉21项(次),其中2003年被评为全省人工影响天气先进集体。

台站建设

1979年台站业务、办公用房为1栋三层砖混(木质楼板)结构楼房,宿舍用房为砖木结构的平房,条件非常简陋。2000年在县城永叔路购置1套面积130.58平方米商品房作为永丰县气象局和科技服务公司办公用房,使得办公与业务分隔两地,工作不便。2004年8

月在上级业务部门和当地政府的支持下,新建成1栋三层业务、办公综合楼和1栋二层宿舍楼,台站面貌焕然一新。2006年1月26日,业务服务和行政办公一并搬入新建综合楼,结束两地办公的艰难局面。2008年底有土地面积1.63万平方米,新建房屋建筑总面积1177平方米,其中办公楼902平方米,单身职工宿舍275平方米。综合楼外观时尚、别致,蓝白相间;业务室内充满现代化办公气息,有大型会商桌、电动投影幕、空调、沙发,工作流程上墙张贴,整体舒适整洁;院内绿草如茵,桂花飘香,路灯延伸到观测场。

永丰县气象局业务办公楼(摄于2004年6月)　　永丰县气象局综合业务楼(摄于2007年3月)

新干县气象局

新干原名新淦,古称上淦。秦始皇二十六年(公元前221年)建县,是江西十八古县之一。位于江西省中部,全县土地面积1248.29平方千米,总人口约32万,所辖乡镇13个。属于亚热带季风湿润气候区,具有气候温和,雨水充沛,光照充足,四季分明,热量丰富,霜期较短等特点。年平均气温17.5℃,极端最高气温为40.5℃(1971年),极端最低气温－9.1℃(1973年);年平均降水量1604.5毫米;年平均日照时数1609.3小时。

新干县气象局位于县城南郊金川镇塘头村,即北纬27°46′,东经115°24′,观测场海拔高度为46.5米。

机构历史沿革

始建情况　1958年10月在新干县城郊山古塘,开始筹建新干县水文气象站,1959年1月1日正式开始气象观测记录。

站址迁移情况　1960年4月1日迁至新干县城南郊金川镇塘头村,属国家一般气象站。

建站初,观测场面积为25米×25米;1960年4月迁入现址时保留25米×25米的观测场;2002年,观测场垫土加高1.2米,面积为16米×20米。

历史沿革 建站时称新干县气象站;1960 年 4 月、1964 年 7 月、1971 年 1 月先后 3 次变更建制;1982 年 1 月成立新干县气象局;1983 年 11 月取消"局"名称,保留站名;1990 年 7 月恢复新干县气象局名称,机构规格属正科级事业单位。

管理体制 1958 年 10 月建站时,业务属江西省水利电力厅水文气象局管理,行政归县政府管理;1959 年 3 月归属县人民委员会建制,业务属吉安专区水文气象总站管理;1962 年 5 月属省水电厅水文气象局建制,业务及经费属吉安专区水文气象总站;1970 年 1 月水文站分出,另成立水文机构;1971 年 1 月至 1973 年 7 月建制改属县人民武装部,业务管理为井冈山地区(即吉安地区)气象台;1980 年 9 月,归属省气象局管理,业务管理属吉安地区气象局;从 1982 年 4 月起,改为气象部门与地方政府双重领导,以气象部门领导为主的管理体制。

单位名称及主要负责人变更情况

单位名称	姓名	职务	任职时间
新干县气象站	周体模	负责人	1958.10—1960.01
	简文辉	站长	1960.01—1960.04
新干县水文气象服务站			1960.04—1964.07
新干县气象服务站			1964.07—1965.02
	黄转俚	站长	1965.02—1971.01
新干县气象站			1971.01—1981.09
	傅学林	负责人	1981.09—1982.01
新干县气象局			1982.01—1982.03
		副局长(主持工作)	1982.03—1983.11
		副站长(主持工作)	1983.11—1985.12
新干县气象站	陈国荣	站长	1985.12—1988.12
	郑桂儿	站长	1988.12—1990.07
		局长	1990.07—1993.08
	傅学林	局长	1993.08—1994.12
新干县气象局	曾细德	局长	1994.12—2002.02
	黄小红	局长	2002.02—2005.03
	胡怀坚	局长	2005.03—

人员状况 新干县气象站建站时 2 人,1978 年 8 人。截至 2008 年 12 月在职人员 8 人,其中 35 岁以下 1 人,36～49 岁 5 人,50 岁以上 2 人;工程师 5 人,助理工程师 3 人;本科学历 1 人,大专学历 4 人,中专学历 3 人;均为汉族。

气象业务与服务

1. 气象业务

①地面气象观测

观测时间 自 1959 年 1 月开始,每天进行 4 次(地方时 01、07、13、19 时)定时气象观测。1960 年 6 月 1 日起,改为 07、13、19 时 3 次定时观测。1960 年 7 月 1 日启用北京时,3

次观测的时间是 08、14、20 时,日照采用真太阳时。

观测项目 建站时观测项目有云状、云量、能见度、天气现象、风向、风速、气温、湿度、雨量、蒸发、地温(0 厘米、最高、最低、5～20 厘米)。1959 年 11 月增加日照时数观测;1960 年增加积雪深度观测;1964 年增加气压观测;1976 年增加雨量自记观测。

自动气象站 2004 年 1 月 CAWS600 型自动气象站正式启用,开始为期 2 年的人工与自动平行观测(以人工为主)。2005 年以自动气象观测为主。2006 年 1 月 1 日 CAWS600-B 型自动气象站单轨运行。自动观测项目有压、温、湿、风、降水、地温等,云、能见度、天气现象、蒸发仍用人工观测,自动站定时雨量用人工观测代替。2005—2006 年,陆续在全县 12 个乡镇建立 15 个区域自动气象站。

气象电报 自 1962 年 1 月起,每天按时向南昌民航机场及清江军用机场编发航空危险天气报(GD-21、GD-22),固定报从 06—20 时,预约报从 00—24 时,每小时编发 1 次。1993 年 8 月停发航空危险天气报。建站初期发送报文用固定电话口传;1987 年起用甚高频电话口传;1999 年起,用计算机网络传送。

报表制作 从开始观测到 1995 年,利用每月观测的原始数据,手工编制月报表(气表-1)和年报表(气表-21),向省、地区气象局各报送 1 份,县气象局留底 1 份。1995 年计算机投入县级气象业务,开始用安徽地面气象测报软件制作报表,用网络向吉安市气象局业务科上传,停送纸质报表。在 2004—2005 年平行观测期间,上报人工、自动月报表(气表-1)和年报表(气表-21)。2006 年 1 月自动气象站单轨运行后,停止上报人工月报表(气表-1)和年报表(气表-21)。

②农业气象

新干县气象站属农业气象一般站,1959 年开展简易农业气象观测。1982 年设立农业气象股并配专人,观测项目有水稻、果树、小动物等。1983—1987 年先后承担黄栀子、水稻产量预报,柑橘落花落果科研项目。1990 年后停止农业气象观测,其他任务不变。2004 年《预防柑橘落花落果》获江西省气象局气象服务二等奖。

③天气预报

1958 年建站后县气象站短期预报基本上是靠"收听预报加看天"来完成的;1960 年后,贯彻"八字措施"即听(收听)、看(天物象)、资(历史资料)、谚(天气谚语)、地(地形地势)、商(会商天气)、用(预报服务)、管(哨、组管理),运用四川降水过程模式配套的预报方法与"四个基本"(即基本工具、基本方法、基本图表、基本档案),开展预报业务;进入 20 世纪 80 年代以来,传真机收图、数值预报、卫星资料、雷达探测回波、MOS 方法等投入业务,使县气象站天气预报准确率不断提高。

短期天气预报有未来 1～3 天的天空状况、雨量、风、气温。从 1989 年 10 月起每年 10 月至次年 2 月,单站不作短期预报,改为转发或补充省、地区气象台天气预报。1990 年后,增加短时天气预报。中期天气预报有未来 3～10 天的天气趋势预报,内容为天气过程、雨量、气温、农事建议。长期天气预报有未来 10 天以上降水过程,气温变化及灾害天气趋势预报。专题天气预报主要有春播、汛期、高温、干旱、寒露风、低温霜冻。同时还承担人工增雨、森林防火、病虫害防治等方面的天气预报。如有重要灾害天气出现,及时上报《重要气象信息呈阅件》给地方党政领导使用。

1984 年无线电气象传真机开始投入使用,分别接收北京、东京 850 百帕、700 百帕、500 百帕预报图及地面实况分析资料及 12 小时、24 小时、36 小时、48 小时雨量报告等信息。1996 年引进计算机后,传真机停止使用。1999 年,建立县级 PC-VSAT 单收站,用于接收气象卫星资料,通过 MICAPS 气象信息综合分析处理系统制作天气预报。2004 年开始,利用多普勒雷达气象资料,制作短时临近预报。

④气象科研

1983 年 11 月 15 日业务人员在 EL 型电接风向风速计上研制的大风警报及时段记录装置,通过省级鉴定,1985 年 12 月获省科委科技成果三等奖。

2. 气象服务

1985 年开始气象专业有偿服务。主要为各乡镇、各有关企事业单位、大中型基建工程,提供中长期天气预报和气候资料,一般以旬报为主。

2001 年 7 月县人工影响天气领导小组办公室成立,设在县气象局。人工影响天气作业装备由初期的土火箭、"三七"高炮发展到使用 BL-1 型电动火箭发射器和专用火箭弹。

1992 年 8 月,成立防雷安全质检站;2002 年更名为防雷减灾管理局,开展防雷装置检测等服务。

气象服务在当地经济发展和防灾减灾中发挥着重要作用。例如:1998 年汛期,县气象局积极主动地为地方各级领导和党政部门决策、指挥生产、抗灾防洪等提供优质气象服务,受到县政府表彰。2003 年新干县遭受百年不遇的特大干旱,县气象局多次进行人工增雨,发射火箭弹数十枚,抗旱减灾成效显著,受到县委、县政府和社会各界的广泛好评。

科学管理与气象文化建设

1. 法规建设与管理

1999 年 5 月 20 日开始对全县的防雷安全、气象防灾减灾、人工影响天气、施放气球等全面履行社会管理职能,对全县的防雷装置进行全面普查并建档。同时加强气象依法行政的宣传工作。2005 年防雷设计审核与竣工验收进入县行政服务中心统一办理,审批程序规范,相关制度完善,在行政区域内,新建、改建、扩建建筑物的防雷装置设计审核和竣工验收率达 80% 以上。对全县易燃易爆场所防雷装置每年检测两次,检测覆盖率达 100%,其他各类防雷装置每年检测一次,检测覆盖率达 80% 以上。检测人员通过培训,持证上岗,检测设备每年定期送检。县气象局建立社会投诉处理制度、政务公开制度和群众来信来访接待制度,主动接受社会和广大群众的监督。建立合法、合理、公开、公正的依法行政程序,制定并推行评议考核制、过错责任追究制和罚没款罚缴分离制度。无违反资质(资格)管理的行为发生,无乱收费行为发生,无社会投诉现象。

2. 党建工作

党的组织建设 1970 年 10 月之前,新干县气象站没有成立党支部,党员先后在县水电局、邮电局等单位党支部过组织生活。1970年10月新干县气象站成立党支部。1980年因党员人数不足撤销新干县气象站党支部。1986年7月新干县气象站重新成立党支部，有党员3名，并吸收县气象站家属党员加入新干县气象站党支部。1990年改名为新干县气象局党支部，截至2008年12月有在职党员3名，退休党员3名，先后有24人次被新干县委组织部、新干县直属机关党委(工委)授予"优秀党员"称号。

党的作风建设 党支部制订"三会一课"制度、民主评议党员制度和年度工作计划。积极投身于"四帮四联四共建"活动，主动与困难党员、困难群众、困难学生结对子进行一对一帮扶行动。组织党员干部积极参加县里组织的植树造林、创卫美化县城等义务劳动，每年还组织党员和老干部赴外地参观革命旧址，进行传统教育。

党风廉政建设 党风廉政建设不断加强，党支部组织党员干部认真贯彻落实科学发展观，对党员进行"八荣八耻"等内容的廉政教育，营造廉政文化氛围。大力提倡党员干部勤政廉政、廉洁奉公、大公无私、做人民好公仆。局内设有公开栏、意见箱，配备廉政监督员，积极推行局务公开，接受群众监督。

3. 气象文化建设

深入开展文明创建活动。政治业务学习有制度，文体活动有场地，健身有器材，电化教育有设备、有资料。建有两室一场(文娱活动室、报刊图书阅览室、羽毛球场)，拥有图书千余册，订阅报纸、党刊等10余份。通过经常性的政治时事学习、法律法规学习、业务技能培训学习，锻炼出一批高素质的气象人。全局职工遵纪守法、爱岗敬业、勤奋工作，人人争当模范、争当先进，无一人受到法纪处罚。2008年县气象局被县综合治理委员会评为"平安单位"。自1999年评为市级文明单位以来，连续被评为第八届、第九届、第十届、第十一届"市级文明单位"称号。

每逢世界气象日、国际减灾日，都组织干部职工进街道、社区、学校、乡镇、集市等开展气象科普宣传活动。积极做好农业气象、防灾减灾、防雷安全等宣传，向群众散发音像制品、彩图、小册子宣传资料，现场答询有关问题，深受广大群众好评。2007年由县气象局自编自演的小品《雷电无情人有情》在全县小品演出大赛上获得作品二等奖和演出优秀奖。

4. 荣誉

新干县气象局2002年被评为"江西省档案管理二级先进单位"；2003年被江西省气象局评为"五大工程建设一级达标单位"。2008年被江西省气象局评为新一轮"五大工程"建设达标单位。

台站建设

建站之初，借用县养路段几间房屋办公及住宿。1960年4月，观测场迁至新干县城南郊金川镇塘头村，在原址办公和住宿。1963年于观测场附近新建办公用房及住房，占地面积2382平方米(包括观测场面积)。1984年新建二层办公楼1幢，为钢筋水泥结构，同时安装自来水。1985年共有建筑面积946.7平方米，钢筋水泥结构两层楼房1幢，砖木结构平房4幢，共35间。其中工作用房10间229平方米，生活用房10间579.1平方米，其他用房5间

138.6 平方米。1992 年,新建职工宿舍楼两层共 8 套,总面积约 400 平方米。1999 年庭院环境综合改善,拆除所有平房,办公楼进行翻新。2000 年,职工宿舍楼进行翻新扩建,并在楼顶加盖一层(4 套),使面积增加到 720 平方米。2002 年,在办公楼旁边新建辅助楼(洗手间),面积为 45 平方米,新建门卫室和大门,面积为 120 平方米,修整大门口道路。2001 年在周边征地 1333.2 平方米,修建围墙,将观测场圈进院内,庭院进行绿化美化,绿化面积达 60%。

2005 年购置人工增雨江铃宝典皮卡车 1 辆。2008 年购置雪佛兰轿车 1 辆。

峡江县气象局

峡江,别称玉峡。以峡江处于赣江要冲,地势险要,江面狭窄,水流湍急,故名峡江。三国吴宝鼎二年(267 年)析新淦、石阳置巴邱县。隋开皇十年(590 年)废石阳、巴邱县,县地分别并入庐陵、新淦县。明嘉靖五年(1526 年)置峡江县。峡江位于江西省中部,全县土地面积 1287.43 平方千米,总人口 16.4 万,所辖乡镇有桐林乡、马埠镇、水边镇、福民乡、巴邱镇、仁和镇、戈坪乡、砚溪镇、金江乡、罗田镇、金坪民族乡。气候属中亚热带季风湿润气候,雨量充沛、光照充足、四季分明,无霜期长。年平均气温为 17.5℃,年平均降水量为 1641.9 毫米,年平均日照时数为 1626.8 小时。

峡江县气象局位于峡江县新县城城西玉笥大道东南繁殖场,即北纬 27°37′,东经 115°21′,观测场面积 16 米×20 米,观测场海拔高度 52.8 米。

机构历史沿革

始建情况 峡江县气象站始建于 1957 年 8 月,原站址在峡江县水边乡石码头村。

站址迁移情况 1974 年 1 月 1 日站址迁至峡江县城郊区龙脑下,距县城 2.5 千米。2002 年 7 月 1 日站址迁至峡江县新县城城西玉笥大道东南繁殖场。

历史沿革 建站时,站名为峡江水边气候站;1960 年 4 月更名为峡江县水文气象服务站;1963 年 1 月更名为峡江县气象服务站;1981 年 12 月,成立峡江县气象局;1984 年 6 月更名为气象站;1990 年 7 月又更名为气象局至今,机构规格属正科级事业单位。

管理体制 建站至 1970 年底,县站归峡江县人民委员会领导;1971 年 1 月 1 日根据省革委、省军区(70)112 号文,气象部门建制实行军事部门为主和各级革命委员会为辅的双重领导,县站为县武装部领导;1981 年 12 月改为气象部门与地方政府双重领导,以气象部门管理为主的体制。

机构设置 1976 年县站下设测报、预报两个组;1981 年成立峡江县气象局后,下设测报、预报、农业气象三个股;1995 年下设综合业务股、科技服务股、农业气象股;2002 年 7 月下设综合业务室,科技服务有限公司、雷电防护管理局。峡江县人工影响天气领导小组办公室、县防灾减灾委员会办公室均设在气象局办公。

单位名称及主要负责人变更情况

单位名称	姓名	职务	任职时间
峡江水边气候站	周体模	负责人	1957.08—1958.11
	刘九如	负责人	1958.11—1960.04
峡江县水文气象服务站	唐佛生	站长	1960.04—1962.10
	周体模	负责人	1962.10—1963.01
峡江县气象服务站			1963.01—1971.04
	袁珍生	站长	1971.04—1981.12
峡江县气象局	肖松福	副局长（主持工作）	1981.12—1984.06
峡江县气象站		站长	1984.06—1988.12
	陈国荣	站长	1988.12—1990.07
峡江县气象局	陈国荣	局长	1990.07—1990.12
	廖家庆	局长	1990.12—1999.02
	周　鑫	局长	1999.02—2002.02
	龙继生	局长	2002.02—2003.02
	胡怀坚	局长	2003.02—2005.02
	黄小红	局长	2005.02—2006.02
	李　明	局长	2006.02—2008.12

人员状况　1957年建站时,有职工3人;1978年有在职职工9人;1990年有14人;截至2008年12月有职工11人,其中工程师4人,助理工程师7人。大专学历4人,中专学历7人。

气象业务与服务

1. 气象业务

①地面气象观测

观测项目　建站时主要对温度、风向、风速、湿度、降水量、蒸发量、云量、云状、能见度、天气现象、地面状态等气象要素进行观测;1958年5月1日起增加地面0厘米、5～20厘米浅层地温观测;1964年10月1日起增加气压观测。

观测时次　1957年11月1日至1959年12月31日采用地方平均太阳时制进行4次观测(01、07、13、19时);1960年1月1日至1960年6月30日进行3次观测(07、13、19时);1960年7月1日起,采用北京时进行3次观测(08、14、20时),并制作气象月报表和年报表。

发报种类　1962年1月1日起开始拍发航空报(GD-21)、航空危险天气报(GD-22)、区域绘图报(GD-81)、区域危险报(GD-82)、重要天气预报(GD-11);1995年改为拍发加密气象观测报(GD-05);2008年起增加人工影响天气预约报(GD-21、GD-22)。

气象仪器更新　建站初期,气象仪器都是常规仪器。1985年12月使用PC-1500袖珍计算机制作气象报表,同时装备气象传真机;2003年11月建立CAMS-B自动气象站,同时用计算机制作气象报表;2005—2006年在桐林、砚溪、金江等3个乡镇建立单要素区域自动雨量站,在仁和镇建立两要素区域自动气象站,在巴邱镇建立四要素区域自动气象站;2007—2008 年在金坪、戈坪、罗田、马埠、水边等乡镇建立四要素区域自动气象站。

②农业气象

农作物物候观测 从 1982 年开始对水稻、油菜进行生育期观测。1987 年起进行烤烟生长的气象观测。

农业气象试验研究 1985 年开始研制早晚稻产量预报方法。1986 年正式发布早晚稻产量预报。

农业气候调查与农业气候区划 1981 年 5 月至 1982 年 5 月,峡江县气象站抽调 5 人组成农业气候区划调查小组,到全县 12 个乡镇进行气候调查,整理建站到 1980 年的气象资料,编写《峡江县农业气候资源考察与区划》,该书成为《峡江县农业区划资料集》的重要组成部分。

农业气象情报 自 1986 年起,通过《气象信息与咨询》,不定期向全县乡镇政府和农业生产部门发布农业气象情报信息。

③天气预报

短期天气预报 1958 年 8 月开始,收听江西省气象台天气预报,结合看天经验,正式制作峡江县未来 24 小时天气预报,逐步延伸到未来 1～3 天的天气预报;从 1985 年开始,不定时地制作和发布未来 1～6 小时短时灾害性天气预报;2000 年开始制作和发布 1～3 天天气预报。

中长期天气预报 1959 年 5 月起,根据单站气象要素变化,结合看天经验,不定时制作长期(年、月、旬)天气预报及春播汛期等重要农事季节的天气预报;1985 年开始,只制作月、旬预报及重要农事季节的天气预报。

2. 气象服务

公众气象服务 从 1958 年开始开展公众气象服务。主要服务方式有广播、电视、书面、传真和气象短信。从 1958 年至 2000 年 6 月,每晚通过县有线广播向全县发布 12～48 小时天气预报。2000 年 7 月 1 日起通过县有线电视发布天气预报。从 1976 年起不定期以书面形式发布中、长期预报及重要农事季节的天气预报。1988 年起统一改用《气象信息与咨询》向全县发布旬、月天气预报。从 2003 年 3 月开始改为《气象情况反映》并由县气象局局长签发。2006 年 5 月建立气象减灾预警信息平台,重大天气信息通过预警信息平台及时发送到公众的手机中。

决策气象服务 县气象局针对农事季节和重大灾害性天气的气象信息需求,进行决策气象服务工作。每年春播、汛期、干旱期发布专题天气预报、灾害性天气短时短期预报,并将气象预报及时送到县领导手中,为县领导指挥农业生产和防灾减灾提供科学依据。如1982 年 6 月中旬,峡江县出现连续大到暴雨,洪灾严重,6 月 19 日峡江县气象局准确地预报连续大到暴雨过程结束,根据县气象局提供的预报信息,县领导决定仁和镇的赣江洪堤不采取开闸分洪措施,使仁和镇的灾害损失降到最低限度。

专业与专项气象服务 县气象局每年为农业部门和广大农民专业户制作春播天气预报和春寒、小满寒、寒露风、冰霜冻等低温冷害预报;为防汛抗旱指挥部门制作汛期降水趋势预报、短期短时暴雨天气预报、干旱期专题预报等。

1978 年 8—9 月,首次开展人工影响天气服务工作。在巴邱、福民设立两个炮点,采用"三七"高炮进行人工降雨,作业 11 次,发射炮弹 298 发,全县 10 个乡镇普遍降雨,有效缓解全县旱情。2003 年 7 月,峡江县气象局购置 3BL-1 型防雹增雨火箭弹发射系统,配备专用车辆,此后每年根据农业生产需要不定时进行人工增雨作业。

1980 年开始,峡江县气象局开展防雷安装检测工作,配备防雷检测仪器,每年不定期对全县易燃易爆场所和防雷设施单位进行安全检测。

气象科普宣传 县气象局从 1986 年起每年 3—4 月间都接待各中、小学校学生参观;从 1987 年起每年春播、汛期前均编写春播、汛期气象宣传材料发送到全县各乡镇;从 1990 年起,在世界气象日、国际减灾日等纪念日,组织科技人员进社区、农村、学校、工厂,为群众宣传气象科学知识,发送气象科普宣传材料。

党建与气象文化建设

党建工作 从建站至 1971 年间,峡江县气象站没有党员。1972 年有党员 1 人,到 1976 年有党员 4 人,在县水电局支部参加组织生活。1977 年 5 月成立峡江县气象站党支部,有党员 4 人。1978 年以来,先后发展 6 名党员。到 2008 年底有党员 7 人(其中退休党员 2 人)。

气象文化建设 1986 年峡江县气象局首次被峡江县委县政府授予"县级文明单位"称号。2002 年被吉安市委市政府授予"市级文明单位"称号,此后一直保持市级文明单位荣誉。

2003 年开始,峡江县气象局实行局务公开。公开的形式主要有公开栏、局务会或职工大会通报、内部计算机网络公开等。公开的内容主要有领导具体分工、干部职工工作职责、文明服务承诺、单位经营性收款项目和具体价格、单位财务收支情况等。

荣誉 峡江县气象局 1982 年 8 月获江西省气象局集体记功奖励;1983 年 1 月被评为全省气象系统先进单位;1985 年 2 月被评为全省气象系统预报先进单位;1987 年 5 月被国家气象局授予"重大气象服务先进集体"称号;2003 年被江西省政府授予"人工增雨先进单位"称号;2006 年 4 月被吉安市妇联授予"巾帼文明岗"称号;2007 年被江西省人工影响天气领导小组评为先进单位。

台站建设

1957 年 8 月建站时只有 1 幢办公和职工宿舍共用的小瓦房。1978 年省气象局拨款建起 1 幢钢筋混凝土结构的二层办公楼。1986 年省气象局再次拨款建起 1 幢二层八套的职工宿舍楼。2002 年 7 月 1 日峡江县城搬迁至新县城西玉笥大道东南繁殖厂,在省气象局与县财政的支持下,建起 1 栋五层办公楼,从此县气象局面貌焕然一新。2004 年省气象局拨款建起 1 栋职工生活辅助楼,职工住房条件得到明显的改善。

遂川县气象局

遂川县位于江西省西南边境,是井冈山革命根据地的重要组成部分,也是福建、广东、海南等地通往革命摇篮井冈山的重要通道。全县土地面积 3144.17 平方千米,总人口 54 万,辖 23 个乡镇。遂川县于东汉建安四年(199 年)建县,名曰"遂兴",有 1800 多年历史。先后更名为新兴、龙泉、泉江,1914 年改名为遂川。属亚热带季风湿润气候,气候温和,雨量丰沛,阳光充足,四季分明,冬夏长、春秋短,无霜期长,垂直气候差异明显。年平均气温为 18.5℃,年平均降水量 1446.6 毫米,年平均日照时数 1662.9 小时,年平均无霜期 284 天。

遂川县气象局位于泉江镇银山村的银山塔脑上,即东经 114°30′,北纬 26°20′,观测场海拔高度 126.1 米。

机构历史沿革

始建情况 早在 1938 年 1 月,国民党政府在遂川县城东的砂子岭(古名蛇长岭)飞机场设立航空气象观测,为遂川县最早的气象观测,于 1948 年 12 月停止观测。

遂川县气象站始建于 1950 年,于 1951 年 1 月 1 日 00 时开始观测记录,地址在遂川县人民体育场。

站址迁移情况 1954 年 8 月 1 日迁至遂川县城东门。1957 年 7 月迁至窗溪乡云岗村。1977 年 1 月 1 日迁至泉江镇银山村的银山塔脑上,观测场面积为 16 米×20 米。

历史沿革 建站时,站名为中国人民解放军中南军区司令部遂川气象站;1951 年 7 月更名为江西省军区吉安军分区遂川气象站,同年 10 月 26 日中南军区根据军委总参谋部命令颁发的《全国气象站等级及业务范围暂行规定》确定遂川气象站为乙种气象站,1953 年 6 月定为丙等一级站;1953 年 12 月站名为江西省遂川气象站;1954 年 3 月定为二等二级站,同年 11 月定为三等气象站,以后统称国家基本站;1959 年 1 月更名为遂川县气象站;1960 年 1 月更名为遂川县水文气象站;1962 年 9 月更名为江西省吉安水文气象总站遂川水文气象服务站;1964 年 1 月更名为江西省遂川气象服务站;1973 年 7 月更名为遂川县气象站;1980 年 7 月成立遂川县气象局,实行局站合一;1984 年 1 月撤销遂川县气象局,更名为遂川县气象站;1990 年 7 月恢复遂川县气象局,机构规格属正科级事业单位。

管理体制 建站时为军队建制;1953 年 12 月从军队建制改为政府建制,隶属江西省政府气象科(现为江西省气象局)管理;1959 年 1 月归遂川县人民委员会管理;1971 年 2 月实行以军队(县武装部)为主的管理体制;1973 年 7 月为遂川县革命委员会管理为主;1980 年 7 月实行气象部门与地方政府双重领导、以气象部门领导为主的管理体制。

单位名称及主要负责人变更情况

单位名称	姓名	职务	任职时间
中国人民解放军中南军区司令部遂川气象站	薛存生	站长	1951.01—1951.07
江西省军区吉安军分区遂川气象站			1951.07—1953.01
	朱家荣	负责人	1953.01—1953.04
	陶茂训	负责人	1953.04—1953.12
江西省遂川气象站	胡景会	站长	1953.12—1954.12
	薛存生	站长	1954.12—1955.06
	胡景会	站长	1955.06—1956.01
江西省遂川气象站	李海庶	站长	1956.01—1956.08
	郦火根	副站长(主持工作)	1956.08—1957.04
	夏樾	代副站长	1957.04—1958.10
	谢镇安	副站长(主持工作)	1958.10—1959.01
遂川县气象站			1959.01—1960.01
遂川县水文气象站			1960.01—1962.09
吉安水文气象总站遂川水文气象服务站			1962.09—1962.12
	何炳喜	负责人	1962.12—1964.01
			1964.01—1966.03
遂川气象服务站	周炳言	负责人	1966.03—1969.08
	李家聖	负责人	1969.08—1972.09
	刘本清	站长	1972.09—1973.07
遂川县气象站			1973.07—1975.11
	梅良至	站长	1975.11—1980.07
遂川县气象局		局长	1980.07—1983.08
	王正河	负责人	1983.08—1984.01
遂川县气象站			1984.01—1984.06
	李家聖	站长	1984.06—1988.10
	吕作记	站长	1988.10—1990.07
遂川县气象局		局长	1990.07—1998.12
	吴云樟	局长	1998.12—

人员状况 建站以来,先后有 150 余人在遂川县气象局(站)工作过。建站时只有 2 人。截至 2008 年 12 月共有正式职工 10 人,其中工程师 3 人,助理工程师 6 人,技术员 1 人;本科学历 2 人,大专学历 7 人,中专学历 1 人;35 岁以下 4 人,36～45 岁 5 人,45 岁以上 1 人。

气象业务与服务

1. 气象业务

①地面气象观测

观测项目 1951 年 1 月 1 日起进行气压、气温、风向、风速(维尔达风压板风速器)、温度、降水量、积雪、能见度、地面状况和云状云量观测;1952年1月1日增加蒸发量和日照时数的观测;1955年冬开始进行电线积冰观测;1958年1月1日起开始观测地面最低温度;1960年1月1日开始进行地面0厘米、地面最高及地中5厘米、10厘米、15厘米、20厘米的地温观测;20世纪50—60年代间断性地进行日食、月食的观测;1977年7月1日起增加对指示性云、地方性云、系统性云的观测;1980年1月1日按修改后的《地面气象观测规范》进行观测。

观测时次 1951年1月1日起每日06—21时(北京时)整点观测;22—05时采用自己记录,即每天16次观测24次记录;1953年1月1日改为03、06、09、12、14、18、21、24时8次观测;1954年1月1日改用地方平均太阳时,观测为01、07、13、19时进行4次观测;1960年7月1日重新启用北京时,观测时次为02、08、14、20时;1993年1月1日起改为国家基准气候站,按每天24次观测(每小时1次)。1951—1953年采用气象月总簿记录统计观测数据;1954年1月1日以后采用气簿-1记录、气象月报表和年报表统计;1996年1月1日采用AHDM系统按月上传数据。

发报种类 1952年10月1日起开始为军航、民航拍发航线天气报;1954年8月26日起增发航线危险天气报;1958年以来除少数年份、月份未提供全天每小时1次报告外,其余均为24小时发报;1954年5月1日至1957年9月1日开始拍发绘图天气报;2001年4月1日增发GD-01报;2007年1月1日增发补充地面天气报、气候月报等。

仪器更新 建站时气象仪器除20厘米口径的雨量筒、蒸发皿系中国制造外,其余仪器均属外国进口;1954年以后陆续改用国产仪器,其中1954年11月1日起启用水银气压表观测气压;1960年1月1日2米高雨量器更改为70厘米高并取消防风圈;1961年1月1日大小百叶箱由2米高降至1.5米;1970年1月1日开始使用电接风自记仪;1985年1月开始采用PC-1500袖珍计算机编发电报;1986年采用计算机制作月、年报表;1993年1月1日增设40~320厘米直管地温表和雪压计;1998年1月1日增设大型蒸发皿;2002年1月1日取消小型蒸发皿;2003年1月1日自动气象站开始正式观测记录。2005—2008年在全县每个乡镇所在地安装23个自动气象站,其中单要素6个,两要素4个,四要素13个。

②农业气象

1958年开始开展农业气象工作,20世纪60—70年代农业气象工作主要从事少量动植物观测和少量农业气象试验;1980年以后农业气象工作真正转入正轨。

农作物物候观测 1958—1962年对水稻、油菜、棉花等农作物进行观测,1982年恢复对水稻、油菜的观测发报。

动植物物候观测 1965年10月24日起对蚂蚁、泥鳅、家燕、飞蛾扑灯、蛇出洞、乌龟活动等进行观测;1980年起对苦楝树、油桐、桃树进行观测,并对蝉、青蛙、家燕等动物进行观测;1982年增加茶叶、油菜、梧桐、柳树、李树、桃树、松树等木本植物的观测;1966年和1984年还分别对含羞草草本植物进行1年的观测。

农业气象研究 1978年县气象局与县农业局合作在禾源乡开展杂交水稻制种高产研究;1984年与县农业局在瑶厦乡云岗村进行杂交水稻高产栽培技术研究;1986—1987年对金橘林区小气候和橘园低产改造进行研究;1987年开展森林防火火险等级预报研究;1990年开展杂交稻制种再生研究。

农业气候调查与区划 1959年4月首次出版、1978年又再版《遂川县农业气候手册》;

1982 年通过整理县气象站 30 年观测资料和野外调查资料,出版《遂川县农业气候资源与区划》、《遂川县农业气候资料》、《遂川县农业气候图集》,并对水稻、金橘、茶叶、油茶进行分析和划区。

③天气预报

1955 年 10 月首次制作《单站霜冻补充预报》;1959 年 1 月制作并发布《遂川县 2—4 月份长期天气预报》和双季早稻播种农用天气预报;1959 年 7 月 1 日通过有线广播发布补充订正预报;1966 年 1 月 1 日开始发布天气预报;1988 年 4 月 1 日通过气象警报系统发布每天二次的日常预报和灾害天气警报。

短期天气预报主要有未来 1~2 天晴雨、风向风速、温度预报;中期预报主要有 5~7 天过程天气和旬预报等;长期预报主要有年、月天气趋势预报和主要农事季节天气预报;灾害性天气预报主要有大风(风速>17 米/秒)、暴雨、寒潮、雨凇、大雪等短期、短时预报;专题预报主要有森林火险等级、城市火险等级、飞播造林、飞机打靶、病虫害发生发展天气预报等。

2. 气象服务

公众气象服务 从 1958 年 7 月 1 日起,每天晚上通过县有线广播向全县发布未来 1~2 天的短期天气预报,其中 1983 年 4 月 15 日至 1989 年 4 月 15 日还增加早晨 1 次广播。1995 年 9 月 4 日起开展电视天气预报,对泉江、高坪、衙前、左安、大汾等 9 个乡播出预报。2001 年 12 月开通《遂川县农村经济信息网》。2004 年 4 月与遂川移动公司合作建立气象短信发布平台,为江南汽运公司、于田汽运公司共 1500 余辆汽车司机通过手机提供天气预报。

决策气象服务 20 世纪 60 年代开始,遇有重大灾害性天气,及时向县领导作口头汇报并提出建议,并通过电话通知有关单位和乡镇。1982 年 2 月开始,通过《遂川气象》小报不定期发布未来 1~7 天中期天气预报、旬预报、月预报、年趋势预报及主要农事季节预报,1986 年 1 月起统一用《气象信息与咨询》对外发布。1988 年 4 月在部分乡镇和服务单位配备气象警报接收机,每天两次定时发布日常天气预报和不定时发布灾害性天气警报,到 1990 年底警报接收机扩充到 36 台。

专业与专项气象服务 农业气象服务主要开展的有农业气象预报、农业气象情报、农作物产量预报、气候跟踪评价、适用技术推广、招商引资(种、养殖业)项目论证等。

气象科技服务与技术开发 遂川县气象局为县设计室、泉江天桥、龙泉大桥、草林冲电站、安村电站、自来水厂、造纸厂、水泥分厂、纤维板厂提供平均风向风速、瞬间最大风力等气象资料;为供电公司线路架设、105 国道路面建设提供气温和电线积冰资料及雷电等气象资料;为农业、林业的产业结构调整、品种布局、引种、病虫害防治提供气象资料。

"e－T"预报方法的创立 1958 年县气象站为开展单站补充天气预报,提高预报准确率,在研究降水预报中发现,温度和当时的湿度两者差值越大,降水量就越多。统计按日进行,日平均绝对湿度(e)－平均温度(T)的差值为 1.0~1.6 时可预报微雨,1.7~2.6 时为小雨,2.7~3.3 时为中雨,≥3.4 时为大雨。研究成果在云南召开的全国气象工作会议上作交流,李国柱出席会议。"e－T"预报方法的创立为以后的 e－T 曲线图预报法提供了思路。

森林火险等级气象预报 1987 年 10 月正式开展森林火险等级气象预报研究工作,并在五斗江国营林场对面的小山坡上设立气象哨,观测林区中的气温、湿度、降水、风向、天气现象等,并通过电码形式汇总至县气象站,再通过计算机和县气象站资料进行处理,作出林区的火险等级预报。1987年10月1日至1988年4月6日的189天,共作出火险预报189次,预报结果与火警发生相符。由于成绩突出,遂川气象站被江西省森林防火总指挥部评为先进单位。

金橘林区气候研究与低产橘园改造 县科委、县果茶公司、县气象站三家联合对133公顷低产橘园进行改造,并纳入国家"星火计划"。为开展此项工作,分别在堆子前乡和西垅金橘研究所的橘林区设立简易气象哨,观测金橘林区的小气候,并根据气候规律提出低改措施。通过三家的共同努力,提前完成经济指标,1988年获省星火计划人才培训二等奖,县气象站吴云樟受到国家科委的表彰。

候鸟迁飞的气候条件研究 2006年县气象局与县林业局合作在全国三大鸟道之一营盘圩乡设立自动气象哨,对候鸟迁飞期间的气象条件进行观测,并对照候鸟迁飞的情况进行分析,找出候鸟迁飞与气象条件关系的规律,此项工作得到国家林业局有关专家的肯定。

党建与气象文化建设

党建工作 1973年成立遂川县气象站支部。截至2008年12月共有党员7名。

气象文化建设 1991年遂川县气象局被评为遂川县"文明单位";1998度被评为吉安地区"文明单位";1998—1999年度、2000—2001年度、2002—2003年度、2004—2005年度连续4届被评为省级"文明单位";2000年度被评为吉安市"井冈之星"文明单位,2006—2007年度被评为吉安市"文明单位"等。

集体荣誉 1959—2008年遂川县气象局共获省部级以下集体荣誉39项。其中1956年被中央气象局评为"先进单位"、1996—1997年连续2年获中国气象局"气象科技扶贫工作集体奖"。

人物简介 郦火根,男,1953年1月至1957年4月在遂川气象站工作,1956年8月至1957年4月在遂川气象站主持工作。1956年被省政府授予"江西省劳动模范"称号。

台站建设

建站时办公用房为租借民房;1953年在云岗站址先后两次建单层砖木结构工作用房及生活用房,建筑面积共计370平方米;1976—2005年先后建立起防灾减灾大楼、职工宿舍等各类用房,建筑面积共计3268平方米,总投资163.8万元。在县气象局院内进行了环境美化,院外修建了进站水泥路及桥梁。

安福县气象局

安福,素有"赣中福地"之美誉,是江西省18个文明古县之一。秦以前,先后隶属吴、楚;221年秦国在安福分别建置安平县和安成县;隋代,撤安成郡,并安成、安平(平都)为安复,武德七年(624年)安复改为安福县,有2200多年的建县史。安福县位于江西中部偏西,土地面积 2793.15 平方千米,总人口 39 万余,辖 19 个乡镇、4 个国营林场。安福县属亚热带季风湿润气候,适宜农作物和林木生长。年平均气温 17.7℃,年平均降水量 1539.5 毫米,年平均日照时数 1535.1 小时,年平均无霜期 275 天。

安福县气象局位于县城平都镇西郊,即北纬 27°24′,东经 114°36′,观测场海拔高度 85.9 米。

机构历史沿革

始建情况 1957 年 12 月 1 日建站,并正式观测,为国家一般气候站。站址一直在县城平都镇西郊。2007 年 1 月 1 日升格为国家基本气象站。

历史沿革 始建时为安福县气候站;1960 年 4 月改为安福县水文气象站;1962 年 5 月改为安福气象服务站;1980 年 7 月改为安福县气象局;1984 年 7 月改为安福县气象站;1990 年 7 月至今又改为安福县气象局,机构规格属正科级事业单位。

管理体制 建站时由省水电厅水文气象局管理;1959 年由安福县农水局管理;1962 年 5 月起改属省水电厅水文气象局管理为主;1968 年归县革命委员会管理为主;1971 年 1 月归县人民武装部管理;1973 年 7 月改属县革命委员会抓革命促生产指挥部管理;1980 年 7 月归属吉安地区气象局管理;从 1982 年 6 月起,改为气象部门与地方政府双重领导,以气象部门领导为主的管理体制。

单位名称及主要负责人变更情况

单位名称	姓名	职务	任职时间
安福县气候站	黄权亚	负责人	1957.12—1958.04
	余为礼	副站长	1958.04—1960.04
安福县水文气象站			1960.04—1962.05
安福气象服务站			1962.05—1970.12
	宿芬	站长	1970.12—1971.12
	黄兴宝	负责人	1971.12—1978.11
	刘银奎	站长	1978.11—1980.07
安福县气象局		局长	1980.07—1980.10
安福县气象站	余为礼	局长	1980.10—1984.07
		站长	1984.07—1990.07
		局长	1990.07—1995.12
安福县气象局	胡志平	局长	1995.12—2001.05
	胡志群	副局长(主持工作)	2001.05—2002.02
		局长	2002.02—2002.08
	文逸玮	副局长(主持工作)	2002.08—2004.02
		局长	2004.02—

人员状况 建站时有 3 人;1980 年后,由于业务扩大,人员逐渐增多,截至 2008 年底,有在职职工 10 人,其中:本科学历 2 人,大专学历 8 人。30 岁以下的 4 人,30～40 岁 3 人,40～50 岁 2 人,50 岁以上 1 人。退休职工 3 人。

气象业务与服务

1. 气象业务

①地面气象观测

1957 年 12 月 1 日进行每天 4 次(即 01、07、13、19 时)地方时的定时气象观测。1960 年 6 月 1 日起,改为 07、13、19 时 3 次定时观测。1960 年 7 月 1 日启用北京时,取消地方时,3 次观测的时间是 08、14、20 时。

观测项目主要有云状、云量、能见度、天气现象、风向、风速、气温、湿度、雨量、蒸发、日照、雪深。1959 年 5 月 1 日增加地温观测(0 厘米、最高、最低、5 厘米、10 厘米、15 厘米、20 厘米)。1965 年 1 月 1 日,增加气压、温度、湿度和电接风向风速自记观测。1976 年起,增加雨量自记观测。1980 年 1 月 1 日起,增加指示性云观测。

2003 年 12 月 CAWS600 型自动气象观测设备在县气象局投入使用,具有压、温、湿、风、降水、地温等自动观测项目,自动气象观测记录替代了以前人工观测同类项目记录。2005 年起分 3 年在全县 19 个乡镇建立自动气象站。2008 年省气象局与省测绘局联合在县气象局建立 GPS/MET 站,用于探测大气中的水汽含量和测绘定位。

1957—1998 年,手工编制月报表(气表-1)和年报表(气表-21),向省、地区气象局各报送 1 份,县气象局留底 1 份;1998 年 4 月起,通过计算机操作和网络传输原始资料,停做报表。

1958 年 1 月 1 日起,每天 08 时向南昌气象台拍发区域报。1960 年 1 月 1 日起停发此报。1965 年 7 月 1 日至 10 月 31 日向南昌民航拍发航空天气和危险天气报(GD-21、GD-22)。从 1971 年起,向机场固定拍发航空危险天气报,每年拍发的起止时间和地点逐年有所变化。除 2007—2008 年外(每天拍发 02、08、14、20 时天气报和 05、11、17、23 时补充绘图报),其他时间每天拍发 08、14、20 时 GD-05 报、不定时重要天气报 GD-11,1987—1998 年用甚高频电话口传,1999 年起用计算机通过互联网络传输。

②天气预报

1958 年 7 月 1 日开始担负天气预报任务,制作未来 24～48 小时的天气预报,通过电话将天气预报传至县广播站对外发布。1970 年前,制作天气预报设备比较简陋,方法比较简单,主要靠"听、看、谚、商"的办法,即用收音机收听省台天气预报,看当天的天气现象以及物象的反映(当时筑水池饲养过乌龟、泥鳅、鱼),运用群众经验(天气谚语)等办法,天气预报发布前,要进行一次天气会商讨论。1970 年后,按照"大中小,图资群,长中短"的技术原则,对预报技术方法组织大会战,建立"四个基本"即基本图表、基本资料、基本方法、基本档案,从此预报准确率有了提高。1982 年无线电气象传真机开始投入使用,分别接收北京、东京 850 百帕、700 百帕、500 百帕高空实况资料,12 小时、24 小时、36 小时、48 小时雨量预告图等。1995 年后普及计算机操作,传真停止使用。2003 年开始,在计算机网络上调阅省、市气象局多普勒雷达探测资料,极大地提高了短时灾害性天气的预报水平。

2. 气象服务

公众气象服务 开展为公众提供日常天气预报、灾害性天气预警服务。1980 年前,气象服务形式和内容比较单一,主要通过广播和电话传递短期天气预报。1997 年建立多媒体天气预报制作系统,将每日天气预报制作成具有动画效果的录像带送电视台播放,预报范围扩大到全县主要乡镇,并开通"121"天气预报自动答询电话。2000 年建立起安福农村经济信息网,后改称安福县新农村建设网,各乡镇开通信息站,定时和不定时发送病虫害情报预报、新农村建设动态、天气预报、市场行情和供求信息等。2005 年起"121"电话升位为"12121",并利用移动通讯系统开通气象预报预警短信平台,以手机短信方式向全县各级领导和群众发送气象预警信息。

决策气象服务 为县乡党政领导提供关键性、转折性、灾害性天气防灾减灾决策服务。1980 年前,用书面形式向党政领导、有关单位发送气象旬报和气象情报。

1982 年县气象局积极配合县区划办工作,成立小分队,深入山区乡村进行农业气象观测,资料调查,综合分析,先后编印《安福县柑橘、茶叶、水稻气象条件分析与区划专集》《安福县农业气候图集》《安福县农业气候资料汇编》等,取得的成果分别被江西省气象局、吉安地区农业气候区划委员会评为一等奖。

1986 年 5 月在横龙垦殖场柑橘园进行高温低湿天气条件下防止柑橘落花落果、不同灌溉措施的对比试验,得出喷灌比浇灌、漫灌减少落果率达 18% 结论,同年在横龙乡东谷村开展的地膜早花生和二晚优质稻的引种试验均获高产。这三项试验成果,获江西省气象局农业气象开发"短、平、快"项目三等奖。

1988 年引进广西河池气象局为农民培育再生稻的经验,1988—1989 年在横龙、洋溪、赤谷等地开展培育再生稻的试验工作,平均每公顷产量 1988 年达 750 千克、1989 年达 1875 千克。1990 年安福县委、县政府决定把培育再生稻列为"一、二、三、四、五"农业系统工程,其中"五"为培育 33.3 公顷再生稻,实际上完成 22 公顷再生稻任务,平均每公顷产量 855 千克,最高为 3150 千克。

1987—1990 年为县种子公司进行杂交制种气象服务,分析研究早稻杂交制种花期相遇的最佳时段,大大提高制种产量,后来写成《早稻杂交稻制种——最佳时段的选择》科普文章,获江西第二届农业科普百花奖三等奖。

专业与专项气象服务 为农业、建设、林业、国土、水利等行业提供农事、防雷、森林火险、地质灾害、防汛抗旱、人工影响天气以及电视天气预报广告、气球和彩虹门充放等专业气象服务。

1980 年 7 月在县防汛抗旱指挥部的组织下,安福县气象局首次进行人工增雨作业,采用"JI-50-2 型"火箭,分别在金田、洲湖、洋门、寮塘进行作业。1982 年、1985 年、1998 年使用"三七"高炮在洋溪、洲湖、金田等乡镇开展人工增雨作业,并取得良好的效果。2001 年 7 月成立人工增雨领导小组,领导小组办公室设在县气象局。2004 年由县政府拨专款购置 1 辆江铃宝典轻卡汽车和 CF2-1A 型双管火箭发射架,专门用于人工影响天气作业,作业方式由过去人工点燃土火箭和发射高炮弹,发展为有线电子按键操作火箭发射架和火箭弹。

1992 年 11 月成立安福县防雷安全质量检测所,开始负责全县建(构)筑物的防雷装置定期检测和安装技术服务;2000 年注册成立安福县气象科技服务公司,从开始的气象预报服务发展到 2008 年的专业气象服务、防雷工程设计与施工、电视天气预报画面广告、气球和彩虹门充放及气象短信、"12121"气象声讯服务等项目。

气象科技服务与技术开发 1982 年 11 月县公路段铺设县火车站至人马桥的油路,为保质保时完成油路建设,应县公路段的请求,县气象局提供低温、晴雨天气过程的专业气象服务。县公路段给予县气象局少量的气象服务费,开创全省气象部门专业有偿服务的先例。此后,专业有偿服务走上稳定发展道路,特别是防雷设施的检测、安装服务,为保障人民的生命财产安全作出贡献。

气象法规建设与社会管理

行政执法 2003年11月成立安福县气象行政执法大队,积极参加省、市组织的法律法规学习、培训,提高气象执法人员的执法能力。

社会管理 1999年5月20日开始,县气象局对全县的气象探测环境保护、防雷安全、气象防灾减灾、人工影响天气、施放气球等进行社会管理。2001年11月县编制委员会办公室下发文件成立安福县防雷减灾管理局,2002年9月对新建、改建、扩建建(构)筑物防雷装置的设计审核、竣工验收、定期检测正式启动。2003年7月21日安福县政府印发《安福县人工影响天气管理办法》。2006年7月18日县政府办公室印发《关于加强气象探测环境保护工作的通知》。

政务公开 2001年9月份开始推行对外和对内的政务、局务公开制度,取得良好成效,2005年12月被中国气象局评为首批"气象部门局务公开工作先进单位"。

党建与气象文化建设

1. 党建工作

1987年以前,县气象局党员人数少,由县政府党总支管理。1986年起县气象局党员人数增多,于1987年7月经县直属机关党委批准,建立县气象局党支部,时有党员3人。到2008年底共有党员5名。

2. 气象文化建设

安福县气象局于1983年初对局务管理实行改革,制定新的"岗位责任制、考核制、奖惩制",简称"三制一体"管理办法。《中国气象》专题通讯报道了安福县气象局的改革经验和取得的丰硕成果。1985年1月全国气象局长会议对"三制一体"改革办法予以充分肯定,并号召在全国气象部门推广。有广东、福建等12个省气象局到安福参观或致函联系学习。

县气象局坚持以人为本,弘扬自力更生、艰苦奋斗精神,深入持久地开展精神文明创建活动。政治业务学习有制度,文体活动有场地,电化教育有设备,职工生活有内容,同时设立气象文化、廉政文化宣传栏和框图。通过办廉栏、上廉课、征廉言、参廉考、敲廉钟等方式开展丰富的廉政文化活动,被县纪委列为廉政文化建设试点单位。同时建立两室一场(文体娱乐室、图书室、羽毛球场),有图书千余册。通过开展经常性的政治、法律法规理论和业务知识学习,提高职工的素质。

每年在春播、世界气象日、科技活动周、国际减灾日、安全生产月、法制宣传日期间,全局干部职工深入田间地头、乡镇集市、县城街道、公交车辆、学校等地开展气象科普宣传活动,加大气象科普进农村、进企业、进社区、进学校、进公交宣传力度,受到社会各界普遍欢迎。

3. 荣誉与人物

集体荣誉　1961—2008 年,安福县气象局共获集体荣誉 50 余项(次),其中获得地厅级以上的荣誉主要有 1960—1964 年、1980—1983 年被江西省气象局评为先进单位;1982 年在抗洪斗争中荣获国家气象局表彰和省气象局集体记大功奖励;1989 年 4 月荣获全国气象部门"双文明建设先进单位"称号;1990 年 2 月被评为全省气象部门"先进单位";2005 年 12 月被中国气象局授予"局务公开工作先进单位"称号;2004—2005 年度获江西省第十届文明单位;2008 年 2 月被江西省气象局评为"五大工程"建设达标单位。

人物简介　周军,男,1938 年 11 月生,江西省安福县横龙镇人,早年毕业于长春气象干部学校,后到云南大学进修。1978 年 8 月从四川调到安福县气象站工作,他兢兢业业,勇于创新,尤其在 1982 年抗洪抢险斗争中预报准确,服务及时,避免了人民生命财产重大损失,成效显著。1983 年 2 月被省政府授予"先进工作者"称号(省级劳模)。

台站建设

建站之初,环境较差,条件艰苦,站房是单栋、单层、单墙体,总面积不足 100 平方米。厨房是木板房,无电缺水,要到 1 千米以外的泸水河去挑水饮用。1980—1999 年建起 1 幢二层的办公楼和 1 幢二层的职工宿舍楼,修建围墙、打机井、通电、安装自来水等。

2000 年以来,在上级部门和县委县政府的大力支持下,安福县气象局面貌发生明显的变化。2000 年初集资兴建 1 栋五层的职工宿舍楼。2003 年对院内土地进行征地扩大,对观测场地进行彻底的改造。2005 年竣工建成 1 栋占地面积 225 平方米,建筑面积 753 平方米四层高的气象防灾办公楼。同时对院内道路和院外通道进行路面硬化,对院内空地进行绿化,铺上草皮,种植花卉和风景树木。开辟羽毛球场地、文体娱乐室,改建车库 1 个,购置车辆 2 辆(别克小轿车和江铃宝典轻卡车)。院内建休闲石桌 2 个,长椅 3 张,绿草坪有红花奇石点缀,环境优美。

安福县气象站(摄于 1977 年)

安福县气象局综合业务楼(摄于 2007 年 6 月)

泰和县气象局

泰和,古称西昌,位于江西省中南部,地处罗霄山万洋山向东北延伸余脉和武夷山脉雩山向西北斜落山麓交汇地带,赣中南吉泰盆地腹地,有 1800 多年的历史。全县土地面积 2667 平方千米,总人口 53 万。属典型的中亚热带湿润季风气候,光照充足,四季分明,热量丰富,雨量丰沛。年平均气温为 18.6℃,年平均降水量为 1726 毫米,年平均日照时数为 1756.4 小时。

泰和县气象局位于县城西门高山岭,即北纬 26°48′,东经 114°55′,观测场面积 16 米×20 米,海拔高度 71.4 米。

机构历史沿革

始建情况　泰和县气候站始建于 1958 年 12 月,站址在泰和县城西门外。

站址迁移情况　1963 年 8 月 1 日站址迁移至泰和县万垅长乐园;1976 年 2 月 1 日站址迁移至泰和县城西门高山岭。

历史沿革　始建为泰和县气候站;1962 年 9 月更名为江西省吉安水文气象总站泰和气象服务站;1964 年 7 月更名为泰和气象服务站;1973 年 7 月更名为泰和县气象站;1980 年 7 月改称泰和县气象局;1984 年 7 月更名为泰和县气象站;1990 年 7 月恢复泰和县气象局,机构规格属正科级事业单位。

管理体制　1958 年 12 月泰和县气候站隶属江西省水利电力厅水文气象局;1959 年 1 月由泰和县人民委员会管理;1962 年 5 月改为江西省水利电力厅水文气象局管理;1964 年 7 月由泰和县革命委员会、泰和县人民武装部双重管理;1973 年 7 月以当地政府管理为主;1980 年 7 月起实行气象部门与地方政府双重领导,以气象部门领导为主的管理体制。

单位名称及主要负责人变更情况

单位名称	姓名	职务	任职时间
泰和县气候站	蔡教宽	负责人	1958.12—1961.11
			1961.11—1962.09
江西省吉安水文气象总站泰和气象服务站		副站长(主持工作)	1962.09—1964.07
			1964.07—1968.12
泰和气象服务站	张修圻	负责人	1968.12—1970.07
	匡思洋	站长	1970.07—1971.06

续表

单位名称	姓名	职务	任职时间
泰和气象服务站	张问梯	站长	1971.06—1973.01
	蔡教宽	副站长（主持工作）	1973.01—1973.07
泰和县气象站			1973.07—1975.10
	孙文才	站长	1975.10—1980.07
泰和县气象局		局长	1980.07—1982.10
	王齐位	负责人	1982.10—1984.07
泰和县气象站		副站长（主持工作）	1984.07—1985.01
		站长	1985.01—1990.07
		局长	1990.07—1990.12
泰和县气象局	刘叙善	局长	1990.12—1993.12
	罗礼奇	副局长（主持工作）	1993.12—1994.12
		局长	1994.12—1997.12
	曾先仁	局长	1997.12—

人员状况 从建站起，先后有 35 人在泰和县气象站工作过。建站时有 3 人。2008 年 12 月共有职工 10 人，大专学历 9 人，中专学历 1 人；工程师 6 人，助理工程师 3 人，中级工 1 人；35～39 岁 3 人，40～49 岁 4 人，50 岁以上 3 人；均为汉族。

气象业务与服务

1. 气象业务

①地面气象观测

1959 年 1 月 1 日开始，每天 01、07、13、19 时进行 4 次定时地面气象观测，用地方平均太阳时制；1960 年 1 月 1 日起，改为每天 07、13、19 时进行 3 次定时地面气象观测；1960 年 7 月 1 日起，地面气象观测改为 08、14、20 时（北京时）进行 3 次观测。主要观测的项目有云、能见度、天气现象、风向、风速、气温、湿度、气压、日照、降水量、蒸发量、雪深、地面状态等。

2003 年 1 月 1 日执行 2003 年版《地面气象观测规范》。2004 年 1 月 1 日至 2005 年 12 月 31 日 20 时施行人工观测与自动气象站观测双轨运行。2006 年 1 月 1 日起，自动气象站单轨运行。除云、能见度、天气现象、日照、蒸发、雪深为人工观测外，其余观测项目均采用自动观测方式。每天 08、14、20 时 3 次定时观测，并按时编发加密气象观测报告（GD-05）、重要天气报告（GD-11 不定时）、气象旬（月）报（HD-03）、预约航空天气报。

2005 年 11 月起，泰和县建设区域自动气象观测站网，到 2008 年底基本覆盖全县乡镇、大、中型水库和地质灾害多发地区、农业生产重点区域，共建有 22 个自动气象站，其中单要素站 4 个、两要素站 3 个、四要素站 15 个。

2005 年 10 月建成高精度雷击监测定位仪；2007 年 2 月起承担酸雨、负离子特种观测业务；2008 年 10 月建成 GPS/MET 水汽监测站。

②农业气象

1959年3月开展农业气象观测、农业气象实验、农业气象情报和农业气象预报工作；1980年定为国家农业气象基本站，执行《农业气象观测方法》；1993年执行新的《农业气象观测规范》。观测项目有水稻、大豆、油菜、甘蔗等作物生育期的观测，以及家燕、青蛙、蚱蝉、楝树、板栗、油桐等物候观测。

1977年6—7月进行气候调查，整理1959—1977年气象资料，编写并出版《江西省泰和县农业气候手册》；1980年完成泰和县农业自然资源调查和农业区划，编写《江西省泰和县自然资源和农业区划》；2001年11月成立泰和县农经信息中心。

农业气象预报服务工作包括水稻生态监测、春播气象预报服务、农业气象专题分析、农业气象灾害警报、油菜和早稻定性定量预报、粮食产量定性定量预报、年度气候评价等。

③天气预报

1959年1月开始，制作短时天气预报，在收听省气象台天气预报的基础上，结合群众看天气经验，制作1～3天天气预报；1981年3月起每天定时发布未来1～2天天气预报；1988年开始制作旬、月及重要农事季节的订正预报；1990年10月开始转发省、市气象台的旬、月及重要农事季节的天气预报并作订正预报；1999年PC-VSAT卫星接收小站建成；气象信息综合分析处理系统（MICAPS）投入业务运行。

④气象信息网络

建站开始气象观测资料由人工编码，用电话经邮电局报房进行上传；1983年11月装备气象传真机，接收国际、国内和省气象台播发的气象传真图；1985年配备PC-1500袖珍计算机；1986年6月装备甚高频无线电话；1995年建成电子计算机远程工作终端；2000年1月建设PC-VSAT卫星接收小站，同年3月正式投入业务使用；2002年1月开始建成计算机宽带网，2005年开通通信（宽带）专线业务。

2. 气象服务

公众气象服务 20世纪80年代公众气象服务以广播为主；20世纪90年代公众气象服务增多，有广播、电视、气象警报接收机、电话、报纸等向公众发布天气预报；1998年1月开通"121"天气预报自动答询电话，2005年1月升为"12121"；1998年2月安装电视天气预报制作系统，向社会各界发布电视天气预报，并通过互联网、手机短信等，及时发布天气预报、预警预报、气象信息或防灾减灾知识。公众气象服务内容不断增加，有生活气象指数预报、森林火险预报、雷电防御等。

决策气象服务 2002年成立泰和县防灾减灾委员会，办公室设在县气象局。为应对气象灾害，县气象局及时向地方党政领导和有关部门提供气象信息、提出气象灾害的预防措施和决策建议等。服务形式有向领导口头、电话、手机短信、书面汇报（《气象情况反应》、《气象呈阅件》、《气象信息与咨询》）等。

专业与专项气象服务 1985年实行气象专业有偿服务。主要为各乡镇、各有关企事业单位、大中型基建工程、大中型水库，提供中、长、短期天气预报和灾害性天气预报；对不同行业提供有针对性的专业气象服务、气象资料等。

专项气象服务以人工增雨、防雷科技服务为主。1978 年成立人工影响天气领导小组，并组成人工增雨作业小组。1978—1990 年使用 JI-50-2 气象火箭及"三七"高炮开展人工增雨；1991 年 6 月人工影响天气工作由县水电局转为县气象局负责；1993 年 5 月调整人工影响天气领导小组，领导小组办公室设在县气象局；1999 年接收南昌市武装部退役"三七"高炮 1 门；2003 年 8 月购置 1 辆宝典人工增雨专用车，并使用 BL-1 型电动火箭发射器和专用火箭弹，适时开展人工增雨服务。

1992 年 6 月 25 日设立泰和县防雷技术检测所。2002 年更名为泰和县防雷减灾管理局，负责全县范围内防雷技术检测、咨询服务。

气象科技服务与技术开发 2000 年注册成立泰和县气象科技服务有限公司。科技服务项目从气象有偿服务发展到 2008 年的防雷工程设计与施工、电视天气预报画面广告、气球管理与施放及气象短信、"12121"气象声讯服务等。

气象科普宣传 建站以来，泰和县气象局始终坚持多种形式进行气象科普活动，普及气象知识。2005 年建立泰和县气象科普基地。每年在世界气象日、安全生产月以及重要农事季节等期间，都印发气象科普宣传品，开展现场咨询服务活动。

气象法规建设与社会管理

法规建设 从 2000 年 1 月 1 日《中华人民共和国气象法》实施以来，县气象局气象执法队伍由 4 人增加至 2008 年的 10 人。气象执法人员积极参加省、市组织的法律法规学习、培训，提高气象执法能力，保障气象事业依法发展。

社会管理 1980 年 4 月 15 日起执行《关于保护气象台站观测环境的通知》的规定，制订泰和县气象台站保护范围及说明。2007 年依据《气象探测环境和设施保护办法》第十九条规定，对地面观测场四周不符合要求的原有障碍物进行登记，对气象探测环境保护标准和具体范围进行备案，对新建建筑物严格审批程序，依法保护气象探测环境。

实施《施放氢气球管理办法》以来，泰和县行政区域内施放氢气球活动均纳入县气象局审批范围。依据《防雷减灾管理办法》、《防雷装置设计审核和竣工验收规定》和泰和县政府《转发〈吉安市政府关于印发吉安市防雷减灾管理办法通知〉的通知》（泰府发〔2006〕43 号）的文件精神，防雷减灾管理工作取得实效。

行政许可项目有气球施放活动审批、防雷装置设计审核、防雷装置竣工验收、大气环境许可使用气象资料审批。

党建与气象文化建设

党建工作 1982 年 4 月 20 日成立泰和县气象站党支部，时有党员 3 人。到 2008 年底，有党员 5 人。党支部成立以来，充分发挥党员及党组织的先锋模范作用和战斗堡垒作用，始终把党风廉政文化建设抓紧抓好，依托气象开展创建文明支部、和谐支部、先进支部活动，并取得实效。

气象文化建设 1997 年泰和县气象局成立精神文明建设小组，1998 年获县级"文明单位"称号；从 2004 年起，一直获吉安市市级"文明单位"称号。

荣誉 建站以来,县气象局获得市、县级集体荣誉 32 次。其中,1987 年被评为全省气象部门"文明单位";2000 年被评为全省气象服务"先进单位"和"全省人工影响天气抗旱减灾先进集体";2006 年被省气象局授予"五大工程建设达标单位"称号;2007 年被评为"全省人工影响天气抗旱减灾先进集体"。

台站建设

2002 年县气象局完成现址建设规划工作,并得到江西省气象局批准。在省气象局、吉安市气象局、泰和县政府的财力支持下,到 2003 年 3 月累计筹集资金 130 万元,建成建筑面积为 3130 平方米的泰和县气象局防灾减灾大楼,于 2004 年 4 月投入使用。大楼三层以上为职工住房,每户面积 130 平方米。2005 年又筹集资金 15 万余元,对县气象局后院区进行全面综合改造,建成集美化、绿化、亮化和体育健身为一体的花园式大院;2008 年底进行围墙加固建设。

万安县气象局

万安于南唐保大元年(943 年)设万安镇,宋熙宁四年(1071 年)改镇置县。位于江西省中南部,全县面积 2051 平方千米,总人口 30.2 万,辖 17 乡镇场。属亚热带季风湿润气候,气候温和,雨量充沛,光照充足,冬夏长,春秋短,四季分明,霜期短。年平均气温 18.4℃,年平均降水量 1435 毫米,年平均日照时数 1717 小时。

万安县气象局位于芙蓉镇五丰村水月山,即北纬 26°28′,东经 114°47′,观测场面积 25 米×25 米,海拔高度 101.6 米。

机构历史沿革

始建情况 1958 年 12 月万安县气象站筹建,1959 年 1 月 1 日开始气象观测,站址设在五丰乡茶亭村。

站址迁移情况 1959 年 2 月观测场在原址更换位置,1961 年站址迁移到五丰镇原造船厂后面,1966 年站址迁至五丰镇塔下村,1987 年站址迁至五丰镇五丰村水月山。

历史沿革 刚建站时站名为江西省万安县气候站;1959 年 9 月,水文气象合并,成立万安县水文气象站;1960 年 4 月,更名为万安县水文气象服务站;1962 年 5 月,站名为江西省吉安专区水文气象总站万安县水文气象服务站;1964 年 8 月,改名为江西省万安气象服务站;1971 年 1 月,更名为江西省万安县气象站;1980 年 7 月,更名为万安县气象局;1984 年 1 月,撤销万安县气象局,更名为万安县气象站;1990 年 7 月 15 日,恢复为万安县气象局,机构规格属正科级事业单位。

管理体制 1958 年建站时建制属江西省水利电力厅水文气象局管理;1959 年 3 月改为万安县农业水利局管理;1971 年 1 月实行军队与地方双重管理;1973 年 7 月县站体制下

放归万安县革命委员会管理;1980 年 7 月改为气象部门与地方政府双重领导,以气象部门领导为主的管理体制。

单位名称及主要负责人变更情况

单位名称	姓名	职务	任职时间
万安县气候站	陈福寿	负责人	1958.12—1959.09
万安县水文气象站			1959.09—1960.04
万安县水文气象服务站			1960.04—1962.05
吉安专区水文气象总站			1962.05—1962.11
万安县水文气象服务站	卢隆培	负责人	1962.11—1964.08
万安气象服务站			1964.08—1970.06
	华典传	站长	1970.06—1971.01
万安县气象站	鄢明光	站长	1971.01—1974.02
	杨才明	站长	1974.02—1975.12
	冯玉仁	站长	1975.12—1978.12
	黄慰贤	站长	1978.12—1980.07
万安县气象局		局长	1980.07—1981.10
	赖基冀	副站长(主持工作)	1981.10—1983.05
	郑芳富	负责人	1983.05—1984.01
			1984.01—1984.07
万安县气象站	陈国荣	副站长(主持工作)	1984.07—1985.12
	吕作范	站长	1985.12—1988.12
	刘叙善	站长	1988.12—1990.07
		局长	1990.07—1990.12
	王齐位	局长	1990.12—1992.10
	曾先仁	局长	1992.10—1993.10
	刘远俭	副局长(主持工作)	1993.10—1994.12
万安县气象局	付学林	局长	1994.12—1995.10
	刘远俭	局长	1995.10—2001.04
	阮启亮	局长	2001.04—2003.01
	李 强	局长	2003.01—2005.02
	季益龙	局长	2005.02—

人员状况 1958—2008 年,在万安县气象局工作过的人员共计 39 人,2008 年 12 月有在职职工 9 人,在职人员中有大专以上学历 5 人;工程师 6 人,助理工程师 2 人,技术员 1 人;35 岁以下 1 人,36~45 岁 4 人,46~49 岁 2 人,50 岁以上 2 人。

气象业务与服务

1. 气象业务

①地面气象观测

建站至 1959 年 12 月,使用地方平均太阳时,每天进行 01、07、13、19 时 4 次气候观测;

1960 年 1 月 1 日起改为 3 次(即地方平均太阳时 07、13、19 时);1960 年 7 月 1 日起定时气候观测改为北京时 02、08、14、20 时进行;1961 年 1 月 1 日起定时气候观测改为 3 次(即北京时 08、14、20 时);1985 年 3 月 1 日起增加北京时 11、17 时 2 次定时观测;从 1986 年 2 月 1 日起,停止 11、17 时观测。

建站时观测项目有云、能见度、天气现象、气温、湿度、风向、风速、降水。1959 年 7 月 1 日至 1979 年先后增加地面温度、日照、5～20 厘米曲管地中温度、气压、蒸发、指示性云、地方性云、系统性云等观测项目。1980 年 1 月 1 日起按修改后的《地面气象观测规范》进行观测。

自动气象站 2003 年 8 月县气象局观测站建成七要素自动气象站。2005—2008 年先后在全县范围内建立 17 个二至四要素区域自动气象站。

发报种类 1960 年 3 月 20 日开始为军航和民航拍发航空报、危险报。固定航空危险天气报为每天 06—20 时,预约航空危险天气报为每天 00—24 小时,每小时 1 次;从 1960 年 1 月 1 日开始,向省、地区气象台拍发 08 时区域绘图天气报告(GD-81),同年 9 月 10 日开始增发区域危险报(GD-82);从 1982 年 1 月 1 日 08 时起拍发 GD-91 报(即江西省气象服务电码),原 GD-81 及 GD-82 报停止拍发;从 1984 年 1 月 1 日 00 时起拍发重要天气报;1987—1988 年每年 3 月 20 日—8 月 31 日,向江西省气象台拍发地面小图报。至 2008 年,每天拍发 08、14、20 时 GD-05 报和不定时重要天气报(GD-11)。电报传递早期由专线电话传给邮局报房转发;1991—1993 年每日 06—20 时担负航空危险天气发报任务;1987—1998 年改用甚高频电话口传;1999 年起实行计算机网络上传。

报表制作 1985 年以前用手工制作纸制报表;1985 年 2 月配备 PC-1500 袖珍计算机;1987 年 2—7 月通过 PC-1500 袖珍计算机试作气表-1,8 月正式利用 PC-1500 袖珍计算机制作气象报表;1998 年 4 月起通过计算机网络输入原始资料上传,停报纸制报表。

仪器更新 1959 年 6 月 30 日按规范要求安装 0 厘米、最低、最高地面温度表。7 月 31 日安装 5 厘米、10 厘米、15 厘米、20 厘米曲管地中温度表。6 月 30 日安装乔唐式日照计。1960 年 7 月 1 日,小百叶箱内仪器感应部位和雨量筒由原来的 2 米分别降低到 1.5 米和 70 厘米。1961 年 8 月 1 日安装使用气压表。1963 年 1 月 1 日起安装使用大型蒸发皿。1970 年 1 月 1 日起安装使用气压计。1972 年 11 月 1 日起撤换维尔达风压器,改为 EL 型电接风向风速计。1974 年 3 月 1 日安装使用雨量计,12 月 9 日安装大百叶箱,同时使用温、湿度自记仪器。

②天气预报

从 1959 年 1 月 1 日起,万安县气象站一直发布单站补充天气预报。短期天气预报有未来 1～3 天的天空状况、天气现象、风、气温;从 1989 年 10 月起,每年 10 月至次年 2 月,单站不作短期预报,改为转发或补充省、地区气象台天气预报;1990 年后,增加短时天气预报;2003 年后增加森林火险等级预报。中期天气预报有未来 3～10 天的天气趋势预报,内容为天气过程、雨量、气温、农事建议。长期天气预报有未来 10 天以上降水过程,气温变化及灾害天气趋势预报。专题天气预报主要有春播、汛期、高温、干旱、寒露风、低温霜冻、人工增雨、飞机播种、森林防火、病虫害防治、杂交水稻制种等方面的天气预报。

县气象站天气预报在 20 世纪 60 年代基本以"收听预报加看天"来完成;70 年代通过绘

制简易天气图,结合单站要素制作预报;80年代则运用客观数值统计,通过建立"四个基本"制作预报;1982年3月开始用气象传真机接收资料,并独立地分析判断天气变化;1985年6月开始使用甚高频电话与地区气象台进行预报会商;90年代以后转发并补充订正市气象台预报;2000年以来县气象站预报主要以短时临近预报为主,随着数值预报、卫星资料、雷达探测和加密自动站等的应用,天气预报准确率不断提高。

2. 气象服务

公众气象服务 1989年2月至1993年4月在全县先后安装天气预报警报接收机20台,每天08时、17时向服务单位发布未来2天天气预报和灾害性天气警报。1997年开通"121"天气预报自动答询电话,后升位为"12121";2008年7月开通气象预警短信平台,以手机短信方式向全县各级领导和群众发送气象信息;同年11月增加电子显示屏为社会公众提供气象服务。

决策气象服务 2005年6月19—22日遭受暴雨袭击,全县受灾严重。暴雨来临前,县气象局作出准确预报,以《气象呈阅件》报告县领导、抄送有关部门、并及时通过广播电视、手机短信等通讯手段向社会公众发布信息,使灾害损失降到最低程度。2008年1月12日至2月4日,万安县出现历史罕见连续长时间低温雨雪冰冻气象灾害天气,气温低、雨雪冰冻持续日数之长、雨雪量大,均突破有气象记录以来历史极值。为做好此次重大天气过程气象服务工作,万安县气象局启动重大气象灾害预警应急预案Ⅱ级应急响应命令,提前报准了几个阶段性的低温冻害天气过程,连续发布低温冻雨天气报告。由于服务到位,受到地方领导的好评。

专业与专项气象服务 1992年7月成立万安县人工影响天气领导小组,办公室设在县气象局。发射工具由30年前的土火箭、"三七"高炮,发展到BL-1型电动火箭发射器和专用火箭弹。2003年7—8月万安县出现百年不遇的特大高温干旱灾害,县气象局抓住有利时机积极开展人工增雨抗旱作业,有效缓解旱情;2004年首次为万安水电厂开展库区人工增雨蓄水发电服务,取得明显的经济效益和社会效益。

2001年8月县气象局成立防雷减灾管理局,将防雷工程从设计、施工到竣工验收都纳入气象行政管理范围,并开展防雷服务。

气象科技服务与技术开发 1985年气象专业有偿服务开始起步,主要为各乡镇、各有关企事业单位,提供中、长期天气预报和气候资料,一般以旬报为主。

气象科普宣传 县气象局充分利用手机短信,户外电子显示屏,电视天气预报节目等形式宣传气象科普知识。在世界气象日邀请中小学生、社会各界团体参观气象科普基地,利用科技宣传周、安全生产月、国际减灾日等活动,开展气象科普咨询活动,为农民讲解气象科普知识、发放科普资料。

气象法规建设与社会管理

法规建设 2001年8月成立万安县防雷减灾管理局。负责组织管理本行政区域内的防雷减灾工作,将防雷装置设计审核和竣工验收纳入气象行政许可管理范围。为加强雷电灾害防御的依法管理工作,万安县政府下发《关于公布万安县本级行政许可保留项目的通知》(万府发〔2005〕1号)和《关于进一步切实做好防雷安全工作的通知》(万府办字〔2008〕47号)等文件,建立相应的气象行政执法制度。

社会管理 对气象行政审批办事程序、服务内容、服务承诺、执法依据、服务收费依据及标准等,采取通过户外公开栏、发放《防雷安全手册》和防雷减灾宣传单等方式向社会公开。

1991年成立万安县防雷检测所,开始实施防雷检测等技术服务;2002年5月成立气象执法大队,加强执法检查、监督,对违反法律法规的行为及时组织人员进行立案、取证调查、依法查处。2003年1月、2003年4月、2006年11月,县气象局先后对3个单位防雷装置违法案件依法进行立案查处,县法院依法下达《行政裁定书》强制执行。

党建与气象文化建设

1. 党建工作

党的组织建设 1986年以前,县气象站党员少,没有单独成立党支部或党小组。党员编入万安县农工部支部过组织生活。1991年1月经县直属机关党委批准,成立万安县气象站党支部。到2008年12月,共有党员5名。党支部认真执行"三会一课"制度,不定期组织党员学习重要文件,通过组织党员参观康克清旧址及康克清博物馆等活动,接受革命传统教育。2004—2005年连续两年被县直机关工委授予"先进基层党支部"称号。

党风廉政建设 认真落实党风廉政建设责任制,配备纪检监督员,积极开展廉政教育和廉政文化建设活动,营造"以廉为荣、以贪为耻"的良好氛围。2005年开始每年4月开展廉政宣传教育月活动。局内设有政务公开栏、人员公示栏、意见箱,遇有重大事项都在公示栏张贴出来,接受群众监督。

2. 气象文化建设

县气象局坚持以人为本,弘扬自力更生、艰苦奋斗精神,不断开展文明创建活动。建立"两室一场"(文娱活动室、阅览室、羽毛球场),拥有图书千余册。经常组织开展文体活动,丰富职工生活,通过开展"五好家庭"评比活动,形成遵纪守法,尊老爱幼,育子成才,人人争当"五好家庭"的和谐氛围。

3. 荣誉

万安县气象局被评为地市级先进集体6次,其中1988年被江西省气象局评为"文明单位",1992年被省气象局评为"防洪救灾"先进集体,1994年被省气象局评为"先进单位",2003年被评为全省"五大工程"建设一级达标单位。

台站建设

建站时,只有1栋简易民房。1986年征地约1.07万平方米,于8月20日建成新办公楼(三层),建筑面积593.38平方米。1999年拆旧兴建职工宿舍(自建公助)楼四层8套,面积 1100 平方米。2001 年投入 2ム.2 万元,对原办公楼进行综合改善,使办公条件得到改善。2002 年新建围墙和大门。在当地政府的大力支持下,先后建成县级地面气象卫星接收小站,CAMS600-B 型自动气象站,县级气象服务终端等。

2002 年以来,万安县气象局对院内工作、生活、娱乐等一些基础设施和环境进行全面改造,配置立式空调,添置新办公桌椅,改善办公条件。重新平整路面达 232 平方米,整个院内路面硬化,建造花坛,栽上花草树木,铺设 1300 平方米草坪,使院内绿化率达 97%,院内面貌焕然一新,改善了县气象局的工作和生活环境。

永新县气象局

永新历史悠久,东汉建安九年(204 年)建县。永新县有着光荣的革命历史,是井冈山革命根据地的重要组成部分,"三弯改编"发生地,全国第四大将军县,是贺子珍的故里。位于赣中西部,毗邻湘东,古称楚尾吴头。全县土地面积 2187 平方千米,总人口 48 万,辖 25 个乡(镇、场)。属中亚热带季风湿润性气候,气候温和,光照充足,雨量充沛,四季分明。春秋短,冬夏长,除少数边缘山区外,光、热、水都可以满足一年三熟的需要,四季宜农宜牧。年平均气温为 18.0℃,年平均降水量为 1558.3 毫米,年平均日照时数为 1576.0 小时。

永新县气象局位于县城东门外东华岭,即东经 114°15′,北纬 26°56′,观测场海拔高度 153.0 米。

机构历史沿革

始建情况 江西省永新气候站(国家一般气候站)诞生于 1957 年 11 月 1 日,站址设在县城西门外沙籽坪(左家村)。

站址迁移情况 1981 年 1 月 1 日由永新县城西门外沙籽坪(左家村)迁至县城东门外东华岭。

建站时观测场面积 25 米×25 米,198ロ 年迁往新址仍保留 25 米×25 米,1998 年 1 月后改为 16 米×20 米。

历史沿革 1957 年 11 月 1 日建站时名称为江西省永新气候站;站名在 1960 年 4 月、1964 年 6 月、1971 年 7 月进行 3 次改动;1981 年 3 月在县气象站的基础上成立永新县气象局;1984 年 4 月取消县气象局名称,保留站名;1990 年 7 月恢复为永新县气象局,机构规格属正科级事业单位。

1961 年 8 月 1 日升为国家基本气象站,1962 年 12 月 31 日起为国家一般气候站。

管理体制 建站至 1959 年 6 月、1962 年 6 月至 1968 年 10 月、1980 年 10 月起实行气象部门与地方政府双重领导,以气象部门领导为主的管理体制;1959 年 6 月至 1962 年 6 月、1968 年 10 月至 1971 年 2 月、1973 年 8 月至 1980 年 10 月,以县政府管理为主;1971 年 2 月至 1973 年 8 月以军事机构管理为主。

机构设置 1975 年以前无下属机构;1976 年 2 月开始下设测报组和预报组;1980 年 1 月增设农气组;1981 年 7 月更名为测报股、预报股和农气服务股;1992 年 10 月增设防雷安全检测所;1994 年 1 月将测报股、预报股和农气服务股合并为综合业务股,增设气象科技服务中心;2002 年 11 月经永新县编委批准,成立永新县雷电防护管理局,为副科级直属事业单位。

单位名称及主要负责人变更情况

单位名称	姓名	职务	任职时间
永新气候站	赵自能	站长	1957.11—1958.05
	蒋文汉	负责人	1958.05—1960.04
			1960.04—1960.07
永新县水文气象服务站	旷盛发	站长	1960.07—1962.12
	周炳昌	负责人	1962.12—1964.06
永新县气象服务站	肖称元	负责人	1964.06—1968.12
	张国照	负责人	1968.12—1969.12
	盛良元	负责人	1969.12—1971.03
	李财生	负责人	1971.03—1971.07
			1971.07—1972.06
永新县气象站	汤忠余	站长	1972.06—1978.01
	黄 捷	站长	1978.01—1981.03
永新县气象局		局长	1981.03—1983.02
	吴光前	副局长(主持工作)	1983.02—1984.04
永新县气象站		副站长(主持工作)	1984.04—1985.02
	谢朝标	站长	1985.02—1990.07
		局长	1990.07—1990.12
永新县气象局	刘积云	副局长(主持工作)	1990.12—1992.12
	王景山	局长	1992.12—1994.12
	胡志平	局长	1994.12—1995.11
	曾朝勃	副局长(主持工作)	1995.11—1997.11
		局长	1997.11—

人员状况 1957—2008 年在永新县气象局工作过的人员共计 49 人。建站时只有 2 人,到 2008 年 12 月,共有在职职工 8 人,其中本科学历 1 人,大专学历 5 人,中专学历 2 人;工程师 3 人,助理工程师 5 人;36～45 岁 7 人,35 岁以下 1 人;均为汉族。

气象业务与服务

1. 气象业务

①地面气象观测

建站至 1959 年 12 月,每天进行 01、07、13、19 时 4 次气候观测(采用地方平均太阳时制);1960 年 1 月 1 日起,取消 01 时观测,用 07 时记录代替;1960 年 7 月 1 日起,气候观测改为北京时 08、14、20 时 3 次,不守夜班;1961 年 8 月 1 日至 1962 年 12 月 31 日改为 4 次观测(增加 02 时观测);此后一直为 3 次观测。观测的项目有云、能见度、天气现象、气压、气温、湿度、风向、风速、降水、日照、蒸发、地面及地中温度、雪深以及压、温、湿、风、降水的自记仪器记录。

1960 年 1 月 1 日至 1981 年 12 月 31 日,向省、地区气象台编发 14 时区域天气报告(GD-81);1961 年 8 月 1 日至 1962 年 12 月 31 日每日 08 时和 14 时拍发绘图报,05 时和 17 时拍发辅助绘图报;1982 年 1 月 1 日起,向省、市气象台编发气象服务电报(GD-91)和重要天气报(GD-11);1976 年 2 月 10 日至 1992 年 10 月拍发 AV 吉安固定航空危险天气报(05—20 时)和预约航空危险天气报(21—04 时)以及 MH 南昌预约航空危险天气报;1977 年 1 月至 1988 年 1 月发湘赣边界重要天气联防报。现在每天拍发 08、14、20 时 GD-05 报,不定时重要天气报(GD-11)。电报传递,早期用专线电话传给邮局报房转发,1987—1998 年改用甚高频电话口传,1999 年起实行计算机网络上传。

编制报表有气表-1、气表-21,向省、地区气象局各报送 1 份,县气象局留底 1 份;1998 年 4 月起通过计算机网络输入原始资料上传,停报纸制报表。

CAMS600-B 型自动气象站于 2003 年 11 月 31 日 20 时正式运行。2004 年 1 月 1 日自动气象站投入业务工作,并与人工平行观测。2005 年 1 月 1 日起,自动气象站记录代替人工观测同类项目记录。2006 年 1 月开始,分批在全县所有乡镇建立一至四要素区域自动气象站。2008 年 10 月建成 GPS/MET 水汽监测站。

②农业气象

永新县气象站属农业气象一般站,1958 年 3 月至 1962 年开展过简易农业气象观测。1982 年观测项目有水稻、果树、小动物等种类。1979 年 12 月编写《永新县农业气候手册》。1982 年 12 月完成全县农业气候资源调查和区划。1990 年"森林覆盖率对旱涝和农业生产影响分析"在《江西气象科技》刊载。1990 年起停止农业气象观测。1995 年起农业气象兼职人员深入乡村开展种桑养蚕、高产红薯、无籽西瓜等项目科研工作。1998 年蚕桑项目获得中国气象局和江西省气象局气象科技扶贫二等奖,同年"春蚕饲养的农业气象技术措施"在《江西气象科技》刊载。

③天气预报

从 1958 年 7 月 1 日起,一直发布单站补充天气预报。短期天气预报有未来 1~3 天的天空状况、天气现象、风、气温。从 1989 年 10 月起每年 10 月至次年 2 月,单站不作短期预报,改为转发或补充省、市气象台天气预报。1990 年后,增加短时天气预报。中期天气预报有未来 3~10 天的天气趋势预报,内容为天气过程、雨量、气温、农事建议。长期天气预报有未来 10 天以上降水过程、气温变化及灾害天气趋势预报。专题天气预报主要有春播、汛期、高温、干旱、寒露风、低温霜冻、人工增雨、飞机播种、森林防火、病虫害预防、杂交水稻制种等方面的天气预报。

县气象站天气预报在 20 世纪 60 年代基本以"收听预报加看天"来完成;70 年代通过绘制简易天气图、结合单站要素来作预报;80 年代运用数理统计,通过建立"四个基本"来制作预报;1982 年 3 月开始气象传真机接收资料,并利用其独立地分析判断天气变化;1985 年 6 月开始使用甚高频电话与地区气象台进行预报会商;90 年代转发并补充订正地区气象台预报;2000年以后县气象站预报主要以短时临近预报为主。

2. 气象服务

公众气象服务 1989年2月至1993年4月在全县先后安装天气预报警报接收机20台,每天08时、17时向服务单位发布未来2天天气预报和灾害性天气警报;1997年10月1日开通"121"天气预报自动答询电话,2004年起"121"电话由市气象局集约经营,2005年1月"121"电话升位为"12121";2006年5月利用移动通信网络开通气象预警短信平台;2007年6月开通固定电话气象预警平台,以手机短信和电话语音方式向全县各级领导和群众发送气象信息。

决策气象服务 1982年6月11—18日,永新县出现连续性暴雨,发生百年不遇的特大洪涝。县气象局提前发布暴雨和大暴雨预报并及时发布雨情报告21次,向县党政领导和有关部门汇报50多次。在洪水淹没公路和通信中断的情况下,县气象局局长带领干部职工涉水送预报情报,并在洪水进城前5小时通知到县委、县政府和有关单位20个,洪涝期间接待灾民16户70多人,为灾民解决食宿和烧柴照明等困难,为省政府空投救灾物资做好气象保障工作。1989年6月30日至7月1日永新县出现大暴雨(日雨量153毫米),禾山水库洪水猛涨,有关部门准备采取炸溢洪道泄洪,县气象站及时作出雨势减小,降水过程将结束的预报,县委副书记周谨晟立即取消炸溢洪道泄洪的措施,为全县各水库多蓄水1.3×10^7立方米,避免了二晚播种1.93万公顷的经济损失。2003年5月16日永新县出现继1982年以来又一次特大洪涝,禾河最高水位超警戒线2.71米,县气象局提前5天向县领导和防汛部门汇报,县气象局主要领导亲临防汛抗灾第一线,坐阵防汛办公室调度指挥,全局职工全力以赴,及时提供水情雨情,由于预报准确,服务主动及时,为防洪抗灾提供了正确的决策依据,取得明显的社会经济效益,为此县防汛指挥部致函市气象局并为县气象局请功。

专业与专项气象服务 永新县人工影响天气领导小组办公室于2001年8月成立,设在永新县气象局。2005年5月县财政拨款购置1辆宝典人工影响天气专用车,发射工具由30年前的土火箭、"三七"高炮,发展到使用BL-1型电动火箭发射器和专用火箭弹。2003年7—8月,永新县出现百年不遇的特大高温干旱灾害,面对严重的旱情,县气象局积极组织开展人工增雨抗旱作业,作业12次,发射火箭弹26枚,8月11日、13—15日作业后全县普降大到暴雨,取得县人工增雨史上最好效果,深受各级领导和广大群众的好评。

气象科技服务与技术开发 1985年气象专业有偿服务开始起步,主要为各乡镇、各有关企事业单位提供中长期天气预报和气候资料,一般以旬报为主。

气象法规建设与社会管理

法规建设 重点加强雷电灾害防御工作的依法管理工作。永新县政府下发《关于加强防雷安全管理的通知》(永府办字〔1994〕25号)和《关于进一步加强我县防雷安全工作的通知》(永府办字〔2005〕106号)等有关文件。同时进一步建立健全气象行政执法责任追究和群众评议等一系列气象行政执法制度。

社会管理 对气象行政审批程序、服务内容、服务承诺、执法依据、服务收费依据及标准等,采取户外公示栏、网络、发放宣传单等方式向社会公开。2004 年 5 月永新县气象局成立气象执法大队。2005 年 6 月气象行政审批进驻县行政服务中心。

1992 年开始实施防雷检测等技术服务;2002 年开展防雷安全执法检查;2003 年起实行防雷装置设计审核和竣工验收制度,永新县防雷安全管理工作逐步走向规范化。

党建与气象文化建设

1. 党建工作

党的组织建设　1980 年 11 月以前,永新县气象站党员少,没有单独成立党支部,曾在县农业局、水电局、邮电局等单位参加组织生活。1980 年 11 月 17 日经县直属机关党委批准,成立永新县气象站党支部,有党员 4 人。2008 年 12 月,有党员 6 人。党支部坚持"三会一课"制度,不定期组织党员学习重要文件、读报、参观革命旧址等活动,2004—2008 年连续五年被县直机关工委评为先进基层党支部。

党风廉政建设　认真落实党风廉政建设目标责任制,积极开展廉政教育和廉政文化建设活动,努力建设文明机关、和谐机关和廉洁机关。2005 年起每年 4 月开展廉政宣传教育月活动。县气象局设有公示栏、意见箱,设立纪检监督员岗位,有关事项都在公示栏张贴,接受群众监督。

2. 气象文化建设

县气象局坚持以人为本,弘扬自力更生、艰苦奋斗精神,深入持久地开展文明创建活动,做到政治业务学习有制度,文体活动有场地,电化教育有设备,职工生活丰富多彩,还设立宣传栏(牌),建立文娱活动室、报刊图书室(有图书千余册)、羽毛球场。通过经常性的政治理论和法律法规学习,全局职工遵纪守法,勤奋工作,争创佳绩。县气象局 2003—2008 年连续保持市级"文明单位"称号。

每年世界气象日、国际减灾日、安全生产月等活动期间,县气象局干部职工都深入街道、乡村开展气象科普宣传活动,向群众发放气象科普材料,解答疑难问题,受到当地群众的普遍欢迎。

3. 荣誉

1977—2008 年,永新县气象局共获集体荣誉 41 项(次)。其中,1962 年被江西省政府评为"全省农业先进单位";1982 年省气象局给予抗洪抢险集体记大功奖励;2005 年永新县气象局被中国气象局授予"局务公开先进单位"称号;2004 年被省气象局评为全省基层台站建设"五大工程"一级达标单位;2007 年被市防汛抗旱指挥部评为防汛抗旱"先进集体"。

台站建设

建站时,只有 90 平方米的砖木平房;1966 年在原房子南面建砖木结构约 80 平方米的 1 栋平房;1975 年建砖木结构约 100 平方米的职工宿舍房 5 间;1978 年建砖木结构约 60 平方米的职工宿舍 3 间;1980 年经批准迁站,征地 1.9 万平方米,建混泥砖木结构面积 483 平方米的二层办公楼 1 栋,职工宿舍 1 栋四套(面积 268.8 平方米),食堂 91 平方米,简易发电机房 26.4 平方米。1998 年建成 1 栋三层 6 套职工住房,每套 84 平方米;2004 年对老办公楼进行全部装修和改造,办公环境得到改善。2005 年新建 3 间车库和门岗,新增内围墙 100 米。

近几年对院内环境建设进行高标准规划,硬化道路,建起羽毛球场,铺草坪 1561.6 平方米,栽桂花、樟树、含笑等风景树多棵,院内面貌焕然一新。

永新县气象站业务办公楼(摄于 1980 年 12 月)　永新县气象局综合业务楼(摄于 2005 年 6 月)

抚州市气象台站概况

  抚州市位于江西东部,北纬 26°29′—28°30′,东经 115°35′—117°18′,辖 10 县 2 区,面积约 1.88 万平方千米,总人口 380 万。抚州素有"才子之乡、文化之邦"之美誉。境内主要河流抚河是江西省第二大河流,干流总长 349 千米。抚州气候四季分明,雨量充沛,光照充足,年平均气温 16.9℃～18.2℃,年降水量 1600～1900 毫米。

  历史沿革 1934 年,南城县建立雨量观测站,这是抚州地区最早设立的单要素气象观测站;1952—1959 年全区气象台站先后成立;1957 年 9 月成立抚州地区气象台;1959 年成立抚州地区水文气象总站,负责全地区台站管理(1959 年之前,全地区气象台站由江西省气象局直接管理);1963 年 9 月,抚州地区水文气象总站更名为江西省水利电力厅水文气象局抚州分局;1969 年 1 月 27 日,进贤、东乡水文气象站划归抚州地区水文气象分局管理;1971 年 1 月 1 日,气象、水文分设,成立抚州地区气象台,各县成立气象站;1977 年 12 月撤销抚州地区气象台,设立抚州地区气象局,为正县级单位;1978 年 5 月 2 日,建立临川气象站;1983 年改设抚州地区气象台,行政级别不变;1984 年广昌气象站划归抚州管理;1985 年 4 月,抚州地区气象台改为抚州地区气象管理局;1988 年进贤气象站划归南昌市气象台管理;1990 年,抚州地区所属气象站一律改为气象局;1997 年 2 月,抚州地区气象管理局更名为抚州地区气象局;2000 年 10 月抚州撤地设市,地区气象局改为市气象局;2008 年 9 月,金巢经济开发区气象局成立。

  管理体制 1959 年 5 月前,抚州市各级气象台站由省气象局直接管理;1959 年 5 月,管理体制下放由地方政府和业务部门双重管理,以地方政府管理为主;1962 年 5 月,上收省气象局管理;1971 年实行军事部门和各级革命委员会双重管理、以军事部门管理为主的体制;1973 年 6 月由各级革命委员会管理,归口农林办公室;1980 年 7 月以后,实行气象部门与地方政府双重领导,以气象部门领导为主的管理体制。

  台站数量 抚州市气象局辖南城县、南丰县、广昌县、黎川县、金溪县、资溪县、崇仁县、宜黄县、东乡县、乐安县、临川区和金巢经济开发区 12 个县(区)气象局,除金巢区外,其他 11 个县、区气象局全部建有气象观测站。

  人员状况 1979 年全市气象部门在职职工有 125 人,1987 年有 227 人,1998 年有 184 人。2008 年底,在职职工有 155 人,聘用 14 人,离、退休 77 人。在职人员中本科学历 36

人,大专学历 71 人;高级职称 6 人,中级职称 80 人。

党建与气象文化建设 2008 年底,抚州市气象部门有党支部 12 个,在职党员 78 人;全市气象部门共有市级文明单位 11 个,省级文明单位 1 个。2001 年开始,全面推行局务公开。1995 年 4 月,抚州地区气象局首次设立 11 个县(区)气象局纪检监督员。1997 年 7月,地区气象局设立纪检组,从当年起,抚州地区气象局党组书记每年与各科室和县气象局主要领导签订党风廉政责任状,落实党风廉政建设责任制。

气象法规建设 2001 年 9 月印发《抚州市防御雷电防灾害管理规定》;2007 年 6 月印发《抚州市政府关于加快气象事业发展的实施意见》;2008 年 7 月印发《抚州市政府关于进一步加强气象灾害防御工作的实施意见》。

探测环境保护 2005 年 3 月以前,由抚州市政府发文,全市气象部门将气象探测环境保护范围和说明等文件送城建、规划、土管等部门备案,气象部门开始主动提前介入气象探测环境保护工作。2007 年底,临川区观测场西南面规划建设的"临抚铭居"商住楼,可能影响探测环境,市气象局与开发商协商未果,在市政府的协调下,修改该商住楼设计,降低建筑物高度,减少 16 套商品房,面积约 2400 平方米,探测环境得到保护。

主要业务范围

地面气象观测 抚州市共有 11 个地面气象观测站,其中南城气象站为国家基准气候观测站,广昌为国家基本气象观测站,其他 9 个站为国家一般气象观测站。2006 年 1 月 1日,抚州被列为"三站四网"调整试点单位,南城气象站调整为观象台,广昌、南丰、临川气象站调整为一级站,其他 7 个站调整为二级站,期间,二级站取消 14 时人工观测和发报任务。2008 年底,南城气象站重新调整为国家基准气候观测站,广昌、南城调整为国家基本气象观测站,其他 8 个县气象站调整为国家一般气象观测站。国家基准气候站每天 24 次定时人工观测,发 8 次天气报;国家基本气象站每天 4 次定时人工观测、4 次辅助人工观测,发 8次天气报;国家一般气象站每天 3 次人工定时观测并发加密天气报,白天守班。此外,广昌站承担酸雨观测任务,资溪、广昌站承担负离子观测任务,临川站承担紫外线观测任务。南城、广昌、临川 3 个气象站承担航空危险天气报任务。1985 年 PC-1500 袖珍计算机用于台站报表处理;2002—2004 年,全市 11 个县(区)全部建成自动气象站并进行 24 次定时观测上传数据。2005 年 4 月,抚州市政府办公室下发《关于印发抚州市中尺度突发灾害性天气自动监测网(一期工程)建设方案的通知》,开始建设区域自动气象站,到 2008 年底,全市建成 95 个四要素区域自动气象站,自动站全部采用 GPRS 无线传输方式,每 5 分钟传送 1 次自动观测数据。2003 年 3 月、10 月,广昌县和临川区气象局分别建成 VLF-LF 频段闪电定位系统,并投入运行。2008 年 10 月,除金溪、东乡外,全市其他 9 县(区)气象局全部建成 GPS/MET 水汽基准站,观测数据上传国家气象信息中心。

高空气象观测 南城县气象站 1958 年 9 月至 1959 年 11 月开展云带气球观测,1958年 9 月至 1961 年 12 月开展高空风项目探测。

天气雷达 1979 年 4 月,地区气象台配备 711 型测雨雷达,5 月投入使用,探测时间每年从 2 月 1 日—10 月 31 日,1996 年停止观测。

农业气象 1956—1959 年,抚州市各气象台站先后开展农业气象观测业务。后经反复调整,至 2008 年底,南丰为农业气象国家基本站,南丰、南城、广昌、临川气象站为农业气象 AB 报站。

天气预报 1958 年抚州市气候站改为气象台,同年开始抚州市天气预报业务,主要开展短期、中期、长期、短时、专题和专项预报等业务。县气象站预报开展于同年 9 月,当时主要是单站补充订正预报和未来 1~3 天的短期天气预报。20 世纪 60 年代初开始做旬、月、年和重要农事季节(春播、汛期、干旱)的中、长期预报。进入 20 世纪 80 年代,随着雷达、卫星等先进技术的广泛应用,大量数值预报产品开始投入业务应用,抚州市天气预报业务得到快速发展,天气预报准确率和服务质量明显提高。1986 年开始做短时灾害性天气预报。20 世纪 90 年代以后,特别是进入 21 世纪,随着电子、通讯、计算机网络等技术的飞速发展,天气预报逐步由定性预报向精细化预报方向发展。

人工影响天气 抚州市人工影响天气工作始于 20 世纪 70 年代初期,当时称人工降雨试验。1974 年 8 月 9 日在黎川县成立抚州地区人工降雨指挥部,从省军区调来 6 门"三七"高炮、省气象局调来测雨雷达,在该县作业 18 次。1978 年开展高炮和"土火箭"作业。80 年代人工增雨基本没有开展。90 年代,利用高炮在全市部分县气象局开展人工降雨作业。1991 年 7 月,抚州地区行署办公室发文成立抚州地区人工影响天气领导小组,行署副专员任组长,领导小组办公室设在地区气象局。2000 年,省军区退役的 4 门"三七"高炮分布在东乡、金溪、南城、崇仁,同年由市气象局高炮分队组织在部分县开展人工增雨作业。2001年 6 月,抚州开始配备人工影响天气火箭发射装置和作业车辆。2003 年 7—8 月,抚州市发生罕见大旱,全市 7 县紧急配备人工影响天气作业车投入使用,11 个县(区)开展大范围的人工增雨作业,并取得较明显的社会、经济效益。同年省军区退役的 4 门"三七"高炮调市气象局统一管理。2004 年,全市配齐人工增雨作业车,人工影响天气工作实行专业化、规范化和准军事化管理。到 2008 年底,全市拥有 14 支火箭人工影响天气作业分队和 1 支高炮人工影响天气作业分队,4 门"三七"高炮、14 套火箭作业系统,有持证作业人员 62 名。作业领域涉及农业抗旱减灾、森林防(灭)火、水库蓄水、作物防雹、城市降温等多个方面。

气象服务 20 世纪 80 年代初,决策气象服务主要以书面文字材料为主;90 年代起,决策气象服务产品由电话、传真、信函向电视、微机终端、互联网等发展,各级领导可通过电脑随时调看气象预报信息和实况资料。1997 年后,全区先后开通电视天气预报节目,还通过广播、报纸、互联网、"12121"声讯电话、电子显示屏、手机短信等途径为公众服务。

专业气象服务从 1981 年开始,当时均为无偿服务。1982 年,地区气象台在部分企业试行有偿专业气象服务。1985 年,抚州专业气象服务全面铺开,专业气象服务从单一的为农业粮食生产服务迅速扩展为建筑、保险、水电、交通、林业、工厂、渔业等几十个行业,服务方式从电话、旬报发展为旬报、传真、网络和短信等多种形式。1990 年成立地区气象局服务科,1998 年 12 月,成立抚州兰天气象科技有限责任公司。

抚州市气象部门综合经营服务始于 20 世纪 80 年代后期,当时主要以种植业和养殖业项目为主。1988 年崇仁县气象局率先开展综合经营,当时饲养麻鸡 1000 多只、种植柑橘树 100 棵,随后各台站均开展综合经营,项目迅速扩展为打字、名片、广告、养殖、销售、干洗、贩运、商业服务等,并取得一定的经济效益。1991 年,各县气象局、地区气象局的各科室均开展 1～2 个综合经营服务项目,地区气象局创办干洗店、粮油店、羊毛衫店、面包店、电子维修店、烟酒食品店,成立运输队,先后贩过橘饼、狗,养过鸡、鸽、蛇。1993 年全区气象部门成立 12 个注册综合经营实体,18 人专职从事综合经营工作,加上停薪和兼职人员,超过全区气象部门总人数的五分之三。1994 年全区综合经营开始萎缩,1998 年综合经营项目基本退出舞台。2003 年底市气象局干洗店停业,全市综合经营项目结束。

抚州市气象局

抚州市历史悠久,建于隋开皇九年(589 年),2000 年 10 月 20 日,国务院批复撤销抚州地区,设立地级抚州市。

机构历史沿革

始建情况   抚州市气象局成立于 1956 年 12 月,位于抚州北门外。

站址迁移情况   1960 年 7 月 8 日迁至临川县鹏溪公社(专区麓叶科学研究所);1967 年 7 月底迁至抚州南门外(现抚州市玉茗大道 357 号)现址。

历史沿革   建站时为抚州气候站;1958 年 10 月更名为抚州专区气象台;1959 年 3 月成立抚州专区水文气象总站;1965 年 2 月更名为抚州地区水文气象分局;1968 年 6 月改为抚州专区水文气象站;1971 年 1 月,水文、气象机构分设,成立抚州地区气象台;1977 年 12 月更名为抚州区气象局;1984 年 2 月改为抚州地区气象台;1985 年 3 月更名为抚州地区气象管理局;1997 年 6 月改为抚州地区气象局;2000 年 1 月又改为抚州市气象局。

管理体制   1959 年 5 月前,抚州市气象局由省气象局直接管理;1959 年 5 月,管理体制下放由地方政府和业务部门双重管理,以地方政府管理为主;1962 年 5 月,上收省气象局管理;1971 年实行军事部门和各级革命委员会双重管理、以军事部门管理为主的体制;1973 年 6 月由各级革命委员会管理,归口农林办公室;1980 年 7 月以后,实行气象部门与地方政府双重领导,以气象部门领导为主的管理体制。

机构设置   1959 年 3 月 3 日,成立抚州专区水文气象总站,当时下设气象台、气象组、秘书组等机构;1971 年 1 月,水文、气象机构分设,成立地区气象台,下设预报组、业务组、办事组、观测组。其后下设机构几经改变,至 2008 年底,市气象局下设办公室、业务科技科、人事教育科和政策法规科等 4 个职能科室和气象台、防雷装置质量检测检验所、科技服务中心、财务核算中心等 4 个直属事业单位。市政府挂靠管理机构 2 个,即市人工影响天气领导小组办公室、市雷电防护管理局。

单位名称及主要负责人变更情况

单位名称	姓名	职务	任职时间
抚州气候站	陈 戈	负责人	1956.12—1958.10
抚州专区气象台	吕振海	台长	1958.10—1959.03
		站长	1959.03—1959.12
抚州专区水文气象总站	方哲民	站长	1959.12—1962.02
	苏振财	副站长（主持工作）	1962.02—1963.12
	吕振海	副站长（主持工作）	1963.12—1965.02
抚州地区水文气象分局	张景云	局长	1965.02—1968.06
抚州专区水文气象站		站长	1968.06—1971.01
抚州地区气象台	彭钦恒	台长	1971.01—1977.12
抚州地区气象局	杨振起	局长	1977.12—1984.02
抚州地区气象台	陈敬平	台长	1984.02—1985.03
		局长	1985.03—1989.08
抚州地区气象管理局	王 涛	副局长（主持工作）	1989.08—1990.08
	王兰江	副局长（主持工作）	1990.08—1991.08
		局长	1991.08—1994.07
	朱胜瑞	局长	1994.07—1997.06
抚州地区气象局			1997.06—2000.01
抚州市气象局			2000.01—

人员状况 2008 年,市气象局有在岗人员 51 人(行政职务人员 17 人,专业技术人员 34 人),聘用 4 人。本科学历 16 人,大专学历 24 人;中级以上职称 27 人;回族 1 人;民主党派 2 人。

气象业务与服务

1. 气象业务

①地面气象观测

抚州市区气象观测始于 1938 年 7 月,当时称三等测候站。新中国成立后,1956 年 12 月抚州气候站在北门外建立,该站担负地面气象观测,属一般气象站。后观测场迁至临川县湖南乡彭溪港,1967 年 8 月,该观测站迁至南门外冯家亭(现址),即北纬 28°00′,东经 116°22′,观测场海拔高度 47.3 米。1993 年 1 月,临川县气象局正式接管抚州地区气象台观测站的地面气象观测业务。

②天气预报

抚州市气象预报经过曲折的发展过程,建站初期主要是通过人工分析天气图结合单站要素变化来预测天气;20 世纪 60 年代中期到 70 年代初期也通过物候变化预报天气;1974 年开始制作汛期、干旱趋势预报;1979 年开始制作早晚稻、棉花、油菜等作物的生育期气象预报;1982 年前,地区台制作长、中、短期天气预报;1983 年开始对早晚稻、棉花、油菜等农作物及粮食总产制作气象产量预报;1985 年试用 MOS 预报方法;1986 年,地区气象台制作中期、短期和短时天气预报;1987年开始制作森林火险等级预报;1989年,市气象台制作短期和短时天气预报;1999年使用数值预报方法;2003年开始每天进行紫外线预报;2005年开始每天制作空气质量预报;2007年开始,市气象台增加每天固定3小时发布1次未来6小时内的天气预报。至2008年,气象预报产品主要有天气预报、农业气象预报及火险等级预报、地质灾害等级预报、空气质量等级预报、紫外线和生活指数预报。

③气象信息网络

建站之初,主要依靠收听上级气象台站的指导预报与资料;1979年5月开始使用711型雷达;1980年配备气象传真接收机,接收各种天气图;1984年配备"苹果"计算机1台,用于中长期数理统计预报;1986年配备长城计算机1台,用于专家系统开发;1987年初12个县气象站完成高频电话组网;1990年11月,开通程控拨号电话,气象报文改为由气象部门的无线通讯网络传递;1994年起地区气象台天气预报采用传真天气图分析,取消人工填图;1995年地区气象台启动"9210"工程建设,1996年实现气象资料卫星传播,取消报务通讯员;1999年建成MICAPS预报工作平台;2002年开通抚州气象内网,市气象台通过内网发布各种预报和服务产品;2004年建成2兆专线;2005年4月建成与省气象台的天气预报可视会商系统;同年建成气象卫星接收处理系统;2007年5月建成DVB-S卫星数据广播接收处理系统。至2008年,形成卫星、高速光纤等多种方式组成的气象信息网络。

2. 气象服务

公众气象服务 20世纪50年代末期,抚州气象预报主要通过广播对外发布预报;1991年9月,在抚州电视台晚间新闻联播后播出文字天气预报;1997年5月,开通模拟信息电视天气预报节目;2007年5月,对电视天气预报制作系统进行升级更新,实现数字信号播出。1997年,开通"12121"气象信息电话自动答询业务;2005年3月,全市"12121"天气答询业务统一由市气象台制作发布。2004年下半年通过省气象局平台开通气象短信服务;2006年开通抚州市气象局短信服务平台。2008年7月建成室外专用气象电子显示屏并发布气象信息。至2008年,市气象局通过广播、电视、网络、手机短信、"12121"语音答询和电子显示屏等多种方式对外进行服务。

决策气象服务 抚州市决策气象服务一般采用电话、短信、书面形式,1986年对外决策服务书面刊头统一为《气象信息与咨询》,2000年以后重要天气统一用《气象呈阅件》形式直接向市委市政府领导汇报。市气象局每年向各级领导报送《气象呈阅件》40期左右,10期左右能得到市领导批示。

2008年底,由市政府投资180万元和市气象局自筹20万元建成抚州市突发公共事件气象应急服务系统,该系统包括气象应急监测车、应急指挥车、小型移动雷达、移动气象台等设备,具有现场气象数据采集、雷达

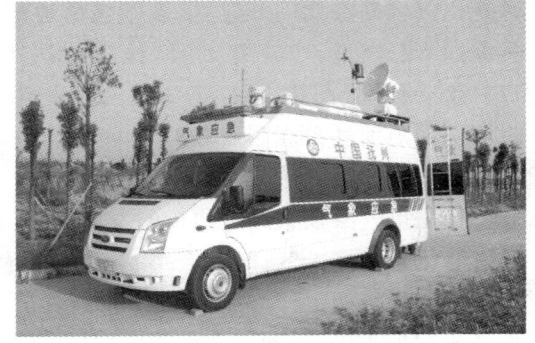

抚州市气象应急服务系统(摄于2007年)

观测、气象信息分析、应急服务、现场指挥等功能。

专业与专项气象服务 抚州市人工影响天气工作始于 20 世纪 70 年代后期,主要是采用"土火箭"开展人工增雨作业。1991 年 7 月,抚州地区成立人工降雨领导小组,调用抚州纺织厂民兵和 3 门"三七"高炮进行人工降雨。1995 年再次调用纺织厂 2 门"三七"高炮进行人工降雨。2001 年 6 月,成立火箭人工影响天气作业分队;2003 年成立高炮作业分队。据统计,2003—2008 年,市气象局共实施 112 次人工影响天气作业,发射炮弹 520 发,火箭弹 56 枚。2007 年 8 月 2 日,省长吴新雄在抚州市人工影响天气作业基地检查时称赞市人工影响天气作业分队是"组织及时雨的光荣使者,为人民带来及时雨的坚强队伍"。至 2008 年底,市气象局拥有"三七"高炮 4 门,火箭作业系统一套,作业分队 2 支,持证作业人员 10 名。

气象法规建设与社会管理

法规建设 抚州市气象局根据法律法规授权,承担本行政区域内政府赋予的气象行政管理职能,依法履行法律赋予的各项职责,开展气象法制宣传,2006—2008 年市气象局被评为抚州市"依法治市工作先进集体"。

2001 年 2 月,抚州市气象局成立法制科,与科技服务管理科合署办公,开始气象法规管理;2002 年 3 月,正式成立政策法规科,市气象局在市行政服务中心设立气象窗口,主要负责本市范围内的防雷工程图纸设计审核、建设工程防雷设施的中间检测和竣工验收、防雷装置安全检测、气球施放作业和气球施放资质等审批工作。

社会管理 抚州市雷电防护工作始于 1985 年,主要是开展避雷针检测业务;1991 年防雷检测全面铺开,并逐步开展防雷工程业务;1998 年 12 月,成立抚州兰天气象科技有限责任公司并对外承接防雷工程;2000 年 7 月,抚州地区行署办公室转发《地区建设局、气象局关于加强新建扩建工程防雷装置设计审核和竣工验收工作意见》;2001 年 6 月,成立抚州市雷电防护管理局;2002 年 7 月,成立防雷装置质量检测检验所;2004 年 5 月,防雷安全内容纳入建筑物主体工程"三同时"审查内容;2006 年 3 月,抚州市政府办公室下发《关于将防雷装置设计审核和竣工验收纳入县(区)房屋综合报建程序的通知》;同年 4—6 月,按照市委、市政府统一部署,抚州市气象局对 2003 年以后的新建建筑物防雷装置检测验收费情况进行清理,督促 47 个单位补办防雷手续,追缴金额 47.8 万元全部上交市财政;2005 年、2007 年先后与市安全生产监督管理局联合举办两期全市防雷重点单位安全培训班;市气象局与教育部门联合加强对中小学的雷电安全管理,对全市中小学防雷设施进行普查和规划,2006—2007 年,全市建成 12 所中小学的防雷示范工程。

探测环境保护 抚州市气象探测环境保护始于 20 世纪 80 年代初。1981 年 12 月 3 日,地区行政公署批转地区气象局《关于保护气象观测场环境的请示报告》,2005 年 7 月,抚州市政府办公室下发《关于切实做好抚州市气象局气象探测环境和设施保护的通知》,要求市建设、规划、国土部门共同做好气象探测环境保护。随后,市气象局将探测环境保护要求报上述 3 个单位备案。

政务公开 对气象行政审批办事程序、气象服务内容、服务承诺、气象行政执法依据、服务收费依据及标准等,通过户外显示屏、政府网站、建立政务公开栏等方式向社会公开。

党建与气象文化建设

1. 党建工作

党的组织建设 抚州市气象局党支部成立于 1978 年。2008 年底支部有党员 43 名(在职 29 名,离退休 14 名)支部书记由局纪检组长兼任。从 1994 年起,抚州市气象局党支部连续 13 年荣获市直工委授予的"先进基层党组织"称号。2001 年 12 月 26 日,朱胜瑞当选为江西省第十一届党代会代表。

党风廉政建设 1986 年 6 月,设立抚州地区气象局党组检查组,负责党风廉政工作;1990 年检查组增加行政监察任务;1997 年 7 月,抚州市气象局成立党组纪检组;从 1998 年开始,每年 4 月在全市气象部门集中开展党风廉政建设宣传教育月活动。2004 年,创办"清风之窗"网页,开始刊登党风廉政工作信息。

2. 气象文化建设

精神文明建设 抚州市气象局积极推进气象文化建设,营造良好人文环境,促进单位和谐发展。每年组织开展形式多样的气象文化活动,积极参加上级组织的气象文化活动。在办公场所张贴气象文化宣传牌,不断增强气象文化的感染力,把气象文化建设与气象工作紧密联系起来,促进气象事业发展。

文明创建情况 成立创建文明活动领导小组,制定创建办法,加大投入,取得明显实效。市气象局 1997 年被临川市委、市政府授予"文明单位"称号,被抚州地委、行署授予第七届(1997—1998 年度)地级"文明单位"称号,自 2000—2007 年连续四届被评为"江西省文明单位",2003—2007 年,连续三届被评为"江西省文明行业",2002—2007 年市气象台连续三届被市文明办(委)评为"文明示范窗口"。

3. 荣誉

抚州市气象局共获得省部级奖励 12 项,主要奖励有 1971 年 8 月被评为"江西省农业先进单位"、1992 年 7 月被国家气象局评为"防汛减灾先进集体"、2008 年 1 月被评为"江西省 2007 年人工增雨工作先进单位"、2009 年 1 月被中国气象局评为"2008 年重大气象服务先进集体"等。获地(厅)级荣誉 30 项。

台站建设

抚州市气象局位于抚州市玉茗大道 357 号,占地面积 1.2 万平方米。新办公楼于 2005 年 9 月 8 日建成投入使用,建筑面积 4000 平方米,新办公楼的建成,使市气象局的对外形象和整体办公条件都得到明显改善。市气象局对院内进行环境美化、绿化、亮化改造,修建篮球场和职工宿舍楼,安装室外健身器材和摄像头监控系统,院内有"百树园",园中有 100 多种珍贵树木计 1000 多棵。至 2008 年,院内环境优雅、绿树成荫,成为抚州市区的一道风景。市气象局先后荣获市级"和谐文明单位"、"综治先进单位"和"门前三包先进单位"等称号。

抚州市气象局综合业务大楼（摄于 2005 年 9 月）

临川区气象局

　　自古以来,临川才子之多为世人瞩目。自宋至清,仅临川进士及第者 2000 余人,涌现了举世瞩目的才子群体。王安石、汤显祖、曾巩、晏殊等,就是临川古代才子群体中的佼佼者。抚州市临川区位于江西东部,地处北纬 27°31′—28°14′,东经 116°04′—116°39′,地形狭长,东西宽 48.2 千米,南北长 69.8 千米,面积 2121 平方千米。临川属中亚热带季风区,四季分明,日照充足,雨量充沛,无霜期长。年平均气温 18.0℃,极端最高气温 41.0℃,极端最低气温−12.7℃;年平均降雨量 1743.5 毫米;年平均日照时数 1687 小时;年平均无霜期 270 天。

　　临川区气象局位于抚州市抚临路 18 号,即北纬 28°00′,东经 116°22′,观测场海拔高度 47.3 米。

机构历史沿革

　　始建及站址迁移情况　临川县气象站建于 1979 年 1 月 1 日,地址在临川县上顿渡镇城关大队竹林村 9 号,即北纬 27°58′,东经 116°17′,观测场海拔高度 40 米。1993 年 1 月迁至抚州市抚临路 18 号。

　　历史沿革　1979 年 1 月,建立临川县气象站,属正科级单位;1980 年 7 月 1 日体制上收,更名为临川县气象局;1984 年 1 月 1 日更名为临川县气象站;1990 年 3 月 1 日,经临川县政府同意,更名为临川县气象局;1996 年临川县与抚州市合并,设立临川市,1 月更名为临川市气象局;2000 年 10 月,抚州撤地设市,更名为抚州市临川区气象局,更名后其机构规格、人员编制和隶属关系维持不变。

管理体制 1979 年 1 月 1 日建站后为地方政府管理,1980 年 7 月 1 日体制上收,实行气象部门与地方政府双重领导,以气象部门领导为主的管理体制。

机构设置 1979 年 1 月 1 日成立时,下设办公室和业务股;1980 年 7 月下设办公室、预报测报股和农业气象股;1984 年 1 月由局改站,地面测报业务撤销,改设办公室和综合业务股;1990 年 3 月由站改局,下设机构未变;1993 年 1 月与抚州地区气象台观测站合署办公;2002 年 2 月下设办公室、综合业务股和防雷检测所。

单位名称及主要负责人变更情况

单位名称	姓名	职务	任职时间
临川县气象站	顾禄茂	站长	1979.01—1980.07
临川县气象局		局长	1980.07—1983.12
	邹学成	局长	1983.12—1984.01
临川县气象站		站长	1984.01—1990.03
临川县气象局		局长	1990.03—1993.01
	黄道仁	局长	1993.01—1996.01
临川市气象局			1996.01—2000.10
临川区气象局			2000.10—

人员状况 1979 年 1 月 1 日成立时,有职工 3 人;1980 年 7 月人员增至 9 人;1993 年 1 月在职职工增至 10 人,退休人员 3 人;2000 年 2 月从抚州地区气象局分流 4 人到临川区气象局从事彩球广告业务,在职人员增至 13 人,退休人员 5 人。

截至 2008 年底,有在职人员 10 人,其中大专以上学历 8 人;工程师 7 人,助理工程师 2 人,技术员 1 人;35 岁以下 2 人,46 岁以上 3 人,36～45 岁 5 人。

气象业务与服务

临川区气象局为国家一般气象站。从 1980 年 8 月 1 日开始进行地面气象观测。1980 年 8 月 1 日至 1987 年 12 月,在上顿渡镇竹林村 9 号站点的观测资料没有纳入省级气象资料交换,仅供临川区气象局内部使用。1988 年 1 月 1 日停止该站点的地面气象观测业务。1993 年 1 月迁至抚州市抚临路 18 号以来,正式接管抚州地区气象台观测站的地面气象观测业务,承担拍发重要天气、航空天气、危险天气、加密观测和台风监测报告业务。

1. 气象业务

①地面气象观测

按照《地面气象观测规范》要求,进行气压、气温、相对湿度、风向、风速、降水、云状、云量、能见度、天气现象、地温、蒸发、日照、雪深、雪压等项目的观测。同时每天 06—18 时每小时拍发航空天气报,遇有重要天气、危险天气,及时向南昌机场拍发航空危险天气报。

建站开始至 2005 年 12 月 31 日,白天守班,采用北京时每天人工观测 3 次(08、14、20 时)。2005 年 12 月 31 日 20 时至 2008 年 12 月 31 日 20 时,根据"三站四网"建设调整方案,临川区气象局被列为试点单位,属于国家一级气象站,每天进行 24 次自动观测,值班员编发报,昼夜守班;同时每天进行 4 次人工定时观测(02、08、14、20 时)、4 次辅助观测(05、

11、17、23 时),编发 8 次(02、05、08、11、14、17、20、23 时)天气报。

自动气象站于 2003 年 7 月建成,主要有压、温、湿、风、降水、地温等观测项目。2005 年 1 月开始在各乡镇建设区域自动气象站,截至 2008 年底,已在 14 个乡镇建成 14 个四要素区域自动气象站。1995 年 6 月使用计算机制作报表,2000 年 6 月实现计算机联网。2003 年利用 VPN 技术,建立内网、Notes 网,实现无纸化办公。

②农业气象

1979 年 3 月起,开展水稻(早、晚稻)和油菜的物候观测;1984 年 4—11 月在青泥镇黎家村进行柑橘气象条件对比观测;1994 年 1 月确定为省二级农业气象观测站,观测作物为甘蔗、棉花;1997 年 12 月申请撤销省二级农业气象观测站获准。至 2008 年,临川区气象站为农业气象 AB 站,巡视观测水稻等作物。

1991 年 3—11 月在腾桥镇开展杂交玉米高产气象条件试验获得成功,并在全县推广,同期开展芦笋茎枯病气象条件试验。1991 年 1 月至 1992 年 12 月参加《江西省级天气—作物—病虫害监测警报系统业务化实验》,通过省科委鉴定验收,1993 年,这一成果获江西省科技进步三等奖、江西省气象局科技进步二等奖。2000 年 2 月,临川区气象局与区西瓜产业办、区农业局联合开展西瓜春提早栽培、秋延后栽培气象条件试验,达到预期的效果。

1979 年 8 月至 1980 年 5 月,组织科技人员对全县 34 个乡镇(场)的自然环境、农业气候资源、灾害性天气、农业生产现状等进行实地调查,并结合抚州地区气象台观测站的气象资料,于 1980 年 6 月整理编印出版《临川县农业气候手册》,1982 年 12 月编印出版《临川县农业气候区划专业报告》,供当地领导和有关部门参考。

③天气预报

从 1979 年 10 月 1 日起,每日通过县广播站对外发布未来 48 小时天气预报。1996 年 1 月因县市合并设立临川市,市区短时预报由抚州地区气象台发布。1979 年 10 月起,每年固定制作发布旬天气预报、春播年景预报、汛期降水趋势预报、干旱趋势预报和寒露风天气预报。1990 年 1 月增加年景天气预报和冬半年天气预报。

2. 气象服务

公众气象服务 服务方式主要有广播、电话、口头、书面、天气预报预警系统、专人传递、报纸、"12121"电话、手机短信、网络等。农业气象预报服务内容主要有农业气象情报服务、气候评价服务、农业气象预报服务、农作物生育期预报服务、农作物产量预报服务、农作物病虫害预报服务等。

决策气象服务 1998 年 6 月中旬,临川遭受百年未遇的暴雨灾害。临川市气象局提前 5 天向临川市委、市政府、市防汛抗旱指挥部以及全市各乡镇发布《降水集中期预报》。准确的预报、优质的服务,为临川人民战胜百年未遇的暴雨灾害提供了气象保障,受到地方政府的表彰。

为配合县政府实施"果业工程"而制作的《柑橘冻害天气趋势预报》准确地报出 1992—1997 年间无冻害天气,使临川柑橘生产得以尽早恢复。

专业与专项气象服务 临川区人工影响天气工作始于 20 世纪 90 年代初,1991—2000 年人工影响天气作业工具主要为"三七"高炮。2001 年 6 月江西省人工影响天气领导小组办公室与临川区政府共同出资购置 1 套人工增雨火箭发射系统,并配备 1 辆长城皮卡作业运载车。从 2001 年 1 月至 2008 年 12 月,临川政府共投入 36 万元购置 3 套人工增雨火箭发射系统。

2003 年临川遭受百年不遇的干旱,从 7 月 18 日至 9 月 18 日,人工影响天气作业分队一直坚守在人工增雨抗旱气象服务第一线,实施人工增雨作业 96 次,发射火箭弹 166 枚,增加水库蓄水,缓解旱情,被江西省政府评为"人工影响天气工作先进单位"。

2003 年临川区成立行政服务中心,并设立气象窗口,主要行使本行政区域的施放气球、飞艇的申报及充灌、施放场地及时间的审查、以及新建建(构)筑物的防雷装置设计审核、分段检测与竣工验收等社会行政管理职能。

气象科技服务与技术开发 1985 年以前,气象服务均为无偿服务。1985 年 5 月国务院办公厅下发国办发〔1985〕25 号文件,批准气象部门专业气象服务可实行有偿服务。气象服务领域由单一的农业扩展到建筑、建材、财金、保险、水电、工厂、交通、林业、渔业等行业。

气象科普宣传 建站 30 年来,始终坚持采取多种形式进行科普宣传。编印出版气象小报,如《作物与天气》、《气象知识》等,刊登气象科普文章、气象常用术语解释、天气预报制作原理等。在春播来临前编印早稻育秧技术、早稻田间管理技术等气象科普材料;在寒露风来临前,编印二晚田间管理、利用天气预报趋利避害等材料,散发到各乡镇农技站。摆摊设点宣传气象知识。每年世界气象日等活动期间,下乡镇摆设摊点,免费散发气象知识小报、宣传画、光盘等,并解答农民提出的各类气象问题。自办或与区农业局、科协、党校等单位联合办班,讲授气象知识、气象应用技术、气象灾害及防御措施等。

党建与气象文化建设

1. 党建工作

临川区气象局党支部 2008 年底有党员 8 人(其中在职党员 3 人、退休党员 3 人)、入党积极分子 1 人。组织干部职工开展形式多样、寓教于乐的文体活动,参加市气象局和临川区直属机关工委组织的各项活动,开展帮贫助残、尊老爱幼等公益活动。多次被临川区直属机关工委评为先进党支部,先后有 5 人(次)被授予"优秀共产党员"称号。

2. 气象文化建设

精神文明建设 以文明创建为载体,开展多层次、全方位的文明创建活动。从 2003 年起,一直保持抚州市文明单位称号。参加省、市气象局和地方有关部门组织的文化体育活动,包括文艺汇演、篮球、乒乓球、演讲比赛以及其他文艺活动。

政务公开 建立以局务公开为主要内容的监督机制,通过会议公开、局务公开栏公开等形式,把职工关心的重点、热点问题向干部职工公开。

3. 荣誉

2000 年、2001 年、2007 年被抚州市气象局评为"人工增雨抗旱工作先进集体";2003 年被江西省政府授予"人工增雨抗旱工作先进集体"称号;2004 年被临川区政府评为"目标考核先进单位"。

台站建设

2002 年之前,临川区气象局的台站环境较差,办公楼为一排低矮的平房,几张简陋的桌椅就是办公平台,院内多为荒山杂草、坟冢,每年清明时期前来扫祭的人络绎不绝。2002 年 1 月对台站面貌进行综合改善,对办公设备进行更新。投资 10 多万元进行迁墓,对大院进行绿化、亮化和美化。到 1998 年底,全体干部职工都住进了楼房,且达到或超过当地住房标准。按照塑造"城市风景点"的要求与目标,抓好台站环境建设,建成多个职工文体活动场所,包括职工活动室、乒乓球室、篮球场和图书室等。

临川区气象局观测场(摄于 2008 年 5 月)

资溪县气象局

资溪县位于闽赣交界的武夷山西麓,是全国生态示范县、面包之乡、旅游强县,北宋著名思想家李觏的故乡。县史上溯到明朝万历六年(1578 年),距今已有 431 年。全县占地面积为 1251 平方千米,总人口 12 万。年平均气温 16.9℃,极端高气温为 39.8℃(出现在 2003 年 8 月 1 日),极端最低气温—13.2℃(出现在 1991 年 12 月 29 日);年平均降水量 1973.7 毫米;年平均日照时数 1458.4 小时。

资溪县气象局位于鹤城镇金竹山 29 号,即北纬 27°43′,东经 117°04′,观测场海拔高度 225.1 米。

机构历史沿革

始建情况　资溪县气候站始建于1956年8月27日,站址设在高阜农场,1956年10月1日正式开展工作。

站址迁移情况　1962年3月迁至资溪县电厂;1971年11月迁至鹤城镇金竹山29号。

历史沿革　1960年1月站名为资溪县气象站;1962年9月为江西省抚州水文气象总站资溪县气象服务站;1964年7月为江西省资溪县气象站;1979年5月更名为资溪县气象局;1984年1月撤局设站,机构设置不变;1990年1月起恢复资溪县气象局,机构规格属正科级事业单位。

管理体制　建站至1959年1月、1962年7月至1968年10月、1980年7月起实行气象部门与地方政府双重领导,以气象部门领导为主的管理体制。1959年1月至1962年6月、1968年10月至1971年1月、1973年9月至1980年7月以当地政府管理为主;1971年1月至1973年9月由军事机构管理为主。

机构设置　1972年以前只设1名负责人;1973年设站长1人,未设机构;1980年7月,成立资溪县气象局,设局长1名,副局长1名,下设测报、预报、农业气象三个专业组;1981年2月,三个专业组分别改为专业股;1984年7月由局改站,下设机构未变;1988年1月,将农气股改为农业气象服务股;1989年12月,预报股改为预报服务股;1990年12月,县气象局下设办公室、业务股和服务股三个机构。

单位名称及主要负责人变更情况

单位名称	姓名	职务	任职时间
资溪县气候站	马松山	负责人	1956.10—1957.06
	张国照	负责人	1957.06—1958.06
	马松山	负责人	1958.06—1960.01
资溪县气象站			1960.01—1962.09
资溪县气象服务站			1962.09—1964.07
资溪县气象站			1964.07—1965.05
	张忠诚	站长	1965.05—1979.05
资溪县气象局	胡菊轩	局长	1979.05—1981.03
	余碧华	副局长(主持工作)	1981.03—1984.01
资溪县气象站		副站长(主持工作)	1984.01—1986.07
	程信辉	副站长(主持工作)	1986.07—1988.07
	余碧华	站长	1988.07—1990.01
		局长	1990.01—1992.06
资溪县气象局	石星堂	副局长(主持工作)	1992.06—1992.12
		局长	1992.12—

人员状况　1956—2008年,在资溪县气象站(局)工作过的人员共计33人。到2008年底有10人(其中在职6人,退休4人)。在职人员中,大专以上学历4人;工程师5人,助理工程师1人;45岁以下3人,46~50岁2人,51岁以上1人。

气象业务与服务

1. 气象业务

①地面气象观测

观测项目 资溪县气象站为国家一般气象站。1956年10月1日正式开展地面气象观测。1956年10月1日开展云、能见度、天气现象、温度、湿度、降水、蒸发、日照、风向、风速、地面状态、雪深等观测。1958年3月19日增加目测土壤湿度。1961年1月1日开展天气现象、云状简化记录。1962年1月1日起,全部项目根据《地面气象观测规范》进行观测。1977年7月1日,增加指示性云、地方性云、系统性云等云天观测项目。1980年按修改后的《地面气象观测规范》进行观测。2004年10月1日增加负离子观测。

观测时次 1956年10月1日观测4次(地方时01、07、13、19时);1960年1月1日改为3次观测(地方时07、13、19时);1960年7月1日改为北京时(08、14、20时)3次观测。负离子观测始于2004年,每日3次,2006年6月起改为每日2次(09、16时)。

发报种类 1960年1月1日起,编发14时区域天气报告(GD-81)和区域危险天气报告(GD-82),1981年12月31日后停发这两种报。1982年1月1日起,由预报值班员编发气象服务电报(GD-91),同时向地区气象台编发区域灾害性天气联防电码(限每年3—9月)。至2008年,每天拍发08、14、20时(GD-05)报、不定时重要天气报(GD-11)、冬半年预约航空天气报。建站初期电报采用电话传给邮电局报房发出;1987—1998年改为用甚高频电话口传;1999年起实行计算机网络上传。

仪器更新 1961年1月1日百叶箱由2米降为1.5米,雨量器由2米改为0.7米。百叶箱中有干、湿球温度表、最高、最低温度表。地温场有0厘米、最高、最低温度表及5~20厘米曲管温度表。测风使用维尔达风压器。1962年使用气压表。1975年1月使用自计温度计、湿度计。1966年1月使用气压计。1983年10月维尔达风压器改为EL型电接风向风速计。

②自动气象站观测

CAWS600系列自动气象站于2003年12月安装,当月31日20时正式运行。有压、温、湿、风、降水、地温及深层地温等项目。2004年1月1日自动气象站投入业务工作,与人工观测平行,2005年1月1日起,自动气象站记录代替人工观测同类项目记录。2005年12月开始,分批在各乡镇安装四要素区域自动气象站,至今全县在高田乡、乌石镇、马头山乡、石峡乡、大觉山景区、嵩市镇、高阜镇建成区域自动气象站。

③农业气象

1956年10月1日开展水稻、油菜物候观测。1962年停止农业气象业务。1978年恢复农业气象。

农作物物候观测 1980—1985年进行早晚稻生育期观测。1986年在高阜农科所橘园进行柑橘物候与小气候观测。为资溪县发展柑橘生产提供科学依据。

农业气候试验研究 1985年在高阜农场和农科所的协助下,进行二晚以水调温预防寒露风危害的试验;1986 年 3 月至 1987 年 4 月完成省气象局下达翅荚木引种试验;1987年在高阜镇樟溪村引种杂交西瓜-831 试验获得成功,并在全县迅速推广;1988 年在高田城上村和高阜樟溪村两地引种一年多熟柠麻—芦竹青获成功;1988 年开始研制并发布早晚稻产量预报;1989 年起又进行森林等级预报试验。

农业气候调查与区划 1976 年下半年抽调人员分片进行气候调查,对本县 15 个乡(镇)、场进行普查,整理建站到 1976 年的有关气候图表和资料,供当地领导和有关部门参考。

农业气象情报 自 1958 年以来,定期编发旬、月报及灾情情报(含农业气象建议)。1982 年后利用小报或专题报告形式向县、乡(镇)政府发布气象分析和有关信息。1988 年以后,不定期发布病虫情报分析和预报。

④天气预报

1958 年 4 月开展天气预报工作。1959 年以前,主要收听省气象台天气预报加看天经验发布未来 24 小时天气预报;1959 年以后,开始发布 24~48 小时天气预报,并以群众经验为线索定期和不定期制作旬(月)报及春播、汛期等中、长期预报。1990 年开始按照省气象局统一部署和方法制作不定期森林火险等级预报。

从建站至 20 世纪 60 年代末主要预报工具以图绘、资料为主,每天定时收听南昌、汉口、安徽气象台预报,利用单站资料点绘气象要素时间剖面图及 14 时压、温、湿曲线图,根据预报经验和动植物等活动情况,找出预报指标,预报未来 12~24 小时天气情况。20 世纪 70 年代预报有了很大的改进和提高,在分析单站资料的基础上建立一套较为完善的综合要素曲线图。1973 年开始建立以综合要素曲线图、时间剖面图为主的"四个基本"(即基本图表、基本资料、基本方法、基本档案),经过多次会战逐步建立春播、汛期短、中期预报方法。20 世纪 80 年代预报工具有新的突破,其中以 MOS 方法为主,与地区气象台建立预报指标模式等预报方法。传真机投入业务使用后,以传真图为依据,以单站资料为指标,利用数理统计方法建立与地区气象台配套的短、中、长期预报工具和方法。

⑤气象信息网络

1979 年引进了气象传真机接收各种传真图。1986 年安装了甚高频电话。1994 年资溪县气象站远程终端建成。1995 年 3 月开通县级气象服务终端,1996 年 4 月建成地面卫星接收系统 PC-VSAT 站。2001 年 8 月建立资溪县农村经济信息网站,2001 年后通过气象宽带网络系统进入省、市气象内网,调阅各种预报产品及资料,并传输气象信息。

2.气象服务

公众气象服务 1958 年开始每天晚上定时由广播站向全县广播未来 12~48 小时天气预报,如遇有灾害性或重要天气另增加次数。20 世纪 70 年代开始定期编发旬(月)报和不定期编发重要农事季节与灾害性天气预报等。1988 年起改用《资溪气象预报与信息》的形式对外编发预报,遇有危害性或重要性天气时,及时用电话将预报传送到有关单位或领导。从 1990 年起为县城有关单位和用户专人送天气预报。1997 年开通"121"天气预报自动电话答询系统。1998 年 8 月 1 日开通电视天气预报节目。从 2002 年起,由县气象局领导签发重要天气和灾害性天气预报,以《气象呈阅件》的形式向县领导报告。2005 年建立手机短信气象灾害预警系统,向各级党政领导、各级防汛责任人、气象灾害信息员、各气象专业用户和特定气象用户发送气象信息。

【气象服务事例】 1982 年 6 月 15—18 日连降大到暴雨,由于预报、情报准确及时,不但为当地领导提供服务,而且为下游站余江县通报气象信息,获得显著的社会和经济效益,受到当地领导好评,并获得省气象局集体记功奖励。

专业与专项气象服务 资溪县人工影响天气领导小组于 2000 年 8 月成立,办公室设在县气象局。人工影响天气工作由 30 年前的"土火箭"、高炮,发展到使用电动火箭发射。2003—2004 年,资溪县出现历史上少有的连续高温干旱天气,造成农用和饮用水非常困难。2003 年共成功实施人工增雨作业 6 次,发射"三七"高炮炮弹 200 余发。抚州日报社、县有线电视台对人工增雨工作多次进行采访和拍摄,抚州市市长钟际跃、市政府秘书长陈克、县委书记熊云鹏、县长傅清等领导亲临作业现场指导看望作业人员。2004 年共成功实施人工增雨 10 次,发射火箭弹 30 余枚。及时有效地开展人工增雨作业不仅缓解旱情,还化解农村因抢水而发生的械斗,取得较好的社会效益和经济效益。为此,县政府特致函抚州市气象局为县气象局请功。高田乡、高阜镇等政府因对人工增雨工作相当满意,分别赠送锦旗表示感谢。

1993 年 3 月,资溪县气象局成立防雷检测所。2000 年 7 月成立防雷减灾管理局,将防雷工程设计、施工、竣工验收纳入气象行政管理服务范围。对县内加油站、液化气站、民爆仓库等高危行业的防雷设施进行检查,不符合防雷技术要求的单位,责令其整改。2003 年 9 月 11 日,对县一中新建教学楼未按规定安装防雷设施投入使用进行立案查办,2003 年 10 月 15 日下达行政处罚决定书。

气象科普宣传 利用广播、电视、声讯电话、报刊等宣传气象知识。每年世界气象日、科普活动周、安全生产月等活动时期,都在县城或乡镇散发气象科普资料;经常组织有关技术人员,将气象科技送入农户、学校、企业、街道等。

党建与气象文化建设

党建工作 资溪县气象局党支部,2008 年底有党员 5 名(其中在职 4 名)。经常对党员进行革命传统、"八荣八耻"、科学发展观等为内容的党性教育和廉政教育,局内有公示栏、意见箱、设立纪检监督员,局务公开事项在公示栏张贴,接受群众监督。

气象文化建设 1993 年,县气象局被县文明办评为县级文明单位。从 1994 年起,一直保持"市级文明单位"称号。

县气象局经常开展多种形式的文体活动。积极参加县里组织的羽毛球、抚州市气象局组织的卡拉 OK、演讲、乒乓球赛等,代表抚州市气象局参加全省气象部门运动会的乒乓球、羽毛球比赛,并取得好成绩。

台站建设

县气象局于 1971 年 11 月迁至鹤城镇金竹山 29 号后,办公楼和职工宿舍进行 3 次改造和建设(分别是 1971 年、1982 年和 2008 年),至 2008 年,占地面积 7300 平方米,比建站时增加 1 倍。对院内环境进行美化、绿化、亮化和硬化,局内绿化率达 100%。建有羽毛球场、乒乓球室、阅览室和文体活动室等活动场所,并购置文体活动用具,站容、站貌焕然一新。

资溪县气象局综合业务楼(摄于 2008 年 12 月)　　资溪县气象局职工宿舍楼(摄于 2008 年 12 月)

崇仁县气象局

崇仁县于隋开皇九年(589 年)建县,迄今已有 1400 多年历史,素有"抚郡望县"之称,位于江西省中部偏东、抚州市西部,面积 1520 平方千米,总人口 33 万。崇仁县辖 15 个乡(镇)、157 个村。年平均气温 17.4℃,年平均降水量 1820.9 毫米,年平均日照时数 1634.6 小时。

崇仁县气象局现位于巴山镇西郊路 5 号,即北纬 27°46′,东经 116°03′,观测场海拔高度 78.6 米。

机构历史沿革

始建情况　崇仁县气候站始建于 1958 年 12 月 28 日,站址设在沙堤乡光明大队尧家村,1959 年 1 月 1 日 01 时正式开始观测。

站址迁移情况　1961 年 4 月 26 日迁至城关镇斧头脑小山头上,距原址约 2700 米,1966 年 10 月 7 日迁至巴山镇西郊路 5 号,距原址约 600 米,处于原址的西北方。

历史沿革　建站时称崇仁县气候站;1959 年 3 月站名为江西省崇仁县气象站;1962 年 6 月更名为江西省崇仁县气象服务站;1964 年 7 月水文气象分设,更名为江西省崇仁县气象站;1979 年 6 月更名为崇仁县气象局;1984 年 5 月更名为崇仁县气象站;1990 年 3 月更名为崇仁县气象局,为正科级事业单位。

管理体制　1958 年 12 月建站时属江西省水利电力厅水文气象局管理;1959 年 3 月归

县人民委员会管理;1962 年 6 月归江西省水利电力水文气象局管理;1971 年 4 月实行军队与县政府双重管理、以县人民武装部为主的管理体制;1973 年 9 月归崇仁县革命委员会管理;从 1980 年 10 月起,实行气象部门与地方政府双重领导,以气象部门领导为主的管理体制。

机构设置　崇仁县气象站为国家一般气象站,自建站至 1970 年未设任何机构,实行观测与预报综合值班;1971 年开始下设测报组、预报组,业务工作走上正轨;1979 年 1 月站改局,设三股一室,即测报股、预报股、农业气象股和办公室;1984 年局改站,保留"三股",取消办公室;1990 年 3 月恢复气象局,下设机构不变;1992 年 9 月设二股一室,即基础业务股(预报、测报、农业气象)、综合经营股和办公室;2008 年下设机构为气象台、防雷检测分所、综合办公室;地方挂靠机构为崇仁县人工影响天气领导小组办公室、崇仁县雷电防护管理局;直属机构为崇仁县蓝天气象科技有限责任公司。

单位名称及主要负责人变更情况

单位名称	姓名	职务	任职时间
崇仁县气候站	胡进兰	站长	1959.01—1959.03
江西省崇仁县气象站			1959.03—1962.06
江西省崇仁县气象服务站			1962.06—1964.07
			1964.07—1971.04
江西省崇仁县气象站	黄瑞云	站长	1971.04—1974.01
	谢早德	负责人	1974.01—1977.04
	曾能凡	站长	1977.04—1979.02
崇仁县气象局	华绍康	站长	1979.02—1979.06
		局长	1979.06—1981.04
	杨国才	局长	1981.04—1983.03
崇仁县气象站	王先葵	副局长(主持工作)	1983.03—1984.05
		副站长(主持工作)	1984.05—1985.05
	陈久宏	副站长(主持工作)	1985.05—1989.12
崇仁县气象局	王先葵	站长	1989.12—1990.03
		局长	1990.03—1994.08
	邹金生	局长	1994.08—2002.02
	黎长保	局长	2002.02—

人员状况　2008 年有职工 8 人(其中正式职工 7 人、聘用职工 1 人),离退休 5 人。在职职工中大学本科以上 2 人,大专 4 人,中专以下 1 人;中级职称 4 人,初级职称 3 人;21～30 岁 1 人,31～40 岁 1 人,41～50 岁 5 人;党员 5 人(其中离退休党员 3 人)。

气象业务与服务

1. 气象业务

①地面气象观测

1959 年 1 月 1 日开始,每天 4 次(地方时 01、07、13、19 时)开展空气温度和湿度、风向风速(目测)、云量、云状、能见度、天气现象、降水、蒸发、雪深等项目的观测。1959年3月1日增加日照观测,1959年11月增加地温(0～20厘米)观测。1960年1月1日改为每天3次(地方时07、13、19时)观测。1960年7月1日起采用北京时观测,每天3次(北京时08、14、20时)。1962年1月1日起,根据《地面气象观测规范》对观测项目进行调整。1966年2月1日增加气压观测。1977年7月1日增加对指示性云、地方性云、系统性云的观测。1980年1月起,根据修改后的《地面气象观测规范》对观测项目进行调整。2004年1月1日开始人工观测与自动气象站观测并轨,自动气象站每小时观测,自动上传资料。

1959年1—2月风向风速采用目测,3—5月改为筒置风向器,6月1日起新装维尔达风压器。1971年1月1日撤换维尔达风压器,改为EL型电接风向风速仪,1980年5月1日又配置启用电接风向风速自记仪。1966年2月1日开始使用动槽式水银气压表。1966年1月1日开始使用虹吸雨量自记仪。1973年9月1日开始使用温度、湿度自记仪。1986—1988年使用PC-1500袖珍计算机制作气象报表。自动气象站于2003年11月27日安装完成并投入使用,有压、温、湿、风、降水、地温(0～320厘米)等项目,2004年1月1日自动气象站投入业务工作,与人工观测平行,2005年1月1日起,自动气象站记录代替人工观测同类项目记录。2005年11月至2009年全面完成6个四要素乡镇区域自动气象站建设,并投入使用。

②农业气象

1959年3月启用农业气象观测方法,进行农田小气候观测并增加农业气象旬(月)报,1962年停止农业气象业务。1977年7月恢复农业气象业务。1983年8月定为省农业气象情报网站,执行新的《农业气象观测方法》。1990年1月起改为一般农业气象站,进行简易观测,编写年度、半年气候评价。

③天气预报

建站初期,主要收听省气象台大范围天气形势和区域天气预报的口语广播,点绘简易天气图,结合本站气象要素和未来的天气演变,利用群众看天经验,补充订正作出单站预报;1970年以后,主要通过接收气象传真图和甚高频电话,获取高空、地面天气形势图、预报指导产品,结合本站"四个基本"(基本资料、基本图表、基本工具方法、基本档案)订正作出单站预报;2000年以后,随着通讯网络、计算机技术发展以及雷达、气象卫星云图资料分析应用,通过预报业务软件(MICAPS),通过预报业务平台,作出单站预报。预报种类有短期天气预报、中期天气预报、长期天气预报、专题天气预报。人工增雨、森林火险、地质灾害、病虫害防治及重要灾害性天气预报服务,主要通过《气象呈阅件》、《气象情况反映》提供给当地党政领导和有关部门使用。

④气象信息网络

1983年8月用气象传真机接收天气图;1985年6月使用甚高频电话与地区气象台进行预报会商;1994年3月县气象站远程终端建成并投入使用;2000年4月建成地面卫星接收系统PC-VSAT站;2001年通过气象宽带网络系统,进入省、市气象内网,调阅各种预报产品资料和传输气象信息。2007年2月实现内外网光纤通信。

2. 气象服务

公众气象服务 建站后,气象预报先后通过广播、电视、手机短信、"12121"电话、电子显示屏等媒体向社会各界发布。1997年10月1日开通"121"天气预报自动答询电话;2001年10月"121"升级增设10个分信箱;2005年1月"121"电话升位为"12121";2005年4月起"12121"电话由市气象局集约经营;2002年1月开通崇仁县农村经济信息网(后改为崇仁县新农村建设网);2006年开始,每年通过短信平台免费向县、乡、村、企业及相关单位发送灾害性天气短信。

决策气象服务 主要是通过汇报(书面、口头、电话、短信方式)、《气象信息》、《气象呈阅件》、《气象情况》等为地方党政领导决策提供气象服务。

【服务事例】 1978年4月15日20时05分,马鞍公社境内突然狂风大作,飑线所经之地不少民房被刮倒,当时公社礼堂有200多人在开会,接到天气预报后,200多人立即离开会场,不到5分钟礼堂被强风刮倒,准确及时的天气预报避免了一场大灾难。

专业与专项气象服务 崇仁县人工影响天气领导小组于2000年7月成立,办公室设在县气象局,2003年7月,省人工影响天气办公室及县政府共同出资购置1辆江铃宝典牌汽车,用于人工影响天气作业。发射工具由30年前的土火箭、"三七"高炮发展到使用BL-1型火箭发射装置。

1992年9月开展防雷安全质量检测;2002年6月成立崇仁县雷电防护管理局,将防雷工程设计、施工、竣工验收纳入气象行政管理范围,对辖区内加油站、液化气站、民爆仓库、烟花爆竹企业等高危行业及其他建筑物的防雷设施进行定期检测;2005年10月县政府下发文件,明确县气象局为崇仁县规划区内建设项目联审联批单位;2007年5月进驻县办事大厅,行使防雷、气球施放等管理职能。

气象科普宣传 2003年5月被县科学技术协会授予"崇仁县青少年科普教育示范基地"称号。每年在世界气象日活动期间,邀请中小学生、社会公众前来参观。在科技活动周、安全生产月、国际减灾日期间开展送气象科技进社区、进农村、进企业活动。

气象法规建设与社会管理

法规建设 积极开展气象法律法规宣传,推进局务公开管理工作。2005年初,县政府下发《关于加强气象探测环境保护的通知》(崇府办发〔2005〕21号),会同城建、规划、国土等有关部门绘制下发距观测场500米范围内各类建筑物勘察、海拔高度及气象探测环境保护范围图和站址平面示意图,使气象探测环境得到切实有效的法律保护。

社会管理 加强与城建、规划、国土等有关部门的协调配合,制止多次影响或破坏气象探测环境事件的发生。2005年10月29日,值班人员发现观测场西南方原电器厂内正在建设1栋多层民宅,经审查发现该建筑物高度将影响气象探测环境时,县气象局立即会同县建设、县城管等部门向其宣讲有关法律法规,促使该栋民宅建设高度在限制高度以下,保护了气象探测环境。2004年初防雷报建进入联批联审行政收费服务项目之列,从设计审核、施工监督、竣工验收,层层把好服务关,贯彻落实省政府办公厅《关于切实做好全省雷电灾害预防工作的通知》,做好全县中小学校舍气象防雷安全工作。

政务公开　崇仁县气象局积极推进局务公开,对气象行政审批、办事程序、服务内容、服务承诺、收费标准等采用户外栏公开,并参加县级"政风行风热线"活动,使外界了解气象工作,理解支持气象工作。同时对干部使用、财务收支、目标考核、基础设施建设、工程招标等采取职工大会或局内公示栏张贴等方式向职工公开,财务情况每半年公示1次,年底对全年收支、职工奖金、福利发放、领导干部补贴、劳保、住房公积金等向职工公开说明,对内部规章制度进行修订完善,主要有计划生育、安全生产、函授学习、职称申报以及职工休假、奖励、加班工资、医药费、财务等。

党建与气象文化建设

党建工作　1958—1978年期间有党员4人,编入县工委党支部。1986年4月成立崇仁县气象局党支部。截至2008年底,县气象局党支部有党员3人。

党支部不定期组织党员学习上级重要文件,参加崇仁县委组织的党员义务劳动、街道巡逻。每年"七一"期间,组织党员赴外地参观革命旧址,进行传统教育。建有党支部活动室,张贴党章及有关制度。党风廉政建设不断加强,经常对党员进行廉政教育,局内有公示栏、意见箱,设立纪检监督员岗位。

气象文化建设　积极开展文明创建活动,文体活动有场地,电化教育有设备,职工生活丰富多彩。干部职工遵纪守法,勤奋工作,无一人违法违纪。

荣誉　1999年崇仁县气象局被抚州市委、市政府授予第一届市级"文明单位"称号,此后连续被授予第二、三、四、五届"市级文明单位"称号。

台站建设

建站初期,在沙堤乡光明大队尧家村租用民房办公和住宿,1959年底搬进县城。1973年和1977年先后兴建2栋平房,共10间用于办公、住宿。1982年和1987年先后兴建1栋三层办公楼房和1栋二层8套小面积宿舍。1999年建成2栋职工集资宿舍。2005年新建1栋四层新办公楼房。崇仁县气象局占地2.04万平方米,办公用房面积1000平方米。2008年对观测场进行改建,面积由16米×20米改成30米×30米。

崇仁县气象局观测场(摄于2008年11月)

崇仁县气象局综合业务楼(摄于2007年1月2日)

金溪县气象局

金溪建县于宋淳化五年(994年),因有山出产金银,有溪水色如金,得名金溪。全县面积1358平方千米,辖7个镇、6个乡、1个林场,总人口28万。金溪位于抚州市东部,处于北纬27°41′—28°06′,东经116°27′—117°03′。金溪属亚热带湿润气候区,四季分明、气候温和、雨水充沛、光照充足、无霜期长,但受季风气候影响,温度、降水和日照变辐较大,干湿比较明显。年平均气温18.0℃,极端最高气温42.0℃(2003年8月10日),极端最低气温—11.1℃(1991年12月29日);年平均降水量1820.6毫米,最多为2806.3毫米(1998年),最少为1133.6毫米(1971年);年平均日照时数1695.0小时,最多为2234.2小时(1963年),最少为1356.3小时(1975年)。

金溪县气象局位于秀谷镇解放巷31号,即北纬27°55′,东经116°47′,观测场海拔高度130.2米。

机构历史沿革

始建情况 金溪县气象站于1958年12月建成,站名为江西省金溪气候站,站址在县城西门口,1959年1月1日正式进行每天4次(01、07、13、19时)定时气候观测。

站址迁移情况 1971年3月迁站,由县城西门口迁至秀谷镇解放巷31号(现址)。

历史沿革 1959年3月更名为江西省金溪县气象站;1962年6月更名为江西省金溪县气象服务站;1964年7月更名为江西省金溪县气象站;1979年1月更名为金溪县气象局;1984年1月,更名为金溪县气象站;1990年3月恢复为金溪县气象局,正科级单位,为国家一般气象站。

管理体制 1958年12月建站时属江西省水利电力厅水文气象局管理;1959年3月归县人民委员会管理;1962年6月归江西省水利电力水文气象局管理;1964年7月水文气象分开;1971年2月实行军队与地方政府双重管理、以县人民武装部为主的管理体制;1973年9月气象部门划归金溪县革命委员会管理;1980年10月,实行气象部门与县政府双重领导、以气象部门领导为主的管理体制。

机构设置 自建站至1970年,未设任何机构,实行观测与预报综合值班;1971年开始下设测报、预报两组;1979年1月成立三段一室,即测报股、预报股、农业气象股和办公室;1984年保留"三股",取消办公室;1992年9月成立二股一室,将预报、测报、农业气象合并为基础业务股,成立办公室和综合经营段;2008年下设机构为气象台、防雷检测分所、综合办公室,地方挂靠机构为金溪县人工影响天气领导小组办公室、金溪县雷电防护管理局。

单位名称及主要负责人变更情况

单位名称	姓名	职务	任职时间
江西省金溪气候站	周华庭	负责人	1958.12—1959.03
江西省金溪县气象站			1959.03—1959.08
	吴清海	负责人	1959.08—1962.06
江西省金溪县气象服务站			1962.06—1964.07
			1964.07—1968.11
	艾新宏	站长	1968.11—1971.01
	李志帮	站长	1971.01—1972.12
江西省金溪县气象站	吴水星	指导员	1972.12—1973.11
	黎荣生	副站长（主持工作）	1973.11—1974.07
	王秋元	站长	1974.07—1978.03
		副站长（主持工作）	1978.03—1979.01
金溪县气象局	王荫卿	副局长（主持工作）	1979.01—1980.09
		局长	1980.09—1984.01
		站长	1984.01—1984.06
金溪县气象站	刘华安	站长	1984.06—1987.12
	齐子良	站长	1987.12—1990.03
		局长	1990.03—1992.09
金溪县气象局	游加清	副局长（主持工作）	1992.09—1993.01
		局长	1993.01—1999.06
	蒋鑫生	副局长（主持工作）	1999.06—2000.08
		局长	2000.08—

人员状况　建站初期只有 2 人，1988 年在职人员最多为 13 人。2008 年底有 8 人，其中本科学历 3 人，大专学历 3 人；工程师 3 人；30 岁以下 3 人，40～50 岁 4 人，50 岁以上 1 人。

气象业务与服务

1. 气象业务

①地面气象观测

从 1959 年 1 月 1 日开始，采用地方时每天进行 4 次（01、07、13、19 时）地面气象观测，观测项目有空气温度和湿度、风向风速（目测）、云量、云状、能见度、天气现象、降水、蒸发、雪深等。同年 3 月 1 日增加日照观测，同年 11 月增加地温（0～20 厘米）观测。1960 年 1 月 1 日改为每天 3 次（07、13、19 时）地面气象观测。1960 年 7 月 1 日起采用北京时观测，每天进行 3 次（08、14、20 时）地面气象观测。1962 年 1 月 1 日起，根据《地面气象观测规范》规定的项目进行观测。1966 年 2 月 1 日增加气压观测。1977 年 7 月 1 日增加对指示性云、地方性云、系统性云的观测。1980 年，按修改后的《地面气象观测规范》规定的项目进行观测。2004 年 1 月 1 日开始人工观测与自动气象站观测并轨，自动气象站每小时观测 1 次，自动上传资料。

1959 年 1 月 1 日起，每天 14 时拍发单站补充报（GD-02）。1960 年 1 月 1 日停发单站补充报,同时向省、地区气象台拍发08时区域绘图天气报(GD-82)和不定时拍发区域危险天气报(GD-82)。1974年开始增发台风联防报。1979—1981年担负拍发预约航空危险天气报的任务。1982年1月1日取消08时区域绘图天气报,同时向省、地区气象台拍发08时气象服务报(GD-91),并开始执行拍发重要天气报(GD-11)。1991年11月1日08时起执行新版《陆地测站地面天气报告电码(GD-01Ⅲ)》和《重要天气报告电码(GD-11Ⅱ)》,同时停止使用(GD-01Ⅱ)、(GD-11)。2004年自动气象站建成使用后,只保留重要天气报(GD-11Ⅱ)。

1959年1—2月风向风速采用目测,3—5月改为筒置风向器,6月1日起新装维尔达风压器。1971年1月1日撤换维尔达风压器,改为EL型电接风向风速仪。1980年5月1日配置启用电接风向风速自记仪。1960年10月1日将雨量器高度由2米改为0.7米。1961年1月1日将百叶箱干湿球温度表高度由2米改为1.5米。1966年2月1日开始使用动槽式水银气压表。1966年1月1日开始使用虹吸式雨量自记仪。1972年3月1日因迁站,各仪器按观测场面积20米×16米重新布设。1973年9月2日开始使用温度、湿度自记仪。1986—1988年使用PC-1500袖珍计算机制作气象报表。2003年11月28日自动气象站安装完成并投入使用,观测项目有气压、气温、空气湿度、风、降水、地温(0~20厘米)等。2004年1月1日起,自动气象站投入业务工作,与人工观测平行。2005年1月1日起,用自动气象站观测记录代替人工观测同类项目的记录。2005年11月开始,分批在全县所有乡镇安装二或四要素自动气象站。2008年全面完成8个四要素、4个二要素乡镇区域自动气象站建设,并投入使用。

②农业气象

1960年开展农业气象观测。1962年停止农业气象观测业务,1977年恢复。1983年定为省农业气象情报网站,执行新的《农业气象观测方法》。从1990年1月起,改为一般农业气象站,进行简易观测,编写年度、半年气候评价。

③天气预报

短期天气预报 1959年开始,在收听省气象台天气预报的基础上,结合图、表等资料以及群众看天经验,制作未来1~3天的天气预报。从1989年10月起,每年10月至次年2月不作单站短期预报,改为转发或补充订正省、地区气象台天气预报。1990年后,增加短时天气预报,每日发布全县未来1~2天的天气预报以及短时灾害性天气预报。

中、长期天气预报及专题预报 从1961年开始,不定期制作中、长期(年、月、旬)天气预报以及重要农事季节天气预报。从1985年起,中、长期天气预报以转发省气象台预报为主。

④气象信息网络

1983年8月起使用气象传真机接收各种传真图。1985年6月开始使用甚高频电话与地区气象台进行预报会商。1994年3月金溪县气象站远程终端建成。2000年4月建成地面卫星接收系统PC-VSAT站。2001年后通过气象宽带网络系统进入省、市气象内网,调阅各种预报产品及资料,并传输气象信息。

2. 气象服务

公众气象服务 建站后,气象预报先是通过广播,后是通过电视、手机短信、电子显示屏等向社会各界发布。1997年10月1日开通"121"天气预报自动答询电话,2001年10月"121"升级增设10个分信箱,2005年1月"121"电话升位为"12121"。2002年1月开通金溪县农村经济信息网(后改名为金溪县新农村建设网),并在各乡镇开通信息站。从 2006 年开始,每年通过短信平台免费向县、乡、村、企业及相关单位发送灾害性天气短信。自 2007 年起,聘请 204 名气象信息员,主要职责是报告当地气象灾害信息,向周边民众普及气象科普知识、转达灾害性天气预警预报等。

决策气象服务 主要是通过汇报(书面、口头、电话、短信方式)、《气象信息》、《气象呈阅件》、《气象情况》等形式为地方各级领导提供决策气象服务。

2008 年 1 月 12 日至 2 月 5 日,金溪出现罕见的低温冰冻雨雪天气,持续时间之长、影响范围之广,为历史之最。在这次过程中,金溪县气象局提前 10 天提供预报服务,相关部门提前做好安全防范措施,把灾害损失降到最低。

1990 年编发《1989 年早杂优减产原因的分析》材料,找出减产的气象原因,提出应对措施,使金溪县 1990 年杂优面积达 3200 公顷,平均每公顷产量为 6750 千克,比常规品种每公顷增产 1125~1575 千克。

专业与专项气象服务 金溪县人工影响天气领导小组于 2000 年 7 月成立,办公室设在县气象局。2004 年 7 月购置 1 辆江铃宝典牌汽车,供人工影响天气专用,发射工具由 30 年前的"土火箭"、"三七"高炮发展到使用 BL-1 型火箭发射装置。

1992 年 9 月,开展防雷安全质量检测。2002 年 6 月成立金溪县雷电防护管理局,行使雷电灾害防御和防雷装置管理职责,将防雷工程从设计、施工到竣工验收纳入气象行政管理范围。县气象局每年对加油站、液化气站、民爆仓库、烟花爆竹企业等高危行业以及其他建筑物的防雷设施进行定期检测。2005 年防雷安全进入《金溪县房地产开发项目建设条件意见书》审批事项。2006 年 9 月县政府下文,明确金溪县气象局为金溪县规划区内建设项目联审联批单位,2006 年 10 月进驻县办事大厅,行使防雷管理和气球施放等行政管理职能。

气象科普宣传 2003 年 5 月被县科协授予金溪县青少年科普教育示范基地,此后每年都在世界气象日期间接待学生参观,每年组织 2~3 次送科技下乡活动,同时在省、市、县有关媒体宣传金溪县气象服务工作。

党建与气象文化建设

1. 党建工作

党的组织建设 建站至 1970 年没有党支部,单位党员编入外单位党支部参加组织生活。1971 年 12 月成立金溪县气象站党支部,有党员 3 人。从 1974 年起,先后吸收 9 人加入中国共产党。截至 2008 年底,有党员 5 人(其中在职人员 4 人,退休人员 1 人)。金溪气象局(站)党支部自 1980 年以来有 19 次被县直属机关工委评为先进党支部,3 次被金溪县委评为先进基层党组织。

党风廉政建设 认真贯彻落实科学发展观,经常对党员进行先进性教育、反腐倡廉教育。重视廉政文化建设,局内有公开栏、意见箱、警句牌等,设立纪检监督员岗位,公开监督电话,接受群众监督。

2. 气象文化建设

坚持以人为本,弘扬自力更生、艰苦奋斗精神,深入持久地开展文明创建活动,政治业务学习有制度,文体活动有场地.电化教育有设备,职工生活丰富多彩。县气象局1985年被评为秀谷镇文明单位,1991年被评为金溪县文明单位,1997—2008年一直被评为抚州地区(市)文明单位。办公楼内挂有文明宣传标牌,建起两室一场(文娱活动室、报刊图书室、羽毛球场),拥有图书千余册。干部职工遵纪守法,爱岗敬业,勤奋工作。

3. 荣誉

集体荣誉 金溪县气象局1980—2008年共获集体荣誉42项(次)。其中1982年6月暴雨预报服务获江西省气象局记大功奖励;2004年被省气象局评为"五大工程"一级达标单位;2005年被中国气象局评为"局务公开"先进单位;2007年被江西省政府评为"人工增雨"先进单位;1999年5月首次被抚州地委、行署授予第七届(1997—1998年)地区级"文明单位"称号;之后连续被评为第二、三、四、五届市级"文明单位";1999年12月"金溪蜜梨丰产栽培与气象条件研究"项目获抚州地区科技进步三等奖;2007年度被抚州市人工影响天气领导小组评为"人工增雨"先进单位。

个人荣誉 蒋鑫生2006年1月被江西省人事厅、江西省气象局授予"全省气象先进工作者"称号。

台站建设

金溪县气象局占地面积8536.3平方米,所有公房面积910.0平方米。

建站初期,县气象站在城郊百门租用苗圃平房办公和住宿。1971年3月搬迁到解放巷31号,先后兴建3栋平房,共14间用于办公、住宿;1985年兴建1栋二层7套小面积宿舍,1992年建成300平方米三层业务办公楼,1998年建成2栋6套二层复式住宅楼;2003年在原办公楼房南边加盖1栋160平方米二层楼,并对1992年建的办公楼进行整体装饰。2004—2008年对大院内进行地面硬化、护坡,建花圃、种草坪、栽风景树,装配景观灯和照射灯,建围墙、大门、车库和门卫室等,环境得到明显改善。

1973—1992年金溪县气象站业务办公平房(摄于1982年10月)

金溪县气象局综合业务楼(摄于2006年10月)

南丰县气象局

南丰县始建于三国吴太平二年(257年),有1700多年的历史,是驰名中外的"中国南丰蜜橘之乡"、"中国民间艺术(傩舞)之乡",唐宋八大家之一曾巩的故里。南丰县位于江西省东南部、抚州市南部,面积1920平方千米,总人口近30万,其中县城人口约10万。属中亚热带季风气候,光、热、水资源丰富,四季分明,无霜期长。年平均气温18.2℃,极端最高气温40.8℃,极端最低气温-10.8℃;年平均降水量1768.0毫米,年最大降水量2457.9毫米,年最少降水量1064.5毫米;年平均日照时数1717.4小时;年平均无霜期271天。

南丰县气象局位于琴城镇交通路285号,即北纬27°13′,东经116°32′,观测场海拔高度111.5米。

机构历史沿革

始建情况 南丰县气象局始建于1956年,1957年1月1日正式开始观测。

站址迁移情况 始建时地址在原蜜橘大学操场(交管站院内),观测场面积20米×20米,海拔高度90.6米。1967年迁至刘家山顶(即琴城镇交通路285号),观测场面积16米×20米,距原址150米。

历史沿革 1957年站名为江西省南丰县气候站;1959年3月更名为南丰县气象站;1962年5月更名为江西省抚州水文气象总站南丰气象服务站;1970年12月,水文与气象分设,更名为江西省南丰县气象服务站;1973年7月更名为江西省南丰县气象站;1979年3月成立南丰县气象局,实行局、站合一;1984年1月更名为南丰县气象站;1990年3月,更名为南丰县气象局。

管理体制 1957年属江西省政府气象科管理;1959年3月归南丰县人民委员会管理;1962年5月归江西省水利电力厅水文气象局管理;1971年2月实行军队与地方政府双重管理、以军队管理为主的管理体制;1973年7月归南丰县革命委员会管理,委托南丰县农业局代管;1979年3月改为以气象部门管理为主的体制;1980年实行气象部门与地方政府双重领导,以气象部门领导为主的管理体制。

机构设置 1982—2000年,南丰县气象局下设办公室、测报股、预报股、农业气象股,2001—2008年,下设办公室、综合业务股、雷电防护管理局、科技服务中心。

单位名称及主要负责人变更情况

单位名称	姓名	职务	任职时间
江西省南丰县气候站	万全安	负责人	1957.01—1958.12
	胡善忠	负责人	1958.12—1959.03
南丰县气象站			1959.03—1961.12
	程之洪	副站长（主持工作）	1961.12—1962.05
江西省抚州水文气象总站 南丰气象服务站			1962.05—1966.03
		站长	1966.03—1970.03
	黄锦孝	负责人	1970.03—1970.12
江西省南丰县气象服务站			1970.12—1971.12
	夏厚水	负责人	1971.12—1973.01
	张景江	站长	1973.01—1973.07
江西省南丰县气象站			1973.07—1976.02
	曾如来	副站长（主持工作）	1976.02—1979.03
南丰县气象局	宁保仔	副局长（主持工作）	1979.03—1980.06
	齐吉亨	局长	1980.06—1984.01
南丰县气象站		站长	1984.01—1984.05
	唐保林	站长	1984.05—1990.03
	简中宣	局长	1990.03—1992.12
南丰县气象局	汪志坚	局长	1992.12—1996.01
	李家洪	副局长（主持工作）	1996.01—1996.12
		局长	1996.12—

人员状况　建站时有 3 人，最多时期达 16 人。2008 年底，在职人员 12 人，离休 1 人，退休 4 人，均为汉族。在职人员中 18～35 岁 3 人，35～50 岁 7 人，50 岁以上的 2 人。本科学历 1 人，大专学历 7 人，中专（高中）学历 4 人。工程师 5 人，助理工程师 5 人，技术员 2 人。

气象业务与服务

1. 气象业务

①地面气象观测

南丰县气象局原属国家一般气象站，2006 年 1 月 1 日调整为国家基本气象站。

观测项目　根据《气象观测暂行规范》，1957 年 1 月 1 日起进行气温、湿度、风向、风速、降水量、蒸发量、云量、云状、能见度、天气现象等项目观测，同年 7 月 1 日起增加日照观测，同年 10 月增加积雪深度观测，1961 年 1 月 1 日停止积雪深度观测，增加气压观测。1962 年 1 月 1 日起执行《地面气象观测规范》，1980 年起，执行修改后的《地面气象观测规范》，2004 年 1 月 1 日起，执行 2003 版《地面气象观测规范》。

观测时次　1957 年 1 月 1 日起每日观测 4 次（地方时 01、07、13、19 时），1960 年 1 月 1 日改为 3 次（地方时 07、13、19 时）。1960 年 7 月 1 日起采用北京时间每天观测 3 次（08、

14、20 时)。2006 年 1 月 1 日起,每日观测 4 次(02、08、14、20 时)、补充观测 4 次(05、11、17、23 时)。2007 年 1 月 1 日起,除云、能见度、天气现象、日照、蒸发、定时降水仍为人工观测外,其他项目均采用自动气象站观测。

2007 年 11 月按照江西省政府〔2006〕26 号文件的要求,在全县 12 个乡镇建成 ZQZ-AE 型温度、雨量、风向、风速四要素自动气象站,数据传输采用移动 GPRS 技术,完成县域内覆盖每个乡镇的自动气象站网建设任务。

发报种类 1957 年 3 月 1 日起,每旬向省、地区气象台拍发 1 次旬报,1960 年 10 月 10 日停发。1960 年 1 月 1 日起,每日 08 时向省气象台拍发区域绘图天气报(GD-81),同年 9 月 10 日增发区域危险天气报(GD-82)(1981 年 12 月 31 日后停发这两种报)。1970—1979 年向清江和南昌拍发航空预约报,1979 年起向省气象台拍发台风联防预约电报。从 1982 年 1 月 1 日起,由预报值班员编发气象服务电报(GD-91),同时向地区气象台编发区域灾害性天气联防电码(限每年 3～9 月)。1981 年 1 月 1 日至 1991 年 6 月 30 日每旬向省气象台拍发 HD-02 气象旬(月)报。从 1991 年 7 月 1 日起,每旬向省气象台拍发 HD-03 气象旬(月)报(原 HD-02 气象旬(月)报停发)。从 1984 年 1 月 1 日起,增加龙卷、大风、冰雹、强降水、积雪等重要天气报(GD-11)。1991 年起,每年 5 月 1 日至 6 月 30 日每天 05 时向省、地区气象台拍发 24 小时雨量报,1992 年开始每天 08 时向地区气象台拍发实况报(2008 年取消)。从 1997 年 3 月起,执行《春播气象服务电码(GB-01)编报规定》(2003 年 3 月对该电码作了部份修改)。从 1998 年 3 月 1 日起,使用《加密气象观测报告电码》(简称 GD-05 报)。从 2006 年 1 月 1 日起,每日 02、08、14、20 时拍发天气报,05、11、17、23 时拍发补充天气报。从 2008 年 6 月 1 日起,在原重要天气报基础上又增加雷暴、霾、浮尘、沙尘暴、雾等重要天气报。

仪器更新 1957 年采用维尔达风压器、苏式口径 20 厘米雨量筒和蒸发器、水银温度表等仪器,1961 年 1 月增加长春产的水银气压表,1962 年 1 月增加上海产 5～20 厘米曲管地温表和国产小型蒸发器,1988 年 10 月 1 日撤换维尔达风压器,改为国产 EL 型电接风向风速仪,1969 年增加气压、温度、湿度、雨量自记仪,1983 年使用传真机,1984 年 10 月增加 PC-1500 袖珍计算机和甚高频电话。1996 年开始使用计算机。2003 年 11 月安装自动气象站系统,该系统可自动采集气温、气压、空气湿度、风向、风速、降水、地面、地中温度等气象信息,每分钟采集 1 次资料并可实时自动上传。

②农业气象

1957 年 1 月起正式开展农业气象业务,1966—1975 年因"文化大革命"农业气象工作中断 10 年,1976—1977 年开始恢复农业气象业务,并配有专职人员,1978 年成立农业气象组。1979 年 1 月起执行《农业气象观测方法》。1981 年国家气象局确定南丰县气象站为国家农业气象观测一级站。1994 年 1 月起执行《农业气象观测规范》(上、下卷),1997 年 5 月起执行《江西省柑橘农业气象简易观测方法》。1997 年 7 月 1 日起执行《农业气象观测质量考核办法》(该考核办法于 2003 年 3 月作了部分修订),2000 年 1 月起执行《江西省地、县级气象产量预报考核办法》和《江西省地、县级农业气象情报工作考核办法》,2000 年 10 月起执行《江西省农业气候论证技术规范(试行)》。

农作物物候观测 1957—1965 年对柑橘、油菜、水稻、紫云英等进行物候观测,对柑橘园土壤湿度进行测量,1978 年恢复对水稻、油菜、柑橘等观测,1981 年增加对青蛙、家燕、蚱蝉、棟树、板栗、枣的观测记载,1988—1989 年取消水稻和油菜观测,1990 年又恢复水稻观测,1994 年增加花生观测。2001 年 3 月起执行《农业气象报表信息化数据上传格式规定》,农业气象报表由省气象局气候中心审核后打印返寄。

农业气象试验研究 1976 年 3—11 月在沙岗乡横排上进行双季稻上山种植试验;1978 年在莱溪乡杨梅村进行寒露风指标鉴定及对二晚抽穗扬花期防低温冷害喷洒长风Ⅲ号保温剂的增温效应试验;1983 年在太坪嵊(抚州地区柑橘研究所)进行缓坡地橘园低温观测试验,并通过南丰县科委鉴定,1984—1987 年先后进行水稻、柑橘产量预报协作研究;1987—1988 年进行柑橘落花落果观测试验和采用"京二 B"对南丰蜜橘贮藏保鲜试验研究,并通过省、地区气象局和南丰县科委鉴定;1989—1990 年进行"京二 B"对南丰蜜橘保鲜技术的推广;1991 年对柑橘高温落花落果进行观测试验;1992 年进行柑橘冻害气候调查。

农业气候调查与区划 1978 年 8—10 月,为摸清山区气候资源,组成 10 人气候调查组,分赴全县 16 个乡镇、150 多个村委会进行实地观测,并整理出 1957—1977 年的气象资料,编写《南丰县农业气候手册》。1981 年 10 月完成南丰县农业气候区划工作,并写出区划报告。该报告较详细地阐述了南丰的自然地理和气候概况,光、温、水等农业气候资源和春寒、小满寒、寒露风、暴雨、洪涝、高温、干旱、冰雹、大风、冰冻等农业气象灾害,对水稻、柑橘作专题分析,为各级政府进行农业开发和规划提供气候决策资料。2008 年 12 月完成《基于 GIS 技术的南丰蜜橘精细化气候区划研究》,该课题按照建设优势农产品产业带,发展特色农业、绿色食品和生态农业的要求,充分发挥部门优势,通过 RS、GIS、GPS 和 Internet 的应用,可以实现农业气象信息、自然地理信息和社会信息的综合分析和空间决策。

农业气象情报(含农业气象预报、农业气候分析、气候评价) 1957 年 4 月开始,不定期发布自办的《农业气象情报》、《专题农业气象分析报告》。1982 年 3 月开始,定期发布旬、月气象条件评述,不定期发布低温、高温、雨情、旱情等农业气象情报和反常天气条件下的专题农业气象分析。1984 年开始制作发布早、晚稻产量趋势和定量预报及气候评价,1987 年开始制作发布全县柑橘总产预报,1990 年开始制作定量气候评价。1991 年开始与县植保站协作调查作物病虫害发生、发展和蔓延情况,发布作物病虫趋势预测。1997 年起执行《江西省气象情报及灾情收集上报办法》。农业气象服务书面材料从 1981 年开始一直使用《南丰农业气象》刊头。

农业气象灾害预警发布和灾情资料收集上报 2000 年 3 月起执行《江西省农业气象主要灾害指标》,2002 年 1 月起,实施《江西省农业气象灾害警报发布制度(试行)》,2005 年 10 月起实施"关于印发《江西省气象灾情收集上报调查和评估实施细则(试行)》的通知"(赣气发〔2005〕138 号)。

③天气预报

短期天气预报 1958 年 8 月开始,在收听省气象台预报的基础上,结合群众看天经验,制作当地未来 24 小时天气预报。1959 年起天气预报延伸到 1~3 天,每日依据省、市气象台指导预报制作当地短时临近天气和 12~48 小时天气预报。

中、长期天气预报 从 1959 年 5 月起,以群众经验为线索,不定期制作中长期(年、季、月、旬)天气预报及重要农事季节的天气预报。

专业气象预报 1985 年开始,根据用户的需求,不定期制作气象年景、重要农事季节和水稻、柑橘关键生育期(如:春播、汛期、夏秋干旱、柑橘采收、越冬、防病治虫等)专业气象预报(含农用天气预报)。

④气象信息网络

建站初期气象通信网络十分薄弱,天气预报靠普通短波收音机接收天气形势和预告,气象电报的收发主要是依赖邮电线路。1989年8月使用高频电话发报。2000年建立农村经济信息网(2006年9月更名为新农村建设信息网)。2003年开通气象手机短信服务。2007年开始使用电信光缆和专线接收上传气象资料和发报。

建站至2002年所有气象观测原始记录(包括加工整理出来的报表)均由单位保存,从2002年开始,原始气象观测记录送省气象档案馆保存。

2. 气象服务

公众气象服务 1958—1989年天气预报由县有线广播站播发,1990年开始改由电视台播放字幕,1998年开始引进电视天气预报制作系统,与广电部门协作开通电视天气预报广告业务,县有线电视台和县教育电视台都有定时的天气预报节目。2008年开通电视天气预报节目网上传输。

2002年,县气象局与县电信局合作建立"121"气象信息自动答询平台。2005年1月,"121"电话升位为"12121"。2005年3月开始"12121"由抚州市气象台制作发布。

2007年通过移动通信网络开通气象商务短信平台,以手机短信方式向全县各级领导发送气象信息,2008年,增加向全县的农村气象信息员和中小学校领导发送气象短信。

南丰县气象局通过广播、电视、网络、手机短信等方式及时向社会公众发布气象信息和短时灾害预警信息。

决策气象服务 决策气象服务主要为县委、县政府和相关部门提供。决策服务形式主要有《气象呈阅件》、《气象情况反映》、《南丰农业气象》、手机短信等。

专业与专项气象服务 2001年10月县气象局下属南丰县雷电防护管理局正式挂牌,其主要职能是组织管理、指导全县雷电灾害防御工作,会同建设行政管理部门对新建建筑物防雷装置进行设计审核、施工质量监督和竣工验收以及对重点防雷单位、民用建筑、通讯网络、微机站(室)的防雷进行安全检测。

2000年开始开展"三七"高炮人工增雨作业、2002年5月1日起执行《人工影响天气管理条例》,购置新型火箭人工增雨作业设备,根据每年高温旱情,开展次数不等的抗旱、水库增容、森林防火作业等。

气象科技服务与技术开发 1985年开始执行国务院1985年3月29日批转的国家气象局《关于气象部门开展有偿专业服务和综合经营的报告》。1988年开始引进承包机制,注重服务效益,拓宽服务领域,遇有灾害性天气及时用电话将预报传给服务单位。

气象科普宣传 每年利用各种形式,把气象科技知识送进农村、学校、社区、企业、机关,使全社会了解气象知识,减少和避免因气象灾害而造成的损失。

气象法规建设与社会管理

法规建设 《南丰县气象灾害应急预案》经南丰县政府同意,以丰府办字〔2008〕106号文件形式下发到各乡镇(场)和有关部门执行。2007 年 12 月 20 日南丰县政府印发《关于切实做好气象探测环境和设施保护工作的通知》(丰府办字〔2007〕117 号)。

社会管理 根据国务院、中央军委《通用航空飞行管制条例》、中国气象局《施放气球管理办法》,对县域内从事气球施放的单位和个人进行监管;依据《江西省实施〈中华人民共和国气象法〉办法》、中国气象局《防雷减灾管理办法》对新建建筑物和易燃易爆场所进行防雷安全管理,确保不出现安全事故。

依据《气象探测环境和设施保护办法》,2008 年县气象局将制作好的观测场环境保护图送至相关部门备案,并利用电视等媒体,向社会广泛宣传探测环境保护条例等相关法律法规,保证了观测环境不被破坏。

政务公开 对气象行政审批办事程序、气象服务内容、服务承诺、气象行政执法依据、服务收费依据及标准等,采取通过县行政服务中心大厅发放宣传单的方式向社会公开。财务收支、目标考核、基础设施建设、工程招投标等内容则采取职工大会或公示栏张贴等方式向职工公开。一般每半年公示一次单位财务,年底对全年收支、职工奖金福利发放、领导干部待遇、劳保、住房公积金、职工晋职晋级等向职工作详细说明。

党建与气象文化建设

党建工作 南丰县气象局 1980 年成立党支部。2008 年底,有在职党员 5 人,离退休党员 3 人。

南丰县气象局党支部重视精神文明建设和党建工作,注重发挥党员的先锋模范带头作用;认真落实党风廉政建设目标责任制,积极开展廉政教育和廉政文化建设活动,努力建设文明机关、和谐机关和廉洁机关,定期召开民主生活会,开展民主评议党员活动。2001—2008 年,南丰县气象局党支部连续 3 年被南丰县直属机关工委评为先进党支部。

气象文化建设 南丰县气象局把气象文化建设与气象工作紧密地结合起来,制定计划,明确目标,落实责任人。经常开展政治理论、法律法规和业务技能学习,提高了干部职工队伍的素质。

荣誉 1962 年被江西省政府评为"工农业先进单位";1963 年被江西省政府评为"农业先进单位";1965 年被省气象局评为"五好台站";1982 年获省气象局集体记功奖励和"农业气候区划一等奖";1988 年被省气象局评为"文明单位";1997—2008 年被抚州市评为"文明单位";2003 年被省气象局评为全省气象系统"气象科技服务十强县气象局";2006 年被省人事厅、省气象局授予"全省气象工作先进集体"称号;2002—2008 年被省气象局评为"五大工程"建设一级达标单位。

台站建设

南丰县气象局建站初期,办公条件和职工住房都很简陋,院内地势高低不平。1985 年兴建 1 栋四层楼宿舍,8 户职工搬进新居。1990 年新建 1 栋办公楼,面积约 400 平方米。2002—2008 年,先后两次投入 60 余万元,扩建办公用房 400 平方米(含食堂和车库),同时对局内环境进行综合改造(拆除旧房、平整山坡),硬化地面 700 平方米、修建花圃 150 平方米,院内绿化率达 80%。

南丰县气象局观测场(摄于 2008 年 12 月 10 日)　　南丰县气象局综合业务楼(摄于 2008 年 12 月 10 日)

东乡县气象局

东乡县位于江西省东部,始建于明正德七年(1512 年),距今已有 497 年历史。东乡是一个人文卓著的地方,孕育了 11 世纪政治家、改革家、文学家王安石,明朝开科状元吴伯宗,晚明爱国文人艾南英,清代著名诗人吴嵩梁,当代画家吴兴华及中国工程院院士艾兴等英才。东乡县辖 16 个乡镇场,面积 1270 平方千米,总人口 43 万。东乡县属于亚热带湿润季风气候,气候温和、日照充足、雨量丰沛。年平均气温为 17.7℃,极端最高气温为 40.3℃(1988 年 7 月 18 日),极端最低气温－13.2℃(1991 年 12 月 29 日),年平均降水量为 1777.0 毫米。

东乡县气象局位于孝岗镇公园西路 1 号,即北纬 28°14′,东经 116°36′,观测场海拔高度 50.6 米。

机构历史沿革

始建情况　东乡县气候站始建于 1958 年,1959 年 1 月 1 日正式观测,站址设在县工人俱乐部。

站址迁移情况　东乡县气候站历经 3 次搬迁。1959 年 1 月至 1965 年 12 月在县工人俱乐部;1966 年 1 月至 1974 年 12 月在孝岗镇北门三港口;1975 年 1 月至 1980 年 12 月在东乡镇城郊;1980 年 12 月后迁至孝岗镇公园西路 1 号。

历史沿革　东乡县气候站名历经 3 次变更,建站时为东乡县气候站;1970 年 1 月变更为上饶水文总站东乡气象服务站;1972 年 1 月变更为东乡县气象站;1979 年 5 月成立江西省东乡县气象局,机构规格为正科级事业单位。

管理体制　管理体制几次变动,从建站至 1959 年 1 月、1962 年 7 月至 1968 年 10 月、1980 年 10 月起实行气象部门与地方政府双重领导,以气象部门领导为主的管理体制;1959 年 1 月至 1962 年 6 月、1968 年 10 月至 1971 年 2 月、1973 年 8 月至 1980 年 9 月以当地政府管理为主;其中 1971 年 2 月至 1973 年 7 月以军事机构管理为主。

机构设置　自建站至 1970 年,未设任何机构,实行观测与预报综合值班。1971 年开始下设测报、预报两组;1979 年 1 月成立三股一室,即测报股、预报股、农业气象股和办公室;1984 年保留"三股",取消办公室;1992 年 9 月成立二股一室,将预报、测报、农业气象合并为基础业务股,成立办公室和综合经营股;2008 年下设机构为气象台、防雷检测分所、综合办公室,地方挂靠机构为东乡县人工影响天气领导小组办公室、东乡县雷电防护管理局。

单位名称及主要负责人变更情况

单位名称	姓名	职务	任职时间
东乡县气候站	缪玉恭	站长	1959.01—1962.04
	魏　达	负责人	1962.04—1962.06
	缪玉恭	站长	1962.06—1963.01
	朱世滨	负责人	1963.01—1964.04
	周盛彬	负责人	1964.04—1968.10
上饶水文总站东乡气象服务站	乐翰年	站长	1968.10—1970.01
			1970.01—1972.01
			1972.01—1975.11
东乡县气象站	陈水长	站长	1975.11—1977.10
	毕玉卿	站长	1977.10—1979.05
东乡县气象局	王印奎	局长	1979.05—1980.10
	周登其	局长	1980.10—1984.05
	陈敬平	副局长(主持工作)	1984.05—1985.10
	游今生	副局长(主持工作)	1985.10—1986.03
	王国伟	局长	1986.03—1993.11
	周顺亮	局长	1993.11—

人员状况　1959—2008 年,在东乡县气象局工作过的人员共计 39 人。2008 年底,有在职人员 8 人,其中本科学历 4 人,大专学历 1 人;高级工程师 1 人,工程师 4 人,助理工程师 3 人;35 岁以下 1 人,36～45 岁 4 人,50 岁以上 3 人。

气象业务与服务

1. 气象业务

①地面气象观测

东乡县气候站从 1959 年 1 月 1 日开始进行地面气象观测。

观测项目　根据《气象观测暂行规范》进行气温、湿度、风向、风速、降水量、蒸发量、云量、云状、能见度、天气现象、日照、积雪深度等项目观测。1961 年 1 月 1 日增加气压观测。1962 年 1 月 1 日起执行《地面气象观测规范》。1980 年起,按修改后的《地面气象观测规范》观测,2004 年 1 月 1 日起,执行 2003 版《地面气象观测规范》。2003 年 11 月,安装自动气象站,2004年1月1日起正式启用,可自动采集气温、气压、空气湿度、风向、风速、降水、地面、地中温度等气象信息,每分钟采集1次资料并可定时自动上传。

观测时次 1959年1月1日起,每日观测4次(地方时01、07、13、19时),1960年1月1日改为3次(地方时07、13、19时),1960年7月1日起采用北京时间观测3次(08、14、20时)。所有观测项目均及时制作气象报表。1991年1月开始,观测报表由江西省气候中心微机制作,县气象局只制作简易报表。

发报种类 从1959年1月1日起,每旬向省、地区气象台拍发1次旬报,1960年10月10日停发。从1960年1月1日起,每日08时向省气象台拍发区域绘图天气报,同年9月10日增发危险天气报,1970—1979年向清江和南昌拍发航空预约报,1979年开始向省气象局拍发台风联防预约电报。遇大风、冰雹、强降水等重要天气,不定时拍发重要天气报。1991年开始,每年5月1日至6月30日每天05时向省、市气象台拍发24小时雨量报(2005年后取消)。从1992年1月1日起,每天08时向市气象台拍发实况报(2008年取消)。2008年1月1日起增加雷暴、视程障碍现象(霾、浮尘、沙尘暴、雾)等重要天气报告。

②农业气象观测

东乡县气象局农业气象组于1979年1月设立,1980年1月开始正式工作。农业气象组有3人,在县水稻良种场设立观测地点,对当地早、晚稻良种各发育期进行观测。

③天气预报

短期天气预报 从1959年1月起,在收听省气象台预报的基础上,结合群众看天经验,制作当地未来24小时及1~2天的天气预报。至2008年,每日发布全县未来1~2天的天气预报和短时滚动订正预报。

中期天气预报 1959年5月起,以群众经验为线索,不定期制作中长期(年、月、旬)天气预报及重要农事季节天气预报,1985年起制作月、旬及重要农事季节天气预报。

专题气象预测 根据各级政府和用户要求制作专题预报,如农作物采收、森林防火、防洪抗灾等专题气象预报。

2. 气象服务

公众气象服务 1959年1月至1994年10月,日常天气预报每天晚上通过县广播站向全县广播。1994年11月开始,日常天气预报、短期灾害天气预报,每天晚上通过县有线电视台播放。1997年6月建立"121"气象信息自动答询平台,并设立24~48小时天气预报、3~5天天气预报、农业气象、人体舒适度等近10个信箱。2000年1月建立东乡县农村经济信息网(2006年9月更名为东乡县新农村建设网)。2003年4月开通气象短信服务。

决策气象服务 从20世纪70年代开始,县气象局定期用书面发布旬报,不定期发布重要农事季节天气预报,重要天气预报派专人送县委、县政府领导或由县气象局领导当面向县领导汇报。1988年1月起,书面天气预报统一改用《气象信息》刊头。2002年1月起,根据服务要求,增加《气象情况呈阅件》,报送县委、县政府有关领导。

专业与专项气象服务 1978年7月开展"三七"高炮人工增雨作业。2004年7月遇历史罕见高温干旱天气,省人工影响天气领导小组办公室投资 4 万元、县政府配套投资 7 万元购置新型火箭人工增雨作业设备。

2001 年 10 月开始组织管理、指导全县雷电灾害防御工作,会同建设行政管理部门对新建建筑物防雷装置进行设计审核、施二质量监督和竣工验收,对重点防雷单位、民用建筑、通讯网络、微机站(室)的防雷进行安全检测。2007 年 8 月开始防雷设计审核、竣工验收工作。

气象科技服务与技术开发 1985 年开展专业有偿气象服务。1985 年 5 月起,实行资料服务收费。遇有灾害性天气及时用电话将预报传给服务单位。1988 年 1 月开始引进承包机制,注重服务效益,拓宽了服务领域。

气象科普宣传 县气象局利用广播、电视、声讯电话、报刊等宣传气象知识。每年世界气象日、安全生产月活动期间,在县城或乡镇摆摊设点发放气象科普资料。县气象局经常组织科技人员将气象科学技术送到农户、学校、企业、街道,普及气象知识。

科学管理与气象文化建设

社会管理 根据《施放气球管理办法》,县气象局对辖区内施放氢气球进行资质审核和安全管理。根据《防雷减灾管理办法》,对辖区内新建、改建、扩建建筑物进行防雷装置质量检测检验和竣工验收,对建筑物原有的防雷装置进行常规检测等。

政务公开 对外公开部门概况、机构设置、政策法规、服务指南、收费标准等事项;对内定期公布本单位重大决策、重要干部任免、重大项目安排、大额资金的使用和事关职工切身利益的事项。

党建工作 东乡县气象局党支部,2008 年底有党员 6 名。有 1 名兼职纪检监察员,负责东乡县气象局党风廉政建设。党支部加强廉政教育和先进性教育,干部职工思想稳定,遵纪守法,工作积极,气氛和谐。

气象文化建设 县气象局一直将精神文明建设放在重要的议事日程,成立精神文明建设领导小组,由主要领导任组长,分管领导和各股室负责人为成员,精神文明创建工作形成制度,并纳入目标考评。1995—1997 年,东乡县气象局被东乡县委、县政府授予县级"文明单位"称号;1998—2008 年一直保持市级文明单位称号荣誉。

经常开展登山、棋牌、乒乓球、羽毛球等多种形式的文体活动。积极参加抚州市气象局组织的卡拉 OK、演讲、乒乓球赛等,并取得较好的成绩。

荣誉 1998 年被抚州市气象局评为年度目标考核先进单位和业务单项优秀单位;2000 年被抚州市气象局评为年度目标考核和气象服务先进单位;2004 年被抚州市气象局评为年度目标考核科技服务与产业单项第一名;2005 年 2 月被省气象局评为全省气象部门"五大工程"建设一级达标单位;2006 年获全市地面测报业务竞赛团体第二名奖励;2007年被评为全市人工增雨抗旱减灾工作先进集体、全省人工增雨抗旱减灾工作先进集体和全县加强政风行风建设、优化经济发展环境第一名。

台站建设

2001 年 3 月,对办公楼进行综合改善,拆除原来的木质窗户,换成铝合金窗,地面铺设大理石和地砖,办公室进行装修,办公楼改用外墙涂料,修建围墙和挡土墙,改善了县气象局的办公条件。

东乡县气象局综合业务楼(摄于 2008 年 11 月)

南城县气象局

南城县位于江西省东部、抚州中部,居盱江下游,地势东西高、中部成南北贯通的河谷平川地带,山地分布在东西两侧,盱江由南而北经城垣贯穿全境,可分为山地、丘陵、河谷平原 3 种地貌类型。全县面积 1697.97 平方千米,总人口 30.7 万。南城县属亚热带季风性湿润气候,四季分明,雨量充沛,光照充足,无霜期长,年平均气温 17.9℃,极端最高气温 41.5℃(1953 年 8 月 10 日),极端最低气温－10.9℃(1991 年 12 月 29 日),年平均降水量 1704.7 毫米,年平均日照时数 1634.8 小时,年平均无霜期 276 天。

南城县气象局位于建昌镇交通路 23 号,即北纬 27°35′,东经 116°39′,观测场海拔高度 80.8 米。

机构历史沿革

始建情况　1952 年 7 月组建南城气象站,称江西抚州军分区南城气象站,地址南城县金斗窠城区,位于北纬 27°33′,东经 116°36′,观测站海拔高度 85.0 米。

站址迁移情况　1958 年 8 月 1 日由原金斗窠迁到现在地址(南城县建昌镇交通路 23 号)。

历史沿革　1955 年 1 月改为江西省南城气象站;1958 年 5 月更名为南城县水文气象站;1960 年 3 月更名为江西省南城气象服务站;1962 年 8 月更名为江西省抚州水文总站南城气象服务站;1964 年 7 月更名为江西南城气象服务站;1969 年 2 月更名为江西省南城县

水文气象站;1971 年 6 月更名为江西省南城县气象站;1978 年 12 月更名为江西省南城县气象局;1984 年 6 月,更名为江西省南城县气象站;1990 年 2 月,更名为江西省南城县气象局。

管理体制 1952 年 7 月建站时,属江西抚州军分区建制;1955 年 1 月划归地方政府管理;1980 年实行由气象部门与地方政府双重领导,以气象部门领导为主的管理体制,机构规格属正科级事业单位。

单位名称及主要负责人变更情况

单位名称	姓名	职务	任职时间
江西抚州军分区南城气象站	李一甦	站长	1952.07—1953.12
	马荣茂	站长	1953.12—1955.01
			1955.01—1955.06
江西省南城气象站	吴同忠	站长	1955.06—1955.11
	王祖荫	站长	1955.11—1958.05
南城县水文气象站			1958.05—1960.01
			1960.01—1960.03
江西省南城气象服务站	邱华祥	站长	1960.03—1962.08
江西省抚州水文总站南城气象服务站			1962.08—1964.07
江西省南城气象服务站			1964.07—1968.10
	董来臣	站长	1968.10—1969.02
江西省南城县水文气象站			1969.02—1969.12
	李金生	站长	1969.12—1971.04
	黄朝贵	站长	1971.04—1971.06
江西省南城县气象站			1971.06—1972.12
	刘尧文	站长	1972.12—1974.09
	章育才	站长	1974.09—1978.10
	罗日花	站长	1978.10—1978.12
江西省南城县气象局		局长	1978.12—1980.12
	张永才	局长	1980.12—1984.06
江西省南城县气象站		站长	1984.06—1984.07
	赖胜如	站长	1984.07—1990.02
江西省南城县气象局		局长	1990.02—1996.03
	汪志坚	局长	1996.03—2000.07
	张日高	副局长(主持工作)	2000.07—2002.03
		局长	2002.03—

人员状况 1952 年建站至 2008 年,在南城县气象站(局)工作过的人员共计 99 人。截至 2008 年底,有在职人员 13 人,大专以上学历为 6 人;工程师 9 人,助理工程师 3 人,技术员 1 人。

气象业务与服务

1. 气象业务

①地面气象观测

1952 年 7 月建站以来,承担国家气候基本站观测发报任务。1955 年 7 月 1 日正式担负天气观测发报;1963 年 1 月增加航危天气观测发报任务,期间每天向武汉区域中心拍发 7 次定时地面观测报,每小时 1 次航空危险天气观测发报及制作气象月、年报表任务;1990 年 1 月 1 日由国家气候基本站改为国家气候基准站;2006 年中国气象局"三站四网"规划后,调整为国家气候观象台;2008 年调整为国家气候基准站。地面观测项目有云、能见度、天气现象、气压、气温、湿度、风、降水、日照、E-601B 蒸发、地温、深层地温、积雪、雪深、电线积冰、土壤墒情等。

1953 年 7 月增加日照观测;1957 年 5 月增加物候观测;1958 年 5 月增加降水自记观测;1958 年 9 月至 1959 年 11 月增加云幕气球观测;1958 年 9 月至 1961 年 12 月增加高空风观测;1963 年 1 月增加航空报观测发报;1968 年 9 月增加 EL 型自记风观测;1980 年 11 月至 1980 年 12 月增加通风干湿球观测;1980 年 1 月 1 日开始国家气候基准站观测,天气报由 02、05、08、11、14、17、20 时 7 次,改为 02、05、08、11、14、17、20、23 时 8 次;1981 年 12 月至 1982 年 3 月增加实测云高观测发报;1982 年 3 月增加地方性云、指示性云、系统性云的观测;2002 年 8 月增加自动气象站(CAWS600-SE 型),人工观测与自动观测并行;2005 年 12 月先后增加 11 个区域自动监测站;2008 年 11 月增加大气水汽探测(GPS/MET)。

发报种类 建站以来,1955 年 7 月 1 日正式担负 7 次天气报;1958 年 9 月至 1961 年 12 月担负高空测风报;1959 年 3 月增加农业气象旬(月)报;1960 年 1 月 1 日至 1981 年 12 月 31 日担负拍发区域天气报(GD-81)和区域危险天气报(GD-82);1963 年 1 月正式担负航空危险天气报;1982 年 1 月 1 日 08 时起担负拍发天气实况要素报(GD-91)和不定时重要天气报(GD-11);1999 年 3 月 08 时起担负拍发天气加密报(GD-05)。

气象报表 建站以来,编制报表有气表-1、气表-2,一式 4 份,分别报送国家、省、市、县气象局各 1 份;1984 年 5 月至 1995 年 12 月用 PC-1500 袖珍计算机录制原始数据,寄磁盘或软盘给省气候中心资料室,经审核后返寄给县气象局纸质报表并归档;1996 年 1 月用计算机网络上传原始数据。

②农业气象

南城县气象站建站初期属农业气象试验站,20 世纪 60 年代调整为一般站,80 年代调整为二级站,90 年代以后调整为一般站。1957 年 5 月增加物候观测和土壤测湿观测;1958 年在南城水南农场成立农业气象试验站(属气象站管理);1959 年 3 月启用正式农业气象观测方法,进行农田小气候观测并增加农业气象旬(月)报;1960—1963 年农业气象试验站撤销,仅在旬(月)报中增加农业气象段;1973 年恢复农业气象服务工作,组建龙湖、里塔、新丰、岳口、沙洲 5 个气象哨;1980 年农业气象服务工作加强,成立农业气象股,配备农业气象员,1981—1982 年,派出 2 名农业气象员参加全省农业气候区划大普查,1985 年首次完成县级农业气候区划;1985—1986 年先后推广高产玉米、地膜花生、节能柑橘雾灌等农业气象适应性技术,并荣获省、市科技进步奖;1990 年以来,开展高山反季节蔬菜、大棚种植、旱床育秧农业气象适应性技术推广和森林火险等级预报并立项;2005 年 8 月增加土壤墒情观测。

③天气预报

20 世纪 50—60 年代,主要收听省气象台大范围天气形势和区域天气预报的广播,点绘简易天气图,结合本站气象要素和未来的天气演变,利用群众看天经验,补充订正作出单站预报;20 世纪 70—80 年代主要通过接收气象传真图和甚高频电话,获取高空、地面天气形势图和预报指导产品,结合本站"四个基本"(基本资料、基本图表、基本工具方法、基本档案)订正作出单站预报;2000 年以后,随着通讯网络、计算机技术发展和雷达、气象卫星云图资料的应用,通过预报业务软件(MICAPS),利用预报业务平台,制作单站预报。

短期天气预报有未来 1~3 天天空状况,内容主要为雨量、气温。从 1989 年 10 月起,每年 10 月至次年 2 月,单站不作短期预报,改为转发或补充订正省、市气象台天气预报;1990 年后增加短时天气预报。中期天气预报有未来 3~10 天的天气趋势预报,内容为天气过程、雨量、气温、农事建议。长期天气预报有未来 10 天以上降水过程、气温变化及灾害天气趋势预报。专题天气预报主要有春播、汛期、高温、干旱、寒露风、低温霜冻,以及其他衍生灾害性天气。

④气象信息网络

建站以来,拍发的气象电报一律由电信部门通过有线电话随收随发。1984 年 1 月至1986 年 3 月采用电传打字,通过电信局上传。2002 年 8 月 10 日通过网络传输天气报、重要天气报。大气探测监测站、土壤墒情、区域自动站、大气水汽探测资料分别于 2002 年 8月、2005 年 5 月、2005 年 12 月、2008 年 11 月实现网络自动传输。2007 年 3 月航空危险天气报实现网络传输。

2. 气象服务

公众气象服务　建站以来,主要通过有线广播,每天早 07 时、晚 17 时向社会发布短期天气预报。1989 年 2 月至 1993 年增加 7 个乡镇甚高频电话和近百部单频接收机,定期、不定期接收发布的天气预报警报信息;1997 年 3 月开通电视天气预报节目,1999 年 3 月开通"121"天气预报自动电话答询系统和 BP 机气象短讯服务;2002 年电视天气预报节目栏改版,利用多媒体电视制作系统,由报送录像带转为网络传输;2003 年 12 月开通新农村建设网;2004 年组建公共预报服务平台;2005 年 1 月"121"由市气象局集约经营,"121"电话位数升为"12121";2007 年 7 月与移动通信部门合作开通气象商务手机短讯平台;2008 年为农业专业合作社组织开展气象服务需求调查。

决策气象服务　主要是在重大灾害性天气预报预警、重要农事季节、重点工程建设项目等服务上当好气象决策参谋。县气象局成立重大灾害性天气预报服务领导小组和技术把关小组,明确责任、强化纪律,制定气象灾害突发性事件应急预案,完善重大灾害性天气业务服务流程。每年春节过后,组织有关技术力量制作春播天气趋势分析和春播天气预报,春播育秧期间开展跟踪气象服务,建立防汛抗旱气象灾害应急预案,制作突发气象灾害业务系统流程图,完善突发性气象灾害预警发布业务流程、短期预报订正业务流程、气象及相关灾害短时临近预报预警业务流程等。1996 年以来,县气象局先后为南城水泥厂、盱江水泥厂、万年水泥厂扩建开展环境评估;2000 年以来为南城红壤开发果园项目引种开展气象条件分析鉴定评估;2002 年、2008 年为昌厦公路、福银高速、鹰瑞高速和向莆铁路修建作气象鉴定和雷电评估。

专业与专项气象服务 主要为各乡镇、有关企事业单位、大中型基建工程提供中长期天气预报,为有关企事业单位提供气候资料及灾害受损评估鉴定。

2001 年成立雷电防护管理局,负责全县境内雷电管理和雷电防护知识宣传。2004 年将新建项目的防雷工程设计、施工、竣工验收纳入气象行政管理范围,纳入地方政府联批联审收费项目。成立执法小组对全县境内易燃易爆场所、重要公共设施、公共聚集场所、高层建筑物及国家重点建设项目进行防雷设施大检查,对从事防雷工程设计施工和施放氢气球的单位和个人进行"三证"审查,对不符合防雷技术要求的责令其整改。

2003 年 6 月成立南城县人工影响天气领导小组办公室,设在南城县气象局。同年 7 月争取地方配套资金,购置 1 辆江铃宝典作业车和 1 套人工影响天气火箭发射装置(BL-1 型发射器),为保障水库、农田灌溉、降低森林火险等开展服务。

气象科普宣传 每年以世界气象日为契机,开展气象科技下农村到田头的活动。2005年建立南城县青少年气象科普教育基地,每年接纳中小学生数千人次,被县科协评为优秀科普教育基地。

与县安全生产监督管理局、县教育局等有关单位联合开展气象防雷减灾大宣传,散发防雷科普资料近万份,向全县中小学校赠送防雷气象科普光盘千余张。2008 年争取上级防雷项目资金为天井源中心小学校舍安装防雷安全设施。

气象法规建设与社会管理

法规建设 2001 年初,县政府下发《关于切实保护气象探测环境的通知》,同时县气象局会同县城建局、县规划局、县国土局等有关部门勘察、绘制、下发距观测场 500 米范围内各类建筑物、海拔高度及气象探测环境保护范围图和站址平面示意图。2003 年 9 月会同省人大常委会和省人大农业农村工作委员会开展南城县贯彻实施《中华人民共和国气象法》和《江西省实施〈中华人民共和国气象法〉办法》执行情况大检查,使气象探测环境得到切实有效的法律保护。县气象局加强与县城建局、县规划局,县国土局等有关部门的协调配合,制止多起影响破坏气象探测环境事件的发生。2004 年初,防雷报建进入联批联审行政收费服务项目。2008 年认真贯彻落实省政府办公厅《关于切实做好全省雷电灾害预防工作的通知》,做好全县中小学校舍气象防雷安全工作。

政务公开 南城县气象局将法规建设和局务公开工作有机结合起来,推动各项工作有序发展。气象行政审批、办事程序、服务内容、服务承诺、收费标准等在局务公开栏公开,参加县级政风行风热线,使外界更了解气象工作,理解支持气象工作。对干部使用、财务收支、目标考核、基础设施建设、工程招标等内容采取职工大会或局内公示栏张贴等方式向职工公开,财务情况一般每半年公示 1 次,年底对全年收支情况、职工奖金福利发放、领导干部补贴、员工劳保、住房公积金等向职工作详细说明,干部任用、职工晋级及年度考核等向职工公示并按期归档。对内部规章制度进行修订完善,主要包括计划生育、安全生产、干部职工函授学习和申报职称以及干部职工休假、奖励、加班工资、医药费、财务管理等制度。

党建与气象文明建设

1. 党建工作

党的组织建设 1952—1978 年期间,县气象局有党员 3～5 人,编入其他单位党支部。1978 年 1 月成立南城县气象局党支部。1980 年人员变动频繁,党员较少,编入农业局万年养猪场党支部。1986 年 10 月重新成立南城县气象局党支部,2008 年底有党员 10 人。

党风廉政建设 认真贯彻落实《建立健全惩治和预防腐败体系 2008—2012 年工作规划》方案,落实党风廉政建设目标责任制,开展廉政教育和廉政文化建设活动,建设文明机关、和谐机关、平安机关和廉洁机关。在改革开放三十周年之际组织举办"八荣八耻"演讲比赛,组织观看《忠诚》等警示教育片。

2. 气象文化建设

始终以"五大工程"一级达标建设为总抓手,深入持久地开展文明创建工作。做到政治学习有制度,文体活动有设施,阅览读报有内容,职工休闲有场所,工作学习有标兵,使文明创建工作跻身于全省、全市先进行列。

1998 年以来县气象局连续保持"市级文明单位"和"精神文明建设示范窗口单位"荣誉。

3. 荣誉

集体荣誉 1980—2008 年南城县气象局共获集体荣誉 102 项。2003 年被省气象局评为"五大工程"一级达标单位。2004 年、2005 年获市气象局目标考核第一名。2005 年被中国气象局授予"局务公开先进单位"称号。1998 年被县政府授予"防洪抢险先进单位"称号。2003 年被省人工影响天气领导小组办公室评为人工影响天气工作先进单位。

个人荣誉 全根元,男,汉族,1972 年 7 月生,1992 年 7 月起在南城县气象局工作,2007 年获江西省总工会"五一劳动奖章"奖励。

台站建设

1997 年省气象局投入综合改善资金 10 万元,对南城县气象局环境进行改造,对办公楼进行全面装修。2001 年省气象局下拨项目经费 7 万元进行标准观测场改造;2002 年争取地方大气探测监测站建设配套资金 8 万元;2003 年、2004 年争取地方人工影响天气经费、新农村建设网建设经费 22 万元;2004 年争取省国家基建经费 60 万元,用于新建办公楼;2005 年争取省气象局综改项目经费 20 万元,进行新办公楼整体装修;2006 年、2008 年争取区域自动气象站地方建设经费 32 万元;2008 年争取国家灾后重建经费 20 万元,用于灾后重建,综合改造标准观测场、地面卫星接收系统建设。至 2008 年,已建成 1 个大气探测监测站、11 个区域多要素自动气象站、1 套土壤墒情自动观测系统,开通新农村建设网,建立 100 米以上局域网、决策服务平台、手机短信平台、气象服务终端、预报服务系统等。

1997—2008 年,分期分批对县气象局大院环境进行综合改造和绿化,修建道路、花坛、休闲场、运动场,种植风景树 300 余株,绿化面积 3000 平方米,硬化面积 1200 平方米。至 2008 年,南城县气象局占地 7067 平方米,有办公楼 1 栋 754 平方米;宿舍 2 栋 620 平方米;车库、仓库 100 平方米。

1979 年建的南城县气象站办公楼(摄于 2005 年 4 月 20 日)

南城县气象局综合业务楼(摄于 2007 年 8 月 20 日)

乐安县气象局

乐安县历史悠久,南宋绍兴十九年(1149 年)设立县制,建县后属抚州,元代属抚州路,明清属抚州府,民德年间先后属豫章道、第七行政管辖,新中国成立后属抚州地区管辖,有 855 年的历史。乐安县位于江西省中部,抚州市西南部。全县辖 9 个镇、6 个乡、1 个垦殖场、175 个行政村,面积 2412.59 平方千米,总人口 35.8 万,是抚州市辖区内面积最大的县。全县年平均气温 17.1℃,年平均降水量 1740.9 毫米,年平均日照时数 1645.5 小时。

乐安县气象局位于县城西门"城基",即北纬 27°26′,东经 115°50′,观测场海拔高度 185.8 米。

机构历史沿革

始建情况　江西省乐安气候站始建于 1956 年 11 月 1 日,地址在乐安县城东门外。

站址迁移情况　1958 年 1 月 1 日迁至县城西门"城基",即现址。

历史沿革　1956 年 11 月 1 日建站时名为江西省乐安气候站;1958 年 12 月 1 日,更名为江西省乐安县气象站;1960 年 6 月更名为江西省抚州水文气象总站乐安气象服务站;1964 年 7 月,站名更改为江西省乐安县气象服务站;1968 年 9 月,县气象、水文站合并,名为江西省乐安县水文气象站革命领导小组气象站;1971 年 1 月,水文、气象分开,测站更名为江西省乐安县气象站;1979 年 9 月,站名更改为乐安县气象局;1984 年 6 月,改为乐安县气象站;1990年7月,站名更改为乐安县气象局。机构规格为正科级事业单位。

管理体制 1956年11月建站时归属江西省气象局领导;1958年5月归江西省水利电力厅水文气象局领导;1959年3月下放归乐安县人民委员会领导;1960年5月归江西省水电厅水文气象局领导;1971年,实行军队与地方双重领导,以军队为主的管理体制,由乐安县人民武装部直接领导;1973年7月,体制下放到乐安县革命委员会领导;1980年7月起实行气象部门与地方政府双重领导、以气象部门领导为主的管理体制。

机构设置 1963年8月以前,除1名负责人外,未设机构;1975年2月,成立测报、预报、农业气象三个专业组;1981年2月,三个专业组分别改为专业股;1988年1月,将农气股改为农业气象服务股;1989年12月,预报股改为预报服务股;1990年12月,县气象局下设办公室、业务股和服务股三个机构。

单位名称及主要负责人变更情况

单位名称	姓名	职务	任职时间
江西省乐安气候站	胡 侠	负责人	1956.11—1958.05
	周华庭	负责人	1958.05—1958.12
江西省乐安县气象站	刘华安	负责人	1958.12—1960.06
江西省抚州水文气象总站乐安气象服务站			1960.06—1962.06
	邹学成	负责人	1962.06—1964.07
江西省乐安县气象服务站			1964.07—1968.09
江西省乐安县水文气象站革命领导小组气象站	陈生华	站长	1968.09—1971.01
江西省乐安县气象站			1971.01—1973.02
	董载亮	站长	1973.02—1979.08
	陈先福	副站长(主持工作)	1979.08—1979.09
		副局长(主持工作)	1979.09—1980.11
乐安县气象局	占能生	局长	1980.11—1984.05
	陈先福	局长	1984.05—1984.06
乐安县气象站		站长	1984.06—1990.07
		局长	1990.07—1994.07
乐安县气象局	邓小明	局长	1994.07—

人员状况 乐安县气象局2008年底有在职职工9人,聘用1人。在职人员中,大专以上学历5人;工程师4人,助理工程师4人,技术员2人;35岁(含35岁)以下3人,36～45岁4人,50岁以上3人。

气象业务与服务

1. 气象业务

①地面气象观测

观测时次 建站至1960年12月,使用地方平均太阳时制,每天01、07、13、19时进行4次气候观测。1960年1月1日起,取消01时观测,用07时记录代替,同年7月1日起采用北京时。1961 年 1 月 1 日至 1964 年 12 月 31 日观测时间改为 08、14、20 时 3 次观测。1965 年 1 月 1 日起,恢复为 02、08、14、20 时 4 次观测。1985 年 3 月 1 日起,在原来 4 次观测的基础上,增加 05、11、17、23 时 4 次定时补充观测。1986 年 2 月 1 日,观测时次恢复为 08、14、20 时 3 次。

观测项目 有云、能见度、天气现象,气压、气温、湿度、风向、风速、降水、日照、蒸发、地面及地中温度、雪深,以及压、温、湿、风、降水的自记仪器记录。2004 年 1 月 1 日起,执行《地面气象观测规范》(2003 版)。

发报种类 自 1956 年 11 月 1 日起,向省气象台拍发补充绘图报。从 1960 年 1 月 1 日起,向省气象台拍发区域天气报告(GD-81),同时停止拍发单站补充绘图报。1960 年 9 月 10 日增加拍发区域危险报。1963 年 1 月恢复向省气象台拍发补充绘图报。从 1959 年 1 月 1 日起,固定 24 小时向军、民航机场拍发航空天气报和危险天气报;1962 年 1 月 1 日取消 24 小时固定拍发航空危险天气报而改为预约报;1986 年 1 月 1 日起恢复固定 24 小时拍发航空危险天气报;1986 年 2 月 1 日,取消 24 小时固定发报,又改为预约发报。建站初期电报传递采用电话传给邮电局报房发出,1986—1998 年改为用甚高频电话口传,1999 年起实行计算机网络上传。

报表制作 编制报表有气表-1、气表-21,向省、地气象局各报送 1 份,乐安县气象局留底 1 份,1998 年 4 月起通过计算机网络输入原始资料上传,停报纸质报表。

自动气象站 CAMS-B 型自动气象站于 2003 年 12 月安装,当月 31 日 20 时正式运行。有压、温、湿、风、降水、地温及深层地温等项目。2004 年 1 月 1 日自动气象站投入业务工作,与人工观测平行,2005 年 1 月 1 日起,自动气象站记录代替人工观测同类项目记录。2005 年 12 月开始,分批在各乡镇安装四要素区域自动气象站。

②农业气象观测

乐安县气象局属国家二级农业气象站,1958 年开始进行农业气象观测和编发旬报,1962 年停止。1979 年 1 月恢复农业气象服务,定为国家二级农业气象站,设立农业气象股,配备专人进行水稻、大豆、棉花等农作物的观测。

③天气预报

1959 年 1 月开始,在收听省气象台预报的基础上,结合群众看天经验,乐安县气象站制作当地未来 24 小时及 1～2 天的天气预报。至 2008 年,每日发布全县未来 1～2 天的天气预报和短时滚动订正预报。中期天气预报有未来 3～10 天的天气趋势预报,内容为天气过程、雨量、气温、农事建议。长期天气预报有未来 10 天以上降水过程,气温变化及灾害天气趋势预报。根据各级政府和用户要求,为农作物采收、森林防火、防洪抗灾等制作专题天气预报。

2. 气象服务

公众气象服务 1959—1994 年每天晚上通过县广播站向全县广播日常天气预报。1998 年开始,日常天气预报、短期灾害天气预报,每天晚上通过县有线电视台播放。

决策气象服务 从 20 世纪 70 年代开始,县气象局定期用书面发布旬报,不定期发布重要农事季节天气预报,重要天气预报派专人送县委、县政府领导或由局领导当面汇报。2002 年起,根据服务要求,新增《气象情况呈阅件》,报送县委、县政府有关领导,做为各级领导指挥气象防灾减灾的重要依据。

专业与专项气象服务 1985 年 5 月开展专业有偿气象服务,主要是为全县各乡镇(场)或相关企事业单位提供中、长期天气预报和气象资料,一般以旬天气预报为主。2002 年建立乐安县农经网(后更名为乐安县新农村建设网),并在各乡镇开通信息站,为农业生产,农民增收服务。

1978 年开始开展"三七"高炮人工增雨作业。2001 年遇历史罕见高温干旱天气,省人工影响天气领导小组办公室和县政府共同出资购置新型火箭人工增雨作业设备和人工影响天气作业车。2007 年省人工影响天气领导小组办公室划拨四管新型火箭人工增雨发射架,县政府出资购置江铃宝典人工影响天气作业车。

2005 年 3 月,乐安县政府法制办批复确认县气象局具有独立的行政执法主体资格,并为 3 名干部办理行政执法证,成立执法队伍,对全县区域内加油站、液化气站、民爆仓库等高危行业的防雷设施进行检查,不符合防雷技术要求的单位,责令其整改。2007 年 5 月进入乐安县集中办事大厅进行联审联批,将防雷工程设计、施工、竣工验收纳入气象行政管理范围。

气象科技服务与技术开发 1997 年建立"121"天气预报自动电话答询系统,并设立24～48 小时天气预报、3～5 天天气预报、农业气象、人体舒适度等近 10 个信箱,2005 年 1 月"121"电话升位为"12121",由市气象局集约经营并维修;2003 年 4 月开通气象短信服务。

气象科普宣传 利用广播、电视、声讯电话、报刊等宣传气象知识。每年世界气象日、科普活动周、减灾日以及安全生产宣传月等活动时期,县气象局都要在县城或乡镇摆摊发放气象科普资料,组织有关技术人员深入农户、学校、企业、街道,普及气象知识。

乐安县气象局开展气象科普进农村活动(摄于 2008 年 5 月)

科学管理与气象文化建设

政务公开 对气象行政审批办事程序、气象服务内容、服务承诺、气象行政执法依据、服务收费依据及标准等,通过户外公示栏向社会公开。干部任用、财务收支、目标考核、基础设施建设、工程招投标等内容则在职工大会说明或以在公示栏张贴的方式向职工公开。财务一般每半年公示 1 次,年底对全年收支、职工奖金福利发放、领导干部待遇、劳保、住房公积金等向职工作详细说明。干部任用、职工晋职、晋级等及时向职工公示或说明。健全内部管理办法,制定并不断完善行政、奖励、财务、车辆等一系列管理制度。

党建工作 县气象局2008年底有党员7名。党支部认真落实党风廉政建设目标责任制,积极开展廉政教育和廉政文化建设活动,努力建设文明机关、和谐机关和廉洁机关。局财务账目每年接受上级财务部门年度审计,并将结果向职工公布。

气象文化建设 县气象局把领导班子的自身建设和职工队伍的思想建设作为文明创建的重要内容,开展经常性的政治理论、法律法规学习,从未出现违纪违法事件。县气象局一直将精神文明建设放在重要的议事日程,成立精神文明建设领导小组,由主要领导任组长,分管领导和各股室负责人任成员,精神文明创建工作形成制度,并纳入目标考评。从1995年起县气象局就被县文明办评为县级文明单位。从1998年起,一直保持"市级文明单位"荣誉称号。

县气象局组织开展棋牌、乒乓球、羽毛球等多种形式的文体活动。积极参加抚州市气象局组织的卡拉OK、演讲、乒乓球赛等,并取得较好成绩。

荣誉 1974年、1976年,乐安县气象局被评为全省农业学大寨先进单位;1976年、1978年被评为全国气象系统学大寨先进单位;1978年被评为全省科学技术工作先进单位;1983年被评为全省气象系统先进集体;1985年被评为全国农村科普先进单位;1991年被评为全区人工增雨、抗旱救灾先进单位;1998年被评为全区防汛气象服务先进单位;1998年被评为全区气象部门先进单位(第一名);2007年被评为全市人工增雨抗旱减灾工作先进集体;2008年被评为全市气象部门综合考评第二名;1998年、2008年被评为全省气象部门"五大工程"建设一级达标单位。

台站建设

1998年,在乐安县城乐安大道旁兴建乐安气象综合大楼;2007年兴建乐安县气象业务大楼,并对院内环境进行美化、绿化、亮化和硬化,兴建篮球场、乒乓球室、阅览室和文体活动室等活动场所,购置文体活动用具。通过综合改造,县气象局的办公条件以及干部职工的生活条件得到较大改善。

乐安县气象局综合业务楼(摄于2008年12月)

广昌县气象局

广昌于南宋绍兴八年(1138年)建县,因"道通闽广,郡属建昌"而得名,又因盛产白莲,而被誉为"中国白莲之乡"。县境四面环山,东与闽属建宁、宁化县接壤,西连宁都,南界石城,北毗南丰,是抚河的发源地。县境东西宽45千米,南北长55千米,面积1612平方千米,辖5个镇、6个乡、1个垦殖场,总人口23万。属亚热带季风气候区,气候温和、雨量丰沛、四季分明,年平均气温18.3℃,年平均降水量1734.7毫米,年平均日照时数1723.6小时,年平均无霜期273天。

广昌县气象局位于盱江镇松仔山63号,即北纬26°51′,东经116°20′,观测场海拔高度143.8米。

机构历史沿革

始建情况 1953年冬,由江西省军区司令部气象科派员进行广昌气象站筹建工作,于年底建成,站址位于城关区胜利后街15号,站名为江西省广昌气象站,1954年1月1日,开始正式工作。

历史沿革 1958年12月更名为江西省广昌县气象站;1959年11月更名为广昌县气象服务站;1962年6月更名为江西省赣南水文气象总站广昌气象服务站;1964年7月更名为江西省广昌气象服务站;1972年1月更名为江西省广昌县气象站;1982年3月更名为广昌县气象局;1984年7月更名为江西省广昌县气象站;1990年3月更名为广昌县气象局。1954年10月26日,广昌气象站被划为二等气象站,后改称国家基本气象站,机构规格属正科级事业单位。

管理体制 建站以来实行双重管理,但管理体制多次改变。1954年1—11月、1971年7月至1973年6月由军事机构管理;1959年3月至1962年4月、1973年7月至1980年8月,以当地政府管理为主;1954年12月至1959年2月、1962年5月至1971年6月、1980年9月至今,实行气象部门与地方政府双重领导,以气象部门领导为主的管理体制。1983年12月,从赣州地区气象局划归抚州地区气象局(后改称抚州市气象局)管理。

机构设置 自建站至1974年9月,无内设机构,观测与预报工作均由测报人员负责,值班采取大轮班方式;1974年10月,成立气象测报组和天气预报组,站内业务工作开始正式分工;1977年8月,农业气象工作与天气预报合并为预报农业气象组;1978年9月,设测报、预报和农业气象3个业务组;1980年9月气象体制上收后,组统称为股;1985年6月增设江西省气象科技服务中心广昌服务站,开展有偿专业气象服务,下设测报、预报、农业气象和服务中心4个业务股;1993年9月撤销农业气象股,取消农业气象所有观测项目;2000年设立防灾减灾中心和气象服务中心2个业务股,测报股和预报股合并为防灾减灾中心(业务不变),实行大轮班;2006年防灾减灾中心改称气象台,下设办公室(雷电防护管理局)、气象台(人工影响天气领导小组办公室、减灾委员会办公室)、气象科技服务中心(防雷装置质量检测检验分所)3个股室,其中气象台和气象科技服务中心为实体,人工影响天气领导小组办公室、减灾委员会办公室为地方挂靠机构。

单位名称及主要负责人变更情况

单位名称	姓名	职务	任职时间
江西省广昌气象站	苏志忠	站长	1954.01—1954.12
	高顺元	站长	1954.12—1956.12
	张文玉	副站长(主持工作)	1956.12—1958.01
	方哲明	副站长(主持工作)	1958.01—1958.12
江西省广昌县气象站	李树华	副站长(主持工作)	1958.12—1959.11
			1959.11—1960.02
广昌县气象服务站	许兆智	站长	1960.02—1961.09
	董彦	站长	1961.09—1962.06
江西省赣南水文气象总站广昌气象服务站			1962.06—1964.07
江西省广昌气象服务站			1964.07—1968.12
	简中宣	站长	1968.12—1972.01
江西省广昌县气象站			1972.01—1981.12
	汪仕枝	副站长(主持工作)	1981.12—1982.03
广昌县气象局		副局长(主持工作)	1982.03—1984.07
		站长	1984.07—1986.12
江西省广昌县气象站	汪若泉	站长	1986.12—1989.02
	李建平	站长	1989.02—1990.03
		局长	1990.03—1995.12
广昌县气象局	郭健儿	局长	1995.12—2002.02
	董泉龙	局长	2002.02—2006.01
	周永辉	局长	2006.01—

人员状况 建站以来,在广昌县气象站工作过的人员共计83人。2008年底,有职工15人,其中大专学历4人,中专学历8人;中级职称10人,初级职称5人;39岁以下1人,40~49岁7人,50~56岁7人。

气象业务与服务

1. 气象业务

①地面气象观测

广昌县气象站是国家基本气象站,又是重点航空危险天气报站,实行24小时值守班制。主要任务是地面气象观测、发报和编制报表。

观测项目 自建站以来观测项目有云、能见度、天气现象、气压、气温、湿度、风向、风速、降水、雪深、电线积冰、日照、蒸发、地温(浅层)等。从2005年1月增加40厘米、80厘米、160厘米、320厘米地温观测项目;2006年7月增加酸雨观测项目;2007年1月增加空气负离子观测和地面草温观测项目。

观测时次 1954年1月1日至2004年12月31日,每天有02、08、14、20时4次天气报观测和05、11、17时3次补充天气报观测;2005年1月1日起,增加23时补充天气报观测;2006年7月增加酸雨观测,当24小时内降水量≥1毫米时,上午8时30分—12时00分进行pH值、K值测量;2007年1月起增加09、16时观测负氧离子浓度。建站以来承担每天24小时航空天气报和危险天气报、定时和不定时的江西省区域天气报和区域危险报(1960—1981年)、省气象服务报、重要天气报、江西省加密天气报(1999年起)、气象旬(月)报、国际台风业务试验加强观测报等(1981—1983年)、热带气旋(台风)加密观测报(1990年起)、春播气象服务报及各类气象月(年)报表等。

气象报表 1986年以前,气表-1、气表-21由人工抄录4份,分别向国家气象局、省气象局、地区气象局各报送1份,留底本1份;1986年1月起,报国家气象局存档的由人工抄录计算,其他3份由省气候中心报表审核科用PC-1500袖珍计算机录制上报的报表数据磁带还原反馈;1991年1月起人工抄录1份,报送省气候中心报表审核科,由其审核、录带、打印分发;1998年1月起取消人工抄录,停止报送纸质报表,本站预审后的报表资料通过网络上传;2002年起,省气候中心报表审核科下传审核后的电子版报表,不再分发纸质报表。

仪器设备 1960年以前,各种温度表大多是进口产品,自20世纪60年代起,观测仪器全部使用国产装备,同时配备预报和农业气象等专业设备。1985年8月,地面气象观测发报开始使用PC-1500袖珍计算机编发;2002年8月,安装DYYZ-Ⅱ型地面自动气象站,经过两年自动站与人工站平行观测,于2004年12月31日20时正式投入业务运行。从此,除云、能见度、天气现象观测项目外,压、温、湿、风向、风速、降水、地温等观测项目全部采用仪器自动采集、记录,替代人工观测,实现采集、编报、报表、资料传输自动化。2005年12月至2007年9月,在乡镇安装12个四要素(气温、降水、风向、风速)自动气象站。2006年7月1日建成酸雨站。2007年1月20日装备正负离子检测仪,2003年3月10日建成闪电定位子站,2008年10月建成并开通GPS基站。

②农业气象

1961年开始农业气象观测工作,开展日常农作物生育状况的简易观测和大田巡视观测及自然物候观测,编制农业气象预报、情报、农业气象分析、农作物产量预报和农业气象报表,编发气象服务小报等。1993年9月撤销农业气象股后,取消农业气象观测项目,保留气象旬(月)报电码中农业气象段的编发。

1978年秋开展为期一年的全县农业气候资源考察工作;1982年6—9月编写《广昌县农业气候资源考察与区划报告》和《广昌县农业气候资料手册》;1988—1989年承担省气象局组织的《南方玉米开发推广技术协作》试验;2005年8月至2006年1月承担市气象局科研基金课题"泽泻不同密度栽培试验"项目;2006年承担中国气象局科技扶贫项目《新植白莲套种晚稻栽培示范》工作。

③天气预报

从1958年1月1日起,制作单站补充天气预报。短期天气预报有未来1~3天的天空状况、雨量、风、气温。中期天气预报有未来3~10天的天气趋势预报,内容为天气过程、雨量、气温、农事建议。长期天气预报有未来10天以上降水过程,气温变化及灾害天气趋势预报。专题天气预报主要有春播、汛期、高温、干旱、寒露风、低温霜冻,森林火险等级预报。

1958年县气象站预报基本上是通过"收听预报加看天"来完成的;1960年贯彻"八字措施"和"四川形势配套"制作单站天气预报;1974—1978年进行预报改革,由零散的预报资料、图表和方法发展到有县气象站预报特色的"四个基本"(即基本资料、基本图表、基本方法和基本档案)。1982年开始运用传真天气图、数值预报、卫星资料、雷达探测回波、MOS方法等制作天气预报。

2006年业务技术体制改革以后,县气象站只作3小时内灾害性天气预报,对市气象台的24小时内常规天气预报进行订正预报,中、长期天气趋势预报使用省、市气象台的指导预报进行解释服务。

④气象信息网络

1982年1月开始用传真机接收天气图,主要接收北京和日本的气象传真图。1995年7月,建成服务终端,停收传真图,预报所需资料通过县级业务系统进行网上接收。1999年5月,地面卫星接收小站建成并正式启用。2002年1月,组建开通广昌县农村经济信息网(后改为广昌县新农村建设网)。1985年8月23日,气象电报使用PC-1500袖珍计算机编报,通过EC-158接口与邮电局报房电传打字机联接,实现气象电报的自动化传递;同年10月架设甚高频电话,实现与市气象台的无线通话;2001年1月开通162分组交换网,2002年6月使用ADSL宽带(2兆)传输,2006年5月安装通讯光纤,2007年1月开通MSTP专线。

2. 气象服务

公众气象服务　每天向公众提供广昌1～2天天气预报和短时临近灾害性天气预警服务。1992年以前天气预报通过县广播站向社会各界发布,县广播站停播后改在县电视台播出,用电话将天气预报传至县电视台,由其制作天气预报节目。1997年11月县气象局建成多媒体电视天气预报制作系统,县气象局将天气预报制成节目录像带后送县电视台播放;2006年6月,电视天气预报制作系统升级为非线性编辑系统,电视天气预报节目有虚拟主持人,通过网络传递给电视台播放。

1997年10月,县气象局与县电信局合作开通"121"天气预报自动答询电话,2001年5月升级为"12121",2005年4月起由市气象局集约经营并维护。2007年3月,通过移动通信网络开通气象商务短信平台,以手机短信方式向全县各级领导和公众发送气象信息。2007年起在广昌县新农村建设网、中国白莲网上发布广昌县短期天气预报。

决策气象服务　为当地党政机关、各级领导组织生产、防灾救灾、重大社会活动而提供的决策气象服务有短期、短时灾害性天气预报、中期天气过程预报、重要农事天气预报、汛期降水预报、伏秋干旱趋势预报、水稻产量预报和气候论证等。服务形式以书面材料为主,同时有电话、当面汇报等。从2007年起为全县各级领导提供手机气象短信服务。

【气象服务事例】　气象服务在广昌县经济发展和防灾减灾中发挥着不可替代的作用。例如:2002年6月14—16日,广昌县遭受特大暴雨袭击,14日、15日、16日雨量分别为58.2毫米、90.1毫米、393.8毫米。12日下午县气象局作出"未来3～5天内广昌县有一次暴雨、局部大暴雨的降水过程"的重要天气预报,并及时向县领导汇报,在13日晚上的防汛会议上又作了预报发言,为县领导部署抗洪抢险提供了决策依据,16日17时,在中坊水库面临洪水溢坝,是否炸坝泄洪的紧要关头,县气象局作出"强降水只维持3小时左右,降雨将减弱停止"的准确预报,县防汛总指挥部依此作出"不炸坝"的决定,避免重大的生命财产损失。

专业与专项气象服务　从1985年开始,县气象局在广昌县行政范围开展防雷检测和防雷安装工作。防雷检测工作由县劳动局配合进行。1993年组建防雷检测所后,独立开展防雷检测工作。2001年开展新建建筑物防雷装置设计审核和竣工验收工作,2002年此项工作进入县集中办事大厅,2006年纳入县房屋综合报建程序,2007年纳入县城区建设项目并进入联审联批程序。

1978—1982年伏秋期间,县气象局用KS-50-Z型气象火箭开展人工增雨试验作业,1983年销毁KS-50-Z型气象火箭。在1991年和2000年严重夏旱期间,县气象局开展"三七"高炮人工增雨作业,高炮和民兵由抚州军分区派遣。1991年7月26日至8月13日,进行9次高炮人工增雨作业。2000年7月29—30日作业5次,发射碘化银增雨炮弹202发,解除2400公顷农田旱情。2001年3月省人工影响天气领导小组办公室配发BL-1型防雹增雨火箭发射系统1套,同年4月成立广昌县人工影响天气领导小组,办公室设在县气象局。2003年7月,由省人工影响天气领导小组办公室和县政府出资购置1辆江铃牌轻型卡车用于人工影响天气作业。2003年7月至2004年3月和2007年伏秋期间,广昌县出现50年一遇的严重干旱,期间县气象局实施火箭人工增雨作业54次和35次,缓和了旱情。

气象科技服务与技术开发　1985年开始开展专业气象有偿服务,主要为全县各乡镇(场)或相关企事业单位提供中、长期天气预报和气象资料,以旬天气预报为主,同时开展庆典彩球、电视天气预报节目广告服务和防雷工程设计安装服务工作。

气象科普宣传　1984年以来,在纪念世界气象日活动期间,围绕主题开展气象科普宣传活动,采取召开座谈会、邀请中小学生参观、在街头摆摊设点等形式,向社会公众发放气象科普宣传材料,同时深入乡镇开展春播气象咨询服务。参加当地有关部门组织开展的科技宣传周、科技三下乡、国际减灾日等科普宣传活动。

气象法规建设与社会管理

法规建设　从1990—2008年,县政府和有关单位共下发气象工作管理文件29个,其中防雷安全管理文件15个、机构设立文件5个、加强气象服务工作文件2个、气象探测环境和设施保护文件2个、气象灾害应急预案文件2个、其他气象工作方面的文件3个。1990年5月14日,广昌县政府办下发《转发县气象局〈关于对我县避雷装置进行安全检测的意见〉的通知》,此后,县气象局每年与县建设局、县安监局联合下发防雷安全大检查通知。2000年10月和2006年6月,县政府办公室转发市政府办公室有关防雷装置设计审核和竣工验收工作的文件,防雷装置设计审核验收工作进入县集中办事大厅,纳入建设项目联审联批程序。2005年12月,县政府下发《广昌县政府印发关于广昌县气象探测环境和设施保护办法的通知》。2006年1月,县政府办公室下发了《广昌县政府办公室关于转发〈广昌县气象灾害应急预案〉的通知》。

社会管理　2001年起,防雷工程设计、施工、竣工验收被纳入气象行政管理范围。2004年广昌县气象局成立执法小组,对全县区域内加油站、液化气站等高危行业的防雷设施进行检查,对不符合防雷技术要求的单位,责令其改正。同时对在县内施放气球的单位和个人进行管理、登记、审查、监督、指导。

政务公开 2002年5月以来,单位内部干部任用、财务收支、目标考核、基础设施建设、工程招投标等内容采取职工大会或在局务公开栏张贴等方式向职工公开。财务情况一般每半年公示1次,年底对全年收支、职工奖金福利发放、领导干部待遇、劳保、住房公积金等向职工说明。干部任用、职工晋职、晋级等及时向职工公示或说明。

2002年7月,气象行政审批工作进入县集中办事大厅后,在气象窗口摆放《气象局务公开手册》,同时在单位办公楼大厅张挂《局务公开专栏》。2008年5月,在中国白莲网的广昌县政府信息公开栏中公开气象局机构职能、收费项目、办事指南、服务承诺、执法依据等信息101条,接受社会监督。

党建与气象文化建设

党建工作 自1953年冬建站至1962年,只有一名中共党员,1963—1970年有党员1~2名;1971—1973年有党员2~3名。因党员少,被编入外单位党支部参加组织生活。1974年8月建立广昌县气象站党支部,隶属广昌县农业局总支。1982年起党支部隶属县直机关工委。2008年底,有党员10人(在职党员8人、退休党员2人)。

党支部先后有20余人次被县直机关工委评为优秀党员,1986年、1999年、2000年、2004年被广昌县直机关工委评为先进党支部。

气象文化建设 广昌县气象局把领导班子的自身建设和职工队伍的思想教育作为文明创建的重要内容,经常性地开展政治理论、法律法规学习,开展党风廉政宣传教育活动和气象廉政文化建设活动。全局干部职工及家属子女无一人违法违纪,无一例刑事民事案件,无一人违反计划生育政策。

建立两室一场(图书阅览室、职工学习室、小型运动场),拥有图书2000余册,购置跑步机、乒乓球、羽毛球等运动器材和音响设备;制作局务公开栏和气象文化宣传栏。1984年、1985年被省气象局授予文明单位称号,2004年、2007年被省气象局授予"五大工程建设一级达标单位"称号,1997—2008年连续6届被抚州市委、市政府授予"文明单位"称号。

荣誉 1962年以来,广昌县气象局共获集体荣誉98项(次),其中省部级表彰3次、地厅级表彰27次、县处级表彰68次。县气象局接收感谢人工增雨工作的锦旗8面。1963年3月,被江西省人民委员会授予"全省农业系统先进单位"称号;1988—1989年度获国家气象局、中国气象学会"气象科技扶贫先进集体三等奖";2003年被江西省政府授予"人工增雨抗旱工作先进单位"称号。

台站建设

1953年建站时租用民房,1955年夏秋兴建第1栋办公生活用房(9间砖木结构平房)。1963—1977年,先后修建4栋土木结构的平房(工作用房1栋、职工宿舍和生活用房3栋),1间砖混结构的制氢室。1976年与有关方面协商,将观测场北侧的原县商业局的车、油库地段(面积为1390平方米)划入县气象站。1979年兴建1栋370平方米砖混结构的三层业务楼,建造了洗澡堂。1981年后又扩建4间平房宿舍,加筑围墙,修筑水泥路。1986年兴建1栋664平方米的砖混结构职工宿舍楼(三层共10套),并在工作区和生活区之间修筑围墙,改建大门。2000年9月至2001年10月,采取自建公助形式在院外兴建1栋建筑面积1100平方米的砖混结构职工住宅楼(共三层9套)。2003—2006年,投资100余万元对局大院环境进行综合改善,拆除旧办公楼并在原址上新建1栋630平方米的办公楼(二层框架式结构),购置全新办公家具。2006年11月完成院内绿化工程,修建2500平方米草坪,栽种风景树,院内绿化率达到60%,局大院环境面貌焕然一新。

广昌县气象局综合业务室(摄于2008年8月)　　　广昌县气象局观测场与办公楼(摄于2008年8月)

宜黄县气象局

　　宜黄建县于三国吴太平2年(257年),有1752年的历史。宜黄县位于江西省中部偏东,处武夷山与雩山山脉向抚河平原过渡地带,面积1942.23平方千米,辖12个乡(镇)、2个垦殖场、1个工业园区,总人口23万。宜黄县属中亚热带湿润季风气候区,气候温和、雨量充沛、日照充足、无霜期长。年平均气温为17.5℃,历年最高气温41.1℃,历年最低气温—12.2℃;年平均降水量为1797.8毫米;年平均日照时数为1580.2小时。

　　宜黄县气象局位于县城河东开发新区河东大道东延伸段,即北纬27°33′,东经116°14′,观测场海拔高度120.4米。

机构历史沿革

　　始建情况　宜黄县气象站成立于1958年12月,站址在凤冈镇桥头三队程家巷内,即北纬27°32′,东经116°11′,观测场海拔高度85.4米。

　　站址迁移情况　1971年,站址迁移到凤冈镇西门路2号,即北纬27°33′,东经116°13′,观测场海拔高度90.6米,占地1667平方米,1972年1月1日正式观测。2008年9月搬迁至河东开发新区河东大道东延伸段,2008年10月1日正式观测,占地面积约1.72万平方米(含连里纳舌山地1.4万平方米),属国家一般气象站。

　　历史沿革　建站时名称为江西省宜黄县气候站;1960年2月,更名为宜黄县气象服务站;1962年6月,更名为抚州水文总站宜黄县气象服务站;1969年4月,更名为宜黄县水文气象站;1978 年 12 月,更名为宜黄县气象局;1984 年 6 月体制改革,更名为宜黄县气象站;1990 年 7 月,更名为宜黄县气象局,属正科级事业单位。

管理体制 1958 年 12 月 1 日,建站时归江西省水利电力厅水文气象局管理;1960 年 2 月,归县农水局管理;1964 年 7 月,归江西省水力电力厅水文气象局抚州分局管理;1969 年 4 月,县水文站、气象站体制合并,业务分开;1970 年,水文站与气象站体制分开;1971 年,业务工作、事业费由抚州地区气象局负责,行政工作归县革命委员会管理;1980 年,实行气象部门与地方政府双重领导,以气象部门领导为主的管理体制。

机构设置 1980—2000 年,按专业划分为测报股、预报股、农业气象股;2001—2008 年下设办公室、综合业务股、雷电防护管理局、科技服务中心。

单位名称及主要负责人变更情况

单位名称	姓名	职务	任职时间
宜黄县气候站	陈 权	负责人	1958.12—1959.03
		站长	1959.03—1960.02
宜黄县气象服务站	孙国华	站长	1960.02—1962.06
抚州水文总站 宜黄县气象服务站	徐天才	站长	1962.06—1962.12
	万全安	站长	1962.12—1964.04
	邱馥香	站长	1964.04—1969.04
宜黄县水文气象站	章秀林	站长	1969.04—1970.12
	张满绪	站长	1970.12—1972.02
	付天助	站长	1972.02—1974.02
宜黄县气象局	邓礼明	站长	1974.02—1978.12
		局长	1978.12—1979.02
	付天助	局长	1979.02—1980.02
	邹金生	局长	1980.02—1984.06
宜黄县气象站	余建坤	副站长(主持工作)	1984.06—1988.01
	胡朝晖	站长	1988.01—1990.05
	刘华安	站长	1990.05—1990.07
宜黄县气象局		局长	1990.07—1993.03
	周 江	局长	1993.03—1996.06
	徐锦贤	局长	1996.06—

人员状况 1958—2008 年,在宜黄县气象局(站)工作过的有 42 人。2008 年底,有在职职工 9 人。在职人员中大专学历 8 人;工程师 6,助理工程师 3 人;30 岁以下 2 人,40~50 岁 4 人,50 岁以上 3 人。

气象业务与服务

1. 气象业务

①地面气象观测

观测项目 观测项目有云、能见度、天气现象,气压、气温、湿度、风向、风速、降水、日照、蒸发、地面及地中温度、雪深以及压、温、湿、风、降水的自记仪器记录。

观测时次 建站至 1959 年 12 月,采用地方平均太阳时制,每天进行 4 次(01、07、13、19 时)气候观测;1960 年 1 月 1 日起,取消 01 时观测,用 07 时记录代替;1960 年 7 月 1 日起,气候观测改为北京时 08、14、20 时 3 次,不守夜班。

发报种类 1960 年 1 月 1 日起,向省、地区气象台编发 14 时区域天气报告(GD-81)和区域危险天气报告(GD-82),1931 年 12 月 31 日后停发这两种报。1982 年 1 月 1 日起,由预报值班员编发气象服务电报(GD-91),同时向地区气象台编发区域灾害性天气联防电码(限每年 3—9 月)。2008 年,每天拍发 08、14、20 时(GD-05)报,不定时重要天气报(GD-11),冬半年预约航空天气报。建站初期,电报通过电话传递给邮电局报房发出,1987—1998 年改用甚高频电话口传,1999 年起实行计算机网络上传。

气象报表制作 编制的报表有气表-1、气表-21,向省、地区气象局各报送 1 份,县气象局留底 1 份,1998 年 4 月起通过计算机网络输入原始资料上传,停报纸制报表。

自动气象观测站 CAMS-B 型自动气象站于 2003 年 12 月 20 日安装,同月 31 日 20 时正式运行。有压、温、湿、风、降水、地温等项目,2004 年 1 月 1 日自动气象站投入业务工作,与人工观测平行。2005 年 1 月 1 日起,自动气象站记录代替人工观测同类项目记录。2007 年 3—12 月,宜黄县布设的区域自动气象站有 6 个,分别设在二都、黄陂、圳口、中港、棠阴、梨溪等乡镇,观测要素为气温、雨量、风向和风速。

②天气预报

1959 年 1 月 1 日起,宜黄气象站向外发布单站补充天气预报。短期天气预报有未来 1~3 天的天空状况、雨量、风、气温。从 1989 年 10 月起每年 10 月至次年 2 月,单站不作短期预报,改为转发或补充省、地区气象台天气预报,1990 年后,增加短时天气预报。中期天气预报有未来 3~10 天的天气趋势预报,内容为天气过程、雨量、气温、农事建议。长期天气预报有未来 10 天以上的降水过程,气温变化及灾害天气趋势预报。专题天气预报主要有春播、汛期、高温、干旱、寒露风、低温霜冻、人工增雨、森林防火、病虫害防治、杂交水稻制种等方面的天气预报。

2. 气象服务

公众气象服务 建站后,气象预报先是通过广播,后是通过电视向社会各界发布,电视天气预报画面经历二次升级,至 2008 年,值班员运用多媒体电视天气预报系统制作预报,将录像带送电视台播放。1997 年 8 月 13 日开通"121"天气预报自动答询电话,2004 年起"121"电话由市气象局集约经营并维修,2005 年 1 月"121"电话升位为"12121",2007 年 3 月用"短信王"开通气象商务短信平台。

决策气象服务 决策气象服务主要为县委、县政府和相关部门提供。决策服务形式主要有《气象呈阅件》、电话、手机短信等。2008 年 1 月 12 日至 2 月上旬,宜黄县出现历史罕见的持续低温雨雪冰冻天气,对电力、交通、通信、农业、林业和人民群众生产生活等造成严重影响,在此期间,宜黄县气象局共报送《气象呈阅件》4 期,气象紧急咨询信息 6 份,电话汇报 20 余人次,当面汇报 3 次,发布寒潮预警信号 1 次、道路结冰预警信息 9 次、暴雪蓝色预警信号 1 次、气象短信 26 万人次,收到了很好的服务效益。

专业与专项气象服务 宜黄县人工影响天气领导小组办公室 2002 年 6 月成立,设在宜黄县气象局,2003 年 11 月购置 1 辆江铃宝典皮卡车,使用 BL-1 型电动火箭发射器和专用火箭弹实施人工增雨作业。

1978 年 6 月中旬至 9 月下旬,连续干旱 81 天,旱灾面积 6667 公顷。8 月中旬至 9 月下旬,县气象局在凤岗、蓝水、棠阴等地进行"三七"高炮作业,增雨明显,旱情有所缓解。2007 年受全球气候异常的大环境影响,宜黄县汛期出现"空汛"现象。4—6 月降水量比常年偏少了 38%,水库蓄水水位普遍偏低。进入七月份后,持续高温少雨致使宜黄县出现严重旱情。自 7 月 11 日至 8 月 16 日,县人工影响天气作业队共出动 21 天,出车 38 余次,辗转全县十个乡镇,行程 4000 余千米,共发射火箭弹 35 枚,平均作业雨量 15 毫米,总受益面积 4980 平方千米,增加水量 9991 万吨,取得了增雨抗旱的胜利。

气象科普宣传 利用广播、电视、声讯电话、报刊等宣传气象知识。每年世界气象日、科技活动周、安全生产月等活动时期,在县城或乡镇散发气象科普资料;经常组织有关技术人员,将气象科技送入农户、学校、企业、街道等。

气象法规建设与社会管理

法规建设 县政府结合实际,制定出台一系列发展宜黄县气象事业的政策文件。如《宜黄县防雷减灾管理规定》、《关于将防雷装置设计验收列入建设项目审批程序的通知》、《关于进一步做好防雷减灾工作的通知》、《关于进一步加强建设工程防雷安全管理工作的通知》等,为气象事业的发展奠定了基础。

社会管理 主要有气象探测环境和设施保护、雷电防护、人工影响天气、气象预报发布与传播、气球施放等。1992 年 8 月县气象局开始承担防雷工程设计、施工、竣工验收行政管理职能;2004 年成立执法小组,对全县区域内加油站、液化气站、烟花爆竹仓库等高危行业的防雷设施进行检查,不符合防雷技术要求的单位,责令其改正。

政务公开 政务公开的内容主要是将宜黄县气象局行政管理职能、社会管理、行政执法依据项目、气象服务公益性项目、收费性项目、依据及标准等通过政务公开栏对社会公布。

党建与气象文化建设

党建工作 1981 年以前,县气象局有党员 1 名。1981—1984 年有党员 3 名。1985—1986 年有党员 2 名,合并在县保险公司党支部。1987—1990 年 8 月有党员 3 名。1990 年 8 月至 1994 年 7 月有党员 2 名,合并在县保险公司支部。1994 年 8 月至 1997 年 1 月有党员 3 名。1997 年 2 月至 2008 年,有党员 4 名。

干部职工参加中国气象局、江西省气象局、抚州市气象局和县委组织的各类反腐倡廉活动,参加各级举办的党风廉政建设学习班和培训班,制定反腐倡廉相关制度,经常对党员进行廉政教育,建立廉政宣传栏和局务公开栏。

气象文化建设 县气象局成立精神文明建设领导小组,制定文明单位、文明楼院、文明家庭以及社会治安综合治理等制度。1994—1999 年宜黄县气象局获县级"文明单位"称号;2000—2008 年,连续获得抚州市委、市政府第一、二、三、四、五届"文明单位"称号。

县气象局开展经常性的群众文化体育活动,在节假日组织人员参加体育比赛,积极参加县里以及市气象局组织的文体活动,建有羽毛球场、活动室、阅览室,有乒乓球桌一套、各种图书4千余册。

荣誉 1989年宜黄县气象局被县委、县政府评为抗洪先进单位;1993年被市气象局评为防洪减灾先进集体;2008年分别被评为省、市人工增雨先进单位;2008年被评为全县创建和谐平安先进单位。

台站建设

宜黄县气象局搬迁至河东开发新区汇东大道后,建成气象业务楼1栋,建筑面积为760平方米,气象业务办公室与气象观测场通过天桥(14米)相接。业务室使用面积达93平方米。2008年底有各种计算机8台,投影仪1台。楼内有会议室、活动室、办公室。气象观测场面积为822平方米,仪器设施和地沟埋设均按照标准布置,观测场综合评分达98分。

宜黄县气象局(摄于2008年12月3日)

黎川县气象局

黎川县历史悠久,三国吴太平二年(257年)始建永城、东兴二县。南宋绍兴八年(1138年),黎川再次建县,为新城县,1914年改称黎川县,有1751年历史。黎川县位于江西省东部、抚州市东南部。全县面积1728.56平方千米,总人口24.6万。黎川县气候温和,雨量丰沛,日照充足。年平均气温18.0℃,年平均降水量1800.8毫米,年平均日照时数1642.8小时。

黎川县气象局位于日峰镇药王殿巷3号,即北纬27°18′,东经116°56′,观测场海拔高度131.1米。

机构历史沿革

始建情况 黎川县气候站始建于 1956 年 11 月 1 日,站址设在黎川县城郊外国营农场,1956 年 11 月 1 日正式开始观测。

站址迁移情况 1964 年 4 月 1 日迁至黎川县城关镇药王殿小山头。

历史沿革 站名在 1959 年 3 月、1960 年 3 月、1971 年 3 月三次变动。1979 年 6 月成立黎川县气象局,1983 年 11 月取消"局"名称,保留站名,1990 年 3 月恢复黎川县气象局名称,机构规格属正科级事业单位。

管理体制 管理体制几次改变,建站至 1959 年 2 月、1962 年 5 月至 1971 年 2 月、1980 年 10 月起实行气象部门与地方政府双重领导,以气象部门领导为主的管理体制;1959 年 3 月至 1962 年 4 月、1973 年 9 月至 1980 年 9 月以地方政府管理为主;1971 年 3 月至 1973 年 8 月由军事机构管理为主。

机构设置 黎川县气象局 1978 年设 3 个组,即测报组、预报组、农业组;1981 年 5 月更名测报股、预报股、农业气象股。至 2008 年,黎川县气象局下设气象台、办公室、科技服务中心、防雷检测分所、人工影响天气办公室。

单位名称及主要负责人变更情况

单位名称	姓名	职务	任职时间
黎川气候站	黄平森	临时负责人	1956.11—1958.01
			1958.01—1959.03
黎川县气象站	王耀能	站长	1959.03—1960.03
			1960.03—1963.09
黎川气象服务站	邹学成	站长	1963.09—1965.04
	陈 龙	站长	1965.04—1968.11
	王文和	站长	1968.11—1969.04
	徐效德	站长	1969.04—1971.03
黎川县气象站			1971.03—1979.06
黎川县气象局	尹建候	局长	1979.06—1983.11
黎川县气象站	叶应华	副站长(主持工作)	1983.11—1988.12
	程信辉	站长	1988.12—1989.12
	谢晓梅	站长	1989.12—1990.03
黎川县气象局		局长	1990.03—1996.01
	董黍准	局长	1996.01—

人员状况 1956—2008 年,在黎川县气象局工作过的人员共计 48 人。2008 年底,有在职人员 7 人,聘用 1 人。在职人员中大专以上学历 5 人,中专学历 2 人;工程师 3 人,助理工程师 2 人,技术员 2 人;30 岁以下 3 人,31~45 岁 3 人,55 岁以上 1 人。

气象业务与服务

1. 气象业务

①地面气象观测

建站至 1959 年 12 月,采用地方平均太阳时,每天 01、07、13、19 时进行 4 次气候观测。1960 年 1 月 1 日起,取消 01 时观测,改为 07、13、19 时 3 次观测。1960 年 7 月 1 日起,气候观测改为北京时 08、14、20 时 3 次,不守夜班。观测项目有云、能见度、天气现象、气压、气温、湿度、风向、风速、降水、日照、蒸发、地面及地中温度、雪深以及压、温、湿、风、降水的自记仪器记录。

从 1960 年 1 月 1 日起,向省、地区气象台编发 14 时区域天气报告(GD-81)和区域危险天气报告(GD-82),1981 年 12 月 31 日后停发这两种报。1982 年 1 月 1 日起,由预报值班员编发气象服务电报(GD-91),同时向地区气象台编发区域灾害性天气联防电码(限每年 3—9 月)。至 2008 年,每天拍发 08、14、20 时(GD-05)报和不定时重要天气报(GD-11)。建站初期气象电报通过电话传给邮电局报房发出,1987 年起改为用甚高频电话口传,从 1999 年起实行计算机网络上传。

编制的报表有气表-1、气表-21,向省、地区气象局各报送 1 份,黎川县气象局留底 1 份。1986 年 5 月开始使用 PC-1500 袖珍计算机制作气象月报表。1996 年 8 月起通过计算机网络输入原始资料上传,停报纸制报表。

CAMS-B 型自动气象站于 2003 年 11 月 23 日安装,当日 20 时正式运行。有压、温、湿、风、降水、地温等观测项目,2003 年 12 月 1 日自动气象站投入业务工作,与人工观测平行,2005 年 1 月 1 日起,自动气象站记录代替人工观测同类项目记录。2006 年 1 月开始,分批在全县所有乡镇安装中尺度灾害性天气自动气象站。2008 年已安装 9 个四要素,4 个两要素自动气象站,并投入使用。

②天气预报

1958 年正式制作未来 1~3 天天气预报,1981 年开始每日发布未来 1~2 天天气预报,1986 年 2 月开始正式对外发布短时天气预报。

短时天气预报有未来 1~3 天的天气状况、雨量、风、气温。从 1989 年 10 月起不作短期预报,改为转发省、地区气象台天气预报。中期天气预报有未来 3~10 天的天气趋势预报,内容为天气过程、雨量、气温、农事建议。长期天气预报有未来 10 天以上的降水过程,气温变化及灾害天气趋势预报。专题天气预报主要有春播、汛期、高温、干旱期、寒露风等灾害性天气预报。专业专项预报则根据林业、农业生产的需要,制作鱼苗孵化天气预报、森林火险等级专项预报和农业生产不利天气过程专业气象预报。

2. 气象服务

公众气象服务　建站后,气象预报先是通过广播,后是通过电视向社会各界发布,电视天气预报画面经历二次升级,至 2008 年,县气象局值班员运用多媒体电视天气预报系统制作天气预报,并将录像带送电视台播放。1991 年 4—7 月全县安装 35 部天气预报警报接收机,每天08时、17时县气象局向各单位发布未来2天天气预报和灾害性天气警报。1997年10月1日开通"121"天气预报自动答询电话。2005年1月"121"电话升位为"12121"。2001年6月,县气象局建起黎川县农经网,并在各乡镇开通信息站,为农业生产、农民增收服务。

决策气象服务　1982年6月13—18日,县气象局对连续暴雨天气过程做出准确的预报,3次用书面材料向县党政领导汇报,使燎源水库避免倒塌的危险,下游的洪门水库采取提前开闸泻洪措施,避免了大洪水给水库带来的巨大压力。1984年9月12日,黎川县气象站预报13—15日天气晴好,晴好天气过后阴雨天气持续,提出全县87公顷杂交水稻不宜播种,由于预报准确,避免烂种2.65万公顷。1987年出现严重倒春寒,由于县气象局发布及时、准确的预报,减免种谷损失 5×10^5 千克。1998年6月14—24日出现连续暴雨天气,造成特大山洪爆发、山体滑坡等严重地质灾害,在此期间,县气象局连续发布长期、中期、短期、短时预报,向县各级党政领导汇报达86次,编发书面材料及雨情报20期,服务单位48个,为党政领导指挥防洪救灾提供了决策气象服务。

专业与专项气象服务　黎川县人工影响天气领导小组于2002年7月成立,办公室设在黎川县气象局。2003年7月购置1辆宝典牌汽车,使用BL-1型火箭发射器开展人工增雨作业。

2002年成立黎川县防雷检测分所,将防雷工程设计、施工、竣工验收纳入气象行政管理范围。2004年县气象局成立执法小组,对全县区域内加油站、液化气站、民爆仓库等高危行业的防雷设施进行检查,对不符合防雷技术要求的单位,责令其改正。

气象科技服务与技术开发　县气象局在抓好公益气象服务的同时,不断拓展气象专业有偿服务,主要为各乡、镇、场和各有关企事业单位提供中长期天气预报和气候资料,一般以旬报为主。

县气象局对在辖区内施放气球的单位和个人进行管理、登记、审查、监督、指导,自1995年起,对重大节日、会议以及工程竣工等开展彩球服务。

党建与气象文化建设

1. 党建工作

党的组织建设　建站至1977年,县气象站只有1名党员,编入外单位党支部参加组织生活。1988年12月成立县气象局党支部。从1989—2008年,先后吸收3人入党。2008年底有党员6人,其中在职4人,党支部不定期组织党员学习上级重要文件,建有党员活动室,并张贴《中国共产党党章》及有关制度。

党风廉政建设　县气象局设有公示栏、意见箱,并设立纪检监督员,局务公开事项在公示栏张贴,接受群众监督。

2. 气象文化建设

深入开展文明创建活动,政治业务学习有制度、文体活动有场地,干部职工文化素质不断提高。1978年以后,干部职工转变观念,走出站门,开展多种形式的气象服务和综合经营。每年世界气象日活动期间,县气象局干部职工摆摊设点、进村入户向群众发放气象科普材料,答复群众咨询的问题,受到普遍欢迎。

3. 荣誉与人物

1978—2008 年黎川县气象局共获集体荣誉 15 项(次),其中,1999—2008 年连续五届被评为市级文明单位。

人物简介 叶应华,男,汉族,1939 年 7 月 1 日出生,中共党员,1963 年 8 月毕业于湛江气象学校,中专学历。1963 年 8 月分配到抚州地区气象台工作;1965 年 3 月调入黎川县气象服务站工作;1999 年 7 月退休。叶应华于 1980 年 12 月被省政府授予"江西省劳动模范"称号,1982 年 12 月被省政府授予"江西省农业劳动模范"称号。

台站建设

1956 年黎川县气象站在县城郊外国营农场始建时,只有 1 栋 60 平方米的业务办公和住宿用房。1964 年 4 月搬入县域,建有 1 栋 100 平方米土坯矮屋用于办公和住宿。1969 年办公和住宿用房面积扩大为 623 平方米。1980 年建成住房 346 平方米。1990 年建成面积为 312 平方米的业务办公楼。1992 年建 1 栋四层 6 套小面积宿舍。2005 年进行综合改善,装修改造办公楼。至 2008 年,县气象局占地面积 1.42 万平方米,所有公房面积 512 平方米,院内的环境进行了综合改善,硬化了路面,建起羽毛球场,铺草坪 2000 平方米,栽种了各种风景树和花草。

黎川县气象局业务办公房(摄于 1985 年 9 月)

黎川县气象局综合业务楼(摄于 2008 年 10 月)

后　记

为庆祝新中国成立 60 周年和中国气象局成立 60 周年,回顾 60 年光辉历程,中国气象局统一部署编纂全国气象部门基层台站史。江西省气象局高度重视,省、设区市、县(市)气象局均成立史志编纂工作领导小组及办公室,明确分管领导、责任人和具体编纂人,经过 89 个基层台站 300 多位专家、管理人员和专业技术人员的通力合作、密切配合,数易其稿,历时半载,《江西省基层气象台站简史》业已付梓。

本书是集体劳动成果的结晶,有许多的领导、专家、管理人员、技术人员、离退休老同志参与收集、查找、整理、核对有关资料,参加撰写工作,其中各部分内容主要执笔人为:

江西省基层气象台站概况	周国强	南昌市基层气象台站概况	齐国荣
南昌市气象局	胡志斌	南昌县气象局	张崇华
新建县气象局	胡久涛	进贤县气象局	朱建章
安义县气象局	刘志发	九江市气象局(含概况)	吴　昊
庐山气象局	张小鹏	修水县气象局	章祖武
武宁县气象局	段裘俸	瑞昌市气象局	石　勇
永修县气象局	熊元涛	德安县气象局	冯　波
星子县气象局	吴卫锋	湖口县气象局	陈　锋
都昌县气象局	陈茂寿	彭泽县气象局	刘永生
景德镇市气象局(含概况)	冯开明	乐平市气象局	盛林力
萍乡市气象局(含概况)	朱俊军	莲花县气象局	李　颖
新余市气象局(含概况)	黄军牙	分宜县气象局	敖子文
鹰潭市气象局(含概况)	周　浩	贵溪市气象局	齐永胜
余江县气象局	李平安	赣州市基层气象台站概况	陈俊春
赣州市气象局	赖章发	宁都县气象局	易　斌
石城县气象局	温家发	会昌县气象局	周斌辉
瑞金市气象局	刘一中	于都县气象局	邓　江
兴国县气象局	钟文勇	赣县气象局	陈观发
南康市气象局	钟奉银	上犹县气象局	方道俊

崇义县气象局	邹树青	大余县气象局	叶　伟
信丰县气象局	高小荣	龙南县气象局	李民权
全南县气象局	黄文谦	定南县气象局	蔡赣香
安远县气象局	龚宏基	寻乌县气象局	陈　强
宜春市气象局（含概况）	龚乃弘	樟树市气象局	袁　翔
丰城市气象局	饶云花	靖安县气象局	彭接辉
奉新县气象局	谌梨花	高安市气象局	谢邦开
上高县气象局	高木林	宜丰县气象局	张春江
铜鼓县气象局	兰建国	万载县气象局	张观连
上饶市气象局（含概况）	余颖凌	上饶县气象局	占清华
广丰县气象局	余昌禄	玉山县气象局	曾　胜
弋阳县气象局	王桥生	横峰县气象局	詹智勇
铅山县气象局	张新兴	鄱阳县气象局	沈孝主
余干县气象局	余渊杰	万年县气象局	廖青清
德兴市气象局	齐移民	婺源县气象局	朱健祥
吉安市气象局（含概况）	刘凤山	新干县气象局	陈军南
峡江县气象局	邹　绪	永丰县气象局	向江华
吉水县气象局	张志忠	吉安县气象局	周　俊
泰和县气象局	曾先仁	万安县气象局	黄奕华
遂川县气象局	吴云樟	安福县气象局	王景山
永新县气象局	曾朝勃	井冈山市气象局	吕作范
抚州市基层气象台站概况	邹忠旺	抚州市气象局	刘　玲
临川区气象局	吴　刚	金溪县气象局	蒋鑫生
东乡县气象局	陈志平	崇仁县气象局	夏敬平
南城县气象局	黄国栋	广昌县气象局	曾加勇
南丰县气象局	何寿仁	黎川县气象局	陈建强
资溪县气象局	刘小检	宜黄县气象局	邹国智
乐安县气象局	陈国平		

　　本书的编纂工作在中国气象局台站史志编纂工作领导小组的指导下进行，参考了部分省（区、市）气象局的基层台站史范本，得到了中国气象局文明办主任、机关党委常务副书记张世英的关怀和指导，得到了中国气象局文明办、机关党委办公室主任李德善、气象出版社编辑白凌燕的悉心指导；《气象减灾与研究》编辑部主任田敬生对本书进行标准化校准，江西省地方志办公室副编审、年鉴处处长余日蓉对全书进行了审读，在此一并致谢。

　　由于本书编纂时间跨度大、成书时间紧，加之编者水平有限，难免有错漏之处，敬请读者批评指正。

编者

二〇〇九年九月